高校核心课程学习指导丛书

线性代数与解析几何学习辅导

STUDY GUIDE FOR
LINEAR ALGEBRA AND ANALYTIC GEOMETRY

第2版

申伊塃　郑业龙　陈效群　张韵华 / 编著

中国科学技术大学出版社

内容简介

本书是“线性代数”课程的辅导参考书.按照《线性代数与解析几何》(第2版)教材的章节安排本书的内容次序,依次为向量与复数、空间解析几何、线性方程组、矩阵与行列式、线性空间、线性变换、欧几里得空间和实二次型.每节有内容提要和多层次的例题演示与分析,每章给出上述《线性代数与解析几何》教材的习题和参考答案,附录中有几份近几年中国科学技术大学期中和期终考试的试卷.

希望本书能够帮助正在学习“线性代数”课程的学生开阔视野,为他们及时解惑,同时给考研的学生提供一份复习参考资料.

图书在版编目(CIP)数据

线性代数与解析几何学习辅导/申伊塃等编著.--2版.--合肥:中国科学技术大学出版社,2024.8.--(高校核心课程学习指导丛书).-- ISBN 978-7-312-06009-0

Ⅰ. O151.2;O182

中国国家版本馆 CIP 数据核字第 2024D6Z713 号

线性代数与解析几何学习辅导

XIANXING DAISHU YU JIEXI JIHE XUEXI FUDAO

出版 中国科学技术大学出版社
安徽省合肥市金寨路96号,230026
http://press.ustc.edu.cn
https://zgkxjsdxcbs.tmall.com

印刷 合肥市宏基印刷有限公司

发行 中国科学技术大学出版社

开本 787 mm×1092 mm 1/16

印张 22.75

字数 522千

版次 2015年5月第1版 2024年8月第2版

印次 2024年8月第4次印刷

定价 68.00元

再版前言

本书作为中国科学技术大学非数学专业的基础课“线性代数”的辅导书，自 2015 年推出以来，受到广大师生的欢迎，并得到了他们的积极反馈. 对于所提出的部分印刷错误，我们已经在这几年的新的印刷批次中逐一校正. 对于大家所反馈的高出教学要求的题目，我们感到有必要在重新修订后新推出的第 2 版里，依据其难度，相应地补充更多的提示，或者移去过难的题目.

除此之外，在第 2 版里，我们还做了如下两点改动：

首先，附录中中国科学技术大学的考试真题一直都受到学生们的关注，因为其能帮助学生们更加直接地领会教学要求，主动调整学习目标. 我们在新推出的第 2 版里适当更新了相应的内容，希望有助于学生们跟上教学重点的新动态.

其次，在新的教育环境和社会大背景下，会有更多的本科生需要了解研究生招生考试，并为其做好准备. 研究生招生考试中的线性代数的试题具有综合性强的特点，需要学生更全面地掌握相关知识点与技巧. 在新推出的第 2 版里，我们增加了与研究生招生考试相关的内容，希望帮助学生们在正常学习之后，通过对相应题目的研究，强化对线性代数知识体系的综合理解，为原有的课程学习打下更为坚实的基础，也为之后参加研究生招生考试提前做好准备. 相信这一点同样也会受到校外读者的大力欢迎.

非常感谢王成凯、陈力、王圣朴、张润卿、曾郅琛、柴琎、秦健、熊伟、李天宇、吴昕、程泽康、张钊、康宁等同学在使用本书之后提供的宝贵意见，也非常感谢中国科学技术大学出版社和教务处对本书再版的大力支持. 由于作者水平有限，相信本次修订仍然会留下疏漏和不妥之处，恳请读者批评指正.

编著者

2024 年 6 月

前　言

几何、代数和分析组成当代数学学科的三大主干分支, 而解析几何、线性代数和微积分是相应的入门基础课程. 线性代数被普遍认为是一门比较难学、难教的课程. 主要困难在于, 线性代数的公理化体系太抽象. 经过该课程的学习后学生的抽象思维能力、空间想象能力和计算机应用能力都会有较大的提高.

本书是“线性代数与解析几何”课程的配套辅导参考书, 适合学生在课程学习中答疑解惑, 也是课程复习和研究生考试的一份参考资料. 中国科学技术大学（非数学系）线性代数课程教材《线性代数与解析几何》由陈发来教授等编写, 高等教育出版社 2011 年出版. 本书的章节逐一对应该教材的内容次序, 依次为向量与复数、空间解析几何、线性方程组、矩阵与行列式、线性空间、线性变换、欧几里得空间和实二次型.

本书每章内容包括“内容提要”、“例题分析”和教材的习题, 在附录 1 中给出教材中习题的参考答案或解题的提示, 附录 2 中给出近几年中国科学技术大学的考试试卷.

本书选用的例题包括计算题、选择题、证明题和错例分析等多种题型. 例题覆盖面广、难易兼顾, 以适应不同学习阶段和不同层次的需求. 在例题分析中精选典型例题演示和分析, 例题中有启发性的提示或点评, 以点带面拓展学生解题的思路, 提高学生分析和解决问题的能力.

作为课堂教学的补充, 本书将不同院系所需的专门内容扩充到例题和习题中, 有些例题是定理证明. 对超出考研范围、有难度的例题, 我们标以星号 (*), 供参考.

中国科学技术大学数学科学学院是首批全国理科人才培养基地, “线性代数与解析几何”课程是 2007 年国家精品课程和 2013 年共享课程, 在课程建设中贯穿中国科学技术大学制定的“基础宽厚实, 专业精新活, 注重全面素质和创新精神”的教学理念. 课程主持人陈发来教授严谨而开阔的课程录像点击率高, 已有多家网站下载.

编写本书的作者具有多年的教学经验, 他们参考北京大学、清华大学、上海交通大学、南开大学、山东大学、武汉大学和东南大学等高校教材、习题辅导、考研试题和课程考试试题汇集而成本书. 希望本书成为正在学习线性代数课程的学生的课外辅导良师, 成为理工科考研或复习课程的学生的交流益友, 帮助学生掌握线性代数课程的精华, 提高其抽象思维能力和空间想象能力, 并为其他学科学生的学习、研究以及实际应用打下坚实的基础.

我们将收集读者对本书的反馈意见, 不断修订和充实例题. 感谢博士生曾超、江金凤、孙玉财和周进, 他们都担任过课程辅导并完成了教材的习题, 给出了参考答案; 周进和曾超还为线性代数共享课程网的建设做了很多工作, 中国科学技术大学博士研究生年先顺、张丽和硕士研究生代彦敏为本书做了认真细致的校对; 在此一并向他们表示感谢. 感谢中国科学技术大学出版社和教务处对出版本书的支持!

编著者

2015 年 2 月

目　录

第 1 章　向量与复数

1.1　向量的线性运算和坐标系

内 容 提 要

1. 向量

既有大小、又有方向的量称为**向量**, 记为 $\boldsymbol{a}$ 或 $\vec{a}$. 向量 $\boldsymbol{a}$ 的长度 $|\boldsymbol{a}|$ 称为向量的模, 长度为 1 的向量称为单位向量, 长度为 0 的向量称为零向量, 记为 $\boldsymbol{0}$ 或 $\boldsymbol{O}$. 和向量 $\boldsymbol{a}$ 大小相同、方向相反的向量称为向量 $\boldsymbol{a}$ 的负向量, 记作 $-\boldsymbol{a}$.

2. 向量的坐标表示

设 $\boldsymbol{e}_1,\boldsymbol{e}_2,\boldsymbol{e}_3$ 是三个不共面的向量, 对空间中的任一向量 $\boldsymbol{a}$ 都存在唯一的有序实数组 (x,y,z), 使 $\boldsymbol{a}=x\boldsymbol{e}_1+y\boldsymbol{e}_2+z\boldsymbol{e}_3$, 称 (x,y,z) 为向量 $\boldsymbol{a}$ 在基 $\boldsymbol{e}_1,\boldsymbol{e}_2,\boldsymbol{e}_3$ 下的仿射坐标或坐标.

设向量 $\boldsymbol{a}$ 在空间直角坐标中的三个坐标轴 Ox,Oy,Oz 上的坐标（投影）分别为 x,y,z. 向量的模为 $|\boldsymbol{a}|=\sqrt{x^2+y^2+z^2}$.

利用向量运算可以简化许多几何问题计算, 其思想是将向量直观的几何性质转化为简便的代数运算.

3. 向量的加法和数乘

向量加法的几何描述: 平行四边形法则.

向量加法和数乘的坐标表示: 设 $\boldsymbol{a}=(x_1,x_2,x_3),\boldsymbol{b}=(y_1,y_2,y_3)$, λ 为一个实数.

向量表示:

$$\begin{aligned}\boldsymbol{a}+\boldsymbol{b}&=(x_1+y_1)\boldsymbol{e}_1+(x_2+y_2)\boldsymbol{e}_2+(x_3+y_3)\boldsymbol{e}_3,\\ \lambda\boldsymbol{a}&=\lambda x_1\boldsymbol{e}_1+\lambda x_2\boldsymbol{e}_2+\lambda x_3\boldsymbol{e}_3.\end{aligned}$$

分量表示:

$$\begin{aligned}(x_1,x_2,x_3)+(y_1,y_2,y_3)&=(x_1+y_1,x_2+y_2,x_3+y_3),\\ \lambda(x_1,x_2,x_3)&=(\lambda x_1,\lambda x_2,\lambda x_3).\end{aligned}$$

4. 向量的方向余弦

设向量 $\boldsymbol{a}=\overrightarrow{OA}=(a_1,a_2,a_3)$, 与坐标轴 Ox,Oy,Oz 的夹角分别为 α,β,γ, 则 $\cos\alpha,\cos\beta$, $\cos\gamma$ 称为向量 $\boldsymbol{a}$ 的**方向余弦**.

$$(\cos\alpha,\cos\beta,\cos\gamma)=\left(\frac{a_1}{\sqrt{a_1^2+a_2^2+a_3^2}},\frac{a_2}{\sqrt{a_1^2+a_2^2+a_3^2}},\frac{a_3}{\sqrt{a_1^2+a_2^2+a_3^2}}\right),$$

并有

$$\cos^2\alpha+\cos^2\beta+\cos^2\gamma=1.$$

5. 向量的共线与共面

向量 $\boldsymbol{a},\boldsymbol{b}$ 共线的充分必要条件是存在不全为零的实数 λ,μ, 使得

$$\lambda\boldsymbol{a}+\mu\boldsymbol{b}=\boldsymbol{0}.$$

向量 $\boldsymbol{a},\boldsymbol{b},\boldsymbol{c}$ 共面的充分必要条件是存在不全为零的实数 λ,μ,ν, 使得

$$\lambda\boldsymbol{a}+\mu\boldsymbol{b}+\nu\boldsymbol{c}=\boldsymbol{0}.$$

设 $\boldsymbol{a}_1,\boldsymbol{a}_2,\cdots,\boldsymbol{a}_n$ 为一组向量, $\lambda_1,\lambda_2,\cdots,\lambda_n$ 为实数, 则称向量

$$\boldsymbol{a}=\lambda_1\boldsymbol{a}_1+\lambda_2\boldsymbol{a}_2+\cdots+\lambda_n\boldsymbol{a}_n$$

为向量 $\boldsymbol{a}_1,\boldsymbol{a}_2,\cdots,\boldsymbol{a}_n$ 的**线性组合**.

如果存在不全为零的实数 $\lambda_1,\lambda_2,\cdots,\lambda_n$, 使得

$$\lambda_1\boldsymbol{a}_1+\lambda_2\boldsymbol{a}_2+\cdots+\lambda_n\boldsymbol{a}_n=\boldsymbol{0},$$

则称 $\boldsymbol{a}_1,\boldsymbol{a}_2,\cdots,\boldsymbol{a}_n$ 为**线性相关**.

反之, 不是线性相关的一组向量称为**线性无关**. 也就是说, 如果上式成立, 则

$$\lambda_1=\lambda_2=\cdots=\lambda_n=0.$$

点评 在空间解析几何中引入向量共线、共面、线性相关的基本概念, 为线性代数的难点（线性相关和线性无关）内容作了铺垫, 也为学习 n 维向量空间的内容提供了直观的几何实例, 益处多多.

例题分析

例 1.1 求点 $P(3,-4,5)$ 到坐标原点以及各坐标轴的距离.

解 设点 P 到坐标原点、x 轴、y 轴和 z 轴的距离分别为 L_0,L_x,L_y,L_z, 则

$$L_0=\sqrt{3^2+(-4)^2+5^2}=5\sqrt{2},$$

$$L_x=\sqrt{(-4)^2+5^2}=\sqrt{41},$$
$$L_y=\sqrt{3^2+5^2}=\sqrt{34},$$
$$L_z=\sqrt{3^2+(-4)^2}=5.$$

例 1.2　求 z 轴上一点, 使其与点 $A(-4,1,7)$ 和点 $B(3,5,-2)$ 的距离相等.

解　设所求的点为 $M(0,0,z)$, 则由两点间的距离公式可得

$$|\overrightarrow{AM}|=\sqrt{4^2+(-1)^2+(z-7)^2}=\sqrt{66-14z+z^2},$$
$$|\overrightarrow{BM}|=\sqrt{(-3)^2+(-5)^2+(z+2)^2}=\sqrt{38+4z+z^2}.$$

由题设 $|\overrightarrow{AM}|=|\overrightarrow{BM}|$, 得到

$$66-14z+z^2=38+4z+z^2,$$

解得 $z=14/9$, 故所求点为 $(0,0,14/9)$.

例 1.3　设向量 $\boldsymbol{a}$ 与各坐标轴的正向的夹角都相等, 求此向量的方向余弦.

解　由假设知 $\alpha=\beta=\gamma$, 故

$$\cos^2\alpha+\cos^2\beta+\cos^2\gamma=3\cos^2\alpha=1,$$

得到

$$\cos\alpha=\cos\beta=\cos\gamma=\pm\frac{1}{\sqrt{3}}=\pm\frac{\sqrt{3}}{3}.$$

例 1.4　求点 $M(a_1,b_1,c_1)$ 关于点 $N(a_2,b_2,c_2)$ 的对称点.

解　设所求点是 (x,y,z), 则

$$\begin{cases}\dfrac{1}{2}(x+a_1)=a_2,\\ \dfrac{1}{2}(y+b_1)=b_2,\\ \dfrac{1}{2}(z+c_1)=c_2\end{cases}\quad\Rightarrow\quad\begin{cases}x=2a_2-a_1,\\ y=2b_2-b_1,\\ z=2c_2-c_1.\end{cases}$$

故所求点是 $(2a_2-a_1,2b_2-b_1,2c_2-c_1)$.

例 1.5　已知 $\boldsymbol{a}$ 与坐标轴 Ox 和 Oy 的夹角分别为 $\alpha=60^\circ$, $\beta=120^\circ$, 且 $|\boldsymbol{a}|=2$. 试求 $\boldsymbol{a}$ 的坐标.

解　由题意得

$$\cos^2\gamma=1-\cos^2\alpha-\cos^2\beta=1-\frac{1}{4}-\frac{1}{4}=\frac{1}{2},$$

所以

$$\cos\gamma=\pm\frac{\sqrt{2}}{2},\quad \boldsymbol{a}=(2\cos60^\circ,2\cos120^\circ,2\cos\gamma),$$

故

$$\boldsymbol{a}=(1,-1,\pm\sqrt{2}).$$

例 1.6 设单位向量 $\overrightarrow{OT}$ 与 z 轴的方向角为 30°, 另外两个方向角相等, 求 T 点的坐标.

解 设 T 点的坐标为 (x,y,z), 方向角为 α,β,γ. 由

$$\cos^2\alpha+\cos^2\beta+\cos^2\gamma=1,$$

有

$$2\cos^2\alpha+\frac{3}{4}=1,\quad \cos\alpha=\cos\beta=\pm\frac{\sqrt{2}}{4}.$$

又 $|\overrightarrow{OT}|=1$, 得

$$(x,y,z)=\left(\pm\frac{\sqrt{2}}{4},\pm\frac{\sqrt{2}}{4},\frac{\sqrt{3}}{2}\right).$$

所以 T 点的坐标为 $\left(\frac{\sqrt{2}}{4},\frac{\sqrt{2}}{4},\frac{\sqrt{3}}{2}\right)$ 或 $\left(-\frac{\sqrt{2}}{4},-\frac{\sqrt{2}}{4},\frac{\sqrt{3}}{2}\right)$.

例 1.7 对任意非零向量 $\boldsymbol{a},\boldsymbol{b},\boldsymbol{c}$, 证明: 向量 $\boldsymbol{a}+\boldsymbol{b}+\boldsymbol{c},\boldsymbol{a}-\boldsymbol{b}-\boldsymbol{c},\boldsymbol{a}+2\boldsymbol{b}+3\boldsymbol{c}$ 线性无关.

证 设未知量 λ,μ,ν 对 $\boldsymbol{a},\boldsymbol{b},\boldsymbol{c}$ 有线性组合式

$$\lambda(\boldsymbol{a}+\boldsymbol{b}+\boldsymbol{c})+\mu(\boldsymbol{a}-\boldsymbol{b}-\boldsymbol{c})+\nu(\boldsymbol{a}+2\boldsymbol{b}+3\boldsymbol{c})=\boldsymbol{0},$$

化简得

$$(\lambda+\mu+\nu)\boldsymbol{a}+(\lambda-\mu+2\nu)\boldsymbol{b}+(\lambda-\mu+3\nu)\boldsymbol{c}=\boldsymbol{0}.$$

列出未知量的方程组

$$\begin{cases}\lambda+\mu+\nu=0,\\ \lambda-\mu+2\nu=0,\\ \lambda-\mu+3\nu=0.\end{cases}$$

解方程组, 得到 $\lambda=0,\mu=0,\nu=0$, 方程组只有零解, 因此三个向量线性无关.

1.2 向量的数量积、向量积、混合积

内 容 提 要

1. 向量的数量积和投影

两个向量 $\boldsymbol{a}$ 与 $\boldsymbol{b}$ 的**数量积**为一个实数. 数量积也称为**点乘**、**内积**. 它等于两个向量的模长与两个向量夹角的余弦的乘积, 记为 $\boldsymbol{a}\cdot\boldsymbol{b}$. 如果向量 $\boldsymbol{a},\boldsymbol{b}$ 的夹角为 θ, 则

$$\boldsymbol{a}\cdot\boldsymbol{b}=|\boldsymbol{a}||\boldsymbol{b}|\cos\theta.$$

向量 $\boldsymbol{a}$ 在向量 $\boldsymbol{b}$ 上的投影 $\mathrm{Prj}_{\boldsymbol{b}}\boldsymbol{a}$ 等于向量 $\boldsymbol{a}$ 点乘 $\boldsymbol{b}$ 方向（可正可负）的单位向量. 向量的投影表示为

$$\mathrm{Prj}_{\boldsymbol{b}}\boldsymbol{a}=\boldsymbol{a}\cdot\boldsymbol{b}^0\quad\left(\boldsymbol{b}^0\text{表示 }\boldsymbol{b}\text{ 的单位向量}, \boldsymbol{b}^0=\frac{\boldsymbol{b}}{|\boldsymbol{b}|}\right).$$

内积也可表示为

$$\boldsymbol{a}\cdot\boldsymbol{b}=|\boldsymbol{a}|\mathrm{Prj}_{\boldsymbol{a}}\boldsymbol{b}=|\boldsymbol{b}|\mathrm{Prj}_{\boldsymbol{b}}\boldsymbol{a}.$$

在直角坐标系下, 设 $\boldsymbol{a}=(a_1,a_2,a_3),\boldsymbol{b}=(b_1,b_2,b_3)$, 则内积表示为

$$\boldsymbol{a}\cdot\boldsymbol{b}=a_1b_1+a_2b_2+a_3b_3.$$

$\boldsymbol{a}\cdot\boldsymbol{b}=0\Leftrightarrow\boldsymbol{a}\perp\boldsymbol{b}\Leftrightarrow a_1b_1+a_2b_2+a_3b_3=0$, 即 $\boldsymbol{a}$ 与 $\boldsymbol{b}$ 垂直.

两向量的夹角

$$\cos\theta=\frac{\boldsymbol{a}\cdot\boldsymbol{b}}{|\boldsymbol{a}||\boldsymbol{b}|}=\frac{a_1b_1+a_2b_2+a_3b_3}{\sqrt{a_1^2+a_2^2+a_3^2}\sqrt{b_1^2+b_2^2+b_3^2}}.$$

数量积的运算性质: 对向量 $\boldsymbol{a},\boldsymbol{b},\boldsymbol{c}$ 及实数 λ, 有

$$\begin{aligned}&\boldsymbol{a}\cdot\boldsymbol{b}=\boldsymbol{b}\cdot\boldsymbol{a},\\&(\boldsymbol{a}+\boldsymbol{b})\cdot\boldsymbol{c}=\boldsymbol{a}\cdot\boldsymbol{c}+\boldsymbol{b}\cdot\boldsymbol{c},\\&(\lambda\boldsymbol{a})\cdot\boldsymbol{b}=\lambda(\boldsymbol{a}\cdot\boldsymbol{b})=\boldsymbol{a}\cdot(\lambda\boldsymbol{b}),\\&\boldsymbol{a}^2=\boldsymbol{a}\cdot\boldsymbol{a}\geqslant 0,\quad\text{等号成立当且仅当 }\boldsymbol{a}=\boldsymbol{0}\text{ 时}.\end{aligned}$$

2. 向量的向量积

两个向量的向量积 $\boldsymbol{a}\times\boldsymbol{b}$ 是一个向量. 向量积也称为**叉乘**、**外积**. 它的方向与 $\boldsymbol{a},\boldsymbol{b}$ 都垂直, 且使 $\boldsymbol{a},\boldsymbol{b},\boldsymbol{a}\times\boldsymbol{b}$ 构成右手系；它的模等于以 $\boldsymbol{a},\boldsymbol{b}$ 为边的平行四边形的面积, 即

$$|\boldsymbol{a}\times\boldsymbol{b}|=|\boldsymbol{a}||\boldsymbol{b}|\sin\theta,$$

其中 θ 为 $\boldsymbol{a},\boldsymbol{b}$ 的夹角.

在直角坐标系下, 给定两个向量 $\boldsymbol{a}=a_1\boldsymbol{i}+a_2\boldsymbol{j}+a_3\boldsymbol{k},\boldsymbol{b}=b_1\boldsymbol{i}+b_2\boldsymbol{j}+b_3\boldsymbol{k}$, 则

$$\boldsymbol{a}\times\boldsymbol{b}=(a_2b_3-a_3b_2)\boldsymbol{i}-(a_1b_3-a_3b_1)\boldsymbol{j}+(a_1b_2-a_2b_1)\boldsymbol{k},$$

$$\boldsymbol{a}\times\boldsymbol{b}=\begin{vmatrix}\boldsymbol{i}&\boldsymbol{j}&\boldsymbol{k}\\a_1&a_2&a_3\\b_1&b_2&b_3\end{vmatrix}=\begin{vmatrix}a_2&a_3\\b_2&b_3\end{vmatrix}\boldsymbol{i}-\begin{vmatrix}a_1&a_3\\b_1&b_3\end{vmatrix}\boldsymbol{j}+\begin{vmatrix}a_1&a_2\\b_1&b_2\end{vmatrix}\boldsymbol{k}.$$

向量积的运算性质: 设 $\boldsymbol{a},\boldsymbol{b},\boldsymbol{c}$ 为三个向量, λ 为实数, 有

$$\begin{aligned}&\boldsymbol{a}\times\boldsymbol{b}=-\boldsymbol{b}\times\boldsymbol{a},\\&(\lambda\boldsymbol{a})\times\boldsymbol{b}=\lambda(\boldsymbol{a}\times\boldsymbol{b})=\boldsymbol{a}\times(\lambda\boldsymbol{b}),\\&(\boldsymbol{a}+\boldsymbol{b})\times\boldsymbol{c}=\boldsymbol{a}\times\boldsymbol{c}+\boldsymbol{b}\times\boldsymbol{c}.\end{aligned}$$

3. 向量的混合积

给定三个向量 $\boldsymbol{a},\boldsymbol{b},\boldsymbol{c}$, 称 $(\boldsymbol{a}\times\boldsymbol{b})\cdot\boldsymbol{c}$ 为 $\boldsymbol{a},\boldsymbol{b},\boldsymbol{c}$ 的**混合积**. 它是一个数量, 也记为 $(\boldsymbol{a},\boldsymbol{b},\boldsymbol{c})$.

混合积的几何意义: $(\boldsymbol{a}\times\boldsymbol{b})\cdot\boldsymbol{c}$ 表示的是以 $\boldsymbol{a},\boldsymbol{b},\boldsymbol{c}$ 为棱的平行六面体的"有向体积". 即: 当 $\boldsymbol{a},\boldsymbol{b},\boldsymbol{c}$ 为右手系时, 就是六面体的体积; 当 $\boldsymbol{a},\boldsymbol{b},\boldsymbol{c}$ 为左手系时, 它是六面体体积的相反数. $\boldsymbol{a},\boldsymbol{b},\boldsymbol{c}$ 共面 $\Leftrightarrow (\boldsymbol{a},\boldsymbol{b},\boldsymbol{c})=0$.

在直角坐标系下, 设 $\boldsymbol{a}=(a_1,a_2,a_3),\boldsymbol{b}=(b_1,b_2,b_3),\boldsymbol{c}=(c_1,c_2,c_3)$, 有

$$(\boldsymbol{a},\boldsymbol{b},\boldsymbol{c})=(\boldsymbol{a}\times\boldsymbol{b})\cdot\boldsymbol{c}=\begin{vmatrix}a_1 & a_2 & a_3\\ b_1 & b_2 & b_3\\ c_1 & c_2 & c_3\end{vmatrix}.$$

混合积的运算性质: 对向量 $\boldsymbol{a},\boldsymbol{b},\boldsymbol{c}$ 及实数 λ, 有

$$\begin{aligned}&(\boldsymbol{a},\boldsymbol{b},\boldsymbol{c})=(\boldsymbol{b},\boldsymbol{c},\boldsymbol{a})=(\boldsymbol{c},\boldsymbol{a},\boldsymbol{b}),\\ &(\boldsymbol{a},\boldsymbol{a},\boldsymbol{b})=(\boldsymbol{a},\boldsymbol{b},\boldsymbol{a})=(\boldsymbol{a},\boldsymbol{b},\boldsymbol{b})=0,\\ &(\boldsymbol{a},\boldsymbol{b},\boldsymbol{c})=-(\boldsymbol{b},\boldsymbol{a},\boldsymbol{c}),\\ &(\lambda\boldsymbol{a},\boldsymbol{b},\boldsymbol{c})=\lambda(\boldsymbol{a},\boldsymbol{b},\boldsymbol{c}),\\ &(\boldsymbol{a}_1+\boldsymbol{a}_2,\boldsymbol{b},\boldsymbol{c})=(\boldsymbol{a}_1,\boldsymbol{b},\boldsymbol{c})+(\boldsymbol{a}_2,\boldsymbol{b},\boldsymbol{c}).\end{aligned}$$

向量 $\boldsymbol{\alpha}_1=(x_1,y_1,z_1),\boldsymbol{\alpha}_2=(x_2,y_2,z_2),\boldsymbol{\alpha}_3=(x_3,y_3,z_3)$ 共面

$$\Leftrightarrow\quad \text{混合积 } (\boldsymbol{\alpha}_1,\boldsymbol{\alpha}_2,\boldsymbol{\alpha}_3)=0\quad\Leftrightarrow\quad\begin{vmatrix}x_1 & x_2 & x_3\\ y_1 & y_2 & y_3\\ z_1 & z_2 & z_3\end{vmatrix}=0$$

$\Leftrightarrow$ 存在不全为零的数 k_1,k_2,k_3, 使 $k_1\boldsymbol{\alpha}_1+k_2\boldsymbol{\alpha}_2+k_3\boldsymbol{\alpha}_3=\boldsymbol{0}$.

例 题 分 析

例 1.8 用向量证明余弦定理.

证 在 $\triangle ABC$ 中, 设 $\overrightarrow{AB}=\boldsymbol{\alpha},\overrightarrow{AC}=\boldsymbol{\beta},\overrightarrow{BC}=\boldsymbol{\gamma}=\boldsymbol{\beta}-\boldsymbol{\alpha}$, 则

$$\boldsymbol{\gamma}^2=(\boldsymbol{\beta}-\boldsymbol{\alpha})\cdot(\boldsymbol{\beta}-\boldsymbol{\alpha})=\boldsymbol{\beta}^2+\boldsymbol{\alpha}^2-2\boldsymbol{\alpha}\cdot\boldsymbol{\beta},$$

有

$$|\overrightarrow{BC}|^2=|\overrightarrow{AC}|^2+|\overrightarrow{AB}|^2-2|\overrightarrow{AC}||\overrightarrow{AB}|\cos\angle A.$$

注 当 $\cos\angle A=\pi/2$ 时即为勾股定理.

例 1.9 设向量 $\boldsymbol{a}=(2,2,1),\boldsymbol{b}=(1,2,-2),|\boldsymbol{c}|=3$, 计算沿着向量 $\boldsymbol{a}$ 和 $\boldsymbol{b}$ 夹角平分线方向的向量 $\boldsymbol{c}$ 的坐标.

解　由题意得

$$\boldsymbol{a}^0=\frac{\boldsymbol{a}}{|\boldsymbol{a}|}=\frac{1}{3}(2,2,1),\quad \boldsymbol{b}^0=\frac{\boldsymbol{b}}{|\boldsymbol{b}|}=\frac{1}{3}(1,2,-2),$$
$$\tilde{\boldsymbol{c}}=\boldsymbol{a}^0+\boldsymbol{b}^0=\frac{1}{3}(3,4,-1),\quad |\tilde{\boldsymbol{c}}|=\frac{\sqrt{26}}{3},$$
$$\boldsymbol{c}=\lambda\tilde{\boldsymbol{c}},\quad \lambda=\pm\frac{9}{\sqrt{26}},\quad \boldsymbol{c}=\pm\frac{3}{\sqrt{26}}(3,4,-1).$$

例 1.10　下列各式对吗？为什么？

(1) $\boldsymbol{a}\cdot\boldsymbol{a}\cdot\boldsymbol{a}=\boldsymbol{a}^3$;

(2) $(\boldsymbol{a}\cdot\boldsymbol{b})^2=\boldsymbol{a}^2\cdot\boldsymbol{b}^2$;

(3) $(\boldsymbol{a}+\boldsymbol{b})\times(\boldsymbol{a}-\boldsymbol{b})=\boldsymbol{a}\times\boldsymbol{a}-\boldsymbol{b}\times\boldsymbol{b}=\boldsymbol{0}$;

(4) 若 $\boldsymbol{a}\neq\boldsymbol{0}$, $\boldsymbol{a}\cdot\boldsymbol{b}=\boldsymbol{a}\cdot\boldsymbol{c}$, 则 $\boldsymbol{b}=\boldsymbol{c}$;

(5) 若 $\boldsymbol{a}\neq\boldsymbol{0}$, $\boldsymbol{a}\times\boldsymbol{b}=\boldsymbol{a}\times\boldsymbol{c}$, 则 $\boldsymbol{b}=\boldsymbol{c}$.

解　(1) 不对. (1) 式两端都是没有意义的, 既没有三个向量的数量积的定义, 也没有 $\boldsymbol{a}^3$ 的定义, 我们曾规定了 $\boldsymbol{a}^2=\boldsymbol{a}\cdot\boldsymbol{a}$, 它实际上表示 $|\boldsymbol{a}|^2$.

(2) 不对. 若 a 与 b 之间的夹角为 θ, 则 (2) 式左端为

$$(\boldsymbol{a}\cdot\boldsymbol{b})^2=(|\boldsymbol{a}||\boldsymbol{b}|\cos\theta)^2=|\boldsymbol{a}|^2|\boldsymbol{b}|^2\cos^2\theta.$$

可见, 只有当 $\boldsymbol{a}\,/\!/\,\boldsymbol{b}$ 时, (2) 式才成立.

(3) 不对. (3) 式是套用实数的平方差公式而得的, 但由于两向量的叉乘虽满足分配律, 但不满足交换律, 因此, 这些公式对叉乘运算不成立. 事实上, 有

$$\begin{aligned}(\boldsymbol{a}+\boldsymbol{b})\times(\boldsymbol{a}-\boldsymbol{b})&=(\boldsymbol{a}+\boldsymbol{b})\times\boldsymbol{a}+(\boldsymbol{a}+\boldsymbol{b})\times(-\boldsymbol{b})\\&=\boldsymbol{b}\times\boldsymbol{a}-\boldsymbol{a}\times\boldsymbol{b}=2\boldsymbol{b}\times\boldsymbol{a}.\end{aligned}$$

(4)、(5) 不对. (4)、(5) 两式是套用实数的消去律, 由于两向量的点乘、叉乘运算都没有逆运算, 因此, 这种消去律是不成立的. 事实上, 由 (4) 式可得

$$\boldsymbol{a}\cdot(\boldsymbol{b}-\boldsymbol{c})=0,$$

从而

$$\boldsymbol{a}\perp(\boldsymbol{b}-\boldsymbol{c}).$$

由 (5) 式可得

$$\boldsymbol{a}\times(\boldsymbol{b}-\boldsymbol{c})=\boldsymbol{0},$$

于是

$$\boldsymbol{a}\,/\!/\,(\boldsymbol{b}-\boldsymbol{c}).$$

例 1.11　证明下列恒等式:

$$(\boldsymbol{a}+\boldsymbol{b})^2+(\boldsymbol{a}-\boldsymbol{b})^2=2(\boldsymbol{a}^2+\boldsymbol{b}^2),$$

并说明它的几何意义.

证 由题意得

$$\begin{aligned}左边 &= (\boldsymbol{a}^2+\boldsymbol{b}^2+2\boldsymbol{a}\cdot\boldsymbol{b})+(\boldsymbol{a}^2+\boldsymbol{b}^2-2\boldsymbol{a}\cdot\boldsymbol{b})\\ &= 2(\boldsymbol{a}^2+\boldsymbol{b}^2) = 右边.\end{aligned}$$

几何意义: 平行四边形对角线的平方和等于四边的平方和.

例 1.12 设 $\boldsymbol{a}=(5,6,7),\boldsymbol{b}=(2,-2,1)$, 求 $\boldsymbol{a}$ 在 $\boldsymbol{b}$ 上的投影向量及投影向量的长度.

解 由题意得

$$\begin{aligned}&|\boldsymbol{b}| = \sqrt{2^2+(-2)^2+1} = 3, \quad \boldsymbol{b}^0 = (2/3,-2/3,1/3),\\ &\mathrm{Prj}_{\boldsymbol{b}}\boldsymbol{a} = \boldsymbol{a}\cdot\boldsymbol{b}^0 = 5\cdot 2/3+6\cdot(-2/3)+7\cdot 1/3 = 5/3.\end{aligned}$$

例 1.13 已知 $|\boldsymbol{a}|=2,|\boldsymbol{b}|=\sqrt{2}$, 且 $\boldsymbol{a}\cdot\boldsymbol{b}=2$, 计算 $|\boldsymbol{a}\times\boldsymbol{b}|$.

解 由向量积的定义有 $|\boldsymbol{a}\times\boldsymbol{b}|=|\boldsymbol{a}||\boldsymbol{b}|\sin\theta$; 由数量积的定义有

$$\boldsymbol{a}\cdot\boldsymbol{b} = |\boldsymbol{a}||\boldsymbol{b}|\cos\theta = 2,$$

则

$$\cos\theta = \frac{\sqrt{2}}{2} \quad\Rightarrow\quad \sin\theta = \frac{\sqrt{2}}{2},$$

得

$$|\boldsymbol{a}\times\boldsymbol{b}| = 2\cdot\sqrt{2}\cdot\frac{\sqrt{2}}{2} = 2.$$

例 1.14 已知三角形的顶点 $A(1,2,3),B(3,4,5),C(-1,-2,7)$, 求 $\triangle ABC$ 的面积.

解 设所求三角形的面积为 S, 则由向量积的定义可知

$$S = \frac{1}{2}|\overrightarrow{AB}\times\overrightarrow{AC}|.$$

但

$$\begin{aligned}&\overrightarrow{AB} = (2,2,2), \quad \overrightarrow{AC} = (-2,-4,4),\\ &\overrightarrow{AB}\times\overrightarrow{AC} = \begin{vmatrix}\boldsymbol{i} & \boldsymbol{j} & \boldsymbol{k}\\ 2 & 2 & 2\\ -2 & -4 & 4\end{vmatrix} = \begin{vmatrix}2 & 2\\ -4 & 4\end{vmatrix}\boldsymbol{i} - \begin{vmatrix}2 & 2\\ -2 & 4\end{vmatrix}\boldsymbol{j} + \begin{vmatrix}2 & 2\\ -2 & -4\end{vmatrix}\boldsymbol{k}\\ &\qquad = 16\boldsymbol{i}-12\boldsymbol{j}-4\boldsymbol{k}.\end{aligned}$$

所以

$$S = \frac{1}{2}\sqrt{16^2+(-12)^2+(-4)^2} = 2\sqrt{26}.$$

例 1.15 已知四面体的四个顶点为 $A(1,1,1),B(3,4,4),C(3,5,5),D(2,4,7)$, 试求该四面体的体积.

解　容易看出，所求四面体的体积 V 是以 $\overrightarrow{AB},\overrightarrow{AC},\overrightarrow{AD}$ 为邻边的平行六面体的体积的 1/6, 故

$$V=\frac{1}{6}|(\overrightarrow{AB}\times\overrightarrow{AC})\cdot\overrightarrow{AD}|.$$

而

$$\overrightarrow{AB}=(2,3,3),\quad \overrightarrow{AC}=(2,4,4),\quad \overrightarrow{AD}=(1,3,6).$$

所以

$$(\overrightarrow{AB}\times\overrightarrow{AC})\cdot\overrightarrow{AD}=\begin{vmatrix}2&3&3\\2&4&4\\1&3&6\end{vmatrix}=6.$$

于是得到 $V=1$.

例 1.16　试证恒等式

$$(\boldsymbol{a}\times\boldsymbol{b})^2+(\boldsymbol{a}\cdot\boldsymbol{b})^2=\boldsymbol{a}^2\boldsymbol{b}^2.$$

证　设 $\boldsymbol{a}$ 和 $\boldsymbol{b}$ 的夹角为 φ, 则

$$(\boldsymbol{a}\times\boldsymbol{b})^2+(\boldsymbol{a}\cdot\boldsymbol{b})^2=\boldsymbol{a}^2\boldsymbol{b}^2\sin^2\varphi+\boldsymbol{a}^2\boldsymbol{b}^2\cos^2\varphi=\boldsymbol{a}^2\boldsymbol{b}^2.$$

例 1.17　若向量 $\boldsymbol{a}+3\boldsymbol{b}$ 垂直于向量 $7\boldsymbol{a}-5\boldsymbol{b}$, 向量 $\boldsymbol{a}-4\boldsymbol{b}$ 垂直于向量 $7\boldsymbol{a}-2\boldsymbol{b}$, 求两向量 $\boldsymbol{a}$ 和 $\boldsymbol{b}$ 的夹角.

解　因为

$$(\boldsymbol{a}+3\boldsymbol{b})\perp(7\boldsymbol{a}-5\boldsymbol{b}),$$

即

$$(\boldsymbol{a}+3\boldsymbol{b})\cdot(7\boldsymbol{a}-5\boldsymbol{b})=0\quad\Rightarrow\quad 7\boldsymbol{a}^2-15\boldsymbol{b}^2+16\boldsymbol{a}\cdot\boldsymbol{b}=0.\tag{1}$$

同样

$$(\boldsymbol{a}-4\boldsymbol{b})\cdot(7\boldsymbol{a}-2\boldsymbol{b})=0\quad\Rightarrow\quad 7\boldsymbol{a}^2+8\boldsymbol{b}^2-30\boldsymbol{a}\cdot\boldsymbol{b}=0.\tag{2}$$

联立 (2)−(1), 以及 $(1)\times 8+(2)\times 15$, 得

$$\begin{cases}23\boldsymbol{b}^2=46\boldsymbol{a}\cdot\boldsymbol{b}\quad\Rightarrow\quad 2\boldsymbol{a}\cdot\boldsymbol{b}=\boldsymbol{b}^2,\\ 2\boldsymbol{a}\cdot\boldsymbol{b}=\boldsymbol{a}^2.\end{cases}$$

即

$$\boldsymbol{a}\cdot\boldsymbol{b}>0.$$

所以

$$(\boldsymbol{a}\cdot\boldsymbol{b})^2=\frac{1}{4}\boldsymbol{a}^2\boldsymbol{b}^2,$$

故 $\boldsymbol{a}$ 与 $\boldsymbol{b}$ 的夹角 φ 满足

$$\cos\varphi=\frac{\boldsymbol{a}\cdot\boldsymbol{b}}{|\boldsymbol{a}||\boldsymbol{b}|}=\frac{1}{2},$$

从而

$$\varphi=\frac{\pi}{3}.$$

故 $\boldsymbol{a}$ 和 $\boldsymbol{b}$ 的夹角为 $\pi/3$.

例 1.18 已知点 $O(0,0,0)$, $A(1,-1,2)$, $B(3,3,1)$, $C(3,1,3)$, 求:

(1) $\overrightarrow{AB}$, $|\overrightarrow{AB}|$ 及 $\overrightarrow{AB}$ 的方向余弦;

(2) $\triangle ABC$ 的面积;

(3) 四面体 $OABC$ 的体积.

解 (1) 由题意得

$$\overrightarrow{AB}=(2,4,-1),$$
$$|\overrightarrow{AB}|=\sqrt{2^2+4^2+(-1)^2}=\sqrt{21},$$

故方向余弦为

$$\cos\alpha=\frac{2}{\sqrt{21}},\quad \cos\beta=\frac{4}{\sqrt{21}},\quad \cos\gamma=-\frac{1}{\sqrt{21}}.$$

(2) 因为 $\overrightarrow{AC}=(2,2,1)$, 而

$$\overrightarrow{AB}\times\overrightarrow{AC}=\begin{vmatrix} \boldsymbol{i} & \boldsymbol{j} & \boldsymbol{k} \\ 2 & 4 & -1 \\ 2 & 2 & 1 \end{vmatrix}=6\boldsymbol{i}-4\boldsymbol{j}-4\boldsymbol{k},$$

所以 $\triangle ABC$的面积为

$$\frac{1}{2}|\overrightarrow{AB}\times\overrightarrow{AC}|=\frac{1}{2}\sqrt{6^2+(-4)^2+(-4)^2}=\sqrt{17}.$$

(3) 混合积为

$$(\overrightarrow{OA}\times\overrightarrow{OB})\cdot\overrightarrow{OC}=\begin{vmatrix} 1 & -1 & 2 \\ 3 & 3 & 1 \\ 3 & 1 & 3 \end{vmatrix}=2.$$

所以四面体 $OABC$ 的体积为

$$\frac{1}{6}|(\overrightarrow{OA}\times\overrightarrow{OB})\cdot\overrightarrow{OC}|=\frac{1}{3}.$$

例 1.19 设 $\boldsymbol{a}=(1,-2,3)$, $\boldsymbol{b}=(2,-3,1)$, 求同时垂直于 $\boldsymbol{a}$ 和 $\boldsymbol{b}$ 且在向量 $\boldsymbol{c}=(2,1,2)$ 上的投影是 7 的向量.

分析 由向量积的定义可知, 同时垂直于 $\boldsymbol{a}$ 和 $\boldsymbol{b}$ 的向量 $\boldsymbol{x}=\lambda(\boldsymbol{a}\times\boldsymbol{b})$. 求出 λ 即可.

解 由于

$$\boldsymbol{a}\times\boldsymbol{b}=\begin{vmatrix} \boldsymbol{i} & \boldsymbol{j} & \boldsymbol{k} \\ 1 & -2 & 3 \\ 2 & -3 & 1 \end{vmatrix}=(7,5,1),$$

因此

$$\boldsymbol{x}=(7\lambda,5\lambda,\lambda).$$

又因为

$$\mathrm{Prj}_{\boldsymbol{c}}\boldsymbol{x}=7,$$

即

$$\frac{\boldsymbol{x}\cdot\boldsymbol{c}}{|\boldsymbol{c}|}=7,$$

也即

$$\frac{14\lambda+5\lambda+2\lambda}{\sqrt{2^2+1^2+2^2}}=7.$$

解得 $\lambda=1$, 所以 $\boldsymbol{x}=(7,5,1)$.

例 1.20　已知 $\boldsymbol{a}\times\boldsymbol{x}=\boldsymbol{b}$, $\boldsymbol{a}\cdot\boldsymbol{x}=\lambda(\lambda\neq 0)$, 求 $\boldsymbol{x}$.

解　由于

$$\boldsymbol{a}\times(\boldsymbol{a}\times\boldsymbol{x})=\boldsymbol{a}\times\boldsymbol{b},$$

即

$$(\boldsymbol{a}\cdot\boldsymbol{x})\boldsymbol{a}-(\boldsymbol{a}\cdot\boldsymbol{a})\boldsymbol{x}=\boldsymbol{a}\times\boldsymbol{b},$$

而

$$\boldsymbol{a}\cdot\boldsymbol{x}=\lambda,$$

代入整理得

$$|\boldsymbol{a}|^2\boldsymbol{x}=\lambda\boldsymbol{a}-\boldsymbol{a}\times\boldsymbol{b}.$$

故

$$\boldsymbol{x}=\frac{1}{|\boldsymbol{a}|^2}(\lambda\boldsymbol{a}-\boldsymbol{a}\times\boldsymbol{b}).$$

例 1.21　设 $\boldsymbol{a}=(1,-2,2)$, $\boldsymbol{b}=(-2,1,1)$, $\boldsymbol{c}=(-2,1,2)$. 问满足 $\boldsymbol{a}\times\boldsymbol{x}=\boldsymbol{b}$ 或 $\boldsymbol{a}\times\boldsymbol{x}=\boldsymbol{c}$ 的向量 $\boldsymbol{x}$ 是否存在? 若存在, 求出 $\boldsymbol{x}$ 的坐标.

解　由 $\boldsymbol{a}\cdot\boldsymbol{b}\neq 0$ 知 $\boldsymbol{a}$ 与 $\boldsymbol{b}$ 不垂直, 因此满足 $\boldsymbol{a}\times\boldsymbol{x}=\boldsymbol{b}$ 的向量 $\boldsymbol{x}$ 是不存在的, 而满足 $\boldsymbol{a}\times\boldsymbol{x}=\boldsymbol{c}$ 的向量 $\boldsymbol{x}$ 存在, 是因为 $\boldsymbol{a}\cdot\boldsymbol{c}=0$.

设 $\boldsymbol{x}=(x,y,z)$, 由 $\boldsymbol{a}\times\boldsymbol{x}=\boldsymbol{c}$ 得

$$\begin{vmatrix}\boldsymbol{i}&\boldsymbol{j}&\boldsymbol{k}\\1&-2&2\\x&y&z\end{vmatrix}=-2\boldsymbol{i}+\boldsymbol{j}+2\boldsymbol{k}.$$

比较两边系数, 可得方程

$$\begin{cases}-2z-2y=-2,\\2x-z=1,\\y+2x=2.\end{cases}$$

解得

$$x=t,\quad y=2-2t,\quad z=2t-1,$$

即

$$\boldsymbol{x}=(t,2-2t,2t-1)\quad(t\in F).$$

满足 $\boldsymbol{a}\times\boldsymbol{x}=\boldsymbol{c}$ 的向量 $\boldsymbol{x}$ 有无穷多个.

例 1.22 已知 $\boldsymbol{\alpha}_1=(1,-2,3),\boldsymbol{\alpha}_2=(2,a,1),\boldsymbol{\alpha}_3=(2,-4,a)$.

(1) 如果 $\boldsymbol{\alpha}_1\perp\boldsymbol{\alpha}_2$, 则 a 是多少?

(2) 如果 $\boldsymbol{\alpha}_1/\!/\boldsymbol{\alpha}_3$, 则 a 是多少?

(3) 如果 $\boldsymbol{\alpha}_1,\boldsymbol{\alpha}_2,\boldsymbol{\alpha}_3$ 共面, 则 a 是多少?

解 (1) 由 $\boldsymbol{\alpha}_1\perp\boldsymbol{\alpha}_2$ 得 $\boldsymbol{\alpha}_1\cdot\boldsymbol{\alpha}_2=0$, 即 $2-2a+3=0,a=5/2$.

(2) 由 $\boldsymbol{\alpha}_1/\!/\boldsymbol{\alpha}_3$ 得 $\dfrac{1}{2}=\dfrac{-2}{-4}=\dfrac{3}{a}$, 即 $a=6$.

(3) $\boldsymbol{\alpha}_1,\boldsymbol{\alpha}_2,\boldsymbol{\alpha}_3$ 共面 $\Rightarrow$

$$\begin{vmatrix}1&-2&3\\2&a&1\\2&-4&a\end{vmatrix}=a^2-2a-24=(a+4)(a-6)=0.$$

因此, 当 $a=-4$ 或 $a=6$ 时, $\boldsymbol{\alpha}_1,\boldsymbol{\alpha}_2,\boldsymbol{\alpha}_3$ 共面.

例 1.23 设 $\boldsymbol{\alpha}\times\boldsymbol{\beta}+\boldsymbol{\beta}\times\boldsymbol{\gamma}+\boldsymbol{\gamma}\times\boldsymbol{\alpha}=\boldsymbol{0}$. 证明: $\boldsymbol{\alpha},\boldsymbol{\beta},\boldsymbol{\gamma}$ 共面.

分析 共面的向量的混合积为零.

证 对等式 $\boldsymbol{\alpha}\times\boldsymbol{\beta}+\boldsymbol{\beta}\times\boldsymbol{\gamma}+\boldsymbol{\gamma}\times\boldsymbol{\alpha}=\boldsymbol{0}$, 两边用 $\boldsymbol{\alpha}$ 作点积, 得

$$\boldsymbol{\alpha}\cdot(\boldsymbol{\alpha}\times\boldsymbol{\beta}+\boldsymbol{\beta}\times\boldsymbol{\gamma}+\boldsymbol{\gamma}\times\boldsymbol{\alpha})=\boldsymbol{\alpha}\cdot\boldsymbol{0},$$

即

$$\boldsymbol{\alpha}\cdot(\boldsymbol{\alpha}\times\boldsymbol{\beta})+\boldsymbol{\alpha}\cdot(\boldsymbol{\beta}\times\boldsymbol{\gamma})+\boldsymbol{\alpha}\cdot(\boldsymbol{\gamma}\times\boldsymbol{\alpha})=0.$$

由混合积的运算性质 $\boldsymbol{\alpha}\cdot(\boldsymbol{\alpha}\times\boldsymbol{\beta})=0,\boldsymbol{\alpha}\cdot(\boldsymbol{\gamma}\times\boldsymbol{\alpha})=0$, 得

$$\boldsymbol{\alpha}\cdot(\boldsymbol{\beta}\times\boldsymbol{\gamma})=0\quad\Leftrightarrow\quad\boldsymbol{\alpha},\boldsymbol{\beta},\boldsymbol{\gamma}\text{共面}.$$

例 1.24 已知 $(\boldsymbol{a}\times\boldsymbol{b})\cdot\boldsymbol{c}=3$, 计算 $(\boldsymbol{a}+\boldsymbol{b})\times(\boldsymbol{b}+\boldsymbol{c})\cdot(\boldsymbol{c}+\boldsymbol{a})$.

解 由题意得

$$\begin{aligned}&(\boldsymbol{a}+\boldsymbol{b})\times(\boldsymbol{b}+\boldsymbol{c})\cdot(\boldsymbol{c}+\boldsymbol{a})\\&=(\boldsymbol{a}\times\boldsymbol{b}+\boldsymbol{b}\times\boldsymbol{b}+\boldsymbol{a}\times\boldsymbol{c}+\boldsymbol{b}\times\boldsymbol{c})\cdot(\boldsymbol{c}+\boldsymbol{a})\\&=(\boldsymbol{a}\times\boldsymbol{b})\cdot\boldsymbol{c}+(\boldsymbol{a}\times\boldsymbol{c})\cdot\boldsymbol{c}+(\boldsymbol{b}\times\boldsymbol{c})\cdot\boldsymbol{c}+(\boldsymbol{a}\times\boldsymbol{b})\cdot\boldsymbol{a}+(\boldsymbol{a}\times\boldsymbol{c})\cdot\boldsymbol{a}+(\boldsymbol{b}\times\boldsymbol{c})\cdot\boldsymbol{a}\\&=(\boldsymbol{a}\times\boldsymbol{b})\cdot\boldsymbol{c}+(\boldsymbol{b}\times\boldsymbol{c})\cdot\boldsymbol{a}\\&=6.\end{aligned}$$

例 1.25 证明: 三个向量 $\boldsymbol{a},\boldsymbol{b},\boldsymbol{c}$ 共面的充要条件是

$$\begin{vmatrix}\boldsymbol{a}\cdot\boldsymbol{a}&\boldsymbol{a}\cdot\boldsymbol{b}&\boldsymbol{a}\cdot\boldsymbol{c}\\\boldsymbol{b}\cdot\boldsymbol{a}&\boldsymbol{b}\cdot\boldsymbol{b}&\boldsymbol{b}\cdot\boldsymbol{c}\\\boldsymbol{c}\cdot\boldsymbol{a}&\boldsymbol{c}\cdot\boldsymbol{b}&\boldsymbol{c}\cdot\boldsymbol{c}\end{vmatrix}=0.$$

证　先证必要性. 设 $\boldsymbol{a},\boldsymbol{b},\boldsymbol{c}$ 共面, 故存在不全为零的 k_1,k_2,k_3 使得

$$k_1\boldsymbol{a}+k_2\boldsymbol{b}+k_3\boldsymbol{c}=\boldsymbol{0}. \tag{1}$$

式 (1) 两边分别与 $\boldsymbol{a},\boldsymbol{b},\boldsymbol{c}$ 作内积, 有

$$\begin{cases} k_1\boldsymbol{a}\cdot\boldsymbol{a}+k_2\boldsymbol{a}\cdot\boldsymbol{b}+k_3\boldsymbol{a}\cdot\boldsymbol{c}=(\boldsymbol{a},\boldsymbol{0})=0, \\ k_1\boldsymbol{b}\cdot\boldsymbol{a}+k_2\boldsymbol{b}\cdot\boldsymbol{b}+k_3\boldsymbol{b}\cdot\boldsymbol{c}=(\boldsymbol{b},\boldsymbol{0})=0, \\ k_1\boldsymbol{c}\cdot\boldsymbol{a}+k_2\boldsymbol{c}\cdot\boldsymbol{b}+k_3\boldsymbol{c}\cdot\boldsymbol{c}=(\boldsymbol{c},\boldsymbol{0})=0. \end{cases}$$

即齐次方程组

$$\begin{cases} \boldsymbol{a}\cdot\boldsymbol{a}x_1+\boldsymbol{a}\cdot\boldsymbol{b}x_2+\boldsymbol{a}\cdot\boldsymbol{c}x_3=0, \\ \boldsymbol{b}\cdot\boldsymbol{a}x_1+\boldsymbol{b}\cdot\boldsymbol{b}x_2+\boldsymbol{b}\cdot\boldsymbol{c}x_3=0, \\ \boldsymbol{c}\cdot\boldsymbol{a}x_1+\boldsymbol{c}\cdot\boldsymbol{b}x_2+\boldsymbol{c}\cdot\boldsymbol{c}x_3=0 \end{cases} \tag{2}$$

有非零解 $x_1=k_1,x_2=k_2,x_3=k_3$.

于是系数矩阵行列式为零, 即 $\begin{vmatrix} \boldsymbol{a}\cdot\boldsymbol{a} & \boldsymbol{a}\cdot\boldsymbol{b} & \boldsymbol{a}\cdot\boldsymbol{c} \\ \boldsymbol{b}\cdot\boldsymbol{a} & \boldsymbol{b}\cdot\boldsymbol{b} & \boldsymbol{b}\cdot\boldsymbol{c} \\ \boldsymbol{c}\cdot\boldsymbol{a} & \boldsymbol{c}\cdot\boldsymbol{b} & \boldsymbol{c}\cdot\boldsymbol{c} \end{vmatrix}=0.$

再证充分性. 设方程组 (2) 的非零解为 $x_1=k_1,x_2=k_2,x_3=k_3$, 令 $\boldsymbol{u}=k_1\boldsymbol{a}+k_2\boldsymbol{b}+k_3\boldsymbol{c}$. 由方程组 (2) 有

$$\begin{aligned} &\boldsymbol{u}\cdot\boldsymbol{a}=\boldsymbol{u}\cdot\boldsymbol{b}=\boldsymbol{u}\cdot\boldsymbol{c}=0, \\ &\boldsymbol{u}^2=\boldsymbol{u}\cdot(k_1\boldsymbol{a}+k_2\boldsymbol{b}+k_3\boldsymbol{c})=0. \end{aligned}$$

得到 $\boldsymbol{u}=\boldsymbol{0}$, 即存在不全为零的 k_1,k_2,k_3 使得

$$k_1\boldsymbol{a}+k_2\boldsymbol{b}+k_3\boldsymbol{c}=\boldsymbol{u}=\boldsymbol{0}.$$

所以 $\boldsymbol{a},\boldsymbol{b},\boldsymbol{c}$ 共面.

例 1.26　设 $\boldsymbol{\alpha}\times\boldsymbol{\beta}=\boldsymbol{\gamma}\times\boldsymbol{\delta},\boldsymbol{\alpha}\times\boldsymbol{\gamma}=\boldsymbol{\beta}\times\boldsymbol{\delta}$. 证明: $\boldsymbol{\alpha}-\boldsymbol{\delta}$ 与 $\boldsymbol{\beta}-\boldsymbol{\gamma}$ 平行.

证　由题意得

$$\begin{aligned} (\boldsymbol{\alpha}-\boldsymbol{\delta})\times(\boldsymbol{\beta}-\boldsymbol{\gamma}) &= \boldsymbol{\alpha}\times(\boldsymbol{\beta}-\boldsymbol{\gamma})-\boldsymbol{\delta}\times(\boldsymbol{\beta}-\boldsymbol{\gamma})=\boldsymbol{\alpha}\times\boldsymbol{\beta}-\boldsymbol{\alpha}\times\boldsymbol{\gamma}-\boldsymbol{\delta}\times\boldsymbol{\beta}+\boldsymbol{\delta}\times\boldsymbol{\gamma} \\ &= \boldsymbol{\gamma}\times\boldsymbol{\delta}-\boldsymbol{\beta}\times\boldsymbol{\delta}-\boldsymbol{\delta}\times\boldsymbol{\beta}+\boldsymbol{\delta}\times\boldsymbol{\gamma} \\ &= \boldsymbol{\gamma}\times\boldsymbol{\delta}-\boldsymbol{\beta}\times\boldsymbol{\delta}+\boldsymbol{\beta}\times\boldsymbol{\delta}-\boldsymbol{\gamma}\times\boldsymbol{\delta}=\boldsymbol{0}. \end{aligned}$$

所以 $\boldsymbol{\alpha}-\boldsymbol{\delta}$ 与 $\boldsymbol{\beta}-\boldsymbol{\gamma}$ 平行.

例 1.27　设 $\boldsymbol{\alpha},\boldsymbol{\beta},\boldsymbol{\gamma}$ 是三个不共面的向量, 求任意向量 $\boldsymbol{\xi}$ 用向量 $\boldsymbol{\alpha},\boldsymbol{\beta},\boldsymbol{\gamma}$ 表示的组合系数.

解　设 $\boldsymbol{\xi}=x\boldsymbol{\alpha}+y\boldsymbol{\beta}+z\boldsymbol{\gamma}$. 将上式两边与 $\boldsymbol{\beta},\boldsymbol{\gamma}$ 作混合积, 有

$$(\boldsymbol{\xi},\boldsymbol{\beta},\boldsymbol{\gamma})=x(\boldsymbol{\alpha},\boldsymbol{\beta},\boldsymbol{\gamma})+y(\boldsymbol{\beta},\boldsymbol{\beta},\boldsymbol{\gamma})+z(\boldsymbol{\gamma},\boldsymbol{\beta},\boldsymbol{\gamma})=x(\boldsymbol{\alpha},\boldsymbol{\beta},\boldsymbol{\gamma}).$$

由于 $\boldsymbol{\alpha},\boldsymbol{\beta},\boldsymbol{\gamma}$ 不共面, $(\boldsymbol{\alpha},\boldsymbol{\beta},\boldsymbol{\gamma})\neq 0$, 得到

$$x=\frac{(\boldsymbol{\xi},\boldsymbol{\beta},\boldsymbol{\gamma})}{(\boldsymbol{\alpha},\boldsymbol{\beta},\boldsymbol{\gamma})}.$$

同理可得

$$y=\frac{(\boldsymbol{\alpha},\boldsymbol{\xi},\boldsymbol{\gamma})}{(\boldsymbol{\alpha},\boldsymbol{\beta},\boldsymbol{\gamma})},\quad z=\frac{(\boldsymbol{\alpha},\boldsymbol{\beta},\boldsymbol{\xi})}{(\boldsymbol{\alpha},\boldsymbol{\beta},\boldsymbol{\gamma})}.$$

所以

$$\boldsymbol{\xi}=\frac{(\boldsymbol{\xi},\boldsymbol{\beta},\boldsymbol{\gamma})}{(\boldsymbol{\alpha},\boldsymbol{\beta},\boldsymbol{\gamma})}\boldsymbol{\alpha}+\frac{(\boldsymbol{\alpha},\boldsymbol{\xi},\boldsymbol{\gamma})}{(\boldsymbol{\alpha},\boldsymbol{\beta},\boldsymbol{\gamma})}\boldsymbol{\beta}+\frac{(\boldsymbol{\alpha},\boldsymbol{\beta},\boldsymbol{\xi})}{(\boldsymbol{\alpha},\boldsymbol{\beta},\boldsymbol{\gamma})}\boldsymbol{\gamma}.$$

注 可以在学习解线性方程组的克拉默 (Cramer) 法则后, 再来看看这个例题的意义.

1.3 复 数

内容提要

复数就是形如 $z=x+\mathrm{i}y$ 的数, 其中 i 为虚数单位 $\sqrt{-1}$, 而 x,y 为实数, 分别称为复数 z 的**实部**和**虚部**, 记作 $\mathrm{Re}\,z$ 和 $\mathrm{Im}\,z$.

设 $z_1=x_1+\mathrm{i}y_1, z_2=x_2+\mathrm{i}y_2$ 为两个复数.

1. 复数的加法与减法

$$z_1+z_2=(x_1+x_2)+\mathrm{i}(y_1+y_2),$$
$$z_1-z_2=(x_1-x_2)+\mathrm{i}(y_1-y_2).$$

2. 复数的乘法

复数乘法的坐标表示:

设 $z_1=x_1+\mathrm{i}y_1, z_2=x_2+\mathrm{i}y_2$, 则

$$z_1z_2=(x_1+\mathrm{i}y_1)(x_2+\mathrm{i}y_2)=(x_1x_2-y_1y_2)+\mathrm{i}(x_1y_2+x_2y_1).$$

复数乘法的三角表示:

设 $z_1=r_1(\cos\theta_1+\mathrm{i}\sin\theta_1), z_2=r_2(\cos\theta_2+\mathrm{i}\sin\theta_2)$, 则

$$z_1z_2=r_1r_2(\cos(\theta_1+\theta_2)+\mathrm{i}\sin(\theta_1+\theta_2)).$$

几何意义: 设 z_1,z_2 在复平面内对应的向量分别为 $\overrightarrow{OP_1},\overrightarrow{OP_2}$, 则 z_1z_2 为向量 $\overrightarrow{OP}$, 它的模为 r_1r_2, 辐角为 $\theta_1+\theta_2$, 即对 θ_1 再沿逆时针方向旋转 θ_2.

3. 复数的除法

复数除法的坐标表示:

$$\frac{x_2+\mathrm{i}y_2}{x_1+\mathrm{i}y_1}=\frac{(x_2+\mathrm{i}y_2)(x_1-\mathrm{i}y_1)}{(x_1+\mathrm{i}y_1)(x_1-\mathrm{i}y_1)}=\frac{(x_1x_2+y_1y_2)+\mathrm{i}(x_1y_2-x_2y_1)}{x_1^2+y_1^2}.$$

复数除法的三角表示:

$$\frac{z_1}{z_2}=\frac{r_1}{r_2}(\cos(\theta_1-\theta_2)+\mathrm{i}\sin(\theta_1-\theta_2)).$$

几何意义: 设 z_1,z_2 在复平面内对应的向量分别为 $\overrightarrow{OP_1},\overrightarrow{OP_2}$, 则 z_1/z_2 为向量 $\overrightarrow{OP}$, 它的模为 r_1/r_2, 辐角为 $\theta_1-\theta_2$, 即对 θ_1 再沿顺时针方向旋转 θ_2.

4. 复数的乘方和开方

设 $z=r(\cos\theta+\mathrm{i}\sin\theta)$, n 为正整数, 则

$$z^n=r^n(\cos(n\theta)+\mathrm{i}\sin(n\theta)),$$
$$\sqrt[n]{z}=\sqrt[n]{r}\left(\cos\frac{2k\pi+\theta}{n}+\mathrm{i}\sin\frac{2k\pi+\theta}{n}\right).$$

例 题 分 析

例 1.28　已知 $z=1+\mathrm{i}$, 求 $\sqrt[n]{z}$.

解　由题意得

$$z=1+\mathrm{i}=\sqrt{2}\left(\cos\frac{\pi}{4}+\mathrm{i}\sin\frac{\pi}{4}\right),$$
$$\sqrt[n]{z}=\sqrt[2n]{2}\left(\cos\frac{2k\pi+\frac{\pi}{4}}{n}+\mathrm{i}\sin\frac{2k\pi+\frac{\pi}{4}}{n}\right)\quad(k=0,1,2,\cdots,n-1).$$

例 1.29　已知复数 $z=1+\mathrm{i}$. 如果 $\dfrac{z^2+az-b}{z^2-z+1}=7-\mathrm{i}$, 求实数 a,b 的值.

解　由题意得

$$\frac{z^2+az-b}{z^2-z+1}=\frac{(1+\mathrm{i})^2+a(1+\mathrm{i})-b}{(1+\mathrm{i})^2-(1+\mathrm{i})+1}=(a+2)-(a-b)\mathrm{i}=7-\mathrm{i}.$$

比较实部和虚部, 得 $a=5,b=4$.

例 1.30　设 z 为复数, $\omega=z+\dfrac{1}{z}$ 为实数, 且 $-1<\omega<2$. 求 $|z|$ 的值及 z 的实部取值范围.

解　设 $z=a+b\mathrm{i}(a,b\in\mathbf{R})$, 则

$$\omega=z+\frac{1}{z}=a+b\mathrm{i}+\frac{1}{a+b\mathrm{i}}=a+b\mathrm{i}+\frac{a-b\mathrm{i}}{a^2+b^2}=\left(a+\frac{a}{a^2+b^2}\right)+\left(b-\frac{b}{a^2+b^2}\right)\mathrm{i}.$$

由 ω 为实数知 $b-\dfrac{b}{a^2+b^2}=0$, 由 z 为复数知 $b\neq 0$, 所以 $a^2+b^2=1$, 即 $|z|=\sqrt{a^2+b^2}=1$. 则有 $\omega=2a$, 由 $-1<\omega<2$ 得 $-1/2<a<1$.

例 1.31* 给定实数 a,b,c, 已知复数 z_1,z_2,z_3 满足

$$|z_1|=|z_2|=|z_3|=1,\quad \frac{z_1}{z_2}+\frac{z_2}{z_3}+\frac{z_3}{z_1}=1.$$

求 $|az_1+bz_2+cz_3|$ 的值.

解 设 $\dfrac{z_1}{z_2}=\mathrm{e}^{\mathrm{i}\theta}$, $\dfrac{z_2}{z_3}=\mathrm{e}^{\mathrm{i}\varphi}$, 得

$$\frac{z_3}{z_1}=\mathrm{e}^{-\mathrm{i}(\theta+\varphi)}.$$

对 $\mathrm{e}^{\mathrm{i}\theta}+\mathrm{e}^{\mathrm{i}\varphi}+\mathrm{e}^{-\mathrm{i}(\theta+\varphi)}=1$ 两边取虚部, 得

$$\begin{aligned}\sin\theta+\sin\varphi-\sin(\theta+\varphi)&=2\sin\frac{\theta+\varphi}{2}\cos\frac{\theta-\varphi}{2}-2\sin\frac{\theta+\varphi}{2}\cos\frac{\theta+\varphi}{2}\\&=2\sin\frac{\theta+\varphi}{2}\left(\cos\frac{\theta-\varphi}{2}-\cos\frac{\theta+\varphi}{2}\right)\\&=4\sin\frac{\theta+\varphi}{2}\sin\frac{\theta}{2}\sin\frac{\varphi}{2}=0.\end{aligned}$$

故 $\theta=2k\pi$ 或 $\varphi=2k\pi$ 或 $\theta+\varphi=2k\pi$ (k 是整数). 由此 $z_1=z_2$ 或 $z_2=z_3$ 或 $z_3=z_1$.

如果 $z_1=z_2$, 则

$$1+\frac{z_1}{z_3}+\frac{z_3}{z_1}=1\quad\Rightarrow\quad\left(\frac{z_3}{z_1}\right)^2+1=0\quad\Rightarrow\quad\frac{z_3}{z_1}=\pm\mathrm{i},$$

$$|az_1+bz_2+cz_3|=|z_1|\cdot|a+b\pm\mathrm{i}c|=\sqrt{(a+b)^2+c^2}.$$

同理, 如果 $z_2=z_3$, 则

$$|az_1+bz_2+cz_3|=\sqrt{(b+c)^2+a^2}.$$

如果 $z_3=z_1$, 则

$$|az_1+bz_2+cz_3|=\sqrt{(a+c)^2+b^2}.$$

习 题 1

注 以下各题中涉及的坐标系均为直角坐标系.

1. 设 $\overrightarrow{AM}=\overrightarrow{MB}$. 证明: 对任意一点 O, $\overrightarrow{OM}=\dfrac{1}{2}(\overrightarrow{OA}+\overrightarrow{OB})$.

2. 设 O 为一定点, A,B,C 为不共线的三点. 证明: 点 M 位于平面 ABC 上的充分必要条件是存在实数 k_1,k_2,k_3, 使得

$$\overrightarrow{OM}=k_1\overrightarrow{OA}+k_2\overrightarrow{OB}+k_3\overrightarrow{OC},\quad 且\quad k_1+k_2+k_3=1.$$

3. 证明: 向量 $\boldsymbol{a}-\boldsymbol{b}+\boldsymbol{c}, -2\boldsymbol{a}+3\boldsymbol{b}-2\boldsymbol{c}, 2\boldsymbol{a}-\boldsymbol{b}+2\boldsymbol{c}$ 线性相关.

4. 证明: 三维空间中四个或四个以上的向量一定线性相关.

5. 设 $\boldsymbol{e}_1,\boldsymbol{e}_2,\boldsymbol{e}_3$ 为一组基.

(1) 证明: $\boldsymbol{a}=\boldsymbol{e}_1+2\boldsymbol{e}_2-\boldsymbol{e}_3, \boldsymbol{b}=2\boldsymbol{e}_1+\boldsymbol{e}_2+\boldsymbol{e}_3, \boldsymbol{c}=3\boldsymbol{e}_1+2\boldsymbol{e}_3$ 为一组基;

(2) 设 $\tilde{\boldsymbol{c}}=3\boldsymbol{e}_1+x\boldsymbol{e}_2+2\boldsymbol{e}_3$, 当 x 取何值时, $\boldsymbol{a},\boldsymbol{b},\tilde{\boldsymbol{c}}$ 共面?

6. 已知三点 $A(2,1,-1),B(3,5,1),C(1,-3,-3)$, 问 A,B,C 是否共线?

7. 已知线段 AB 被点 $C(1,2,3)$ 和点 $D(2,-1,5)$ 三等分, 求端点 A,B 的坐标.

8. 已知向量 $\boldsymbol{a}$ 与 Ox 轴和 Oy 轴的夹角分别是 $\alpha=60°,\beta=120°$, 且 $|\boldsymbol{a}|=2$, 求 $\boldsymbol{a}$ 的坐标.

9. 设 $\boldsymbol{a}=(1,-2,4),\boldsymbol{b}=(2,2,1)$, 试计算 $\boldsymbol{a}\cdot\boldsymbol{b}$, $(\boldsymbol{a}+\boldsymbol{b})\cdot(\boldsymbol{a}-\boldsymbol{b})$, $(\boldsymbol{a}-\boldsymbol{b})^2$.

10. 设三个向量 $\boldsymbol{a},\boldsymbol{b},\boldsymbol{c}$ 两两间的夹角均为 $45°$, 且 $|\boldsymbol{a}|=1,|\boldsymbol{b}|=2,|\boldsymbol{c}|=3$. 求向量 $\boldsymbol{a}+2\boldsymbol{b}-\boldsymbol{c}$ 的模.

11. 设 $\boldsymbol{a},\boldsymbol{b},\boldsymbol{c}$ 是满足 $\boldsymbol{a}+\boldsymbol{b}+\boldsymbol{c}=\boldsymbol{0}$ 的单位向量, 试求 $\boldsymbol{a}\cdot\boldsymbol{b}+\boldsymbol{b}\cdot\boldsymbol{c}+\boldsymbol{c}\cdot\boldsymbol{a}$ 的值.

12. 设向量 $\boldsymbol{a},\boldsymbol{b}$ 的夹角为 $60°$, 且 $|\boldsymbol{a}|=1,|\boldsymbol{b}|=2$, 试求 $(\boldsymbol{a}\times\boldsymbol{b})^2$, $|(\boldsymbol{a}+\boldsymbol{b})\times(\boldsymbol{a}-\boldsymbol{b})|$.

13. 设向量 $\boldsymbol{a}=(1,-1,2),\boldsymbol{b}=(2,3,-4)$, 求 $\boldsymbol{a}\times\boldsymbol{b}$, $(\boldsymbol{a}+\boldsymbol{b})\times(\boldsymbol{a}-\boldsymbol{b})$.

14. 一个四面体的顶点为 $A(1,2,3)$, $B(-1,0,2)$, $C(2,4,5)$, $D(0,-3,4)$, 求它的体积.

15. 判断下列结论是否成立, 不成立时请举例说明.

(1) 若 $\boldsymbol{a}\cdot\boldsymbol{b}=0$, 则 $\boldsymbol{a}=\boldsymbol{0}$ 或 $\boldsymbol{b}=\boldsymbol{0}$;

(2) 若 $\boldsymbol{a}\times\boldsymbol{b}=\boldsymbol{a}\times\boldsymbol{c}$, 则必有 $\boldsymbol{b}=\boldsymbol{c}$;

(3) $(\boldsymbol{a}\cdot\boldsymbol{b})\boldsymbol{c}=\boldsymbol{a}(\boldsymbol{b}\cdot\boldsymbol{c})$;

(4) $(\boldsymbol{a}\cdot\boldsymbol{b})^2=\boldsymbol{a}^2\cdot\boldsymbol{b}^2$;

(5) $(\boldsymbol{a}+\boldsymbol{b})\times(\boldsymbol{a}+\boldsymbol{b})=\boldsymbol{a}\times\boldsymbol{a}+2\boldsymbol{a}\times\boldsymbol{b}+\boldsymbol{b}\times\boldsymbol{b}$;

(6) $(\boldsymbol{a}\times\boldsymbol{b})\cdot\boldsymbol{c}=\boldsymbol{a}\times(\boldsymbol{b}\cdot\boldsymbol{c})$.

16. 证明下列等式:

(1) $(\boldsymbol{a}\times\boldsymbol{b})^2=\boldsymbol{a}^2\boldsymbol{b}^2-(\boldsymbol{a}\cdot\boldsymbol{b})^2$;

(2) $(\boldsymbol{a}\times\boldsymbol{b})\times\boldsymbol{c}+(\boldsymbol{b}\times\boldsymbol{c})\times\boldsymbol{a}+(\boldsymbol{c}\times\boldsymbol{a})\times\boldsymbol{b}=\boldsymbol{0}$.

17. 证明共轭复数的下列性质:

$$|z|^2=z\bar{z},\quad \overline{z_1+z_2}=\overline{z_1}+\overline{z_2},\quad \overline{z_1z_2}=\overline{z_1}\,\overline{z_2}.$$

18. 设 $z=\cos\theta+\mathrm{i}\sin\theta\neq 1$, 求 $\dfrac{1+z}{1-z}$.

19. 求下列和式:

(1) $1+\cos\theta+\cos(2\theta)+\cdots+\cos(n\theta)$;

(2) $\sin\theta+\sin(2\theta)+\cdots+\sin(n\theta)$.

20. 证明: $|1+z_1\overline{z_2}|^2+|z_1-z_2|^2=(1+|z_2|^2)(1+|z_1|^2)$.

第 2 章　空间解析几何

2.1　直线与平面

内 容 提 要

1. 空间直线方程的几种形式

一个点、一个方向确定一条直线, 即经过一点 $M_0(x_0,y_0,z_0)$, 平行一非零向量 $\boldsymbol{v}=(l,m,n)$ 有唯一的一条直线 M_0M, 其中 $M(x,y,z)$ 为动点.

(1) 向量式

$$\begin{aligned}\overrightarrow{M_0M}\text{与}\boldsymbol{v}\text{共线}\quad &\Leftrightarrow\quad \overrightarrow{M_0M}=\lambda\boldsymbol{v}\quad (\lambda\text{ 为参数})\\ &\Leftrightarrow\quad \boldsymbol{r}=\boldsymbol{r}_0+\lambda\boldsymbol{v},\quad \boldsymbol{r}_0=\overrightarrow{OM_0},\ \boldsymbol{r}=\overrightarrow{OM}.\end{aligned}$$

(2) 参数式

$$\begin{cases}x=x_0+\lambda l,\\ y=y_0+\lambda m,\quad (\lambda\text{ 为参数}, -\infty<\lambda<+\infty).\\ z=z_0+\lambda n\end{cases}$$

(3) 点向式

$$\frac{x-x_0}{l}=\frac{y-y_0}{m}=\frac{z-z_0}{n}.$$

(4) 两点式

过空间两点 $M_0(x_0,y_0,z_0)$, $M_1(x_1,y_1,z_1)$ 的直线方程为

$$\frac{x-x_0}{x_1-x_0}=\frac{y-y_0}{y_1-y_0}=\frac{z-z_0}{z_1-z_0}.$$

(5) 一般式 (直线看成两不平行平面的交线)

$$\begin{cases}A_1x+B_1y+C_1z+D_1=0,\\ A_2x+B_2y+C_2z+D_2=0.\end{cases}$$

2. 空间平面方程的几种形式

两相交的直线可以确定一个平面, 相当于一个点、两个方向. 设 $M_0(x_0,y_0,z_0), M_1(x_1,y_1,z_1)$, $M_2(x_2,y_2,z_2)$ 为不共线的三点, $\boldsymbol{n}=(A,B,C)$ 为平面法向量, $\boldsymbol{v}_1=(l_1,m_1,n_1), \boldsymbol{v}_2=(l_2,m_2,n_2)$ 为两个不共线的向量, $M(x,y,z)$ 为平面上任一点.

(1) 向量式

已知平面过 M_0 与两不共线向量 $\boldsymbol{v}_1$, $\boldsymbol{v}_2$, 则

$$\begin{aligned} M_0M\text{与}\boldsymbol{v}_1,\ \boldsymbol{v}_2\text{共面} \quad &\Leftrightarrow \quad \overrightarrow{M_0M}=s\boldsymbol{v}_1+t\boldsymbol{v}_2 \quad (s,t\text{为参数}) \\ &\Leftrightarrow \quad \boldsymbol{r}=\boldsymbol{r}_0+s\boldsymbol{v}_1+t\boldsymbol{v}_2, \quad \boldsymbol{r}=\overrightarrow{OM},\ \boldsymbol{r}_0=\overrightarrow{OM_0}. \end{aligned}$$

(2) 参数式

已知平面过 M_0 及 $\boldsymbol{v}_1$, $\boldsymbol{v}_2$, 则

$$\begin{cases} x=x_0+sl_1+tl_2, \\ y=y_0+sm_1+tm_2, \\ z=z_0+sn_1+tn_2 \end{cases} \quad (s,t\ \text{为参数}).$$

(3) 点法式

已知平面过点 M_0, 法向量为 $\boldsymbol{n}$, 则

$$A(x-x_0)+B(y-y_0)+C(z-z_0)=0.$$

(4) 一般式

$$Ax+By+Cz+D=0.$$

只要 A,B,C 不全为 0, 它就表示空间的一个平面, $D=0$ 表示平面过原点.

(5) 三点式

已知平面过三点 M_0,M_1,M_2, 则

$$\overrightarrow{M_0M}\cdot(\overrightarrow{M_0M_1}\times\overrightarrow{M_0M_2})=0.$$

写成坐标形式, 即为

$$\begin{vmatrix} x-x_0 & y-y_0 & z-z_0 \\ x_1-x_0 & y_1-y_0 & z_1-z_0 \\ x_2-x_0 & y_2-y_0 & z_2-z_0 \end{vmatrix}=0.$$

(6) 截距式

$$\frac{x}{\alpha}+\frac{y}{\beta}+\frac{z}{\gamma}=1.$$

α,β,γ 分别是平面截三坐标轴所得的截距.

3. 点到直线的距离

已知直线 L: $\dfrac{x-x_0}{l}=\dfrac{y-y_0}{m}=\dfrac{z-z_0}{n}$, 直线外有一点 $M_1(x_1,y_1,z_1)$, 求点 M_1 到直线 L 的距离 d. 令 $M_0=(x_0,y_0,z_0)$, $\boldsymbol{v}=(l,m,n)$, 则

$$d=\frac{|\boldsymbol{v}\times\overrightarrow{M_0M_1}|}{|\boldsymbol{v}|}.$$

4. 点到平面的距离

设平面 π： $Ax+By+Cz+D=0$ 及平面外一点 $M_0(x_0,y_0,z_0)$, 则 M_0 到 π 的距离 (垂直距离) 为

$$d=\frac{|Ax_0+By_0+Cz_0+D|}{\sqrt{A^2+B^2+C^2}}.$$

5. 两直线的位置关系 (共面或异面)

设有两直线

$$L_1:\quad \frac{x-x_1}{l_1}=\frac{y-y_1}{m_1}=\frac{z-z_1}{n_1},$$
$$L_2:\quad \frac{x-x_2}{l_2}=\frac{y-y_2}{m_2}=\frac{z-z_2}{n_2}.$$

(1) L_1, L_2 共面 (相交或平行)

$$\Leftrightarrow \begin{vmatrix} x_2-x_1 & y_2-y_1 & z_2-z_1 \\ l_1 & m_1 & n_1 \\ l_2 & m_2 & n_2 \end{vmatrix}=0.$$

特别地, L_1 与 L_2 平行或重合 $\Leftrightarrow$ $\boldsymbol{v}_1=\lambda\boldsymbol{v}_2$.
(2) L_1 与 L_2 异面 (不共面, 既不相交也不平行)
设异面直线 L_1,L_2 的夹角为 φ, 则

$$\cos\varphi=\frac{\boldsymbol{v}_1\cdot\boldsymbol{v}_2}{|\boldsymbol{v}_1||\boldsymbol{v}_2|}=\frac{l_1l_2+m_1m_2+n_1n_2}{\sqrt{l_1^2+m_1^2+n_1^2}\sqrt{l_2^2+m_2^2+n_2^2}}.$$

设 CD 是 L_1 和 L_2 的公垂线 (同时与 L_1 和 L_2 垂直相交的直线). 则 L_1 与 L_2 的距离为

$$d=|CD|=\frac{|(\boldsymbol{v}_1\times\boldsymbol{v}_2)\cdot\overrightarrow{M_1M_2}|}{|\boldsymbol{v}_1\times\boldsymbol{v}_2|}.$$

6. 两平面的位置关系 (平行、重合、相交、垂直)

设有两平面

$$\pi_1:\quad A_1x+B_1y+C_1z+D_1=0,$$
$$\pi_2:\quad A_2x+B_2y+C_2z+D_2=0.$$

(1) π_1, π_2 平行 $\Leftrightarrow$ $\dfrac{A_1}{A_2}=\dfrac{B_1}{B_2}=\dfrac{C_1}{C_2}\neq\dfrac{D_1}{D_2}$.

(2) π_1, π_2 重合 $\Leftrightarrow$ $\dfrac{A_1}{A_2}=\dfrac{B_1}{B_2}=\dfrac{C_1}{C_2}=\dfrac{D_1}{D_2}$.

(3) π_1, π_2 相交 $\Leftrightarrow$ x,y,z 的对应系数不成比例.

两个平面相交所成的二面角 (两个互补的角) φ 定义为其法向量 $\boldsymbol{n}_1$, $\boldsymbol{n}_2$ 所夹的锐角或直角. 即

$$\cos\varphi=\frac{|\boldsymbol{n}_1\cdot\boldsymbol{n}_2|}{|\boldsymbol{n}_1||\boldsymbol{n}_2|}=\frac{|A_1A_2+B_1B_2+C_1C_2|}{\sqrt{A_1^2+B_1^2+C_1^2}\sqrt{A_2^2+B_2^2+C_2^2}}.$$

(4) π_1, π_2 垂直 $\Leftrightarrow$ $\boldsymbol{n}_1\perp\boldsymbol{n}_2$ $\Leftrightarrow$ $A_1A_2+B_1B_2+C_1C_2=0$.

7. 直线与平面的关系 (平行或相交)

设直线为 $\dfrac{x-x_0}{l}=\dfrac{y-y_0}{m}=\dfrac{z-z_0}{n}$, 平面方程为 $Ax+By+Cz+D=0$, 则直线的方向向量为 $\boldsymbol{v}=(l,m,n)$, 平面的法向量为 $\boldsymbol{n}=(A,B,C)$.

(1) 若 $\boldsymbol{v}\cdot\boldsymbol{n}\neq0$, 则直线与平面相交.

(2) 若 $\boldsymbol{v}\cdot\boldsymbol{n}=0$, 且点 $M_0(x_0,y_0,z_0)$ 不在平面上, 即

$$Ax_0+By_0+Cz_0+D\neq0,$$

则直线与平面平行.

(3) 若 $\boldsymbol{v}\cdot\boldsymbol{n}=0$, 且点 $M_0(x_0,y_0,z_0)$ 在平面上, 则直线在平面内.

8. 平面束方程

设空间直线 L 的方程为

$$\begin{cases}A_1x+B_1y+C_1z+D_1=0,\\A_2x+B_2y+C_2z+D_2=0.\end{cases}$$

则

$$\lambda_1(A_1x+B_1y+C_1z+D_1)+\lambda_2(A_2x+B_2y+C_2z+D_2)=0.$$

其中, λ_1 与 λ_2 是不全为零的任意常数. 上式表示通过直线 L 的所有平面.

例 题 分 析

例 2.1　求过点 $(1,1,1)$ 且与直线 l_1: $x=\dfrac{y}{2}=\dfrac{z}{3}$ 和 l_2: $\dfrac{x-1}{2}=y+2=\dfrac{z-3}{4}$ 都相交的直线方程.

解　设所求直线方程为 L: $\dfrac{x-1}{l}=\dfrac{y-1}{m}=\dfrac{z-1}{n}$.

设 $\boldsymbol{v}_1=(1,2,3)$, $M_1=(0,0,0)$, $M=(1,1,1)$, $\boldsymbol{v}=(l,m,n)$, $\boldsymbol{v}_2=(2,1,4)$, $M_2=(1,-2,3)$.

因为 L 与 l_1 共面相交, 所以 $\boldsymbol{v}_1$, $\boldsymbol{v}$, $\overrightarrow{M_1M}$ 共面, 即

$$\overrightarrow{M_1M}\cdot(\boldsymbol{v}_1\times\boldsymbol{v})=0,\quad 即\quad l-2m+n=0. \tag{1}$$

同理, L 与 l_2 共面相交, 所以 $\boldsymbol{v}_2$, $\boldsymbol{v}$, $\overrightarrow{M_2M}$ 共面, 即

$$14l-4m-6n=0. \tag{2}$$

由式 (1)、式 (2) 解得 $m=\frac{5}{4}l,\ n=\frac{3}{2}l$, 不妨设 $l=4$. 于是可取 $(l,m,n)=(4,5,6)$. 从而所求直线方程为

$$\frac{x-1}{4}=\frac{y-1}{5}=\frac{z-1}{6}.$$

例 2.2 求原点到直线 $l:\frac{x-5}{4}=\frac{y-2}{3}=\frac{z+1}{-2}$ 的垂线方程.

解 设交点为 $D(5+4t,2+3t,-1-2t)$, 则

$$OD\perp l,\quad (4,3,-2)\cdot(5+4t-0,2+3t-0,-1-2t-0)=0,$$

即

$$4(5+4t)+3(2+3t)-2(-1-2t)=0 \quad\Rightarrow\quad t=-\frac{28}{29}.$$

故交点为 $\left(\frac{33}{29},-\frac{26}{29},\frac{27}{29}\right)$, 从而所求直线方程为

$$\frac{x}{33}=\frac{y}{-26}=\frac{z}{27}.$$

例 2.3 分别求出满足下列条件的直线方程:

(1) 过点 $(2,3,-8)$ 且平行于直线 $\frac{x-2}{3}=\frac{y}{-2}=\frac{z+8}{5}$;

(2) 过点 $(0,2,4)$ 且与两平面 $x+2z=1,\ y-3z=2$ 都平行;

(3) 过点 $(-1,-4,3)$ 且与两直线

$$\text{I}:\begin{cases}2x-4y+z=1,\\ x+3y=-5,\end{cases}\qquad \text{II}:\begin{cases}x=2+4t,\\ y=-1-t,\\ z=-3+2t\end{cases}$$

都垂直.

解 (1) 直线方程为

$$\frac{x-2}{3}=\frac{y-3}{-2}=\frac{z+8}{5}.$$

(2) $\boldsymbol{v}=(1,0,2)\times(0,1,-3)=(-2,3,1)$ 即为直线方向, 所以直线方程为

$$\frac{x}{-2}=\frac{y-2}{3}=z-4.$$

(3) 直线 I 的方程可写成参数形式:

$$\begin{cases}x=3t-5,\\ y=-t,\\ z=11-10t,\end{cases}$$

即

$$t=\frac{x+5}{3}=\frac{y}{-1}=\frac{z-11}{-10}.$$

直线Ⅱ可化为

$$\frac{x-2}{4}=\frac{y+1}{-1}=\frac{z+3}{2}.$$

故

$$\boldsymbol{v}=(3,-1,-10)\times(4,-1,2)=(-12,-46,1).$$

所以所求直线方程为

$$\frac{x+1}{-12}=\frac{y+4}{-46}=\frac{z-3}{1}.$$

例 2.4 求过点 $M_1(2,-1,3)$ 和 $M_2(3,1,2)$ 且垂直于平面 $\pi_0:6x-2y+3z+7=0$ 的平面方程.

分析 为了确定所求平面的法向量 $\boldsymbol{n}$, 只要先求出与 $\boldsymbol{n}$ 同时垂直的两个不共线的向量, 然后利用向量积即可得到 $\boldsymbol{n}$.

解 依题设知 $\overrightarrow{M_1M_2}=(1,2,-1)$, 且 $\overrightarrow{M_1M_2}\perp\boldsymbol{n}$. 又平面 π_0 垂直于所求平面, 故其法向量 $\boldsymbol{n}_0\perp\boldsymbol{n}$, 所以可取

$$\boldsymbol{n}=\overrightarrow{M_1M_2}\times\boldsymbol{n}_0=\begin{vmatrix}\boldsymbol{i}&\boldsymbol{j}&\boldsymbol{k}\\1&2&-1\\6&-2&3\end{vmatrix}=(4,-9,-14).$$

又所求平面过点 M_1, 故所求平面的方程为 $4(x-2)-9(y+1)-14(z-3)=0$, 即 $4x-9y-14z+25=0$.

注 建立平面方程时, 要善于把确定平面的几何条件转化为向量之间的关系.

例 2.5 求两点 $M_1(x_1,y_1,z_1)$, $M_2(x_2,y_2,z_2)$ 的垂直平分面 (中垂面) 的方程.

解 (方法 1) M_1M_2 的中点为 $M_0\left(\dfrac{x_1+x_2}{2},\dfrac{y_1+y_2}{2},\dfrac{z_1+z_2}{2}\right)$, M_1M_2 的垂直平分面就是过点 M_0 且以 M_1M_2 为法向量的平面, 故它的方程为

$$(x_2-x_1)\left(x-\frac{x_1+x_2}{2}\right)+(y_2-y_1)\left(y-\frac{y_1+y_2}{2}\right)+(z_2-z_1)\left(z-\frac{z_1+z_2}{2}\right)=0.$$

化简后得

$$(x_2-x_1)x+(y_2-y_1)y+(z_2-z_1)z=\frac{1}{2}((x_2^2-x_1^2)+(y_2^2-y_1^2)+(z_2^2-z_1^2)).$$

(方法 2) 设 $M(x,y,z)$ 是 $\overline{M_1M_2}$ 的垂直平分面上动点的坐标, 它到点 M_1 和 M_2 的距离相等, 即 $|M_1M|=|M_2M|$, 写成坐标形式为

$$(x-x_1)^2+(y-y_1)^2+(z-z_1)^2=(x-x_2)^2+(y-y_2)^2+(z-z_2)^2.$$

化简后得

$$(x_2-x_1)x+(y_2-y_1)y+(z_2-z_1)z=\frac{1}{2}((x_2^2-x_1^2)+(y_2^2-y_1^2)+(z_2^2-z_1^2)).$$

例 2.6 求通过点 $M(1,3,-1)$ 且同时垂直于两个平面 $2x-z+1=0$ 和 $y=0$ 的平面方程.

解 设所求平面的法向量为 $\boldsymbol{n}$, 则由题意, $\boldsymbol{n}$ 同时垂直于两个已知平面的法向量, 而 $2x-z+1=0$ 和 $y=0$ 的法向量分别为

$$\boldsymbol{n}_1=(2,0,-1),\quad \boldsymbol{n}_2=(0,1,0).$$

所以

$$\boldsymbol{n}=\boldsymbol{n}_1\times\boldsymbol{n}_2=\begin{vmatrix}\boldsymbol{i}&\boldsymbol{j}&\boldsymbol{k}\\2&0&-1\\0&1&0\end{vmatrix}=(1,0,2).$$

故所求平面方程为

$$(x-1)+2(z+1)=0,$$

即

$$x+2z+1=0.$$

例 2.7 设平面通过点 $(4,-7,5)$ 且在 x,y,z 三个坐标轴上的截距相等, 求平面方程.

解 利用平面的截距式方程. 由题设, 可令平面方程为

$$\frac{x}{a}+\frac{y}{a}+\frac{z}{a}=1.$$

又 $\dfrac{4}{a}+\dfrac{-7}{a}+\dfrac{5}{a}=1$, 得 $a=2$. 故平面方程为 $x+y+z-2=0$.

例 2.8 求直线 $\begin{cases}x+y-z-1=0,\\x-y+z+1=0\end{cases}$ 在平面 $x+y+z=0$ 上的投影直线的方程.

解 (方法 1) 直线与平面的交点坐标满足

$$\begin{cases}x+y-z-1=0,\\x-y+z+1=0,\\x+y+z=0.\end{cases}$$

即坐标为 $\left(0,\dfrac{1}{2},\dfrac{-1}{2}\right)$. 已知直线的方向向量为

$$\boldsymbol{v}_1=(1,1,-1)\times(1,-1,1)=(0,-2,-2).$$

令

$$\boldsymbol{v}_2=\boldsymbol{v}_1\times\boldsymbol{n}=(0,-2,-2)\times(1,1,1)=(0,-2,2).$$

所以所求直线的方向向量为

$$\boldsymbol{v}_2\times\boldsymbol{n}=(0,-2,2)\times(1,1,1)=(-4,2,2).$$

故所求直线方程为

$$\frac{x}{2}=\frac{y-\frac{1}{2}}{-1}=\frac{z+\frac{1}{2}}{-1}.$$

(方法 2) 投影直线落在平面 $x+y+z=0$ 上, 也落在过已知直线的某平面上, 可设为

$$x+y-z-1+\lambda(x-y+z+1)=0. \tag{1}$$

其垂直于平面

$$x+y+z=0.$$

故

$$(1+\lambda,1-\lambda,-1+\lambda)\cdot(1,1,1)=0,$$

即

$$1+\lambda+1-\lambda-1+\lambda=0 \quad \Leftrightarrow \quad \lambda=-1.$$

代入式 (1), 有 $y-z-1=0$. 故所求直线为

$$\begin{cases} x+y+z=0, \\ y-z-1=0. \end{cases}$$

例 2.9　一平面过从点 $M(1,-1,1)$ 到直线 L: $\begin{cases} y-z+1=0, \\ x=0 \end{cases}$ 的垂线, 并垂直于平面 $z=0$, 试求其方程.

解　直线 L 的方向向量为

$$\boldsymbol{v}=(0,1,-1)\times(1,0,0)=(0,-1,-1).$$

设点 M 到直线 L 的垂足为 $P(x_0,y_0,z_0)$, 则

$$(x_0-1,y_0+1,z_0-1)\cdot(0,-1,-1)=0,$$

即

$$y_0+z_0=0.$$

又点 P 在直线 L 上, 所以

$$\begin{cases} y_0-z_0+1=0, \\ x_0=0, \\ y_0+z_0=0, \end{cases}$$

解得

$$\begin{cases} x_0=0, \\ y_0=-\dfrac{1}{2}, \\ z_0=\dfrac{1}{2}. \end{cases}$$

所以垂线方程为

$$\frac{x-1}{1}=\frac{y+1}{-\dfrac{1}{2}}=\frac{z-1}{\dfrac{1}{2}}.$$

则所求平面的法向量为

$$\boldsymbol{n}=\left(1,-\frac{1}{2},\frac{1}{2}\right)\times(0,0,1)=\left(-\frac{1}{2},-1,0\right).$$

故所求平面方程为

$$-\frac{1}{2}(x-1)-(y+1)=0,$$

即 $x+2y+1=0$.

例 2.10 分别按下列各组条件求平面方程:

(1) 平分两点 $A(2,3,4)$ 和 $B(3,1,5)$ 间的线段且垂直于线段 AB;

(2) 与平面 $6x+3y+2z+12=0$ 平行, 而点 $(0,2,-1)$ 到这两个平面的距离相等;

(3) 经过点 $M(0,0,1)$ 及 $N(3,0,0)$, 并与 Oxy 平面成 $\pi/3$ 角;

(4) 通过 x 轴, 且点 $(5,4,13)$ 到这个平面的距离为 8 个单位.

解 (1) 平面的法向量与 $\overrightarrow{AB}$ 同向, 可令

$$\boldsymbol{n}=\overrightarrow{AB}=(1,-2,1).$$

而 AB 中点 M 的坐标为 $\left(\frac{5}{2},2,\frac{9}{2}\right)$, 平面过点 M 且法向量为 $\boldsymbol{n}$, 故

$$\left(x-\frac{5}{2}\right)-2(y-2)+\left(z-\frac{9}{2}\right)=0,$$

即 $x-2y+z-3=0$.

(2) 因为所求平面与 $6x+3y+2z+12=0$ 平行, 所以可设平面为

$$6x+3y+2z+a=0.$$

由已知条件得

$$\frac{|3\times2+2\times(-1)+12|}{\sqrt{6^2+3^2+2^2}}=\frac{|3\times2+2\times(-1)+a|}{\sqrt{6^2+3^2+2^2}},$$

即 $4+a=\pm16$, 解得 $a=12$ 或 $a=-20$. 则由题意知 $a=-20$.

故平面方程为 $6x+3y+2z-20=0$.

(3) 因为平面与 Oxy 平面成 $\pi/3$ 角, 所以可设法向量为

$$\boldsymbol{n}=\left(a,b,\cos\frac{\pi}{3}\right),$$

且

$$a^2+b^2+\cos^2\frac{\pi}{3}=1.$$

得

$$a^2+b^2=\frac{3}{4}.$$

又因为 $\boldsymbol{n}\perp\overrightarrow{MN}$, 即 $\boldsymbol{n}\cdot\overrightarrow{MN}=0$, 亦即 $3a-\cos\frac{\pi}{3}=0$, 所以 $a=\frac{1}{6}$, 故 $b=\pm\frac{\sqrt{26}}{6}$.

因此所求平面方程为

$$\frac{1}{6}(x-0)\pm\frac{\sqrt{26}}{6}(y-0)+\frac{1}{2}(z-1)=0,$$

即

$$x\pm\sqrt{26}y+3z-3=0.$$

(4) 因为平面通过 x 轴, 所以可设平面方程为

$$ay+bz=0.$$

由题意得

$$\frac{|4a+13b|}{\sqrt{a^2+b^2}}=8,$$

即

$$64(a^2+b^2)=16a^2+104ab+169b^2.$$

令 $b=4$, 则

$$3a^2-26a-105=0,$$

解得 $a=-3$ 或 $a=\frac{35}{3}$.

故所求平面方程为

$$3y-4z=0 \quad 或 \quad 35y+12z=0.$$

例 2.11　求与两平面 $x+y-2z-2=0$ 和 $x+y-2z+2=0$ 等距离的平面.

解　设 $M(x,y,z)$ 为所求平面上的任一点, 则由题意得

$$\begin{aligned}\frac{|x+y-2z-2|}{\sqrt{1^2+1^2+2^2}}&=\frac{|x+y-2z+2|}{\sqrt{1^2+1^2+2^2}}\\ \Rightarrow\quad x+y-2z-2&=-(x+y-2z+2)\\ \Rightarrow\quad x+y-2z&=0.\end{aligned}$$

这就是所求平面方程.

例 2.12　求点 $(1,1,1)$ 关于平面 $6x+2y-9z+122=0$ 对称的点的坐标.

解　可设该点的坐标为 $(6t+1,2t+1,-9t+1)$, 则点 $\left(3t+1,t+1,-\frac{9}{2}t+1\right)$ 应在平面上, 即

$$18t+2t+\frac{81}{2}t+121=0 \quad\Rightarrow\quad t=-2.$$

故所求点的坐标为 $(-11,-3,19)$.

例 2.13　求点 $(1,2,3)$ 关于直线 $\frac{x}{1}=\frac{y-4}{-3}=\frac{z-3}{-2}$ 对称的点的坐标.

解　可设点 $(1,2,3)$ 在直线上的投影为 $(t,4-3t,3-2t)$, 则

$$(t-1,4-3t-2,3-2t-3)\cdot(1,-3,-2)=0,$$

即

$$14t-7=0 \quad \Rightarrow \quad t=\frac{1}{2}.$$

故投影点为 $\left(\frac{1}{2},\frac{5}{2},2\right)$ (投影点是已知点与所求点的中点), 从而所求点的坐标为 $(0,3,1)$.

例 2.14 求点 $(2,3,1)$ 在直线 $x=t-7$, $y=2t-2$, $z=3t-2$ 上的投影.

解 可设投影为 $(t-7,2t-2,3t-2)$, 故

$$\begin{aligned}&(t-7-2,2t-2-3,3t-2-1)\cdot(1,2,3)=0\\ \Rightarrow\quad & t-9+4t-10+9t-9=0 \quad\Rightarrow\quad t=2.\end{aligned}$$

所以投影点的坐标为 $(-5,2,4)$.

例 2.15 求点 $(2,1,0)$ 在平面 $x+2y-z+1=0$ 上的投影.

解 过点 $(2,1,0)$ 且垂直所给平面的直线方程为

$$\begin{cases}x=2+t,\\ y=1+2t,\\ z=-t.\end{cases}$$

代入平面方程, 得

$$2+t+2+4t+t+1=0 \quad\Rightarrow\quad t=-\frac{5}{6}.$$

故所求投影点的坐标为 $\left(\frac{7}{6},-\frac{2}{3},\frac{5}{6}\right)$.

例 2.16 试判定点 $M(2,-1,1)$ 与原点在平面

$$x+5y+12z-1=0$$

的同侧还是异侧.

解 空间一平面 $Ax+By+Cz+D=0$ 将空间中的点分成三部分: 在平面上以及在平面的两侧. 平面上的点的坐标满足平面方程, 平面一侧的点的坐标满足 $Ax+By+Cz+D>0$, 而另一侧的点的坐标满足 $Ax+By+Cz+D<0$, 因此 $Ax+By+Cz+D$ 的值的正负可以判断两个 (或两个以上) 点是否在平面的同一侧. 本题中, 由于

$$\begin{aligned}&2+5\cdot(-1)+12-1=8>0,\\ &0+5\cdot 0+12\cdot 0-1=-1<0,\end{aligned}$$

因此点 $M(2,-1,1)$ 与原点在平面 $x+5y+12z-1=0$ 的异侧.

例 2.17 求下面两直线的夹角:

$$\begin{cases}2x-2y-z+8=0,\\ x+2y-2z+1=0\end{cases} \quad 和 \quad \begin{cases}4x+y+3z-21=0,\\ 2x+2y-3z+15=0.\end{cases}$$

解 求两直线的夹角, 一般先求出两直线的方向, 再利用夹角公式即可.

$$\boldsymbol{v}_1=(2,-2,-1)\times(1,2,-2)=(6,3,6),$$

$$\boldsymbol{v}_2=(4,1,3)\times(2,2,-3)=(-9,18,6),$$
$$\cos\theta=\frac{\boldsymbol{v}_1\cdot\boldsymbol{v}_2}{|\boldsymbol{v}_1||\boldsymbol{v}_2|}=\frac{36}{9\times21}=\frac{4}{21}.$$

故夹角 $\theta=\arccos\dfrac{4}{21}$.

例 2.18　证明下列各组直线互相平行, 并求它们之间的距离.

(1) Ⅰ: $\dfrac{x+7}{3}=\dfrac{y-5}{-1}=\dfrac{z-9}{4}$ 和Ⅱ: $\begin{cases}2x+2y-z-10=0,\\ x-y-z-22=0;\end{cases}$

(2) Ⅰ: $\begin{cases}2y+z=0,\\ 3y-4z=0\end{cases}$ 和Ⅱ: $\begin{cases}5y-2z=8,\\ 4y+z=4.\end{cases}$

解　(1) 因为

$$(3,-1,4)\cdot(2,2,-1)=0,$$
$$(3,-1,4)\cdot(1,-1,-1)=0,$$

所以两直线平行. 直线 Ⅱ 上显然有一点 $(15,-9,2)$, 该点到直线 Ⅰ 的距离为

$$d=\frac{|\boldsymbol{v}_1\times(22,-14,-7)|}{|\boldsymbol{v}_1|}=\frac{\sqrt{63^2+109^2+20^2}}{\sqrt{3^2+1^2+4^2}}=25.$$

故两直线的距离为 25.

(2) 易知这两条直线均平行于 x 轴, 而直线 Ⅰ 与 Oyz 平面的交点为 $(0,0,0)$, 直线 Ⅱ 与 Oyz 平面的交点为 $\left(0,\dfrac{16}{13},-\dfrac{12}{13}\right)$. 故两直线的距离为

$$d=\sqrt{0^2+\left(\frac{16}{13}\right)^2+\left(-\frac{12}{13}\right)^2}=\frac{20}{13}.$$

例 2.19　证明下列两条直线垂直相交, 并求出其交点:

$$\begin{cases}x+2y=1,\\ 2y-z=1\end{cases}\quad 和\quad \begin{cases}x-y=1,\\ x-2z=3.\end{cases}$$

解　两条直线的方向分别为

$$\boldsymbol{v}_1=(1,2,0)\times(0,2,-1)=(-2,1,2),$$
$$\boldsymbol{v}_2=(1,-1,0)\times(1,0,-2)=(2,2,1).$$

$\boldsymbol{v}_1\cdot\boldsymbol{v}_2=0$, 故两直线垂直.

又

$$\begin{cases}x+2y=1,\\ 2y-z=1,\\ x-y=1,\\ x-2z=3\end{cases}\quad\Rightarrow\quad\begin{cases}x=1,\\ y=0,\\ z=-1.\end{cases}$$

故 $(1,0,-1)$ 是两条直线的交点, 从而两条直线确实是垂直相交的.

例 2.20 求直线与平面的交点:

(1) $\dfrac{x-12}{4}=\dfrac{y-9}{3}=\dfrac{z-1}{1}$, $3x+5y-z-2=0$;

(2) $\dfrac{x+1}{2}=\dfrac{y-3}{4}=\dfrac{z}{3}$, $3x-3y+2z-5=0$.

解 (1) 求直线与平面的交点, 一般方法是先把直线写成参数形式, 再代入平面方程, 求出参数值.

令 $x=12+4t$, $y=9+3t$, $z=1+t$. 代入平面方程, 有

$$36+12t+45+15t-1-t-2=0 \quad \Rightarrow \quad t=-3.$$

因此交点坐标为 $(0,0,-2)$.

(2) 因为

$$\boldsymbol{v}\cdot\boldsymbol{n}=(2,4,3)\cdot(3,-3,2)=0,$$

所以直线与平面平行, 而 $(-1,3,0)$ 不在平面上, 故直线与平面没有交点.

例 2.21 求直线与平面的夹角 φ:

(1) $\begin{cases} 3x-2y=24, \\ 3x-z=-4, \end{cases}$ $6x+15y-10z+31=0$;

(2) $\dfrac{x}{3}=\dfrac{y}{-2}=\dfrac{z}{7}$, $3x-2y+7z=8$.

解 (1) 直线的方向向量为

$$\boldsymbol{v}=(3,-2,0)\times(3,0,-1)=(2,3,6).$$

平面法向量 $\boldsymbol{n}=(6,15,-10)$, 则

$$\sin\varphi=\frac{|\boldsymbol{v}\cdot\boldsymbol{n}|}{|\boldsymbol{v}||\boldsymbol{n}|}=\frac{|12+45-60|}{\sqrt{4+9+36}\cdot\sqrt{36+225+100}}=\frac{3}{133}.$$

故 $\varphi=\arcsin\dfrac{3}{133}$.

(2) $\sin\varphi=\dfrac{|\boldsymbol{v}\cdot\boldsymbol{n}|}{|\boldsymbol{v}||\boldsymbol{n}|}=\dfrac{|9+4+49|}{\sqrt{9+4+49}\cdot\sqrt{9+4+49}}=1$, 故 $\varphi=\dfrac{\pi}{2}$.

例 2.22 证明下列各组直线是异面直线, 并求它们之间的距离 (即两条直线的公垂线之长):

(1) Ⅰ: $\begin{cases} x+y-z=1, \\ 2x+z=3 \end{cases}$ 和Ⅱ: $x=y=z-1$;

(2) Ⅰ: $\begin{cases} x+y-z-1=0, \\ 2x+y-z-2=0 \end{cases}$ 和Ⅱ: $\begin{cases} x+2y-z-2=0, \\ x+2y+2z+4=0. \end{cases}$

注　先推出异面直线的距离公式. 设直线 Ⅰ 过点 M_1, 方向向量为 $\boldsymbol{v}_1$, 直线 Ⅱ 过点 M_2, 方向向量为 $\boldsymbol{v}_2$, 则两条直线的距离为

$$d=\frac{|(\boldsymbol{v}_1\times\boldsymbol{v}_2)\cdot\overrightarrow{M_1M_2}|}{|\boldsymbol{v}_1\times\boldsymbol{v}_2|}.$$

解　(1) 由题意得

$$\boldsymbol{v}_1=(1,1,-1)\times(2,0,1)=(1,-3,-2),$$
$$\boldsymbol{v}_1\times\boldsymbol{v}_2=(1,-3,-2)\times(1,1,1)=(-1,-3,4).$$

又直线 Ⅰ 上显然有点 $M_1(1,1,1)$, 直线 Ⅱ 上显然有点 $M_2(0,0,1)$, 则

$$\overrightarrow{M_1M_2}=(-1,-1,0).$$

故

$$d=\frac{|(\boldsymbol{v}_1\times\boldsymbol{v}_2)\cdot\overrightarrow{M_1M_2}|}{|\boldsymbol{v}_1\times\boldsymbol{v}_2|}=\frac{1+3}{\sqrt{1+9+16}}=\frac{2}{13}\sqrt{26}.$$

(2) 由题意得

$$\boldsymbol{v}_1=(1,1,-1)\times(2,1,-1)=(0,-1,-1),$$
$$\boldsymbol{v}_2=(1,2,-1)\times(1,2,2)=(6,-3,0).$$
$$\boldsymbol{v}_1\times\boldsymbol{v}_2=(-3,-6,6).$$

又直线 Ⅰ 上显然有点 $M_1(1,1,1)$, 直线 Ⅱ 上显然有点 $M_2(0,0,-2)$, 则

$$\overrightarrow{M_1M_2}=(-1,-1,-3).$$

故

$$d=\frac{|3+6-18|}{3\sqrt{1+4+4}}=1.$$

2.2　空间曲线与曲面

内 容 提 要

1. 空间曲线

(1) 参数方程

$$\boldsymbol{p}(t)=(x(t),y(t),z(t))\quad(t\text{ 为参数}).$$

(2) 一般方程

$$\begin{cases}f(x,y,z)=0,\\ g(x,y,z)=0.\end{cases}$$

2. 空间曲面

(1) 参数方程

$$\boldsymbol{p}(s,t)=(x(s,t),y(s,t),z(s,t)) \quad (s,t \text{ 为参数}).$$

(2) 一般方程

$$f(x,y,z)=0.$$

3. 常见曲面

(1) 柱面

由一族平行直线形成的曲面称为柱面, 这些直线叫作柱面的母线, 柱面上与每条母线都相交的一条曲线叫作柱面的一条准线.

(2) 锥面

由一族经过定点的直线形成的曲面叫锥面, 这些直线叫作锥面的母线, 定点叫作锥面的顶点. 锥面上与每条母线都相交但不经过顶点的一条曲线叫作锥面的一条准线.

(3) 旋转曲面

由空间中的一条曲线 γ 绕着一条直线 l 旋转而产生的曲面叫作旋转面, γ 叫作旋转的子午线, l 叫作旋转面的转轴.

设 L 是 Oxy 坐标平面上的一条曲线, 方程为

$$L:\begin{cases} f(x,y)=0, \\ z=0. \end{cases}$$

当它绕 x 轴旋转时, 构成一个旋转曲面, 这个旋转曲面的方程为

$$f(x,\pm\sqrt{y^2+z^2})=0.$$

(4) 几个常见的二次曲面

① $\dfrac{x^2}{a^2}+\dfrac{y^2}{b^2}+\dfrac{z^2}{c^2}=1$ (椭球面) (三项正);

② $\dfrac{x^2}{a^2}+\dfrac{y^2}{b^2}-\dfrac{z^2}{c^2}=1$ (单叶双曲面) (二正一负);

③ $\dfrac{x^2}{a^2}-\dfrac{y^2}{b^2}-\dfrac{z^2}{c^2}=1$ (双叶双曲面) (一正二负);

④ $\dfrac{x^2}{a^2}+\dfrac{y^2}{b^2}-\dfrac{z^2}{c^2}=0$ (二次锥面);

⑤ $z=\dfrac{x^2}{a^2}+\dfrac{y^2}{b^2}$ (椭圆抛物面);

⑥ $z=\dfrac{x^2}{a^2}-\dfrac{y^2}{b^2}$ (双曲抛物面, 又称马鞍面).

注 二次锥面的右端是 0, 而不是 1, 所以如果左端“三项正”, 就只表示一个点. 至于是“二正一负”还是“一正二负”, 由于右端是 0, 乘一个负号就是一回事.

(5) 空间曲线在坐标面上的投影

设空间曲线方程为

$$\begin{cases} F(x,y,z)=0, \\ G(x,y,z)=0. \end{cases}$$

这是将空间曲线看作空间两个曲面的交线, 若从此方程组中消去 z 变量, 所得方程为

$$H(x,y)=0.$$

这是一个母线平行于 z 轴的柱面, 它在坐标平面 Oxy 上的投影曲线为

$$\begin{cases} H(x,y)=0, \\ z=0. \end{cases}$$

例 题 分 析

例 2.23　设动点到原点的距离等于它到平面 $z=4$ 的距离. 求动点的轨迹方程, 并判定它是什么曲面.

解　设动点坐标为 $P(x,y,z)$, 则 $|OP|=|z-4|$, 即

$$x^2+y^2+z^2=(z-4)^2.$$

整理得

$$x^2+y^2=-8(z-2).$$

故是旋转抛物面.

例 2.24　求经过四点 $O(0,0,0)$, $A(1,1,0)$, $B(0,1,1)$, $C(1,0,1)$ 的球面的一般方程.

解　(方法 1: 一般式) 设球面的一般式为

$$x^2+y^2+z^2+dx+ey+fz+g=0.$$

将四点代入, 得

$$\begin{cases} g=0, \\ e+f+2=0, \\ d+f+2=0, \\ d+e+2=0 \end{cases} \Rightarrow \begin{cases} e=-1, \\ f=-1, \\ d=-1, \\ g=0. \end{cases}$$

即球面的一般式为

$$x^2+y^2+z^2-x-y-z=0.$$

(方法 2: 几何法) 若是可以看出给定的四点 O,A,B,C 恰为正三棱锥的四个顶点, 则容易知道球心为三棱锥的重心, 即

$$P_0=\frac{1}{4}(O+A+B+C)=\left(\frac{1}{2},\frac{1}{2},\frac{1}{2}\right).$$

$$r = |\overrightarrow{OP_0}| = \frac{\sqrt{3}}{2}.$$

于是得球面方程

$$\left(x-\frac{1}{2}\right)^2+\left(y-\frac{1}{2}\right)^2+\left(z-\frac{1}{2}\right)^2=\frac{3}{4}.$$

例 2.25 求以直线 $2x=1-y=1+z$ 为对称轴, 1 为半径的圆柱面的一般方程.

解 设柱面上的动点为 $P(x,y,z)$. 已知直线过点 $M_0(0,1,-1)$, 方向向量 $\boldsymbol{v}=\left(\frac{1}{2},-1,1\right)$, 因此 $\overrightarrow{M_0P}=(x,y-1,z+1)$. 由点 P 到直线的距离为 1, 即

$$\frac{|\overrightarrow{M_0P}\times\boldsymbol{v}|}{|\boldsymbol{v}|}=1 \quad\Rightarrow\quad (y+z)^2+\left(\frac{z+1}{2}-x\right)^2+\left(\frac{y-1}{2}+x\right)^2=\frac{9}{4}.$$

整理得

$$8x^2+5y^2+5z^2+4xy-4xz+8yz-8x-2y+2z-7=0.$$

例 2.26 求准线为 $\begin{cases} y^2+z^2=1, \\ x=1, \end{cases}$ 母线方向为 $(2,1,1)$ 的柱面的一般方程.

解 设柱面上的动点为 $P(x,y,z)$, 对应母线上的点 $Q(x_p,y_p,z_p)$, 母线方向为 $\boldsymbol{\mu}$, 则

$$\overrightarrow{PQ}=\lambda\boldsymbol{\mu},\quad \overrightarrow{OQ}=\overrightarrow{OP}+\boldsymbol{\mu}=(2\lambda+x,\lambda+y,\lambda+z).$$

因为 Q 在准线上, 所以

$$\begin{cases} (\lambda+y)^2+(\lambda+z)^2=1, \\ 2\lambda+x=1 \end{cases} \quad\Rightarrow\quad \begin{cases} \lambda=\dfrac{1}{2}(1-x), \\ \left(\dfrac{1}{2}(1-x)+y\right)^2+\left(\dfrac{1-x}{2}+z\right)^2=1. \end{cases}$$

整理得

$$x^2+2y^2+2z^2-2xy-2xz-2x+2y+2z-2=0.$$

例 2.27 求准线为 $\begin{cases} y^2+z^2=1, \\ x=1, \end{cases}$ 而顶点坐标为 $A(2,1,1)$ 的锥面的一般方程.

解 记顶点为 A, 设锥面上的动点为 $P(x,y,z)$, 对应准线上点 $Q(x_p,y_p,z_p)$, 则 $\overrightarrow{PQ}\parallel\overrightarrow{AQ}$, 即 $\overrightarrow{PQ}=\lambda\overrightarrow{AQ}$, 也即

$$\overrightarrow{OQ}=\frac{1}{1-\lambda}(\overrightarrow{OP}-\lambda\overrightarrow{OA})=\frac{1}{1-\lambda}(x-2\lambda,y-\lambda,z-\lambda)\quad(\lambda\neq1).$$

因为点 Q 在准线上, 满足准线方程

$$\begin{cases} \left(\dfrac{y-\lambda}{1-\lambda}\right)^2+\left(\dfrac{z-\lambda}{1-\lambda}\right)^2=1, \\ \dfrac{x-2\lambda}{1-\lambda}=1 \end{cases} \quad\Rightarrow\quad \left(\frac{y-(x-1)}{2-x}\right)^2+\left(\frac{z-(x-1)}{2-x}\right)^2=1\quad(x\neq2).$$

整理得

$$(y-(x-1))^2+(z-(x-1))^2=(2-x)^2,$$

$$(x-y-1)^2+(x-z-1)^2-(x-2)^2=0.$$

或者

$$x^2+y^2+z^2-2xy-2xz+2y+2z-2=0 \quad (x\neq 2).$$

当 $x=2$ 时, 方程表示的是锥面的顶点. 故锥面的一般方程为

$$x^2+y^2+z^2-2xy-2xz+2y+2z-2=0.$$

例 2.28　求直线 $x-1=y=z$ 绕 $x=y=1$ 旋转所得旋转面的参数方程和一般方程.

解　(方法 1) 设旋转曲面上动点 $P(x,y,z)$, 其相应子午线上的点 $Q(t+1,t,t)$, 在轴线上选一点 $O(1,1,0)$ (即 Q 点绕 l_2 旋转得到 P 点), 则

$$\begin{cases} |\overrightarrow{OP}|=|\overrightarrow{OQ}|, \\ \overrightarrow{PQ}\ \text{垂直轴线} \end{cases} \Rightarrow \begin{cases} (x-1)^2+(y-1)^2+z^2=t^2+(t-1)^2+t^2, \\ (x-t-1,y-t,z-t)\cdot(0,0,1)=0. \end{cases}$$

可得

$$(x-1)^2+(y-1)^2=z^2+(z-1)^2.$$

于是得旋转曲面一般方程

$$(x-1)^2+(y-1)^2-2\left(z-\frac{1}{2}\right)^2-\frac{1}{2}=0.$$

或展开得

$$x^2+y^2-2z^2-2x-2y+2z+1=0.$$

根据第一个旋转曲面方程可以得参数方程

$$\begin{cases} x=\dfrac{\sqrt{2}}{2}\sin\theta\sec\varphi+1, \\ y=\dfrac{\sqrt{2}}{2}\cos\theta\sec\varphi+1, \\ z=\dfrac{1}{2}\tan\varphi+\dfrac{1}{2} \end{cases} \left(0\leqslant\theta\leqslant 2\pi,\ -\frac{\pi}{2}\leqslant\varphi\leqslant\frac{\pi}{2}\right).$$

(方法 2: 几何法) 设子午线上点 $Q(t+1,t,t)$, 同一纬线上点 $P(\sqrt{t^2+(t-1)^2}\cos\theta+1,\sqrt{t^2+(t-1)^2}\sin\theta+1,t)$, 于是得旋转曲面参数方程

$$\begin{cases} x=\sqrt{t^2+(t-1)^2}\cos\theta+1, \\ y=\sqrt{t^2+(t-1)^2}\sin\theta+1, \\ z=t \end{cases} (0\leqslant\theta\leqslant 2\pi,\ t\in\mathbf{R}).$$

例 2.29　指出下列方程中哪些是旋转曲面, 它们是怎样产生的?

(1) $\dfrac{x^2}{4}+\dfrac{y^2}{9}+\dfrac{z^2}{9}=1$;　　(2) $x^2+y^2+z^2=1$;

(3) $x^2+2y^2+4z^2=1$;　　(4) $x^2-\dfrac{y^2}{4}+z^2=1$.

解 (1) 是旋转曲面, 可看作 Oxy 平面上的椭圆 $\dfrac{x^2}{4}+\dfrac{y^2}{9}=1$ 绕 Ox 轴旋转而得的椭球面, 也可看作 Oxz 平面上的椭圆 $\dfrac{x^2}{4}+\dfrac{z^2}{9}=1$ 绕 Ox 轴旋转而得.

(2) 是旋转曲面, 是 Oxy 平面上的圆 $x^2+y^2=1$ 绕 Ox 轴旋转而得的球面.

(3) 不是旋转曲面.

(4) 是旋转曲面, 是 Oxy 平面上的双曲线 $x^2-\dfrac{y^2}{4}=1$ 绕 y 轴旋转而得的旋转单叶双曲面.

例 2.30 指出下列方程在平面直角坐标系 Oxy 和空间直角坐标系 $Oxyz$ 中分别表示怎样的几何图形.

(1) $y=x+1$; (2) $x^2-y^2=1$;

(3) $\begin{cases}5x-y+1=0,\\2x-y-3=0;\end{cases}$ (4) $\begin{cases}\dfrac{x^2}{4}+\dfrac{y^2}{9}=1,\\y=2.\end{cases}$

解 (1) 分别表示直线和平面.

(2) 分别表示双曲线和母线平行于 z 轴的双曲柱面.

(3) 分别表示一个点和一条直线.

(4) 分别表示一条直线与椭圆相交的两点和一个平面与椭圆柱面相交的两条直线 (平行于 z 轴的).

例 2.31 求直线 L: $\begin{cases}x+y-z-1=0,\\x-y+z+1=0\end{cases}$ 在平面 π: $x+2y-z=0$ 上的投影直线的方程, 并求投影直线绕 z 轴旋转产生的旋转曲面的方程.

解 投影直线落在平面 $x+2y-z=0$ 上, 也落在过已知直线 L 的某平面上, 可设为

$$x+y-z-1+\lambda(x-y+z+1)=0.$$

其垂直于平面 $\pi: x+2y-z=0$, 即

$$(1+\lambda,1-\lambda,-1+\lambda)\cdot(1,2,-1)=0 \quad\Rightarrow\quad \lambda=2.$$

所以投影直线方程为

$$\begin{cases}3x-y+z+1=0,\\x+2y-z=0,\end{cases}$$

即

$$\begin{cases}x=-\dfrac{1}{7}z-\dfrac{2}{7},\\[2mm] y=\dfrac{4}{7}z+\dfrac{1}{7}.\end{cases}$$

故旋转曲面的方程为

$$x^2+y^2=\left(-\frac{1}{7}z-\frac{2}{7}\right)^2+\left(\frac{4}{7}z+\frac{1}{7}\right)^2,$$

即

$$x^2+y^2=\frac{17}{49}z^2+\frac{12}{49}z+\frac{5}{49}.$$

例 2.32　建立单叶双曲面 $\dfrac{x^2}{16}+\dfrac{y^2}{4}-\dfrac{z^2}{5}=1$ 与平面 $x-2z+3=0$ 的交线在 Oxy 平面上的投影柱面.

解　因为所求的柱面是平行于 z 轴的, 因此在两个方程中消去 z 即可得所求柱面方程为

$$\frac{x^2-24x-36}{80}+\frac{y^2}{4}=1,$$

这是椭圆柱面.

例 2.33　在 Oxy 平面中, 方程 $xy=h$ (h 是或正, 或负, 或为 0 的常数) 表示怎样的曲线? 在空间坐标系中, 方程 $xy=z$ 表示什么曲面? 试用截口法研究它的图形.

解　在 Oxy 平面中, 当 $h>0$ 时, 方程 $xy=h$ 是第 Ⅰ、Ⅲ象限中的曲线, 是关于 $y=-x$ 对称的双曲线; 当 $h<0$ 时, 方程 $xy=h$ 是落在第Ⅱ、Ⅳ象限中关于 $y=x$ 对称的双曲线; 当 $h=0$ 时, 方程 $xy=h$ 即为 x 轴和 y 轴.

利用以上结论可知方程 $xy=z$ 被平面 $z=h$ 所截, 截口情况和以上的讨论相仿, 故是马鞍面 (双曲抛物面).

例 2.34　求圆 $\begin{cases}(x-2)^2+y^2=1,\\ z=0\end{cases}$ 绕 y 轴旋转所得旋转曲面的参数方程和一般方程.

解　(方法 1) 设圆上一点 Q, 则可设 $Q(\cos\theta+2,\sin\theta,0)$. 点 $P(x,y,z)$ 为点 Q 旋转所得, 则

$$\begin{cases}|\overrightarrow{OQ}|=|\overrightarrow{OP}|,\\ \overrightarrow{PQ}\perp y \text{ 轴}\end{cases}\quad\Rightarrow\quad\begin{cases}(\cos\theta+2)^2+\sin\theta=x^2+y^2+z^2,\\ y=\sin\theta.\end{cases}$$

于是可得旋转曲面的参数方程为

$$\begin{cases}x=(2+\cos\theta)\cos\varphi,\\ y=\sin\theta,\\ z=(2+\cos\theta)\sin\varphi\end{cases}\quad(0\leqslant\theta<2\pi,\ 0\leqslant\varphi<2\pi).$$

故旋转曲面的一般方程为

$$\begin{aligned}x^2-(\pm\sqrt{1-y^2}+2)^2+z^2=0\quad&\Rightarrow\quad x^2+y^2+z^2-5=\pm4\sqrt{1-y^2}\\ &\Rightarrow\quad(x^2+y^2+z^2-5)^2-16(1-y^2)=0.\end{aligned}$$

(方法 2: 几何法) 设旋转曲面上一点 $P(x,y,z)$, 则由旋转可知点 P 由圆上点 $Q(\sqrt{x^2+z^2},y,0)$ 旋转得到. 又点 Q 在圆上, 则其一般方程为

$$(\sqrt{x^2+z^2}-2)^2+y^2-1=0,$$

或

$$(x^2+y^2+z^2+3)^2-16(x^2+z^2)=0.$$

由第一个式子很容易得出参数方程如上 (方法 1).

2.3 坐标变换

内容提要

1. 空间坐标变换包括平移和旋转两种基本变换, 目的是简化二次曲面的方程.

2. 坐标系的平移. 不改变坐标轴的方向和长度单位, 只移动原点 $O \to O'$. 设旧坐标系为 $Oxyz$, 新坐标系为 $O'x'y'z'$. 设新的坐标原点 O' 在坐标系 $Oxyz$ 中的坐标为 (a,b,c), 空间中一点 P 在新、旧坐标系中的坐标分别为 (x',y',z') 和 (x,y,z), 则

$$\begin{cases} x = x' + a, \\ y = y' + b, \\ z = z' + c. \end{cases}$$

这就是空间直角坐标系平移的坐标变换公式.

3. 坐标系的旋转. 不改变原点和长度单位, 只旋转坐标轴方向 (但仍保持三轴相互垂直及右手系不变). 设旧坐标系为 $Oxyz$, 新坐标系为 $Ox'y'z'$. 设每个新坐标轴与每个旧坐标轴的夹角是已知的, 见表 2.1.

表 2.1

	Ox	Oy	Oz
Ox'	α_1	β_1	γ_1
Oy'	α_2	β_2	γ_2
Oz'	α_3	β_3	γ_3

设旧坐标系 $Oxyz$ 的基本向量为 $\boldsymbol{i},\boldsymbol{j},\boldsymbol{k}$, 新坐标系 $Ox'y'z'$ 的基本向量为 $\boldsymbol{i}',\boldsymbol{j}',\boldsymbol{k}'$, 则

$$\begin{aligned} \boldsymbol{i}' &= \cos\alpha_1\boldsymbol{i} + \cos\beta_1\boldsymbol{j} + \cos\gamma_1\boldsymbol{k}, \\ \boldsymbol{j}' &= \cos\alpha_2\boldsymbol{i} + \cos\beta_2\boldsymbol{j} + \cos\gamma_2\boldsymbol{k}, \\ \boldsymbol{k}' &= \cos\alpha_3\boldsymbol{i} + \cos\beta_3\boldsymbol{j} + \cos\gamma_3\boldsymbol{k}. \end{aligned}$$

设空间中一点 P 在坐标系 $Oxyz$ 和 $Ox'y'z'$ 中的坐标分别为 (x,y,z) 和 (x',y',z'), 则

$$\begin{cases} x = x'\cos\alpha_1 + y'\cos\alpha_2 + z'\cos\alpha_3, \\ y = x'\cos\beta_1 + y'\cos\beta_2 + z'\cos\beta_3, \\ z = x'\cos\gamma_1 + y'\cos\gamma_2 + z'\cos\gamma_3 \end{cases}$$

及

$$\begin{cases} x' = x\cos\alpha_1 + y\cos\beta_1 + z\cos\gamma_1, \\ y' = x\cos\alpha_2 + y\cos\beta_2 + z\cos\gamma_2, \\ z' = x\cos\alpha_3 + y\cos\beta_3 + z\cos\gamma_3. \end{cases}$$

将上述公式写成矩阵形式也许更方便:

$$(\boldsymbol{i}' \quad \boldsymbol{j}' \quad \boldsymbol{k}') = (\boldsymbol{i} \quad \boldsymbol{j} \quad \boldsymbol{k})\boldsymbol{T},$$

其中, 矩阵

$$\boldsymbol{T} = \begin{pmatrix} \cos\alpha_1 & \cos\alpha_2 & \cos\alpha_3 \\ \cos\beta_1 & \cos\beta_2 & \cos\beta_3 \\ \cos\gamma_1 & \cos\gamma_2 & \cos\gamma_3 \end{pmatrix}$$

称为由基 $(\boldsymbol{i},\boldsymbol{j},\boldsymbol{k})$ 到基 $(\boldsymbol{i}',\boldsymbol{j}',\boldsymbol{k}')$ 的过渡矩阵. 则

$$\boldsymbol{X} = \boldsymbol{T}\boldsymbol{X}' \quad 及 \quad \boldsymbol{X}' = \boldsymbol{T}^{\mathrm{T}}\boldsymbol{X},$$

其中

$$\boldsymbol{X} = \begin{pmatrix} x \\ y \\ z \end{pmatrix}, \quad \boldsymbol{X}' = \begin{pmatrix} x' \\ y' \\ z' \end{pmatrix}.$$

$\boldsymbol{T}^{\mathrm{T}}$ 为 $\boldsymbol{T}$ 的转置矩阵.

4. 当 z 轴与 z' 轴重合, x' 轴是由 x 轴沿逆时针方向旋转 α 角而成时, 过渡矩阵

$$\boldsymbol{T} = \begin{pmatrix} \cos\alpha & -\sin\alpha & 0 \\ \sin\alpha & \cos\alpha & 0 \\ 0 & 0 & 1 \end{pmatrix}.$$

因而

$$\begin{pmatrix} x \\ y \\ z \end{pmatrix} = \begin{pmatrix} \cos\alpha & -\sin\alpha & 0 \\ \sin\alpha & \cos\alpha & 0 \\ 0 & 0 & 1 \end{pmatrix}\begin{pmatrix} x' \\ y' \\ z' \end{pmatrix}$$

及

$$\begin{pmatrix} x' \\ y' \\ z' \end{pmatrix} = \begin{pmatrix} \cos\alpha & \sin\alpha & 0 \\ -\sin\alpha & \cos\alpha & 0 \\ 0 & 0 & 1 \end{pmatrix}\begin{pmatrix} x \\ y \\ z \end{pmatrix}.$$

读者可以类似地得到 x 轴与 x' 轴重合或 y 轴与 y' 轴重合时, 其余轴旋转一个角度时相应的过渡矩阵.

5. 特别地, 一个平面的二次曲线方程为

$$Ax^2 + Bxy + Cy^2 + Dx + Ey + F = 0.$$

考虑逆时针旋转 α 角得到新坐标系, 可设

$$\begin{cases} x = x'\cos\alpha - y'\sin\alpha, \\ y = x'\sin\alpha + y'\cos\alpha. \end{cases}$$

要"旋"去 xy 项, 则:

(1) 当 $A = C$ 时, 取 $\alpha = \dfrac{\pi}{4}$;

(2) 当 $A \neq C$ 时, 取 $\tan 2\alpha = \dfrac{B}{A-C}$.

例题分析

例 2.35 试利用坐标系旋转, 消去方程 $x^2-y^2-z^2+2yz+2x+y-8=0$ 中的 yz 项.

解 要消去 yz 项, 只要将 y 轴和 z 轴绕 x 轴旋转一个角度 α (逆时针方向), 由于 y^2,z^2 前的系数相同, 可取 $\alpha=\pi/4$, 此时旋转矩阵为

$$\boldsymbol{T}=\begin{pmatrix}1&0&0\\0&\cos\alpha&-\sin\alpha\\0&\sin\alpha&\cos\alpha\end{pmatrix}=\begin{pmatrix}1&0&0\\0&\sqrt{2}/2&-\sqrt{2}/2\\0&\sqrt{2}/2&\sqrt{2}/2\end{pmatrix}.$$

因而

$$\begin{pmatrix}x\\y\\z\end{pmatrix}=\boldsymbol{T}\begin{pmatrix}x'\\y'\\z'\end{pmatrix}=\begin{pmatrix}1&0&0\\0&\sqrt{2}/2&-\sqrt{2}/2\\0&\sqrt{2}/2&\sqrt{2}/2\end{pmatrix}\begin{pmatrix}x'\\y'\\z'\end{pmatrix},$$

即

$$\begin{cases}x=x',\\y=\dfrac{1}{\sqrt{2}}(y'-z'),\\z=\dfrac{1}{\sqrt{2}}(y'+z').\end{cases}$$

代入原方程, 化简后得曲面的方程为

$$2x'^2-4z'^2+4x'+\sqrt{2}y'-\sqrt{2}z'-16=0.$$

例 2.36 通过坐标系平移, 化简二次曲面方程 $x^2-y^2-z^2-2x+2y+z-1=0$, 并指出曲面的类型.

解 先把原方程配方化简为

$$(x-1)^2-(y-1)^2-\left(z-\frac{1}{2}\right)^2=\frac{3}{4}.$$

令 $x'=x-1,\ y'=y-1,\ z'=z-\dfrac{1}{2}$, 则

$$\frac{x'^2}{a^2}-\frac{y'^2}{a^2}-\frac{z'^2}{a^2}=1,\quad \text{其中 } a=\frac{\sqrt{3}}{2}.$$

于是将坐标系平移, 原点移至 $\left(1,1,\dfrac{1}{2}\right)$, 可将原曲面化为标准形式, 且易知此二次曲面为旋转双叶双曲面.

习 题 2

1. 求过点 $(4,-1,3)$ 且与直线 $\dfrac{x-3}{2}=y=\dfrac{z+1}{-5}$ 平行的直线方程.

2. 求直线 $\begin{cases}2x-3y+z=5,\\3x+y-2z=2\end{cases}$ 的点向式方程.

3. 求过点 (1,1,1) 且与两条直线 $x=\dfrac{y}{2}=\dfrac{z}{3}$ 和 $\dfrac{x-1}{2}=y+2=\dfrac{z-3}{4}$ 都相交的直线方程.

4. 求原点到直线 $\dfrac{x-5}{4}=\dfrac{y-2}{3}=\dfrac{z+1}{-2}$ 的垂线方程.

5. 求过点 $(1,-2,0)$ 且以 $(6,-4,3)$ 为法向量的平面方程.

6. 已知 $A(1,2,3),B(2,-1,4)$ 两点, 求垂直且平分线段 AB 的平面方程.

7. 求过点 $(2,-1,3)$ 和点 $(3,1,2)$ 且与向量 $(3,-1,4)$ 平行的平面方程.

8. 求过点 $(5,-7,4)$ 且在三个坐标轴上的截距都相等的平面方程.

9. 求过点 (0,2,4) 且与两个平面 $x+2z=1$ 和 $y-3z=2$ 都平行的直线方程.

10. 求过直线 $\begin{cases}3x+2y-z=1,\\2x-3y+2z=-2\end{cases}$ 且与平面 $x+2y+3z=5$ 垂直的平面方程.

11. 求原点关于平面 $6x+2y-9z=1$ 的对称点.

12. 求点 (1,2,3) 关于直线 $x=\dfrac{y-4}{-3}=\dfrac{z+3}{-2}$ 的对称点.

13. 求点 (1,2,3) 到直线 $\begin{cases}x+y-z=1,\\2x+z=3\end{cases}$ 的距离.

14. 求点 $(1,-2,3)$ 到平面 $2x-2y+z=3$ 的距离.

15. 当 a 取何值时, 点 $(2,-1,1)$ 和点 $(1,-2,2)$ 分别在平面 $5x+3y+z=a$ 的两侧?

16. 求两条直线 $x-1=\dfrac{y}{-2}=\dfrac{z+4}{7}$ 和 $\dfrac{x+6}{5}=y-2=3-z$ 的夹角.

17. 求两条直线 $\dfrac{x+2}{3}=\dfrac{y-1}{-2}=z$ 和 $\begin{cases}x+y-z=0,\\x-y-5z=8\end{cases}$ 的距离.

18. 当 a 取何值时, 两条直线 $\dfrac{x-1}{a}=\dfrac{y+4}{5}=\dfrac{z-3}{3}$ 和 $\dfrac{x+3}{3}=\dfrac{y-9}{-4}=\dfrac{z+14}{7}$ 相交? 并求交点坐标和两条直线确定的平面方程.

19. 求两个平面 $2x-y+z=7$ 和 $x+y+2z=11$ 的夹角.

20. 当 a 取何值时, 两平面 $x-2y-az=5$ 和 $x+ay-3z=2$ 相互垂直?

21. 求两平行平面 $2x-y+2z=-9$ 和 $4x-2y+4z=21$ 间的距离.

22. 求直线 $x-2=y-3=\dfrac{z-4}{2}$ 与平面 $2x-y+z=6$ 的交点坐标和夹角.

23. 设动点到原点的距离等于它到平面 $z=1$ 的距离. 求动点的轨迹方程.

24. 设 A 和 B 分别是平面 Oxz 和 Oyz 上的两个动点, 且满足 $|AB|=1$. 求 AB 的中点 C 的轨迹方程.

25. 求经过四点 $O(0,0,0),A(1,1,0),B(0,1,1),C(1,0,1)$ 的球面的一般方程.

26. 求经过三点 $A(1,1,0),B(0,1,1),C(1,0,1)$ 的圆的一般方程.

27. 求以直线 $2x=1-y=1+z$ 为对称轴, 1 为半径的圆柱面的一般方程.

28. 求准线为 $\begin{cases}y^2+z^2=1,\\x=1,\end{cases}$ 母线方向为 $(2,1,1)$ 的柱面的一般方程.

29. 求准线为 $\begin{cases}y^2+z^2=1,\\x=1,\end{cases}$ 顶点坐标为 $(2,1,1)$ 的锥面的一般方程.

30. 求直线 $x-1=y=z$ 绕 $x=y=1$ 旋转所得旋转面的参数方程和一般方程.

31. 求圆 $\begin{cases}(x-2)^2+y^2=1,\\z=0\end{cases}$ 绕 y 轴旋转所得旋转面的参数方程和一般方程.

32*. 通过坐标系的平移, 化简二次曲面方程 $x^2-y^2-z^2-2x+2y+z-1=0$, 并指出曲面的类型.

33*. 将坐标系 $[O;\boldsymbol{e}_1,\boldsymbol{e}_2,\boldsymbol{e}_3]$ 分别绕 $\boldsymbol{e}_1$ 或 $\boldsymbol{e}_2$ 逆时针旋转角度 θ 后, 得到新的坐标系 $[O;\tilde{\boldsymbol{e}}_1,\tilde{\boldsymbol{e}}_2,\tilde{\boldsymbol{e}}_3]$, 求相应的坐标变换公式.

34*. 将坐标系 $[O;\boldsymbol{e}_1,\boldsymbol{e}_2,\boldsymbol{e}_3]$ 绕 $\boldsymbol{e}_1$ 逆时针旋转角度 α, 得到坐标系 $[O;\tilde{\boldsymbol{e}}_1,\tilde{\boldsymbol{e}}_2,\tilde{\boldsymbol{e}}_3]$. 再将坐标系 $[O;\tilde{\boldsymbol{e}}_1,\tilde{\boldsymbol{e}}_2,\tilde{\boldsymbol{e}}_3]$ 绕 $\tilde{\boldsymbol{e}}_2$ 逆时针旋转角度 β, 得到坐标系 $[O;\hat{\boldsymbol{e}}_1,\hat{\boldsymbol{e}}_2,\hat{\boldsymbol{e}}_3]$. 求坐标系 $[O;\boldsymbol{e}_1,\boldsymbol{e}_2,\boldsymbol{e}_3]$ 与 $[O;\hat{\boldsymbol{e}}_1,\hat{\boldsymbol{e}}_2,\hat{\boldsymbol{e}}_3]$ 之间的坐标变换公式.

35*. 选取适当的新坐标系, 化二次曲面方程 $xy-x+y+z+1=0$ 为标准方程, 并指出曲面的类型.

36*. 已知椭球面的三个半轴长分别为 a,b,c, 三条对称轴的方程分别为

$$3-x=\frac{y}{2}=\frac{z}{2},\quad \frac{x}{2}=3-y=\frac{z}{2},\quad \frac{x}{2}=\frac{y}{2}=3-z.$$

求椭球面的一般方程.

第 3 章　线性方程组

内 容 提 要

线性方程组

$$\begin{cases} a_{11}x_1 + a_{12}x_2 + \cdots + a_{1n}x_n = b_1, \\ a_{21}x_1 + a_{22}x_2 + \cdots + a_{2n}x_n = b_2, \\ \cdots\cdots \\ a_{m1}x_1 + a_{m2}x_2 + \cdots + a_{mn}x_n = b_m \end{cases} \tag{1}$$

称为由 m 个方程和 n 个变量 $x_1, \cdots, x_n$ 组成的线性方程组.

求解线性方程组的三个初等变换:

(1) 交换两个方程;

(2) 某个方程乘一个非零常数;

(3) 某个方程乘一个非零常数加到另一个方程.

我们称这三种变换为方程的**初等变换**. 并分别用以下记号表示:

第 i 个方程与第 j 个方程交换, $r_i \leftrightarrow r_j$;

第 i 个方程乘非零常数 $\lambda, \lambda r_i$;

第 i 个方程乘 λ 加到第 j 个方程, $\lambda r_i \to r_j$.

三个初等变换将线性方程组变为同解线性方程组, 因此不会产生增根.

增广矩阵

线性方程组 (1) 的增广矩阵形式:

$$(\boldsymbol{A}, \boldsymbol{b}) = \begin{pmatrix} a_{11} & a_{12} & \cdots & a_{1n} & b_1 \\ a_{21} & a_{22} & \cdots & a_{2n} & b_2 \\ \vdots & \vdots & \ddots & \vdots & \vdots \\ a_{m1} & a_{m2} & \cdots & a_{mn} & b_m \end{pmatrix}.$$

方程组的求解

经初等变换后化为如下阶梯形矩阵:

$$\begin{pmatrix} c_{11} & \cdots & c_{1,j_2-1} & c_{1j_2} & \cdots & \cdots & \cdots & \cdots & c_{1n} & d_1 \\ 0 & \cdots & 0 & c_{2j_2} & \cdots & \cdots & \cdots & \cdots & c_{2n} & d_2 \\ \vdots & \vdots & \vdots & \vdots & \vdots & \vdots & \vdots & \vdots & \vdots & \vdots \\ 0 & \cdots & \cdots & \cdots & \cdots & 0 & c_{rj_r} & \cdots & c_{rn} & d_r \\ 0 & \cdots & \cdots & \cdots & \cdots & \cdots & \cdots & \cdots & 0 & d_{r+1} \\ 0 & \cdots & \cdots & \cdots & \cdots & \cdots & \cdots & \cdots & 0 & 0 \\ \vdots & \vdots & \vdots & \vdots & \vdots & \vdots & \vdots & \vdots & \vdots & \vdots \\ 0 & \cdots & \cdots & \cdots & \cdots & \cdots & \cdots & \cdots & 0 & 0 \end{pmatrix}. \tag{2}$$

其中 $c_{11}, c_{2j_2}, \cdots, c_{rj_r}$ 均非零. 我们称上述形式为矩阵的**最简形式**或**标准形式**.

线性方程组 (2) 的解的属性如下:

(1) 当 $d_{r+1} \neq 0$ 时, 线性方程组无解;

(2) 当 $d_{r+1} = 0$ 且 $r = n$ 时, 线性方程组有唯一解;

(3) 当 $d_{r+1} = 0$ 且 $r < n$ 时, 线性方程组有多解.

线性代数教材的一个特点是它的章节在各种版本中的顺序可以不一致, 例如, 行列式、矩阵和线性方程组都可以作为教材的第 1 章. 以线性方程组作为线性代数的开篇, 在高斯消元法中用初等变换求解方程组, 学生容易掌握, 并由此引入线性代数的基本工具——矩阵、行列式, 以及线性代数的基本对象. 由于本章还没有引入线性空间等概念, 对方程组的求解计算以及解的几何结构, 要到 5.5 节才能充分理解和讨论.

✠ 本章重点

学会用矩阵表示高斯消元法的过程;

熟练掌握用初等变换化线性方程组为阶梯形方程组;

正确分析和判断线性方程组有唯一解、无解和多解的三种情况.

例 题 分 析

例 3.1 解方程组

$$\begin{cases} \quad\quad\; x_2 + x_3 = -1, & (1) \\ 2x_1 + 5x_2 + 3x_3 = -7, & (2) \\ 2x_1 + 2x_2 + 2x_3 = 6. & (3) \end{cases}$$

解 i. 互换方程 (1) 和方程 (3):

$$\begin{cases} 2x_1 + 2x_2 + 2x_3 = 6, & (3) \\ 2x_1 + 5x_2 + 3x_3 = -7, & (2) \\ \quad\quad\; x_2 + x_3 = -1. & (1) \end{cases}$$

用矩阵表示为

$$\overline{\boldsymbol{A}}=(\boldsymbol{A},\boldsymbol{b})=\begin{pmatrix}0&1&1&-1\\2&5&3&-7\\2&2&2&6\end{pmatrix}\xrightarrow{r_1\leftrightarrow r_3}\begin{pmatrix}2&2&2&6\\2&5&3&-7\\0&1&1&-1\end{pmatrix}.$$

ii. 用 $\dfrac{1}{2}$ 乘以方程 (3) 生成方程 (4):

$$\begin{cases}x_1+x_2+x_3=3, & (4)\\2x_1+5x_2+3x_3=-7, & (2)\\x_2+x_3=-1. & (1)\end{cases}$$

用矩阵表示为

$$\begin{pmatrix}2&2&2&6\\2&5&3&-7\\0&1&1&-1\end{pmatrix}\xrightarrow{\frac{1}{2}r_1}\begin{pmatrix}1&1&1&3\\2&5&3&-7\\0&1&1&-1\end{pmatrix}.$$

iii. 把方程 (4) 的 -2 倍数加到方程 (2) 上生成方程 (5):

$$\begin{cases}x_1+x_2+x_3=3, & (4)\\3x_2+x_3=-13, & (5)\\x_2+x_3=-1. & (1)\end{cases}$$

iv. 把方程 (1) 的 -3 倍数加到方程 (5) 上生成方程 (6), 再交换方程 (1) 与方程 (6), 化为阶梯形:

$$\begin{cases}x_1+x_2+x_3=3, & (4)\\-2x_3=-10, & (6)\\x_2+x_3=-1. & (1)\end{cases}$$

用矩阵表示为

$$\begin{pmatrix}1&1&1&3\\2&5&3&-7\\0&1&1&-1\end{pmatrix}\to\begin{pmatrix}1&1&1&3\\0&3&1&-13\\0&1&1&-1\end{pmatrix}\to\begin{pmatrix}1&1&1&3\\0&0&-2&-10\\0&1&1&-1\end{pmatrix}$$

$$\to\begin{pmatrix}1&1&1&3\\0&1&1&-1\\0&0&-2&-10\end{pmatrix}.$$

回代求解, 得

$$x_3=5,\quad x_2=-6,\quad x_1=4.$$

线性方程组的求解步骤:

(1) 写出方程组的增广矩阵;

(2) 用初等 (行) 变换化简为等价的阶梯形矩阵;

(3) 判断方程组解的情况: 无解、有唯一解、多解 (至少有一个自由变量).

例 3.2 解方程组

$$\begin{cases} x_1+2x_2-x_3=1, \\ x_1+2x_2+x_3=5. \end{cases}$$

解

$$\begin{pmatrix} 1 & 2 & -1 & 1 \\ 1 & 2 & 1 & 5 \end{pmatrix} \xrightarrow{-r_1\to r_2} \begin{pmatrix} 1 & 2 & -1 & 1 \\ 0 & 0 & 2 & 4 \end{pmatrix}.$$

原方程等价于

$$\begin{cases} x_1 - x_3 = 1-2x_2, \\ \quad\quad x_3 = 2. \end{cases}$$

令 $x_2=t$, 其中 t 是任意实数, 则 $x_3=2, x_1=3-2t$.

在三维空间中, 本题的两个方程表示两张平面, 方程组有解表明两张平面相交于一条直线. 如图 3.1 所示.

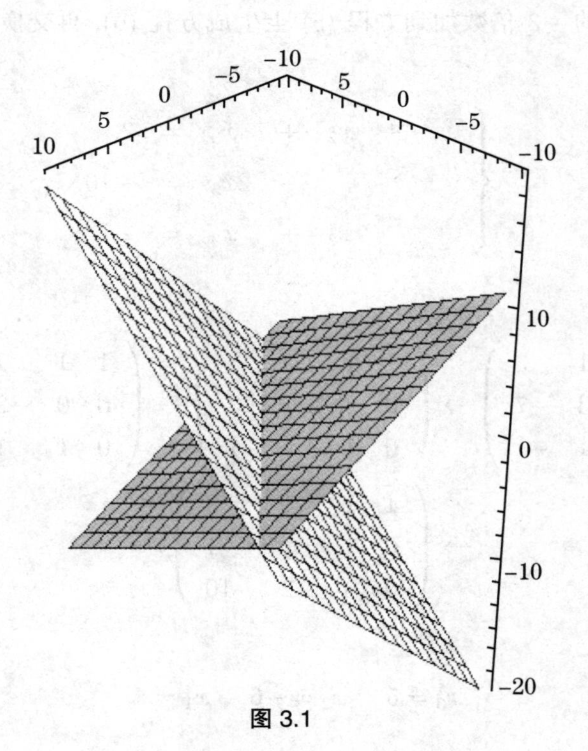

图 3.1

例 3.3 解方程组

$$\begin{cases} x_1 + x_2 - 3x_4 - x_5 = 0, \\ x_1 - x_2 - 2x_3 - x_4 = 0, \\ 4x_1 - 2x_2 + 6x_3 + 3x_4 - 4x_5 = 0, \\ 2x_1 + x_2 - 2x_3 + 4x_4 - 7x_5 = 0. \end{cases}$$

解

$$\begin{pmatrix} 1 & 1 & 0 & -3 & -1 \\ 1 & -1 & -2 & -1 & 0 \\ 4 & -2 & 6 & 3 & -4 \\ 2 & 1 & -2 & 4 & -7 \end{pmatrix} \xrightarrow[-2r_1 \to r_4]{\substack{-r_1 \to r_2 \\ -4r_1 \to r_3}} \begin{pmatrix} 1 & 1 & 0 & -3 & -1 \\ 0 & -2 & -2 & 2 & 1 \\ 0 & -6 & 6 & 15 & 0 \\ 0 & -1 & -2 & 10 & -5 \end{pmatrix}$$

$$\xrightarrow{-r_4 \leftrightarrow r_2} \begin{pmatrix} 1 & 1 & 0 & -3 & -1 \\ 0 & 1 & 2 & -10 & 5 \\ 0 & -6 & 6 & 15 & 0 \\ 0 & -2 & -2 & 2 & 1 \end{pmatrix}$$

$$\xrightarrow[2r_2 \to r_4]{6r_2 \to r_3} \begin{pmatrix} 1 & 1 & 0 & -3 & -1 \\ 0 & 1 & 2 & -10 & 5 \\ 0 & 0 & 18 & -45 & 30 \\ 0 & 0 & 2 & -18 & 11 \end{pmatrix}$$

$$\xrightarrow{\frac{1}{2}r_4 \leftrightarrow \frac{1}{3}r_3} \begin{pmatrix} 1 & 1 & 0 & -3 & -1 \\ 0 & 1 & 2 & -10 & 5 \\ 0 & 0 & 1 & -9 & \frac{11}{2} \\ 0 & 0 & 6 & -15 & 10 \end{pmatrix}$$

$$\xrightarrow{-6r_3 \to r_4} \begin{pmatrix} 1 & 1 & 0 & -3 & -1 \\ 0 & 1 & 2 & -10 & 5 \\ 0 & 0 & 1 & -9 & \frac{11}{2} \\ 0 & 0 & 0 & 39 & -23 \end{pmatrix}.$$

回代求解, 得

$$x_1 = \frac{58}{39}x_5, \quad x_2 = \frac{50}{39}x_5, \quad x_3 = -\frac{5}{26}x_5, \quad x_4 = \frac{23}{39}x_5.$$

其中, x_5 为自由变量.

例 3.4 a 为何值时, 下述线性方程组有唯一解? a 为何值时, 此方程组无解?

$$\begin{cases} x_1 + x_2 + x_3 = 3 \\ x_1 + 2x_2 - ax_3 = 9. \\ x_1 - x_2 + 3x_3 = 6 \end{cases}$$

解

$$\begin{pmatrix}1&1&1&3\\1&2&-a&9\\1&-1&3&6\end{pmatrix}\xrightarrow[-r_1\to r_3]{-r_1\to r_2}\begin{pmatrix}1&1&1&3\\0&1&-a-1&6\\0&-2&2&3\end{pmatrix}\xrightarrow{2r_2\to r_3}\begin{pmatrix}1&1&1&3\\0&1&-a-1&6\\0&0&-2a&15\end{pmatrix}.$$

从而当 $a\neq 0$ 时, 方程组有唯一解; 当 $a=0$ 时, 方程组无解.

例 3.5 图 3.2 中的网络给出某市某街某时刻一些单行道的交通流量 (以每小时的汽车数量度量). 试确定网络的流量模式.

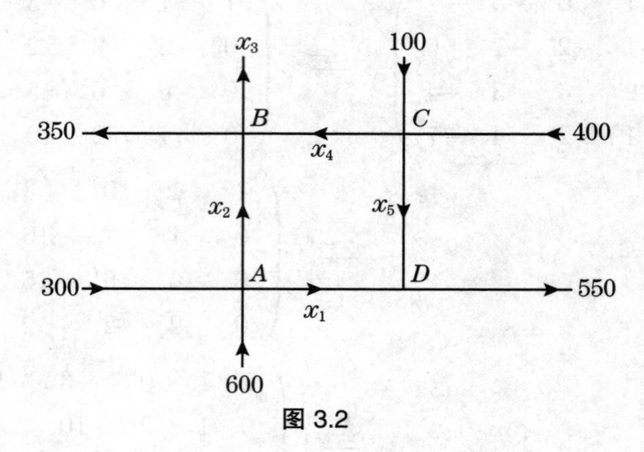

图 3.2

分析 每个交叉点的流入和流出量相等, 见表 3.1.

表 3.1

交叉点	流 入	流 出
A	300+600	x_1+x_2
B	x_2+x_4	$350+x_3$
C	100+400	x_4+x_5
D	x_1+x_5	550

解 由表得

总流入: 600+300+100+400=1 400.

总流出: $350+x_3+550=900+x_3$, 所以 $x_3=500$.

列出方程

$$\begin{cases}x_1+x_2=900,\\ x_2-x_3+x_4=350,\\ x_4+x_5=500,\\ x_1+x_5=550,\\ x_3=500.\end{cases}$$

依次求解, 可得

$$\begin{cases} x_1 \qquad\qquad + x_5 = 550, \\ \quad x_2 \qquad\quad - x_5 = 350, \\ \qquad x_3 \qquad\quad = 500, \\ \qquad\quad x_4 + x_5 = 500, \end{cases}$$

即

$$\begin{cases} x_1 = 550 - x_5, \\ x_2 = 350 + x_5, \\ x_3 = 500, \\ x_4 = 500 - x_5, \end{cases}$$

其中, x_5 是自由变量.

例 3.6　确定食谱中脱脂牛奶、大豆粉和乳清的组合, 使得混合物中的蛋白质、碳水化合物和脂肪所提供的营养如表 3.2 所示.

表 3.2

营养	脱脂牛奶	大豆粉	乳清	一天所提供的营养
蛋白质	36	51	13	33
碳水化合物	52	54	74	45
脂肪	0	7	1.1	3

注: 表中脱脂牛奶、大豆粉、乳清的数据, 指每 100 克所含的营养.

解　设 x_1, x_2, x_3 分别表示三种食物的量, 以 100 克为单位, 列每种营养的方程, 按表 3.2 得到方程组

$$\begin{cases} 36x_1 + 51x_2 + 13x_3 = 33, \\ 52x_1 + 54x_2 + 74x_3 = 45, \\ \qquad\quad 7x_2 + 1.1x_3 = 3. \end{cases}$$

用矩阵表示有

$$\begin{pmatrix} 36 & 51 & 13 & 33 \\ 52 & 54 & 74 & 45 \\ 0 & 7 & 1.1 & 3 \end{pmatrix} \longrightarrow \cdots \longrightarrow \begin{pmatrix} 1 & 0 & 0 & 0.277 \\ 0 & 1 & 0 & 0.392 \\ 0 & 0 & 1 & 0.233 \end{pmatrix}.$$

故需要 0.277 单位的脱脂牛奶, 0.392 单位的大豆粉, 0.233 单位的乳清.

习　题　3

1. 解下列线性方程组.

(1) $\begin{cases} x_1 + x_2 - 3x_3 = -1, \\ 2x_1 + x_2 - 2x_3 = 1, \\ x_1 + x_2 + x_3 = 3, \\ x_1 + 2x_2 - 3x_3 = 1; \end{cases}$

(2) $\begin{cases} x_1 - 2x_2 + 3x_3 - 4x_4 = 4, \\ x_2 - x_3 + x_4 = -3, \\ x_1 + 3x_2 - 3x_4 = 1, \\ -7x_2 + 3x_3 + x_4 = -3; \end{cases}$

(3) $\begin{cases} 2x_1 + 3x_2 - x_3 + x_4 = 1, \\ 8x_1 + 12x_2 - 9x_3 + 8x_4 = 3, \\ 4x_1 + 6x_2 + 3x_3 - 2x_4 = 3, \\ 2x_1 + 3x_2 + 9x_3 - 7x_4 = 3; \end{cases}$

(4) $\begin{cases} 2x_1 + 4x_2 - 6x_3 + x_4 = 2, \\ x_1 - x_2 + 4x_3 + x_4 = 1, \\ -x_1 + x_2 - x_3 + x_4 = 0; \end{cases}$

(5) $\begin{cases} 2x_1 - 3x_2 + 7x_3 + 5x_4 = 7, \\ x_1 - x_2 + x_3 - x_4 = 1, \\ x_1 + x_2 - 8x_3 + x_4 = 0, \\ 4x_1 - 3x_2 + 5x_4 = 0; \end{cases}$

(6) $\begin{cases} 3x_1 - 5x_2 + x_3 - 2x_4 = 0, \\ 2x_1 + 3x_2 - 5x_3 + x_4 = 0, \\ -x_1 + 7x_2 - 4x_3 + 3x_4 = 0, \\ 4x_1 + 15x_2 - 7x_3 + 9x_4 = 0; \end{cases}$

(7) $\begin{cases} x_1 + x_2 - 3x_4 - x_5 = 0, \\ x_1 - x_2 - 2x_3 - x_4 = 0, \\ 4x_1 - 2x_2 + 6x_3 + 3x_4 - 4x_5 = 0, \\ 2x_1 + 4x_2 - 2x_3 + 4x_4 - 7x_5 = 0. \end{cases}$

2. 当 a 为何值时, 下列线性方程组有解？有解时, 求出它的通解.

(1) $\begin{cases} 3x_1 + 2x_2 + x_3 = 2, \\ x_1 - x_2 - 2x_3 = -3, \\ ax_1 - 2x_2 + 2x_3 = 6; \end{cases}$

(2) $\begin{cases} x_1 - 4x_2 + 2x_3 = -1, \\ -x_1 + 11x_2 - x_3 = 3, \\ 3x_1 - 5x_2 + 7x_3 = a. \end{cases}$

3. 当 a 为何值时, 下述线性方程组有唯一解？ a 为何值时, 此方程组无解？

$$\begin{cases} x_1 + x_2 + x_3 = 3, \\ x_1 + 2x_2 - ax_3 = 9, \\ 2x_1 - x_2 + 3x_3 = 6. \end{cases}$$

4. 求三次多项式 $f(x) = ax^3 + bx^2 + cx + d$, 使 $y = f(x)$ 的图像经过以下四个点: $A(1,2), B(-1,3), C(3,0), D(0,2)$.

5. 求三次多项式 $f(x) = ax^3 + bx^2 + cx + d$, 它满足

$$f(0) = 1, \quad f(1) = 2, \quad f'(0) = 1, \quad f'(1) = -1.$$

6. 兽医建议某宠物的食谱每天要包含 100 单位的蛋白质、 200 单位的糖、 50 单位的脂肪. 某宠物商店出售四种食物 A,B,C,D. 这四种食物每千克含蛋白质、糖、脂肪的含量 (单位) 如表 3.3 所示.

表 3.3

食物	蛋白质	糖	脂肪
A	5	20	2
B	4	25	2
C	7	10	10
D	10	5	6

问: 是否可以适量配备上述四种食物, 满足兽医的建议？

7. 给定线性方程组

$$\begin{cases} x_1 + 2x_2 - 3x_3 + 4x_4 = 2, \\ 2x_1 + 5x_2 - 2x_3 + x_4 = 1, \\ 3x_1 + 8x_2 - x_3 - 2x_4 = 0. \end{cases}$$

将常数项改为零得到另一个方程组, 求解这两个方程组, 并研究这两个方程组解之间的关系. 对其他方程组作类似的讨论.

第 4 章　矩阵与行列式

4.1　矩阵的定义

内 容 提 要

1. 矩阵的定义

由 $m \times n$ 个数排成的 m 行 n 列的矩形数表

$$\boldsymbol{A}=\begin{pmatrix} a_{11} & a_{12} & \cdots & a_{1n} \\ a_{21} & a_{22} & \cdots & a_{2n} \\ \vdots & \vdots & \ddots & \vdots \\ a_{m1} & a_{m2} & \cdots & a_{mn} \end{pmatrix}$$

称为一个 $m \times n$ **矩阵**, 记作 $\boldsymbol{A}=(a_{ij})_{m\times n}$. 表中排在第 i 行第 j 列的元素 a_{ij} 称为 $\boldsymbol{A}$ 的第 (i,j) **元素**; 当 $i=j$ 时, a_{ii} 称为 $\boldsymbol{A}$ 的**对角元**.

两个矩阵 $\boldsymbol{A}$ 和 $\boldsymbol{B}$ 是**相等**的, 当且仅当它们的行数和列数都相等并且每个位置上的元素都相等.

2. 特殊矩阵

零矩阵: 元素都是零的矩阵, 记作 $\boldsymbol{O}$ 或 $\boldsymbol{0}$.

方阵: 行数和列数相等的 $n \times n$ 矩阵.

单位阵: 对角元是 1, 其他元素都是零的 n 阶方阵, 记作 $\boldsymbol{I}$, $\boldsymbol{I}_n$ 或 $\boldsymbol{E}$,$\boldsymbol{E}_n$.

基本矩阵: 对于 $1 \leqslant i \leqslant m, 1 \leqslant j \leqslant n$, 基本矩阵 $\boldsymbol{E}_{ij}$ 是第 (i,j) 元素是 1, 其他元素全是零的 $m \times n$ 矩阵.

数量阵: 对角元是 a, 其他元素都是零的方阵, 记作 $a\boldsymbol{I}$.

对角阵: 若方阵 $\boldsymbol{A}=(a_{ij})_{n\times n}$ 的元素除对角元外都为零, 则称其为对角阵, 即

$$\boldsymbol{A}=\begin{pmatrix} a_{11} & & \\ & \ddots & \\ & & a_{nn} \end{pmatrix} \quad 或 \quad \boldsymbol{A}=\operatorname{diag}(a_{11},a_{22},\cdots,a_{nn}).$$

三角阵: 主对角线下方的元素全为零, 称为上三角阵; 主对角线上方的元素全为零, 称为下三角阵; 上三角阵和下三角阵统称三角阵.

对称阵: 方阵 $\boldsymbol{A}=(a_{ij})_{n\times n}$ 满足 $a_{ij}=a_{ji}$ 对所有 i,j 成立.

反对称阵: 方阵 $\boldsymbol{A}=(a_{ij})_{n\times n}$ 满足 $a_{ij}=-a_{ji}$ 对所有 i,j 成立.

共轭矩阵: 将复矩阵 $\boldsymbol{A}$ 的每个元素换成它的共轭复数后的矩阵, 记作 $\overline{\boldsymbol{A}}=(\overline{a_{ij}})_{m\times n}$.

例题分析

例 4.1　设 $\boldsymbol{A}=\begin{pmatrix}1&2&0&0\\3&4&0&0\\0&0&5&6\\0&0&7&8\end{pmatrix}$, 用行向量组、列向量组表示矩阵 $\boldsymbol{A}$.

解　记矩阵 $\boldsymbol{A}$ 的每行元素分别为 $\boldsymbol{A}_1,\boldsymbol{A}_2,\boldsymbol{A}_3,\boldsymbol{A}_4$, 每列元素分别为 $\overline{\boldsymbol{A}_1},\overline{\boldsymbol{A}_2},\overline{\boldsymbol{A}_3},\overline{\boldsymbol{A}_4}$, 则可记

$$\boldsymbol{A}=\begin{pmatrix}\boldsymbol{A}_1\\\boldsymbol{A}_2\\\boldsymbol{A}_3\\\boldsymbol{A}_4\end{pmatrix},\quad \boldsymbol{A}=\begin{pmatrix}\overline{\boldsymbol{A}_1}&\overline{\boldsymbol{A}_2}&\overline{\boldsymbol{A}_3}&\overline{\boldsymbol{A}_4}\end{pmatrix}.$$

其中

$$\boldsymbol{A}_1=(1\quad 2\quad 0\quad 0),\quad \boldsymbol{A}_3=(0\quad 0\quad 5\quad 6),\quad \overline{\boldsymbol{A}_2}=\begin{pmatrix}2\\4\\0\\0\end{pmatrix},\quad \overline{\boldsymbol{A}_4}=\begin{pmatrix}0\\0\\6\\8\end{pmatrix}.$$

例 4.2　给出矩阵 $\boldsymbol{A}=(a_{ij})_{m\times n}$ 的转置矩阵按行、按列的分块表示.

解　由题意得

$$\boldsymbol{A}=\begin{pmatrix}a_{11}&a_{12}&\cdots&a_{1n}\\a_{21}&a_{22}&\cdots&a_{2n}\\\vdots&\vdots&\ddots&\vdots\\a_{m1}&a_{m2}&\cdots&a_{mn}\end{pmatrix}=\begin{pmatrix}\boldsymbol{\alpha}_1\\\boldsymbol{\alpha}_2\\\vdots\\\boldsymbol{\alpha}_n\end{pmatrix}=\begin{pmatrix}\boldsymbol{\beta}_1&\boldsymbol{\beta}_2&\cdots&\boldsymbol{\beta}_n\end{pmatrix},$$

$$\boldsymbol{A}^{\mathrm{T}}=\begin{pmatrix}a_{11}&a_{21}&\cdots&a_{m1}\\a_{12}&a_{22}&\cdots&a_{m2}\\\vdots&\vdots&\ddots&\vdots\\a_{1n}&a_{2n}&\cdots&a_{mn}\end{pmatrix}=\begin{pmatrix}\boldsymbol{\alpha}_1^{\mathrm{T}}&\boldsymbol{\alpha}_2^{\mathrm{T}}&\cdots&\boldsymbol{\alpha}_n^{\mathrm{T}}\end{pmatrix}=\begin{pmatrix}\boldsymbol{\beta}_1^{\mathrm{T}}\\\boldsymbol{\beta}_2^{\mathrm{T}}\\\vdots\\\boldsymbol{\beta}_n^{\mathrm{T}}\end{pmatrix}.$$

4.2 矩阵运算

内容提要

设矩阵 $\boldsymbol{A}=(a_{ij})_{m\times n}\in F^{m\times n}$, $\boldsymbol{B}=(b_{ij})_{m\times n}\in F^{m\times n}$, $\lambda\in\mathbf{R},\mu\in\mathbf{R}$.

1. 矩阵的加法

矩阵加法的定义:

$$\boldsymbol{A}+\boldsymbol{B}=(a_{ij}+b_{ij})_{m\times n}.$$

矩阵的**减法**和**负矩阵**:

$$\boldsymbol{A}-\boldsymbol{B}=(a_{ij}-b_{ij})_{m\times n},\quad -\boldsymbol{A}=(-a_{ij})_{m\times n}.$$

矩阵加法的运算性质:

(1) $\boldsymbol{A}+\boldsymbol{B}=\boldsymbol{B}+\boldsymbol{A}$;

(2) $(\boldsymbol{A}+\boldsymbol{B})+\boldsymbol{C}=\boldsymbol{A}+(\boldsymbol{B}+\boldsymbol{C})$;

(3) $\boldsymbol{A}+\boldsymbol{O}=\boldsymbol{O}+\boldsymbol{A}=\boldsymbol{A}$;

(4) $\boldsymbol{A}+(-\boldsymbol{A})=(-\boldsymbol{A})+\boldsymbol{A}=\boldsymbol{O}$.

2. 矩阵的数乘

矩阵数乘的定义:

$$\lambda\boldsymbol{A}=(\lambda a_{ij})_{m\times n}.$$

矩阵数乘的运算性质:

(1) $(\lambda+\mu)\boldsymbol{A}=\lambda\boldsymbol{A}+\mu\boldsymbol{A}$;

(2) $\lambda(\boldsymbol{A}+\boldsymbol{B})=\lambda\boldsymbol{A}+\lambda\boldsymbol{B}$;

(3) $(\lambda\mu)\boldsymbol{A}=\lambda(\mu\boldsymbol{A})$;

(4) $1\boldsymbol{A}=\boldsymbol{A}$.

3. 矩阵的乘法

矩阵的乘法运算在矩阵运算中有着特别重要的地位. 许多代数问题都可以利用矩阵乘法得到简洁的表示和求解.

设

$$\boldsymbol{C}=\boldsymbol{AB}=\begin{pmatrix}A_1\\A_2\\\vdots\\A_m\end{pmatrix}\begin{pmatrix}B_1 & B_2 & \cdots & B_p\end{pmatrix}=\begin{pmatrix}A_1B_1 & A_1B_2 & \cdots & A_1B_p\\A_2B_1 & A_2B_2 & \cdots & A_2B_p\\\vdots & \vdots & \ddots & \vdots\\A_mB_1 & A_mB_2 & \cdots & A_mB_p\end{pmatrix}.$$

$$c_{ij}=a_{i1}b_{1j}+a_{i2}b_{2j}+\cdots+a_{in}b_{nj}=\sum_{k=1}^{n}a_{ik}b_{kj},$$

即 c_{ij} 是 $\boldsymbol{A}$ 的第 i 行和 $\boldsymbol{B}$ 的第 j 列对应元素之积的代数和.

矩阵乘法的运算性质:

(1) 乘法结合律: $(\boldsymbol{AB})\boldsymbol{C}=\boldsymbol{A}(\boldsymbol{BC})$.

(2) 数乘结合律: $\lambda(\boldsymbol{AB})=(\lambda\boldsymbol{A})\boldsymbol{B}=\boldsymbol{A}(\lambda\boldsymbol{B})$.

(3) 左分配律: $(\boldsymbol{A}+\boldsymbol{B})\boldsymbol{C}=\boldsymbol{AC}+\boldsymbol{BC}$;

右分配律: $\boldsymbol{A}(\boldsymbol{B}+\boldsymbol{C})=\boldsymbol{AB}+\boldsymbol{AC}$.

(4) 乘法单位元: $\boldsymbol{IA}=\boldsymbol{AI}=\boldsymbol{A}$.

4. 矩阵的转置

将矩阵 $\boldsymbol{A}=(a_{ij})_{m\times n}$ 的行列互换, 得到的矩阵叫 $\boldsymbol{A}$ 的转置矩阵, 记作 $\boldsymbol{A}^{\mathrm{T}}$ 或 $\boldsymbol{A}'$, $\boldsymbol{A}^{\mathrm{T}}=(a_{ji})_{n\times m}$.

矩阵转置的运算性质:

(1) $(\boldsymbol{A}+\boldsymbol{B})^{\mathrm{T}}=\boldsymbol{A}^{\mathrm{T}}+\boldsymbol{B}^{\mathrm{T}}$;

(2) $(\lambda\boldsymbol{A})^{\mathrm{T}}=\lambda\boldsymbol{A}^{\mathrm{T}}$;

(3) $(\boldsymbol{AB})^{\mathrm{T}}=\boldsymbol{B}^{\mathrm{T}}\boldsymbol{A}^{\mathrm{T}}$;

(4) $(\boldsymbol{A}^{-1})^{\mathrm{T}}=(\boldsymbol{A}^{\mathrm{T}})^{-1}$.

其中 $\boldsymbol{A},\boldsymbol{B}$ 是使运算有意义的矩阵, λ 是数.

5. 矩阵的迹

n 阶方阵 $\boldsymbol{A}$ 的对角元之和 $a_{11}+a_{22}+\cdots+a_{nn}$ 称为 $\boldsymbol{A}$ 的**迹**, 记作 $\mathrm{tr}(\boldsymbol{A})$.

矩阵迹的运算性质:

(1) $\mathrm{tr}(\boldsymbol{A}+\boldsymbol{B})=\mathrm{tr}(\boldsymbol{A})+\mathrm{tr}(\boldsymbol{B})$;

(2) $\mathrm{tr}(\lambda\boldsymbol{A})=\lambda\mathrm{tr}(\boldsymbol{A})$;

(3) $\mathrm{tr}(\boldsymbol{A}^{\mathrm{T}})=\mathrm{tr}(\boldsymbol{A}),\mathrm{tr}(\overline{\boldsymbol{A}})=\overline{\mathrm{tr}(\boldsymbol{A})}$;

(4) $\mathrm{tr}(\boldsymbol{AB})=\mathrm{tr}(\boldsymbol{BA})$.

6. 逆矩阵

设 $\boldsymbol{A}$ 是 n 阶方阵. 如果存在 n 阶方阵 $\boldsymbol{X}$ 满足 $\boldsymbol{XA}=\boldsymbol{AX}=\boldsymbol{I}$, 则称 $\boldsymbol{A}$ **可逆**, 并称 $\boldsymbol{X}$ 为 $\boldsymbol{A}$ 的**逆矩阵**, 记作 $\boldsymbol{A}^{-1}$. 可逆方阵也称为**非奇异阵**, 不可逆方阵称为**奇异阵**.

可逆矩阵的运算性质:

对任意 n 阶可逆方阵 $\boldsymbol{A},\boldsymbol{B}$, 都有:

(1) $(\boldsymbol{A}^{-1})^{-1}=\boldsymbol{A}$;

(2) $(\lambda\boldsymbol{A})^{-1}=\lambda^{-1}\boldsymbol{A}^{-1},\lambda\neq 0$;

(3) $(\boldsymbol{AB})^{-1}=\boldsymbol{B}^{-1}\boldsymbol{A}^{-1}$.

矩阵的求逆计算:

(1) 按逆矩阵定义计算.

(2) 伴随矩阵 (在行列式节中引入):

$$\boldsymbol{A}^{-1}=\frac{1}{\det\boldsymbol{A}}\boldsymbol{A}^{*}=\frac{1}{\det\boldsymbol{A}}\begin{pmatrix}A_{11}&A_{21}&\cdots&A_{n1}\\A_{12}&A_{22}&\cdots&A_{n2}\\\vdots&\vdots&\ddots&\vdots\\A_{1n}&A_{2n}&\cdots&A_{nn}\end{pmatrix}.$$

(3) 初等变换:

用行初等变换: $(\boldsymbol{A},\boldsymbol{I})\to(\boldsymbol{I},\boldsymbol{A}^{-1})$;

用列初等变换: $\begin{pmatrix}\boldsymbol{A}\\\boldsymbol{I}\end{pmatrix}\to\begin{pmatrix}\boldsymbol{I}\\\boldsymbol{A}^{-1}\end{pmatrix}$.

7. 矩阵分块的运算

将矩阵子块看成矩阵元素.

分块矩阵的加法:

$$\boldsymbol{A}_{m,n}+\boldsymbol{B}_{m,n}=\begin{pmatrix}A_{11}&A_{12}&\cdots&A_{1l}\\A_{21}&A_{22}&\cdots&A_{2l}\\\vdots&\vdots&\ddots&\vdots\\A_{s1}&A_{s2}&\cdots&A_{sl}\end{pmatrix}+\begin{pmatrix}B_{11}&B_{12}&\cdots&B_{1l}\\B_{21}&B_{22}&\cdots&B_{2l}\\\vdots&\vdots&\ddots&\vdots\\B_{s1}&B_{s2}&\cdots&B_{sl}\end{pmatrix}.$$

$$\boldsymbol{A}_{m,n}+\boldsymbol{B}_{m,n}=(A_{ij}+B_{ij})_{s,l},\quad \sum_{i=1}^{s}m_i=m,\quad \sum_{j=1}^{l}n_j=n.$$

分块矩阵的乘法:

$$\boldsymbol{A}_{m,n}\boldsymbol{B}_{n,s}=\begin{pmatrix}A_{11}&A_{12}&\cdots&A_{1l}\\A_{21}&A_{22}&\cdots&A_{2l}\\\vdots&\vdots&\ddots&\vdots\\A_{t1}&A_{t2}&\cdots&A_{tl}\end{pmatrix}\begin{pmatrix}B_{11}&B_{12}&\cdots&B_{1r}\\B_{21}&B_{22}&\cdots&B_{2r}\\\vdots&\vdots&\ddots&\vdots\\B_{l1}&B_{l2}&\cdots&B_{lr}\end{pmatrix}.$$

$$\boldsymbol{A}_{m,n}\boldsymbol{B}_{n,s}=\left(\sum_{u=1}^{l}A_{iu}B_{uj}\right)_{t,r},\quad \sum_{i=1}^{t}m_i=m,\quad \sum_{j=1}^{l}n_j=n,\quad \sum_{k=1}^{r}s_k=s.$$

常用的矩阵分块运算: 若

$$\boldsymbol{A}=\begin{pmatrix}\boldsymbol{A}_1&\boldsymbol{A}_2\\\boldsymbol{A}_3&\boldsymbol{A}_4\end{pmatrix},\quad \boldsymbol{B}=\begin{pmatrix}\boldsymbol{B}_1&\boldsymbol{B}_2\\\boldsymbol{B}_3&\boldsymbol{B}_4\end{pmatrix},$$

则

$$\boldsymbol{A}+\boldsymbol{B}=\begin{pmatrix}\boldsymbol{A}_1+\boldsymbol{B}_1&\boldsymbol{A}_2+\boldsymbol{B}_2\\\boldsymbol{A}_3+\boldsymbol{B}_3&\boldsymbol{A}_4+\boldsymbol{B}_4\end{pmatrix},$$

$$AB=\begin{pmatrix}A_1B_1+A_2B_3 & A_1B_2+A_2B_4\\ A_3B_1+A_4B_3 & A_3B_2+A_4B_4\end{pmatrix},$$

$$\lambda A=\begin{pmatrix}\lambda A_1 & \lambda A_2\\ \lambda A_3 & \lambda A_4\end{pmatrix},\quad A^{\mathrm{T}}=\begin{pmatrix}A_1^{\mathrm{T}} & A_3^{\mathrm{T}}\\ A_2^{\mathrm{T}} & A_4^{\mathrm{T}}\end{pmatrix},$$

$$\overline{A}=\begin{pmatrix}\overline{A_1} & \overline{A_2}\\ \overline{A_3} & \overline{A_4}\end{pmatrix},\quad \mathrm{tr}(A)=\mathrm{tr}(A_1)+\mathrm{tr}(A_4).$$

8. 初等变换和初等矩阵

对单位阵 I 作一次初等变换得到的矩阵称为初等矩阵.

(1) 互换矩阵的第 i 行和第 j 行 (互换矩阵的第 i 列和第 j 列):

$$S_{ij}=\begin{pmatrix}I_{i-1} & & & & & & \\ & 0 & \cdots & \cdots & \cdots & 1 & \\ & \vdots & 1 & & & \vdots & \\ & \vdots & & \ddots & & \vdots & \\ & \vdots & & & 1 & \vdots & \\ & 1 & \cdots & \cdots & \cdots & 0 & \\ & & & & & & I_{n-j+1}\end{pmatrix}.$$

(2) 用非零数 λ 乘 I 的第 i 行 (列):

$$D_i(\lambda)=\begin{pmatrix}1 & & & & & \\ & \ddots & & & & \\ & & 1 & & & \\ & & & \lambda & & & \\ & & & & 1 & & \\ & & & & & \ddots & \\ & & & & & & 1\end{pmatrix}=\begin{pmatrix}I_{i-1} & & \\ & \lambda & \\ & & I_{n-i}\end{pmatrix}.$$

(3) 将矩阵第 j 行的 λ 倍加到第 i 行上 (将矩阵第 i 列的 λ 倍加到第 j 列上):

$$T_{ij}(\lambda)=\begin{pmatrix}1 & & & & & \\ & \ddots & & & & \\ & & 1 & \cdots & \lambda & & \\ & & & \ddots & \vdots & & \\ & & & & 1 & & \\ & & & & & \ddots & \\ & & & & & & 1\end{pmatrix}=\begin{pmatrix}I_{i-1} & & & & \\ & 1 & \cdots & \lambda & \\ & & \ddots & \vdots & \\ & & & 1 & \\ & & & & I_{n-j+1}\end{pmatrix}.$$

(4) 初等矩阵的逆:

$$S_{ij}^{-1}=S_{ij},$$
$$D_i(\lambda)^{-1}=D_i\left(\frac{1}{\lambda}\right),$$
$$T_{ij}(\lambda)^{-1}=T_{ij}(-\lambda).$$

例 题 分 析

例 4.3 设 $\boldsymbol{A}=\begin{pmatrix}1&2&3\\-1&0&-3\\1&-2&1\end{pmatrix}$, $\boldsymbol{B}=\begin{pmatrix}1&2&3\\-1&-2&4\\5&0&-1\end{pmatrix}$, 计算 $3\boldsymbol{A}-2\boldsymbol{B}$, $(\boldsymbol{A}+\boldsymbol{B})^{\mathrm{T}}$, $\boldsymbol{AB}^{\mathrm{T}}$, $\boldsymbol{BA}^{\mathrm{T}}$.

解

$$3\boldsymbol{A}-2\boldsymbol{B}=\begin{pmatrix}3&6&9\\-3&0&-9\\3&-6&3\end{pmatrix}-\begin{pmatrix}2&4&6\\-2&-4&8\\10&0&-2\end{pmatrix}=\begin{pmatrix}1&2&3\\-1&4&-17\\-7&-6&5\end{pmatrix},$$

$$(\boldsymbol{A}+\boldsymbol{B})^{\mathrm{T}}=\boldsymbol{A}^{\mathrm{T}}+\boldsymbol{B}^{\mathrm{T}}=\begin{pmatrix}1&-1&1\\2&0&-2\\3&-3&1\end{pmatrix}+\begin{pmatrix}1&-1&5\\2&-2&0\\3&4&-1\end{pmatrix}=\begin{pmatrix}2&-2&6\\4&-2&-2\\6&1&0\end{pmatrix},$$

$$\boldsymbol{AB}^{\mathrm{T}}=\begin{pmatrix}1&2&3\\-1&0&-3\\1&-2&1\end{pmatrix}\begin{pmatrix}1&-1&5\\2&-2&0\\3&4&-1\end{pmatrix}=\begin{pmatrix}14&7&2\\-10&-11&-2\\0&7&4\end{pmatrix},$$

$$\boldsymbol{BA}^{\mathrm{T}}=(\boldsymbol{AB}^{\mathrm{T}})^{\mathrm{T}}=\begin{pmatrix}14&-10&0\\7&-11&7\\2&-2&4\end{pmatrix}.$$

例 4.4 已知 $\boldsymbol{\alpha}=(1\quad 2\quad \cdots\quad n)$, $\boldsymbol{\beta}=\left(1\quad \frac{1}{2}\quad \cdots\quad \frac{1}{n}\right)$.

(1) 求 $\boldsymbol{A}=\boldsymbol{\alpha}'\boldsymbol{\beta}$;

(2) 求 $\boldsymbol{A}^n$.

解　(1) 列向量乘行向量, 得

$$A=\begin{pmatrix}1\\2\\\vdots\\n\end{pmatrix}\begin{pmatrix}1 & \frac{1}{2} & \frac{1}{3} & \cdots & \frac{1}{n}\end{pmatrix}=\begin{pmatrix}1 & \frac{1}{2} & \frac{1}{3} & \cdots & \frac{1}{n}\\2 & 1 & \frac{2}{3} & \cdots & \frac{2}{n}\\\vdots & \vdots & \vdots & \ddots & \vdots\\n & \frac{n}{2} & \frac{n}{3} & \cdots & 1\end{pmatrix}.$$

(2) 因 $A=\alpha'\beta$,故$A^n=\alpha'(\beta\alpha')\cdots(\beta\alpha')\beta$. 而

$$\beta\alpha'=\begin{pmatrix}1 & \frac{1}{2} & \cdots & \frac{1}{n}\end{pmatrix}\begin{pmatrix}1\\2\\\vdots\\n\end{pmatrix}=n,$$

故有

$$A^n=n^{n-1}A=n^{n-1}\begin{pmatrix}1 & \frac{1}{2} & \frac{1}{3} & \cdots & \frac{1}{n}\\2 & 1 & \frac{2}{3} & \cdots & \frac{2}{n}\\\vdots & \vdots & \vdots & \ddots & \vdots\\n & \frac{n}{2} & \frac{n}{3} & \cdots & 1\end{pmatrix}.$$

例 4.5　计算

$$T=\begin{pmatrix}x_1 & x_2 & \cdots & x_m\end{pmatrix}\begin{pmatrix}a_{11} & a_{12} & \cdots & a_{1n}\\a_{21} & a_{22} & \cdots & a_{2n}\\\vdots & \vdots & \ddots & \vdots\\a_{m1} & a_{m2} & \cdots & a_{mn}\end{pmatrix}\begin{pmatrix}y_1\\y_2\\\vdots\\y_n\end{pmatrix}.$$

解　不妨先计算

$$\begin{pmatrix}x_1 & x_2\end{pmatrix}\begin{pmatrix}a_{11} & a_{12}\\a_{21} & a_{22}\end{pmatrix}\begin{pmatrix}y_1\\y_2\end{pmatrix}=\sum_{i=1}^{2}\sum_{j=1}^{2}a_{ij}x_iy_j,$$

$$\begin{aligned}T&=\begin{pmatrix}\sum\limits_{i=1}^{m}a_{i1}x_i & \sum\limits_{i=1}^{m}a_{i2}x_i & \cdots & \sum\limits_{i=1}^{m}a_{in}x_i\end{pmatrix}\begin{pmatrix}y_1\\y_2\\\vdots\\y_n\end{pmatrix}\\&=\sum_{i=1}^{m}a_{i1}x_iy_1+\sum_{i=1}^{m}a_{i2}x_iy_2+\cdots+\sum_{i=1}^{m}a_{in}x_iy_n=\sum_{i=1}^{m}\sum_{j=1}^{n}a_{ij}x_iy_j.\end{aligned}$$

例 4.6 计算

$$T=\begin{pmatrix} x_1 & 0 & \cdots & 0 \\ 0 & x_2 & \cdots & 0 \\ \vdots & \vdots & \ddots & \vdots \\ 0 & 0 & \cdots & x_m \end{pmatrix}\begin{pmatrix} a_{11} & a_{12} & \cdots & a_{1n} \\ a_{21} & a_{22} & \cdots & a_{2n} \\ \vdots & \vdots & \ddots & \vdots \\ a_{m1} & a_{m2} & \cdots & a_{mn} \end{pmatrix}\begin{pmatrix} y_1 & 0 & \cdots & 0 \\ 0 & y_2 & \cdots & 0 \\ \vdots & \vdots & \ddots & \vdots \\ 0 & 0 & \cdots & y_n \end{pmatrix}.$$

解 由题意得

$$\begin{aligned} T&=\begin{pmatrix} a_{11}x_1 & a_{12}x_1 & \cdots & a_{1n}x_1 \\ a_{21}x_2 & a_{22}x_2 & \cdots & a_{2n}x_2 \\ \vdots & \vdots & \ddots & \vdots \\ a_{m1}x_m & a_{m2}x_m & \cdots & a_{mn}x_m \end{pmatrix}\begin{pmatrix} y_1 & 0 & \cdots & 0 \\ 0 & y_2 & \cdots & 0 \\ \vdots & \vdots & \ddots & \vdots \\ 0 & 0 & \cdots & y_n \end{pmatrix} \\ &=\begin{pmatrix} a_{11}x_1y_1 & a_{12}x_1y_2 & \cdots & a_{1n}x_1y_n \\ a_{21}x_2y_1 & a_{22}x_2y_2 & \cdots & a_{2n}x_2y_n \\ \vdots & \vdots & \ddots & \vdots \\ a_{m1}x_my_1 & a_{m2}x_my_2 & \cdots & a_{mn}x_my_n \end{pmatrix}. \end{aligned}$$

请观察左边 x_i 和右边 y_j 在矩阵乘法中对行或对列的作用.

例 4.7 已知 $\boldsymbol{A}=(a_{ij})_{4\times4}$, 且

$$\boldsymbol{P}_1=\begin{pmatrix} 1 & 0 & 0 & 0 \\ 0 & 0 & 1 & 0 \\ 0 & 1 & 0 & 0 \\ 0 & 0 & 0 & 1 \end{pmatrix},\quad \boldsymbol{P}_2=\begin{pmatrix} 1 & 0 & 0 & 0 \\ 0 & 2 & 0 & 0 \\ 0 & 0 & 1 & 0 \\ 0 & 0 & 0 & 1 \end{pmatrix},\quad \boldsymbol{P}_3=\begin{pmatrix} 1 & 0 & 0 & 0 \\ 0 & 1 & c & 0 \\ 0 & 0 & 1 & 0 \\ 0 & 0 & 0 & 1 \end{pmatrix}.$$

计算 $\boldsymbol{P}_1\boldsymbol{A}$, $\boldsymbol{A}\boldsymbol{P}_1$, $\boldsymbol{P}_2\boldsymbol{A}$, $\boldsymbol{A}\boldsymbol{P}_2$, $\boldsymbol{P}_3\boldsymbol{A}$, $\boldsymbol{A}\boldsymbol{P}_3$.

解 左乘 $\boldsymbol{A}$ 时, 对 $\boldsymbol{A}$ 按行分块; 右乘 $\boldsymbol{A}$ 时, 对 $\boldsymbol{A}$ 按列分块:

$$\boldsymbol{P}_1\boldsymbol{A}=\begin{pmatrix} 1 & 0 & 0 & 0 \\ 0 & 0 & 1 & 0 \\ 0 & 1 & 0 & 0 \\ 0 & 0 & 0 & 1 \end{pmatrix}\begin{pmatrix} \boldsymbol{A}_1 \\ \boldsymbol{A}_2 \\ \boldsymbol{A}_3 \\ \boldsymbol{A}_4 \end{pmatrix}=\begin{pmatrix} \boldsymbol{A}_1 \\ \boldsymbol{A}_3 \\ \boldsymbol{A}_2 \\ \boldsymbol{A}_4 \end{pmatrix}=\begin{pmatrix} a_{11} & a_{12} & a_{13} & a_{14} \\ a_{31} & a_{32} & a_{33} & a_{34} \\ a_{21} & a_{22} & a_{23} & a_{24} \\ a_{41} & a_{42} & a_{43} & a_{44} \end{pmatrix},$$

$$\begin{aligned} \boldsymbol{A}\boldsymbol{P}_1&=\begin{pmatrix} \tilde{\boldsymbol{A}}_1 & \tilde{\boldsymbol{A}}_2 & \tilde{\boldsymbol{A}}_3 & \tilde{\boldsymbol{A}}_4 \end{pmatrix}\begin{pmatrix} 1 & 0 & 0 & 0 \\ 0 & 0 & 1 & 0 \\ 0 & 1 & 0 & 0 \\ 0 & 0 & 0 & 1 \end{pmatrix}=\begin{pmatrix} \tilde{\boldsymbol{A}}_1 & \tilde{\boldsymbol{A}}_3 & \tilde{\boldsymbol{A}}_2 & \tilde{\boldsymbol{A}}_4 \end{pmatrix} \\ &=\begin{pmatrix} a_{11} & a_{13} & a_{12} & a_{14} \\ a_{21} & a_{23} & a_{22} & a_{24} \\ a_{31} & a_{33} & a_{32} & a_{34} \\ a_{41} & a_{43} & a_{42} & a_{44} \end{pmatrix}, \end{aligned}$$

$$P_2A=\begin{pmatrix}1&0&0&0\\0&2&0&0\\0&0&1&0\\0&0&0&1\end{pmatrix}\begin{pmatrix}A_1\\A_2\\A_3\\A_4\end{pmatrix}=\begin{pmatrix}a_{11}&a_{12}&a_{13}&a_{14}\\2a_{21}&2a_{22}&2a_{23}&2a_{24}\\a_{31}&a_{32}&a_{33}&a_{34}\\a_{41}&a_{42}&a_{43}&a_{44}\end{pmatrix},$$

$$AP_2=\begin{pmatrix}\tilde{A}_1&\tilde{A}_2&\tilde{A}_3&\tilde{A}_4\end{pmatrix}\begin{pmatrix}1&0&0&0\\0&2&0&0\\0&0&1&0\\0&0&0&1\end{pmatrix}=\begin{pmatrix}a_{11}&2a_{12}&a_{13}&a_{14}\\a_{21}&2a_{22}&a_{23}&a_{24}\\a_{31}&2a_{32}&a_{33}&a_{34}\\a_{41}&2a_{42}&a_{43}&a_{44}\end{pmatrix},$$

$$P_3A=\begin{pmatrix}1&0&0&0\\0&1&c&0\\0&0&1&0\\0&0&0&1\end{pmatrix}\begin{pmatrix}A_1\\A_2\\A_3\\A_4\end{pmatrix}=\begin{pmatrix}A_1\\A_2+cA_3\\A_3\\A_4\end{pmatrix}$$

$$=\begin{pmatrix}a_{11}&a_{12}&a_{13}&a_{14}\\a_{21}+ca_{31}&a_{22}+ca_{32}&a_{23}+ca_{33}&a_{24}+ca_{34}\\a_{31}&a_{32}&a_{33}&a_{34}\\a_{41}&a_{42}&a_{43}&a_{44}\end{pmatrix},$$

$$AP_3=\begin{pmatrix}\tilde{A}_1&\tilde{A}_2&\tilde{A}_3&\tilde{A}_4\end{pmatrix}\begin{pmatrix}1&0&0&0\\0&1&c&0\\0&0&1&0\\0&0&0&1\end{pmatrix}=\begin{pmatrix}\tilde{A}_1&\tilde{A}_2&c\tilde{A}_2+\tilde{A}_3&\tilde{A}_4\end{pmatrix}$$

$$=\begin{pmatrix}a_{11}&a_{12}&ca_{12}+a_{13}&a_{14}\\a_{21}&a_{22}&ca_{22}+a_{23}&a_{24}\\a_{31}&a_{32}&ca_{32}+a_{33}&a_{34}\\a_{41}&a_{42}&ca_{42}+a_{43}&a_{44}\end{pmatrix}.$$

点评　矩阵乘法是线性代数中最基础的运算, 熟练掌握矩阵乘法、矩阵分块乘法是矩阵后续学习的必要基础. 本题旨在练习矩阵乘法, 体会初等变换、初等矩阵和矩阵乘法的关联, 以及初等矩阵在乘法中左行右列的作用.

例 4.8　证明: 任何一个 n 阶矩阵 A 都可以表示为一对称矩阵 B 与一反对称矩阵 C 之和.

证　设 B 为对称矩阵, C 为反对称矩阵, 即 $b_{ij}=b_{ji}, c_{ij}=-c_{ji}$. 由 $A=B+C$, 即得

$$\begin{pmatrix}a_{11}&a_{12}&\cdots&a_{1n}\\a_{21}&a_{22}&\cdots&a_{2n}\\\vdots&\vdots&\ddots&\vdots\\a_{n1}&a_{n2}&\cdots&a_{nn}\end{pmatrix}=\begin{pmatrix}b_{11}&b_{12}&\cdots&b_{1n}\\b_{12}&b_{22}&\cdots&b_{2n}\\\vdots&\vdots&\ddots&\vdots\\b_{1n}&b_{2n}&\cdots&b_{nn}\end{pmatrix}+\begin{pmatrix}0&c_{12}&\cdots&c_{1n}\\-c_{12}&0&\cdots&c_{2n}\\\vdots&\vdots&\ddots&\vdots\\-c_{1n}&-c_{2n}&\cdots&0\end{pmatrix}.$$

比较两边元素, 得

$$\begin{cases} a_{ij}=b_{ij}+c_{ij}, \\ a_{ji}=b_{ij}-c_{ij} \end{cases} \quad (i,j=1,2,\cdots,n).$$

以上两式分别相加、相减, 得到

$$\begin{cases} b_{ij}=\dfrac{1}{2}(a_{ij}+a_{ji}), \\ c_{ij}=\dfrac{1}{2}(a_{ij}-a_{ji}) \end{cases} \quad (i,j=1,2,\cdots,n).$$

所以

$$\boldsymbol{B}=\frac{1}{2}(\boldsymbol{A}+\boldsymbol{A}^{\mathrm{T}}), \quad \boldsymbol{C}=\frac{1}{2}(\boldsymbol{A}-\boldsymbol{A}^{\mathrm{T}}).$$

例 4.9 求与下列方阵可交换的所有矩阵:

(1) $\boldsymbol{A}=\begin{pmatrix} 0 & 1 & 0 \\ 0 & 0 & 1 \\ 0 & 0 & 0 \end{pmatrix}$; (2) $\boldsymbol{C}=\begin{pmatrix} 1 & 1 & 0 & 0 \\ 0 & 1 & 0 & 0 \\ 0 & 0 & 1 & 1 \\ 0 & 0 & 0 & 1 \end{pmatrix}$.

解 (1) 设 $\boldsymbol{AB}=\boldsymbol{BA}$, 则

$$\boldsymbol{AB}=\begin{pmatrix} 0 & 1 & 0 \\ 0 & 0 & 1 \\ 0 & 0 & 0 \end{pmatrix}\begin{pmatrix} b_{11} & b_{12} & b_{13} \\ b_{21} & b_{22} & b_{23} \\ b_{31} & b_{32} & b_{33} \end{pmatrix}=\begin{pmatrix} b_{21} & b_{22} & b_{23} \\ b_{31} & b_{32} & b_{33} \\ 0 & 0 & 0 \end{pmatrix},$$

$$\boldsymbol{BA}=\begin{pmatrix} b_{11} & b_{12} & b_{13} \\ b_{21} & b_{22} & b_{23} \\ b_{31} & b_{32} & b_{33} \end{pmatrix}\begin{pmatrix} 0 & 1 & 0 \\ 0 & 0 & 1 \\ 0 & 0 & 0 \end{pmatrix}=\begin{pmatrix} 0 & b_{11} & b_{12} \\ 0 & b_{21} & b_{22} \\ 0 & b_{31} & b_{32} \end{pmatrix}.$$

由第 3 行和第 1 行, 得 $b_{21}=b_{31}=b_{32}=0$.

再比较其余元素, 得 $b_{22}=b_{11}=b_{33}$, 即

$$\boldsymbol{B}=\begin{pmatrix} u & v & w \\ & u & v \\ & & u \end{pmatrix}.$$

(2) 设 $\boldsymbol{CD}=\boldsymbol{DC}$, 记 $\boldsymbol{A}_1=\begin{pmatrix} 1 & 1 \\ 0 & 1 \end{pmatrix}$,则 $\boldsymbol{C}=\begin{pmatrix} \boldsymbol{A}_1 & \\ & \boldsymbol{A}_1 \end{pmatrix}$, $\boldsymbol{D}=\begin{pmatrix} \boldsymbol{D}_1 & \boldsymbol{D}_2 \\ \boldsymbol{D}_3 & \boldsymbol{D}_4 \end{pmatrix}$, 有

$$\boldsymbol{CD}=\begin{pmatrix} \boldsymbol{A}_1 & \\ & \boldsymbol{A}_1 \end{pmatrix}\begin{pmatrix} \boldsymbol{D}_1 & \boldsymbol{D}_2 \\ \boldsymbol{D}_3 & \boldsymbol{D}_4 \end{pmatrix}=\begin{pmatrix} \boldsymbol{A}_1\boldsymbol{D}_1 & \boldsymbol{A}_1\boldsymbol{D}_2 \\ \boldsymbol{A}_1\boldsymbol{D}_3 & \boldsymbol{A}_1\boldsymbol{D}_4 \end{pmatrix}, \quad \boldsymbol{C}\text{ 在左边, 左乘 }\boldsymbol{A}_1,$$

$$\boldsymbol{DC}=\begin{pmatrix} \boldsymbol{D}_1 & \boldsymbol{D}_2 \\ \boldsymbol{D}_3 & \boldsymbol{D}_4 \end{pmatrix}\begin{pmatrix} \boldsymbol{A}_1 & \\ & \boldsymbol{A}_1 \end{pmatrix}=\begin{pmatrix} \boldsymbol{D}_1\boldsymbol{A}_1 & \boldsymbol{D}_2\boldsymbol{A}_1 \\ \boldsymbol{D}_3\boldsymbol{A}_1 & \boldsymbol{D}_4\boldsymbol{A}_1 \end{pmatrix}, \quad \boldsymbol{C}\text{ 在右边, 右乘 }\boldsymbol{A}_1,$$

$$\boldsymbol{A}_1\boldsymbol{D}_1=\boldsymbol{D}_1\boldsymbol{A}_1 \quad \Rightarrow \quad \begin{pmatrix} 1 & 1 \\ 0 & 1 \end{pmatrix}\begin{pmatrix} d_{11} & d_{12} \\ d_{21} & d_{22} \end{pmatrix}=\begin{pmatrix} d_{11}+d_{21} & d_{12}+d_{22} \\ d_{21} & d_{22} \end{pmatrix},$$

$$\begin{pmatrix} d_{11} & d_{12} \\ d_{21} & d_{22} \end{pmatrix}\begin{pmatrix} 1 & 1 \\ 0 & 1 \end{pmatrix}=\begin{pmatrix} d_{11} & d_{11}+d_{12} \\ d_{21} & d_{21}+d_{22} \end{pmatrix}.$$

所以

$$d_{21}=0,\quad d_{11}=d_{22},\quad \boldsymbol{D}_1=\begin{pmatrix} u_1 & v_1 \\ & u_1 \end{pmatrix}.$$

类似计算 $\boldsymbol{D}_2,\boldsymbol{D}_3,\boldsymbol{D}_4$, 则

$$\boldsymbol{D}=\begin{pmatrix} u_1 & v_1 & u_2 & v_2 \\ & u_1 & & u_2 \\ u_3 & v_3 & u_4 & v_4 \\ & u_3 & & u_4 \end{pmatrix}.$$

例 4.10　已知 $\boldsymbol{A},\boldsymbol{B}$ 是 n 阶方阵, 且 $\boldsymbol{A}^2=\boldsymbol{A}$, $\boldsymbol{B}^2=\boldsymbol{B}$, $(\boldsymbol{A}+\boldsymbol{B})^2=\boldsymbol{A}+\boldsymbol{B}$. 证明: $\boldsymbol{AB}=\boldsymbol{0}$.

分析　由条件 $(\boldsymbol{A}+\boldsymbol{B})^2=\boldsymbol{A}+\boldsymbol{B} \Rightarrow \boldsymbol{AB}+\boldsymbol{BA}=\boldsymbol{0}$, 由于矩阵乘法不满足交换律, 并不能一步得到 $\boldsymbol{AB}=\boldsymbol{0}$ 的结果.

证　由

$$(\boldsymbol{A}+\boldsymbol{B})^2=\boldsymbol{A}^2+\boldsymbol{AB}+\boldsymbol{BA}+\boldsymbol{B}^2=\boldsymbol{A}+\boldsymbol{AB}+\boldsymbol{BA}+\boldsymbol{B}=\boldsymbol{A}+\boldsymbol{B},$$

得

$$\boldsymbol{AB}+\boldsymbol{BA}=\boldsymbol{0}. \tag{1}$$

式 (1) 左乘 $\boldsymbol{A}$, 得

$$\boldsymbol{A}^2\boldsymbol{B}+\boldsymbol{ABA}=\boldsymbol{AB}+\boldsymbol{ABA}=\boldsymbol{0}. \tag{2}$$

式 (1) 右乘 $\boldsymbol{A}$, 得

$$\boldsymbol{ABA}+\boldsymbol{BA}^2=\boldsymbol{ABA}+\boldsymbol{BA}=\boldsymbol{0}. \tag{3}$$

(2) − (3) 得

$$\begin{aligned} &\boldsymbol{AB}-\boldsymbol{BA}=\boldsymbol{0} \quad\Rightarrow\quad \boldsymbol{AB}=\boldsymbol{BA}, \\ &\boldsymbol{AB}+\boldsymbol{BA}=\boldsymbol{0} \quad\Rightarrow\quad 2\boldsymbol{AB}=\boldsymbol{0} \quad\Rightarrow\quad \boldsymbol{AB}=\boldsymbol{0}. \end{aligned}$$

例 4.11　设 $\boldsymbol{A},\boldsymbol{B}$ 是 3 阶方阵, 且满足 $\boldsymbol{AB}+\boldsymbol{I}=\boldsymbol{A}^2+\boldsymbol{B}$. 已知 $\boldsymbol{A}=\begin{pmatrix} 1 & 0 & 1 \\ 0 & 6 & 0 \\ 1 & 0 & 1 \end{pmatrix}$, 求矩阵 $\boldsymbol{B}$.

解　由题意得

$$\begin{aligned} \boldsymbol{AB}+\boldsymbol{I}=\boldsymbol{A}^2+\boldsymbol{B} \quad&\Rightarrow\quad \boldsymbol{AB}-\boldsymbol{B}=\boldsymbol{A}^2-\boldsymbol{I} \\ &\Rightarrow\quad (\boldsymbol{A}-\boldsymbol{I})\boldsymbol{B}=(\boldsymbol{A}-\boldsymbol{I})(\boldsymbol{A}+\boldsymbol{I}). \end{aligned} \tag{1}$$

$$A-I=\begin{pmatrix}1&0&1\\0&6&0\\1&0&1\end{pmatrix}-\begin{pmatrix}1&0&0\\0&1&0\\0&0&1\end{pmatrix}=\begin{pmatrix}0&0&1\\0&5&0\\1&0&0\end{pmatrix}.$$

则

$$\det(A-I)=-5\neq 0.$$

所以 $A-I$ 可逆. 式 (1) 两边左乘 $(A-I)^{-1}$, 得

$$B=A+I=\begin{pmatrix}1&0&1\\0&6&0\\1&0&1\end{pmatrix}+\begin{pmatrix}1&0&0\\0&1&0\\0&0&1\end{pmatrix}=\begin{pmatrix}2&0&1\\0&7&0\\1&0&2\end{pmatrix}.$$

例 4.12 已知 $A=\begin{pmatrix}1&1&-1\\0&1&1\\0&0&-1\end{pmatrix}$, 且 $A^2-AB=I$, 求矩阵 B.

解 由 $A^2-AB=I$, 有 $AB=A^2-I$. 由题意知 $\det(A)=-1$, 即 A 可逆, 则

$$B=A^{-1}(A^2-I)=A-A^{-1}.$$

$$\begin{pmatrix}1&1&-1&1&0&0\\0&1&1&0&1&0\\0&0&-1&0&0&1\end{pmatrix}\to\begin{pmatrix}1&1&0&1&0&-1\\0&1&0&0&1&1\\0&0&-1&0&0&1\end{pmatrix}$$

$$\to\begin{pmatrix}1&0&0&1&-1&-2\\0&1&0&0&1&1\\0&0&1&0&0&-1\end{pmatrix}.$$

$$B=\begin{pmatrix}1&1&-1\\0&1&1\\0&0&-1\end{pmatrix}-\begin{pmatrix}1&-1&-2\\0&1&1\\0&0&-1\end{pmatrix}=\begin{pmatrix}0&2&1\\0&0&0\\0&0&0\end{pmatrix}.$$

例 4.13 设 n 阶方阵 A 满足关系式 $A^3+A^2-A-I=0$, 且 $\det(A-I)\neq 0$. 证明: A 可逆, 并计算 A 的逆.

证 由题意得

$$A^3-I+A^2-I+I-A=0 \quad\Rightarrow\quad (A^2+2A+I)(A-I)=0. \tag{1}$$

因 $\det(A-I)\neq 0$, 得 $A-I$ 可逆, 则式 (1) 两边右乘 $(A-I)^{-1}$, 得

$$A^2+2A+I=0 \quad\Rightarrow\quad -A(A+2I)=I.$$

即 A 可逆, 且 $A^{-1}=-(A+2I)$.

例 4.14　设 n 阶可逆方阵 $\boldsymbol{A}=(a_{ij})$ 每行元素之和均为常数 c. 证明: $\boldsymbol{A}^{-1}$ 的每行元素之和均为 $1/c$.

证　$\boldsymbol{A}$ 的每行元素之和均为常数 c, 即

$$\begin{pmatrix} a_{11} & a_{12} & \cdots & a_{1n} \\ a_{21} & a_{22} & \cdots & a_{2n} \\ \vdots & \vdots & \ddots & \vdots \\ a_{n1} & a_{n2} & \cdots & a_{nn} \end{pmatrix}\begin{pmatrix} 1 \\ 1 \\ \vdots \\ 1 \end{pmatrix}=c\begin{pmatrix} 1 \\ 1 \\ \vdots \\ 1 \end{pmatrix}.$$

两边左乘 $\boldsymbol{A}^{-1}$, 得

$$\begin{pmatrix} 1 \\ 1 \\ \vdots \\ 1 \end{pmatrix}=c\boldsymbol{A}^{-1}\begin{pmatrix} 1 \\ 1 \\ \vdots \\ 1 \end{pmatrix}.$$

由 $\boldsymbol{A}$ 可逆知 $c\neq 0$, 得

$$\boldsymbol{A}^{-1}\begin{pmatrix} 1 \\ 1 \\ \vdots \\ 1 \end{pmatrix}=\frac{1}{c}\begin{pmatrix} 1 \\ 1 \\ \vdots \\ 1 \end{pmatrix}=\begin{pmatrix} \frac{1}{c} \\ \frac{1}{c} \\ \vdots \\ \frac{1}{c} \end{pmatrix}.$$

例 4.15　设 $\boldsymbol{D}=\begin{pmatrix} \boldsymbol{A}_{r,r} & \boldsymbol{C} \\ \boldsymbol{0} & \boldsymbol{B}_{k,k} \end{pmatrix}$, $\boldsymbol{A},\boldsymbol{B}$ 都可逆, 计算 $\boldsymbol{D}^{-1}$.

解　对分块矩阵作初等变换.

$$\begin{pmatrix} \boldsymbol{A} & \boldsymbol{C} & \boldsymbol{I}_r & \boldsymbol{0} \\ \boldsymbol{0} & \boldsymbol{B} & \boldsymbol{0} & \boldsymbol{I}_k \end{pmatrix}\to\begin{pmatrix} \boldsymbol{I}_r & \boldsymbol{A}^{-1}\boldsymbol{C} & \boldsymbol{A}^{-1} & \boldsymbol{0} \\ \boldsymbol{0} & \boldsymbol{B} & \boldsymbol{0} & \boldsymbol{I}_k \end{pmatrix}\to\begin{pmatrix} \boldsymbol{I}_r & \boldsymbol{A}^{-1}\boldsymbol{C} & \boldsymbol{A}^{-1} & \boldsymbol{0} \\ \boldsymbol{0} & \boldsymbol{I}_k & \boldsymbol{0} & \boldsymbol{B}^{-1} \end{pmatrix}$$
$$\to\begin{pmatrix} \boldsymbol{I}_r & \boldsymbol{0} & \boldsymbol{A}^{-1} & -\boldsymbol{A}^{-1}\boldsymbol{C}\boldsymbol{B}^{-1} \\ \boldsymbol{0} & \boldsymbol{I}_k & \boldsymbol{0} & \boldsymbol{B}^{-1} \end{pmatrix}.$$

所以

$$\boldsymbol{D}^{-1}=\begin{pmatrix} \boldsymbol{A}^{-1} & -\boldsymbol{A}^{-1}\boldsymbol{C}\boldsymbol{B}^{-1} \\ \boldsymbol{0} & \boldsymbol{B}^{-1} \end{pmatrix}.$$

例 4.16　计算 $\boldsymbol{A}=\begin{pmatrix} 1 & 1 & 1 & 1 \\ 1 & -1 & 1 & -1 \\ 1 & 1 & -1 & -1 \\ 1 & -1 & -1 & 1 \end{pmatrix}$ 的逆矩阵.

解 (方法 1) 按行作初等变换.

$$(\boldsymbol{A},\boldsymbol{I})=\begin{pmatrix}1&1&1&1&1&0&0&0\\1&-1&1&-1&0&1&0&0\\1&1&-1&-1&0&0&1&0\\1&-1&-1&1&0&0&0&1\end{pmatrix}$$

$$\xrightarrow{r_i-r_1,i=2,3,4}\begin{pmatrix}1&1&1&1&1&0&0&0\\0&-2&0&-2&-1&1&0&0\\0&0&-2&-2&-1&0&1&0\\0&-2&-2&0&-1&0&0&1\end{pmatrix}$$

$$\xrightarrow{r_4-r_2}\begin{pmatrix}1&1&1&1&1&0&0&0\\0&-2&0&-2&-1&1&0&0\\0&0&-2&-2&-1&0&1&0\\0&0&-2&2&0&-1&0&1\end{pmatrix}$$

$$\xrightarrow{r_4-r_3}\begin{pmatrix}1&1&1&1&1&0&0&0\\0&-2&0&-2&-1&1&0&0\\0&0&-2&-2&-1&0&1&0\\0&0&0&4&1&-1&-1&1\end{pmatrix}$$

$$\to\cdots\to\begin{pmatrix}1&0&0&0&\frac{1}{4}&\frac{1}{4}&\frac{1}{4}&\frac{1}{4}\\0&1&0&0&\frac{1}{4}&-\frac{1}{4}&\frac{1}{4}&-\frac{1}{4}\\0&0&1&0&\frac{1}{4}&\frac{1}{4}&-\frac{1}{4}&-\frac{1}{4}\\0&0&0&1&\frac{1}{4}&-\frac{1}{4}&-\frac{1}{4}&\frac{1}{4}\end{pmatrix}.$$

即 $\boldsymbol{A}^{-1}=\dfrac{1}{4}\boldsymbol{A}$.

(方法 2) 对分块矩阵作初等变换.

设 $\boldsymbol{B}=\begin{pmatrix}1&1\\1&-1\end{pmatrix}$, $\boldsymbol{B}^{-1}=-\dfrac{1}{2}\begin{pmatrix}-1&-1\\-1&1\end{pmatrix}=\dfrac{1}{2}\boldsymbol{B}$, 则

$$(\boldsymbol{A},\boldsymbol{I})=\begin{pmatrix}\boldsymbol{B}&\boldsymbol{B}&\boldsymbol{I}_2&\boldsymbol{O}\\\boldsymbol{B}&-\boldsymbol{B}&\boldsymbol{O}&\boldsymbol{I}_2\end{pmatrix}\xrightarrow{r_2-r_1}\begin{pmatrix}\boldsymbol{B}&\boldsymbol{B}&\boldsymbol{I}_2&\boldsymbol{O}\\\boldsymbol{O}&-2\boldsymbol{B}&-\boldsymbol{I}_2&\boldsymbol{I}_2\end{pmatrix}$$

$$\to\begin{pmatrix}\boldsymbol{B}&\boldsymbol{B}&\boldsymbol{I}_2&\boldsymbol{O}\\\boldsymbol{O}&-\boldsymbol{B}&-\frac{1}{2}\boldsymbol{I}_2&\frac{1}{2}\boldsymbol{I}_2\end{pmatrix}\xrightarrow{r_1+r_2}\begin{pmatrix}\boldsymbol{B}&\boldsymbol{O}&\frac{1}{2}\boldsymbol{I}_2&\frac{1}{2}\boldsymbol{I}_2\\\boldsymbol{O}&-\boldsymbol{B}&-\frac{1}{2}\boldsymbol{I}_2&\frac{1}{2}\boldsymbol{I}_2\end{pmatrix}$$

$$\rightarrow\begin{pmatrix} I_2 & O & \frac{1}{2}B^{-1} & \frac{1}{2}B^{-1} \\ O & I_2 & \frac{1}{2}B^{-1} & -\frac{1}{2}B^{-1} \end{pmatrix}\rightarrow\begin{pmatrix} I_2 & O & \frac{1}{4}B & \frac{1}{4}B \\ O & I_2 & \frac{1}{4}B & -\frac{1}{4}B \end{pmatrix}.$$

所以

$$A^{-1}=\frac{1}{4}\begin{pmatrix} B & B \\ B & -B \end{pmatrix}=\frac{1}{4}A.$$

例 4.17　设 $A_{m\times n},B_{n\times L}$ 满足 $AB=O$. 证明: B 的各列为线性方程组 $AX=O$ 的解向量.

证　设 $B=(B_1\quad B_2\quad\cdots\quad B_L)$, 则

$$\begin{aligned} &AB=A(B_1\quad B_2\quad\cdots\quad B_L)=(AB_1\quad AB_2\quad\cdots\quad AB_L)=O,\\ &AB=O\quad\Leftrightarrow\quad AB_j=O\quad(j=1,2,\cdots,L). \end{aligned}$$

所以 $B_j(j=1,2,\cdots,L)$ 是 $AX=O$ 的解向量.

例 4.18　证明: 对任意 n 阶方阵 A,B, 等式 $AB-BA=I_n$ 都不成立.

证　设 $A=(a_{ij})$, $B=(b_{ij})$, $AB=(c_{ij})$, $BA=(d_{ij})$, 则

$$\begin{aligned} &\operatorname{tr}(AB)=\sum_{i=1}^{n}c_{ii}=\sum_{i=1}^{n}\sum_{k=1}^{n}a_{ik}b_{ki},\\ &\operatorname{tr}(BA)=\sum_{k=1}^{n}d_{kk}=\sum_{k=1}^{n}\sum_{i=1}^{n}b_{ki}a_{ik}=\sum_{i=1}^{n}\sum_{k=1}^{n}a_{ik}b_{ki}=\operatorname{tr}(AB),\\ &\operatorname{tr}(AB-BA)=\operatorname{tr}(AB)-\operatorname{tr}(BA)=0,\\ &\operatorname{tr}(I_n)=n. \end{aligned}$$

所以 $AB-BA\neq I_n$.

例 4.19　设 A,B 是 n 阶方阵, 且 $A,B,A+B$ 均可逆. 证明: $A^{-1}+B^{-1}$ 可逆. 并求 $A^{-1}+B^{-1}$ 的逆矩阵.

分析　计算 $A^{-1}+B^{-1}$ 时, 怎样才能用 $A,B,A+B$ 可逆的条件? 常用矩阵乘法提出和加入某些项, 以便利用给出的可逆条件.

证　由题意得

$$A^{-1}+B^{-1}=A^{-1}(I+AB^{-1})=A^{-1}(B+A)B^{-1}.$$

由 $A,B,A+B$ 可逆得

$$(A^{-1}+B^{-1})^{-1}=(A^{-1}(A+B)B^{-1})^{-1}=B(A+B)^{-1}A.$$

例 4.20　设 $A=\begin{pmatrix} 1 & a \\ 1 & 0 \end{pmatrix}$, $B=\begin{pmatrix} 0 & 1 \\ 1 & b \end{pmatrix}$, 当 a,b 为何值时, 存在矩阵 C 使得 $AC-CA=B$? 并求所有矩阵 C.

解 由题意知矩阵 $\boldsymbol{C}$ 为 2 阶矩阵, 故设 $\boldsymbol{C}=\begin{pmatrix} x_1 & x_2 \\ x_3 & x_4 \end{pmatrix}$, 则由 $\boldsymbol{AC}-\boldsymbol{CA}=\boldsymbol{B}$ 得线性方程组:

$$\begin{cases} \quad\quad -x_2 + ax_3 \quad\quad = 0, \\ -ax_1 + x_2 + \quad\quad ax_4 = 1, \\ x_1 \quad\quad - x_3 - x_4 = 1, \\ \quad\quad x_2 - ax_3 \quad\quad = b. \end{cases} \tag{1}$$

即

$$\begin{pmatrix} 0 & -1 & a & 0 & 0 \\ -a & 1 & 0 & a & 1 \\ 1 & 0 & -1 & -1 & 1 \\ 0 & 1 & -a & 0 & b \end{pmatrix} \to \begin{pmatrix} 1 & 0 & -1 & -1 & 1 \\ -a & 1 & 0 & a & 1 \\ 0 & -1 & a & 0 & 0 \\ 0 & 1 & -a & 0 & b \end{pmatrix}$$

$$\to \begin{pmatrix} 1 & 0 & -1 & -1 & 1 \\ 0 & 1 & -a & 0 & 1+a \\ 0 & -1 & a & 0 & 0 \\ 0 & 1 & -a & 0 & b \end{pmatrix}$$

$$\to \begin{pmatrix} 1 & 0 & -1 & -1 & 1 \\ 0 & 1 & -a & 0 & 1+a \\ 0 & 0 & 0 & 0 & 1+a \\ 0 & 0 & 0 & 0 & b-1-a \end{pmatrix}.$$

由于方程组 (1) 有解, 故 $1+a=0$, $b-1-a=0$, 解得 $a=-1$, $b=0$, 从而有

$$\begin{pmatrix} 0 & -1 & a & 0 & 0 \\ -a & 1 & 0 & a & 1 \\ 1 & 0 & -1 & -1 & 1 \\ 0 & 1 & -a & 0 & b \end{pmatrix} \to \begin{pmatrix} 1 & 0 & -1 & -1 & 1 \\ 0 & 1 & 1 & 0 & 0 \\ 0 & 0 & 0 & 0 & 0 \\ 0 & 0 & 0 & 0 & 0 \end{pmatrix}.$$

故

$$\begin{cases} x_1 = k_1+k_2+1, \\ x_2 = -k_1, \\ x_3 = k_1, \\ x_4 = k_2. \end{cases}$$

其中 k_1, k_2 是任意实数, 从而有

$$\boldsymbol{C}=\begin{pmatrix} k_1+k_2+1 & -k_1 \\ k_1 & k_2 \end{pmatrix}.$$

4.3 行　列　式

内容提要

方阵 $\boldsymbol{A}=(a_{ij})_{n\times n}$ 的**行列式**记为

$$|\boldsymbol{A}|,\quad \det(\boldsymbol{A}) \quad 或 \quad \begin{vmatrix} a_{11} & a_{12} & \cdots & a_{1n} \\ a_{21} & a_{22} & \cdots & a_{2n} \\ \vdots & \vdots & \ddots & \vdots \\ a_{n1} & a_{n2} & \cdots & a_{nn} \end{vmatrix}.$$

行列式 (递归表示) 的定义:

$$\det(\boldsymbol{A})=\sum_{i=1}^{n} a_{ik}A_{ik}=\sum_{i=1}^{n}(-1)^{i+k}a_{ik}M_{ik} \quad (k=1,2,\cdots,n),$$

$$\det(\boldsymbol{A})=\sum_{j=1}^{n} a_{kj}A_{kj}=\sum_{j=1}^{n}(-1)^{k+j}a_{kj}M_{kj} \quad (k=1,2,\cdots,n).$$

其中, M_{ij} 是删除 $\boldsymbol{A}$ 的第 i 行与第 j 列所得 $n-1$ 阶方阵的行列式, 称为行列式 $\det(\boldsymbol{A})$ 的元素 a_{ij} 的**余子式**, $A_{ij}=(-1)^{i+j}M_{ij}$ 称为 a_{ij} 的**代数余子式**.

$$M_{ij}=\begin{vmatrix} a_{11} & \cdots & a_{1,j-1} & a_{1,j+1} & \cdots & a_{1n} \\ \vdots & \ddots & \vdots & \vdots & \ddots & \vdots \\ a_{i-1,1} & \cdots & a_{i-1,j-1} & a_{i-1,j+1} & \cdots & a_{i-1,n} \\ a_{i+1,1} & \cdots & a_{i+1,j-1} & a_{i+1,j+1} & \cdots & a_{i+1,n} \\ \vdots & \ddots & \vdots & \vdots & \ddots & \vdots \\ a_{n1} & \cdots & a_{n,j-1} & a_{n,j+1} & \cdots & a_{n,n} \end{vmatrix}.$$

行列式的递归定义也是计算行列式的常用方法之一. 例如:

$$\begin{vmatrix} a_1 & a_2 & a_3 \\ b_1 & b_2 & b_3 \\ c_1 & c_2 & c_3 \end{vmatrix}=a_1M_{11}-a_2M_{12}+a_3M_{13}$$

$$=a_1\begin{vmatrix} b_2 & b_3 \\ c_2 & c_3 \end{vmatrix}-a_2\begin{vmatrix} b_1 & b_3 \\ c_1 & c_3 \end{vmatrix}+a_3\begin{vmatrix} b_1 & b_2 \\ c_1 & c_2 \end{vmatrix}.$$

行列式的 (完全展开式) 定义:

设 $\boldsymbol{A}=(a_{ij})_{n\times n}$ 为 n 阶方阵, 则

$$\det(\boldsymbol{A})=\sum_{(j_1,j_2,\cdots,j_n)\in S_n}(-1)^{\tau(j_1,j_2,\cdots,j_n)}a_{1j_1}a_{2j_2}\cdots a_{nj_n}.$$

1. 行列式的性质

性质 1: 行列互换, 行列式的值不变. 即 $\det(\boldsymbol{A})=\det(\boldsymbol{A}^{\mathrm{T}})$, 行列式中行和列的地位平等.

性质 2: 交换行列式两行 (列), 行列式的值变号.

推论: 两行 (列) 相同, 行列式的值为零.

性质 3: 将行列式某行 (列) 的 λ 倍加到另一行 (列), 行列式的值不变. (该性质为行列式计算中最常用的性质.)

性质 4: 数 λ 乘以行列式等于该行列式某行 (列) 乘以 λ. (要特别注意数乘以矩阵和数乘以行列式的差别.)

性质 5: 如果行列式中某一列 (行) 的元素都是两项之和, 则行列式可以拆成两个行列式之和, 即

$$\det(\boldsymbol{\alpha}_1,\cdots,\boldsymbol{\alpha}_k+\boldsymbol{\beta}_k,\cdots,\boldsymbol{\alpha}_n)=\det(\boldsymbol{\alpha}_1,\cdots,\boldsymbol{\alpha}_k,\cdots,\boldsymbol{\alpha}_n)+\det(\boldsymbol{\alpha}_1,\cdots,\boldsymbol{\beta}_k,\cdots,\boldsymbol{\alpha}_n).$$

2. 有关行列式计算的几个重要公式

设 $\boldsymbol{A},\boldsymbol{B}$ 是 n 阶矩阵, $k\in\mathbf{R}$, 则:

(1) $|k\boldsymbol{A}|=k^n|\boldsymbol{A}|$.

(2) $|\boldsymbol{A}\boldsymbol{B}|=|\boldsymbol{A}||\boldsymbol{B}|$.

(3) $|\boldsymbol{A}^*|=|\boldsymbol{A}|^{n-1}$, 若 $\boldsymbol{A}$ 可逆, $|\boldsymbol{A}^{-1}|=|\boldsymbol{A}|^{-1}$.

(4) 若 $\boldsymbol{A}$ 是范德蒙德 (Vandermonde) 矩阵, 则

$$\det(\boldsymbol{A})=\begin{vmatrix}1 & 1 & \cdots & 1\\ x_1 & x_2 & \cdots & x_n\\ x_1^2 & x_2^2 & \cdots & x_n^2\\ \vdots & \vdots & \ddots & \vdots\\ x_1^{n-1} & x_2^{n-1} & \cdots & x_n^{n-1}\end{vmatrix}=\prod_{1\leqslant j<i\leqslant n}(x_i-x_j).$$

(5) 设 $\lambda_i(i=1,2,\cdots,n)$ 是 $\boldsymbol{A}$ 的特征值, 则

$$|\boldsymbol{A}|=\prod_{i=1}^{n}\lambda_i.$$

例题分析

例 4.21　用定义计算行列式

$$D=\begin{vmatrix}0&0&0&1&0\\0&0&3&2&0\\0&5&4&0&0\\9&8&7&6&0\\13&12&11&0&10\end{vmatrix}.$$

解　(方法 1) 用递归定义 (展开定理), 从第 1 行展开计算:

$$D=(-1)^{1+4}\begin{vmatrix}0&0&3&0\\0&5&4&0\\9&8&7&0\\13&12&11&10\end{vmatrix}=(-1)\cdot(-1)^{1+3}\cdot 3\begin{vmatrix}0&5&0\\9&8&0\\13&12&10\end{vmatrix}$$

$$=(-1)\cdot(-1)^{1+2}\cdot 3\cdot 5\begin{vmatrix}9&0\\13&10\end{vmatrix}=15\cdot 90=1350.$$

(方法 2) 用行列式的 (完全展开式) 定义计算:

$$D=(-1)^{\tau(43215)}\cdot 1\cdot 3\cdot 5\cdot 9\cdot 10=(-1)^{3+2+1}\cdot 1350=1350.$$

例 4.22　计算行列式 $D=\begin{vmatrix}1&1&1&0\\1&1&0&1\\1&0&1&1\\0&1&1&1\end{vmatrix}$.

解　由题意得

$$D\overset{(1)}{=}\begin{vmatrix}3&1&1&0\\3&1&0&1\\3&0&1&1\\3&1&1&1\end{vmatrix}=3\begin{vmatrix}1&1&1&0\\1&1&0&1\\1&0&1&1\\1&1&1&1\end{vmatrix}\overset{(2)}{=}3\begin{vmatrix}1&1&1&0\\0&0&-1&1\\0&-1&0&1\\0&0&0&1\end{vmatrix}$$

$$\overset{(3)}{=}-3\begin{vmatrix}1&1&1&0\\0&-1&0&1\\0&0&-1&1\\0&0&0&1\end{vmatrix}=-3\times 1=-3.$$

注　(1) 第 2,3,4 列加到第 1 列;

(2) 第 1 行的 -1 倍加到第 2,3,4 行;

(3) 第 2,3 列互换.

例 4.23 选择题: $\begin{vmatrix} a_1 & 0 & 0 & b_1 \\ 0 & a_2 & b_2 & 0 \\ 0 & b_3 & a_3 & 0 \\ b_4 & 0 & 0 & a_4 \end{vmatrix} = (\quad)$.

(A) $a_1a_2a_3a_4 - b_1b_2b_3b_4$ (B) $a_1a_2a_3a_4 + b_1b_2b_3b_4$

(C) $(a_1a_2 - b_1b_2)(a_3a_4 - b_3b_4)$ (D) $(a_1a_4 - b_1b_4)(a_2a_3 - b_2b_3)$

解 (方法 1)

$$\Delta = \begin{vmatrix} a_1 & 0 & 0 & b_1 \\ 0 & a_2 & b_2 & 0 \\ 0 & b_3 & a_3 & 0 \\ b_4 & 0 & 0 & a_4 \end{vmatrix} \overset{(1)}{=} \begin{vmatrix} a_1 & 0 & 0 & b_1 \\ b_4 & 0 & 0 & a_4 \\ 0 & a_2 & b_2 & 0 \\ 0 & b_3 & a_3 & 0 \end{vmatrix}$$

$$\overset{(2)}{=} \begin{vmatrix} a_1 & b_1 & 0 & 0 \\ b_4 & a_4 & 0 & 0 \\ 0 & 0 & a_2 & b_2 \\ 0 & 0 & b_3 & a_3 \end{vmatrix} = (a_1a_4 - b_1b_4)(a_2a_3 - b_2b_3).$$

注 (1) 第 4 行和第 3 行交换, 第 3 行和第 2 行交换;

(2) 第 4 列和第 3 列交换, 第 3 列和第 2 列交换.

(方法 2) 按第 1 行 (或第 1 列) 展开计算得到 (D).

例 4.24 计算行列式 $D = \begin{vmatrix} a_1b_1 & a_1b_2 & a_1b_3 & a_1b_4 \\ a_1b_2 & a_2b_2 & a_2b_3 & a_2b_4 \\ a_1b_3 & a_2b_3 & a_3b_3 & a_3b_4 \\ a_1b_4 & a_2b_4 & a_3b_4 & a_4b_4 \end{vmatrix}$.

解 提取第 4 行的因子 b_4, 得

$$D = b_4 \begin{vmatrix} a_1b_1 & a_1b_2 & a_1b_3 & a_1b_4 \\ a_1b_2 & a_2b_2 & a_2b_3 & a_2b_4 \\ a_1b_3 & a_2b_3 & a_3b_3 & a_3b_4 \\ a_1 & a_2 & a_3 & a_4 \end{vmatrix}$$

$$\overset{(1)}{=} b_4 \begin{vmatrix} 0 & a_1b_2 - a_2b_1 & a_1b_3 - a_3b_1 & a_1b_4 - a_4b_1 \\ 0 & 0 & a_2b_3 - a_3b_2 & a_2b_4 - a_4b_2 \\ 0 & 0 & 0 & a_3b_4 - a_4b_3 \\ a_1 & a_2 & a_3 & a_4 \end{vmatrix}$$

$$\overset{(2)}{=} -a_1b_4 \begin{vmatrix} a_1b_2 - a_2b_1 & a_1b_3 - a_3b_1 & a_1b_4 - a_4b_1 \\ 0 & a_2b_3 - a_3b_2 & a_2b_4 - a_4b_2 \\ 0 & 0 & a_3b_4 - a_4b_3 \end{vmatrix}$$

$$
\begin{aligned}
&= -a_1b_4(a_1b_2-a_2b_1)(a_2b_3-a_3b_2)(a_3b_4-a_4b_3) \\
&= -a_1b_4\prod_{i=1}^{3}(a_ib_{i+1}-a_{i+1}b_i).
\end{aligned}
$$

注　(1) 第 4 行乘以 $-b_1,-b_2,-b_3$, 分别加到第 1,2,3 行上;
(2) 按第 1 列展开.

例 4.25　已知 $D=\begin{vmatrix} a & b & c & d \\ c & b & d & a \\ d & b & c & a \\ a & b & d & c \end{vmatrix}$, 计算 $A_{14}+A_{24}+A_{34}+A_{44}$.

解　由代数余子式的定义, 有

$$
\begin{aligned}
A_{14}+A_{24}+A_{34}+A_{44} &= 1\cdot A_{14}+1\cdot A_{24}+1\cdot A_{34}+1\cdot A_{44} \\
&= \begin{vmatrix} a & b & c & 1 \\ c & b & d & 1 \\ d & b & c & 1 \\ a & b & d & 1 \end{vmatrix} \\
&= b\begin{vmatrix} a & 1 & c & 1 \\ c & 1 & d & 1 \\ d & 1 & c & 1 \\ a & 1 & d & 1 \end{vmatrix} = 0.
\end{aligned}
$$

例 4.26　计算 $D=\begin{vmatrix} a_0 & -1 & 0 & 0 \\ a_1 & x & -1 & 0 \\ a_2 & 0 & x & -1 \\ a_3 & 0 & 0 & x \end{vmatrix}$.

解　$xr_1+r_2\to r_2, xr_2+r_3\to r_3, xr_3+r_4\to r_4$, 消去 2,3,4 行中的 x 项, 得

$$
\begin{aligned}
D &= \begin{vmatrix} a_0 & -1 & 0 & 0 \\ a_0x+a_1 & 0 & -1 & 0 \\ a_0x^2+a_1x+a_2 & 0 & 0 & -1 \\ a_0x^3+a_1x^2+a_2x+a_3 & 0 & 0 & 0 \end{vmatrix} \\
&= (-1)^3\begin{vmatrix} a_0x^3+a_1x^2+a_2x+a_3 & 0 & 0 & 0 \\ a_0 & -1 & 0 & 0 \\ a_0x+a_1 & 0 & -1 & 0 \\ a_0x^2+a_1x+a_2 & 0 & 0 & -1 \end{vmatrix} \\
&= (-1)^3(a_0x^3+a_1x^2+a_2x+a_3)\det(-\boldsymbol{I}_3) \\
&= a_0x^3+a_1x^2+a_2x+a_3.
\end{aligned}
$$

例 4.27 证明: 关于未知量 x 的多项式

$$f(x)=\begin{vmatrix}1 & a_1 & a_2 & \cdots & a_{n-1} & a_n\\ 1 & x & a_2 & \cdots & a_{n-1} & a_n\\ 1 & a_1 & x & \cdots & a_{n-1} & a_n\\ \vdots & \vdots & \vdots & \ddots & \vdots & \vdots\\ 1 & a_1 & a_2 & \cdots & a_{n-1} & x\end{vmatrix}$$

的根为 $a_1,a_2,\cdots,a_n$.

证 将第 1 行乘以 -1 加到其余各行, 得

$$\begin{aligned}f(x)&=\begin{vmatrix}1 & a_1 & a_2 & \cdots & a_{n-1} & a_n\\ 0 & x-a_1 & 0 & \cdots & 0 & 0\\ 0 & 0 & x-a_2 & \cdots & 0 & 0\\ \vdots & \vdots & \vdots & \ddots & \vdots & \vdots\\ 0 & 0 & 0 & \cdots & 0 & x-a_n\end{vmatrix}\\ &=(x-a_1)(x-a_2)\cdots(x-a_n).\end{aligned}$$

所以 $f(x)$ 的根为 $a_1,a_2,\cdots,a_n$.

例 4.28 证明:

$$\begin{vmatrix}b+c & c+a & a+b\\ q+r & r+p & p+q\\ y+z & z+x & x+y\end{vmatrix}=2\begin{vmatrix}a & b & c\\ p & q & r\\ x & y & z\end{vmatrix}.$$

证 先拆开左边某一列:

$$\begin{aligned}\text{左边}&\overset{(1)}{=}\begin{vmatrix}b & c+a & a+b\\ q & r+p & p+q\\ y & z+x & x+y\end{vmatrix}+\begin{vmatrix}c & c+a & a+b\\ r & r+p & p+q\\ z & z+x & x+y\end{vmatrix}\\ &\overset{(2)}{=}\begin{vmatrix}b & c+a & a\\ q & r+p & p\\ y & z+x & x\end{vmatrix}+\begin{vmatrix}c & a & a+b\\ r & p & p+q\\ z & x & x+y\end{vmatrix}\\ &=\begin{vmatrix}b & c & a\\ q & r & p\\ y & z & x\end{vmatrix}+\begin{vmatrix}c & a & b\\ r & p & q\\ z & x & y\end{vmatrix}\\ &\overset{(3)}{=}2\begin{vmatrix}a & b & c\\ p & q & r\\ x & y & z\end{vmatrix}=\text{右边}.\end{aligned}$$

注 (1) 将第 1 列拆开;

(2) 用第 1 列乘以 -1 消去某些元素;

(3) 调换两次列的次序.

例 4.29　计算 n 阶行列式

$$D_n = \begin{vmatrix} c_0 & a_1 & a_2 & \cdots & a_{n-1} \\ b_1 & c_1 & 0 & \cdots & 0 \\ b_2 & 0 & c_2 & \cdots & 0 \\ \vdots & \vdots & \vdots & \ddots & \vdots \\ b_{n-1} & 0 & 0 & \cdots & c_{n-1} \end{vmatrix},$$

其中 $c_1c_2\cdots c_{n-1}\neq 0$.

分析　对"箭形"行列式, 消去第 1 行或第 1 列中的 a_i 或 $b_i(i=1,2,\cdots,n-1)$, 化为三角形行列式.

解　消去第 1 行中的 $a_i(i=1,2,\cdots,n-1)$.

$$-\frac{a_i}{c_i}r_{i+1}+r_1\to r_1 \quad (i=1,2,\cdots,n-1).$$

$$D_n = \begin{vmatrix} c_0-\sum\limits_{i=1}^{n-1}\frac{a_ib_i}{c_i} & 0 & \cdots & 0 \\ b_1 & c_1 & \cdots & 0 \\ \vdots & \vdots & \ddots & \vdots \\ b_{n-1} & 0 & \cdots & c_{n-1} \end{vmatrix} = \left(c_0-\sum_{i=1}^{n-1}\frac{a_ib_i}{c_i}\right)\prod_{i=1}^{n-1}c_i.$$

例 4.30　计算行列式

$$D = \begin{vmatrix} 1 & 2 & 3 & \cdots & n-1 & n \\ 1 & 3 & 3 & \cdots & n-1 & n \\ 1 & 2 & 5 & \cdots & n-1 & n \\ \vdots & \vdots & \vdots & \ddots & \vdots & \vdots \\ 1 & 2 & 3 & \cdots & 2n-3 & n \\ 1 & 2 & 3 & \cdots & n-1 & 2n-1 \end{vmatrix}.$$

分析　每列元素只有对角线元素不相同, 将第 1 行乘以 -1 加到其余各行.

解

$$-r_1+r_k\to r_k \quad (k=2,3,\cdots,n).$$

$$D = \begin{vmatrix} 1 & 2 & 3 & \cdots & n-1 & n \\ 0 & 1 & 0 & \cdots & 0 & 0 \\ 0 & 0 & 2 & \cdots & 0 & 0 \\ \vdots & \vdots & \vdots & \ddots & \vdots & \vdots \\ 0 & 0 & 0 & \cdots & n-2 & 0 \\ 0 & 0 & 0 & \cdots & 0 & n-1 \end{vmatrix} = (n-1)!.$$

例 4.31 计算

$$\begin{vmatrix} a & 0 & 0 & \cdots & 0 & 0 & b \\ 0 & a & 0 & \cdots & 0 & b & 0 \\ 0 & 0 & a & \cdots & b & 0 & 0 \\ \vdots & \vdots & \vdots & \ddots & \vdots & \vdots & \vdots \\ 0 & 0 & b & \cdots & a & 0 & 0 \\ 0 & b & 0 & \cdots & 0 & a & 0 \\ b & 0 & 0 & \cdots & 0 & 0 & a \end{vmatrix}.$$

解 按第 1 行展开, 再对两个行列式分别按第 $2n-1$ 行展开, 得

$$D_{2n}=a\begin{vmatrix} a & 0 & \cdots & 0 & b & 0 \\ 0 & a & \cdots & b & 0 & 0 \\ 0 & 0 & \cdots & 0 & 0 & 0 \\ \vdots & \vdots & \ddots & \vdots & \vdots & \vdots \\ b & 0 & \cdots & 0 & a & 0 \\ 0 & 0 & \cdots & 0 & 0 & a \end{vmatrix}+b(-1)^{2n+1}\begin{vmatrix} 0 & a & \cdots & 0 & 0 & b \\ a & 0 & \cdots & 0 & b & 0 \\ 0 & 0 & \cdots & b & 0 & 0 \\ \vdots & \vdots & \ddots & \vdots & \vdots & \vdots \\ 0 & b & \cdots & 0 & 0 & a \\ b & 0 & \cdots & 0 & 0 & 0 \end{vmatrix}.$$

$$\begin{aligned} D_{2n}&=a^2(-1)^{2(2n-1)}D_{2n-2}+b^2(-1)^{4n+1}D_{2n-2}=(a^2-b^2)D_{2n-2} \\ &=(a^2-b^2)^2D_{2n-4}=\cdots=(a^2-b^2)^n. \end{aligned}$$

注 例 4.40 给出计算本题的另外两种途径.

例 4.32 展开行列式

$$P(x)=\begin{vmatrix} x & -1 & 0 & \cdots & 0 & 0 \\ 0 & x & -1 & \cdots & 0 & 0 \\ \vdots & \vdots & \vdots & \ddots & \vdots & \vdots \\ 0 & 0 & 0 & \cdots & x & -1 \\ a_0 & a_1 & a_2 & \cdots & a_{n-2} & x+a_{n-1} \end{vmatrix}.$$

解 当 $m=2$ 时, 有

$$P(x)=\begin{vmatrix} x & -1 \\ a_0 & x+a_1 \end{vmatrix}=x^2+a_1x+a_0.$$

假设 $m=n-1$ 时, 有

$$P(x)=x^{n-1}+a_{n-1}x^{n-2}+\cdots+a_2x+a_1.$$

那么当 $m=n$ 时, 按第 1 列展开, 得

$$P(x)=(-1)^{1+1}x\begin{vmatrix} x & -1 & \cdots & 0 & 0 \\ 0 & x & \cdots & 0 & 0 \\ \vdots & \vdots & \ddots & \vdots & \vdots \\ 0 & 0 & \cdots & x & -1 \\ a_1 & a_2 & \cdots & a_{n-2} & x+a_{n-1} \end{vmatrix}$$

$$
+(-1)^{n+1}a_0\begin{vmatrix} -1 & 0 & \cdots & 0 & 0 \\ x & -1 & \cdots & 0 & 0 \\ \vdots & \vdots & \ddots & \vdots & \vdots \\ 0 & 0 & \cdots & x & -1 \end{vmatrix}
$$

$$
=x(x^{n-1}+a_{n-1}x^{n-2}+\cdots+a_2x+a_1)+(-1)^{n+1+n-1}a_0
$$

$$
=x^n+a_{n-1}x^{n-1}+\cdots+a_1x+a_0 \quad (\text{由归纳假设}).
$$

例 4.33　设 $\boldsymbol{A}=\begin{pmatrix} a & b & c & d \\ -b & a & -d & c \\ -c & d & a & -b \\ -d & -c & b & a \end{pmatrix}$, 计算 $\det(\boldsymbol{A})$.

分析　每一行元素的平方和都是 $a^2+b^2+c^2+d^2$, 不同行的内积为零, $\boldsymbol{A}\boldsymbol{A}^{\mathrm{T}}$ 是对角矩阵.

解　$\det(\boldsymbol{A})=\det(\boldsymbol{A}^{\mathrm{T}}), \det(\boldsymbol{A}\boldsymbol{A}^{\mathrm{T}})=(\det(\boldsymbol{A}))^2$, 则

$$
\boldsymbol{A}\boldsymbol{A}^{\mathrm{T}}=\begin{pmatrix} a & b & c & d \\ -b & a & -d & c \\ -c & d & a & -b \\ -d & -c & b & a \end{pmatrix}\begin{pmatrix} a & -b & -c & -d \\ b & a & d & -c \\ c & -d & a & b \\ d & c & -b & a \end{pmatrix}
$$

$$
=\begin{pmatrix} a^2+b^2+c^2+d^2 & 0 & 0 & 0 \\ 0 & a^2+b^2+c^2+d^2 & 0 & 0 \\ 0 & 0 & a^2+b^2+c^2+d^2 & 0 \\ 0 & 0 & 0 & a^2+b^2+c^2+d^2 \end{pmatrix}
$$

$$
=(a^2+b^2+c^2+d^2)^4.
$$

$\det(\boldsymbol{A})=(a^2+b^2+c^2+d^2)^2$.

例 4.34*　计算

$$
D_{n+1}=\begin{vmatrix} a_1^n & a_1^{n-1}b_1 & a_1^{n-2}b_1^2 & \cdots & a_1b_1^{n-1} & b_1^n \\ a_2^n & a_2^{n-1}b_2 & a_2^{n-2}b_2^2 & \cdots & a_2b_2^{n-1} & b_2^n \\ \vdots & \vdots & \vdots & \ddots & \vdots & \vdots \\ a_{n+1}^n & a_{n+1}^{n-1}b_{n+1} & a_{n+1}^{n-2}b_{n+1}^2 & \cdots & a_{n+1}b_{n+1}^{n-1} & b_{n+1}^n \end{vmatrix}.
$$

其中 $a_i\neq 0, b_i\neq 0\,(i=1,2,\cdots,n+1)$.

解 由题意得

$$D_{n+1} \overset{(1)}{=} a_1^n a_2^n \cdots a_{n+1}^n \begin{vmatrix} 1 & \dfrac{b_1}{a_1} & \cdots & \left(\dfrac{b_1}{a_1}\right)^n \\ 1 & \dfrac{b_2}{a_2} & \cdots & \left(\dfrac{b_2}{a_2}\right)^n \\ \vdots & \vdots & \ddots & \vdots \\ 1 & \dfrac{b_{n+1}}{a_{n+1}} & \cdots & \left(\dfrac{b_{n+1}}{a_{n+1}}\right)^n \end{vmatrix}$$

$$\overset{(2)}{=} \prod_{i=1}^{n+1} a_i^n \prod_{1\leqslant j<i\leqslant n+1} \left(\frac{b_i}{a_i}-\frac{b_j}{a_j}\right).$$

注 (1) 第 i 行提取因子 a_i^n;

(2) 直接利用范德蒙德行列式的结果, 即

$$\begin{vmatrix} 1 & x_1 & \cdots & x_1^{n-1} \\ 1 & x_2 & \cdots & x_2^{n-1} \\ \vdots & \vdots & \ddots & \vdots \\ 1 & x_n & \cdots & x_n^{n-1} \end{vmatrix} = \prod_{1\leqslant j<i\leqslant n} (x_i - x_j), \quad x_i = \frac{b_i}{a_i}.$$

例 4.35* 计算

$$D_n = \begin{vmatrix} a & b & b & \cdots & b \\ c & a & b & \cdots & b \\ c & c & a & \cdots & b \\ \vdots & \vdots & \vdots & \ddots & \vdots \\ c & c & c & \cdots & a \end{vmatrix}.$$

其中 $c\neq b$.

提示 分别对第 1 行、第 1 列拆开后得到两个关于 b,c 对称的关系式, 解出 D_n.

解 对第 1 列拆开, 有

$$D_n = \begin{vmatrix} c & b & b & \cdots & b \\ c & a & b & \cdots & b \\ c & c & a & \cdots & b \\ \vdots & \vdots & \vdots & \ddots & \vdots \\ c & c & c & \cdots & a \end{vmatrix} + \begin{vmatrix} a-c & b & b & \cdots & b \\ 0 & a & b & \cdots & b \\ 0 & c & a & \cdots & b \\ \vdots & \vdots & \vdots & \ddots & \vdots \\ 0 & c & c & \cdots & a \end{vmatrix}$$

$$= c\begin{vmatrix} 1 & b & b & \cdots & b \\ 1 & a & b & \cdots & b \\ 1 & c & a & \cdots & b \\ \vdots & \vdots & \vdots & \ddots & \vdots \\ 1 & c & c & \cdots & a \end{vmatrix} + (a-c)D_{n-1}.$$

所以

$$D_n = c(a-b)^{n-1} + (a-c)D_{n-1}. \tag{1}$$

再对第 1 行拆开或直接由 b,c 的对称性, 得

$$D_n = b(a-c)^{n-1} + (a-b)D_{n-1}. \tag{2}$$

联立方程 (1),(2), 得

$$D_n = \frac{\begin{vmatrix} c(a-b)^{n-1} & -(a-c) \\ b(a-c)^{n-1} & -(a-b) \end{vmatrix}}{\begin{vmatrix} 1 & -(a-c) \\ 1 & -(a-b) \end{vmatrix}} = \frac{c(a-b)^n - b(a-c)^n}{c-b}.$$

例 4.36　设行列式 $D = \begin{vmatrix} 3 & 0 & 4 & 0 \\ 2 & 2 & 2 & 2 \\ 0 & 7 & 0 & 0 \\ 5 & 3 & -2 & 2 \end{vmatrix}$, 计算第 4 行各元素余子式之和的值.

解　设 $M_{4i}\,(i=1,2,3,4)$ 为第 4 行各元素的余子式, 对应的代数余子式记为 $A_{4i}\,(i=1,2,3,4)$, 则

$$\begin{aligned} M_{41}+M_{42}+M_{43}+M_{44} &= -A_{41}+A_{42}-A_{43}+A_{44} \\ &= \begin{vmatrix} 3 & 0 & 4 & 0 \\ 2 & 2 & 2 & 2 \\ 0 & 7 & 0 & 0 \\ -1 & 1 & -1 & 1 \end{vmatrix} = 28. \end{aligned}$$

例 4.37　设 $\boldsymbol{\alpha} = (1,0,-1)^{\mathrm{T}}$, 矩阵 $\boldsymbol{A} = \boldsymbol{\alpha}\boldsymbol{\alpha}^{\mathrm{T}}$, n 为正整数, 计算 $\det(\lambda \boldsymbol{I} - \boldsymbol{A}^n)$.

解

$$\begin{aligned} &\boldsymbol{A}^2 = \boldsymbol{A}\cdot\boldsymbol{A} = \boldsymbol{\alpha}\boldsymbol{\alpha}^{\mathrm{T}}\boldsymbol{\alpha}\boldsymbol{\alpha}^{\mathrm{T}} = \boldsymbol{\alpha}(\boldsymbol{\alpha}^{\mathrm{T}}\boldsymbol{\alpha})\boldsymbol{\alpha}^{\mathrm{T}} = \boldsymbol{\alpha}\cdot 2\boldsymbol{\alpha}^{\mathrm{T}} = 2\boldsymbol{A}, \\ &\boldsymbol{A}^3 = 2\boldsymbol{A}\cdot\boldsymbol{A} = 2\boldsymbol{A}^2 = 2^2\boldsymbol{A}, \\ &\boldsymbol{A}^4 = \boldsymbol{A}^3\cdot\boldsymbol{A} = 2^2\boldsymbol{A}^2 = 2^3\boldsymbol{A}, \\ &\cdots\cdots \\ &\boldsymbol{A}^n = 2^{n-1}\boldsymbol{A} \quad (n=1,2,\cdots). \end{aligned}$$

即

$$\boldsymbol{A}^n = 2^{n-1}\boldsymbol{\alpha}\boldsymbol{\alpha}^{\mathrm{T}} = 2^{n-1}\begin{pmatrix} 1 & 0 & -1 \\ 0 & 0 & 0 \\ -1 & 0 & 1 \end{pmatrix} = \begin{pmatrix} 2^{n-1} & 0 & -2^{n-1} \\ 0 & 0 & 0 \\ -2^{n-1} & 0 & 2^{n-1} \end{pmatrix}.$$

有

$$\det(\lambda\boldsymbol{I}-\boldsymbol{A}^n)=\begin{vmatrix}\lambda-2^{n-1} & 0 & 2^{n-1}\\ 0 & \lambda & 0\\ -2^{n-1} & 0 & \lambda-2^{n-1}\end{vmatrix}=\lambda(\lambda^2-2^n\lambda+2^{2n-1}).$$

例 4.38 设 n 阶方阵 $\boldsymbol{A}=\begin{pmatrix}0 & 1 & \cdots & 1 & 1\\ 1 & 0 & \cdots & 1 & 1\\ \vdots & \vdots & \ddots & \vdots & \vdots\\ 1 & 1 & \cdots & 0 & 1\\ 1 & 1 & \cdots & 1 & 0\end{pmatrix}$, 计算 $|\boldsymbol{A}|$.

分析 每行 (列) 元素之和均为 $n-1$, 把第 2 列, 第 3 列, $\cdots$, 第 n 列的元素都加到第 1 列, 提取公因子 $n-1$ 后, 可方便地将行列式化简成三角形行列式.

解 把第 2 列至第 n 列加到第 1 列, 得

$$|\boldsymbol{A}|=\begin{vmatrix}n-1 & 1 & \cdots & 1 & 1\\ n-1 & 0 & \cdots & 1 & 1\\ \vdots & \vdots & \ddots & \vdots & \vdots\\ n-1 & 1 & \cdots & 0 & 1\\ n-1 & 1 & \cdots & 1 & 0\end{vmatrix}=(n-1)\begin{vmatrix}1 & 1 & \cdots & 1 & 1\\ 1 & 0 & \cdots & 1 & 1\\ \vdots & \vdots & \ddots & \vdots & \vdots\\ 1 & 1 & \cdots & 0 & 1\\ 1 & 1 & \cdots & 1 & 0\end{vmatrix}$$

$$=(n-1)\begin{vmatrix}1 & 1 & \cdots & 1 & 1\\ 0 & -1 & \cdots & 0 & 0\\ \vdots & \vdots & \ddots & \vdots & \vdots\\ 0 & 0 & \cdots & -1 & 0\\ 0 & 0 & \cdots & 0 & -1\end{vmatrix}=(-1)^{n-1}(n-1).$$

例 4.39* 设 $a_1a_2\cdots a_n\neq b_1b_2\cdots b_n$, 令 $\boldsymbol{A},\boldsymbol{B}$ 分别为

$$\boldsymbol{A}=\begin{pmatrix}a_1 & -b_1 & 0 & \cdots & 0 & 0\\ 0 & a_2 & -b_2 & \cdots & 0 & 0\\ \vdots & \vdots & \vdots & \ddots & \vdots & \vdots\\ 0 & 0 & 0 & \cdots & a_{n-1} & -b_{n-1}\\ -b_n & 0 & 0 & \cdots & 0 & a_n\end{pmatrix},$$

$$\boldsymbol{B}=\begin{pmatrix}a_2a_3\cdots a_n & a_3a_4\cdots a_nb_1 & \cdots & b_1b_2\cdots b_{n-1}\\ b_2b_3\cdots b_n & a_3a_4\cdots a_nb_1 & \cdots & a_1b_2\cdots b_{n-1}\\ a_2b_3\cdots b_n & b_3b_4\cdots b_nb_1 & \cdots & a_1a_2b_3\cdots b_{n-1}\\ \vdots & \vdots & \ddots & \vdots\\ a_2a_3\cdots b_n & a_3a_4b_nb_1\cdots a_nb_1 & \cdots & a_1a_2\cdots a_{n-1}\end{pmatrix}.$$

(1) 计算 $\boldsymbol{AB}$;

(2) 计算 $\det(\boldsymbol{B})$.

解　(1) 根据题意, 得

$$\boldsymbol{AB}=\begin{pmatrix} a_1 & -b_1 & 0 & \cdots & 0 & 0\\ 0 & a_2 & -b_2 & \cdots & 0 & 0\\ \vdots & \vdots & \vdots & \ddots & \vdots & \vdots\\ 0 & 0 & 0 & \cdots & a_{n-1} & -b_{n-1}\\ -b_n & 0 & 0 & \cdots & 0 & a_n \end{pmatrix}$$

$$\cdot\begin{pmatrix} a_2a_3\cdots a_n & a_3b_4\cdots a_nb_1 & \cdots & b_1b_2\cdots b_{n-1}\\ b_2b_3\cdots b_n & a_3a_4\cdots a_nb_1 & \cdots & a_1b_2\cdots b_{n-1}\\ a_2b_3\cdots b_n & b_3b_4\cdots b_nb_1 & \cdots & a_1a_2b_3\cdots b_{n-1}\\ \vdots & \vdots & \ddots & \vdots\\ a_2a_3\cdots b_n & a_3a_4b_nb_1\cdots a_nb_1 & \cdots & a_1a_2\cdots a_{n-1} \end{pmatrix}.$$

即得

$$\boldsymbol{AB}=\begin{pmatrix} t & 0 & \cdots & 0\\ 0 & t & \cdots & 0\\ \vdots & \vdots & \ddots & \vdots\\ 0 & 0 & \cdots & t \end{pmatrix}=t\boldsymbol{I}_n\quad (t=a_1a_2\cdots a_n-b_1b_2\cdots b_n).$$

(2) 先计算 $\boldsymbol{A}$ 的行列式, 对 $\boldsymbol{A}$ 的第 1 列展开:

$$\det(\boldsymbol{A})=a_1\begin{vmatrix} a_2 & -b_2 & 0 & \cdots & 0 & 0\\ 0 & a_3 & -b_3 & \cdots & 0 & 0\\ \vdots & \vdots & \vdots & \ddots & \vdots & \vdots\\ 0 & 0 & 0 & \cdots & a_{n-1} & -b_{n-1}\\ 0 & 0 & 0 & \cdots & 0 & a_n \end{vmatrix}$$

$$-(-1)^{n+1}b_n\begin{vmatrix} -b_1 & 0 & \cdots & 0 & 0\\ a_2 & -b_2 & \cdots & 0 & 0\\ \vdots & \vdots & \ddots & \vdots & \vdots\\ 0 & 0 & \cdots & a_{n-1} & -b_{n-1} \end{vmatrix}$$

$$=a_1a_2\cdots a_n-b_1b_2\cdots b_n=t.$$

$$\det(\boldsymbol{B})=\frac{\det(\boldsymbol{AB})}{\det(\boldsymbol{A})}=\frac{t^n}{t}=t^{n-1}=(a_1a_2\cdots a_n-b_1b_2\cdots b_n)^{n-1}.$$

例 4.40 计算 $2n$ 阶行列式

$$D_{2n}=\begin{vmatrix} a_1 & & & & & & & c_1 \\ & a_2 & & & & & c_2 & \\ & & \ddots & & & \iddots & & \\ & & & a_n & c_n & & & \\ & & & d_n & b_n & & & \\ & & \iddots & & & \ddots & & \\ & d_2 & & & & & b_2 & \\ d_1 & & & & & & & b_1 \end{vmatrix}.$$

解 (方法 1)

$$D_{2n}\overset{(1)}{=}\begin{vmatrix} a_1 & c_1 & & & & & & \\ d_1 & b_1 & & & & & & \\ & & a_2 & & & & & c_2 \\ & & & \ddots & & & \iddots & \\ & & & & a_n & c_n & & \\ & & & & d_n & b_n & & \\ & & & \iddots & & & \ddots & \\ & & d_2 & & & & & b_2 \end{vmatrix}$$

$$\overset{(2)}{=}\begin{vmatrix} a_1 & c_1 & & & & & \\ d_1 & b_1 & & & & & \\ & & a_2 & c_2 & & & \\ & & d_2 & b_2 & & & \\ & & & & a_3 & & c_3 \\ & & & & & \ddots & \\ & & & & d_3 & & b_3 \end{vmatrix}.$$

$$D_{2n}=(a_nb_n-c_nd_n)D_{2n-2}=\cdots=\prod_{i=1}^{n}(a_ib_i-c_id_i).$$

注 (1) 将第 $2n$ 行逐行向上移到第 2 行, 将第 $2n$ 列逐列向左移到第 2 列;
(2) 将第 $2n$ 行逐行向上移到第 4 行, 将第 $2n$ 列逐列向左移到第 4 列.

(方法 2) 按第 1 行展开, 得

$$\begin{aligned} D_{2n}&=a_1\begin{vmatrix} D_{2n-2} & 0 \\ 0 & b_1 \end{vmatrix}+(-1)^{2n+1}c_1\begin{vmatrix} 0 & D_{2n-2} \\ d_1 & 0 \end{vmatrix} \\ &=a_1\begin{vmatrix} D_{2n-2} & 0 \\ 0 & b_1 \end{vmatrix}-c_1\begin{vmatrix} D_{2n-2} & 0 \\ 0 & d_1 \end{vmatrix}=(a_1b_1-c_1d_1)D_{2n-2} \end{aligned}$$

$$= (a_1b_1 - c_1d_1)\left(a_2\begin{vmatrix} D_{2n-4} & 0 \\ 0 & b_2 \end{vmatrix} + (-1)^{2n-1}c_2\begin{vmatrix} 0 & D_{2n-4} \\ d_2 & 0 \end{vmatrix}\right)$$

$$= (a_1b_1 - c_1d_1)(a_2b_2 - c_2d_2)D_{2n-4} = \cdots = \prod_{i=1}^{n}(a_ib_i - c_id_i).$$

例 4.41 证明: 范德蒙德行列式

$$V(x_1, x_2, \cdots, x_n) \equiv \begin{vmatrix} 1 & 1 & \cdots & 1 \\ x_1 & x_2 & \cdots & x_n \\ x_1^2 & x_2^2 & \cdots & x_n^2 \\ \vdots & \vdots & \ddots & \vdots \\ x_1^{n-2} & x_2^{n-2} & \cdots & x_n^{n-2} \\ x_1^{n-1} & x_2^{n-1} & \cdots & x_n^{n-1} \end{vmatrix} = \prod_{1 \leqslant j < i \leqslant n}(x_i - x_j).$$

证 当 $n = 2$ 时, 有

$$\begin{vmatrix} 1 & 1 \\ x_1 & x_2 \end{vmatrix} = x_2 - x_1.$$

设 $V(x_2, x_3, \cdots, x_n) = \prod\limits_{2 \leqslant j < i \leqslant n}(x_i - x_j)$, 则

$$V(x_1, x_2, \cdots, x_n) = \begin{vmatrix} 1 & 1 & 1 & \cdots & 1 \\ 0 & x_2 - x_1 & x_3 - x_1 & \cdots & x_n - x_1 \\ 0 & x_2(x_2 - x_1) & x_3(x_3 - x_1) & \cdots & x_n(x_n - x_1) \\ \vdots & \vdots & \vdots & \ddots & \vdots \\ 0 & x_2^{n-2}(x_2 - x_1) & x_3^{n-2}(x_3 - x_1) & \cdots & x_n^{n-2}(x_n - x_1) \end{vmatrix}$$

$$= \begin{vmatrix} x_2 - x_1 & x_3 - x_1 & \cdots & x_n - x_1 \\ x_2(x_2 - x_1) & x_3(x_3 - x_1) & \cdots & x_n(x_n - x_1) \\ \vdots & \vdots & \ddots & \vdots \\ x_2^{n-2}(x_2 - x_1) & x_3^{n-2}(x_3 - x_1) & \cdots & x_n^{n-2}(x_n - x_1) \end{vmatrix}$$

$$= (x_2 - x_1)(x_3 - x_1)\cdots(x_n - x_1)\begin{vmatrix} 1 & 1 & \cdots & 1 \\ x_2 & x_3 & \cdots & x_n \\ x_2^2 & x_3^2 & \cdots & x_n^2 \\ \vdots & \vdots & \ddots & \vdots \\ x_2^{n-2} & x_3^{n-2} & \cdots & x_n^{n-2} \end{vmatrix}$$

$$= (x_2 - x_1)(x_3 - x_1)\cdots(x_n - x_1)V(x_2, x_3, \cdots, x_n)$$

$$= (x_2 - x_1)(x_3 - x_1)\cdots(x_n - x_1)\prod_{2 \leqslant j < i \leqslant n}(x_i - x_j)$$

$$= \prod_{1 \leqslant j < i \leqslant n}(x_i - x_j).$$

例 4.42 设 $\boldsymbol{A},\boldsymbol{B}$ 是 n 阶方阵. 证明: $|\boldsymbol{AB}|=|\boldsymbol{A}||\boldsymbol{B}|$.

证 先计算当 $\boldsymbol{A},\boldsymbol{B}$ 是 2 阶方阵时, 行列式 $|\boldsymbol{A}||\boldsymbol{B}|=|\boldsymbol{AB}|$, 再推广到 n 阶方阵.

$$|\boldsymbol{A}||\boldsymbol{B}|=\begin{vmatrix} a_{11} & a_{12} & 0 & 0 \\ a_{21} & a_{22} & 0 & 0 \\ -1 & 0 & b_{11} & b_{12} \\ 0 & -1 & b_{21} & b_{22} \end{vmatrix} \overset{(1)}{=} \begin{vmatrix} 0 & 0 & a_{11}b_{11}+a_{12}b_{21} & a_{11}b_{12}+a_{12}b_{22} \\ a_{21} & a_{22} & 0 & 0 \\ -1 & 0 & b_{11} & b_{12} \\ 0 & -1 & b_{21} & b_{22} \end{vmatrix}$$

$$\overset{(2)}{=} \begin{vmatrix} 0 & 0 & a_{11}b_{11}+a_{12}b_{21} & a_{11}b_{12}+a_{12}b_{22} \\ 0 & 0 & a_{21}b_{11}+a_{22}b_{21} & a_{21}b_{12}+a_{22}b_{22} \\ -1 & 0 & b_{11} & b_{12} \\ 0 & -1 & b_{21} & b_{22} \end{vmatrix} \overset{(3)}{=} \begin{vmatrix} 0 & 0 & c_{11} & c_{12} \\ 0 & 0 & c_{21} & c_{22} \\ -1 & 0 & b_{11} & b_{12} \\ 0 & -1 & b_{21} & b_{22} \end{vmatrix}$$

$$=\begin{vmatrix} \boldsymbol{O} & \boldsymbol{AB} \\ -\boldsymbol{I} & \boldsymbol{B} \end{vmatrix} \overset{(4)}{=} (-1)^2 \begin{vmatrix} \boldsymbol{AB} & \boldsymbol{O} \\ \boldsymbol{B} & -\boldsymbol{I} \end{vmatrix} = |\boldsymbol{AB}||-\boldsymbol{I}_2|$$

$$=|\boldsymbol{AB}|(-1)^2=|\boldsymbol{AB}|.$$

(1) $a_{11}r_3+a_{12}r_4+r_1\to r_1$, 第 3 行、第 4 行分别乘 a_{11},a_{12} 加到第 1 行;

(2) $a_{21}r_3+a_{22}r_4+r_2\to r_2$, 第 3 行、第 4 行分别乘 a_{21},a_{22} 加到第 2 行;

(3) 记 $c_{ij}=\sum\limits_{k=1}^{2}a_{ik}b_{kj}$, 即 $\boldsymbol{C}=\boldsymbol{AB}$;

(4) $c_1\leftrightarrow c_3, c_2\leftrightarrow c_4$, 交换第 1 列与第 3 列, 交换第 2 列与第 4 列.

当 $\boldsymbol{A},\boldsymbol{B}$ 是 n 阶方阵时, 有

$$|\boldsymbol{A}||\boldsymbol{B}|=\begin{vmatrix} a_{11} & a_{12} & \cdots & a_{1n} & 0 & 0 & \cdots & 0 \\ a_{21} & a_{22} & \cdots & a_{2n} & 0 & 0 & \cdots & 0 \\ \vdots & \vdots & \ddots & \vdots & \vdots & \vdots & \ddots & \vdots \\ a_{n1} & a_{n2} & \cdots & a_{nn} & 0 & 0 & \cdots & 0 \\ -1 & 0 & \cdots & 0 & b_{11} & b_{12} & \cdots & b_{1n} \\ 0 & -1 & \cdots & 0 & b_{21} & b_{22} & \cdots & b_{2n} \\ \vdots & \vdots & \ddots & \vdots & \vdots & \vdots & \ddots & \vdots \\ 0 & 0 & \cdots & -1 & b_{n1} & b_{n2} & \cdots & b_{nn} \end{vmatrix}$$

$$\overset{(1)}{=}\begin{vmatrix} 0 & 0 & \cdots & 0 & c_{11} & c_{12} & \cdots & c_{1n} \\ a_{21} & a_{22} & \cdots & a_{2n} & 0 & 0 & \cdots & 0 \\ \vdots & \vdots & \ddots & \vdots & \vdots & \vdots & \ddots & \vdots \\ a_{n1} & a_{n2} & \cdots & a_{nn} & 0 & 0 & \cdots & 0 \\ -1 & 0 & \cdots & 0 & b_{11} & b_{12} & \cdots & b_{1n} \\ 0 & -1 & \cdots & 0 & b_{21} & b_{22} & \cdots & b_{2n} \\ \vdots & \vdots & \ddots & \vdots & \vdots & \vdots & \ddots & \vdots \\ 0 & 0 & \cdots & -1 & b_{n1} & b_{n2} & \cdots & b_{nn} \end{vmatrix}$$

$$\overset{(2)}{=}\begin{vmatrix} 0 & 0 & \cdots & 0 & c_{11} & c_{12} & \cdots & c_{1n} \\ 0 & 0 & \cdots & 0 & c_{21} & c_{22} & \cdots & c_{2n} \\ \vdots & \vdots & \ddots & \vdots & \vdots & \vdots & \ddots & \vdots \\ a_{n1} & a_{n2} & \cdots & a_{nn} & 0 & 0 & \cdots & 0 \\ -1 & 0 & \cdots & 0 & b_{11} & b_{12} & \cdots & b_{1n} \\ 0 & -1 & \cdots & 0 & b_{21} & b_{22} & \cdots & b_{2n} \\ \vdots & \vdots & \ddots & \vdots & \vdots & \vdots & \ddots & \vdots \\ 0 & 0 & \cdots & -1 & b_{n1} & b_{n2} & \cdots & b_{nn} \end{vmatrix}=\cdots$$

$$\overset{(3)}{=}\begin{vmatrix} 0 & 0 & \cdots & 0 & c_{11} & c_{12} & \cdots & c_{1n} \\ 0 & 0 & \cdots & 0 & c_{21} & c_{22} & \cdots & c_{2n} \\ \vdots & \vdots & \ddots & \vdots & \vdots & \vdots & \ddots & \vdots \\ 0 & 0 & \cdots & 0 & c_{n1} & c_{n2} & \cdots & c_{nn} \\ -1 & 0 & \cdots & 0 & b_{11} & b_{12} & \cdots & b_{1n} \\ 0 & -1 & \cdots & 0 & b_{21} & b_{22} & \cdots & b_{2n} \\ \vdots & \vdots & \ddots & \vdots & \vdots & \vdots & \ddots & \vdots \\ 0 & 0 & \cdots & -1 & b_{n1} & b_{n2} & \cdots & b_{nn} \end{vmatrix}$$

$$=\begin{vmatrix} \boldsymbol{O} & \boldsymbol{AB} \\ -\boldsymbol{I}_n & \boldsymbol{B} \end{vmatrix}\overset{(4)}{=}(-1)^n\begin{vmatrix} \boldsymbol{AB} & \boldsymbol{O} \\ \boldsymbol{B} & -\boldsymbol{I}_n \end{vmatrix}$$

$$=(-1)^n|\boldsymbol{AB}||-\boldsymbol{I}_n|=(-1)^n|\boldsymbol{AB}|(-1)^n=|\boldsymbol{AB}|.$$

(1) $a_{11}r_{n+1}+a_{12}r_{n+2}+\cdots+a_{1n}r_{2n}+r_1\to r_1$, 消 $\boldsymbol{A}$ 的第 1 行元素为零, 记 $c_{1j}=\sum\limits_{k=1}^{n}a_{1k}b_{kj}$;

(2) $a_{21}r_{n+1}+a_{22}r_{n+2}+\cdots+a_{2n}r_{2n}+r_2\to r_2$, 消 $\boldsymbol{A}$ 的第 2 行元素为零;

……

(3) $a_{n1}r_{n+1}+a_{n2}r_{n+2}+\cdots+a_{nn}r_{2n}+r_n\to r_n$, 消 $\boldsymbol{A}$ 的第 n 行元素为零;

(4) $c_j\rightleftharpoons c_{j+n}(j=1,2,\cdots,n)$, 交换第 j 列和第 $j+n$ 列.

例 4.43　设 $\boldsymbol{A},\boldsymbol{B},\boldsymbol{C},\boldsymbol{D}$ 都是 n 阶矩阵, $|\boldsymbol{A}|\neq 0$, 且 $\boldsymbol{AC}=\boldsymbol{CA}$. 证明:

$$\begin{vmatrix} \boldsymbol{A} & \boldsymbol{B} \\ \boldsymbol{C} & \boldsymbol{D} \end{vmatrix}=|\boldsymbol{AD}-\boldsymbol{CB}|.$$

分析　对 $\begin{pmatrix} \boldsymbol{A} & \boldsymbol{B} \\ \boldsymbol{C} & \boldsymbol{D} \end{pmatrix}$ 作块初等变换, 消去 $\boldsymbol{C}$.

证　$-\boldsymbol{CA}^{-1}$ 乘第 1 行加到第 2 行, 得

$$\begin{pmatrix} \boldsymbol{I}_n & \boldsymbol{0} \\ -\boldsymbol{CA}^{-1} & \boldsymbol{I}_n \end{pmatrix}\begin{pmatrix} \boldsymbol{A} & \boldsymbol{B} \\ \boldsymbol{C} & \boldsymbol{D} \end{pmatrix}=\begin{pmatrix} \boldsymbol{A} & \boldsymbol{B} \\ \boldsymbol{0} & \boldsymbol{D}-\boldsymbol{CA}^{-1}\boldsymbol{B} \end{pmatrix}.$$

两边取行列式, 有

$$\begin{vmatrix} \boldsymbol{A} & \boldsymbol{B} \\ \boldsymbol{C} & \boldsymbol{D} \end{vmatrix} = |\boldsymbol{A}||\boldsymbol{D}-\boldsymbol{C}\boldsymbol{A}^{-1}\boldsymbol{B}| = |\boldsymbol{A}\boldsymbol{D}-\boldsymbol{A}\boldsymbol{C}\boldsymbol{A}^{-1}\boldsymbol{B}| = |\boldsymbol{A}\boldsymbol{D}-\boldsymbol{C}\boldsymbol{B}|.$$

例 4.44 设 $\boldsymbol{A},\boldsymbol{B}$ 是 n 阶方阵. 证明:

$$\begin{vmatrix} \boldsymbol{A} & \boldsymbol{B} \\ \boldsymbol{B} & \boldsymbol{A} \end{vmatrix} = |\boldsymbol{A}+\boldsymbol{B}||\boldsymbol{A}-\boldsymbol{B}|.$$

证 根据题意, 得

$$\begin{pmatrix} \boldsymbol{A} & \boldsymbol{B} \\ \boldsymbol{B} & \boldsymbol{A} \end{pmatrix} \xrightarrow{c_2 \to c_1} \begin{pmatrix} \boldsymbol{A}+\boldsymbol{B} & \boldsymbol{B} \\ \boldsymbol{A}+\boldsymbol{B} & \boldsymbol{A} \end{pmatrix} \xrightarrow{-r_1 \to r_2} \begin{pmatrix} \boldsymbol{A}+\boldsymbol{B} & \boldsymbol{B} \\ \boldsymbol{0} & \boldsymbol{A}-\boldsymbol{B} \end{pmatrix}.$$

即

$$\begin{pmatrix} \boldsymbol{I} & \boldsymbol{0} \\ -\boldsymbol{I} & \boldsymbol{I} \end{pmatrix} \begin{pmatrix} \boldsymbol{A} & \boldsymbol{B} \\ \boldsymbol{B} & \boldsymbol{A} \end{pmatrix} \begin{pmatrix} \boldsymbol{I} & \boldsymbol{0} \\ \boldsymbol{I} & \boldsymbol{I} \end{pmatrix} = \begin{pmatrix} \boldsymbol{A}+\boldsymbol{B} & \boldsymbol{B} \\ \boldsymbol{0} & \boldsymbol{A}-\boldsymbol{B} \end{pmatrix}.$$

两边取行列式, 有

$$\begin{vmatrix} \boldsymbol{A} & \boldsymbol{B} \\ \boldsymbol{B} & \boldsymbol{A} \end{vmatrix} = |\boldsymbol{A}+\boldsymbol{B}||\boldsymbol{A}-\boldsymbol{B}|.$$

例 4.45 设 $\boldsymbol{A},\boldsymbol{B}$ 为 n 阶方阵, $\boldsymbol{I}-\boldsymbol{A}\boldsymbol{B}$ 可逆. 证明: $\boldsymbol{I}-\boldsymbol{B}\boldsymbol{A}$ 也可逆.

提示 对 $\begin{pmatrix} \boldsymbol{I} & \boldsymbol{A} \\ \boldsymbol{B} & \boldsymbol{I} \end{pmatrix}$ 分别用行初等变换和列初等变换, 化为准上三角形阵.

证

$$\begin{pmatrix} \boldsymbol{I} & \boldsymbol{0} \\ -\boldsymbol{B} & \boldsymbol{I} \end{pmatrix} \begin{pmatrix} \boldsymbol{I} & \boldsymbol{A} \\ \boldsymbol{B} & \boldsymbol{I} \end{pmatrix} = \begin{pmatrix} \boldsymbol{I} & \boldsymbol{A} \\ \boldsymbol{0} & \boldsymbol{I}-\boldsymbol{B}\boldsymbol{A} \end{pmatrix}. \tag{1}$$

$$\begin{pmatrix} \boldsymbol{I} & \boldsymbol{A} \\ \boldsymbol{B} & \boldsymbol{I} \end{pmatrix} \begin{pmatrix} \boldsymbol{I} & \boldsymbol{0} \\ -\boldsymbol{B} & \boldsymbol{I} \end{pmatrix} = \begin{pmatrix} \boldsymbol{I}-\boldsymbol{A}\boldsymbol{B} & \boldsymbol{A} \\ \boldsymbol{0} & \boldsymbol{I} \end{pmatrix}. \tag{2}$$

对式 (1) 和式 (2) 两边取行列式, 得

$$|\boldsymbol{I}-\boldsymbol{B}\boldsymbol{A}| = |\boldsymbol{I}-\boldsymbol{A}\boldsymbol{B}| \neq 0 \quad \Rightarrow \quad |\boldsymbol{I}-\boldsymbol{B}\boldsymbol{A}| \neq 0.$$

所以 $\boldsymbol{I}-\boldsymbol{B}\boldsymbol{A}$ 可逆.

例 4.46 设 $\boldsymbol{A}$ 为 n 阶可逆矩阵, $\boldsymbol{\alpha} = (a_1,a_2,\cdots,a_n)^{\mathrm{T}}$. 证明:

$$\det(\boldsymbol{A}-\boldsymbol{\alpha}\boldsymbol{\alpha}^{\mathrm{T}}) = (1-\boldsymbol{\alpha}^{\mathrm{T}}\boldsymbol{A}^{-1}\boldsymbol{\alpha})\det(\boldsymbol{A}).$$

证 与例 4.45 的做法类似.

$$\det\left(\begin{pmatrix} \boldsymbol{A} & \boldsymbol{\alpha} \\ \boldsymbol{\alpha}^{\mathrm{T}} & 1 \end{pmatrix} \begin{pmatrix} \boldsymbol{I}_n & \boldsymbol{0} \\ -\boldsymbol{\alpha}^{\mathrm{T}} & 1 \end{pmatrix}\right) = \det\begin{pmatrix} \boldsymbol{A}-\boldsymbol{\alpha}\boldsymbol{\alpha}^{\mathrm{T}} & \boldsymbol{\alpha} \\ \boldsymbol{0} & 1 \end{pmatrix} = \det(\boldsymbol{A}-\boldsymbol{\alpha}\boldsymbol{\alpha}^{\mathrm{T}}).$$

$$\det\left(\begin{pmatrix} I_n & \mathbf{0} \\ -\boldsymbol{\alpha}^{\mathrm{T}}\boldsymbol{A}^{-1} & 1 \end{pmatrix}\begin{pmatrix} \boldsymbol{A} & \boldsymbol{\alpha} \\ \boldsymbol{\alpha}^{\mathrm{T}} & 1 \end{pmatrix}\right) = \det\begin{pmatrix} \boldsymbol{A} & \boldsymbol{\alpha} \\ \mathbf{0} & 1-\boldsymbol{\alpha}^{\mathrm{T}}\boldsymbol{A}^{-1}\boldsymbol{\alpha} \end{pmatrix}$$
$$= (1-\boldsymbol{\alpha}^{\mathrm{T}}\boldsymbol{A}^{-1}\boldsymbol{\alpha})\det(\boldsymbol{A}).$$

比较两式, 得

$$\det(\boldsymbol{A}-\boldsymbol{\alpha}\boldsymbol{\alpha}^{\mathrm{T}}) = (1-\boldsymbol{\alpha}^{\mathrm{T}}\boldsymbol{A}^{-1}\boldsymbol{\alpha})\det(\boldsymbol{A}).$$

例 4.47　证明克拉默法则: 当系数矩阵 $\boldsymbol{A}=(a_{ij})_{n\times n}$ 的行列式不等于零时, 方程组

$$\begin{cases} a_{11}x_1+a_{12}x_2+\cdots+a_{1n}x_n=b_1, \\ a_{21}x_1+a_{22}x_2+\cdots+a_{2n}x_n=b_2, \\ \cdots\cdots \\ a_{n1}x_1+a_{n2}x_2+\cdots+a_{nn}x_n=b_n \end{cases}$$

有唯一解

$$(x_1,x_2,\cdots,x_n)=\left(\frac{D_1}{D},\frac{D_2}{D},\cdots,\frac{D_n}{D}\right).$$

其中, $D=\det(\boldsymbol{A})$, $D_i(i=1,2,\cdots,n)$ 是将 $\boldsymbol{A}$ 的第 i 列换成 $\boldsymbol{b}=(b_1,b_2,\cdots,b_n)^{\mathrm{T}}$ 后所得方阵的行列式.

证　设 $\boldsymbol{A}=(\boldsymbol{A}_1,\boldsymbol{A}_2,\cdots,\boldsymbol{A}_n), D=\det(\boldsymbol{A})=\det(\boldsymbol{A}_1,\boldsymbol{A}_2,\cdots,\boldsymbol{A}_n)$, 则

$$\begin{aligned} D_i &= \det(\boldsymbol{A}_1,\cdots,\boldsymbol{A}_{i-1},\boldsymbol{b},\boldsymbol{A}_{i+1},\cdots,\boldsymbol{A}_n) \\ &= \det(\boldsymbol{A}_1,\cdots,\boldsymbol{A}_{i-1},x_1\boldsymbol{A}_1+\cdots+x_i\boldsymbol{A}_i+\cdots+x_n\boldsymbol{A}_n,\boldsymbol{A}_{i+1},\cdots,\boldsymbol{A}_n) \\ &= \det(\boldsymbol{A}_1,\cdots,\boldsymbol{A}_{i-1},x_i\boldsymbol{A}_i,\boldsymbol{A}_{i+1},\cdots,\boldsymbol{A}_n) \\ &= x_i\det(\boldsymbol{A}_1,\cdots,\boldsymbol{A}_{i-1},\boldsymbol{A}_i,\boldsymbol{A}_{i+1},\cdots,\boldsymbol{A}_n) \\ &= x_i\det(\boldsymbol{A})=x_iD \end{aligned}$$
$$\Rightarrow\quad x_i=\frac{D_i}{D}(i=1,2,\cdots,n).$$

例 4.48　用克拉默法则解方程组

$$\begin{cases} 2x-y+z=0, \\ 3x+2y-5z=1, \\ x+3y-2z=4. \end{cases}$$

解　根据题意, 得

$$D=\begin{vmatrix} 2 & -1 & 1 \\ 3 & 2 & -5 \\ 1 & 3 & -2 \end{vmatrix}=28,$$

$$D_1=\begin{vmatrix} 0 & -1 & 1 \\ 1 & 2 & -5 \\ 4 & 3 & -2 \end{vmatrix}=13\quad\Rightarrow\quad x=\frac{13}{28},$$

$$D_2=\begin{vmatrix}2&0&1\\3&1&-5\\1&4&-2\end{vmatrix}=47 \quad\Rightarrow\quad y=\frac{47}{28},$$

$$D_3=\begin{vmatrix}2&-1&0\\3&2&1\\1&3&4\end{vmatrix}=21 \quad\Rightarrow\quad z=\frac{21}{28}=\frac{3}{4}.$$

例 4.49* 设

$$D(t)=\begin{vmatrix}a_{11}(t)&a_{12}(t)&\cdots&a_{1n}(t)\\a_{21}(t)&a_{22}(t)&\cdots&a_{2n}(t)\\\vdots&\vdots&\ddots&\vdots\\a_{n1}(t)&a_{n2}(t)&\cdots&a_{nn}(t)\end{vmatrix}.$$

证明:

$$D'(t)=\sum_{i=1}^{n}\begin{vmatrix}a_{11}(t)&a_{12}(t)&\cdots&a_{1n}(t)\\\vdots&\vdots&\ddots&\vdots\\a'_{i1}(t)&a'_{i2}(t)&\cdots&a'_{in}(t)\\\vdots&\vdots&\ddots&\vdots\\a_{n1}(t)&a_{n2}(t)&\cdots&a_{nn}(t)\end{vmatrix}.$$

证 根据题意, 得

$$\begin{aligned}D'(t)&=\frac{\mathrm{d}}{\mathrm{d}t}\sum_{(j_1,j_2,\cdots,j_n)}(-1)^{\tau(j_1,j_2,\cdots,j_n)}a_{1,j_1}(t)a_{2,j_2}(t)\cdots a_{n,j_n}(t)\\&=\sum_{(j_1,j_2,\cdots,j_n)}(-1)^{\tau(j_1,j_2,\cdots,j_n)}\frac{\mathrm{d}}{\mathrm{d}t}a_{1,j_1}(t)a_{2,j_2}(t)\cdots a_{n,j_n}(t)\\&=\sum_{(j_1,j_2,\cdots,j_n)}(-1)^{\tau(j_1,j_2,\cdots,j_n)}(a'_{1,j_1}(t)a_{2,j_2}(t)\cdots a_{n,j_n}(t)\\&\quad+a_{1,j_1}(t)a'_{2,j_2}(t)\cdots a_{n,j_n}(t)+\cdots+a_{1,j_1}(t)a_{2,j_2}(t)\cdots a'_{n,j_n}(t))\\&=\sum_{(j_1,j_2,\cdots,j_n)}(-1)^{\tau(j_1,j_2,\cdots,j_n)}\sum_{i=1}^{n}a_{1,j_1}(t)\cdots a'_{i,j_i}(t)\cdots a_{n,j_n}(t)\\&=\sum_{i=1}^{n}\sum_{(j_1,j_2,\cdots,j_n)}(-1)^{\tau(j_1,j_2,\cdots,j_n)}a_{1,j_1}(t)\cdots a'_{i,j_i}(t)\cdots a_{n,j_n}(t)\\&=\sum_{i=1}^{n}\begin{vmatrix}a_{11}(t)&a_{12}(t)&\cdots&a_{1n}(t)\\\vdots&\vdots&\ddots&\vdots\\a'_{i1}(t)&a'_{i2}(t)&\cdots&a'_{in}(t)\\\vdots&\vdots&\ddots&\vdots\\a_{n1}(t)&a_{n2}(t)&\cdots&a_{nn}(t)\end{vmatrix}.\end{aligned}$$

例 4.50　若齐次线性方程组 $\begin{cases}\lambda_1x_1+x_2+x_3=0,\\ x_1+\lambda_1x_2+x_3=0,\\ x_1+x_2+x_3=0\end{cases}$ 只有零解, 讨论 λ_1 应满足的条件.

解　因为线性方程组的方程个数与未知数的个数相同, 故可用克拉默法则. 由题设线性方程组只有零解, 故系数行列式 $D\neq 0$, 即

$$D=\begin{vmatrix}\lambda_1 & 1 & 1\\ 1 & \lambda_1 & 1\\ 1 & 1 & 1\end{vmatrix}=\lambda_1^2-2\lambda_1+1=(\lambda_1-1)^2\neq 0.$$

所以 $\lambda_1\neq 1$.

例 4.51　设

$$\boldsymbol{A}=\begin{pmatrix}1 & 1 & \cdots & 1\\ a_1 & a_2 & \cdots & a_n\\ \vdots & \vdots & \ddots & \vdots\\ a_1^{n-1} & a_2^{n-1} & \cdots & a_n^{n-1}\end{pmatrix},\quad \boldsymbol{X}=\begin{pmatrix}x_1\\ x_2\\ \vdots\\ x_n\end{pmatrix},\quad \boldsymbol{B}=\begin{pmatrix}1\\ 1\\ \vdots\\ 1\end{pmatrix},$$

且 $a_i\neq a_j\ (i,j=1,2,\cdots,n)$, 求线性方程组 $\boldsymbol{A}^{\mathrm{T}}\boldsymbol{X}=\boldsymbol{B}$ 的解.

解　$\boldsymbol{A}^{\mathrm{T}}\boldsymbol{X}=\boldsymbol{B}$ 的方程组为

$$\begin{pmatrix}1 & a_1 & \cdots & a_1^{n-1}\\ 1 & a_2 & \cdots & a_2^{n-1}\\ \vdots & \vdots & \ddots & \vdots\\ 1 & a_n & \cdots & a_n^{n-1}\end{pmatrix}\begin{pmatrix}x_1\\ x_2\\ \vdots\\ x_n\end{pmatrix}=\begin{pmatrix}1\\ 1\\ \vdots\\ 1\end{pmatrix}.$$

则

$$\begin{aligned}
&D=|\boldsymbol{A}^{\mathrm{T}}|=|\boldsymbol{A}|=\prod_{1\leqslant i<j\leqslant n}(a_j-a_i)\neq 0\quad (a_i\neq a_j),\\
&D_1=|\boldsymbol{A}^{\mathrm{T}}|=D,\\
&D_j=0\quad (j=2,3,\cdots,n),\\
&x_1=\frac{D_1}{D}=1,\\
&x_j=\frac{D_j}{D}=\frac{0}{D}=0\quad (j=2,\cdots,n).
\end{aligned}$$

所以 $\boldsymbol{X}=\begin{pmatrix}1\\ 0\\ \vdots\\ 0\end{pmatrix}$.

4.4 秩与相抵

内容提要

1. 矩阵相抵

设 $\boldsymbol{A},\boldsymbol{B}$ 均是 $m\times n$ 矩阵, 如果存在可逆方阵 $\boldsymbol{P}$ 和 $\boldsymbol{Q}$ 使得 $\boldsymbol{B}=\boldsymbol{PAQ}$, 则称 $\boldsymbol{A}$ 和 $\boldsymbol{B}$ **相抵**.

相抵关系满足:

(1) $\boldsymbol{A}$ 与 $\boldsymbol{A}$ 本身相抵;

(2) 若 $\boldsymbol{A}$ 与 $\boldsymbol{B}$ 相抵, 则 $\boldsymbol{B}$ 与 $\boldsymbol{A}$ 相抵;

(3) 若 $\boldsymbol{A}$ 与 $\boldsymbol{B}$ 相抵, 且 $\boldsymbol{B}$ 与 $\boldsymbol{C}$ 相抵, 则 $\boldsymbol{A}$ 与 $\boldsymbol{C}$ 相抵.

满足上述三个条件的关系称为**等价关系**.

2. 相抵标准形

设 $\boldsymbol{A}$ 是 $m\times n$ 矩阵, 则存在 m 阶可逆方阵 $\boldsymbol{P}$ 和 n 阶可逆方阵 $\boldsymbol{Q}$, 使得

$$\boldsymbol{PAQ}=\begin{pmatrix}\boldsymbol{I}_r & \boldsymbol{O}\\ \boldsymbol{O} & \boldsymbol{O}\end{pmatrix}. \tag{1}$$

其中, 非负整数 r 由 $\boldsymbol{A}$ 唯一决定.

矩阵 $\operatorname{diag}(\boldsymbol{I}_r,\boldsymbol{O})$ 称为 $\boldsymbol{A}$ 的相抵标准形. 整数 r 称为矩阵 $\boldsymbol{A}$ 的**秩**, 记为 $\operatorname{rank}(\boldsymbol{A})$ 或 $r(\boldsymbol{A})$. 若 $r=m$, 则 $\boldsymbol{A}$ 称为**行满秩**的; 若 $r=n$, 则 $\boldsymbol{A}$ 称为**列满秩**的.

设 $\boldsymbol{A},\boldsymbol{B}$ 均是 $m\times n$ 矩阵, 则 $\boldsymbol{A}$ 与 $\boldsymbol{B}$ 相抵的充分必要条件是 $\operatorname{rank}(\boldsymbol{A})=\operatorname{rank}(\boldsymbol{B})$.

3. 初等变换不改变矩阵的秩

设 $\boldsymbol{A}$ 是 $m\times n$ 矩阵, $\boldsymbol{P},\boldsymbol{Q}$ 分别是 m,n 阶可逆方阵, 则 $\operatorname{rank}(\boldsymbol{PAQ})=\operatorname{rank}(\boldsymbol{A})$.

4. 矩阵的秩

矩阵 $\boldsymbol{A}$ 的非零子式的最大阶数等于矩阵 $\boldsymbol{A}$ 的秩.

5. 秩的计算

对由向量组组成的矩阵作 (行) 初等变换, 化简为阶梯形矩阵后, 秩的个数一目了然.

注 本章内容顺序是矩阵的定义、矩阵运算、行列式、秩与相抵. 由于行列式部分的例题较多, 我们把少量矩阵与行列式的混合运算例题放到本节. 在本章中, 为了给出相抵定义而引入秩的概念. 关于秩, 本章的重点是用初等变换计算矩阵的秩. 在第 5 章中, 将会对秩进行更全面、更深入的讨论.

例题分析

例 4.52　若 $\boldsymbol{A}^2=\boldsymbol{B}^2=\boldsymbol{I}$, 且 $|\boldsymbol{A}|+|\boldsymbol{B}|=0$, 证明: $\boldsymbol{A}+\boldsymbol{B}$ 是不可逆矩阵.

分析　从证 $|\boldsymbol{A}+\boldsymbol{B}|=0$ 入手.

证　由 $\boldsymbol{A}^2=\boldsymbol{B}^2=\boldsymbol{I}$, 得到 $|\boldsymbol{A}|^2=|\boldsymbol{B}|^2=1$, 则 $|\boldsymbol{A}|=\pm1, |\boldsymbol{B}|=\pm1$.
因为 $|\boldsymbol{A}|+|\boldsymbol{B}|=0$, 所以 $|\boldsymbol{A}|$ 与 $|\boldsymbol{B}|$ 异号. 设 $|\boldsymbol{A}|>0$, 则

$$|\boldsymbol{A}^2+\boldsymbol{AB}|=|\boldsymbol{A}||\boldsymbol{A}+\boldsymbol{B}|=|\boldsymbol{A}+\boldsymbol{B}|.$$

又有

$$|\boldsymbol{A}^2+\boldsymbol{AB}|=|\boldsymbol{B}^2+\boldsymbol{AB}|=|\boldsymbol{A}+\boldsymbol{B}||\boldsymbol{B}|=-|\boldsymbol{A}+\boldsymbol{B}|,$$

则 $|\boldsymbol{A}+\boldsymbol{B}|=-|\boldsymbol{A}+\boldsymbol{B}|$, 即 $2|\boldsymbol{A}+\boldsymbol{B}|=0$, 得 $|\boldsymbol{A}+\boldsymbol{B}|=0$, 故 $\boldsymbol{A}+\boldsymbol{B}$ 不可逆.

例 4.53　设 $\boldsymbol{A}=\begin{pmatrix}1&2&-1&1\\2&0&t&0\\0&-4&5&-2\end{pmatrix}$, $\operatorname{rank}(\boldsymbol{A})=2$, 求 t 的值.

解　(方法 1) 用初等变换法.

$$\begin{pmatrix}1&2&-1&1\\2&0&t&0\\0&-4&5&-2\end{pmatrix}\to\begin{pmatrix}1&2&-1&1\\0&-4&2+t&-2\\0&-4&5&-2\end{pmatrix}.$$

则

$$2+t=5\quad\Rightarrow\quad t=3.$$

(方法 2) 分析 $\operatorname{rank}(\boldsymbol{A})=2$, 任意 3 阶子式为 0, 即

$$\begin{vmatrix}1&2&-1\\2&0&t\\0&-4&5\end{vmatrix}=\begin{vmatrix}1&2&-1\\0&-4&2+t\\0&-4&5\end{vmatrix}=\begin{vmatrix}1&2&-1\\0&-4&2+t\\0&0&3-t\end{vmatrix}=0.$$

所以 $t=3$.

例 4.54　设 $\boldsymbol{A}$ 为 n 阶方阵, $\operatorname{rank}(\boldsymbol{A})=1$. 证明:

$$\boldsymbol{A}=\begin{pmatrix}a_1\\a_2\\\vdots\\a_n\end{pmatrix}\begin{pmatrix}b_1&b_2&\cdots&b_n\end{pmatrix}.$$

证　(方法 1) 从矩阵秩的标准形入手.

因 $\operatorname{rank}(\boldsymbol{A})=1$, 存在可逆阵 $\boldsymbol{P}_{n\times n},\boldsymbol{Q}_{n\times n}$, 有

$$\boldsymbol{PAQ}=\begin{pmatrix}\mathbf{1} & \boldsymbol{O}\\ \boldsymbol{O} & \boldsymbol{O}\end{pmatrix}. \tag{1}$$

令 $\boldsymbol{P}^{-1}=\boldsymbol{U},\boldsymbol{Q}^{-1}=\boldsymbol{V}$, 对式 (1) 左乘 $\boldsymbol{U}$、右乘 $\boldsymbol{V}$, 有

$$\boldsymbol{A}=\boldsymbol{U}\begin{pmatrix}\mathbf{1} & \boldsymbol{O}\\ \boldsymbol{O} & \boldsymbol{O}\end{pmatrix}\boldsymbol{V}=\boldsymbol{U}\begin{pmatrix}1\\0\\ \vdots\\0\end{pmatrix}\begin{pmatrix}1 & 0 & \cdots & 0\end{pmatrix}\boldsymbol{V}$$

$$=\begin{pmatrix}u_{11}\\u_{21}\\ \vdots\\u_{n1}\end{pmatrix}\begin{pmatrix}v_{11} & v_{12} & \cdots & v_{1n}\end{pmatrix}.$$

令 $a_j=u_{j1},\ b_j=v_{1j}\ (j=1,2,\cdots,n)$, 则

$$\boldsymbol{A}=\begin{pmatrix}a_1\\a_2\\ \vdots\\a_n\end{pmatrix}\begin{pmatrix}b_1 & b_2 & \cdots & b_n\end{pmatrix}.$$

(方法 2) 设 $\boldsymbol{A}=\begin{pmatrix}\boldsymbol{\gamma}_1\\ \boldsymbol{\gamma}_2\\ \vdots\\ \boldsymbol{\gamma}_n\end{pmatrix}$, $\boldsymbol{\gamma}_i(i=1,2,\cdots,n)$ 是矩阵 $\boldsymbol{A}$ 的行向量.

设 $\boldsymbol{\gamma}_1\neq\mathbf{0},\boldsymbol{\gamma}_1=(a_1b_1,a_1b_2,\cdots,a_1b_n)$, 其中 $a_1\neq 0,b_i(i=1,2,\cdots,n)$ 不全为零.
$\operatorname{rank}(\boldsymbol{A})=1\Rightarrow\operatorname{rank}(\boldsymbol{\gamma}_1,\boldsymbol{\gamma}_2,\cdots,\boldsymbol{\gamma}_n)=1$, 即 $\boldsymbol{A}$ 的行 (列) 向量组的秩也是 1.
故 $\boldsymbol{\gamma}_i$ 与 $\boldsymbol{\gamma}_1$ 线性相关. 设 $\boldsymbol{\gamma}_i=k_i\boldsymbol{\gamma}_1$, 并令 $a_i=k_ia_1(i=2,3,\cdots,n)$, 则

$$\boldsymbol{A}=\begin{pmatrix}\boldsymbol{\gamma}_1\\ k_2\boldsymbol{\gamma}_1\\ \vdots\\ k_n\boldsymbol{\gamma}_1\end{pmatrix}\begin{pmatrix}a_1b_1 & a_1b_2 & \cdots & a_1b_n\\ a_2b_1 & a_2b_2 & \cdots & a_2b_n\\ \vdots & \vdots & \ddots & \vdots\\ a_nb_1 & a_nb_2 & \cdots & a_nb_n\end{pmatrix}=\begin{pmatrix}a_1\\a_2\\ \vdots\\a_n\end{pmatrix}\begin{pmatrix}b_1 & b_2 & \cdots & b_n\end{pmatrix}.$$

例 4.55 设 $\boldsymbol{A}$ 为 3 阶矩阵, $|\boldsymbol{A}|=3$, $\boldsymbol{A}^*$ 为 $\boldsymbol{A}$ 的伴随矩阵. 若交换 $\boldsymbol{A}$ 的第 1 行与第 2 行得到矩阵 $\boldsymbol{B}$, 计算 $|\boldsymbol{BA}^*|$.

解 因

$$\boldsymbol{B}=\begin{pmatrix}0 & 1 & 0\\1 & 0 & 0\\0 & 0 & 1\end{pmatrix}\boldsymbol{A}=\boldsymbol{S}_{12}\boldsymbol{A},$$

有

$$BA^* = S_{12}AA^* = S_{12} \cdot |A| \cdot I = 3S_{12}.$$

则

$$|BA^*| = |3S_{12}| = 27 \cdot \begin{vmatrix} 0 & 1 & 0 \\ 1 & 0 & 0 \\ 0 & 0 & 1 \end{vmatrix} = -27.$$

例 4.56　设 A,B 和 $AB-I$ 都是 n 阶可逆矩阵. 证明:

(1) $A-B^{-1}$ 可逆, 并计算 $(A-B^{-1})^{-1}$;

(2) $(A-B^{-1})^{-1}-A^{-1}$ 可逆, 并计算 $((A-B^{-1})^{-1}-A^{-1})^{-1}$.

证　(1) $A-B^{-1}=(AB-I)B^{-1}$, 两边取行列式, 得 $|AB-I| \neq 0$. 所以 $A-B^{-1}$ 可逆, 则

$$(A-B^{-1})^{-1} = ((AB-I)B^{-1})^{-1} = B(AB-I)^{-1}.$$

(2) 右乘 $(A-B^{-1})$, 得

$$\begin{aligned}((A-B^{-1})^{-1}-A^{-1})(A-B^{-1}) &= I - A^{-1}(A-B^{-1}) = I - I + A^{-1}B^{-1} \\ &= A^{-1}B^{-1}.\end{aligned}$$

又

$$((A-B^{-1})^{-1}-A^{-1})(A-B^{-1})BA = I,$$

则

$$((A-B^{-1})^{-1}-A^{-1})^{-1} = (A-B^{-1})BA.$$

例 4.57　设 A 为 n 阶方阵, 满足 $AA^{\mathrm{T}}=I$, $|A|=1$. 证明: $a_{ij}=A_{ij}$ $(i,j=1,2,\cdots,n)$, 其中 A_{ij} 是元素 a_{ij} 的代数余子式.

证　由题意得

$$\begin{aligned}&AA^* = A^*A = |A|I = I, \\ &AA^{\mathrm{T}} = I \quad \Rightarrow \quad AA^* = AA^{\mathrm{T}}.\end{aligned}$$

两边左乘 A^{-1}, 则 $A^* = A^{\mathrm{T}}$, 即

$$A_{ij} = a_{ij} \quad (i,j=1,2,\cdots,n).$$

例 4.58　设 A 为 n 阶非零方阵. 当 $A^{\mathrm{T}} = A^*$ 时, 证明: $|A| \neq 0$.

证　由题意得

$$AA^* = |A|I, \quad AA^* = AA^{\mathrm{T}} = |A|I.$$

设

$$\begin{aligned}
|\boldsymbol{A}|=0 \quad &\Rightarrow \quad \boldsymbol{A}\boldsymbol{A}^*=0 \quad \Rightarrow \quad \boldsymbol{A}\boldsymbol{A}^{\mathrm{T}}=0 \\
&\Rightarrow \quad \begin{pmatrix} \boldsymbol{\alpha}_1 \\ \boldsymbol{\alpha}_2 \\ \vdots \\ \boldsymbol{\alpha}_n \end{pmatrix} (\boldsymbol{\alpha}_1^{\mathrm{T}} \quad \boldsymbol{\alpha}_2^{\mathrm{T}} \quad \cdots \quad \boldsymbol{\alpha}_n^{\mathrm{T}}) = \begin{pmatrix} \boldsymbol{\alpha}_1\boldsymbol{\alpha}_1^{\mathrm{T}} & & & \\ & \boldsymbol{\alpha}_2\boldsymbol{\alpha}_2^{\mathrm{T}} & & \\ & & \ddots & \\ & & & \boldsymbol{\alpha}_n\boldsymbol{\alpha}_n^{\mathrm{T}} \end{pmatrix} = 0
\end{aligned}$$

$$\boldsymbol{\alpha}_i\boldsymbol{\alpha}_i^{\mathrm{T}} = (a_{i1}, a_{i2}, \cdots, a_{in}) \begin{pmatrix} a_{i1} \\ a_{i2} \\ \vdots \\ a_{in} \end{pmatrix} = \sum_{j=1}^{n} a_{ij}^2 = 0$$

$$\begin{aligned}
&\Rightarrow \quad a_{ij}=0 \ (j=1,2,\cdots,n) \quad \Rightarrow \quad \boldsymbol{\alpha}_i=\mathbf{0} \ (i=1,2,\cdots,n) \\
&\Rightarrow \quad \boldsymbol{A}=\mathbf{0}, \quad \text{矛盾.}
\end{aligned}$$

故 $|\boldsymbol{A}|\neq 0$.

例 4.59 设 $\boldsymbol{A}=\begin{pmatrix} 0 & 0 & 1 \\ 0 & 1 & 1 \\ 1 & 1 & 1 \end{pmatrix}$, 求可逆矩阵 $\boldsymbol{P},\boldsymbol{Q}$, 使得 $\boldsymbol{PAQ}$ 为 $\boldsymbol{A}$ 的相抵标准形.

解 由题意得

$$\boldsymbol{A}=\begin{pmatrix} 0 & 0 & 1 \\ 0 & 1 & 1 \\ 1 & 1 & 1 \end{pmatrix} \xrightarrow{r_1 \leftrightarrow r_3} \begin{pmatrix} 1 & 1 & 1 \\ 0 & 1 & 1 \\ 0 & 0 & 1 \end{pmatrix} \xrightarrow{c_3-c_2} \begin{pmatrix} 1 & 1 & 0 \\ 0 & 1 & 0 \\ 0 & 0 & 1 \end{pmatrix} \xrightarrow{c_2-c_1} \begin{pmatrix} 1 & 0 & 0 \\ 0 & 1 & 0 \\ 0 & 0 & 1 \end{pmatrix},$$

$$\boldsymbol{P}=\begin{pmatrix} 0 & 0 & 1 \\ 0 & 1 & 0 \\ 1 & 0 & 0 \end{pmatrix}, \quad \boldsymbol{Q}=\begin{pmatrix} 1 & 0 & 0 \\ 0 & 1 & -1 \\ 0 & 0 & 1 \end{pmatrix}\begin{pmatrix} 1 & -1 & 0 \\ 0 & 1 & 0 \\ 0 & 0 & 1 \end{pmatrix}=\begin{pmatrix} 1 & -1 & 0 \\ 0 & 1 & -1 \\ 0 & 0 & 1 \end{pmatrix}.$$

例 4.60 设 $\boldsymbol{A}$ 为 n 阶非奇异方阵, $\boldsymbol{A}^*$ 为其伴随矩阵, $\boldsymbol{\alpha}$ 为 n 维列向量, b 为常数, 且

$$\boldsymbol{P}=\begin{pmatrix} \boldsymbol{I} & \mathbf{0} \\ -\boldsymbol{\alpha}^{\mathrm{T}}\boldsymbol{A}^* & |\boldsymbol{A}| \end{pmatrix},$$

$$\boldsymbol{Q}=\begin{pmatrix} \boldsymbol{A} & \boldsymbol{\alpha} \\ \boldsymbol{\alpha}^{\mathrm{T}} & \boldsymbol{b} \end{pmatrix}$$

为分块矩阵.

(1) 计算 $\boldsymbol{PQ}$, 并化简;

(2) 求证: $\boldsymbol{Q}$ 可逆的充要条件是 $\boldsymbol{\alpha}^{\mathrm{T}}\boldsymbol{A}^{-1}\boldsymbol{\alpha}\neq \boldsymbol{b}$.

解　(1) 由题意得

$$
\begin{aligned}
\boldsymbol{PQ} &= \begin{pmatrix} \boldsymbol{I} & \boldsymbol{0} \\ -\boldsymbol{\alpha}^{\mathrm{T}}\boldsymbol{A}^* & |\boldsymbol{A}| \end{pmatrix}\begin{pmatrix} \boldsymbol{A} & \boldsymbol{\alpha} \\ \boldsymbol{\alpha}^{\mathrm{T}} & \boldsymbol{b} \end{pmatrix} \\
&= \begin{pmatrix} \boldsymbol{A} & \boldsymbol{\alpha} \\ -\boldsymbol{\alpha}^{\mathrm{T}}\boldsymbol{A}^*\boldsymbol{A}+|\boldsymbol{A}|\boldsymbol{\alpha}^{\mathrm{T}} & -\boldsymbol{\alpha}^{\mathrm{T}}\boldsymbol{A}^*\boldsymbol{\alpha}+|\boldsymbol{A}|\boldsymbol{b} \end{pmatrix} \\
&= \begin{pmatrix} \boldsymbol{A} & \boldsymbol{\alpha} \\ -\boldsymbol{\alpha}^{\mathrm{T}}|\boldsymbol{A}|\boldsymbol{A}^{-1}\boldsymbol{A}+|\boldsymbol{A}|\boldsymbol{\alpha}^{\mathrm{T}} & -\boldsymbol{\alpha}^{\mathrm{T}}\boldsymbol{A}^*\boldsymbol{\alpha}+|\boldsymbol{A}|\boldsymbol{b} \end{pmatrix} \\
&= \begin{pmatrix} \boldsymbol{A} & \boldsymbol{\alpha} \\ \boldsymbol{0} & |\boldsymbol{A}|(\boldsymbol{b}-\boldsymbol{\alpha}^{\mathrm{T}}\boldsymbol{A}^{-1}\boldsymbol{\alpha}) \end{pmatrix}.
\end{aligned}
$$

(2) 由题意得

$$
\begin{aligned}
&|\boldsymbol{P}| = \begin{vmatrix} \boldsymbol{I} & \boldsymbol{0} \\ -\boldsymbol{\alpha}^{\mathrm{T}}\boldsymbol{A}^* & |\boldsymbol{A}| \end{vmatrix} = |\boldsymbol{A}|, \\
&|\boldsymbol{PQ}| = |\boldsymbol{P}||\boldsymbol{Q}| = |\boldsymbol{A}||\boldsymbol{Q}|, \\
&|\boldsymbol{PQ}| = \begin{vmatrix} \boldsymbol{A} & \boldsymbol{\alpha} \\ \boldsymbol{0} & |\boldsymbol{A}|(\boldsymbol{b}-\boldsymbol{\alpha}^{\mathrm{T}}\boldsymbol{A}^{-1}\boldsymbol{\alpha}) \end{vmatrix} = |\boldsymbol{A}|^2(\boldsymbol{b}-\boldsymbol{\alpha}^{\mathrm{T}}\boldsymbol{A}^{-1}\boldsymbol{\alpha}).
\end{aligned}
$$

所以

$$
\begin{aligned}
&|\boldsymbol{Q}| = |\boldsymbol{A}|(\boldsymbol{b}-\boldsymbol{\alpha}^{\mathrm{T}}\boldsymbol{A}^{-1}\boldsymbol{\alpha}), \\
&\boldsymbol{Q}\text{ 可逆} \quad \Leftrightarrow \quad |\boldsymbol{Q}| \neq 0 \quad \Leftrightarrow \quad \boldsymbol{b}-\boldsymbol{\alpha}^{\mathrm{T}}\boldsymbol{A}^{-1}\boldsymbol{\alpha} \neq \boldsymbol{0}.
\end{aligned}
$$

即 $\boldsymbol{Q}$ 可逆的充要条件是 $\boldsymbol{\alpha}^{\mathrm{T}}\boldsymbol{A}^{-1}\boldsymbol{\alpha} \neq \boldsymbol{b}$.

第 4 章自测题

1. 设 3 阶方阵按列分块为 $\boldsymbol{A}=(\boldsymbol{\beta}_1,\boldsymbol{\beta}_2,\boldsymbol{\beta}_3),\boldsymbol{B}=(\boldsymbol{\beta}_1+2\boldsymbol{\beta}_2,\boldsymbol{\beta}_2+3\boldsymbol{\beta}_3,\boldsymbol{\beta}_3),\det(\boldsymbol{A})=5$, 则 $\det(\boldsymbol{B})=$________.

2. 设 $\boldsymbol{A},\boldsymbol{B}$ 均为 3 阶方阵. 已知 $|\boldsymbol{A}|=-1$, $|\boldsymbol{B}|=3$, 则 $\begin{vmatrix} 2\boldsymbol{A} & \boldsymbol{A} \\ \boldsymbol{0} & -\boldsymbol{B} \end{vmatrix}=$________.

3. 设 $\boldsymbol{A}$ 为 m 阶方阵, $\boldsymbol{B}$ 为 n 阶方阵, 且 $|\boldsymbol{A}|=a,|\boldsymbol{B}|=b,\boldsymbol{C}=\begin{pmatrix} \boldsymbol{0} & \boldsymbol{A} \\ \boldsymbol{B} & \boldsymbol{0} \end{pmatrix}$, 则 $|\boldsymbol{C}|=$________.

4. 设 $\boldsymbol{A}$ 是 m 阶方阵, $\boldsymbol{B}$ 是 n 阶方阵, 则 $\det\left(-t\begin{pmatrix} \boldsymbol{A}^{\mathrm{T}} & \boldsymbol{O} \\ \boldsymbol{O} & \boldsymbol{B}^{-1} \end{pmatrix}^{-1}\right)=$________.

5. 设 $\boldsymbol{A}$ 为 3 阶矩阵, 且 $|\boldsymbol{A}|=8$, 则 $\det\left(\left(\frac{1}{4}\boldsymbol{A}\right)^2\right)=$________.

(A) 4　　(B) 1/4　　(C) 1/32　　(D) 1/64

6. 设 $\boldsymbol{A},\boldsymbol{B}$ 均为 3 阶矩阵, 且 $|\boldsymbol{A}|=3$, $|\boldsymbol{B}|=2$, $|\boldsymbol{A}^{-1}+\boldsymbol{B}|=2$, 则 $|\boldsymbol{A}+\boldsymbol{B}^{-1}|=$________.

7. 设 $\boldsymbol{A}$ 为 3 阶方阵, $|\boldsymbol{A}|=3$, 则 $|5\boldsymbol{A}^{-1}-2\boldsymbol{A}^*|=$________, $|5\boldsymbol{A}-(\boldsymbol{A}^*)^*|=$________.

8. 设 $\boldsymbol{A}$ 和 $\boldsymbol{B}$ 是 n 阶方阵, 则必有________.

(A) $|\boldsymbol{A}+\boldsymbol{B}|=|\boldsymbol{A}|+|\boldsymbol{B}|$　　(B) $\boldsymbol{AB}=\boldsymbol{BA}$

(C) $|\boldsymbol{AB}|=|\boldsymbol{BA}|$　　(D) $(\boldsymbol{A}+\boldsymbol{B})^{-1}=\boldsymbol{A}^{-1}+\boldsymbol{B}^{-1}$

9. 设 $n(n\geqslant 2)$ 阶矩阵 $\boldsymbol{A}$ 非奇异, 则 $(\boldsymbol{A}^*)^*=$________.

(A) $|\boldsymbol{A}|^{n-1}\boldsymbol{A}$　　(B) $|\boldsymbol{A}|^{n+1}\boldsymbol{A}$

(C) $|\boldsymbol{A}|^{n-2}\boldsymbol{A}$　　(D) $|\boldsymbol{A}|^{n+2}\boldsymbol{A}$

10. 设 $\boldsymbol{A}$ 为 3 阶矩阵, 将 $\boldsymbol{A}$ 的第 2 列加到第 1 列, 得到矩阵 $\boldsymbol{B}$; 再交换 $\boldsymbol{B}$ 的第 2 行与第 3 行, 得到单位矩阵. 记 $\boldsymbol{P}_1=\begin{pmatrix}1&0&0\\1&1&0\\0&0&1\end{pmatrix}$, $\boldsymbol{P}_2=\begin{pmatrix}1&0&0\\0&0&1\\0&1&0\end{pmatrix}$, 则 $\boldsymbol{A}=$________.

(A) $\boldsymbol{P}_1\boldsymbol{P}_2$　　(B) $\boldsymbol{P}_1^{-1}\boldsymbol{P}_2$　　(C) $\boldsymbol{P}_2\boldsymbol{P}_1$　　(D) $\boldsymbol{P}_2\boldsymbol{P}_1^{-1}$

11. 设 3 阶矩阵 $\boldsymbol{A}=\begin{pmatrix}2&1&0\\1&2&0\\0&0&1\end{pmatrix}$, 矩阵 $\boldsymbol{B}$ 满足 $\boldsymbol{ABA}^*=2\boldsymbol{BA}^*+\boldsymbol{I}$, 则 $|\boldsymbol{B}|=$________.

12. 设 n 维向量 $\boldsymbol{\alpha}=(t,0,\cdots,0,t)^{\mathrm{T}}(t<0)$, 矩阵 $\boldsymbol{A}=\boldsymbol{I}-\boldsymbol{\alpha}\boldsymbol{\alpha}^{\mathrm{T}}$, $\boldsymbol{B}=\boldsymbol{I}+\dfrac{1}{t}\boldsymbol{\alpha}\boldsymbol{\alpha}^{\mathrm{T}}$, 其中 $\boldsymbol{A}$ 的逆矩阵为 $\boldsymbol{B}$, 则 $t=$________.

13. 设 $\boldsymbol{A}$ 为 $n(n\geqslant 2)$ 阶可逆矩阵, 交换 $\boldsymbol{A}$ 的第 1 行与第 2 行, 得到矩阵 $\boldsymbol{B}$, $\boldsymbol{A}^*,\boldsymbol{B}^*$ 分别为 $\boldsymbol{A},\boldsymbol{B}$ 的伴随矩阵, 则________.

(A) 交换 $\boldsymbol{A}^*$ 的第 1 列与第 2 列得 $\boldsymbol{B}^*$

(B) 交换 $\boldsymbol{A}^*$ 的第 1 行与第 2 行得 $\boldsymbol{B}^*$

(C) 交换 $\boldsymbol{A}^*$ 的第 1 列与第 2 列得 $-\boldsymbol{B}^*$

(D) 交换 $\boldsymbol{A}^*$ 的第 1 行与第 2 行得 $-\boldsymbol{B}^*$

14. 设 $\boldsymbol{A},\boldsymbol{B}$ 均为 2 阶矩阵, $\boldsymbol{A}^*,\boldsymbol{B}^*$ 分别为 $\boldsymbol{A},\boldsymbol{B}$ 的伴随矩阵. 若 $|\boldsymbol{A}|=2$, $|\boldsymbol{B}|=3$, 则分块矩阵 $\begin{pmatrix}\boldsymbol{O}&\boldsymbol{A}\\\boldsymbol{B}&\boldsymbol{O}\end{pmatrix}$ 的伴随矩阵为________.

(A) $\begin{pmatrix}\boldsymbol{O}&3\boldsymbol{B}^*\\2\boldsymbol{A}^*&\boldsymbol{O}\end{pmatrix}$　　(B) $\begin{pmatrix}\boldsymbol{O}&2\boldsymbol{B}^*\\3\boldsymbol{A}^*&\boldsymbol{O}\end{pmatrix}$

(C) $\begin{pmatrix}\boldsymbol{O}&3\boldsymbol{A}^*\\2\boldsymbol{B}^*&\boldsymbol{O}\end{pmatrix}$　　(D) $\begin{pmatrix}\boldsymbol{O}&2\boldsymbol{A}^*\\3\boldsymbol{B}^*&\boldsymbol{O}\end{pmatrix}$

15. 设 $\boldsymbol{A}$, $\boldsymbol{B}$ 均为 n 阶矩阵, 且满足等式 $\boldsymbol{AB}=\boldsymbol{0}$, 则必有________.

(A) $\boldsymbol{A}=\boldsymbol{0}$ 或 $\boldsymbol{B}=\boldsymbol{0}$　　(B) $\boldsymbol{A}+\boldsymbol{B}=\boldsymbol{0}$

(C) $|\boldsymbol{A}|=0$ 或 $|\boldsymbol{B}|=0$　　(D) $|\boldsymbol{A}|+|\boldsymbol{B}|=0$

16. 设矩阵 $\boldsymbol{A}=\begin{pmatrix}0&1&0&0\\0&0&1&0\\0&0&0&1\\0&0&0&0\end{pmatrix}$, 则 $\boldsymbol{A}^3$ 的秩为________.

17. 设 $\boldsymbol{A}$ 和 $\boldsymbol{B}$ 均为 $m\times n$ 矩阵, 则________.

(A) 当 $m>n$ 时, 必有 $|\boldsymbol{A}^{\mathrm{T}}\boldsymbol{B}|\neq 0$　　(B) 当 $m>n$ 时, 必有 $|\boldsymbol{A}^{\mathrm{T}}\boldsymbol{B}|=0$

(C) 当 $n>m$ 时, 必有 $|\boldsymbol{A}^{\mathrm{T}}\boldsymbol{B}|\neq 0$　　(D) 当 $n>m$ 时, 必有 $|\boldsymbol{A}^{\mathrm{T}}\boldsymbol{B}|=0$

18. 设 $\boldsymbol{F}=\begin{pmatrix}\boldsymbol{O}&\boldsymbol{A}\\\boldsymbol{B}&\boldsymbol{C}\end{pmatrix}$, $\boldsymbol{A},\boldsymbol{B}$ 为可逆子块, 则 $\boldsymbol{F}^{-1}=$________.

(A) $\begin{pmatrix}\boldsymbol{A}^{-1}&-\boldsymbol{A}^{-1}\boldsymbol{C}\boldsymbol{B}^{-1}\\\boldsymbol{O}&\boldsymbol{B}^{-1}\end{pmatrix}$　　(B) $\begin{pmatrix}\boldsymbol{A}^{-1}&\boldsymbol{O}\\-\boldsymbol{B}^{-1}\boldsymbol{C}\boldsymbol{A}^{-1}&\boldsymbol{B}^{-1}\end{pmatrix}$

(C) $\begin{pmatrix}\boldsymbol{O}&\boldsymbol{B}^{-1}\\\boldsymbol{A}^{-1}&-\boldsymbol{A}^{-1}\boldsymbol{C}\boldsymbol{B}^{-1}\end{pmatrix}$　　(D) $\begin{pmatrix}-\boldsymbol{B}^{-1}\boldsymbol{C}\boldsymbol{A}^{-1}&\boldsymbol{B}^{-1}\\\boldsymbol{A}^{-1}&\boldsymbol{O}\end{pmatrix}$

19. 设 $\boldsymbol{A},\boldsymbol{B},\boldsymbol{C}$ 均为 n 阶矩阵, $\boldsymbol{I}$ 为单位矩阵. 若 $\boldsymbol{B}=\boldsymbol{I}+\boldsymbol{A}\boldsymbol{B},\boldsymbol{C}=\boldsymbol{A}+\boldsymbol{C}\boldsymbol{A}$, 则 $\boldsymbol{B}-\boldsymbol{C}=$________.

(A) $\boldsymbol{I}$　　(B) $-\boldsymbol{I}$　　(C) $\boldsymbol{A}$　　(D) $-\boldsymbol{A}$

20. 设实矩阵 $\boldsymbol{A}=(a_{ij})_{3\times 3}$ 满足 $\boldsymbol{A}^*=\boldsymbol{A}^{\mathrm{T}}$, 其中 $\boldsymbol{A}^*$ 为 $\boldsymbol{A}$ 的伴随矩阵, $\boldsymbol{A}^{\mathrm{T}}$ 为 $\boldsymbol{A}$ 的转置矩阵. 若 a_{11},a_{12},a_{13} 为 3 个相等的正数, 则 a_{11} 为________.

(A) $\dfrac{\sqrt{3}}{3}$　　(B) 3　　(C) $\dfrac{1}{3}$　　(D) $\sqrt{3}$

21. 设 $\boldsymbol{A},\boldsymbol{B}$ 均为 n 阶矩阵, 分块矩阵 $\boldsymbol{C}=\begin{pmatrix}\boldsymbol{A}&\boldsymbol{O}\\\boldsymbol{O}&\boldsymbol{B}\end{pmatrix}$, 则 $\boldsymbol{C}$ 的伴随矩阵 $\boldsymbol{C}^*=$________.

(A) $\begin{pmatrix}|\boldsymbol{A}|\boldsymbol{A}^*&\boldsymbol{O}\\\boldsymbol{O}&|\boldsymbol{B}|\boldsymbol{B}^*\end{pmatrix}$　　(B) $\begin{pmatrix}|\boldsymbol{B}|\boldsymbol{B}^*&\boldsymbol{O}\\\boldsymbol{O}&|\boldsymbol{A}|\boldsymbol{A}^*\end{pmatrix}$

(C) $\begin{pmatrix}|\boldsymbol{A}|\boldsymbol{B}^*&\boldsymbol{O}\\\boldsymbol{O}&|\boldsymbol{B}|\boldsymbol{A}^*\end{pmatrix}$　　(D) $\begin{pmatrix}|\boldsymbol{B}|\boldsymbol{A}^*&\boldsymbol{O}\\\boldsymbol{O}&|\boldsymbol{A}|\boldsymbol{B}^*\end{pmatrix}$

22. 设 $\boldsymbol{A}$ 为 n 阶非零矩阵, $\boldsymbol{I}$ 为 n 阶单位矩阵. 若 $\boldsymbol{A}^3=\boldsymbol{0}$, 则________.

(A) $\boldsymbol{I}-\boldsymbol{A}$ 不可逆, $\boldsymbol{I}+\boldsymbol{A}$ 不可逆　　(B) $\boldsymbol{I}-\boldsymbol{A}$ 不可逆, $\boldsymbol{I}+\boldsymbol{A}$ 可逆

(C) $\boldsymbol{I}-\boldsymbol{A}$ 可逆, $\boldsymbol{I}+\boldsymbol{A}$ 可逆　　(D) $\boldsymbol{I}-\boldsymbol{A}$ 可逆, $\boldsymbol{I}+\boldsymbol{A}$ 不可逆

23. 已知方程组 $\begin{pmatrix}1&2&1\\2&3&a+2\\1&a&-2\end{pmatrix}\begin{pmatrix}x_1\\x_2\\x_3\end{pmatrix}=\begin{pmatrix}1\\3\\2\end{pmatrix}$ 无解, 则 $a=$________.

24. 设 $\boldsymbol{A}=\begin{pmatrix}0&-1&0\\1&0&0\\0&0&-1\end{pmatrix}$, $\boldsymbol{B}=\boldsymbol{P}^{-1}\boldsymbol{A}\boldsymbol{P}$, 其中 $\boldsymbol{P}$ 为 3 阶可逆矩阵, 则 $\boldsymbol{B}^{2012}-2\boldsymbol{A}^2=$________.

第 4 章自测题参考答案

1. 5.

2. 24.

3. $(-1)^{mn}ab$.

4. $(-t)^{m+n}|\boldsymbol{A}^{-1}||\boldsymbol{B}|$.

5. (D).

6. 3.

7. 由题意得

$$|5\boldsymbol{A}^{-1}-2\boldsymbol{A}^*|=|5\boldsymbol{A}^{-1}-2|\boldsymbol{A}|\boldsymbol{A}^{-1}|=|-\boldsymbol{A}^{-1}|=(-1)^3|\boldsymbol{A}^{-1}|=-1/3,$$
$$|5\boldsymbol{A}-(\boldsymbol{A}^*)^*|=|5\boldsymbol{A}-|\boldsymbol{A}|^{3-2}\boldsymbol{A}|=|2\boldsymbol{A}|=24.$$

8. (C).

9. (C).

10. 初等矩阵与初等变换的关系 $\boldsymbol{A}\boldsymbol{P}_1=\boldsymbol{B}$, $\boldsymbol{P}_2\boldsymbol{B}=\boldsymbol{P}_2\boldsymbol{A}\boldsymbol{P}_1=\boldsymbol{I}$, 所以 $\boldsymbol{A}=\boldsymbol{B}\boldsymbol{P}_1^{-1}=\boldsymbol{P}_2^{-1}\boldsymbol{P}_1^{-1}=\boldsymbol{P}_2\boldsymbol{P}_1^{-1}$ (其中用到 $\boldsymbol{P}_2^{-1}=\boldsymbol{P}_2$), 故选 (D).

11. 1/9.

12. -1.

13. (C).

14. 由于分块矩阵 $\begin{pmatrix}\boldsymbol{O} & \boldsymbol{A}\\ \boldsymbol{B} & \boldsymbol{O}\end{pmatrix}$ 的行列式

$$\begin{vmatrix}\boldsymbol{O} & \boldsymbol{A}\\ \boldsymbol{B} & \boldsymbol{O}\end{vmatrix}=(-1)^{2\times 2}|\boldsymbol{A}||\boldsymbol{B}|=2\times 3=6,$$

因此分块矩阵可逆. 根据公式 $\boldsymbol{C}^*=|\boldsymbol{C}|\boldsymbol{C}^{-1}$, 有

$$\begin{pmatrix}\boldsymbol{O} & \boldsymbol{A}\\ \boldsymbol{B} & \boldsymbol{O}\end{pmatrix}^*=\begin{vmatrix}\boldsymbol{O} & \boldsymbol{A}\\ \boldsymbol{B} & \boldsymbol{O}\end{vmatrix}\begin{pmatrix}\boldsymbol{O} & \boldsymbol{A}\\ \boldsymbol{B} & \boldsymbol{O}\end{pmatrix}^{-1}=6\begin{pmatrix}\boldsymbol{O} & \boldsymbol{B}^{-1}\\ \boldsymbol{A}^{-1} & \boldsymbol{O}\end{pmatrix}=6\begin{pmatrix}\boldsymbol{O} & \dfrac{1}{|\boldsymbol{B}|}\boldsymbol{B}^*\\ \dfrac{1}{|\boldsymbol{A}|}\boldsymbol{A}^* & \boldsymbol{O}\end{pmatrix}$$
$$=6\begin{pmatrix}\boldsymbol{O} & \dfrac{1}{3}\boldsymbol{B}^*\\ \dfrac{1}{2}\boldsymbol{A}^* & \boldsymbol{O}\end{pmatrix}=\begin{pmatrix}\boldsymbol{O} & 2\boldsymbol{B}^*\\ 3\boldsymbol{A}^* & \boldsymbol{O}\end{pmatrix}.$$

故答案为 (B).

15. (C).

16. $\boldsymbol{A}^3=\begin{pmatrix}0&0&0&1\\0&0&0&0\\0&0&0&0\\0&0&0&0\end{pmatrix}$, 所以 $\operatorname{rank}(\boldsymbol{A}^3)=1$.

17. (D).

18. (D).

$$\begin{pmatrix}\boldsymbol{O} & \boldsymbol{A} & \boldsymbol{I} & \boldsymbol{O}\\ \boldsymbol{B} & \boldsymbol{C} & \boldsymbol{O} & \boldsymbol{I}\end{pmatrix}\to\begin{pmatrix}\boldsymbol{B} & \boldsymbol{C} & \boldsymbol{O} & \boldsymbol{I}\\ \boldsymbol{O} & \boldsymbol{A} & \boldsymbol{I} & \boldsymbol{O}\end{pmatrix}\to\begin{pmatrix}\boldsymbol{I} & \boldsymbol{B}^{-1}\boldsymbol{C} & \boldsymbol{O} & \boldsymbol{B}^{-1}\\ \boldsymbol{O} & \boldsymbol{I} & \boldsymbol{A}^{-1} & \boldsymbol{O}\end{pmatrix}$$
$$\to\begin{pmatrix}\boldsymbol{I} & \boldsymbol{O} & -\boldsymbol{B}^{-1}\boldsymbol{C}\boldsymbol{A}^{-1} & \boldsymbol{B}^{-1}\\ \boldsymbol{O} & \boldsymbol{I} & \boldsymbol{A}^{-1} & \boldsymbol{O}\end{pmatrix}.$$

19. (A).

$$B = I + AB,\quad B - AB = I,\quad (I-A)B = I.$$

$$B(I-A) = I. \tag{1}$$

$$C(I-A) = A. \tag{2}$$

式 (1) 减去式 (2), 用到 $I-A$ 可逆. $B-C=I$, 故选 (A).

20. 由条件 $A^* = A^{\mathrm{T}}$, 知 $A^*A = A^{\mathrm{T}}A$, 即 $\det(A)I_3 = A^{\mathrm{T}}A$. 对后者取行列式, 知 $\det(A)^3 = \det(A)^2$, 从而 $\det(A)=0$ 或 $\det(A)=1$. 若 $\det(A)=0$, 则由 $\mathrm{tr}(A^{\mathrm{T}}A) = \mathrm{tr}(\det(A)I_3)$, 知 $\sum_{i=1}^{3}\sum_{j=1}^{3} a_{ij}^2 = 0$, 从而 A 为零矩阵. 但是这与 $a_{11}=a_{12}=a_{13}$ 为正数的条件相矛盾. 故 $\det(A)=1$, 此时 $A^{\mathrm{T}}A = I_3$, 这说明 A 为正交矩阵; 特别地, A 的第一个行向量是长度为 1 的向量. 再由 $a_{11}=a_{12}=a_{13}>0$, 知 $a_{11}=a_{12}=a_{13}=1/\sqrt{3}$. 故答案为 (A).

21. (D).

22. $(I-A)(I+A+A^2) = I - A^3 = I, (I+A)(I-A+A^2) = I + A^3 = I$, 故 $I-A, I+A$ 均可逆. 故选 (C).

23. 由题设可知, 必有

$$\begin{vmatrix} 1 & 2 & 1 \\ 2 & 3 & a+2 \\ 1 & a & -2 \end{vmatrix} = 0,$$

即 $(3-a)(a+1)=0$, 解得 $a=3$ 或 $a=-1$.

当 $a=3$ 时, 对增广矩阵作初等行变换, 则

$$\overline{A} = \begin{pmatrix} 1 & 2 & 1 & 1 \\ 2 & 3 & 5 & 3 \\ 1 & 3 & -2 & 2 \end{pmatrix} \longrightarrow \begin{pmatrix} 1 & 2 & 1 & 1 \\ 0 & 1 & -3 & -1 \\ 0 & 0 & 0 & 1 \end{pmatrix}.$$

而当 $a=-1$ 时, 对增广矩阵作初等行变换, 则

$$\overline{A} = \begin{pmatrix} 1 & 2 & 1 & 1 \\ 2 & 3 & 1 & 3 \\ 1 & -1 & -2 & 2 \end{pmatrix} \longrightarrow \begin{pmatrix} 1 & 2 & 1 & 1 \\ 0 & 1 & 1 & -1 \\ 0 & 0 & 0 & 1 \end{pmatrix}.$$

无论是哪种情形, $r(A) = 2 < r(\overline{A}) = 3$, 因此方程组无解 (这里需要用到第 5 章的知识点, 参见教材 5.5.1 小节的内容). 故此题的答案是 $a=3$ 或 $a=-1$.

24. $\begin{pmatrix} 3 & 0 & 0 \\ 0 & 3 & 0 \\ 0 & 0 & -1 \end{pmatrix}$.

习 题 4

1. 完成教材中的定理 4.2.1、定理 4.2.2① 的证明.

① 本书中提到的定理、命题均来自教材 (陈发来, 陈效群, 李思敏, 王新茂. 线性代数与解析几何 [M]. 2 版. 北京: 高等教育出版社, 2015).

2. 证明: 每个方阵都可以表示为一个对称阵与一个反对称阵之和的形式.

3. 设 $\boldsymbol{A}=\begin{pmatrix}-3 & -1 & -2\\ 1 & 3 & 4\end{pmatrix}$, $\boldsymbol{B}=\begin{pmatrix}2 & 2 & -2\\ 4 & -1 & -4\\ 4 & 3 & -3\end{pmatrix}$, $\boldsymbol{C}=\begin{pmatrix}1 & 1\\ -4 & 1\\ -1 & -2\end{pmatrix}$, 计算 $\boldsymbol{AB}$, $\boldsymbol{BC}$, $\boldsymbol{ABC}$, $\boldsymbol{B}^2$, $\boldsymbol{AC}$, $\boldsymbol{CA}$.

4. 计算 $\begin{pmatrix}1 & x & x^2 & \cdots & x^n\\ 1 & y & y^2 & \cdots & y^n\\ 1 & z & z^2 & \cdots & z^n\end{pmatrix}\begin{pmatrix}a_0 & b_0 & c_0\\ a_1 & b_1 & c_1\\ a_2 & b_2 & c_2\\ \vdots & \vdots & \vdots\\ a_n & b_n & c_n\end{pmatrix}$.

5. 计算 $\begin{pmatrix}x_1 & x_2 & \cdots & x_m\end{pmatrix}\begin{pmatrix}a_{11} & a_{12} & \cdots & a_{1n}\\ a_{21} & a_{22} & \cdots & a_{2n}\\ \vdots & \vdots & \ddots & \vdots\\ a_{m1} & a_{m2} & \cdots & a_{mn}\end{pmatrix}\begin{pmatrix}y_1\\ y_2\\ \vdots\\ y_n\end{pmatrix}$.

6. 举例求满足条件的 2 阶实方阵 $\boldsymbol{A}$:

(1) $\boldsymbol{A}^2=\begin{pmatrix}0 & 1\\ 1 & 0\end{pmatrix}$; (2) $\boldsymbol{A}^2=\begin{pmatrix}0 & 1\\ -1 & 0\end{pmatrix}$; (3) $\boldsymbol{A}^3=\boldsymbol{I}$ 且 $\boldsymbol{A}\neq\boldsymbol{I}$.

7. 计算下列方阵的 $k(k\geqslant 1)$ 次方幂.

(1) $\begin{pmatrix}\cos\theta & \sin\theta\\ -\sin\theta & \cos\theta\end{pmatrix}$; (2) $\begin{pmatrix}a & b\\ -b & a\end{pmatrix}$; (3) $\begin{pmatrix}1 & a & 1 & 0\\ 0 & 1 & 0 & 1\\ 0 & 0 & 1 & a\\ 0 & 0 & 0 & 1\end{pmatrix}$;

(4) $\begin{pmatrix}1 & 1 & & \\ & 1 & \ddots & \\ & & \ddots & 1\\ & & & 1\end{pmatrix}_{n\times n}$; (5) $\begin{pmatrix}a_1b_1 & a_1b_2 & \cdots & a_1b_n\\ a_2b_1 & a_2b_2 & \cdots & a_2b_n\\ \vdots & \vdots & \ddots & \vdots\\ a_nb_1 & a_nb_2 & \cdots & a_nb_n\end{pmatrix}$.

8. 设 $\boldsymbol{A},\boldsymbol{B}$ 都是 n 阶对称方阵, 且 $\boldsymbol{AB}=\boldsymbol{BA}$. 证明: $\boldsymbol{AB}$ 也是对称方阵.

9. 证明: 两个 n 阶上（下）三角方阵的乘积仍是上（下）三角方阵.

10. 证明: 与任意 n 阶方阵都乘法可交换的方阵一定是数量阵.

11. 完成教材中的定理 4.2.3 的证明.

12. 设 $\boldsymbol{A}_1,\boldsymbol{A}_2,\cdots,\boldsymbol{A}_k$ 都是 n 阶可逆方阵. 证明:

$$(\boldsymbol{A}_1\boldsymbol{A}_2\cdots\boldsymbol{A}_k)^{-1}=\boldsymbol{A}_k^{-1}\cdots\boldsymbol{A}_2^{-1}\boldsymbol{A}_1^{-1}.$$

13. 设方阵 $\boldsymbol{A}$ 满足 $\boldsymbol{A}^k=\boldsymbol{O}$, 其中 k 为正整数. 证明: $\boldsymbol{I}+\boldsymbol{A}$ 可逆. 并求 $(\boldsymbol{I}+\boldsymbol{A})^{-1}$.

14. 设方阵 $\boldsymbol{A}$ 满足 $\boldsymbol{I}-2\boldsymbol{A}-3\boldsymbol{A}^2+4\boldsymbol{A}^3+5\boldsymbol{A}^4-6\boldsymbol{A}^5=\boldsymbol{O}$. 证明: $\boldsymbol{I}-\boldsymbol{A}$ 可逆. 并求 $(\boldsymbol{I}-\boldsymbol{A})^{-1}$.

15. 求解下列矩阵方程:

(1) $\boldsymbol{X}\begin{pmatrix}-2&-2&1\\1&4&-3\\1&-1&1\end{pmatrix}=\begin{pmatrix}2&-1&3\\-3&2&5\\-1&5&4\end{pmatrix}$;

(2) $\begin{pmatrix}0&1&0\\0&0&1\\1&0&0\end{pmatrix}\boldsymbol{X}-\boldsymbol{X}\begin{pmatrix}0&1&0\\0&0&1\\0&0&0\end{pmatrix}=\begin{pmatrix}1&2&3\\2&4&6\\3&6&9\end{pmatrix}$.

16. 完成教材中的定理 4.2.4、定理 4.2.5 和定理 4.2.6 的证明.

17. 证明: $(\boldsymbol{A}_1\boldsymbol{A}_2\cdots\boldsymbol{A}_k)^{\mathrm{T}}=\boldsymbol{A}_k^{\mathrm{T}}\cdots\boldsymbol{A}_2^{\mathrm{T}}\boldsymbol{A}_1^{\mathrm{T}}$.(假设其中的矩阵乘法有意义.)

18. 证明: 不存在 n 阶复方阵 $\boldsymbol{A},\boldsymbol{B}$ 满足 $\boldsymbol{AB}-\boldsymbol{BA}=\boldsymbol{I}$.

19. 求所有满足 $\boldsymbol{A}^2=\boldsymbol{O}$, $\boldsymbol{B}^2=\boldsymbol{I}$, $\overline{\boldsymbol{C}}^{\mathrm{T}}\boldsymbol{C}=\boldsymbol{I}$ 的 2 阶复方阵 $\boldsymbol{A}$, $\boldsymbol{B}$, $\boldsymbol{C}$.

20. 证明: 可逆上(下)三角、准对角、对称、反对称方阵的逆矩阵仍然分别是上(下)三角、准对角、对称、反对称方阵.

21. 求以下排列的逆序数, 并指出其奇偶性.

(1) $(6,8,1,4,7,5,3,2,9)$; (2) $(6,4,2,1,9,7,3,5,8)$;

(3) $(7,5,2,3,9,8,1,6,4)$.

22. 证明: 任意一个排列经过一次对换后, 必改变其奇偶性.

23. 计算下列行列式:

(1) $\begin{vmatrix}1&0&1&-4\\-1&-3&-4&-2\\2&-1&4&4\\2&3&-3&2\end{vmatrix}$; (2) $\begin{vmatrix}1&4&-1&-1\\1&-2&-1&1\\-3&3&-4&-2\\0&1&-1&-1\end{vmatrix}$;

(3) $\begin{vmatrix}x+a&x+b&x+c\\y+a&y+b&y+c\\z+a&z+b&z+c\end{vmatrix}$; (4) $\begin{vmatrix}&&&\boldsymbol{A}_1\\&&\boldsymbol{A}_2&\\&\iddots&&\\\boldsymbol{A}_k&&&\end{vmatrix}$, $\boldsymbol{A}_i$是n_i阶方阵;

(5) $\begin{vmatrix}&&&a_{1n}\\&&a_{2n-1}&a_{2n}\\&\iddots&\iddots&\vdots\\a_{n1}&a_{n2}&\cdots&a_{nn}\end{vmatrix}$; (6) $\begin{vmatrix}1+a_1&1&\cdots&1\\1&1+a_2&\ddots&\vdots\\\vdots&\ddots&\ddots&1\\1&\cdots&1&1+a_n\end{vmatrix}$;

$$(7)\begin{vmatrix} a_1 & & & & & b_1 \\ & \ddots & & & \iddots & \\ & & a_n & b_n & & \\ & & c_n & d_n & & \\ & \iddots & & & \ddots & \\ c_1 & & & & & d_1 \end{vmatrix};\quad (8)\begin{vmatrix} a_1-b_1 & a_1-b_2 & \cdots & a_1-b_n \\ a_2-b_1 & a_2-b_2 & \cdots & a_2-b_n \\ \vdots & \vdots & \ddots & \vdots \\ a_n-b_1 & a_n-b_2 & \cdots & a_n-b_n \end{vmatrix}.$$

24. 设 $\boldsymbol{A}$ 是奇数阶反对称复方阵. 证明: $\det(\boldsymbol{A})=0$.

25. 设 $\boldsymbol{A}$ 是 $m\times n$ 矩阵, $\boldsymbol{B}$ 是 $n\times m$ 矩阵. 证明:

$$\det(\boldsymbol{I}_n-\boldsymbol{BA})=\det\begin{pmatrix}\boldsymbol{I}_m & \boldsymbol{A}\\ \boldsymbol{B} & \boldsymbol{I}_n\end{pmatrix}=\det(\boldsymbol{I}_m-\boldsymbol{AB}).$$

26. 设 $\boldsymbol{A},\boldsymbol{B}$ 均为 n 阶方阵, λ 是数. 证明:

(1) $(\lambda\boldsymbol{A})^*=\lambda^{n-1}\boldsymbol{A}^*$; (2) $(\boldsymbol{AB})^*=\boldsymbol{B}^*\boldsymbol{A}^*$; (3) $\det(\boldsymbol{A}^*)=(\det(\boldsymbol{A}))^{n-1}$.

27. 设方阵 $\boldsymbol{A}$ 的逆矩阵 $\boldsymbol{A}^{-1}=\begin{pmatrix}1&1&1\\1&2&1\\1&1&3\end{pmatrix}$, 求 $\boldsymbol{A}^*$.

28. 设方阵 $\boldsymbol{A}$ 的伴随矩阵 $\boldsymbol{A}^*=\begin{pmatrix}0&0&0&1\\0&0&2&0\\0&-1&0&0\\4&0&0&0\end{pmatrix}$, 求 $\boldsymbol{A}$.

29. 设 n 阶方阵 $\boldsymbol{A}$ 的每行、每列元素之和都是 0. 证明: $\boldsymbol{A}^*$ 的所有元素都相等.

30. 设 $\boldsymbol{A}$ 是方阵. 证明: 线性方程组 $\boldsymbol{Ax}=\boldsymbol{0}$ 有非零解当且仅当 $\det(\boldsymbol{A})=0$.

31. 用克拉默法则求解下列线性方程组:

$$(1)\begin{cases} x_1-x_2+x_3=3,\\ x_1+2x_2+4x_3=5,\\ x_1+3x_2+9x_3=7;\end{cases}$$

$$(2)\begin{cases} 2x_1+x_2-5x_3+x_4=8,\\ x_1-3x_2-6x_4=9,\\ 2x_2-x_3+2x_4=-5,\\ x_1+4x_2-7x_3+6x_4=0.\end{cases}$$

32. 设 $x_0,x_1,\cdots,x_n$ 及 $y_0,y_1,\cdots,y_n$ 是任意实数, 其中 $x_i(0\leqslant i\leqslant n)$ 两两不等. 证明: 存在唯一的次数不超过 n 的多项式 $p(x)$ 满足 $p(x_i)=y_i\ (i=0,1,\cdots,n)$.

33. 完成教材中的定理 4.4.1、定理 4.4.2 的证明.

34. 证明初等方阵具有以下性质:

(1) $\boldsymbol{T}_{ij}(\lambda)\boldsymbol{T}_{ij}(\mu)=\boldsymbol{T}_{ij}(\lambda+\mu)$;

(2) 当 $i\neq q$ 且 $j\neq p$ 时, $\boldsymbol{T}_{ij}(\lambda)\boldsymbol{T}_{pq}(\mu)=\boldsymbol{T}_{pq}(\mu)\boldsymbol{T}_{ij}(\lambda)$;

(3) $\boldsymbol{D}_i(-1)\boldsymbol{S}_{ij}=\boldsymbol{S}_{ij}\boldsymbol{D}_j(-1)=\boldsymbol{T}_{ji}(1)\boldsymbol{T}_{ij}(-1)\boldsymbol{T}_{ji}(1)$.

35. 计算下列矩阵的逆矩阵:

(1) $\begin{pmatrix}1&0&1&-4\\-1&-3&-4&-2\\2&-1&4&4\\2&3&-3&2\end{pmatrix}$;　(2) $\begin{pmatrix}1&4&-1&-1\\1&-2&-1&1\\-3&3&-4&-2\\0&1&-1&-1\end{pmatrix}$;

(3) $\begin{pmatrix}&&&1\\&&1&1\\&\iddots&\vdots&\vdots\\1&1&\cdots&1\end{pmatrix}$;　(4) $\begin{pmatrix}&&&\boldsymbol{A}_1\\&&\boldsymbol{A}_2&\\&\iddots&&\\\boldsymbol{A}_k&&&\end{pmatrix}$, $\boldsymbol{A}_i$ 可逆;

(5) $\begin{pmatrix}1+a_1&1&\cdots&1\\1&1+a_2&\ddots&\vdots\\\vdots&\ddots&\ddots&1\\1&\cdots&1&1+a_n\end{pmatrix}$.

36. 计算下列矩阵的秩:

(1) $\begin{pmatrix}3&2&-1&9\\-2&1&-4&2\\-1&-2&3&-2\\3&2&-1&9\end{pmatrix}$;　(2) $\begin{pmatrix}0&4&8&-5\\-7&9&-3&1\\1&-7&-11&7\\-5&7&-1&0\end{pmatrix}$;

(3) $\begin{pmatrix}1&4&9&16\\4&9&16&25\\9&16&25&36\\16&25&36&49\end{pmatrix}$.

37. 对于 a,b 的各种取值, 讨论实矩阵 $\begin{pmatrix}1&2&3\\2&4&a\\3&b&9\end{pmatrix}$ 的秩.

38. 设 $\boldsymbol{A}$ 为 n 阶方阵, 且 $\boldsymbol{A}^2=\boldsymbol{I}$. 求方阵 $\operatorname{diag}(\boldsymbol{I}+\boldsymbol{A},\boldsymbol{I}-\boldsymbol{A})$ 的相抵标准形.

39. 设 $\boldsymbol{A}$ 是 n 阶方阵. 证明:

$$\operatorname{rank}(\boldsymbol{A}^*)=\begin{cases}n, & \operatorname{rank}(\boldsymbol{A})=n,\\1, & \operatorname{rank}(\boldsymbol{A})=n-1,\\0, & \operatorname{rank}(\boldsymbol{A})\leqslant n-2.\end{cases}$$

40. 设 $\boldsymbol{A}\in F^{m\times n}$. 证明: 线性方程组 $\boldsymbol{Ax}=\boldsymbol{0}$ 有非零解的充分必要条件是 $\operatorname{rank}(\boldsymbol{A})<n$.

41. 证明下列关于秩的等式和不等式:

(1) $\max\Big(\text{rank}(\boldsymbol{A}),\text{rank}(\boldsymbol{B}),\text{rank}(\boldsymbol{A}+\boldsymbol{B})\Big)\leqslant\text{rank}\begin{pmatrix}\boldsymbol{A} & \boldsymbol{B}\end{pmatrix}$;

(2) $\text{rank}\begin{pmatrix}\boldsymbol{A} & \boldsymbol{B}\end{pmatrix}\leqslant\text{rank}(\boldsymbol{A})+\text{rank}(\boldsymbol{B})$;

(3) $\begin{pmatrix}\boldsymbol{A} & \boldsymbol{C}\\ \boldsymbol{O} & \boldsymbol{B}\end{pmatrix}\geqslant\text{rank}(\boldsymbol{A})+\text{rank}(\boldsymbol{B})$.

其中 $\boldsymbol{A},\boldsymbol{B},\boldsymbol{C}$ 是使运算有意义的矩阵.

42. 设 $\boldsymbol{A}$ 是 $m\times n$ 矩阵, $\boldsymbol{B}$ 是 $n\times m$ 矩阵. 证明:

$$m+\text{rank}(\boldsymbol{I}_n-\boldsymbol{BA})=\text{rank}\begin{pmatrix}\boldsymbol{I}_m & \boldsymbol{A}\\ \boldsymbol{B} & \boldsymbol{I}_n\end{pmatrix}=n+\text{rank}(\boldsymbol{I}_m-\boldsymbol{AB}).$$

43. 设 n 阶方阵 $\boldsymbol{A}$ 满足 $\boldsymbol{A}^2=\boldsymbol{I}$. 证明: $\text{rank}(\boldsymbol{I}+\boldsymbol{A})+\text{rank}(\boldsymbol{I}-\boldsymbol{A})=n$.

第 5 章　线 性 空 间

5.1　向量的线性关系

内 容 提 要

若 V 是数域 F 上的一个线性空间, 则 V 中的元素称为**向量**. 若 $\boldsymbol{a}_1,\cdots,\boldsymbol{a}_n\in V$, 而 $\lambda_1,\cdots,\lambda_n\in F$, 则向量 $\boldsymbol{x}=\lambda_1\boldsymbol{a}_1+\cdots+\lambda_n\boldsymbol{a}_n$ 称为 $\boldsymbol{a}_1,\cdots,\boldsymbol{a}_n$ 的一个**线性组合**, $\lambda_1,\cdots,\lambda_n$ 为**其组合系数**, 并称向量 $\boldsymbol{x}$ 可以由向量组 $\boldsymbol{a}_1,\cdots,\boldsymbol{a}_n$ **线性表示**.

零向量总可以由 $\boldsymbol{a}_1,\cdots,\boldsymbol{a}_n$ 平凡地线性表示:

$$\mathbf{0}=0\boldsymbol{a}_1+\cdots+0\boldsymbol{a}_n.$$

若零向量可以由向量组 $\boldsymbol{a}_1,\cdots,\boldsymbol{a}_n$ 非平凡地线性表示, 即存在不全为 0 的组合系数 $\lambda_1,\cdots,\lambda_n$ 使得

$$\mathbf{0}=\lambda_1\boldsymbol{a}_1+\cdots+\lambda_n\boldsymbol{a}_n,$$

则称该向量组**线性相关**; 否则, 称其**线性无关**. $\boldsymbol{a}_1,\cdots,\boldsymbol{a}_n$ 线性相关的充要条件是, 存在向量 $\boldsymbol{a}_i\,(1\leqslant i\leqslant n)$ 可以由其余的向量线性表示.

若 $\boldsymbol{a}_1,\cdots,\boldsymbol{a}_n$ 线性无关, 而向量 $\boldsymbol{x}$ 可以由 $\boldsymbol{a}_1,\cdots,\boldsymbol{a}_n$ 线性表示, 则表示方法唯一.

若 $\boldsymbol{a}_1,\cdots,\boldsymbol{a}_n$ 是 m 维列向量, 我们记 $\boldsymbol{A}=(\boldsymbol{a}_1,\cdots,\boldsymbol{a}_n)$, 则以下几条等价:

(1) $\boldsymbol{a}_1,\cdots,\boldsymbol{a}_n$ 线性无关.

(2) 线性方程组 $\boldsymbol{Ax}=\mathbf{0}$ 仅有零解.

(3) 矩阵 $\boldsymbol{A}$ 列满秩: $\operatorname{rank}(\boldsymbol{A})=n$.

特别地, 当 $m=n$ 时, 它们还等价于:

(4) 行列式 $|\boldsymbol{A}|\neq 0$.

若 $\boldsymbol{a}_1,\cdots,\boldsymbol{a}_n$ 和 $\boldsymbol{b}_1,\cdots,\boldsymbol{b}_m$ 是 V 中的两组向量, 且任何一个 b_i 都可以由 $\boldsymbol{a}_1,\cdots,\boldsymbol{a}_n$ 线性表示, 则我们称向量组 $\boldsymbol{b}_1,\cdots,\boldsymbol{b}_m$ 可以由向量组 $\boldsymbol{a}_1,\cdots,\boldsymbol{a}_n$ **线性表示**. “线性表示” 这种关系具有下列性质:

(1) 反身性: $\boldsymbol{a}_1,\cdots,\boldsymbol{a}_n$ 可以由自身线性表示.

(2) 传递性: 若向量组 $\boldsymbol{b}_1,\cdots,\boldsymbol{b}_m$ 可以由 $\boldsymbol{a}_1,\cdots,\boldsymbol{a}_n$ 线性表示, 而向量组 $\boldsymbol{c}_1,\cdots,\boldsymbol{c}_l$ 可以由 $\boldsymbol{b}_1,\cdots,\boldsymbol{b}_m$ 线性表示, 则 $\boldsymbol{c}_1,\cdots,\boldsymbol{c}_l$ 可以由 $\boldsymbol{a}_1,\cdots,\boldsymbol{a}_n$ 线性表示.

若向量组 $\boldsymbol{a}_1,\cdots,\boldsymbol{a}_n$ 和 $\boldsymbol{b}_1,\cdots,\boldsymbol{b}_m$ 可以互相线性表示, 则我们称 $\boldsymbol{a}_1,\cdots,\boldsymbol{a}_n$ 和 $\boldsymbol{b}_1,\cdots,\boldsymbol{b}_m$ **等价**, 并记为 $\{\boldsymbol{a}_1,\cdots,\boldsymbol{a}_n\}\sim\{\boldsymbol{b}_1,\cdots,\boldsymbol{b}_m\}$.

(3) 对称性: 若 $\boldsymbol{a}_1,\cdots,\boldsymbol{a}_n$ 和 $\boldsymbol{b}_1,\cdots,\boldsymbol{b}_m$ 等价, 则 $\boldsymbol{b}_1,\cdots,\boldsymbol{b}_m$ 和 $\boldsymbol{a}_1,\cdots,\boldsymbol{a}_n$ 等价.

满足以上三条的关系称为一个**等价关系**, 从而"等价"是一种等价关系.

若 $\boldsymbol{a}_{i_1},\cdots,\boldsymbol{a}_{i_r}$ 是向量组 $\boldsymbol{a}_1,\cdots,\boldsymbol{a}_n$ 的一个线性无关的子集, 且任意添加该向量组中的向量 $\boldsymbol{a}_{i_{r+1}}$ 后, $\boldsymbol{a}_{i_1},\cdots,\boldsymbol{a}_{i_r},\boldsymbol{a}_{i_{r+1}}$ 是线性相关的, 则 $\boldsymbol{a}_{i_1},\cdots,\boldsymbol{a}_{i_r}$ 称为 $\boldsymbol{a}_1,\cdots,\boldsymbol{a}_n$ 的一个**极大无关组**. 如果换一种说法, 我们可以称极大无关组是 $\boldsymbol{a}_1,\cdots,\boldsymbol{a}_n$ 的线性无关的子集作元素构成的集合中关于包含关系的极大元素.

极大无关组与原向量组是等价的. 极大无关组一般是不唯一的, 但是不同的极大无关组的长度相同. 该长度 r 称为 $\boldsymbol{a}_1,\cdots,\boldsymbol{a}_n$ 的**秩**, 即 $r=\operatorname{rank}(\boldsymbol{a}_1,\cdots,\boldsymbol{a}_n)$.

向量组 $\boldsymbol{b}_1,\cdots,\boldsymbol{b}_m$ 可以由 $\boldsymbol{a}_1,\cdots,\boldsymbol{a}_n$ 线性表示, 当且仅当

$$\operatorname{rank}(\boldsymbol{a}_1,\cdots,\boldsymbol{a}_n)=\operatorname{rank}(\boldsymbol{a}_1,\cdots,\boldsymbol{a}_n,\boldsymbol{b}_1,\cdots,\boldsymbol{b}_m).$$

而 $\boldsymbol{a}_1,\cdots,\boldsymbol{a}_n$ 与 $\boldsymbol{b}_1,\cdots,\boldsymbol{b}_m$ 等价, 当且仅当

$$\operatorname{rank}(\boldsymbol{a}_1,\cdots,\boldsymbol{a}_n)=\operatorname{rank}(\boldsymbol{a}_1,\cdots,\boldsymbol{a}_n,\boldsymbol{b}_1,\cdots,\boldsymbol{b}_m)=\operatorname{rank}(\boldsymbol{b}_1,\cdots,\boldsymbol{b}_m).$$

特别地, 等价的向量组具有相同的秩.

任给一个数域 F 上的 $m\times n$ 矩阵 $\boldsymbol{A}$, 它可以看成由 m 个 n 维行向量按列排列, 也可以看成由 n 个 m 维列向量按行排列:

$$\boldsymbol{A}=\begin{pmatrix}\boldsymbol{a}_1\\ \vdots\\ \boldsymbol{a}_m\end{pmatrix}=(\boldsymbol{b}_1\quad\cdots\quad\boldsymbol{b}_n).$$

向量组的秩 $\operatorname{rank}(\boldsymbol{a}_1,\cdots,\boldsymbol{a}_m)$ 称为 $\boldsymbol{A}$ 的**行秩**, 而向量组的秩 $\operatorname{rank}(\boldsymbol{b}_1,\cdots,\boldsymbol{b}_n)$ 称为 $\boldsymbol{A}$ 的**列秩**. 一个重要的结论是: $\boldsymbol{A}$ 的秩 (在第 4 章中由相抵标准形和非零子式的最大阶数定义) 等于该矩阵的行秩, 也等于该矩阵的列秩.

例 题 分 析

例 5.1 设 $\boldsymbol{a}_1,\boldsymbol{a}_2,\cdots,\boldsymbol{a}_r$ 是 r 个向量.

(1) 如果存在 r 个数 $\lambda_1,\lambda_2,\cdots,\lambda_r$ 使 $\sum\limits_{i=1}^{r}\lambda_i\boldsymbol{a}_i=\boldsymbol{0}$, 问向量组 $\boldsymbol{a}_1,\cdots,\boldsymbol{a}_r$ 是否线性无关?

(2) 如果对任何不全为零的 r 个数 $\lambda_1,\lambda_2,\cdots,\lambda_r$ 都有 $\sum\limits_{i=1}^{r}\lambda_i\boldsymbol{a}_i\neq\boldsymbol{0}$ 成立, 问向量组 $\boldsymbol{a}_1,\boldsymbol{a}_2,\cdots,\boldsymbol{a}_r$ 是否线性无关?

解 (1) 因为无论 $\boldsymbol{a}_1,\boldsymbol{a}_2,\cdots,\boldsymbol{a}_r$ 是否线性相关, 若 $\lambda_1,\lambda_2,\cdots,\lambda_r$ 全为零, 则总有 $\sum\limits_{i=1}^{r}\lambda_i\boldsymbol{a}_i=\boldsymbol{0}$ 成立, 所以结论是 $\boldsymbol{a}_1,\boldsymbol{a}_2,\cdots,\boldsymbol{a}_r$ 可能线性相关, 也可能线性无关.

(2) $\boldsymbol{a}_1,\boldsymbol{a}_2,\cdots,\boldsymbol{a}_r$ 必线性无关, 否则, 如果线性相关, 由定义可知, 必存在 r 个不全为零的数使 $\sum\limits_{i=1}^{r}\lambda_i\boldsymbol{a}_i=\boldsymbol{0}$ 成立, 矛盾.

例 5.2　证明下列命题.

(1) 若向量组 $\boldsymbol{a}_1,\boldsymbol{a}_2,\cdots,\boldsymbol{a}_r$ 可由向量组 $\boldsymbol{b}_1,\boldsymbol{b}_2,\cdots,\boldsymbol{b}_s$ 线性表示, 向量组 $\boldsymbol{b}_1,\boldsymbol{b}_2,\cdots,\boldsymbol{b}_s$ 又可由向量组 $\boldsymbol{c}_1,\boldsymbol{c}_2,\cdots,\boldsymbol{c}_t$ 线性表示, 则向量组 $\boldsymbol{a}_1,\boldsymbol{a}_2,\cdots,\boldsymbol{a}_r$ 可由向量组 $\boldsymbol{c}_1,\boldsymbol{c}_2,\cdots,\boldsymbol{c}_t$ 线性表示.

注　本题说明线性表示关系具有传递性. 等价向量组是指可以相互线性表示的两个向量组, 故向量组的等价关系也具有传递性.

(2) 若向量组 $\boldsymbol{b}_1,\boldsymbol{b}_2,\cdots,\boldsymbol{b}_s$ 可由线性无关的向量组 $\boldsymbol{a}_1,\boldsymbol{a}_2,\cdots,\boldsymbol{a}_r$ 线性表示, 即有

$$(\boldsymbol{b}_1,\boldsymbol{b}_2,\cdots,\boldsymbol{b}_s)=(\boldsymbol{a}_1,\boldsymbol{a}_2,\cdots,\boldsymbol{a}_r)\boldsymbol{C},$$

其中 $\boldsymbol{C}=(c_{ij})_{r\times s}$, 则向量组 $\boldsymbol{b}_1,\boldsymbol{b}_2,\cdots,\boldsymbol{b}_s$ 的秩等于矩阵 $\boldsymbol{C}$ 的秩. 特别地, 若 $r=s$, 则 $\boldsymbol{b}_1,\cdots,\boldsymbol{b}_s$ 线性无关, 当且仅当行列式 $|\boldsymbol{C}|\neq 0$.

证　(1) 由已知, 有

$$\boldsymbol{a}_i=\sum_{j=1}^{s}\lambda_{ij}\boldsymbol{b}_j\quad(i=1,2,\cdots,r)$$

和

$$\boldsymbol{b}_j=\sum_{l=1}^{t}\mu_{jl}\boldsymbol{c}_l\quad(j=1,2,\cdots,s),$$

所以

$$\boldsymbol{a}_i=\sum_{j=1}^{s}\lambda_{ij}\sum_{l=1}^{t}\mu_{jl}\boldsymbol{c}_l=\sum_{l=1}^{t}\Big(\sum_{j=1}^{s}\lambda_{ij}\mu_{jl}\Big)\boldsymbol{c}_l=\sum_{l=1}^{t}\gamma_{il}\boldsymbol{c}_l\quad(i=1,2,\cdots,r),$$

即向量组 $\boldsymbol{a}_1,\boldsymbol{a}_2,\cdots,\boldsymbol{a}_r$ 可由向量组 $\boldsymbol{c}_1,\boldsymbol{c}_2,\cdots,\boldsymbol{c}_t$ 线性表示.

(2) 我们利用矩阵的秩等于它的列秩这一事实. 不妨设 $\operatorname{rank}(\boldsymbol{C})=t$, 并且矩阵 $\boldsymbol{C}$ 的前 t 个列向量线性无关. 我们可以将表示关系

$$(\boldsymbol{b}_1,\boldsymbol{b}_2,\cdots,\boldsymbol{b}_s)=(\boldsymbol{a}_1,\boldsymbol{a}_2,\cdots,\boldsymbol{a}_r)\boldsymbol{C}$$

改写为

$$\boldsymbol{b}_i=\sum_{j=1}^{r}c_{ji}\boldsymbol{a}_j\quad(i=1,2,\cdots,s).$$

下面首先证明向量组 $\boldsymbol{b}_1,\boldsymbol{b}_2,\cdots,\boldsymbol{b}_t$ 亦线性无关. 若存在数 $\lambda_1,\lambda_2,\cdots,\lambda_t$, 使

$$\boldsymbol{0}=\sum_{i=1}^{t}\lambda_i\boldsymbol{b}_i=\sum_{i=1}^{t}\lambda_i\sum_{j=1}^{r}c_{ji}\boldsymbol{a}_j=\sum_{j=1}^{r}\Big(\sum_{i=1}^{t}\lambda_i c_{ji}\Big)\boldsymbol{a}_j,$$

由 $\boldsymbol{a}_1,\boldsymbol{a}_2,\cdots,\boldsymbol{a}_r$ 线性无关, 则 $\sum\limits_{i=1}^{t}\lambda_i c_{ji}=0\ (j=1,2,\cdots,r)$, 即

$$\begin{cases}\lambda_1c_{11}+\lambda_2c_{12}+\cdots+\lambda_tc_{1t}=0,\\ \lambda_1c_{21}+\lambda_2c_{22}+\cdots+\lambda_tc_{2t}=0,\\ \cdots\cdots\\ \lambda_1c_{r1}+\lambda_2c_{r2}+\cdots+\lambda_tc_{rt}=0.\end{cases}$$

这是矩阵 $\boldsymbol{C}$ 的前 t 列的分量形式. 由于它们是线性无关的, 所以必有 $\lambda_1=\lambda_2=\cdots=\lambda_t=0$. 这就证明了 $\boldsymbol{b}_1,\boldsymbol{b}_2,\cdots,\boldsymbol{b}_t$ 线性无关.

下面再证对任意 $k,\ t+1\leqslant k\leqslant s$, $\boldsymbol{b}_k$ 均可由 $\boldsymbol{b}_1,\boldsymbol{b}_2,\cdots,\boldsymbol{b}_t$ 线性表示. 由于矩阵 $\boldsymbol{C}$ 的前 t 列是 $\boldsymbol{C}$ 的列向量的极大线性无关组, 所以矩阵 $\boldsymbol{C}$ 的第 k 列可由 $\boldsymbol{C}$ 的前 t 列线性表示, 即 $c_{ik}=\sum\limits_{l=1}^{t}\mu_{kl}c_{il}(i=1,2,\cdots,r)$. 而

$$\boldsymbol{b}_k=\sum_{j=1}^{r}\sum_{l=1}^{t}\mu_{kl}c_{jl}\boldsymbol{a}_j=\sum_{l=1}^{t}\mu_{kl}\left(\sum_{j=1}^{r}c_{jl}\boldsymbol{a}_j\right)=\sum_{l=1}^{t}\mu_{kl}\boldsymbol{b}_l,$$

这就证明了向量 $\boldsymbol{b}_k$ 可由向量组 $\boldsymbol{b}_1,\boldsymbol{b}_2,\cdots,\boldsymbol{b}_t$ 线性表示.

$\boldsymbol{b}_1,\boldsymbol{b}_2,\cdots,\boldsymbol{b}_t$ 是向量组 $\boldsymbol{b}_1,\boldsymbol{b}_2,\cdots,\boldsymbol{b}_s$ 的极大线性无关组, 故向量组 $\boldsymbol{b}_1,\boldsymbol{b}_2,\cdots,\boldsymbol{b}_s$ 的秩等于矩阵 $\boldsymbol{C}$ 的秩, 均为 t.

例 5.3 判断下列向量组的线性相关性.

(1) $\boldsymbol{a}_1=(3,2,5,3)$, $\boldsymbol{a}_2=(4,-5,0,3)$, $\boldsymbol{a}_3=(-2,0,-1,-3)$, $\boldsymbol{a}_4=(5,-3,2,5)$;

(2) $\boldsymbol{a}_1=(1,-2,3,-5)$, $\boldsymbol{a}_2=(-1,7,-2,-2)$, $\boldsymbol{a}_3=(-2,6,-5,9)$.

解 (1) 将给定向量写成列向量的形式, 排成矩阵 $\boldsymbol{A}$. 我们考察 $\boldsymbol{A}$ 是否 (列) 满秩. 由于 $\boldsymbol{A}$ 是方阵, 这等价于检查是否行列式 $|\boldsymbol{A}|\neq0$. 因为

$$|\boldsymbol{A}|=\begin{vmatrix}3&4&-2&5\\2&-5&0&-3\\5&0&-1&2\\3&3&-3&5\end{vmatrix}\xlongequal[-r_2\to r_3]{-r_1\to r_4}\begin{vmatrix}3&4&-2&5\\2&-5&0&-3\\3&5&-1&5\\0&-1&-1&0\end{vmatrix}$$

$$\xlongequal{-r_1\to r_3}\begin{vmatrix}3&4&-2&5\\2&-5&0&-3\\0&1&1&0\\0&-1&-1&0\end{vmatrix}=0,$$

故向量组 $\boldsymbol{a}_1,\boldsymbol{a}_2,\boldsymbol{a}_3,\boldsymbol{a}_4$ 线性相关.

(2) 将给定向量写成列向量的形式, 排成矩阵 $\boldsymbol{A}$. 通过初等列变换, 我们考察 $\boldsymbol{A}$ 是否

(列) 满秩.

$$\boldsymbol{A}=\begin{pmatrix}1&-1&-2\\-2&7&6\\3&-2&-5\\-5&-2&9\end{pmatrix}\xrightarrow[2c_1\to c_3]{c_1\to c_2}\begin{pmatrix}1&0&0\\-2&5&2\\3&1&1\\-5&-7&-1\end{pmatrix}\triangleq\boldsymbol{B}.$$

注意到矩阵 $\boldsymbol{B}$ 的前三行组成的子行列式为

$$\begin{vmatrix}1&0&0\\-2&5&2\\3&1&1\end{vmatrix}=1\cdot\begin{vmatrix}5&2\\1&1\end{vmatrix}=3\neq0,$$

故矩阵 $\boldsymbol{B}$ 是 (列) 满秩的. 相应地, 向量组 $\boldsymbol{a}_1,\boldsymbol{a}_2,\boldsymbol{a}_3$ 是线性无关的. 当然, 在本例中, 我们可以通过直接计算矩阵 $\boldsymbol{A}$ 的前三行组成的子行列式, 得到相同的结论.

例 5.4 (考研题, 2012) 设

$$\boldsymbol{\alpha}_1=\begin{pmatrix}0\\0\\c_1\end{pmatrix},\quad\boldsymbol{\alpha}_2=\begin{pmatrix}0\\1\\c_2\end{pmatrix},\quad\boldsymbol{\alpha}_3=\begin{pmatrix}1\\-1\\c_3\end{pmatrix},\quad\boldsymbol{\alpha}_4=\begin{pmatrix}-1\\1\\c_4\end{pmatrix},$$

其中 c_1,c_2,c_3,c_4 为任意常数. 找出其中的三个向量 $\boldsymbol{\alpha}_i,\boldsymbol{\alpha}_j,\boldsymbol{\alpha}_k$, 其中 $1\leqslant i<j<k\leqslant4$, 使得无论常数 c_1,c_2,c_3,c_4 如何选取, 向量组 $\boldsymbol{\alpha}_i,\boldsymbol{\alpha}_j,\boldsymbol{\alpha}_k$ 皆线性相关.

解 注意到

$$|\boldsymbol{\alpha}_1,\boldsymbol{\alpha}_2,\boldsymbol{\alpha}_3|=\begin{vmatrix}0&0&1\\0&1&-1\\c_1&c_2&c_3\end{vmatrix}=-c_1,\quad|\boldsymbol{\alpha}_1,\boldsymbol{\alpha}_2,\boldsymbol{\alpha}_4|=\begin{vmatrix}0&0&-1\\0&1&1\\c_1&c_2&c_4\end{vmatrix}=c_1,$$

$$|\boldsymbol{\alpha}_1,\boldsymbol{\alpha}_3,\boldsymbol{\alpha}_4|=\begin{vmatrix}0&1&-1\\0&-1&1\\c_1&c_3&c_4\end{vmatrix}=0,\quad|\boldsymbol{\alpha}_2,\boldsymbol{\alpha}_3,\boldsymbol{\alpha}_4|=\begin{vmatrix}0&1&-1\\1&-1&1\\c_2&c_3&c_4\end{vmatrix}=-c_3-c_4,$$

故 $\boldsymbol{\alpha}_1,\boldsymbol{\alpha}_3,\boldsymbol{\alpha}_4$ 必线性相关.

例 5.5 (考研题, 2011) 若向量组 $\boldsymbol{\alpha}_1=(1,0,1)^{\mathrm{T}},\boldsymbol{\alpha}_2=(0,1,1)^{\mathrm{T}},\boldsymbol{\alpha}_3=(1,3,5)^{\mathrm{T}}$ 不能由向量组 $\boldsymbol{\beta}_1=(1,1,1)^{\mathrm{T}},\boldsymbol{\beta}_2=(1,2,3)^{\mathrm{T}},\boldsymbol{\beta}_3=(3,4,a)^{\mathrm{T}}$ 线性表示.

(1) 求 a;

(2) 将 $\boldsymbol{\beta}_1,\boldsymbol{\beta}_2,\boldsymbol{\beta}_3$ 由 $\boldsymbol{\alpha}_1,\boldsymbol{\alpha}_2,\boldsymbol{\alpha}_3$ 线性表示.

解 (1) 由于行列式 $|\boldsymbol{\alpha}_1,\boldsymbol{\alpha}_2,\boldsymbol{\alpha}_3|=1$, 因此向量组 $\boldsymbol{\alpha}_1,\boldsymbol{\alpha}_2,\boldsymbol{\alpha}_3$ 线性无关. 另一方面, $\boldsymbol{\alpha}_1,\boldsymbol{\alpha}_2,\boldsymbol{\alpha}_3$ 不能由 $\boldsymbol{\beta}_1,\boldsymbol{\beta}_2,\boldsymbol{\beta}_3$ 线性表示, 故 $\boldsymbol{\beta}_1,\boldsymbol{\beta}_2,\boldsymbol{\beta}_3$ 线性相关, 从而行列式

$$|\boldsymbol{\beta}_1,\boldsymbol{\beta}_2,\boldsymbol{\beta}_3|=\begin{vmatrix}1&1&3\\1&2&4\\1&3&a\end{vmatrix}=a-5=0,$$

即 $a=5$.

(2) 我们需要寻找坐标矩阵 $\boldsymbol{C}$, 使得 $(\boldsymbol{\beta}_1,\boldsymbol{\beta}_2,\boldsymbol{\beta}_3)=(\boldsymbol{\alpha}_1,\boldsymbol{\alpha}_2,\boldsymbol{\alpha}_3)\boldsymbol{C}$. 很显然

$$\begin{aligned}\boldsymbol{C}&=(\boldsymbol{\alpha}_1,\boldsymbol{\alpha}_2,\boldsymbol{\alpha}_3)^{-1}(\boldsymbol{\beta}_1,\boldsymbol{\beta}_2,\boldsymbol{\beta}_3)\\&=\begin{pmatrix}1&0&1\\0&1&3\\1&1&5\end{pmatrix}^{-1}\begin{pmatrix}1&1&3\\1&2&4\\1&3&5\end{pmatrix}=\begin{pmatrix}2&1&5\\4&2&10\\-1&0&-2\end{pmatrix},\end{aligned}$$

即

$$\begin{cases}\boldsymbol{\beta}_1=2\boldsymbol{\alpha}_1+4\boldsymbol{\alpha}_2-\boldsymbol{\alpha}_3,\\\boldsymbol{\beta}_2=\boldsymbol{\alpha}_1+2\boldsymbol{\alpha}_2,\\\boldsymbol{\beta}_3=5\boldsymbol{\alpha}_1+10\boldsymbol{\alpha}_2-2\boldsymbol{\alpha}_3.\end{cases}$$

这里的矩阵 $\boldsymbol{C}$ 可以通过如下的初等行变换的方法求出:

$$\left(\begin{array}{ccc|ccc}1&0&1&1&1&3\\0&1&3&1&2&4\\1&1&5&1&3&5\end{array}\right)\xrightarrow{-r_1\to r_3}\left(\begin{array}{ccc|ccc}1&0&1&1&1&3\\0&1&3&1&2&4\\0&1&4&0&2&2\end{array}\right)$$

$$\xrightarrow{-r_2\to r_3}\left(\begin{array}{ccc|ccc}1&0&1&1&1&3\\0&1&3&1&2&4\\0&0&1&-1&0&-2\end{array}\right)$$

$$\xrightarrow[-3r_3\to r_2]{-r_3\to r_1}\left(\begin{array}{ccc|ccc}1&0&0&2&1&5\\0&1&0&4&2&10\\0&0&1&-1&0&-2\end{array}\right).$$

例 5.6 判断下列向量组的线性相关性.

(1) $\boldsymbol{a}_1=(3,2,3,4)$, $\boldsymbol{a}_2=(2,1,5,5)$, $\boldsymbol{a}_3=(-5,-3,-13,-14)$, $\boldsymbol{a}_4=(4,-5,11,-3)$;

(2) $\boldsymbol{a}_1=(2,1,-1,1)$, $\boldsymbol{a}_2=(0,3,1,0)$, $\boldsymbol{a}_3=(5,3,2,1)$, $\boldsymbol{a}_4=(6,6,1,3)$.

答案 (1) 线性相关, 相应方阵的行列式为 0. 我们有 $8\boldsymbol{a}_1-177\boldsymbol{a}_2-62\boldsymbol{a}_3+5\boldsymbol{a}_4=\boldsymbol{0}$.

(2) 线性无关, 相应方阵的行列式为 27.

例 5.7 将向量 $\boldsymbol{b}$ 表示成向量 $\boldsymbol{a}_1$, $\boldsymbol{a}_2$, $\boldsymbol{a}_3$ 的线性组合.

(1) $\boldsymbol{a}_1=(1,1,1)$, $\boldsymbol{a}_2=(-1,1,1)$, $\boldsymbol{a}_3=(-1,-1,1)$, $\boldsymbol{b}=(0,-4,6)$;

(2) $\boldsymbol{a}_1=(1,3,5)$, $\boldsymbol{a}_2=(2,4,6)$, $\boldsymbol{a}_3=(3,2,0)$, $\boldsymbol{b}=(13,32,52)$;

(3) $\boldsymbol{a}_1=(1,1,1)$, $\boldsymbol{a}_2=(-1,1,0)$, $\boldsymbol{a}_3=(1,0,-1)$, $\boldsymbol{b}=(1,0,0)$;

(4) $\boldsymbol{a}_1=(1,1,1)$, $\boldsymbol{a}_2=(-1,1,0)$, $\boldsymbol{a}_3=(1,0,-1)$, $\boldsymbol{b}=(0,0,1)$;

(5) $\boldsymbol{a}_1=(0,1,-1)$, $\boldsymbol{a}_2=(1,1,0)$, $\boldsymbol{a}_3=(1,0,2)$, $\boldsymbol{b}=(1,1,1)$;

(6) $\boldsymbol{a}_1=(1,2,3)$, $\boldsymbol{a}_2=(2,-1,0)$, $\boldsymbol{a}_3=(1,1,1)$, $\boldsymbol{b}=(-3,8,7)$.

提示 解方程 $k_1\boldsymbol{a}_1+k_2\boldsymbol{a}_2+k_3\boldsymbol{a}_3=\boldsymbol{b}$.

答案 (1) $\boldsymbol{b}=3\boldsymbol{a}_1-2\boldsymbol{a}_2+5\boldsymbol{a}_3$; (2) $\boldsymbol{b}=2\boldsymbol{a}_1+7\boldsymbol{a}_2-\boldsymbol{a}_3$; (3) $\boldsymbol{b}=\dfrac{1}{3}\boldsymbol{a}_1-\dfrac{1}{3}\boldsymbol{a}_2+\dfrac{1}{3}\boldsymbol{a}_3$;

(4) $\boldsymbol{b}=\frac{1}{3}\boldsymbol{a}_1-\frac{1}{3}\boldsymbol{a}_2-\frac{2}{3}\boldsymbol{a}_3$;　(5) $\boldsymbol{b}=\boldsymbol{a}_1+\boldsymbol{a}_3$;　(6) $\boldsymbol{b}=2\boldsymbol{a}_1-3\boldsymbol{a}_2+\boldsymbol{a}_3$.

例 5.8　已知 $\boldsymbol{a}_1,\boldsymbol{a}_2,\boldsymbol{a}_3$ 为线性无关的 4 维向量. 证明: $\boldsymbol{a}_1+\boldsymbol{a}_2,\boldsymbol{a}_2+\boldsymbol{a}_3,\boldsymbol{a}_1+\boldsymbol{a}_3$ 也线性无关.

证　(方法 1) 用定义我们可以很容易地得到欲证的结论. 略.

(方法 2) 向量组 $\boldsymbol{a}_1+\boldsymbol{a}_2,\boldsymbol{a}_2+\boldsymbol{a}_3,\boldsymbol{a}_1+\boldsymbol{a}_3$ 可以用向量组 $\boldsymbol{a}_1,\boldsymbol{a}_2,\boldsymbol{a}_3$ 线性表示:

$$(\boldsymbol{a}_1+\boldsymbol{a}_2,\boldsymbol{a}_2+\boldsymbol{a}_3,\boldsymbol{a}_1+\boldsymbol{a}_3)=(\boldsymbol{a}_1,\boldsymbol{a}_2,\boldsymbol{a}_3)\begin{pmatrix}1&0&1\\1&1&0\\0&1&1\end{pmatrix}.$$

由于已知 $\boldsymbol{a}_1,\boldsymbol{a}_2,\boldsymbol{a}_3$ 是线性无关的, 我们只需要证明矩阵 $\boldsymbol{A}=\begin{pmatrix}1&0&1\\1&1&0\\0&1&1\end{pmatrix}$ 为可逆方阵. 而这是显然的: 它的行列式为 2, 非零.

例 5.9　(同济大学) 设向量组 $\boldsymbol{a}_1,\boldsymbol{a}_2,\boldsymbol{a}_3$ 线性无关, 而 $\boldsymbol{a}_2,\boldsymbol{a}_3,\boldsymbol{a}_4$ 线性相关. 证明: $\boldsymbol{a}_1$ 不能由 $\boldsymbol{a}_2,\boldsymbol{a}_3,\boldsymbol{a}_4$ 线性表示.

证　由于 $\boldsymbol{a}_1,\boldsymbol{a}_2,\boldsymbol{a}_3$ 线性无关, 特别地, 我们有 $\boldsymbol{a}_2,\boldsymbol{a}_3$ 线性无关. 而 $\boldsymbol{a}_2,\boldsymbol{a}_3,\boldsymbol{a}_4$ 线性相关, 由此不难推出 $\boldsymbol{a}_4$ 可以表示为 $\boldsymbol{a}_2$ 和 $\boldsymbol{a}_3$ 的线性组合. 接下来, 对欲证的论断用反证法, 假设 $\boldsymbol{a}_1$ 可由 $\boldsymbol{a}_2,\boldsymbol{a}_3,\boldsymbol{a}_4$ 线性表示, 则 $\boldsymbol{a}_1$ 可由 $\boldsymbol{a}_2,\boldsymbol{a}_3$ 线性表示, 而这与 $\boldsymbol{a}_1,\boldsymbol{a}_2,\boldsymbol{a}_3$ 线性无关相矛盾.

例 5.10　设 $\boldsymbol{a}_1=(1,1,1)$, $\boldsymbol{a}_2=(1,2,3)$, $\boldsymbol{a}_3=(1,3,t)$, 试求:

(1) 当 t 为何值时, 向量组 $\boldsymbol{a}_1,\boldsymbol{a}_2,\boldsymbol{a}_3$ 是线性相关的;

(2) 当向量组 $\boldsymbol{a}_1,\boldsymbol{a}_2,\boldsymbol{a}_3$ 线性相关时, 将向量 $\boldsymbol{a}_3$ 表示成 $\boldsymbol{a}_1$ 和 $\boldsymbol{a}_2$ 的线性组合.

答案　(1) $t=5$; (2) $\boldsymbol{a}_3=-\boldsymbol{a}_1+2\boldsymbol{a}_2$.

例 5.11　已知向量 $\boldsymbol{a}_1=(1,3,5,-1)$, $\boldsymbol{a}_2=(2,7,k,4)$, $\boldsymbol{a}_3=(5,17,-1,7)$. 若 $\boldsymbol{a}_1,\boldsymbol{a}_2,\boldsymbol{a}_3$ 线性相关, 求 k 的值.

答案　分析数组的前两个分量, 得到线性关系 $\boldsymbol{a}_2=(\boldsymbol{a}_3-\boldsymbol{a}_1)/2$, 因此 $k=-3$.

例 5.12　若向量组 $\boldsymbol{a}_1,\boldsymbol{a}_2,\boldsymbol{a}_3$ 线性无关, 问复数 λ,μ,ν 满足什么条件时, 向量组 $\boldsymbol{a}_1-\lambda\boldsymbol{a}_2,\boldsymbol{a}_2-\mu\boldsymbol{a}_3,\boldsymbol{a}_3-\nu\boldsymbol{a}_1$ 线性相关?

答案　$\lambda\mu\nu=1$.

例 5.13　设 $\boldsymbol{a}_1=(2,0,1,3,-1)$, $\boldsymbol{a}_2=(1,1,0,-1,1)$, $\boldsymbol{a}_3=(0,-2,1,5,-3)$, $\boldsymbol{a}_4=(1,-3,2,9,-5)$. 试求向量组 $\boldsymbol{a}_1,\boldsymbol{a}_2,\boldsymbol{a}_3,\boldsymbol{a}_4$ 的秩及其所有的极大线性无关组.

解　因为向量组 $\boldsymbol{a}_1,\boldsymbol{a}_2,\boldsymbol{a}_3,\boldsymbol{a}_4$ 的秩等于矩阵

$$\boldsymbol{A}=\begin{pmatrix}2&1&0&1\\0&1&-2&-3\\1&0&1&2\\3&-1&5&9\\-1&1&-3&-5\end{pmatrix}$$

的秩, 而

$$\boldsymbol{A} \xrightarrow{\text{初等行变换}} \begin{pmatrix} 1 & 0 & 1 & 2 \\ 0 & 1 & -2 & -3 \\ 0 & 0 & 0 & 0 \\ 0 & 0 & 0 & 0 \\ 0 & 0 & 0 & 0 \end{pmatrix},$$

易见 $\operatorname{rank}(\boldsymbol{A})=2$, 所以向量组 $\boldsymbol{a}_1,\boldsymbol{a}_2,\boldsymbol{a}_3,\boldsymbol{a}_4$ 的秩为 2, 且由上还可以看出向量

$$\boldsymbol{a}_1,\boldsymbol{a}_2;\quad \boldsymbol{a}_1,\boldsymbol{a}_3;\quad \boldsymbol{a}_1,\boldsymbol{a}_4;\quad \boldsymbol{a}_2,\boldsymbol{a}_3;\quad \boldsymbol{a}_2,\boldsymbol{a}_4;\quad \boldsymbol{a}_3,\boldsymbol{a}_4$$

均为原向量组的极大线性无关组.

注 (1) 为了求数组向量构成的向量组的秩, 可以考察以这些向量为列 (行) 向量的矩阵的秩. 在求矩阵的秩时, 我们可以进行行和列的任意的初等变换, 最后可将矩阵化成与之等价的标准形式 $\begin{pmatrix} \boldsymbol{I}_r & \boldsymbol{O} \\ \boldsymbol{O} & \boldsymbol{O} \end{pmatrix}$.

(2) 为了求出向量组的极大线性无关组, 例如上面的例题, 将向量 $\boldsymbol{a}_1,\boldsymbol{a}_2,\boldsymbol{a}_3,\boldsymbol{a}_4$ 记成矩阵的列, 则只允许对矩阵进行初等行变换 (类似于用矩阵消元法解线性方程组).

例 5.14 (山东大学) 设 $\boldsymbol{a}_1=(2,1,2,2,-4)$, $\boldsymbol{a}_2=(1,1,-1,0,2)$, $\boldsymbol{a}_3=(0,1,2,1,-1)$, $\boldsymbol{a}_4=(-1,-1,-1,-1,1)$, $\boldsymbol{a}_5=(1,2,1,1,1)$. 试确定向量组 $\boldsymbol{a}_1,\cdots,\boldsymbol{a}_5$ 的秩和一个极大无关组.

答案 秩为 3. $\boldsymbol{a}_1,\boldsymbol{a}_2,\boldsymbol{a}_3$ 构成一个极大无关组.

例 5.15 试求复数 x, 使得向量组 $\boldsymbol{a}_1=(1,1,2,-2),\boldsymbol{a}_2=(1,3,-x,3x),\boldsymbol{a}_3=(1,-1,6,0)$ 的秩为 2.

解 计算由这三个向量的前三个分量构成的 3 阶方阵的行列式, 我们有

$$\begin{vmatrix} 1 & 1 & 1 \\ 1 & 3 & -1 \\ 2 & -x & 6 \end{vmatrix} = 4-2x.$$

由于原向量组的秩为 2, 相应的 3 阶方阵不是满秩的, 故该行列式 $4-2x=0$, 即 $x=2$. 但是当 $x=2$ 时, 容易计算出 $\operatorname{rank}(\boldsymbol{a}_1,\boldsymbol{a}_2,\boldsymbol{a}_3)=3$. 故不存在这样的 x, 原题无解.

例 5.16 试确定所有的复数 x, 使得向量 $\boldsymbol{b}=(0,x,x^2)$ 不能用向量组 $\boldsymbol{a}_1=(x+1,1,1),\boldsymbol{a}_2=(1,x+1,1),\boldsymbol{a}_3=(1,1,x+1)$ 唯一线性表示.

提示 与 3 维向量 $\boldsymbol{b}$ 的具体形式无关, 我们只需确定 x 使得 $\boldsymbol{a}_1,\boldsymbol{a}_2,\boldsymbol{a}_3$ 不构成 3 维数组空间的一组基, 即行列式

$$\begin{vmatrix} x+1 & 1 & 1 \\ 1 & x+1 & 1 \\ 1 & 1 & x+1 \end{vmatrix} = x^2(x+3)=0.$$

容易解得 $x=0$ 或 $x=-3$.

例 5.17 证明: 实值连续函数 $\mathrm{e}^{\lambda_1 x},\cdots,\mathrm{e}^{\lambda_n x}$ 线性无关, 其中 $\lambda_1,\cdots,\lambda_n$ 是互异实数.

提示　若 $\sum_{i=1}^{n} k_i \mathrm{e}^{\lambda_i x} = 0$, 则 $\frac{\mathrm{d}^j}{\mathrm{d}x^j}\Big(\sum_i k_i \mathrm{e}^{\lambda_i x}\Big)\Big|_{x=0} = 0$, 其中 $j = 0,1,\cdots,n-1$.

例 5.18　设 $\boldsymbol{x}_1,\boldsymbol{x}_2,\cdots,\boldsymbol{x}_m$ 皆为 n 维实数数组, 它们在实数域 $\mathbf{R}$ 上线性无关. 证明: 它们在复数域 $\mathbf{C}$ 上同样线性无关.

提示　假设 $\sum_{i=1}^{m} k_i \boldsymbol{x}_i = \boldsymbol{0}$, 其中 $k_i = k_{i,1} + \mathrm{i}k_{i,2} \in \mathbf{C}$. 由于 $\boldsymbol{x}_1,\cdots,\boldsymbol{x}_m \in \mathbf{R}^n$, 分离实部与虚部, 我们有 $\sum_{i=1}^{m} k_{i,1}\boldsymbol{x}_i = \boldsymbol{0}$ 和 $\sum_{i=1}^{m} k_{i,2}\boldsymbol{x}_i = \boldsymbol{0}$. 接下来, 可以在实数域上考虑向量组的线性无关性.

例 5.19*　(北京大学, 1999) 设 V 是实数域 $\mathbf{R}$ 上的 n 维线性空间. V 上的所有复值函数组成的集合, 对于函数的加法以及复数与函数的数量乘法, 形成复数域 $\mathbf{C}$ 上的一个线性空间, 记作 $\mathbf{C}^V$. 证明: 如果 $f_1,f_2,\cdots,f_{n+1}$ 是 $\mathbf{C}^V$ 中 $n+1$ 个不同的函数, 满足

$$\begin{aligned} &f_i(\boldsymbol{x}+\boldsymbol{y}) = f_i(\boldsymbol{x}) + f_i(\boldsymbol{y}) \quad (\boldsymbol{x},\boldsymbol{y} \in V), \\ &f_i(k\boldsymbol{x}) = kf_i(\boldsymbol{x}) \quad (k \in \mathbf{R}, \boldsymbol{x} \in V), \end{aligned}$$

则 $f_1,f_2,\cdots,f_{n+1}$ 是 $\mathbf{C}^V$ 中线性相关的向量组.

提示　若 $\boldsymbol{e}_1,\cdots,\boldsymbol{e}_n$ 是实空间 V 的一组基, 我们需要寻找一组不全为零的复数 $k_1,\cdots,k_{n+1}$, 使得 $\sum_{i=1}^{n+1} k_i f_i(e_j) = 0$ $(j = 1,2,\cdots,n)$.

作为教材中的定理 5.2.3 的直接推论, 我们可以看出: 若该定理中的向量 $\boldsymbol{a}_1,\cdots,\boldsymbol{a}_m$ 线性无关, 则相应的矩阵 $\boldsymbol{A}$ 的秩为 m. 下面, 我们从这个角度出发, 重新考察教材中的定理 5.3.3.

例 5.20　若数组空间中的两个线性无关向量组 $\boldsymbol{a}_1,\cdots,\boldsymbol{a}_r$ 和 $\boldsymbol{b}_1,\cdots,\boldsymbol{b}_s$ 等价, 则 $r = s$.

证　由于向量组 $\boldsymbol{a}_1,\cdots,\boldsymbol{a}_r$ 可以由向量组 $\boldsymbol{b}_1,\cdots,\boldsymbol{b}_s$ 线性表示, 我们有 $\boldsymbol{a}_i = \sum_{j=1}^{s} \mu_{ij}\boldsymbol{b}_j$, 其中 $\mu_{ij} \in F$. 写成矩阵形式后, 我们有 $\boldsymbol{A} = \boldsymbol{B}\boldsymbol{C}$, 其中 $\boldsymbol{A} = (\boldsymbol{a}_1,\cdots,\boldsymbol{a}_r), \boldsymbol{B} = (\boldsymbol{b}_1,\cdots,\boldsymbol{b}_s)$, 而

$$\boldsymbol{C} = \begin{pmatrix} \mu_{11} & \cdots & \mu_{r1} \\ \mu_{12} & \cdots & \mu_{r2} \\ \vdots & \ddots & \vdots \\ \mu_{1s} & \cdots & \mu_{rs} \end{pmatrix}.$$

由于两组向量都线性无关, 由教材中的定理 5.2.3 我们有 $\operatorname{rank}(\boldsymbol{A}) = r$, $\operatorname{rank}(\boldsymbol{B}) = s$. 从矩阵秩的性质出发, 我们可以得到 $\operatorname{rank}(\boldsymbol{A}) = \operatorname{rank}(\boldsymbol{B}\boldsymbol{C}) \leqslant \operatorname{rank}(\boldsymbol{B})$, 即 $r \leqslant s$.

由对称性, 我们同样可以推出 $s \leqslant r$.

下面, 我们用相同的观点重新考察教材中的定理 5.3.5.

例 5.21　矩阵的列秩等于该矩阵的秩.

证　将给定的 $m \times n$ 矩阵 $\boldsymbol{A}$ 写成由 n 个 m 维列向量组成的形式:

$$\boldsymbol{A} = \begin{pmatrix} \boldsymbol{a}_1 & \cdots & \boldsymbol{a}_n \end{pmatrix}.$$

不妨假定 $\boldsymbol{a}_1,\cdots,\boldsymbol{a}_r$ 是向量组 $\boldsymbol{a}_1,\cdots,\boldsymbol{a}_n$ 的一个极大无关组. 由定义, $r=\operatorname{rank}(\boldsymbol{a}_1,\cdots,\boldsymbol{a}_n)$ 是该向量组的秩, 而 $\boldsymbol{a}_{r+1},\cdots,\boldsymbol{a}_n$ 可以由 $\boldsymbol{a}_1,\cdots,\boldsymbol{a}_r$ 线性表示. 此时, 存在系数 $\mu_{ij}\in F$ $(1\leqslant j\leqslant r,\ r+1\leqslant i\leqslant m)$, 使得 $\boldsymbol{a}_i=\sum\limits_{j=1}^{r}\mu_{ij}\boldsymbol{a}_j$.

分别记

$$\boldsymbol{A}_1=\begin{pmatrix}\boldsymbol{a}_1 & \cdots & \boldsymbol{a}_r\end{pmatrix},\quad \boldsymbol{A}_2=\begin{pmatrix}\boldsymbol{a}_{r+1} & \cdots & \boldsymbol{a}_n\end{pmatrix}$$

和

$$\boldsymbol{C}=\begin{pmatrix}\mu_{r+1,1} & \cdots & \mu_{m,1}\\ \vdots & \ddots & \vdots\\ \mu_{r+1,r} & \cdots & \mu_{m,r}\end{pmatrix}.$$

作为分块矩阵, $\boldsymbol{A}=(\boldsymbol{A}_1,\boldsymbol{A}_2)$, 并且 $\boldsymbol{A}_2=\boldsymbol{A}_1\boldsymbol{C}$.

一方面, 矩阵的秩 $\operatorname{rank}(\boldsymbol{A})\geqslant\operatorname{rank}(\boldsymbol{A}_1)$. 另一方面,

$$\operatorname{rank}(\boldsymbol{A})=\operatorname{rank}(\boldsymbol{A}_1(\boldsymbol{I}_r,\boldsymbol{C}))\leqslant\operatorname{rank}(\boldsymbol{A}_1).$$

故 $\operatorname{rank}(\boldsymbol{A})=\operatorname{rank}(\boldsymbol{A}_1)=r$.

例 5.22 求向量组 $\boldsymbol{a}_1=(1,1,1),\boldsymbol{a}_2=(0,1,1),\boldsymbol{a}_3=(1,0,0)$ 和向量组 $\boldsymbol{b}_1=(1,2,3),\boldsymbol{b}_2=(1,0,1),\boldsymbol{b}_3=(1,1,2)$ 的秩. 问 $\boldsymbol{a}_1,\boldsymbol{a}_2,\boldsymbol{a}_3$ 与 $\boldsymbol{b}_1,\boldsymbol{b}_2,\boldsymbol{b}_3$ 是否等价?

答案 秩都是 2, 不等价.

例 5.23 (清华大学) 已知 m 个向量 $\boldsymbol{\alpha}_1,\cdots,\boldsymbol{\alpha}_m$ 线性相关, 但是其中任意 $m-1$ 个都线性无关. 证明:

(1) 如果等式 $k_1\boldsymbol{\alpha}_1+k_2\boldsymbol{\alpha}_2+\cdots+k_m\boldsymbol{\alpha}_m=\boldsymbol{0}$, 则这些 $k_1,k_2,\cdots,k_m$ 或者全为零, 或者全不为零;

(2) 如果存在两个等式

$$\begin{aligned}k_1\boldsymbol{\alpha}_1+k_2\boldsymbol{\alpha}_2+\cdots+k_m\boldsymbol{\alpha}_m&=\boldsymbol{0},\\ l_1\boldsymbol{\alpha}_1+l_2\boldsymbol{\alpha}_2+\cdots+l_m\boldsymbol{\alpha}_m&=\boldsymbol{0},\end{aligned}$$

其中 $l_1\neq0$, 则

$$\frac{k_1}{l_1}=\frac{k_2}{l_2}=\cdots=\frac{k_m}{l_m}.$$

提示 (1) 由对称性, 只需证明, 若 $k_1=0$, 则 $k_2=k_3=\cdots=k_m=0$. 由于此时 $k_2\boldsymbol{\alpha}_2+\cdots+k_m\boldsymbol{\alpha}_m=\boldsymbol{0}$, 由条件可知确实有 $k_2=k_3=\cdots=k_m=0$. (2) 我们会得到等式 $\sum\limits_{i=1}^{m}(k_i-k_1l_i/l_1)\boldsymbol{\alpha}_i=\boldsymbol{0}$. 接下来用 (1) 中的结果即可.

例 5.24 设 $\boldsymbol{a}_1,\cdots,\boldsymbol{a}_r$ 和 $\boldsymbol{b}_1,\cdots,\boldsymbol{b}_s$ 是两组线性无关的向量, 且 $r<s$. 证明: 一定存在向量 $\boldsymbol{b}_t$ $(1\leqslant t\leqslant s)$, 使得向量组 $\boldsymbol{a}_1,\cdots,\boldsymbol{a}_r,\boldsymbol{b}_t$ 线性无关.

证 用反证法. 反设对每个 t, 都有向量组 $\boldsymbol{a}_1,\cdots,\boldsymbol{a}_r,\boldsymbol{b}_t$ 线性相关. 由于 $\boldsymbol{a}_1,\cdots,\boldsymbol{a}_r$ 是线性无关的, 故 $\boldsymbol{b}_t$ 可以由 $\boldsymbol{a}_1,\cdots,\boldsymbol{a}_r$ 线性表示, 从而向量组 $\boldsymbol{b}_1,\cdots,\boldsymbol{b}_s$ 可以由 $\boldsymbol{a}_1,\cdots,\boldsymbol{a}_r$ 线性表示. 特别地, $r=\operatorname{rank}(\boldsymbol{a}_1,\cdots,\boldsymbol{a}_r)\geqslant s=\operatorname{rank}(\boldsymbol{b}_1,\cdots,\boldsymbol{b}_s)$. 这是一个矛盾.

例 5.25　设 $\boldsymbol{a}_1,\cdots,\boldsymbol{a}_n$ 为 n 维线性无关的列向量，$\boldsymbol{B}$ 为 $m\times n$ 阶矩阵. 证明：矩阵 $\boldsymbol{B}$ 的秩等于向量组 $\boldsymbol{B}\boldsymbol{a}_1,\boldsymbol{B}\boldsymbol{a}_2,\cdots,\boldsymbol{B}\boldsymbol{a}_n$ 的秩. 特别地，若 $\boldsymbol{B}$ 为 n 阶方阵，则 $\boldsymbol{B}$ 可逆当且仅当向量组 $\boldsymbol{B}\boldsymbol{a}_1,\boldsymbol{B}\boldsymbol{a}_2,\cdots,\boldsymbol{B}\boldsymbol{a}_n$ 线性无关.

证　由于向量组 $\boldsymbol{a}_1,\cdots,\boldsymbol{a}_n$ 线性无关，方阵 $\boldsymbol{A}=(\boldsymbol{a}_1,\cdots,\boldsymbol{a}_n)$ 可逆. 此时

$$
\begin{aligned}
\text{向量组}\boldsymbol{B}\boldsymbol{a}_1,\cdots,\boldsymbol{B}\boldsymbol{a}_n\text{的秩} &= \text{矩阵}(\boldsymbol{B}\boldsymbol{a}_1,\cdots,\boldsymbol{B}\boldsymbol{a}_n)\text{的列秩}\\
&= \text{矩阵}(\boldsymbol{B}\boldsymbol{a}_1,\cdots,\boldsymbol{B}\boldsymbol{a}_n)\text{的秩}\\
&= \text{矩阵}\boldsymbol{B}(\boldsymbol{a}_1,\cdots,\boldsymbol{a}_n)\text{的秩}\\
&= \text{矩阵}\boldsymbol{B}\text{的秩}.
\end{aligned}
$$

另外，当 $\boldsymbol{B}$ 是 n 阶方阵时，$\boldsymbol{B}$ 可逆当且仅当 $\boldsymbol{B}$ 的秩为 n. 由前面的推导知，这当且仅当向量组 $\boldsymbol{B}\boldsymbol{a}_1,\cdots,\boldsymbol{B}\boldsymbol{a}_n$ 的秩为 n，当且仅当向量组 $\boldsymbol{B}\boldsymbol{a}_1,\cdots,\boldsymbol{B}\boldsymbol{a}_n$ 线性无关.

例 5.26　若向量组 $\boldsymbol{\alpha}_1,\cdots,\boldsymbol{\alpha}_m$ 可以由向量组 $\boldsymbol{\beta}_1,\cdots,\boldsymbol{\beta}_n$ 线性表示，而且两组向量的秩相等. 证明：这两组向量等价.

证　(方法 1) 不妨设这两组向量生成的线性子空间分别为 U 和 V. 由于 $\boldsymbol{\alpha}_1,\cdots,\boldsymbol{\alpha}_m$ 可由 $\boldsymbol{\beta}_1,\cdots,\boldsymbol{\beta}_n$ 线性表示，$U\subseteq V$. 注意到 $\dim(U)=\operatorname{rank}(\boldsymbol{\alpha}_1,\cdots,\boldsymbol{\alpha}_m)=\operatorname{rank}(\boldsymbol{\beta}_1,\cdots,\boldsymbol{\beta}_n)=\dim(V)$，这意味着 $U=V$，即 $\boldsymbol{\alpha}_1,\cdots,\boldsymbol{\alpha}_m$ 与 $\boldsymbol{\beta}_1,\cdots,\boldsymbol{\beta}_n$ 等价.

(方法 2) 不妨设这两组向量的秩为 r，并且 $\boldsymbol{\alpha}_1,\cdots,\boldsymbol{\alpha}_r$ 为 $\boldsymbol{\alpha}_1,\cdots,\boldsymbol{\alpha}_m$ 的极大无关组，而 $\boldsymbol{\beta}_1,\cdots,\boldsymbol{\beta}_r$ 为 $\boldsymbol{\beta}_1,\cdots,\boldsymbol{\beta}_n$ 的极大无关组. 由于 $\boldsymbol{\alpha}_1,\cdots,\boldsymbol{\alpha}_m$ 可由 $\boldsymbol{\beta}_1,\cdots,\boldsymbol{\beta}_n$ 线性表示，$\boldsymbol{\alpha}_1,\cdots,\boldsymbol{\alpha}_r$ 可由 $\boldsymbol{\beta}_1,\cdots,\boldsymbol{\beta}_r$ 线性表示，即存在 r 阶方阵 $\boldsymbol{B}$ 使得 $(\boldsymbol{\alpha}_1,\cdots,\boldsymbol{\alpha}_r)=(\boldsymbol{\beta}_1,\cdots,\boldsymbol{\beta}_r)\boldsymbol{B}$. 设 $\boldsymbol{X}$ 为 r 维列向量. 由于 $\boldsymbol{\alpha}_1,\cdots,\boldsymbol{\alpha}_r$ 线性无关，方程组 $(\boldsymbol{\alpha}_1,\cdots,\boldsymbol{\alpha}_r)\boldsymbol{X}=\boldsymbol{0}$ 仅有零解，即方程组 $(\boldsymbol{\beta}_1,\cdots,\boldsymbol{\beta}_r)\boldsymbol{B}\boldsymbol{X}=\boldsymbol{0}$ 仅有零解. 而 $\boldsymbol{\beta}_1,\cdots,\boldsymbol{\beta}_r$ 线性无关，这意味着 $\boldsymbol{B}\boldsymbol{X}=\boldsymbol{0}$ 仅有零解，即 $\boldsymbol{B}$ 为可逆矩阵. 于是 $(\boldsymbol{\alpha}_1,\cdots,\boldsymbol{\alpha}_r)\boldsymbol{B}^{-1}=(\boldsymbol{\beta}_1,\cdots,\boldsymbol{\beta}_r)$，从而 $\boldsymbol{\beta}_1,\cdots,\boldsymbol{\beta}_r$ 可由 $\boldsymbol{\alpha}_1,\cdots,\boldsymbol{\alpha}_r$ 线性表示. 由此不难看出，$\boldsymbol{\beta}_1,\cdots,\boldsymbol{\beta}_n$ 可由 $\boldsymbol{\alpha}_1,\cdots,\boldsymbol{\alpha}_m$ 线性表示. 故这些向量组等价.

例 5.27　设 $\boldsymbol{B}$ 为 n 阶可逆方阵，$\boldsymbol{a}_1,\cdots,\boldsymbol{a}_s\in F^n$ 为 n 维列向量. 证明：$\boldsymbol{a}_1,\cdots,\boldsymbol{a}_s$ 线性无关，当且仅当 $\boldsymbol{B}\boldsymbol{a}_1,\cdots,\boldsymbol{B}\boldsymbol{a}_s$ 线性无关.

证　$\boldsymbol{a}_1,\cdots,\boldsymbol{a}_s$ 线性无关，当且仅当向量组的秩 $\operatorname{rank}(\boldsymbol{a}_1,\cdots,\boldsymbol{a}_s)=s$；而 $\boldsymbol{B}\boldsymbol{a}_1,\cdots,\boldsymbol{B}\boldsymbol{a}_s$ 线性无关，当且仅当向量组的秩 $\operatorname{rank}(\boldsymbol{B}\boldsymbol{a}_1,\cdots,\boldsymbol{B}\boldsymbol{a}_s)=s$. 接下来，只需注意到

$$
\begin{aligned}
\text{向量组}\boldsymbol{B}\boldsymbol{a}_1,\cdots,\boldsymbol{B}\boldsymbol{a}_s\text{的秩} &= \text{矩阵}(\boldsymbol{B}\boldsymbol{a}_1,\cdots,\boldsymbol{B}\boldsymbol{a}_s)\text{的列秩}\\
&= \text{矩阵}(\boldsymbol{B}\boldsymbol{a}_1,\cdots,\boldsymbol{B}\boldsymbol{a}_s)\text{的秩}\\
&= \text{矩阵}\boldsymbol{B}(\boldsymbol{a}_1,\cdots,\boldsymbol{a}_s)\text{的秩}\\
&= \text{矩阵}(\boldsymbol{a}_1,\cdots,\boldsymbol{a}_s)\text{的秩}\\
&= \text{矩阵}(\boldsymbol{a}_1,\cdots,\boldsymbol{a}_s)\text{的列秩}\\
&= \text{向量组}\boldsymbol{a}_1,\cdots,\boldsymbol{a}_s\text{的秩}.
\end{aligned}
$$

例 5.28　设 $\boldsymbol{A}$ 为 n 阶方阵，$\boldsymbol{a}$ 为 n 维列向量，k 为正整数，满足 $\boldsymbol{A}^k\boldsymbol{a}=\boldsymbol{0}$，而 $\boldsymbol{A}^{k-1}\boldsymbol{a}\neq\boldsymbol{0}$. 试证明：$\boldsymbol{a},\boldsymbol{A}\boldsymbol{a},\boldsymbol{A}^2\boldsymbol{a},\cdots,\boldsymbol{A}^{k-1}\boldsymbol{a}$ 线性无关.

证　由于 $\boldsymbol{A}^{k-1}\boldsymbol{a}\neq\boldsymbol{0}$，这个非零向量自身是线性无关的. 若 $\boldsymbol{a},\boldsymbol{A}\boldsymbol{a},\boldsymbol{A}^2\boldsymbol{a},\cdots,\boldsymbol{A}^{k-1}\boldsymbol{a}$ 线

性相关, 则存在最大的正整数 m, 满足 $0 \leqslant m \leqslant k-2$, 使得 $\boldsymbol{A}^m\boldsymbol{a}, \boldsymbol{A}^{m+1}\boldsymbol{a}, \cdots, \boldsymbol{A}^{k-1}\boldsymbol{a}$ 线性相关, 而 $\boldsymbol{A}^{m+1}\boldsymbol{a}, \boldsymbol{A}^{m+2}\boldsymbol{a}, \cdots, \boldsymbol{A}^{k-1}\boldsymbol{a}$ 线性无关.

此时, 存在不全为零的系数 $r_m, \cdots, r_{k-1}$, 使得

$$r_m\boldsymbol{A}^m\boldsymbol{a} + \cdots + r_{k-1}\boldsymbol{A}^{k-1}\boldsymbol{a} = \boldsymbol{0}.$$

并且由 m 的选取知, 在该等式中我们必有 $r_m \neq 0$. 进一步, 我们有

$$\boldsymbol{A}(r_m\boldsymbol{A}^m\boldsymbol{a} + \cdots + r_{k-1}\boldsymbol{A}^{k-1}\boldsymbol{a}) = \boldsymbol{0},$$

故

$$r_m\boldsymbol{A}^{m+1}\boldsymbol{a} + \cdots + r_{k-2}\boldsymbol{A}^{k-1}\boldsymbol{a} = \boldsymbol{0}.$$

仍然由 $\boldsymbol{A}^{m+1}\boldsymbol{a}, \boldsymbol{A}^{m+2}\boldsymbol{a}, \cdots, \boldsymbol{A}^{k-1}\boldsymbol{a}$ 的线性无关性, 我们推出 $r_m = \cdots = r_{k-2} = 0$. 这与我们之前推出的 $r_m \neq 0$ 相矛盾.

例 5.29 证明: 向量组 $\boldsymbol{a}_1, \boldsymbol{a}_2, \cdots, \boldsymbol{a}_s$(其中 $\boldsymbol{a}_1 \neq \boldsymbol{0}$) 线性相关的充分必要条件是存在 $\boldsymbol{a}_i (1 < i \leqslant s)$ 可以被 $\boldsymbol{a}_1, \boldsymbol{a}_2, \cdots, \boldsymbol{a}_{i-1}$ 线性表示, 并且表示是唯一的.

证 (充分性) 若 $\boldsymbol{a}_i$ 可以被 $\boldsymbol{a}_1, \boldsymbol{a}_2, \cdots, \boldsymbol{a}_{i-1}$ 线性表示, 则 $\boldsymbol{a}_1, \boldsymbol{a}_2, \cdots, \boldsymbol{a}_i$ 线性相关, 从而 $\boldsymbol{a}_1, \cdots, \boldsymbol{a}_s$ 线性相关.

(必要性) 由于 $\boldsymbol{a}_1 \neq \boldsymbol{0}$, 由 $\boldsymbol{a}_1$ 单个向量构成的向量组并不线性相关. 考虑到向量组 $\boldsymbol{a}_1, \boldsymbol{a}_2, \cdots, \boldsymbol{a}_s$ 线性相关, 故

$$i := \min\{k \mid \text{向量组 } \boldsymbol{a}_1, \boldsymbol{a}_2, \cdots, \boldsymbol{a}_k \text{ 线性相关}\} > 1.$$

因此 $\boldsymbol{a}_i$ 可以被 $\boldsymbol{a}_1, \boldsymbol{a}_2, \cdots, \boldsymbol{a}_{i-1}$ 线性表示. 由 i 的选取的极小性, 知 $\boldsymbol{a}_1, \cdots, \boldsymbol{a}_{i-1}$ 是线性无关的, 故该线性表示是唯一的.

例 5.30 若线性无关的向量组 $\boldsymbol{\beta}_1, \cdots, \boldsymbol{\beta}_m$ 可以由向量组 $\boldsymbol{\alpha}_1, \cdots, \boldsymbol{\alpha}_n$ 线性表示, 证明: 存在 $\boldsymbol{\alpha}_k$ $(1 \leqslant k \leqslant n)$, 使得 $\boldsymbol{\alpha}_k, \boldsymbol{\beta}_2, \cdots, \boldsymbol{\beta}_m$ 线性无关.

提示 若命题不成立, 则 $\boldsymbol{\alpha}_k (k = 1, 2, \cdots, n)$ 可以由 $\boldsymbol{\beta}_2, \cdots, \boldsymbol{\beta}_m$ 线性表示.

例 5.31 设向量组 $\boldsymbol{a}_1, \boldsymbol{a}_2, \boldsymbol{a}_3$ 线性相关, 而向量组 $\boldsymbol{a}_2, \boldsymbol{a}_3, \boldsymbol{a}_4$ 线性无关, 试判断:

(1) $\boldsymbol{a}_1$ 能否由 $\boldsymbol{a}_2, \boldsymbol{a}_3, \boldsymbol{a}_4$ 线性表示;

(2) $\boldsymbol{a}_4$ 能否由 $\boldsymbol{a}_1, \boldsymbol{a}_2, \boldsymbol{a}_3$ 线性表示.

答案 (1) 能; (2) 不能.

例 5.32 设 $\boldsymbol{a}_1, \cdots, \boldsymbol{a}_r$ 和 $\boldsymbol{b}_1, \cdots, \boldsymbol{b}_r$ 是两个向量组, 满足 $r \geqslant 2$, $\boldsymbol{b}_i = \sum\limits_{j \neq i} \boldsymbol{a}_j$. 试证明: 向量组的秩 $\operatorname{rank}(\boldsymbol{a}_1, \cdots, \boldsymbol{a}_r) = \operatorname{rank}(\boldsymbol{b}_1, \cdots, \boldsymbol{b}_r)$.

证 (方法 1) 容易看出 $(\boldsymbol{b}_1, \cdots, \boldsymbol{b}_r) = (\boldsymbol{a}_1, \cdots, \boldsymbol{a}_r)\boldsymbol{T}$, 其中矩阵

$$\boldsymbol{T} = \begin{pmatrix} 0 & 1 & \cdots & 1 \\ 1 & 0 & \cdots & 1 \\ \vdots & \vdots & \ddots & \vdots \\ 1 & 1 & \cdots & 0 \end{pmatrix}.$$

矩阵 $\boldsymbol{T}$ 的行列式为

$$\begin{vmatrix} 0 & 1 & \cdots & 1 \\ 1 & 0 & \cdots & 1 \\ \vdots & \vdots & \ddots & \vdots \\ 1 & 1 & \cdots & 0 \end{vmatrix}_{r\times r} \xlongequal{\text{加边}} \begin{vmatrix} 1 & 1 & 1 & \cdots & 1 \\ 0 & 0 & 1 & \cdots & 1 \\ 0 & 1 & 0 & \cdots & 1 \\ \vdots & \vdots & \vdots & \ddots & \vdots \\ 0 & 1 & 1 & \cdots & 0 \end{vmatrix}_{(r+1)\times(r+1)}$$

$$\xlongequal{-r_1\to r_i, i\geqslant 2} \begin{vmatrix} 1 & 1 & 1 & \cdots & 1 \\ -1 & -1 & & & \\ -1 & & -1 & & \\ \vdots & & & \ddots & \\ -1 & & & & -1 \end{vmatrix}$$

$$\xlongequal{-c_i\to c_1, i\geqslant 2} \begin{vmatrix} 1-r & 1 & 1 & \cdots & 1 \\ & -1 & & & \\ & & -1 & & \\ & & & \ddots & \\ & & & & -1 \end{vmatrix} = (-1)^r(1-r) \neq 0.$$

因此矩阵 $\boldsymbol{T}$ 是可逆矩阵, 而 $(\boldsymbol{a}_1,\cdots,\boldsymbol{a}_r) = (\boldsymbol{b}_1,\cdots,\boldsymbol{b}_r)\boldsymbol{T}^{-1}$. 向量组 $\boldsymbol{a}_1,\cdots,\boldsymbol{a}_r$ 和向量组 $\boldsymbol{b}_1,\cdots,\boldsymbol{b}_r$ 可以互相线性表示, 故它们有相同的秩.

(方法 2) 我们只需证明 $\boldsymbol{a}_1,\cdots,\boldsymbol{a}_r$ 可以由 $\boldsymbol{b}_1,\cdots,\boldsymbol{b}_r$ 线性表示. 注意到 $\boldsymbol{b}_1+\cdots+\boldsymbol{b}_r = (r-1)(\boldsymbol{a}_1+\cdots+\boldsymbol{a}_r)$. 因此对任意的 i, 我们有 $\boldsymbol{a}_i = (\boldsymbol{a}_1+\cdots+\boldsymbol{a}_r)-\boldsymbol{b}_i = \dfrac{1}{r-1}(\boldsymbol{b}_1+\cdots+\boldsymbol{b}_r)-\boldsymbol{b}_i$, 是 $\boldsymbol{b}_1,\cdots,\boldsymbol{b}_r$ 的一个线性组合.

接下来, 我们用线性相关 (无关) 的观点重新考察教材中的定理 4.4.4.

例 5.33 矩阵 $\boldsymbol{A}$ 的非零子式的最大阶数等于矩阵 $\boldsymbol{A}$ 的秩.

证 设 $\boldsymbol{A}$ 是 $m\times n$ 矩阵, 矩阵的秩 $\operatorname{rank}(\boldsymbol{A}) = r$.

(1) 将矩阵 $\boldsymbol{A}$ 写成由 n 个 m 维列向量组成的形式, 即 $\boldsymbol{A} = (\boldsymbol{a}_1,\cdots,\boldsymbol{a}_n)$, 则矩阵的秩等于列向量的秩, 即 $\operatorname{rank}(\boldsymbol{A}) = \operatorname{rank}(\boldsymbol{a}_1,\cdots,\boldsymbol{a}_n)$. 不妨假定 $\boldsymbol{a}_1,\cdots,\boldsymbol{a}_r$ 是向量组 $\boldsymbol{a}_1,\cdots,\boldsymbol{a}_n$ 的一个极大无关组. 此时, 令 $\boldsymbol{A}' = (\boldsymbol{a}_1,\cdots,\boldsymbol{a}_r)$, 这是 $\boldsymbol{A}$ 的一个 $m\times r$ 子矩阵, 满足 $\operatorname{rank}(\boldsymbol{A}') = \operatorname{rank}(\boldsymbol{a}_1,\cdots,\boldsymbol{a}_r) = r$.

接下来, 将 $\boldsymbol{A}'$ 写成由 m 个 r 维行向量组成的形式:

$$\boldsymbol{A}' = \begin{pmatrix} \boldsymbol{b}_1 \\ \vdots \\ \boldsymbol{b}_m \end{pmatrix}.$$

则向量组的秩 $\operatorname{rank}(\boldsymbol{b}_1,\cdots,\boldsymbol{b}_m) = \operatorname{rank}(\boldsymbol{A}') = r$. 此时, 不妨进一步假定 $\boldsymbol{b}_1,\cdots,\boldsymbol{b}_r$ 是向量组 $\boldsymbol{b}_1,\cdots,\boldsymbol{b}_m$ 的一个极大无关组.

令

$$A''=\begin{pmatrix}b_1\\ \vdots\\ b_r\end{pmatrix}.$$

这是 A' 的一个子矩阵, 当然更是 A 的一个子矩阵. 矩阵的秩等于其行秩:

$$\mathrm{rank}(A'')=\mathrm{rank}(b_1,\cdots,b_r)=r.$$

故 r 阶方阵 A'' 是满秩的, 这等价于行列式 $|A''|\neq 0$. 此时, 我们已经证明 A 存在 r 阶不为零的子式.

(2) 考察 A 的任意 $r+1$(或更大) 阶的子方阵 A_1. 不妨假定 $A_1=A\begin{pmatrix}1,2,\cdots,r+1\\1,2,\cdots,r+1\end{pmatrix}$, 则矩阵可以写成分块的形式, 即 $A=\begin{pmatrix}A_1 & A_2\\ A_3 & A_4\end{pmatrix}$. 矩阵的秩满足

$$\mathrm{rank}(A)\geqslant \mathrm{rank}\begin{pmatrix}A_1 & A_2\end{pmatrix}\geqslant \mathrm{rank}(A_1).$$

$r+1$ 阶方阵 A_1 满足 $\mathrm{rank}(A_1)\leqslant r$, 它不是满秩的, 并且行列式 $|A_1|=0$.

例 5.34 设 $m\times n$ 矩阵 A 的秩为 r. 任取 A 的 r 个线性无关的行向量和 r 个线性无关的列向量. 证明: 这 r 行和这 r 列交叉处的 r 阶子阵满秩.

证 不妨假定选取的是矩阵 A 的前 r 行和前 r 列. 将矩阵写成分块矩阵的形式, 即 $A=\begin{pmatrix}A_1 & A_2\\ A_3 & A_4\end{pmatrix}$, 其中 A_1 是 A 的左上角的 r 阶子阵. 由于

$$\mathrm{rank}(A)=r=\mathrm{rank}\begin{pmatrix}A_1\\ A_3\end{pmatrix},$$

我们知 $\begin{pmatrix}A_2\\ A_4\end{pmatrix}$ 中的列向量可以由 $\begin{pmatrix}A_1\\ A_3\end{pmatrix}$ 中的列向量线性表示. 特别地, 我们可以考虑前 r 个分量, 故 A_2 中的列向量可以由 A_1 中的列向量线性表示. 因此 $\mathrm{rank}(A_1)=\mathrm{rank}(A_1,A_2)=r$, 即 A_1 是满秩的.

注 若 $r<\mathrm{rank}(A)$, 则例 5.34 的结论不成立. 例如矩阵 $\begin{pmatrix}0 & 1\\ 1 & 0\end{pmatrix}$ 的秩为 2, 我们可以考察其第 1 行和第 1 列.

例 5.35 矩阵的非零子式所在的行向量组和列向量组都是线性无关的.

证 不失一般性, 不妨设 $A=\begin{pmatrix}A_{11} & A_{12}\\ A_{21} & A_{22}\end{pmatrix}$, 其中 A_{11} 为 r 阶方阵, 满足 $|A_{11}|\neq 0$. 由矩阵的行秩、列秩和秩的关系, 只需证 $\mathrm{rank}(A_{11}\ \ A_{12})=r=\mathrm{rank}\begin{pmatrix}A_{11}\\ A_{21}\end{pmatrix}$. 而这用矩阵秩的定义 (最大的非零子式的阶数) 来看, 是显然的.

注 很显然, 例 5.35 的逆命题不成立, 即位于线性无关行向量组及线性无关列向量组交叉处的子式并不一定非零.

例 5.36　证明:

(1) $\operatorname{rank}(\boldsymbol{A},\boldsymbol{B}) \leqslant \operatorname{rank}(\boldsymbol{A})+\operatorname{rank}(\boldsymbol{B})$;

(2) $\operatorname{rank}(\boldsymbol{A}\pm\boldsymbol{B}) \leqslant \operatorname{rank}(\boldsymbol{A})+\operatorname{rank}(\boldsymbol{B})$;

(3) $\operatorname{rank}(\boldsymbol{AB}) \leqslant \min\{\operatorname{rank}(\boldsymbol{A}),\operatorname{rank}(\boldsymbol{B})\}$;

(4) $\operatorname{rank}(\boldsymbol{AB}) \geqslant \operatorname{rank}(\boldsymbol{A})+\operatorname{rank}(\boldsymbol{B})-\boldsymbol{A}$的列数.

证　(1) 我们利用矩阵的秩等于矩阵的列秩来证明. 设 $\operatorname{rank}(\boldsymbol{A})=r$, 则 $\boldsymbol{A}$ 的所有列均可用它的某 r 个列线性表示; 设 $\operatorname{rank}(\boldsymbol{B})=s$, 则 $\boldsymbol{B}$ 的所有列均可用它的某 s 个列线性表示. 于是矩阵 $(\boldsymbol{A},\boldsymbol{B})$ 的所有列均可用以上 $r+s$ 个列向量线性表示. 即 $\operatorname{rank}(\boldsymbol{A},\boldsymbol{B}) \leqslant \operatorname{rank}(\boldsymbol{A})+\operatorname{rank}(\boldsymbol{B})$ 成立.

(2) 因为对矩阵的初等变换不改变矩阵的秩, 故 $\operatorname{rank}(-\boldsymbol{B})=\operatorname{rank}(\boldsymbol{B})$. 所以只需证明 $\operatorname{rank}(\boldsymbol{A}+\boldsymbol{B}) \leqslant \operatorname{rank}(\boldsymbol{A})+\operatorname{rank}(\boldsymbol{B})$. 若将 $\boldsymbol{B}$ 的各列加到 $\boldsymbol{A}$ 的相应列上, 则 $\operatorname{rank}(\boldsymbol{A},\boldsymbol{B})=\operatorname{rank}(\boldsymbol{A}+\boldsymbol{B},\boldsymbol{B})$. 而按定义易知 $\operatorname{rank}(\boldsymbol{A}+\boldsymbol{B}) \leqslant \operatorname{rank}(\boldsymbol{A}+\boldsymbol{B},\boldsymbol{B})$. 再由 (1) 的结果, 便证得 $\operatorname{rank}(\boldsymbol{A}+\boldsymbol{B}) \leqslant \operatorname{rank}(\boldsymbol{A})+\operatorname{rank}(\boldsymbol{B})$ 成立.

(3) 设 $\boldsymbol{A}$ 为 $m\times n$ 阵, $\boldsymbol{B}$ 为 $n\times s$ 阵, 且 $\operatorname{rank}(\boldsymbol{A})=r$, $\operatorname{rank}(\boldsymbol{B})=t$. 则存在可逆阵 $\boldsymbol{P},\boldsymbol{Q}$, 使 $\boldsymbol{PAQ}=\begin{pmatrix}\boldsymbol{I}_r & \boldsymbol{O}\\ \boldsymbol{O} & \boldsymbol{O}\end{pmatrix}$, 于是

$$\boldsymbol{PAB}=\boldsymbol{PAQQ}^{-1}\boldsymbol{B}=\begin{pmatrix}\boldsymbol{I}_r & \boldsymbol{O}\\ \boldsymbol{O} & \boldsymbol{O}\end{pmatrix}\boldsymbol{Q}^{-1}\boldsymbol{B}.$$

记 $\boldsymbol{Q}^{-1}\boldsymbol{B}=\boldsymbol{C}=(c_{ij})_{n\times s}$, 故

$$\boldsymbol{PAB}=\begin{pmatrix}\boldsymbol{I}_r & \boldsymbol{O}\\ \boldsymbol{O} & \boldsymbol{O}\end{pmatrix}\boldsymbol{C}=\begin{pmatrix}c_{11} & c_{12} & \cdots & c_{1s}\\ \vdots & \vdots & \ddots & \vdots\\ c_{r1} & c_{r2} & \cdots & c_{rs}\\ 0 & 0 & \cdots & 0\\ \vdots & \vdots & \ddots & \vdots\\ 0 & 0 & \cdots & 0\end{pmatrix}.$$

此时容易看出 $\operatorname{rank}(\boldsymbol{AB})=\operatorname{rank}(\boldsymbol{PAB})\leqslant r$. 同理可证 $\operatorname{rank}(\boldsymbol{AB})\leqslant s$, 所以 $\operatorname{rank}(\boldsymbol{AB})\leqslant \min\{\operatorname{rank}(\boldsymbol{A}),\operatorname{rank}(\boldsymbol{B})\}$, 得证.

(4) 同样设 $\boldsymbol{A}$ 为 $m\times n$ 阵, $\boldsymbol{B}$ 为 $n\times s$ 阵, $\operatorname{rank}(\boldsymbol{A})=r$, $\operatorname{rank}(\boldsymbol{B})=t$. 与上面的证法完全类似, 得

$$\boldsymbol{PAB}=\begin{pmatrix}\boldsymbol{I}_r & \boldsymbol{O}\\ \boldsymbol{O} & \boldsymbol{O}\end{pmatrix}\boldsymbol{C}=\begin{pmatrix}c_{11} & c_{12} & \cdots & c_{1s}\\ \vdots & \vdots & \ddots & \vdots\\ c_{r1} & c_{r2} & \cdots & c_{rs}\\ 0 & 0 & \cdots & 0\\ \vdots & \vdots & \ddots & \vdots\\ 0 & 0 & \cdots & 0\end{pmatrix}.$$

因为 $\boldsymbol{Q}^{-1}$ 是可逆阵, 所以 $\operatorname{rank}(\boldsymbol{B})=\operatorname{rank}(\boldsymbol{C})=t$.

在矩阵 $\boldsymbol{C}$ 的 n 个行向量中, 极大线性无关组有 t 个行向量, 这 t 个行向量的极端情形是它们位于 $\boldsymbol{C}$ 的最后 t 行, 则矩阵 $\boldsymbol{C}$ 的前 r 行中至少有 $r-(n-t)=r+t-n$ 个线性无关的向量, 这就证明了: $\operatorname{rank}(\boldsymbol{AB})\geqslant\operatorname{rank}(\boldsymbol{A})+\operatorname{rank}(\boldsymbol{B})-\boldsymbol{A}$ 的列数.

注 对于例 5.36(4), 我们还可以用如下的方法证明. 为此, 我们假定 $\boldsymbol{A}$ 的列数为 n. 此时

$$\begin{aligned}\operatorname{rank}(\boldsymbol{A})+\operatorname{rank}(\boldsymbol{B})&=\operatorname{rank}\begin{pmatrix}\boldsymbol{A}&\\&\boldsymbol{B}\end{pmatrix}\leqslant\operatorname{rank}\begin{pmatrix}\boldsymbol{A}&\\\boldsymbol{I}_n&\boldsymbol{B}\end{pmatrix}\\&=\operatorname{rank}\begin{pmatrix}&-\boldsymbol{AB}\\\boldsymbol{I}_n&\boldsymbol{B}\end{pmatrix}=\operatorname{rank}\begin{pmatrix}&-\boldsymbol{AB}\\\boldsymbol{I}_n&\end{pmatrix}\\&=\operatorname{rank}(\boldsymbol{I}_n)+\operatorname{rank}(-\boldsymbol{AB})=n+\operatorname{rank}(\boldsymbol{AB}).\end{aligned}$$

例 5.37 设 $\boldsymbol{A}$ 为 $m\times n$ 矩阵, $\boldsymbol{B}$ 为 $n\times s$ 矩阵, 满足 $\boldsymbol{AB}=\boldsymbol{0}$. 证明: 矩阵的秩 $\operatorname{rank}(\boldsymbol{A})+\operatorname{rank}(\boldsymbol{B})\leqslant n$.

提示 可以用例 5.36(4) 的不等式, 也可以用线性方程组解的方法直接证明.

例 5.38 证明: $m\times n$ 矩阵 $\boldsymbol{A}$ 的秩为 r 的充要条件是, 存在 r 个线性无关的 m 维列向量 $\boldsymbol{x}_1,\cdots,\boldsymbol{x}_r$ 和 r 个线性无关的 n 维行向量 $\boldsymbol{y}_1,\cdots,\boldsymbol{y}_r$, 使得 $\boldsymbol{A}=\boldsymbol{x}_1\boldsymbol{y}_1+\cdots+\boldsymbol{x}_r\boldsymbol{y}_r$.

证 我们只需证明 $\operatorname{rank}(\boldsymbol{A})=r\Leftrightarrow$ 存在列满秩的 $m\times r$ 矩阵 $\boldsymbol{X}=(\boldsymbol{x}_1,\cdots,\boldsymbol{x}_r)$ 和行满秩的 $r\times n$ 矩阵 $\boldsymbol{Y}=\begin{pmatrix}\boldsymbol{y}_1\\\vdots\\\boldsymbol{y}_r\end{pmatrix}$, 使得 $\boldsymbol{A}=\boldsymbol{XY}$.

若 $\operatorname{rank}(\boldsymbol{A})=r$, 则存在可逆矩阵 $\boldsymbol{P},\boldsymbol{Q}$, 使得

$$\boldsymbol{A}=\boldsymbol{P}\begin{pmatrix}\boldsymbol{I}_r&\boldsymbol{O}\\\boldsymbol{O}&\boldsymbol{O}\end{pmatrix}\boldsymbol{Q}=\boldsymbol{P}\begin{pmatrix}\boldsymbol{I}_r\\\boldsymbol{O}\end{pmatrix}\begin{pmatrix}\boldsymbol{I}_r&\boldsymbol{O}\end{pmatrix}\boldsymbol{Q}.$$

令 $\boldsymbol{X}=\boldsymbol{P}\begin{pmatrix}\boldsymbol{I}_r\\\boldsymbol{O}\end{pmatrix},\boldsymbol{Y}=\begin{pmatrix}\boldsymbol{I}_r&\boldsymbol{O}\end{pmatrix}\boldsymbol{Q}$ 即可.

反过来, 若有符合上面要求的 $\boldsymbol{X},\boldsymbol{Y}$ 存在, 则 $\operatorname{rank}(\boldsymbol{A})=\operatorname{rank}(\boldsymbol{XY})\leqslant\operatorname{rank}(\boldsymbol{X})=r$. 另一方面, $\operatorname{rank}(\boldsymbol{A})=\operatorname{rank}(\boldsymbol{XY})\geqslant\operatorname{rank}(\boldsymbol{X})+\operatorname{rank}(\boldsymbol{Y})-r=r+r-r=r$. 故 $\operatorname{rank}(\boldsymbol{A})=r$.

例 5.39 判断下列命题是否正确.

(1) 若 $\boldsymbol{a}_1,\boldsymbol{a}_2,\cdots,\boldsymbol{a}_s$ 是一组线性相关的 n 维实向量, 则 $\boldsymbol{a}_1$ 可以由 $\boldsymbol{a}_2,\cdots,\boldsymbol{a}_s$ 线性表示.

(2) 向量组 $\boldsymbol{a}_1,\cdots,\boldsymbol{a}_s$ 线性无关的充要条件是存在不全为零的数 $\lambda_1,\cdots,\lambda_s$, 使得 $\lambda_1\boldsymbol{a}_1+\cdots+\lambda_s\boldsymbol{a}_s=\boldsymbol{0}$.

(3) 向量组 $\boldsymbol{a}_1,\cdots,\boldsymbol{a}_s$ 线性无关的充要条件是这些向量中的任意两个都线性无关.

(4) 向量组 $\boldsymbol{a}_1,\cdots,\boldsymbol{a}_s$ 线性无关的充要条件是这些向量中不存在一个向量, 它不能被其余的向量唯一线性表示.

(5) 向量组 $\boldsymbol{a}_1,\cdots,\boldsymbol{a}_s$ 线性相关的充要条件是其中任意一个向量都是其余向量的线性组合.

(6) 向量组 $\boldsymbol{a}_1,\cdots,\boldsymbol{a}_s$ 线性相关的充要条件是其中一个非零向量是其余向量的线性组合.

(7) 若向量 $\boldsymbol{b}$ 不能由向量组 $\boldsymbol{a}_1,\cdots,\boldsymbol{a}_s$ 线性表示, 则 $\boldsymbol{b},\boldsymbol{a}_1,\cdots,\boldsymbol{a}_s$ 线性无关.

(8) 若线性无关的向量组 $\boldsymbol{\beta}_1,\cdots,\boldsymbol{\beta}_m$ 可以由向量组 $\boldsymbol{\alpha}_1,\cdots,\boldsymbol{\alpha}_n$ 线性表示, 则存在 $\boldsymbol{\alpha}_k$ $(1\leqslant k\leqslant n)$, 使得 $\boldsymbol{\alpha}_k,\boldsymbol{\beta}_1,\boldsymbol{\beta}_2,\cdots,\boldsymbol{\beta}_m$ 线性相关.

(9) 若向量组 $\boldsymbol{a},\boldsymbol{b},\boldsymbol{c}$ 线性无关, $\boldsymbol{a},\boldsymbol{b},\boldsymbol{d}$ 线性相关, 则 $\boldsymbol{a}$ 必可由 $\boldsymbol{b},\boldsymbol{c},\boldsymbol{d}$ 线性表示.

(10) 若向量组 $\boldsymbol{a},\boldsymbol{b},\boldsymbol{c}$ 线性无关, $\boldsymbol{a},\boldsymbol{b},\boldsymbol{d}$ 线性相关, 则 $\boldsymbol{a}$ 必不可由 $\boldsymbol{b},\boldsymbol{c},\boldsymbol{d}$ 线性表示.

(11) 若向量组 $\boldsymbol{a},\boldsymbol{b},\boldsymbol{c}$ 线性无关, $\boldsymbol{a},\boldsymbol{b},\boldsymbol{d}$ 线性相关, 则 $\boldsymbol{d}$ 必可由 $\boldsymbol{a},\boldsymbol{b},\boldsymbol{c}$ 线性表示.

(12) 若 $\boldsymbol{a}_1,\boldsymbol{a}_2,\boldsymbol{a}_3,\boldsymbol{a}_4$ 均是 3 维非零向量, $\boldsymbol{a}_4$ 不能由 $\boldsymbol{a}_1,\boldsymbol{a}_2,\boldsymbol{a}_3$ 线性表示, 则 $\boldsymbol{a}_1,\boldsymbol{a}_2,\boldsymbol{a}_3$ 线性相关.

(13) 若向量组 $\boldsymbol{a}_1+\boldsymbol{a}_2,\boldsymbol{a}_2+\boldsymbol{a}_3,\boldsymbol{a}_3+\boldsymbol{a}_1$ 线性无关, 则向量组 $\boldsymbol{a}_1,\boldsymbol{a}_2,\boldsymbol{a}_3$ 也线性无关.

(14) 若向量组 $\boldsymbol{a}_1,\boldsymbol{a}_2,\boldsymbol{a}_3,\boldsymbol{a}_4$ 线性无关, 则向量组 $\boldsymbol{a}_1+\boldsymbol{a}_2,\boldsymbol{a}_2+\boldsymbol{a}_3,\boldsymbol{a}_3+\boldsymbol{a}_4,\boldsymbol{a}_4+\boldsymbol{a}_1$ 线性无关.

(15) 若向量组 $\boldsymbol{a}_1,\boldsymbol{a}_2,\boldsymbol{a}_3,\boldsymbol{a}_4$ 线性无关, 则向量组 $\boldsymbol{a}_1-\boldsymbol{a}_2,\boldsymbol{a}_2-\boldsymbol{a}_3,\boldsymbol{a}_3-\boldsymbol{a}_4,\boldsymbol{a}_4-\boldsymbol{a}_1$ 线性无关.

(16) 若 $\boldsymbol{a}_1,\boldsymbol{a}_2,\boldsymbol{a}_3$ 线性无关, 则 $\boldsymbol{a}_1-\boldsymbol{a}_2,\boldsymbol{a}_2-\boldsymbol{a}_3,\boldsymbol{a}_3-\boldsymbol{a}_1$ 也线性无关.

(17) 若向量组的秩 $\operatorname{rank}(\boldsymbol{a}_1,\boldsymbol{a}_2,\boldsymbol{a}_3)=\operatorname{rank}(\boldsymbol{a}_1,\boldsymbol{a}_2,\boldsymbol{a}_3,\boldsymbol{b})$, 则 $\boldsymbol{b}$ 可以用 $\boldsymbol{a}_1,\boldsymbol{a}_2,\boldsymbol{a}_3$ 线性表示.

(18) 若 $\boldsymbol{a}_1,\boldsymbol{a}_2,\cdots,\boldsymbol{a}_r(r\geqslant 2)$ 是一组数域 F 上的线性无关的向量, 则向量组 $\boldsymbol{b}_1=\boldsymbol{a}_1+\lambda_1\boldsymbol{a}_r,\boldsymbol{b}_2=\boldsymbol{a}_2+\lambda_2\boldsymbol{a}_r,\cdots,\boldsymbol{b}_{r-1}=\boldsymbol{a}_{r-1}+\lambda_{r-1}\boldsymbol{a}_r,\boldsymbol{b}_r=\boldsymbol{a}_r(\lambda_i\in F)$ 也是线性无关的.

(19) 若向量组的秩 $\operatorname{rank}(\boldsymbol{a}_1,\boldsymbol{a}_2,\cdots,\boldsymbol{a}_s)=r$, 则 $\boldsymbol{a}_1,\cdots,\boldsymbol{a}_s$ 中任意 r 个线性无关的向量都是 $\boldsymbol{a}_1,\cdots,\boldsymbol{a}_s$ 的一个极大线性无关组.

(20) 若向量组的秩 $\operatorname{rank}(\boldsymbol{a}_1,\cdots,\boldsymbol{a}_s)=r$, 且任何向量 $\boldsymbol{a}_i(1\leqslant i\leqslant s)$ 都可以被 $\boldsymbol{a}_1,\boldsymbol{a}_2,\cdots,\boldsymbol{a}_r$ 线性表示, 则 $\boldsymbol{a}_1,\boldsymbol{a}_2,\cdots,\boldsymbol{a}_r$ 是 $\boldsymbol{a}_1,\boldsymbol{a}_2,\cdots,\boldsymbol{a}_s$ 的一个极大线性无关组.

(21) 设有两组 n 维向量 $\boldsymbol{a}_1,\cdots,\boldsymbol{a}_n$ 和 $\boldsymbol{b}_1,\cdots,\boldsymbol{b}_n$. 若存在两组不全为零的实数 $\lambda_1,\cdots,\lambda_n$ 和 $\mu_1,\cdots,\mu_n$, 使得

$$\sum_{i=1}^{n}(\lambda_i+\mu_i)\boldsymbol{a}_i+\sum_{i=1}^{n}(\lambda_i-\mu_i)\boldsymbol{b}_i=\boldsymbol{0},$$

则 $\boldsymbol{a}_1,\cdots,\boldsymbol{a}_n$ 和 $\boldsymbol{b}_1,\cdots,\boldsymbol{b}_n$ 都线性相关.

(22) 设 $\boldsymbol{a}_1,\cdots,\boldsymbol{a}_s$ 和 $\boldsymbol{b}_1,\cdots,\boldsymbol{b}_t$ 为两个 n 维向量组, 满足

$$\operatorname{rank}(\boldsymbol{a}_1,\cdots,\boldsymbol{a}_s)=\operatorname{rank}(\boldsymbol{b}_1,\cdots,\boldsymbol{b}_t)=r,$$

则

$$\operatorname{rank}(\boldsymbol{a}_1,\cdots,\boldsymbol{a}_s,\boldsymbol{b}_1,\cdots,\boldsymbol{b}_t)=r.$$

(23) 设 $\boldsymbol{a}_1,\cdots,\boldsymbol{a}_s$ 和 $\boldsymbol{b}_1,\cdots,\boldsymbol{b}_t$ 为两个 n 维向量组, 满足

$$\operatorname{rank}(\boldsymbol{a}_1,\cdots,\boldsymbol{a}_s)=\operatorname{rank}(\boldsymbol{b}_1,\cdots,\boldsymbol{b}_t)=r,$$

则这两个向量组等价.

(24) 设 $\boldsymbol{a}_1,\cdots,\boldsymbol{a}_s$ 和 $\boldsymbol{b}_1,\cdots,\boldsymbol{b}_t$ 为两个 n 维向量组, 满足

$$\operatorname{rank}(\boldsymbol{a}_1,\cdots,\boldsymbol{a}_s)=\operatorname{rank}(\boldsymbol{b}_1,\cdots,\boldsymbol{b}_t)=r.$$

若 $\boldsymbol{a}_1,\cdots,\boldsymbol{a}_s$ 可以被 $\boldsymbol{b}_1,\cdots,\boldsymbol{b}_t$ 线性表示, 则 $\boldsymbol{b}_1,\cdots,\boldsymbol{b}_t$ 反过来也可以被 $\boldsymbol{a}_1,\cdots,\boldsymbol{a}_s$ 线性表示.

(25) 设 $\boldsymbol{A},\boldsymbol{B}$ 均为 n 阶方阵, 满足 $\operatorname{rank}(\boldsymbol{A})=\operatorname{rank}(\boldsymbol{B})$, 则 $\operatorname{rank}(\boldsymbol{A}-\boldsymbol{B})=0$.

(26) 设 $\boldsymbol{A},\boldsymbol{B}$ 均为 n 阶方阵, 满足 $\operatorname{rank}(\boldsymbol{A})=\operatorname{rank}(\boldsymbol{B})$, 则 $\operatorname{rank}(\boldsymbol{A}+\boldsymbol{B})=2\operatorname{rank}(\boldsymbol{A})$.

(27) 设 $\boldsymbol{A},\boldsymbol{B}$ 均为 n 阶方阵, 满足 $\operatorname{rank}(\boldsymbol{A})=\operatorname{rank}(\boldsymbol{B})$, 则 $\operatorname{rank}(\boldsymbol{A},\boldsymbol{B})=2\operatorname{rank}(\boldsymbol{A})$.

(28) 若向量 $\boldsymbol{b}$ 可以由向量组 $\boldsymbol{a}_1,\cdots,\boldsymbol{a}_s$ 线性表示, 但是不能由 $\boldsymbol{a}_1,\cdots,\boldsymbol{a}_{s-1}$ 线性表示, 则 $\boldsymbol{a}_s$ 可以由向量组 $\boldsymbol{a}_1,\cdots,\boldsymbol{a}_{s-1},\boldsymbol{b}$ 线性表示.

(29) 向量组 $\boldsymbol{a}_1,\cdots,\boldsymbol{a}_s$ 线性无关的充要条件是 $\boldsymbol{a}_1\neq\mathbf{0}$, 且每个向量 $\boldsymbol{a}_i(i>1)$ 都不能由 $\boldsymbol{a}_1,\cdots,\boldsymbol{a}_{i-1}$ 线性表示.

(30) 矩阵在乘以奇异矩阵后必定改变秩.

(31) 设 $\boldsymbol{A}$ 为 $m\times n$ 矩阵, 满足 $\operatorname{rank}(\boldsymbol{A})=r<\min\{n,m\}$, 则 $\boldsymbol{A}$ 的任何 r 阶子式不等于零, 任何 $r+1$ 阶子式都等于零.

(32) 设 3×4 矩阵 $\boldsymbol{A}$ 的秩为 2, 4×5 矩阵 $\boldsymbol{B}$ 的秩为 3, 则 $\boldsymbol{AB}$ 的秩至多为 2.

(33) 设 $\boldsymbol{A}$ 是 3×4 矩阵, $\boldsymbol{B}$ 是 4×3 矩阵, 使得 $\boldsymbol{AB}$ 是单位方阵, 则 $\boldsymbol{B}$ 的列向量组线性无关.

(34) 设 $\boldsymbol{A}$ 为 $n\times n$ 矩阵, $\boldsymbol{B}$ 为 $n\times s$ 矩阵, $\operatorname{rank}(\boldsymbol{B})=n\leqslant s$, 且 $\boldsymbol{AB}=\mathbf{0}$, 则 $\boldsymbol{A}=\mathbf{0}$.

(35) 设 $\boldsymbol{A}$ 为 $n\times n$ 矩阵, $\boldsymbol{B}$ 为 $n\times s$ 矩阵, $\operatorname{rank}(\boldsymbol{B})=n\leqslant s$, 且 $\boldsymbol{AB}=\boldsymbol{B}$, 则 $\boldsymbol{A}=\boldsymbol{I}_n$.

答案 (1) 错. (2) 错. (3) 错. (4) 错. (5) 错. (6) 错. (7) 错. (8) 错. (9) 错. (10) 错. (11) 对. (12) 对. (13) 对. (14) 错. (15) 错. (16) 错. (17) 对. (18) 对. (19) 对. (20) 对. (21) 错. (22) 错. (23) 错. (24) 对. (25) 错. (26) 错. (27) 错. (28) 对. (29) 对. (30) 错. (31) 错. (32) 对. (33) 对. (34) 对. (35) 对.

例 5.40 填空题.

(1) 若向量组的秩 $\operatorname{rank}(\boldsymbol{a}_1,\boldsymbol{a}_2,\boldsymbol{a}_3)=\operatorname{rank}(\boldsymbol{a}_1,\boldsymbol{a}_2,\boldsymbol{a}_3,\boldsymbol{a}_4)=3$, 而 $\operatorname{rank}(\boldsymbol{a}_1,\boldsymbol{a}_2,\boldsymbol{a}_3,\boldsymbol{a}_5)=4$, 则 $\operatorname{rank}(\boldsymbol{a}_1,\boldsymbol{a}_2,\boldsymbol{a}_3,\boldsymbol{a}_4+\boldsymbol{a}_5)=$ ________.

(2) 若 $\operatorname{rank}(\boldsymbol{a}_1,\boldsymbol{a}_2,\boldsymbol{a}_3,\boldsymbol{a}_4)=4$, 则 $\operatorname{rank}(\boldsymbol{a}_1+\boldsymbol{a}_2,\boldsymbol{a}_2+\boldsymbol{a}_3,\boldsymbol{a}_3+\boldsymbol{a}_4,\boldsymbol{a}_4+\boldsymbol{a}_1)=$ ________.

(3) 向量组 $(1,-1,2,4)$, $(0,3,1,2)$, $(3,0,7,14)$, $(1,-2,2,0)$, $(2,1,5,10)$ 的秩为 ________.

(4) 已知向量组 $\boldsymbol{a}_1=(2,-1,3,0)$, $\boldsymbol{a}_2=(1,2,0,-2)$, $\boldsymbol{a}_3=(1,-8,6,6)$, $\boldsymbol{a}_4=(4,3,3,\lambda)$. 若向量组的秩为 2, 则 $\lambda=$ ________.

(5) 设 $\boldsymbol{A}=\begin{pmatrix}a_1b_1 & a_1b_2 & \cdots & a_1b_9\\ a_2b_1 & a_2b_2 & \cdots & a_2b_9\\ \vdots & \vdots & \ddots & \vdots\\ a_9b_1 & a_9b_2 & \cdots & a_9b_9\end{pmatrix}$, $a_i\neq0,\ b_i\neq0(i=1,2,\cdots,9)$, 则 $\operatorname{rank}(\boldsymbol{A})$ = ________.

(6) 若向量组 $\boldsymbol{a}_1,\boldsymbol{a}_2,\cdots,\boldsymbol{a}_s$ 线性无关, 向量 $\boldsymbol{b}_1$ 可以用它们线性表示, 向量 $\boldsymbol{b}_2$ 不能用它

们线性表示, 则向量组 $\boldsymbol{a}_1,\boldsymbol{a}_2,\cdots,\boldsymbol{a}_s,\lambda\boldsymbol{b}_1+\mu\boldsymbol{b}_2$ 线性无关的充要条件是复数 λ________, 且 μ________.

(7) 设向量 $\boldsymbol{a}_1=(1,0,2,3)$, $\boldsymbol{a}_2=(1,1,3,5)$, $\boldsymbol{a}_3=(1,-1,\lambda+2,1)$, $\boldsymbol{a}_4=(1,2,4,\lambda+8)$, $\boldsymbol{b}=(1,1,\mu+3,5)$. 向量 $\boldsymbol{b}$ 不能被向量组 $\boldsymbol{a}_1,\cdots,\boldsymbol{a}_4$ 线性表示的充要条件是复数 λ________, μ________.

(8) 若向量组 $\boldsymbol{\alpha}_1=(1,1,a)$, $\boldsymbol{\alpha}_2=(1,a,1)$, $\boldsymbol{\alpha}_3=(a,1,1)$ 可以由向量组 $\boldsymbol{\beta}_1=(1,1,a)$, $\boldsymbol{\beta}_2=(-2,a,4)$, $\boldsymbol{\beta}_3=(-2,a,a)$ 线性表示, 但是向量组 $\boldsymbol{\beta}_1,\boldsymbol{\beta}_2,\boldsymbol{\beta}_3$ 不能由向量组 $\boldsymbol{\alpha}_1,\boldsymbol{\alpha}_2,\boldsymbol{\alpha}_3$ 线性表示, 则 $a=$________.

(9) 若向量组 $\boldsymbol{\beta}_1=(0,1,-1)$, $\boldsymbol{\beta}_2=(a,2,1)$, $\boldsymbol{\beta}_3=(b,1,0)$ 与向量组 $\boldsymbol{\alpha}_1=(1,2,-3)$, $\boldsymbol{\alpha}_2=(3,0,1)$, $\boldsymbol{\alpha}_3=(9,6,-7)$ 有相同的秩, 且 $\boldsymbol{\beta}_3$ 可以由 $\boldsymbol{\alpha}_1,\boldsymbol{\alpha}_2,\boldsymbol{\alpha}_3$ 线性表示, 则 $a=$________, $b=$________.

答案　(1) 4. (2) 3. (3) 3. (4) 4. (5) 1. (6) 任意, 非零. (7) $=-1$, $\neq 0$. (8) 1. (9) 15, 5.

例 5.41*　设有 s 个行向量 $\boldsymbol{\alpha}_i=(a_{i1},\cdots,a_{in})$ $(1\leqslant i\leqslant s\leqslant n)$, 其分量满足

$$|a_{jj}|>\sum_{i\neq j}|a_{ij}|\quad(1\leqslant j\leqslant s),$$

则这 s 个向量线性无关.

证　记 $\boldsymbol{\beta}_i=(a_{i1},\cdots,a_{is})$, 则我们只需证明 $\boldsymbol{\beta}_1,\cdots,\boldsymbol{\beta}_s$ 是线性无关的, 即矩阵 $\boldsymbol{B}=(a_{ij})_{1\leqslant i,j\leqslant s}$ 的行列式非零. 这正是下题中考虑的莱维–德普朗克 (Levy-Desplanques) 定理.

例 5.42*　(莱维–德普朗克) 设 n 阶复方阵 $\boldsymbol{A}=(a_{ij})$ 是**列主角占优**的, 即

$$|a_{jj}|>\sum_{i\neq j}|a_{ij}|\quad(1\leqslant j\leqslant n),$$

则 $|\boldsymbol{A}|\neq 0$.

证　反设 $|\boldsymbol{A}|=0$, 则方程组 $\boldsymbol{A}^{\mathrm{T}}\boldsymbol{x}=\boldsymbol{0}$ 有非零解 $\boldsymbol{x}=(x_1,\cdots,x_n)^{\mathrm{T}}$. 设 $|x_k|=\max\{|x_1|,|x_2|,\cdots,|x_n|\}$, 则 $x_k\neq 0$. 注意到 $\sum\limits_{j=1}^{n}a_{jk}x_j=0$, 即 $a_{kk}x_k=-\sum\limits_{j\neq k}a_{jk}x_j$. 对该式取模, 我们得到

$$|a_{kk}||x_k|=|\sum_{j\neq k}a_{jk}x_j|\leqslant\sum_{j\neq k}|a_{jk}||x_j|\leqslant\sum_{j\neq k}|a_{jk}||x_k|.$$

从而 $|a_{kk}|\leqslant\sum\limits_{j\neq k}|a_{jk}|$, 与 $\boldsymbol{A}$ 是列主角占优的这一条件相矛盾.

例 5.43*　设 $\boldsymbol{A}$ 是列主角占优的实矩阵, 且 $\boldsymbol{A}$ 的对角线上的元素全是正数. 证明: $|\boldsymbol{A}|>0$.

证　当变元 $x\in[0,+\infty)$ 时, 方阵 $x\boldsymbol{I}+\boldsymbol{A}$ 是列主角占优的, 从而由莱维–德普朗克定理知连续函数 $f(x):=|x\boldsymbol{I}+\boldsymbol{A}|\neq 0$, 再由连续函数的介值性知 $f(x)$ 在 $[0,+\infty)$ 不变号. 注意到函数 $f(x)$ 是关于变量 x 的 n 次首一多项式, 因而 $\lim\limits_{x\to+\infty}f(x)=+\infty$, 从而 $f(x)>0$. 特别地, $|\boldsymbol{A}|=f(0)>0$.

例 5.44*　(中国科学技术大学) 设有 $n+1$ 个人及供他们读的 n 种小册子, 假定每个人都读了一些小册子 (至少一本), 试证: 这 $n+1$ 个人中必可找到甲、乙两组人, 甲组人读过

的小册子与乙组人读过的小册子种类相同 (即将甲组人中每人读过的小册子合在一起, 其种类与乙组人每人读过的小册子合在一起的种类相同).

证 若第 i 个人读了第 j 种小册子, 我们令 $a_{ij}=1$, 否则令 $a_{ij}=0$ $(1\leqslant i\leqslant n+1, 1\leqslant j\leqslant n)$. 再令向量 $\boldsymbol{\alpha}_i=(a_{i1},\cdots,a_{in})\in\mathbf{R}^n$. 则非零向量组 $\boldsymbol{\alpha}_1,\cdots,\boldsymbol{\alpha}_{n+1}$ 必线性相关, 从而存在不全为零的常数 $k_i\in\mathbf{R}$, 使得 $\sum\limits_{i=1}^{n+1}k_i\boldsymbol{\alpha}_i=\mathbf{0}$.

由于元素 $a_{ij}\in\{0,1\}$, 因此这些系数 k_i 必然不全为正数, 也不全为负数. 我们不妨假定 $k_1,\cdots,k_s>0$, $k_{s+1},\cdots,k_r<0$, 而 $k_{r+1}=\cdots=k_n=0$. 显然 $1\leqslant s<r\leqslant n$.

此时

$$\sum_{i=1}^{s}k_i\boldsymbol{\alpha}_i=\sum_{i=s+1}^{r}(-k_i)\boldsymbol{\alpha}_i,$$

令这个非零向量为 $\boldsymbol{\alpha}$.

我们将第 $1,2,\cdots,s$ 人列为甲组, 第 $s+1,\cdots,r$ 人列为乙组, 其他人列为丙组. 则甲组与乙组读过的小册子的种类相同, 为 $\boldsymbol{\alpha}$ 的非零分量对应的那些小册子.

5.2 线性空间的基本理论

内 容 提 要

我们初学线性代数时, 最重要的线性空间是**数组空间**. 数域 F 上的 n 元数组 $\boldsymbol{a}=(a_1,\cdots,a_n)$ 的全体构成了 F 上的 n 维数组空间 F^n. 根据需要, 其中的数组 $\boldsymbol{a}$ 可以写成行向量的形式, 也可以写成列向量的形式.

若非空集合 V 是数域 F 上的一个**线性空间**, 则 V 上定义了加法和关于 F 的数乘, 并且这两种运算是相容的. 读者可以回忆一下: 它们需要满足哪些运算规律?

V 的非空子集 V' 若对该加法运算和数乘运算封闭, 即 V' 对同样的运算构成 F 的一个线性空间, 则 V' 称为 V 的一个**线性子空间**.

设 S 是线性空间 V 中的一个子集. 若 S 的任意非空的有限子集都线性无关, 则称 S 是**线性无关**的. 若 $v\in V$ 可以被 S 的一个有限子集线性表示, 则称 v 可以被 S **线性表示**.

设 S 是线性空间 V 中的一个线性无关的子集. 若 V 中的所有向量都可以由 S 线性表示, 则称 S 是 V 的一组**基**. V 的基实际上就是 V 的一个极大无关组, 其长度称为 V 的**维数**, 记为 $\dim_F(V)$ 或 $\dim(V)$. 注意: 在本书中, 我们一般只讨论有限维的线性空间.

V 的任何一组线性无关的向量都可以扩充为 V 的一组基. 若 V' 是 V 的一个线性子空间, 则 $\dim(V')\leqslant\dim(V)$, 等号成立当且仅当 $V'=V$ 时.

若 $\boldsymbol{a}_1,\cdots,\boldsymbol{a}_n$ 是 V 的一组基, 则 V 中任何一个向量 $\boldsymbol{x}$ 可以由 $\boldsymbol{a}_1,\cdots,\boldsymbol{a}_n$ 唯一地线性表示:

$$\boldsymbol{x}=\lambda_1\boldsymbol{a}_1+\cdots+\lambda_n\boldsymbol{a}_n,$$

其组合系数 $(\lambda_1,\cdots,\lambda_n)$ 是 $\boldsymbol{x}$ 在 $\boldsymbol{a}_1,\cdots,\boldsymbol{a}_n$ 下的**坐标**. 下面的等价写法可能在某些情形下方便我们用矩阵的观点分析问题:

$$\boldsymbol{x}=(\boldsymbol{a}_1,\cdots,\boldsymbol{a}_n)\begin{pmatrix}\lambda_1\\ \vdots\\ \lambda_n\end{pmatrix}.$$

若 $\boldsymbol{b}_1,\cdots,\boldsymbol{b}_n$ 是 V 的另外一组基, 则 $\boldsymbol{b}_1,\cdots,\boldsymbol{b}_n$ 可以由 $\boldsymbol{a}_1,\cdots,\boldsymbol{a}_n$ 线性表示, 即存在 $t_{ij}\in F\ (1\leqslant i,j\leqslant n)$, 使得 $\boldsymbol{b}_i=\sum\limits_{j=1}^{n}t_{ji}\boldsymbol{a}_j$. 若记 $\boldsymbol{T}=\begin{pmatrix}t_{11}&\cdots&t_{1n}\\ \vdots&\ddots&\vdots\\ t_{n1}&\cdots&t_{nn}\end{pmatrix}$, 则前面的线性表示关系可用矩阵表示为

$$(\boldsymbol{b}_1,\cdots,\boldsymbol{b}_n)=(\boldsymbol{a}_1,\cdots,\boldsymbol{a}_n)\boldsymbol{T}.$$

我们称 $\boldsymbol{T}$ 为 $\boldsymbol{a}_1,\cdots,\boldsymbol{a}_n$ 到 $\boldsymbol{b}_1,\cdots,\boldsymbol{b}_n$ 的**过渡矩阵**.

若 V 中的向量 $\boldsymbol{v}$ 在 $\boldsymbol{a}_1,\cdots,\boldsymbol{a}_n$ 和 $\boldsymbol{b}_1,\cdots,\boldsymbol{b}_n$ 下的坐标分别为 $\boldsymbol{X}=(x_1,\cdots,x_n)^{\mathrm{T}}$ 和 $\boldsymbol{Y}=(y_1,\cdots,y_n)^{\mathrm{T}}$(为了方便讨论, 我们一般将坐标写成列向量的形式), 则

$$\boldsymbol{Y}=\boldsymbol{T}^{-1}\boldsymbol{X}.$$

这是向量的**坐标变换公式**.

例 题 分 析

例 5.45　判断下列集合对指定的运算是否构成实数域 $\mathbf{R}$ 上的一个线性空间.

(1) 3 次实系数多项式的全体, 对多项式的加法及数与多项式的乘法运算.

(2) 满足条件 $f(1)=0$ 的实系数多项式的全体, 对多项式的加法及数与多项式的乘法运算.

(3) 平面上与 x 轴正方向成 60° 角的向量的全体, 对向量的加法及数与向量的乘法运算.

(4) 将 $\mathbf{R}^n$ 中的向量 $\boldsymbol{a}=(a_1,\cdots,a_n)$ 看成一个有 n 项的数列. $\mathbf{R}^n$ 中所有的等差数列的全体, 对向量的加法及数与向量的乘法运算.

(5) 将 $\mathbf{R}^n$ 中的向量 $\boldsymbol{a}=(a_1,\cdots,a_n)$ 看成一个有 n 项的数列. $\mathbf{R}^n$ 中所有的等比数列的全体, 对向量的加法及数与向量的乘法运算.

(6) 微分方程 $y''+y'-2y=x^3$ 的解的全体, 对函数的加法及数与函数的乘法运算.

(7) $\cos^4 x$ 的原函数的全体, 对函数的加法及数与函数的乘法运算.

(8) 满足 $\boldsymbol{A}^2=\boldsymbol{I}$ 的所有 2 阶实方阵的全体, 对矩阵的加法及数与矩阵的乘法运算.

(9) 所有 n 阶可逆矩阵和同阶的零矩阵构成的集合, 对矩阵的加法及数与矩阵的乘法运算, 其中 $n>1$.

(10) 所有 n 阶不可逆矩阵构成的集合, 对矩阵的加法及数与矩阵的乘法运算, 其中 $n>1$.

答案 (1) 否. 正确的说法是“不超过 3 次的”. (2) 是. (3) 否. (4) 是. (5) 否. (6) 否. (7) 否. (8) 否. (9) 否. (10) 否.

例 5.46 判断下列各集合是否为 $\mathbf{R}^3$ 的线性子空间.

(1) $V_1=\left\{(x_1,x_2,x_3)\in\mathbf{R}^3 \mid x_1x_2\geqslant 0\right\}$.

(2) $V_2=\left\{(x_1,x_2,x_3)\in\mathbf{R}^3 \mid x_1^2+x_2^2+x_3^2=1\right\}$.

(3) $V_3=\left\{(x_1,x_2,x_3)\in\mathbf{R}^3 \mid x_1\in\mathbf{Q}\right\}$.

(4) $V_4=\left\{(x_1,x_2,x_3)\in\mathbf{R}^3 \middle| \dfrac{x_1-1}{2}=\dfrac{x_2}{3}=\dfrac{x_3-3}{4}\right\}$.

(5) $V_5=\left\{(x_1,x_2,x_3)\in\mathbf{R}^3 \middle| \dfrac{x_1-2x_2}{2}=\dfrac{x_2-2x_3}{3}=\dfrac{x_3-3x_1}{4}\right\}$.

答案 (1) 不是. 向量 $\boldsymbol{a}=(-2,-2,1)$ 和 $\boldsymbol{b}=(1,3,2)$ 都是 V_1 中的向量, 但是 $\boldsymbol{a}+\boldsymbol{b}=(-1,1,3)\notin V_1$.

(2) 不是. $\mathbf{R}^3$ 的每个线性子空间里都包含零向量 $\mathbf{0}=(0,0,0)$. 但是 $\mathbf{0}\notin V_2$.

(3) 不是. 向量 $\boldsymbol{a}=(1,0,0)\in V_3$, 但是 $\sqrt{2}\boldsymbol{a}=(\sqrt{2},0,0)\notin V_3$.

(4) 不是. $\mathbf{0}\notin V_4$.

(5) 是.

例 5.47 判断下列集合是否为相应向量空间的线性子空间.

(1) n 维实数组空间 $\mathbf{R}^n$ 中, 坐标为整数的所有向量.

(2) 3 维空间中, 终点不位于一给定直线 ℓ 上的所有向量.

(3) 3 维空间中, 与一个已知向量 $\boldsymbol{x}$ 平行的向量的全体.

(4) 3 维空间中, 与一个已知向量 $\boldsymbol{x}$ 不平行的向量的全体.

(5) 平面上, 终点位于第一象限的所有向量.

(6) n 维实数组空间 $\mathbf{R}^n$ 中, 坐标满足 $x_1+\cdots+x_n=0$ 的所有向量.

(7) n 维实数组空间 $\mathbf{R}^n$ 中, 坐标满足 $x_1+\cdots+x_n=1$ 的所有向量.

答案 (1) 否. (2) 否. (3) 是. (4) 否. (5) 否. (6) 是. (7) 否.

例 5.48 判断下列命题是否正确.

(1) 若 $\boldsymbol{a}_1,\cdots,\boldsymbol{a}_m,\boldsymbol{b}$ 都是 F^n 中的向量, 且 $\boldsymbol{a}_1,\cdots,\boldsymbol{a}_m$ 线性无关, 则下面三条等价:

(a) $\boldsymbol{a}_1,\cdots,\boldsymbol{a}_m,\boldsymbol{b}$ 线性相关.

(b) $\boldsymbol{a}_1,\cdots,\boldsymbol{a}_m$ 是向量组 $\boldsymbol{a}_1,\cdots,\boldsymbol{a}_m,\boldsymbol{b}$ 的极大无关组.

(c) 线性子空间相等: $\langle\boldsymbol{a}_1,\cdots,\boldsymbol{a}_m\rangle=\langle\boldsymbol{a}_1,\cdots,\boldsymbol{a}_m,\boldsymbol{b}\rangle$.

(2) 若两组列向量 $\boldsymbol{a}_1,\cdots,\boldsymbol{a}_n$ 和 $\boldsymbol{b}_1,\cdots,\boldsymbol{b}_n$ 都是 $\mathbf{R}^n$ 的基, 矩阵 $\boldsymbol{T}$ 是从 $\boldsymbol{a}_1,\cdots,\boldsymbol{a}_n$ 到 $\boldsymbol{b}_1,\cdots,\boldsymbol{b}_n$ 的过渡矩阵, 则 $(\boldsymbol{b}_1,\cdots,\boldsymbol{b}_n)=(\boldsymbol{a}_1,\cdots,\boldsymbol{a}_n)\boldsymbol{T}=(\boldsymbol{a}_1\boldsymbol{T},\cdots,\boldsymbol{a}_n\boldsymbol{T})$, 因此 $\boldsymbol{b}_1=\boldsymbol{a}_1\boldsymbol{T},\cdots,\boldsymbol{b}_n=\boldsymbol{a}_n\boldsymbol{T}$.

(3) 若从基 $\boldsymbol{a}_1,\cdots,\boldsymbol{a}_n$ 到基 $\boldsymbol{b}_1,\cdots,\boldsymbol{b}_n$ 的过渡矩阵是单位矩阵, 则 $\boldsymbol{b}_1=\boldsymbol{a}_1,\cdots,\boldsymbol{b}_n=\boldsymbol{a}_n$.

(4) 设 $F^{n\times n}$ 是数域 F 上 n 阶方阵全体, 按照矩阵的通常数乘和加法构成线性空间, 则其中所有的反对称矩阵的集合 A 构成 $F^{n\times n}$ 的一个线性子空间.

(5) 若 $\boldsymbol{a}_1,\cdots,\boldsymbol{a}_m$ 是 F^n 中的向量, 则向量组的秩 $\operatorname{rank}(\boldsymbol{a}_1,\cdots,\boldsymbol{a}_m)$ 等于这些向量生成的线性子空间的维数 $\dim\langle\boldsymbol{a}_1,\cdots,\boldsymbol{a}_m\rangle$.

(6) 设 $\boldsymbol{\alpha}_1,\boldsymbol{\alpha}_2,\boldsymbol{\alpha}_3$ 是 $\mathbf{R}^3$ 的一组基, 而 $\boldsymbol{\beta}$ 可以由其中的任意两个向量线性表示, 则 $\boldsymbol{\beta}=\mathbf{0}$.

(7) 线性空间的两个子空间的并依然是子空间.

(8) 线性空间的两个子空间的交依然是子空间.

(9) 若 W_1 和 W_2 均是线性空间 V 的两个子空间, 则 $W_1\cup W_2$ 仍然是 V 的线性空间的充要条件是 W_1 与 W_2 之间存在集合的包含关系.

答案　(1) 对. (2) 错. (3) 对. (4) 对. (5) 对. (6) 对. (7) 错. (8) 对. (9) 对.

例 5.49　设 $\boldsymbol{a}_1=(1,0,1,0)$, $\boldsymbol{a}_2=(1,-1,2,0)$. 试求包含 $\boldsymbol{a}_1,\boldsymbol{a}_2$ 的 $\mathbf{R}^4$ 的一组基.

解　我们需要找到 $\boldsymbol{a}_3,\boldsymbol{a}_4\in\mathbf{R}^4$, 使得 $\boldsymbol{a}_1,\boldsymbol{a}_2,\boldsymbol{a}_3,\boldsymbol{a}_4$ 线性无关. 这样的选择并不唯一. 容易看出, 如果选定 $\boldsymbol{a}_3=(0,0,1,0)$, $\boldsymbol{a}_4=(0,0,0,1)$, 则以 $\boldsymbol{a}_1,\cdots,\boldsymbol{a}_4$ 为行构成的 4 阶方阵的行列式不为零. 这样的选择满足要求.

例 5.50　验证在 2 阶实方阵构成的线性空间中, 矩阵 $\begin{pmatrix}1&1\\1&1\end{pmatrix}$, $\begin{pmatrix}1&-1\\1&-1\end{pmatrix}$, $\begin{pmatrix}1&1\\-1&-1\end{pmatrix}$, $\begin{pmatrix}-1&1\\1&-1\end{pmatrix}$ 是一组基, 并求矩阵 $\begin{pmatrix}1&3\\2&4\end{pmatrix}$ 在这组基下的坐标.

答案　坐标为 $\left(\dfrac{5}{2},-1,-\dfrac{1}{2},0\right)$.

例 5.51　已知 $\mathbf{R}^3$ 的两组基 $\boldsymbol{a}_1=\begin{pmatrix}1\\0\\1\end{pmatrix}$, $\boldsymbol{a}_2=\begin{pmatrix}0\\1\\0\end{pmatrix}$, $\boldsymbol{a}_3=\begin{pmatrix}1\\2\\2\end{pmatrix}$ 和 $\boldsymbol{b}_1=\begin{pmatrix}1\\0\\0\end{pmatrix}$, $\boldsymbol{b}_2=\begin{pmatrix}1\\1\\0\end{pmatrix}$, $\boldsymbol{b}_3=\begin{pmatrix}1\\1\\1\end{pmatrix}$. 求:

(1) 从 $\boldsymbol{a}_1,\boldsymbol{a}_2,\boldsymbol{a}_3$ 到 $\boldsymbol{b}_1,\boldsymbol{b}_2,\boldsymbol{b}_3$ 的过渡矩阵 $\boldsymbol{T}$;

(2) 向量 $\boldsymbol{x}=(3,1,0)^{\mathrm{T}}$ 在两组基下的坐标.

答案　$\boldsymbol{T}=\begin{pmatrix}2&2&1\\2&3&1\\-1&-1&0\end{pmatrix}$. 向量 $\boldsymbol{x}$ 在两组基下的坐标分别为 $(6,7,-3)^{\mathrm{T}}$ 和 $(2,1,0)^{\mathrm{T}}$.

例 5.52　填空题.

(1) 已知 $3\boldsymbol{a}+4\boldsymbol{b}=(15,25,20,14)$, $2\boldsymbol{a}-7\boldsymbol{b}=(-19,-22,-6,-10)$, 则 $\boldsymbol{a}=$________, $\boldsymbol{b}=$________.

(2) 设 $\boldsymbol{a}_1,\boldsymbol{a}_2,\boldsymbol{a}_3$ 是 3 维向量空间 $\mathbf{R}^3$ 的一组基, 则由基 $\boldsymbol{a}_1,\boldsymbol{a}_2/2,\boldsymbol{a}_3/3$ 到基 $\boldsymbol{a}_1+\boldsymbol{a}_2,\boldsymbol{a}_2+\boldsymbol{a}_3,\boldsymbol{a}_3+\boldsymbol{a}_1$ 的过渡矩阵为________.

(3) 在 $\mathbf{R}^4$ 中, $\boldsymbol{a}_1=(1,1,1,5)$, $\boldsymbol{a}_2=(5,-1,2,1)$, $\boldsymbol{a}_3=(3,-1,1,-1)$, $\boldsymbol{a}_4=(-1,3,1,11)$, 则由这 4 个向量生成的子空间的维数为 $\lambda=$________.

(4) 若向量 $\boldsymbol{x}$ 在基 $\boldsymbol{a}_1=(1,-2,0)$, $\boldsymbol{a}_2=(0,2,-1)$, $\boldsymbol{a}_3=(0,1,-2)$ 下的坐标是 $(1,3,2)$, 则 $\boldsymbol{x}$ 在基 $\boldsymbol{b}_1=(1,0,1)$, $\boldsymbol{b}_2=(1,1,-1)$, $\boldsymbol{b}_3=(0,1,0)$ 下的坐标是________.

(5) 向量 $\boldsymbol{\alpha}=(a_1,a_2,\cdots,a_n)$ 在基 $\boldsymbol{\alpha}_1=(1,1,\cdots,1),\boldsymbol{\alpha}_2=(1,1,\cdots,1,0),\cdots,\boldsymbol{\alpha}_n=(1,0,\cdots,0)$ 下的坐标是 ________.

(6) 向量 $(5,1,-1,-3)$ 在基 $(-1,1,1,1)$, $(1,-1,1,1)$, $(1,1,-1,1)$, $(1,1,1,-1)$ 下的坐标是 ________.

(7) 多项式 x^2+x+1 在 $\mathbf{R}_2[x]$ 的基 $1,x+1,(x+1)^2$ 下的坐标是________.

(8) 将 $\mathbf{R}^n$ 中的向量 $\boldsymbol{a}=(a_1,\cdots,a_n)$ 看成一个有 n 项的数列. $\mathbf{R}^n$ 中所有的等差数列的全体对向量的加法及数与向量的乘法运算构成一个线性子空间. 若 $n=2\,012$, 则该子空间的维数为________.

(9) 设 $\boldsymbol{\alpha}_1,\cdots,\boldsymbol{\alpha}_n$ 是 n 维向量空间的一组基, 而 $\boldsymbol{\beta}_1=\boldsymbol{\alpha}_1,\boldsymbol{\beta}_2=\boldsymbol{\alpha}_1+\boldsymbol{\alpha}_2,\cdots,\boldsymbol{\beta}_n=\boldsymbol{\alpha}_1+\cdots+\boldsymbol{\alpha}_n$ 是 V 的另外一组基. 则在这两组基下具有相同坐标的向量构成的向量空间的维数为________.

答案 (1) $(1,3,4,2)$, $(3,4,2,2)$. (2) $\begin{pmatrix}1&0&1\\2&2&0\\0&3&3\end{pmatrix}$. (3) 2. (4) $(-3,4,2)$. (5) $(a_n,a_{n-1}-a_n,\cdots,a_2-a_3,a_1-a_2)$. (6) $(-2,0,1,2)$. (7) $(1,-1,1)$. (8) 2. (9) 1. (该向量空间由 $\boldsymbol{\alpha}_1$ 生成.)

我们在这里简要地证明一下教材中的定理 5.4.3.

例 5.53 n 维数组空间 F^n 中的下列结论成立:

(1) 设 $V\subset F^n$ 为 r 维子空间, 则 V 中任意 $r+1$ 个向量线性相关;

(2) 设 V 为 r 维子空间, 则 V 中任意 r 个线性无关向量为 V 的一组基;

(3) 设 U 与 V 为 F^n 的子空间, 且 $U\subseteq V$, 则 $\dim(U)\leqslant\dim(V)$;

(4) 设 U 与 V 为 F^n 的子空间, 且 $U\subseteq(V)$, 若 $\dim U=\dim(V)$, 则 $U=V$.

证 (1) 由于 V 是 r 维的线性空间, 其中的极大无关组的长度为 r, 故任意的 $r+1$ 个向量必然线性相关.

(2) 设 $\boldsymbol{a}_1,\cdots,\boldsymbol{a}_r\in V$ 线性无关. 它们可以扩充为 V 中的一个极大线性无关组 $\boldsymbol{a}_1,\cdots,\boldsymbol{a}_r,\cdots,\boldsymbol{a}_s$. 这个极大无关组是 V 的一组基, 它的长度 s 是 V 的维数 r. 这意味着 $\boldsymbol{a}_1,\cdots,\boldsymbol{a}_r$ 本身就已经是 V 的一个极大无关组.

(3) 假设 U 中的向量 $\boldsymbol{a}_1,\cdots,\boldsymbol{a}_{r_1}$ 是 U 的一组基, 则 $\boldsymbol{a}_1,\cdots,\boldsymbol{a}_{r_1}$ 线性无关, 并且 $r_1=\dim(U)$. 由于 $U\subset V$, 该向量组在 V 中仍然是线性无关的, 可以扩充成 V 中的一个极大线性无关组 $\boldsymbol{a}_1,\cdots,\boldsymbol{a}_{r_1},\cdots,\boldsymbol{a}_{r_2}$. 由定义, $\dim(V)=r_2\geqslant r_1=\dim(U)$.

(4) 设 $r=\dim(U)$, $\boldsymbol{a}_1,\cdots,\boldsymbol{a}_r$ 是 U 的任意一组基. 反设 $U\subsetneq V$, 则可以任意取 $\boldsymbol{a}_{r+1}\in V\setminus U$. 此时 $\boldsymbol{a}_1,\cdots,\boldsymbol{a}_r,\boldsymbol{a}_{r+1}\in V$ 线性无关, 并有 $r+1\leqslant V$ 中的极大无关组的长度, 即 $r+1\leqslant r$, 矛盾.

例 5.54 令 P_n 为实 (复) 数域上次数不超过 n 的多项式全体. 我们证明 $1,x,x^2,\cdots,x^n$ 线性无关, 从而 $\dim(P_n)=n+1$.

证 令 $F=\mathbf{R}$ 或 $F=\mathbf{C}$. 若存在 $\lambda_i\in F$ 使得 $f(x):=\sum\limits_{i=0}^{n}\lambda_i x^i=0$, 则 $f(x)$ 是一个零多项式. 我们接下来证明 $f(x)$ 的所有系数 λ_i 为零 (对于部分读者而言, "零多项式的系数

为零" 也许是显然的事实).

在 F 中选取两两互不相等的 $a_0,a_1,\cdots,a_n$, 则由 $f(x)\equiv 0$ 知 $f(a_i)=0\ (i=0,1,\cdots,n)$, 即有

$$\begin{cases}\lambda_0\cdot 1+\lambda_1 a_0+\lambda_2 a_0^2+\cdots+\lambda_n a_0^n=0,\\ \lambda_1\cdot 1+\lambda_1 a_1+\lambda_2 a_1^2+\cdots+\lambda_n a_1^n=0,\\ \cdots\cdots\\ \lambda_n\cdot 1+\lambda_1 a_n+\lambda_2 a_n^2+\cdots+\lambda_n a_n^n=0,\end{cases}$$

亦即

$$\begin{pmatrix}1 & a_0 & a_0^2 & \cdots & a_0^n\\ 1 & a_1 & a_1^2 & \cdots & a_1^n\\ \vdots & \vdots & \vdots & \ddots & \vdots\\ 1 & a_n & a_n^2 & \cdots & a_n^n\end{pmatrix}\begin{pmatrix}\lambda_0\\ \lambda_1\\ \lambda_2\\ \vdots\\ \lambda_n\end{pmatrix}=\begin{pmatrix}0\\ 0\\ 0\\ \vdots\\ 0\end{pmatrix}.$$

上式的系数方阵为 $n+1$ 阶范德蒙德方阵, 其行列式为 $\prod\limits_{0\leqslant i<j\leqslant n}(a_j-a_i)\neq 0$, 故该范德蒙德方阵可逆. 由此可以看出, 上面关于 λ_i 的线性方程组只有零解, 即 $\lambda_0=\lambda_1=\cdots=\lambda_n=0$.

例 5.55　若矩阵 $\boldsymbol{T}$ 是从基 $\boldsymbol{a}_1,\cdots,\boldsymbol{a}_n$ 到基 $\boldsymbol{b}_1,\cdots,\boldsymbol{b}_n$ 的过渡矩阵, 证明: $\boldsymbol{T}$ 是满秩的 n 阶方阵.

证　设基 $\boldsymbol{b}_1,\cdots,\boldsymbol{b}_n$ 到基 $\boldsymbol{a}_1,\cdots,\boldsymbol{a}_n$ 的过渡矩阵为 $\boldsymbol{S}$, 则

$$(\boldsymbol{a}_1,\cdots,\boldsymbol{a}_n)=(\boldsymbol{b}_1,\cdots,\boldsymbol{b}_n)\boldsymbol{S}=(\boldsymbol{a}_1,\cdots,\boldsymbol{a}_n)\boldsymbol{TS},$$

即 $\boldsymbol{TS}$ 是基 $\boldsymbol{a}_1,\cdots,\boldsymbol{a}_n$ 到自身的过渡矩阵. 很明显, 单位矩阵 $\boldsymbol{I}$ 也是基 $\boldsymbol{a}_1,\cdots,\boldsymbol{a}_n$ 到自身的过渡矩阵. 而过渡矩阵的列向量是相应向量用基表示时的坐标, 因而是唯一确定的. 故 $\boldsymbol{TS}=\boldsymbol{I}$, $\boldsymbol{T}$ 是可逆矩阵, 它的逆矩阵正好是 $\boldsymbol{S}$.

例 5.56　设 $\boldsymbol{a}_1,\cdots,\boldsymbol{a}_n$ 和 $\boldsymbol{b}_1,\cdots,\boldsymbol{b}_n$ 都是向量空间 V 的基. 试给出关于这两个向量组的一个充要条件, 使得存在非零向量 $\gamma\in V$ 在这两组基下的坐标相同.

解　设 $\boldsymbol{T}$ 为 $\boldsymbol{b}_1,\cdots,\boldsymbol{b}_n$ 到 $\boldsymbol{a}_1,\cdots,\boldsymbol{a}_n$ 的过渡矩阵, 故 $(\boldsymbol{a}_1,\cdots,\boldsymbol{a}_n)=(\boldsymbol{b}_1,\cdots,\boldsymbol{b}_n)\boldsymbol{T}$. 若存在题中的非零向量 γ, 假定其在这两组基下的公共坐标为 $(x_1,\cdots,x_n)$. 记向量 $\boldsymbol{x}=(x_1,\cdots,x_n)^{\mathrm{T}}$, 则

$$\boldsymbol{\gamma}=(\boldsymbol{a}_1,\cdots,\boldsymbol{a}_n)\boldsymbol{x}=(\boldsymbol{b}_1,\cdots,\boldsymbol{b}_n)\boldsymbol{x}.$$

将关于过渡矩阵的条件代入, 得到

$$(\boldsymbol{b}_1,\cdots,\boldsymbol{b}_n)\boldsymbol{Tx}=(\boldsymbol{b}_1,\cdots,\boldsymbol{b}_n)\boldsymbol{x},$$

故

$$(\boldsymbol{b}_1,\cdots,\boldsymbol{b}_n)(\boldsymbol{Tx}-\boldsymbol{x})=\boldsymbol{0}.$$

由于 $\boldsymbol{b}_1,\cdots,\boldsymbol{b}_n$ 是 V 的一组基, 这说明

$$\boldsymbol{Tx}-\boldsymbol{x}=(\boldsymbol{T}-\boldsymbol{I}_n)\boldsymbol{x}=\boldsymbol{0}.$$

而 γ 非零, $\boldsymbol{x}$ 是非零列向量, 因此方阵 $\boldsymbol{T}-\boldsymbol{I}_n$ 不是可逆矩阵. 易知, 反过来也正确.

例 5.57 找出 $\mathbf{R}^4$ 中在基 $\boldsymbol{a}_1=(1,0,0,0)^{\mathrm{T}},\boldsymbol{a}_2=(0,1,0,0)^{\mathrm{T}},\boldsymbol{a}_3=(0,0,1,0)^{\mathrm{T}},\boldsymbol{a}_4=(0,0,0,1)^{\mathrm{T}}$ 和基 $\boldsymbol{b}_1=(2,1,-1,1)^{\mathrm{T}},\boldsymbol{b}_2=(0,3,1,0)^{\mathrm{T}},\boldsymbol{b}_3=(5,3,2,1)^{\mathrm{T}},\boldsymbol{b}_4=(6,6,1,3)^{\mathrm{T}}$ 下的坐标相同的所有向量.

答案 形如 $(k,k,k,-k)^{\mathrm{T}}$ 的向量, 其中 $k\in\mathbf{R}$.

例 5.58 设 W 是数组空间 $\mathbf{R}^n$ 的一个非零子空间, 满足对任意的非零向量 $\boldsymbol{a}=(a_1,a_2,\cdots,a_n)\in W$ 有 $a_1a_2\cdots a_n\neq 0$. 试求 $\dim_{\mathbf{R}}(W)$.

解 任意固定一个非零的元素 $\boldsymbol{a}=(a_1,\cdots,a_n)\in W$, 则 $a_1\neq 0$. 当 $\boldsymbol{b}=(b_1,\cdots,b_n)\in W$ 时, 由线性空间的性质, 知元素 $\boldsymbol{b}-\dfrac{b_1}{a_1}\boldsymbol{a}\in W$. 该元素的第一个坐标为 $b_1-\dfrac{b_1}{a_1}a_1=0$, 故由题意知 $\boldsymbol{b}-\dfrac{b_1}{a_1}\boldsymbol{a}=\mathbf{0}\in W$, 即 $\boldsymbol{b}=\dfrac{b_1}{a_1}\boldsymbol{a}$. 由 $\boldsymbol{b}\in W$ 的任意性, 知 $W=\langle\boldsymbol{a}\rangle$, 而 $\dim(W)=1$.

例 5.59 对于正整数 $m\geqslant n$, 试在数组空间 $\mathbf{R}^n$ 中找出 m 个向量 $\boldsymbol{a}_1,\boldsymbol{a}_2,\cdots,\boldsymbol{a}_m$, 使得其中的任意 n 个向量都是 $\mathbf{R}^n$ 的一组基.

解 任意选取互不相同的实数 $t_1,t_2,\cdots,t_m\in\mathbf{R}$. 对每个 t_i, 记向量

$$\boldsymbol{a}_i=(1,t_i,t_i^2,t_i^3,\cdots,t_i^{n-1})\in\mathbf{R}^n,$$

则该向量组符合条件. 例如, $\boldsymbol{a}_1,\boldsymbol{a}_2,\cdots,\boldsymbol{a}_n$ 是线性无关的, 这是因为矩阵

$$\begin{pmatrix} 1 & 1 & \cdots & 1 \\ t_1 & t_2 & \cdots & t_n \\ \vdots & \vdots & \ddots & \vdots \\ t_1^{n-1} & t_2^{n-1} & \cdots & t_n^{n-1} \end{pmatrix}$$

是范德蒙德矩阵, 它的行列式非零.

例 5.60* 已知所有次数不超过 n 的多项式全体 $\mathbf{R}_n[x]$, 按多项式的加法及实数与多项式的乘法构成线性空间, 而 $1,x,x^2,\cdots,x^n$ 构成该线性空间的一组基. 试证明下面三组多项式同样构成该空间的基:

(1) $1,x-a,(x-a)^2,\cdots,(x-a)^n$;

(2) $f(x),f'(x),f''(x),\cdots,f^{(n)}(x)$ (其中 $f(x)$ 是次数为 n 的多项式);

(3) $\prod\limits_{j\neq 0}(x-a_j),\prod\limits_{j\neq 1}(x-a_j),\cdots,\prod\limits_{j\neq n}(x-a_j)$ (其中 $a_0,a_1,\cdots,a_n$ 为互不相同的实数).

提示 (1) 若 $\sum\limits_{i=0}^{n}k_i(x-a)^i=0$, 作变量替换 $y=x-a$, 我们得到 $\sum\limits_{i=0}^{n}k_iy^i=0$, 由此容易看出 $k_0=k_1=\cdots=k_n=0$.

(2) 不妨设 $f(x)=a_nx^n+a_{n-1}x^{n-1}+\cdots$, 其中由于 $f(x)$ 为 n 次的, $a_n\neq 0$. 不难看出

$$(f(x),f'(x),f''(x),\cdots,f^{(n)}(x))=(x^n,x^{n-1},x^{n-2},\cdots,1)\boldsymbol{A},$$

其中 $\boldsymbol{A}$ 为下三角的 $n+1$ 阶方阵, 其对角线上的元素依次为 $a_n,a_nn,a_nn(n-1),\cdots,a_nn!$. 因此, $\boldsymbol{A}$ 是可逆矩阵. 而我们熟知 $x^n,x^{n-1},\cdots,1$ 为 $\mathbf{R}_n[x]$ 的一组基, 从而可知 $f(x),f'(x),f''(x),\cdots,f^{(n)}(x)$ 也是该空间的一组基.

(3) 由于 $\mathbf{R}_n[x]$ 的维数为 $n+1$, 我们只需证明: 任何 $f(x)\in\mathbf{R}_n[x]$ 都可以表示成 $\prod\limits_{j\neq 0}(x-a_j),\prod\limits_{j\neq 1}(x-a_j),\cdots,\prod\limits_{j\neq n}(x-a_j)$ 的线性组合. 为此, 我们只需借用拉格朗日插值公式: $f(x)=\sum\limits_{i=0}^{n}f(a_i)\prod\limits_{j\neq i}\dfrac{x-a_j}{a_i-a_j}$.

例 5.61　求多项式 $f(x)=a_0+a_1x+\cdots+a_nx^n\in\mathbf{R}_n[x]$ 在基 $1,x-a,(x-a)^2,\cdots,(x-a)^n$ 下的坐标.

提示　将 $f(x+a)$ 展开, 观察 $1,x,x^2,\cdots,x^n$ 前的系数.

例 5.62　设 $\mathbf{R}_n[x]$ 是实数域 $\mathbf{R}$ 上次数 $\leqslant n$ 的多项式的全体构成的线性空间.

(1) 证明: $\mathbf{R}_n[x]$ 中有给定实根 c 的全体多项式构成了 $\mathbf{R}_n[x]$ 的一个线性子空间, 并求出该子空间的维数;

(2) 对 $\mathbf{R}_n[x]$ 中有 k 个不同实根 $c_1,\cdots,c_k$ 的全体多项式的集合, 作类似的考察.

证　(1) 对于 $f(x),g(x)\in\mathbf{R}_n[x]$, 若 $f(c)=g(c)=0$ $(k_1,k_2\in\mathbf{R})$, 则显然有 $(k_1f+k_2g)(c)=k_1f(c)+k_2g(c)=0$. 由于该集合显然包含零多项式, 从而非空, 因此该集合构成了一个线性子空间, 我们暂时将其记作 W. 显然, W 包含线性无关的向量组 $x-c,(x-c)^2,\cdots,(x-c)^n$, 于是 $\dim(W)\geqslant n$. 由于子空间 $W\subsetneqq\mathbf{R}_n[x]$, $\dim(W)<\dim(\mathbf{R}_n[x])=n+1$, 因此 $\dim(W)=n$, 并以 $x-c,(x-c)^2,\cdots,(x-c)^n$ 为一组基.

(2) 由多项式理论可以推出, 当 $k\leqslant n$ 时, 该集合为

$$(x-c_1)\cdots(x-c_k)g(x)\mid g(x)\in\mathbf{R}_{n-k}[x],$$

其维数为 $n-k+1$; 而若 $k\geqslant n+1$, 则该集合仅含零多项式, 从而为 0 维的线性空间. 具体证明略.

例 5.63　设 $\mathbf{R}_2[x]$ 是实数域 $\mathbf{R}$ 上次数 $\leqslant 2$ 的多项式的全体构成的线性空间.

(1) 证明: 多项式组 $b_0(x)=(1-x)^2,b_1(x)=2(1-x)x,b_2(x)=x^2$ 构成 $\mathbf{R}_2[x]$ 的一组基;

(2) 求由基 $b_0(x),b_1(x),b_2(x)$ 到基 $1,x,x^2$ 的过渡矩阵;

(3) 求多项式 $f(x)=2-3x+2x^2$ 在基 $b_0(x),b_1(x),b_2(x)$ 下的线性表示.

解　(1) 容易看出 $(b_0(x),b_1(x),b_2(x))=(1,x,x^2)\boldsymbol{T}$, 其中 $\boldsymbol{T}=\begin{pmatrix}1&0&0\\-2&2&0\\1&-2&1\end{pmatrix}$. 行列式 $|\boldsymbol{T}|\neq 0$, 故 $\boldsymbol{T}$ 是可逆矩阵. 由于 $1,x,x^2$ 是 $\mathbf{R}_2[x]$ 的一组基, $b_0(x),b_1(x),b_2(x)$ 同样也是 $\mathbf{R}_2[x]$ 的一组基.

(2) 过渡矩阵为 $\boldsymbol{T}^{-1}=\begin{pmatrix}1&0&0\\1&1/2&0\\1&1&1\end{pmatrix}$.

(3) 由题意得

$$f(x)=(1,x,x^2)\begin{pmatrix}2\\-3\\2\end{pmatrix}=(b_0(x),b_1(x),b_2(x))\begin{pmatrix}1&0&0\\1&1/2&0\\1&1&1\end{pmatrix}\begin{pmatrix}2\\-3\\2\end{pmatrix}$$

$$=(b_0(x),b_1(x),b_2(x))\begin{pmatrix}2\\1/2\\1\end{pmatrix}.$$

例 5.64* 设 $V=\mathbf{R}^{n\times n}$ 是由所有 n 阶实方阵构成的实线性空间, V_0 是由所有形如 $\boldsymbol{AB}-\boldsymbol{BA}$ 的矩阵生成的线性子空间, 其中 $\boldsymbol{A},\boldsymbol{B}\in V$. 求 V_0 的维数.

解 由于 V_0 的生成元的矩阵迹 $\operatorname{tr}(\boldsymbol{AB}-\boldsymbol{BA})=0$, V_0 中所有矩阵的迹同样为零, V_0 不是全空间 V. 另一方面, 取 $\boldsymbol{A}=\boldsymbol{E}_{i,j}$, $\boldsymbol{B}=\boldsymbol{E}_{k,l}$ $(1\leqslant i,j,k,l\leqslant n)$ 为不同的自然基, 我们可以观察到下面两类矩阵都在 V_0 中:

(1) $\boldsymbol{E}_{1,1}-\boldsymbol{E}_{i,i}$ $(2\leqslant i\leqslant n)$;

(2) $\boldsymbol{E}_{i,j}$ $(1\leqslant i\neq j\leqslant n)$.

而且可以看到, 这 n^2-1 个向量是线性无关的. 故 $\dim_{\mathbf{R}}(V_0)=n^2-1$.

注 事实上, 我们可以证明例 5.64 中的 V_0 是由所有形如 $\boldsymbol{AB}-\boldsymbol{BA}$ 的矩阵构成的; 请注意这里表述上的区别. 参见例 6.103.

例 5.65 设 V 是迹为 0 的 2 阶复矩阵的全体.

(1) 证明: V 是 $\mathbf{R}$ 上的线性空间 (对通常的矩阵加法和数乘);

(2) 求 V 在 $\mathbf{R}$ 上的一组基;

(3) 设 $W=\{(a_{ij})\in V\,|\,a_{21}=-\overline{a_{12}}\}$, 证明: W 是 V 的线性子空间. 并求 W 的一组基.

答案 (1) 略. (2) $\begin{pmatrix}1&0\\0&-1\end{pmatrix},\begin{pmatrix}\mathrm{i}&0\\0&-\mathrm{i}\end{pmatrix},\begin{pmatrix}0&1\\0&0\end{pmatrix},\begin{pmatrix}0&\mathrm{i}\\0&0\end{pmatrix},\begin{pmatrix}0&0\\1&0\end{pmatrix},\begin{pmatrix}0&0\\\mathrm{i}&0\end{pmatrix}$ 为一组基. (3) $\begin{pmatrix}1&0\\0&-1\end{pmatrix},\begin{pmatrix}\mathrm{i}&0\\0&-\mathrm{i}\end{pmatrix},\begin{pmatrix}0&1\\-1&0\end{pmatrix},\begin{pmatrix}0&\mathrm{i}\\\mathrm{i}&0\end{pmatrix}$ 为一组基.

例 5.66 证明: 所有 n 阶对称方阵构成 n 阶方阵空间的一个线性子空间, 并给出其一组基.

答案 $\{\boldsymbol{E}_{ii}\,|\,1\leqslant i\leqslant n\}\cup\{\boldsymbol{E}_{ij}+\boldsymbol{E}_{ji}\,|\,1\leqslant i<j\leqslant n\}$ 构成一组基.

例 5.67 证明: 所有 n 阶反对称方阵构成 n 阶方阵空间的一个线性子空间, 并给出其一组基.

答案 $\{\boldsymbol{E}_{ij}-\boldsymbol{E}_{ji}\,|\,1\leqslant i<j\leqslant n\}$ 构成一组基.

例 5.68 P_n 是所有次数不超过 n 的实系数的全体, 它是一个实空间. 将 P_n 中奇函数的全体记为 A_n, 偶函数的全体记为 B_n. 则 A_n 和 B_n 都是 P_n 的线性子空间, 它们的维数分别是多少?

答案 $\{x^i\,|\,0\leqslant i\leqslant n$ 且 i 为奇数$\}$ 是 A_n 的一组基, 故 $\dim(A_n)=\left\lfloor\dfrac{n+1}{2}\right\rfloor$ (向下取

整). $\{x^i \mid 0 \leqslant i \leqslant n$ 且 i 为偶数$\}$ 是 B_n 的一组基, 故 $\dim(B_n) = \left\lceil \frac{n+1}{2} \right\rceil$ (向上取整).

例 5.69　设 V 是复数域 $\mathbf{C}$ 上的 n 维向量空间, $\boldsymbol{a}_1, \boldsymbol{a}_2, \cdots, \boldsymbol{a}_n$ 是 V 的一组基. 由于 $\mathbf{C} = \mathbf{R} + \mathrm{i}\mathbf{R}$, 我们可以将 V 看作实数域 $\mathbf{R}$ 上的线性空间. 证明: $\boldsymbol{a}_1, \cdots, \boldsymbol{a}_n, \mathrm{i}\boldsymbol{a}_1, \cdots, \mathrm{i}\boldsymbol{a}_n$ 是实空间 V 的一组基.

提示　若 $k_1\boldsymbol{a}_1 + \cdots k_n\boldsymbol{a}_n + k_{n+1}\mathrm{i}\boldsymbol{a}_1 + \cdots + k_{2n}\mathrm{i}\boldsymbol{a}_n = \mathbf{0}$, 则 $(k_1 + k_{n+1}\mathrm{i})\boldsymbol{a}_1 + \cdots + (k_n + k_{2n}\mathrm{i})\boldsymbol{a}_n = \mathbf{0}$.

例 5.70　验证 $\mathbf{R}^n$ 中的下列集合构成 $\mathbf{R}^n$ 的一个线性子空间, 并给出其一组基.

(1) 首尾坐标相等的所有 n 维向量;

(2) 偶数下标的坐标皆为零的所有 n 维向量;

(3) 偶数下标的坐标相等的所有 n 维向量;

(4) 形如 $(a,b,a,b,a,b,\cdots)$ 的所有 n 维向量, 其中 n 为偶数, a,b 为任意实数.

答案　(1) $\{\boldsymbol{e}_1 + \boldsymbol{e}_n, \boldsymbol{e}_2, \boldsymbol{e}_3, \cdots, \boldsymbol{e}_{n-1}\}$. (2) $\{\boldsymbol{e}_i \mid 1 \leqslant i \leqslant n$ 且 i 为奇数$\}$. (3) $\{\boldsymbol{e}_i \mid 1 \leqslant i \leqslant n$ 且 i 为奇数$\} \cup \{\boldsymbol{e}_2 + \boldsymbol{e}_4 + \boldsymbol{e}_6 + \cdots\}$. (4) $\{\boldsymbol{e}_1 + \boldsymbol{e}_3 + \boldsymbol{e}_5 + \cdots, \boldsymbol{e}_2 + \boldsymbol{e}_4 + \boldsymbol{e}_6 + \cdots\}$.

例 5.71　设 $V = \{(x_1, \cdots, x_n) \in \mathbf{R}^n \mid x_1 + \cdots + x_n = 0\}$. 证明: V 是 $\mathbf{R}^n$ 的一个线性子空间. 并给出 V 的一组基.

答案　$\{\boldsymbol{e}_1 - \boldsymbol{e}_i \mid 2 \leqslant i \leqslant n\}$.

例 5.72*　V_1, V_2 是向量空间 V 的两个子空间, 满足 $V_1 \neq V \neq V_2$. 证明: 存在向量 $\boldsymbol{x} \in V \setminus (V_1 \cup V_2)$.

证　若 V_1 与 V_2 之间存在包含关系, 不妨设 $V_1 \subseteq V_2$, 则任取 $\boldsymbol{x} \in V \setminus V_2$ 即可; 若否, 存在 $\boldsymbol{x}_1 \in V_1 \setminus V_2$ 和 $\boldsymbol{x}_2 \in V_2 \setminus V_1$, 此时选取 $\boldsymbol{x} = \boldsymbol{x}_1 + \boldsymbol{x}_2$ 即可.

例 5.73*　设 W_1, W_2 和 V 都是 $\mathbf{R}^n$ 的线性子空间, 满足 $V \subseteq W_1 \cup W_2$. 证明: $V \subseteq W_1$ 或 $V \subseteq W_2$.

证　用反证法, 设命题不成立, 则存在 $\boldsymbol{x}_1 \in V \setminus W_1 \subseteq W_2 \setminus W_1$ 和 $\boldsymbol{x}_2 \in V \setminus W_2 \subseteq W_1 \setminus W_2$. 由于 V 为线性空间, 因此 $\boldsymbol{x}_1 + \boldsymbol{x}_2 \in V$. 另一方面, 由于 W_1 与 W_2 皆为线性空间, 因此不难看出 $\boldsymbol{x}_1 + \boldsymbol{x}_2 \notin W_1 \cup W_2$. 这与 $V \subseteq W_1 \cup W_2$ 相矛盾.

5.3　线性方程组的解集

内 容 提 要

齐次线性方程组 $\boldsymbol{A}\boldsymbol{x} = \mathbf{0}$ 有平凡的零解存在. 该方程组有非零解存在, 当且仅当 $\boldsymbol{A}$ 不是列满秩的. 特别地, 当 $\boldsymbol{A}$ 是方阵时, 该齐次线性方程组有非零解存在, 当且仅当 $\boldsymbol{A}$ 不是满秩的, 当且仅当 $\boldsymbol{A}$ 的行列式为 0, 当且仅当 $\boldsymbol{A}$ 不可逆.

齐次线性方程组 $\boldsymbol{A}\boldsymbol{x} = \mathbf{0}$ 的解的全体构成一个线性空间, 称为该方程组的**解空间**. 该线性空间的维数为 $n - \operatorname{rank}(\boldsymbol{A})$, 其中 n 是未知元的个数.

而一般的非齐次线性方程组 $\boldsymbol{Ax}=\boldsymbol{b}$ 有解, 当且仅当 $\boldsymbol{b}$ 可以被 $\boldsymbol{A}$ 的列向量线性表示, 当且仅当 $\operatorname{rank}(\boldsymbol{A})=\operatorname{rank}(\boldsymbol{A},\boldsymbol{b})$. 在存在解的前提下, 我们不妨假定 $\boldsymbol{x}_0$ 是非齐次线性方程组的一个解, 则该非齐次线性方程组的解的全体是对应的齐次线性方程组 $\boldsymbol{Ax}=\boldsymbol{0}$ 的解空间过 $\boldsymbol{x}_0$ 的一个平移:

$$\{\boldsymbol{x}\in F^n \mid \boldsymbol{Ax}=\boldsymbol{b}\}=\{\boldsymbol{x}_0+\boldsymbol{y} \mid \boldsymbol{Ay}=\boldsymbol{0}\}.$$

例 题 分 析

例 5.74 判断下列命题是否正确.

(1) 已知线性方程组的系数矩阵 $\boldsymbol{A}$ 是 5×7 矩阵, 其行向量线性无关, 则对应的增广矩阵的行向量组必线性无关.

(2) 设向量 $\boldsymbol{a}_1,\cdots,\boldsymbol{a}_s$ 是齐次线性方程组 $\boldsymbol{Ax}=\boldsymbol{0}$ 的一个基础解系. 非零向量 $\boldsymbol{b}$ 满足 $\boldsymbol{b},\boldsymbol{b}+\boldsymbol{a}_1,\boldsymbol{b}+\boldsymbol{a}_2,\cdots,\boldsymbol{b}+\boldsymbol{a}_s$ 线性无关, 则 $\boldsymbol{b}$ 不是方程组 $\boldsymbol{Ax}=\boldsymbol{0}$ 的解.

(3) 若 $\boldsymbol{\alpha}_1,\boldsymbol{\alpha}_2$ 是非齐次方程组 $\boldsymbol{Ax}=\boldsymbol{b}$ 的两个解, $\boldsymbol{\beta}_1,\boldsymbol{\beta}_2$ 是对应齐次方程组的基础解系, 则 $\boldsymbol{Ax}=\boldsymbol{b}$ 的通解可以表述为 $\lambda_1\boldsymbol{\beta}_1+\lambda_2(\boldsymbol{\beta}_1-\boldsymbol{\beta}_2)+(\boldsymbol{\alpha}_1+\boldsymbol{\alpha}_2)/2$.

(4) 若 $\boldsymbol{\alpha}_1,\boldsymbol{\alpha}_2$ 是非齐次方程组 $\boldsymbol{Ax}=\boldsymbol{b}$ 的两个解, $\boldsymbol{\beta}_1,\boldsymbol{\beta}_2$ 是对应齐次方程组的基础解系, 则 $\boldsymbol{Ax}=\boldsymbol{b}$ 的通解可以表述为 $\lambda_1\boldsymbol{\beta}_1+\lambda_2(\boldsymbol{\beta}_1+\boldsymbol{\beta}_2)+(\boldsymbol{\alpha}_1-\boldsymbol{\alpha}_2)/2$.

(5) 齐次线性方程组 $\boldsymbol{Ax}=\boldsymbol{0}$ 有非零解的充要条件是系数矩阵 $\boldsymbol{A}$ 必有一列向量是其余列向量的线性组合.

(6) 齐次线性方程组 $\boldsymbol{Ax}=\boldsymbol{0}$ 有非零解的充要条件是系数矩阵 $\boldsymbol{A}$ 必有一行向量是其余行向量的线性组合.

(7) 若齐次线性方程组 $\boldsymbol{ABx}=\boldsymbol{0}$ 的解都是 $\boldsymbol{Bx}=\boldsymbol{0}$ 的解, 则 $\operatorname{rank}(\boldsymbol{AB})=\operatorname{rank}(\boldsymbol{B})$.

(8) 设 $\boldsymbol{A}$ 是复数域上的 $m\times n$ 矩阵, 则齐次线性方程组 $\boldsymbol{Ax}=\boldsymbol{0}$ 的解空间的维数等于 $n-\operatorname{rank}(\boldsymbol{A})$.

(9) 若齐次线性方程组 $\boldsymbol{Ax}=\boldsymbol{0}$ 只有零解, 则非齐次线性方程组 $\boldsymbol{Ax}=\boldsymbol{b}$ 必存在唯一解.

(10) 若齐次线性方程组 $\boldsymbol{Ax}=\boldsymbol{0}$ 存在非零解, 则非齐次线性方程组 $\boldsymbol{Ax}=\boldsymbol{b}$ 必存在无穷多解.

(11) 若齐次线性方程组 $\boldsymbol{Ax}=\boldsymbol{b}$ 存在两组不同的解, 则齐次线性方程组 $\boldsymbol{Ax}=\boldsymbol{0}$ 必存在非零解.

(12) 一个齐次线性方程组的解的集合一定是一个线性空间.

(13) 一个非齐次线性方程组的解的集合一定是一个线性空间.

(14) 若 $\boldsymbol{x}_1,\boldsymbol{x}_2,\boldsymbol{x}_3$ 是线性方程组 $\boldsymbol{Ax}=\boldsymbol{0}$ 的一个基础解系, 则 $\boldsymbol{x}_1+\boldsymbol{x}_2,\boldsymbol{x}_2+\boldsymbol{x}_3,\boldsymbol{x}_3+\boldsymbol{x}_1$ 也是该方程组的一个基础解系.

(15) 若 $\boldsymbol{x}_1,\boldsymbol{x}_2,\boldsymbol{x}_3$ 是线性方程组 $\boldsymbol{Ax}=\boldsymbol{0}$ 的一个基础解系, 则 $\boldsymbol{x}_1-\boldsymbol{x}_2,\boldsymbol{x}_2-\boldsymbol{x}_3,\boldsymbol{x}_3-\boldsymbol{x}_1$ 也是该方程组的一个基础解系.

(16) 若 $\boldsymbol{x}_1,\boldsymbol{x}_2,\boldsymbol{x}_3$ 是线性方程组 $\boldsymbol{Ax}=\boldsymbol{0}$ 的一个基础解系, 则与其等秩的向量组 $\boldsymbol{y}_1,\boldsymbol{y}_2,\boldsymbol{y}_3$ 也是该方程组的一个基础解系.

(17) 设矩阵 $\boldsymbol{A}\in F^{n\times n}$, $\boldsymbol{b}\in F^n$ 为非零向量. 若 $\det(\boldsymbol{A})=0$, 则线性方程组 $\boldsymbol{Ax}=\boldsymbol{b}$ 一定无解.

(18) 设矩阵 $\boldsymbol{A}\in F^{n\times n}$, $\boldsymbol{x}\in F^n$. 若 $\det(\boldsymbol{A})=0$, 则线性方程组 $\boldsymbol{Ax}=\boldsymbol{0}$ 一定有非零解.

(19) 若向量 $\boldsymbol{x}_1,\cdots,\boldsymbol{x}_s$ 是方程组 $\boldsymbol{Ax}=\boldsymbol{b}$ 的解, $t_1\boldsymbol{x}_1+\cdots+t_s\boldsymbol{x}_s$ 也是该方程组的解, 则 $t_1+\cdots+t_s=1$.

(20) 已知 5×4 矩阵 $\boldsymbol{A}=(\boldsymbol{a}_1,\boldsymbol{a}_2,\boldsymbol{a}_3,\boldsymbol{a}_4)$, 而 $\boldsymbol{x}_1=(5,2,7,1)^{\mathrm{T}}$, $\boldsymbol{x}_2=(0,1,0,1)^{\mathrm{T}}$ 是齐次方程组 $\boldsymbol{Ax}=\boldsymbol{0}$ 的基础解系, 则 $\boldsymbol{a}_1$ 可以由 $\boldsymbol{a}_2,\boldsymbol{a}_3$ 线性表示.

(21) 设 F^n 是数域 F 上全体 n 维列向量组成的线性空间, 则 F^n 的任一子空间 V 都是一个 n 元齐次线性方程组的解空间.

答案 (1) 对. (2) 对. (3) 对. (4) 错. (5) 对. (6) 错. (7) 对. (8) 对. (9) 错, 可能不存在解. (10) 错, 可能不存在解. (11) 对. (12) 对. (13) 错. (14) 对. (15) 错, 它们是线性相关的. (16) 错, $\boldsymbol{y}_1,\boldsymbol{y}_2,\boldsymbol{y}_3$ 与 $\boldsymbol{x}_1,\boldsymbol{x}_2,\boldsymbol{x}_3$ 可能不等价. (17) 错. (18) 对. (19) 错, 除非指定了 $\boldsymbol{b}\neq\boldsymbol{0}$. (20) 对. $\boldsymbol{x}_1-\boldsymbol{x}_2$ 是该线性方程组的一个非零解. (21) 对.

例 5.75 填空题.

(1) 若 3 阶方阵 $\boldsymbol{A},\boldsymbol{B}$ 满足 $\operatorname{rank}(\boldsymbol{A})=1$, $\boldsymbol{AB}=\boldsymbol{0}$, 并且 $\boldsymbol{B}=\begin{pmatrix}1&-1&0\\2&1&1\\3&0&\lambda\end{pmatrix}$, 则 $\lambda=$________.

(2) 若 $\boldsymbol{A}=\begin{pmatrix}1&-1&1\\2&\lambda&2\\3&-3&\mu\end{pmatrix}$, 而向量 $\boldsymbol{a}_1=(1,0,-1)^{\mathrm{T}}$ 和 $\boldsymbol{a}_2=(0,1,1)^{\mathrm{T}}$ 构成了线性方程组 $\boldsymbol{Ax}=\boldsymbol{0}$ 的基础解系, 则 $\lambda=$________, $\mu=$________.

(3) 设 n 阶方阵 $\boldsymbol{A}$ 的各行元素之和为 0, 且 $\boldsymbol{A}$ 的秩为 $n-1$, 则齐次线性方程组 $\boldsymbol{Ax}=\boldsymbol{0}$ 的通解为________.

(4) 若方阵 $\boldsymbol{A}=(a_{ij})_{4\times4}$ 满足 $|\boldsymbol{A}|=0$, 且元素 a_{23} 的代数余子式 A_{23} 非零, 则齐次线性方程组 $\boldsymbol{Ax}=\boldsymbol{0}$ 的基础解系中向量的个数是________.

(5) 若齐次方程组 $\boldsymbol{Ax}=\boldsymbol{0}$ 的基础解系是 $\boldsymbol{a}_1=(1,3,0,2)^{\mathrm{T}}$, $\boldsymbol{a}_2=(1,1,2,1)^{\mathrm{T}}$, 而齐次方程组 $\boldsymbol{By}=\boldsymbol{0}$ 的基础解系是 $\boldsymbol{b}_1=(1,2,-1,3)^{\mathrm{T}}$, $\boldsymbol{b}_2=(0,3,1,k)^{\mathrm{T}}$, 且两个方程组有非零公共解, 则参数 $k=$________.

(6) 设 $\boldsymbol{A}$ 为 4 阶复方阵, $\operatorname{rank}(\boldsymbol{A})=2$, $\boldsymbol{A}^*$ 是 $\boldsymbol{A}$ 的伴随矩阵, 则齐次方程组 $\boldsymbol{A}^*\boldsymbol{x}=\boldsymbol{0}$ 的解空间的维数是________.

(7) 若 n 阶方阵 $\boldsymbol{A}$ 和 $\boldsymbol{B}$ 满足 $\boldsymbol{AB}=\boldsymbol{O}$, 且 $\operatorname{rank}(\boldsymbol{A})=r$, 则 $\operatorname{rank}(\boldsymbol{B})$ 的取值范围为________.

答案 (1) 1. (2) -2, 3. (3) $k(1,1,\cdots,1)^{\mathrm{T}}$, 其中 k 为任意数. (4) 1. (5) -1.5. (6) 4. (7) $\{0,1,2,\cdots,n-r\}$.

例 5.76 求齐次线性方程组的通解:

$$\begin{cases} x_1 + 3x_2 - 5x_3 - x_4 + 2x_5 = 0, \\ 2x_1 + 6x_2 - 8x_3 + 5x_4 + 3x_5 = 0, \\ x_1 + 3x_2 - 3x_3 + 6x_4 + x_5 = 0. \end{cases}$$

解 该齐次线性方程组的系数矩阵为 $\boldsymbol{A} = \begin{pmatrix} 1 & 3 & -5 & -1 & 2 \\ 2 & 6 & -8 & 5 & 3 \\ 1 & 3 & -3 & 6 & 1 \end{pmatrix}$. 通过初等行变换, 我们得到

$$\begin{pmatrix} 1 & 3 & -5 & -1 & 2 \\ 2 & 6 & -8 & 5 & 3 \\ 1 & 3 & -3 & 6 & 1 \end{pmatrix} \xrightarrow[-r_1 \to r_3]{-2r_1 \to r_2} \begin{pmatrix} 1 & 3 & -5 & -1 & 2 \\ 0 & 0 & 2 & 7 & -1 \\ 0 & 0 & 2 & 7 & -1 \end{pmatrix}$$

$$\to \begin{pmatrix} \boxed{1} & 3 & -5 & -1 & 2 \\ 0 & 0 & \boxed{2} & 7 & -1 \\ 0 & 0 & 0 & 0 & 0 \end{pmatrix}.$$

故 $\operatorname{rank}(\boldsymbol{A}) = 2$, 而齐次线性方程组的基础解系的秩为 $5-2=3$.

从上面的初等变换, 我们可以看出: 原方程组等价于

$$\begin{cases} x_1 + 3x_2 - 5x_3 - x_4 + 2x_5 = 0, \\ 2x_3 + 7x_4 - x_5 = 0. \end{cases}$$

依据该方程组的形式, 我们可以选取 x_2, x_4, x_5 为自由元, 而将方程组化为

$$\begin{cases} x_1 - 5x_3 = -3x_2 + x_4 - 2x_5, \\ 2x_3 = -7x_4 + x_5. \end{cases}$$

考虑到第二个方程中 x_3 的系数为 2, 我们不妨分别取 $\begin{pmatrix} x_2 \\ x_4 \\ x_5 \end{pmatrix}$ 为 $\begin{pmatrix} 1 \\ 0 \\ 0 \end{pmatrix}, \begin{pmatrix} 0 \\ 2 \\ 0 \end{pmatrix}$ 和 $\begin{pmatrix} 0 \\ 0 \\ 2 \end{pmatrix}$. 相应地, 我们解出 $\begin{pmatrix} x_1 \\ x_3 \end{pmatrix}$ 分别为 $\begin{pmatrix} -3 \\ 0 \end{pmatrix}, \begin{pmatrix} -33 \\ -7 \end{pmatrix}$ 和 $\begin{pmatrix} 1 \\ 1 \end{pmatrix}$. 则原方程组的通解为

$$t_1 \begin{pmatrix} -3 \\ 1 \\ 0 \\ 0 \\ 0 \end{pmatrix} + t_2 \begin{pmatrix} -33 \\ 0 \\ -7 \\ 2 \\ 0 \end{pmatrix} + t_3 \begin{pmatrix} 1 \\ 0 \\ 1 \\ 0 \\ 2 \end{pmatrix},$$

其中 t_1, t_2, t_3 为任意常数.

例 5.77　当参数 λ 取何值时, 线性方程组

$$\begin{cases} 2x_1 - 4x_2 + 5x_3 + 3x_4 = 1, \\ 3x_1 - 6x_2 + 4x_3 + 2x_4 = 2, \\ 4x_1 - 8x_2 + 3x_3 + x_4 = \lambda \end{cases}$$

有解? 当该方程组有解时, 给出其通解.

答案　当 $\lambda = 3$ 时, 方程组有解, 此时原方程组的通解为

$$t_1\begin{pmatrix} 2 \\ 0 \\ -5 \\ 7 \end{pmatrix} + t_2\begin{pmatrix} 0 \\ 1 \\ 5 \\ -7 \end{pmatrix} + \begin{pmatrix} 6/7 \\ 0 \\ -1/7 \\ 0 \end{pmatrix},$$

其中 t_1, t_2 为任意常数.

例 5.78　当参数 λ 为何值时, 对于矩阵 $\boldsymbol{A} = \begin{pmatrix} 1 & 2 & 1 & 2 \\ 0 & 1 & \lambda & \lambda \\ 1 & \lambda & 0 & 1 \end{pmatrix}$, 齐次线性方程组 $\boldsymbol{Ax} = \boldsymbol{0}$ 存在互不成比例的解? 给出此时该方程组的通解.

答案　$\operatorname{rank}(\boldsymbol{A}) \leqslant 4 - 2 = 2$ 的充要条件是 $\lambda = 1$, 此时方程组的通解为

$$t_1\begin{pmatrix} 1 \\ 0 \\ 1 \\ -1 \end{pmatrix} + t_2\begin{pmatrix} 0 \\ 1 \\ 0 \\ -1 \end{pmatrix},$$

其中 t_1, t_2 为任意常数.

例 5.79　考察线性方程组

$$\begin{cases} x_1 + \lambda_1 x_2 + \lambda_1^2 x_3 = \lambda_1^3, \\ x_1 + \lambda_2 x_2 + \lambda_2^2 x_3 = \lambda_2^3, \\ x_1 + \lambda_3 x_2 + \lambda_3^2 x_3 = \lambda_3^3, \\ x_1 + \lambda_4 x_2 + \lambda_4^2 x_3 = \lambda_4^3. \end{cases}$$

(1) 若 $\lambda_1, \lambda_2, \lambda_3, \lambda_4$ 为互不相同的复数, 证明该方程组无解.

(2) 若 $\lambda_1 = \lambda_2 = k$, $\lambda_3 = \lambda_4 = -k$, $k \neq 0$, 而 $\boldsymbol{x}_1 = (-1, 1, 1)^{\mathrm{T}}, \boldsymbol{x}_2 = (1, 1, -1)^{\mathrm{T}}$ 为该方程组的两个解, 写出该方程组的通解.

解　(1) 若 $\lambda_1, \lambda_2, \lambda_3, \lambda_4$ 互不相同, 用范德蒙德行列式, 我们容易看出系数矩阵

$\begin{pmatrix}1 & \lambda_1 & \lambda_1^2\\ 1 & \lambda_2 & \lambda_2^2\\ 1 & \lambda_3 & \lambda_3^2\\ 1 & \lambda_4 & \lambda_4^2\end{pmatrix}$ 的秩为 3, 而增广矩阵 $\begin{pmatrix}1 & \lambda_1 & \lambda_1^2 & \lambda_1^3\\ 1 & \lambda_2 & \lambda_2^2 & \lambda_2^3\\ 1 & \lambda_3 & \lambda_3^2 & \lambda_3^3\\ 1 & \lambda_4 & \lambda_4^2 & \lambda_4^3\end{pmatrix}$ 的秩为 4. 故此时原方程组无解.

(2) 此时方程组可以等价地化为

$$\begin{cases}x_1+kx_2+k^2x_3=k^3,\\ x_1-kx_2+k^2x_3=-k^3.\end{cases}$$

这个新的方程组的系数矩阵和增广矩阵的秩皆为 2, 因此有解. 对应的齐次线性方程组的解空间的维数是 $3-2=1$, 任意两个不相等的原非齐次线性方程组的解 (例如 $\boldsymbol{x}_1$ 和 $\boldsymbol{x}_2$) 的差可以构成该解空间的一个基础解系. 因此通解可以写成 $t(\boldsymbol{x}_1-\boldsymbol{x}_2)+\boldsymbol{x}_1=t(-2,0,2)^{\mathrm{T}}+(-1,1,1)^{\mathrm{T}}$, 其中 t 为任意常数.

例 5.80 讨论 λ 取何值时, 方程组 $\begin{cases}\lambda x_1 + x_2 + x_3 = 1,\\ x_1 + \lambda x_2 + x_3 = \lambda,\\ x_1 + x_2 + \lambda x_3 = \lambda^2\end{cases}$ 有解, 并求解.

解 令 $\boldsymbol{A}$ 为方程组的系数方阵, $\boldsymbol{b}$ 为相应的常数列向量. 作初等行变换:

$$(\boldsymbol{A},\boldsymbol{b})=\begin{pmatrix}\lambda & 1 & 1 & 1\\ 1 & \lambda & 1 & \lambda\\ 1 & 1 & \lambda & \lambda^2\end{pmatrix}\longrightarrow\begin{pmatrix}1 & 1 & \lambda & \lambda^2\\ 1 & \lambda & 1 & \lambda\\ \lambda & 1 & 1 & 1\end{pmatrix}\longrightarrow\begin{pmatrix}1 & 1 & \lambda & \lambda^2\\ 0 & \lambda-1 & 1-\lambda & \lambda-\lambda^2\\ 0 & 1-\lambda & 1-\lambda^2 & 1-\lambda^3\end{pmatrix}$$

$$\longrightarrow\begin{pmatrix}1 & 1 & \lambda & \lambda^2\\ 0 & \lambda-1 & 1-\lambda & \lambda-\lambda^2\\ 0 & 0 & 2-\lambda-\lambda^2 & 1+\lambda-\lambda^2-\lambda^3\end{pmatrix}$$

$$\longrightarrow\begin{pmatrix}1 & 1 & \lambda & \lambda^2\\ 0 & \lambda-1 & 1-\lambda & \lambda-\lambda^2\\ 0 & 0 & (\lambda-1)(\lambda+2) & (\lambda-1)(\lambda+1)^2\end{pmatrix}.$$

(1) 当$(\lambda-1)(\lambda+2)\neq 0$ 时, $\operatorname{rank}(\boldsymbol{A})=3=\operatorname{rank}(\boldsymbol{A},\boldsymbol{b})$. 用消去法解出 $\boldsymbol{x}=\dfrac{1}{\lambda+2}(-\lambda-1,1,(\lambda+1)^2)^{\mathrm{T}}$.

(2) 当 $\lambda=1$ 时, 原方程组为 $x_1+x_2+x_3=1$, 有特解 $\boldsymbol{x}_0=\begin{pmatrix}1 & 0 & 0\end{pmatrix}$, 而 $\boldsymbol{z}_1=\begin{pmatrix}0 & 1 & 0\end{pmatrix}$, $\boldsymbol{z}_2=\begin{pmatrix}0 & 0 & 1\end{pmatrix}$ 是相应齐次方程组的基础解系. 故 $\boldsymbol{x}=\boldsymbol{x}_0+k_1\boldsymbol{z}_1+k_2\boldsymbol{z}_2$, 其中 k_1,k_2 为任意实数.

(3) 当 $\lambda=-2$ 时, $2=\operatorname{rank}(\boldsymbol{A})\neq\operatorname{rank}(\boldsymbol{A},\boldsymbol{b})=3$, 方程组无解.

例 5.81 设矩阵 $A=\begin{pmatrix}1&2&1\\0&1&a\\1&a&0\end{pmatrix}$, B 是一个 3 阶方阵, 第 1 列是 $(1,2,-3)^{\mathrm{T}}$, 满足 $BA=0$. 确定参数 a 以及矩阵 B.

解 B 的行向量是齐次线性方程组 $A^{\mathrm{T}}x=0$ 的非零解, 因此 A^{T} 不是满秩的. 由于 $\det(A)=-(1-a)^2$, 可得 $a=1$. 此时 $\mathrm{rank}(A)=2$, $A^{\mathrm{T}}x=0$ 的解空间是 1 维的, 由向量 $x_0=(1,-1,-1)^{\mathrm{T}}$ 生成, 因此 $B^{\mathrm{T}}=(x_0,2x_0,-3x_0)$, 即

$$B=\begin{pmatrix}1&-1&-1\\2&-2&-2\\-3&3&3\end{pmatrix}.$$

例 5.82 (数学一, 2002) 已知 4 阶方阵 $A=(\alpha_1,\alpha_2,\alpha_3,\alpha_4)$,其中$\alpha_1,\alpha_2,\alpha_3,\alpha_4$ 均为 4 维列向量, 且 $\alpha_2,\alpha_3,\alpha_4$ 线性无关. 如果 $\alpha_1=2\alpha_2-\alpha_3$, 且 $\beta=\alpha_1+\alpha_2+\alpha_3+\alpha_4$, 求线性方程组 $A\alpha=\beta$ 的通解.

解 由 $\alpha_2,\alpha_3,\alpha_4$ 线性无关, $\alpha_1=2\alpha_2-\alpha_3+0\cdot\alpha_4$, 知 $\mathrm{rank}(A)=3$. 由此可知, 对应的齐次方程组 $Ax=0$ 的基础解系中只包含 $n-\mathrm{rank}(A)=4-3=1$ 个线性无关的解向量. 由 $\alpha_1=2\alpha_2-\alpha_3+0\cdot\alpha_4$, 知 $\bar{x}=(1,-2,1,0)^{\mathrm{T}}$ 是齐次方程组 $Ax=0$ 的一个非零解. 故齐次方程组 $Ax=0$ 的通解为 $\bar{x}=k(1,-2,1,0)^{\mathrm{T}}$, 其中 k 为任意常数.

再由

$$\beta=\alpha_1+\alpha_2+\alpha_3+\alpha_4=(\alpha_1,\alpha_2,\alpha_3,\alpha_4)\begin{pmatrix}1\\1\\1\\1\end{pmatrix}=A\begin{pmatrix}1\\1\\1\\1\end{pmatrix},$$

知 $\alpha_0=(1,1,1,1)^{\mathrm{T}}$ 为非齐次方程组 $Ax=\beta$ 的一个特解.

从而 $A\alpha=\beta$ 的通解为

$$x=\bar{x}+\alpha_0=k\begin{pmatrix}1\\-2\\1\\0\end{pmatrix}+\begin{pmatrix}1\\1\\1\\1\end{pmatrix},$$

其中 k 为任意常数.

例 5.83 (数学一, 2001) 设 $\alpha_1,\alpha_2,\cdots,\alpha_s$ 为线性方程组 $Ax=0$ 的一个基础解系. 若 $\beta_1=t_1\alpha_1+t_2\alpha_2,\beta_2=t_1\alpha_2+t_2\alpha_3,\cdots,\beta_s=t_1\alpha_s+t_2\alpha_1$, 其中 t_1,t_2 为常数. 问 t_1,t_2 满足什么关系时, $\beta_1,\beta_2,\cdots,\beta_s$ 也为 $Ax=0$ 的一个基础解系?

解 向量组 $\beta_1,\beta_2,\cdots,\beta_s$ 要成为 $Ax=0$ 的基础解系, 必须满足以下两个条件:

(1) $\beta_1,\beta_2,\cdots,\beta_s$ 是 $Ax=0$ 的解;

(2) $\beta_1,\beta_2,\cdots,\beta_s$ 线性无关.

由题设知 $\boldsymbol{\alpha}_1,\boldsymbol{\alpha}_2,\cdots,\boldsymbol{\alpha}_s$ 是 $\boldsymbol{Ax}=\boldsymbol{0}$ 的解. 由齐次方程组 $\boldsymbol{Ax}=\boldsymbol{0}$ 的解的性质知由 $\boldsymbol{\alpha}_1,\boldsymbol{\alpha}_2,\cdots,\boldsymbol{\alpha}_s$ 的线性组合构成的向量组 $\boldsymbol{\beta}_1,\boldsymbol{\beta}_2,\cdots,\boldsymbol{\beta}_s$ 也是 $\boldsymbol{Ax}=\boldsymbol{0}$ 的解向量.

接下来, 我们检验 $\boldsymbol{\beta}_1,\boldsymbol{\beta}_2,\cdots,\boldsymbol{\beta}_s$ 是否线性无关. 设 $k_1,k_2,\cdots,k_s$ 是一组数, 使得

$$k_1\boldsymbol{\beta}_1+k_2\boldsymbol{\beta}_2+\cdots+k_s\boldsymbol{\beta}_s=\boldsymbol{0},$$

即

$$(t_1k_1+t_2k_s)\boldsymbol{\alpha}_1+(t_2k_1+t_1k_2)\boldsymbol{\alpha}_2+\cdots+(t_2k_{s-1}+t_1k_s)\boldsymbol{\alpha}_s=\boldsymbol{0}.$$

由于 $\boldsymbol{\alpha}_1,\boldsymbol{\alpha}_2,\cdots,\boldsymbol{\alpha}_s$ 线性无关, 相应的系数为 0, 即

$$\begin{cases} t_1k_1+t_2k_s=0, \\ t_2k_1+t_1k_2=0, \\ \cdots\cdots \\ t_2k_{s-1}+t_1k_s=0. \end{cases} \tag{1}$$

作为关于 $k_1,\cdots,k_s$ 的齐次线性方程组, 式 (1) 的系数矩阵为

$$\begin{vmatrix} t_1 & 0 & 0 & \cdots & 0 & t_2 \\ t_2 & t_1 & 0 & \cdots & 0 & 0 \\ 0 & t_2 & t_1 & \cdots & 0 & 0 \\ \vdots & \vdots & \vdots & \ddots & \vdots & \vdots \\ 0 & 0 & 0 & \cdots & t_2 & t_1 \end{vmatrix}_{s\times s}=t_1^s+(-1)^{s+1}t_2^s.$$

故当 (且仅当)$t_1^s+(-1)^{s+1}t_2^s\neq 0$, 即 s 为偶数且 $t_1\neq\pm t_2$, 或 s 为奇数且 $t_1\neq -t_2$ 时, 方程组 (1) 只有零解: $k_1=k_2=\cdots=k_s=0$, 即 $\boldsymbol{\beta}_1,\boldsymbol{\beta}_2,\cdots,\boldsymbol{\beta}_s$ 线性无关. 此时 $\boldsymbol{\beta}_1,\boldsymbol{\beta}_2,\cdots,\boldsymbol{\beta}_s$ 为 $\boldsymbol{Ax}=\boldsymbol{0}$ 的一个基础解系.

在讨论下一例题之前, 我们再次回顾一下非齐次线性方程组的解的性质.

设 $\boldsymbol{A}=(a_{ij})_{m\times n}$, $\boldsymbol{x}=(x_1,\cdots,x_n)^{\mathrm{T}}$, $\boldsymbol{\beta}=(b_1,\cdots,b_m)^{\mathrm{T}}$. 将 $\boldsymbol{A}$ 写成列向量的形式: $\boldsymbol{A}=(\boldsymbol{\alpha}_1,\boldsymbol{\alpha}_2,\cdots,\boldsymbol{\alpha}_n)$, 则 $\boldsymbol{Ax}=\boldsymbol{\beta}$ 可等价写成 $x_1\boldsymbol{\alpha}_1+x_2\boldsymbol{\alpha}_2+\cdots+x_n\boldsymbol{\alpha}_n=\boldsymbol{\beta}$. 此时:

(1) $\mathrm{rank}(\boldsymbol{A},\boldsymbol{\beta})=\mathrm{rank}(\boldsymbol{A})=n\Leftrightarrow$ 方程组 $\boldsymbol{Ax}=\boldsymbol{\beta}$ 有唯一解 $\Leftrightarrow\boldsymbol{\beta}$可由$\boldsymbol{\alpha}_1,\boldsymbol{\alpha}_2,\cdots,\boldsymbol{\alpha}_n$ 线性表示, 且表示方法唯一.

(2) $\mathrm{rank}(\boldsymbol{A},\boldsymbol{\beta})=\mathrm{rank}(\boldsymbol{A})<n\Leftrightarrow$ 方程组 $\boldsymbol{Ax}=\boldsymbol{\beta}$ 有无穷多个解 $\Leftrightarrow\boldsymbol{\beta}$ 可由 $\boldsymbol{\alpha}_1,\boldsymbol{\alpha}_2,\cdots,\boldsymbol{\alpha}_n$ 线性表示, 但表示方法不唯一.

(3) $\mathrm{rank}(\boldsymbol{A},\boldsymbol{\beta})\neq\mathrm{rank}(\boldsymbol{A})\Leftrightarrow$ 方程组 $\boldsymbol{Ax}=\boldsymbol{\beta}$ 无解 $\Leftrightarrow\boldsymbol{\beta}$ 不能由 $\boldsymbol{\alpha}_1,\boldsymbol{\alpha}_2,\cdots,\boldsymbol{\alpha}_n$ 线性表示.

例 5.84 (数学四, 2000) 设向量组 $\boldsymbol{\alpha}_1=(a,2,10)^{\mathrm{T}}$, $\boldsymbol{\alpha}_2=(-2,1,5)^{\mathrm{T}}$, $\boldsymbol{\alpha}_3=(-1,1,4)^{\mathrm{T}}$, $\boldsymbol{\beta}=(1,b,c)^{\mathrm{T}}$, 试问 a,b,c 满足什么条件时:

(1) $\boldsymbol{\beta}$ 可由 $\boldsymbol{\alpha}_1,\boldsymbol{\alpha}_2,\boldsymbol{\alpha}_3$ 线性表示, 且表示方法唯一?

(2) $\boldsymbol{\beta}$ 可由 $\boldsymbol{\alpha}_1,\boldsymbol{\alpha}_2,\boldsymbol{\alpha}_3$ 线性表示, 但表示方法不唯一? 给出其一般表达式.

(3) $\boldsymbol{\beta}$ 不能由 $\boldsymbol{\alpha}_1,\boldsymbol{\alpha}_2,\boldsymbol{\alpha}_3$ 线性表示?

解　设有一组数 k_1,k_2,k_3 使得 $\boldsymbol{\beta}=k_1\boldsymbol{\alpha}_1+k_2\boldsymbol{\alpha}_2+k_3\boldsymbol{\alpha}_3$, 即

$$(\boldsymbol{\alpha}_1,\boldsymbol{\alpha}_2,\boldsymbol{\alpha}_3)\begin{pmatrix}k_1\\k_2\\k_3\end{pmatrix}=\begin{pmatrix}1\\b\\c\end{pmatrix}=\boldsymbol{\beta}. \tag{1}$$

令 $\boldsymbol{A}=(\boldsymbol{\alpha}_1,\boldsymbol{\alpha}_2,\boldsymbol{\alpha}_3)$ 为相应的系数矩阵, 则系数矩阵的行列式

$$|\boldsymbol{A}|=\begin{vmatrix}a&-2&-1\\2&1&1\\10&5&4\end{vmatrix}=-a-4.$$

故:

(1) 当 $a\neq-4$ 时, $|\boldsymbol{A}|\neq0$, 方程组 (1) 有唯一解. 此时 $\boldsymbol{\beta}$ 可由 $\boldsymbol{\alpha}_1,\boldsymbol{\alpha}_2,\boldsymbol{\alpha}_3$ 线性表示, 且表示方法唯一.

(2) 当 $a=-4$ 时, 对增广矩阵 $(\boldsymbol{A},\boldsymbol{\beta})$ 作初等行变换, 有

$$(\boldsymbol{A},\boldsymbol{\beta})=\begin{pmatrix}-4&-2&-1&1\\2&1&1&b\\10&5&4&c\end{pmatrix}\longrightarrow\begin{pmatrix}2&1&0&-b-1\\0&0&1&2b+1\\0&0&0&3b-c-1\end{pmatrix}.$$

当 $3b-c\neq1$ 时, $\operatorname{rank}(\boldsymbol{A})\neq\operatorname{rank}(\boldsymbol{A},\boldsymbol{\beta})$, 此时式 (1) 无解, 从而 $\boldsymbol{\beta}$ 不能由 $\boldsymbol{\alpha}_1,\boldsymbol{\alpha}_2,\boldsymbol{\alpha}_3$ 线性表示.

(3) 由前面的讨论知, 当 $a=-4$ 且 $3b-c=1$ 时, $\operatorname{rank}(\boldsymbol{A})=\operatorname{rank}(\boldsymbol{A},\boldsymbol{\beta})=2<3=n$. 此时式 (1) 有无穷多个解, $\boldsymbol{\beta}$ 可由 $\boldsymbol{\alpha}_1,\boldsymbol{\alpha}_2,\boldsymbol{\alpha}_3$ 线性表示, 但表示方法不唯一. 由增广矩阵的化简形式易得式 (1) 的通解: $k_1=t,k_2=-2t-b-1,k_3=2b+1$, 其中 t 为任意常数. 因此在表示方法不唯一时, $\boldsymbol{\beta}$ 的一般表达式为

$$\boldsymbol{\beta}=t\boldsymbol{\alpha}_1-(2t+b+1)\boldsymbol{\alpha}_2+(2b+1)\boldsymbol{\alpha}_3\quad(t\text{为任意常数}).$$

例 5.85　(数学一, 1998) 已知线性方程组

$$\begin{cases}a_{1,1}x_1+a_{1,2}x_2+\cdots+a_{1,2n}x_{2n}=0,\\a_{2,1}x_1+a_{2,2}x_2+\cdots+a_{2,2n}x_{2n}=0,\\\cdots\cdots\\a_{n,1}x_1+a_{n,2}x_2+\cdots+a_{n,2n}x_{2n}=0\end{cases} \tag{1}$$

的一个基础解系为

$$(b_{1,1},b_{1,2},\cdots,b_{1,2n})^{\mathrm{T}},(b_{2,1},b_{2,2},\cdots,b_{2,2n})^{\mathrm{T}},\cdots,(b_{n,1},b_{n,2},\cdots,b_{n,2n})^{\mathrm{T}}.$$

试写出线性方程组

$$\begin{cases} b_{1,1}y_1+b_{1,2}y_2+\cdots+b_{1,2n}y_{2n}=0, \\ b_{2,1}y_1+b_{2,2}y_2+\cdots+b_{2,2n}y_{2n}=0, \\ \cdots\cdots \\ b_{n,1}y_1+b_{n,2}y_2+\cdots+b_{n,2n}y_{2n}=0 \end{cases} \tag{2}$$

的通解, 并说明理由.

解 分别记方程组 (1) 和 (2) 的系数矩阵为 $\boldsymbol{A},\boldsymbol{B}$, 则由题设可知 $\boldsymbol{AB}^{\mathrm{T}}=\boldsymbol{0}$, 从而有 $\boldsymbol{BA}^{\mathrm{T}}=(\boldsymbol{AB}^{\mathrm{T}})^{\mathrm{T}}=\boldsymbol{0}$. 由此可见, $\boldsymbol{A}$ 的 n 个行向量在转置后均为方程组 (2) 的解向量.

另一方面, 由于 $(b_{1,1},b_{1,2},\cdots,b_{1,2n})^{\mathrm{T}},(b_{2,1},b_{2,2},\cdots,b_{2,2n})^{\mathrm{T}},\cdots,(b_{n,1},b_{n,2},\cdots,b_{n,2n})^{\mathrm{T}}$ 是方程组 (1) 的一个基础解系, 此 n 个向量线性无关, 从而有 $\mathrm{rank}(\boldsymbol{B})=n$.

方程组 (1) 的基础解系含有 n 个非零向量, 从而有 $n=2n-\mathrm{rank}(\boldsymbol{A})$, 即 $\mathrm{rank}(\boldsymbol{A})=n$. 故 $\boldsymbol{A}$ 的 n 个行向量线性无关.

而在方程组 (2) 中, 由于 $\mathrm{rank}(\boldsymbol{B})=n$, 且方程组中的变量个数为 $2n$, 它的基础解系包含 $2n-n=n$ 个线性无关的向量.

综上, 我们知 $\boldsymbol{A}$ 的 n 个行向量是方程组 (2) 的一个基础解系. 特别地, 方程组 (2) 的通解为 $k_1\boldsymbol{\alpha}_1+k_2\boldsymbol{\alpha}_2+\cdots+k_n\boldsymbol{\alpha}_n$, 其中 $\boldsymbol{\alpha}_i=(a_{i,1},a_{i,2},\cdots,a_{i,2n})^{\mathrm{T}}\,(i=1,\cdots,n)$, 而 $k_1,k_2,\cdots,k_n$ 是任意常数.

例 5.86 (考研题, 2010) 设 $\boldsymbol{A}=\begin{pmatrix}\lambda & 1 & 1\\ 0 & \lambda-1 & 0\\ 1 & 1 & \lambda\end{pmatrix}$, $\boldsymbol{b}=\begin{pmatrix}a\\1\\1\end{pmatrix}$. 已知线性方程组 $\boldsymbol{Ax}=\boldsymbol{b}$ 存在两个不同的解.

(1) 求 λ, a;

(2) 求方程组 $\boldsymbol{Ax}=\boldsymbol{b}$ 的通解.

解 (1) 由于 $\boldsymbol{Ax}=\boldsymbol{b}$ 存在两个不同的解, 矩阵的秩 $\mathrm{rank}(\boldsymbol{A})=\mathrm{rank}(\boldsymbol{A},\boldsymbol{b})<3$. 特别地, $|\boldsymbol{A}|=(\lambda-1)^2(\lambda+1)=0$, 因此 $\lambda=1$ 或 $\lambda=-1$. 若 $\lambda=1$, 则 $\mathrm{rank}(\boldsymbol{A})=1<\mathrm{rank}(\boldsymbol{A},\boldsymbol{b})=2$, 因此方程组 $\boldsymbol{Ax}=\boldsymbol{b}$ 无解. 若 $\lambda=-1$, 则由 $\mathrm{rank}(\boldsymbol{A})=\mathrm{rank}(\boldsymbol{A},\boldsymbol{b})$ 容易解得 $a=-2$.

(2) 将 $\lambda=-1$ 和 $a=-2$ 代入后, 方程组可以化简为 $\begin{cases} x_1-x_3=\dfrac{3}{2}, \\ x_2=-\dfrac{1}{2}. \end{cases}$ 因此方程组有通解

$$\begin{cases} x_1=t+\dfrac{3}{2}, \\ x_2=-\dfrac{1}{2}, \\ x_3=t, \end{cases}$$

其中 t 为任意实数. 其向量形式为

$$\boldsymbol{x}=t\begin{pmatrix}1\\0\\1\end{pmatrix}+\begin{pmatrix}\frac{3}{2}\\-\frac{1}{2}\\0\end{pmatrix},$$

其中 t 为任意实数.

例 5.87 (考研题, 2012) 设实矩阵 $\boldsymbol{A}=\begin{pmatrix}1&a&0&0\\0&1&a&0\\0&0&1&a\\a&0&0&1\end{pmatrix}$, $\boldsymbol{b}=\begin{pmatrix}1\\-1\\0\\0\end{pmatrix}$.

(1) 求 $|\boldsymbol{A}|$;

(2) 已知线性方程组 $\boldsymbol{Ax}=\boldsymbol{b}$ 有无穷多解, 求实数 a, 并求 $\boldsymbol{Ax}=\boldsymbol{b}$ 的通解.

答案 (1) $|\boldsymbol{A}|=1-a^4$. (2) $a=-1$, 此时通解为 $\boldsymbol{x}=\begin{pmatrix}k\\k-1\\k\\k\end{pmatrix}$, 其中 k 为任意实数.

例 5.88 设 $m<n$, $\boldsymbol{A}$ 为 $m\times n$ 矩阵, $\text{rank}(\boldsymbol{A})=m$, $\boldsymbol{B}$ 为 $n\times(n-m)$ 矩阵, $\text{rank}(\boldsymbol{B})=n-m$. 若 $\boldsymbol{AB}=\boldsymbol{0}$, 且列向量 $\boldsymbol{a}$ 满足 $\boldsymbol{Aa}=\boldsymbol{0}$, 证明: 存在唯一一个列向量 $\boldsymbol{b}$, 使得 $\boldsymbol{a}=\boldsymbol{Bb}$.

证 $\boldsymbol{B}$ 的列向量是齐次线性方程组 $\boldsymbol{Ax}=\boldsymbol{0}$ 的解, 而该方程组的解空间的维数是 $n-m=\text{rank}(\boldsymbol{B})$, 故 $\boldsymbol{B}$ 的所有列向量构成了该解空间的基础解系. 由条件, $\boldsymbol{a}$ 属于该解空间, 故方程 $\boldsymbol{a}=\boldsymbol{Bb}$ 存在唯一解.

例 5.89 设 $\boldsymbol{A}$ 是 n 阶方阵, 矩阵的秩 $\text{rank}(\boldsymbol{A})=n-1$. 证明: 伴随矩阵的秩 $\text{rank}(\boldsymbol{A}^*)=1$.

证 这是教材中第 4 章习题 39 的一部分, 这里我们用解空间的方法重新给出证明.

一方面, 由于 $\text{rank}(\boldsymbol{A})=n-1$, $\boldsymbol{A}$ 不是满秩的, 行列式 $|\boldsymbol{A}|=0$, 并且存在 $n-1$ 阶的非零子式. 由定义, $\boldsymbol{A}^*$ 非零, 并且 $\text{rank}(\boldsymbol{A}^*)\geqslant 1$.

另一方面, 我们将 $\boldsymbol{A}^*$ 的列向量依次记为 $\boldsymbol{x}_1,\boldsymbol{x}_2,\cdots,\boldsymbol{x}_n$. 由于 $\boldsymbol{AA}^*=|\boldsymbol{A}|\boldsymbol{I}_n=\boldsymbol{O}$, 所有的 $\boldsymbol{x}_i$ 都属于 $\boldsymbol{AX}=\boldsymbol{0}$ 的解空间. 该解空间的维数为 $n-\text{rank}(\boldsymbol{A})=1$, 故矩阵 $\boldsymbol{A}^*$ 的秩 = 矩阵 $\boldsymbol{A}^*$ 的列秩 $\leqslant 1$.

综上, 我们得出 $\text{rank}(\boldsymbol{A}^*)=1$.

例 5.90 (考研题, 2011) 设 $\boldsymbol{A}=(\boldsymbol{\alpha}_1,\boldsymbol{\alpha}_2,\boldsymbol{\alpha}_3,\boldsymbol{\alpha}_4)$ 是 4 阶矩阵, $\boldsymbol{A}^*$ 是 $\boldsymbol{A}$ 的伴随矩阵. 若 $(1,0,1,0)^{\text{T}}$ 是方程组 $\boldsymbol{Ax}=\boldsymbol{0}$ 的一个基础解系, 给出 $\boldsymbol{A}^*\boldsymbol{x}=\boldsymbol{0}$ 的一个基础解系.

解 由于 $\boldsymbol{Ax}=\boldsymbol{0}$ 的基础解系只有 1 个向量, $\text{rank}(\boldsymbol{A})=3$, 从而 $\text{rank}(\boldsymbol{A}^*)=1$, 而方程组 $\boldsymbol{A}^*\boldsymbol{x}=\boldsymbol{0}$ 的基础解系有 3 个向量. 注意到 $\boldsymbol{A}^*\boldsymbol{A}=|\boldsymbol{A}|\,\boldsymbol{I}_4=\boldsymbol{O}$, 知 $\boldsymbol{\alpha}_1,\boldsymbol{\alpha}_2,\boldsymbol{\alpha}_3,\boldsymbol{\alpha}_4$ 都是方程组 $\boldsymbol{A}^*\boldsymbol{x}=\boldsymbol{0}$ 的解.

由 $\boldsymbol{A}\begin{pmatrix}1\\0\\1\\0\end{pmatrix}=(\boldsymbol{\alpha}_1,\boldsymbol{\alpha}_2,\boldsymbol{\alpha}_3,\boldsymbol{\alpha}_4)\begin{pmatrix}1\\0\\1\\0\end{pmatrix}=\boldsymbol{\alpha}_1+\boldsymbol{\alpha}_3=\mathbf{0}$, 知 $\boldsymbol{\alpha}_1$ 与 $\boldsymbol{\alpha}_3$ 线性相关. 故 $\boldsymbol{\alpha}_1,\boldsymbol{\alpha}_2,\boldsymbol{\alpha}_4$ 和 $\boldsymbol{\alpha}_2,\boldsymbol{\alpha}_3,\boldsymbol{\alpha}_4$ 都是线性无关的向量组, 它们都是 $\boldsymbol{A}^*\boldsymbol{x}=\mathbf{0}$ 的基础解系.

例 5.91 设

$$\begin{cases}\lambda x_1+x_2+x_3=\lambda-3,\\ x_1+\lambda x_2+x_3=-2,\\ x_1+x_2+\lambda x_3=-2.\end{cases}$$

问 λ 为何值时, 此方程组: (1) 有唯一解? (2) 无解? (3) 有无穷多解?

答案 当 $\lambda\neq-2,1$ 时, 方程组有唯一解; 当 $\lambda=-2$ 时, 方程组无解; 当 $\lambda=1$ 时, 方程组有无穷多解.

例 5.92 考察一个四元非齐次线性方程组. 若其系数矩阵的秩为 3, 向量 $\boldsymbol{x}_1,\boldsymbol{x}_2,\boldsymbol{x}_3$ 都是它的解, 并且 $\boldsymbol{x}_1+\boldsymbol{x}_2=(1,1,0,2)^{\mathrm{T}}$, $\boldsymbol{x}_2+\boldsymbol{x}_3=(1,0,1,3)^{\mathrm{T}}$, 试给出该非齐次方程组的通解.

提示 对应的齐次线性方程组的解空间的维数是 $4-3=1$, 该齐次方程组的解空间可以由 $\boldsymbol{x}_1-\boldsymbol{x}_3=(\boldsymbol{x}_1+\boldsymbol{x}_2)-(\boldsymbol{x}_2+\boldsymbol{x}_3)=(0,1,-1,-1)^{\mathrm{T}}$ 生成, 而 $(\boldsymbol{x}_1+\boldsymbol{x}_2)/2=(1/2,1/2,0,1)^{\mathrm{T}}$(这里当然也可以选 $(\boldsymbol{x}_2+\boldsymbol{x}_3)/2$) 是原非齐次线性方程组的一个特解, 因此方程组的通解为 $t(0,1,-1,-1)^{\mathrm{T}}+(1/2,1/2,0,1)^{\mathrm{T}}$.

例 5.93 若 $\boldsymbol{A}=\begin{pmatrix}1&1&2\\-1&2&1\\0&1&1\end{pmatrix}$, $\boldsymbol{B}=\begin{pmatrix}4&-1&3\\2&k&0\\1&-1&1\end{pmatrix}$, 是否存在合适的复数 k 和 3 阶方阵 $\boldsymbol{X}$, 使得 $\boldsymbol{AX}=\boldsymbol{B}$?

提示 我们只需寻找合适的 k, 使得 $\operatorname{rank}(\boldsymbol{A})=\operatorname{rank}(\boldsymbol{A},\boldsymbol{B})$. 注意到 $\operatorname{rank}(\boldsymbol{A})=2$, 而 $\operatorname{rank}(\boldsymbol{A},\boldsymbol{b}_1)=3$, 其中 $\boldsymbol{b}_1$ 为 $\boldsymbol{B}$ 的第一个列向量. 因此不依赖于 k 的选取, 我们都有 $\operatorname{rank}(\boldsymbol{A},\boldsymbol{B})=3$. 故不存在题中需要的 3 阶方阵 $\boldsymbol{X}$.

例 5.94 设 $\boldsymbol{A}=\begin{pmatrix}1&1&k\\1&k&1\\k&1&1\end{pmatrix}$, $\boldsymbol{B}=\begin{pmatrix}1&4\\1&-2\\-2&-2\end{pmatrix}$. 若矩阵方程 $\boldsymbol{AX}=\boldsymbol{B}$ 有解, 但是不唯一, 试确定复数 k.

提示 我们需要确定参数 k, 使得 $|\boldsymbol{A}|=0$, 并且 $\operatorname{rank}(\boldsymbol{A})=\operatorname{rank}(\boldsymbol{A},\boldsymbol{B})$. 由于 $|\boldsymbol{A}|=-(k-1)^2(k+2)$, 我们可以就 $k=1$ 和 $k=-2$ 分别讨论. 当 $k=1$ 时, $\operatorname{rank}(\boldsymbol{A})=1<\operatorname{rank}(\boldsymbol{A},\boldsymbol{B})=3$, 不符合要求; 当 $k=-2$ 时, $\operatorname{rank}(\boldsymbol{A})=\operatorname{rank}(\boldsymbol{A},\boldsymbol{B})=2$, 符合要求.

例 5.95 设 $\boldsymbol{A}=\begin{pmatrix}1&a_1&a_1^2&a_1^3&a_1^4\\1&a_2&a_2^2&a_2^3&a_2^4\\\vdots&\vdots&\vdots&\vdots&\vdots\\1&a_5&a_5^2&a_5^3&a_5^4\end{pmatrix}$, $\boldsymbol{B}=(1,1,1,1,1)^{\mathrm{T}}$. 若参数 a_i 互不相等, 求非齐次线性方程组 $\boldsymbol{Ax}=\boldsymbol{B}$ 的通解.

提示　由于 $\mathrm{rank}(\boldsymbol{A})=5$, 该方程组有唯一解. 容易观察到 $\boldsymbol{x}=(1,0,0,0,0)^{\mathrm{T}}$ 是该方程组的一个 (唯一) 解.

例 5.96　设 $\boldsymbol{A}=\begin{pmatrix}2&1&1&2\\0&1&3&1\\1&\lambda&\mu&1\end{pmatrix}$, $\boldsymbol{x}_0=\begin{pmatrix}1\\-1\\1\\-1\end{pmatrix}$, $\boldsymbol{b}=\begin{pmatrix}0\\1\\0\end{pmatrix}$, 使得 $\boldsymbol{A}\boldsymbol{x}_0=\boldsymbol{b}$. 求非齐次线性方程组 $\boldsymbol{A}\boldsymbol{x}=\boldsymbol{b}$ 的通解.

提示　由于 $\boldsymbol{A}\boldsymbol{x}_0=\boldsymbol{b}$, 容易解得 $\lambda=\mu$.

解　(1) 当 $\lambda=\mu\neq 1/2$ 时, $\mathrm{rank}(\boldsymbol{A})=3$, 向量 $\boldsymbol{x}_1=(2,-1,1,-2)^{\mathrm{T}}$ 生成了相应的齐次线性方程组的解空间, 因此原方程组的通解是 $\boldsymbol{x}=k\boldsymbol{x}_1+\boldsymbol{x}_0$, 其中 k 为任意参数.

(2) 当 $\lambda=\mu=1/2$ 时, $\mathrm{rank}(\boldsymbol{A})=2$, 向量组 $\boldsymbol{x}_1=(1,2,0,-2)^{\mathrm{T}}$ 和 $\boldsymbol{x}_2=(0,5,-1,-2)^{\mathrm{T}}$ 构成了相应的齐次线性方程组的解空间的一组基础解系, 因此原方程组的通解是 $\boldsymbol{x}=k_1\boldsymbol{x}_1+k_2\boldsymbol{x}_2+\boldsymbol{x}_0$, 其中 k_1,k_2 为任意参数.

例 5.97*　(厦门大学, 湖北大学) 设 $\boldsymbol{A}=\begin{pmatrix}1&0&0\\0&1&0\\3&1&2\end{pmatrix}$, $W=\{\boldsymbol{B}\in\mathbf{R}^{3\times 3}\mid \boldsymbol{A}\boldsymbol{B}=\boldsymbol{B}\boldsymbol{A}\}$. 求 W 的维数与一组基.

答案　$\dim W=5$. 如下的 $\boldsymbol{B}_1,\cdots,\boldsymbol{B}_5$ 构成了一组基:

$$\boldsymbol{B}_1=\begin{pmatrix}1&0&0\\0&0&0\\0&1&1\end{pmatrix},\quad \boldsymbol{B}_2=\begin{pmatrix}0&1&0\\0&0&0\\0&-3&0\end{pmatrix},\quad \boldsymbol{B}_3=\begin{pmatrix}0&0&0\\1&0&0\\2&1&1\end{pmatrix},$$

$$\boldsymbol{B}_4=\begin{pmatrix}0&0&0\\0&1&0\\0&-1&0\end{pmatrix},\quad \boldsymbol{B}_5=\begin{pmatrix}0&0&0\\0&0&0\\3&1&1\end{pmatrix}.$$

例 5.98*　(上海交通大学, 2004) 设 $\boldsymbol{A}=\begin{pmatrix}1&0&1\\0&1&1\\0&2&2\end{pmatrix}$, $W=\{\boldsymbol{B}\in\mathbf{R}^{3\times 3}\mid \boldsymbol{A}\boldsymbol{B}=\boldsymbol{B}\boldsymbol{A}\}$. 求 W 的维数与一组基.

答案　$\dim(W)=3$. 如下的 $\boldsymbol{B}_1,\boldsymbol{B}_2,\boldsymbol{B}_3$ 构成了一组基:

$$\boldsymbol{B}_1=\begin{pmatrix}1&0&0\\0&1&0\\0&0&1\end{pmatrix},\quad \boldsymbol{B}_2=\begin{pmatrix}0&1&0\\0&1&0\\0&0&1\end{pmatrix},\quad \boldsymbol{B}_3=\begin{pmatrix}0&0&1\\0&0&1\\0&2&1\end{pmatrix}.$$

例 5.99　若 $\boldsymbol{A}$ 为 $m\times n$ 实矩阵, 证明: $\mathrm{rank}(\boldsymbol{A}^{\mathrm{T}}\boldsymbol{A})=\mathrm{rank}(\boldsymbol{A})$.

证　分别考察齐次线性方程组 $\boldsymbol{A}\boldsymbol{x}=\boldsymbol{0}$ 和 $\boldsymbol{A}^{\mathrm{T}}\boldsymbol{A}\boldsymbol{x}=\boldsymbol{0}$ 的解空间.

一方面, 若 $\boldsymbol{A}\boldsymbol{x}_0=\boldsymbol{0}$, 很显然有 $\boldsymbol{A}^{\mathrm{T}}\boldsymbol{A}\boldsymbol{x}_0=\boldsymbol{0}$. 另一方面, 若 $\boldsymbol{A}^{\mathrm{T}}\boldsymbol{A}\boldsymbol{x}_0=\boldsymbol{0}$, 则 $\boldsymbol{x}_0^{\mathrm{T}}\boldsymbol{A}^{\mathrm{T}}\boldsymbol{A}\boldsymbol{x}_0=0$, 即 $|\boldsymbol{A}\boldsymbol{x}_0|^2=(\boldsymbol{A}\boldsymbol{x}_0)^{\mathrm{T}}(\boldsymbol{A}\boldsymbol{x}_0)=0$. 此时, 实数域上的列向量 $\boldsymbol{A}\boldsymbol{x}_0$ 的模 $|\boldsymbol{A}\boldsymbol{x}_0|$ 必须为零, 这等价于 $\boldsymbol{A}\boldsymbol{x}_0=\boldsymbol{0}$.

故这两组齐次线性方程组的解空间相同, 它们有相同的维数, 即 $n-\operatorname{rank}(\boldsymbol{A})=n-\operatorname{rank}(\boldsymbol{A}^{\mathrm{T}}\boldsymbol{A})$.

注 若 $\boldsymbol{x}=(x_1,\cdots,x_n)^{\mathrm{T}}\in\mathbf{R}^n$, 则 $\boldsymbol{x}$ 的模长是 $|\boldsymbol{x}|=\sqrt{x_1^2+\cdots+x_n^2}=\sqrt{\boldsymbol{x}^{\mathrm{T}}\boldsymbol{x}}$.

例 5.100 设 $\boldsymbol{A}$ 是 $m\times n$ 实矩阵, $\boldsymbol{b}$ 是 m 维实列向量. 证明: 非齐次线性方程组 $\boldsymbol{A}^{\mathrm{T}}\boldsymbol{A}\boldsymbol{x}=\boldsymbol{A}^{\mathrm{T}}\boldsymbol{b}$ 一定有解.

证 我们只需证 $\operatorname{rank}(\boldsymbol{A}^{\mathrm{T}}\boldsymbol{A})=\operatorname{rank}(\boldsymbol{A}^{\mathrm{T}}\boldsymbol{A},\boldsymbol{A}^{\mathrm{T}}\boldsymbol{b})$. 事实上, 我们有

$$\begin{aligned}\operatorname{rank}(\boldsymbol{A}^{\mathrm{T}}\boldsymbol{A})&\leqslant\operatorname{rank}(\boldsymbol{A}^{\mathrm{T}}\boldsymbol{A},\boldsymbol{A}^{\mathrm{T}}\boldsymbol{b})=\operatorname{rank}(\boldsymbol{A}^{\mathrm{T}}(\boldsymbol{A},\boldsymbol{b}))\\&\leqslant\operatorname{rank}(\boldsymbol{A}^{\mathrm{T}})=\operatorname{rank}(\boldsymbol{A})=\operatorname{rank}(\boldsymbol{A}^{\mathrm{T}}\boldsymbol{A}).\end{aligned}$$

例 5.101 若 $\boldsymbol{A}$ 为 n 阶方阵, 则 $\operatorname{rank}(\boldsymbol{A}^n)=\operatorname{rank}(\boldsymbol{A}^{n+1})$.

证 我们只需证 $\boldsymbol{A}^n\boldsymbol{x}=\boldsymbol{0}$ 和 $\boldsymbol{A}^{n+1}\boldsymbol{x}=\boldsymbol{0}$ 具有相同的解空间. 为此, 我们只需假定向量 $\boldsymbol{x}_0$ 满足 $\boldsymbol{A}^{n+1}\boldsymbol{x}_0=\boldsymbol{0}$, 而证明 $\boldsymbol{A}^n\boldsymbol{x}_0=\boldsymbol{0}$. 若该结论不成立, 则 $\boldsymbol{A}^n\boldsymbol{x}_0\neq\boldsymbol{0}$, 从而向量 $\boldsymbol{x}_0,\boldsymbol{A}\boldsymbol{x}_0,\boldsymbol{A}^2\boldsymbol{x}_0,\cdots,\boldsymbol{A}^n\boldsymbol{x}_0$ 线性无关 (参考前面的例 5.28). 作为 n 维数组空间 F^n 中的 $n+1$ 个向量, 这是不可能的.

例 5.102 若有正整数 k 使得 $\operatorname{rank}(\boldsymbol{A}^k)=\operatorname{rank}(\boldsymbol{A}^{k+1})$, 证明: $\operatorname{rank}(\boldsymbol{A}^k)=\operatorname{rank}(\boldsymbol{A}^{k+j})$ $(j=1,2,\cdots)$.

证 由归纳法, 只需证 $j=2$ 时成立即可. 利用接下来例 5.103 的结论, 我们只需证由条件 "$\boldsymbol{A}^{k+1}\boldsymbol{x}=\boldsymbol{0}\Rightarrow\boldsymbol{A}^k\boldsymbol{x}=\boldsymbol{0}$", 我们可以推出 "$\boldsymbol{A}^{k+2}\boldsymbol{x}=\boldsymbol{0}\Rightarrow\boldsymbol{A}^k\boldsymbol{x}=\boldsymbol{0}$". 而这是简单的. 若 $\boldsymbol{A}^{k+2}\boldsymbol{x}=\boldsymbol{0}$, 则 $\boldsymbol{A}^{k+1}(\boldsymbol{A}\boldsymbol{x})=\boldsymbol{0}$. 由条件可知 $\boldsymbol{A}^k(\boldsymbol{A}\boldsymbol{x})=\boldsymbol{0}$, 即 $\boldsymbol{A}^{k+1}\boldsymbol{x}=\boldsymbol{0}$. 再用一次给定的条件, 即得 $\boldsymbol{A}^k\boldsymbol{x}=\boldsymbol{0}$.

例 5.103 证明: $\operatorname{rank}(\boldsymbol{A}\boldsymbol{B})=\operatorname{rank}(\boldsymbol{B})$, 当且仅当方程组 $\boldsymbol{A}\boldsymbol{B}\boldsymbol{x}=\boldsymbol{0}$ 的解均为方程组 $\boldsymbol{B}\boldsymbol{x}=\boldsymbol{0}$ 的解.

证 显然方程组 $\boldsymbol{B}\boldsymbol{x}=\boldsymbol{0}$ 的解是方程组 $\boldsymbol{A}\boldsymbol{B}\boldsymbol{x}=\boldsymbol{0}$ 的解, 故方程组 $\boldsymbol{A}\boldsymbol{B}\boldsymbol{x}=\boldsymbol{0}$ 的解是方程组 $\boldsymbol{B}\boldsymbol{x}=\boldsymbol{0}$ 的解的充要条件是这两个方程组的解空间的维数相等, 也即等价于 $\operatorname{rank}(\boldsymbol{B})=\operatorname{rank}(\boldsymbol{A}\boldsymbol{B})$.

例 5.104 设列满秩矩阵 $\boldsymbol{A}_{n\times r}$ 的列向量生成了某个齐次线性方程组的解空间. 证明: 列满秩矩阵 $\boldsymbol{C}_{n\times r}$ 的列向量也生成了该解空间的充分必要条件是 $\boldsymbol{A}=\boldsymbol{C}\boldsymbol{B}$, 其中 $\boldsymbol{B}$ 是某个 r 阶可逆方阵.

提示 由于 $\boldsymbol{A}$ 和 $\boldsymbol{C}$ 是同型的列满秩矩阵, 本题等于要证 "$\boldsymbol{A}$ 和 $\boldsymbol{C}$ 的列向量组是等价的, 当且仅当存在可逆矩阵 $\boldsymbol{B}$, 使得 $\boldsymbol{A}=\boldsymbol{C}\boldsymbol{B}$".

例 5.105 (武汉大学, 1999) 设 $m\times n$ 矩阵 $\boldsymbol{A}$ 的秩为 r. 证明: 对 $p\geqslant n-r$, 存在一个秩为 $n-r$ 的 $n\times p$ 矩阵 $\boldsymbol{B}$, 使得 $\boldsymbol{A}\boldsymbol{B}=\boldsymbol{O}$.

证 方程组 $\boldsymbol{A}\boldsymbol{x}=\boldsymbol{0}$ 存在基础解系 $\boldsymbol{\xi}_1,\cdots,\boldsymbol{\xi}_{n-r}$. 令 $\boldsymbol{B}=(\boldsymbol{\xi}_1,\cdots,\boldsymbol{\xi}_{n-r},\boldsymbol{0},\cdots,\boldsymbol{0})\in F^{n\times p}$ 即可.

例 5.106 考虑线性方程组 $\boldsymbol{A}\boldsymbol{x}=\boldsymbol{b}$, 其中 $\boldsymbol{A}$ 和 $\boldsymbol{b}$ 分别为实数矩阵和实数列向量. 证明: 若该线性方程组有复数向量解, 则必有实数向量解.

提示 把一个实矩阵看成复矩阵时, 矩阵的秩并不会改变.

例 5.107 设 $\boldsymbol{\eta}_0$ 是非齐次线性方程组 $\boldsymbol{A}\boldsymbol{X}=\boldsymbol{b}(\boldsymbol{b}\neq\boldsymbol{0})$ 的一个解, 而 $\boldsymbol{\eta}_1,\boldsymbol{\eta}_2,\cdots,\boldsymbol{\eta}_t$ 是对

应的齐次线性方程组 $\boldsymbol{AX}=\mathbf{0}$ 的一组基础解系. 令 $\gamma_0=\boldsymbol{\eta}_0,\gamma_1=\boldsymbol{\eta}_0+\boldsymbol{\eta}_1,\cdots,\gamma_t=\boldsymbol{\eta}_0+\boldsymbol{\eta}_t$. 试证明:

(1) $\gamma_0,\gamma_1,\cdots,\gamma_t$ 线性无关;

(2) $\boldsymbol{\eta}$ 是非齐次线性方程组 $\boldsymbol{AX}=\boldsymbol{b}$ 的解, 当且仅当 $\boldsymbol{\eta}=\sum\limits_{i=0}^{t}k_i\gamma_i$, 其中 $\sum\limits_{i=0}^{t}k_i=1$.

答案　(1) 若 $\sum\limits_{i=0}^{t}k_i\gamma_i=\mathbf{0}$, 则 $\boldsymbol{A}\sum\limits_{i=0}^{t}k_i\gamma_i=\mathbf{0}$, 即 $(k_0+\cdots+k_t)\boldsymbol{b}=\mathbf{0}$. 由于 $\boldsymbol{b}\neq\mathbf{0}$, 这意味着 $k_0+\cdots+k_r=0$. 接下来, 有

$$\mathbf{0}=\sum_{i=0}^{t}k_i\gamma_i-\sum_{i=0}^{t}k_i\boldsymbol{\eta}_0=\sum_{i=1}^{t}k_i\boldsymbol{\eta}_i.$$

由于 $\boldsymbol{\eta}_1,\cdots,\boldsymbol{\eta}_t$ 为基础解系, 是线性无关的, 故 $k_1=\cdots=k_t=0$. 从而有 $k_0=0$. 这说明 $\gamma_0,\cdots,\gamma_t$ 是线性无关的.

(2) 若 $\boldsymbol{\eta}=\sum\limits_{i=0}^{t}k_i\gamma_i$, 其中 $\sum\limits_{i=0}^{t}k_i=1$, 容易验证 $\boldsymbol{\eta}$ 是非齐次线性方程组 $\boldsymbol{AX}=\boldsymbol{b}$ 的解. 反之, 设 $\boldsymbol{\eta}$ 是非齐次线性方程组 $\boldsymbol{AX}=\boldsymbol{b}$ 的解. 于是, $\boldsymbol{\eta}-\boldsymbol{\eta}_0$ 是齐次线性方程组 $\boldsymbol{AX}=\mathbf{0}$ 的解, 从而存在唯一的 $k_1,\cdots,k_t$, 使得 $\boldsymbol{\eta}-\boldsymbol{\eta}_0=\sum\limits_{i=1}^{t}k_i\gamma_i$. 接下来, 只需令 $k_0=1-\sum\limits_{i=1}^{t}k_i$ 即可.

作为教材中的定理 5.5.1 的推广, 我们有下面的结论.

例 5.108　设矩阵 $\boldsymbol{A}\in F^{m\times n}$, $\boldsymbol{B}\in F^{m\times l}$. 证明: 矩阵方程 $\boldsymbol{AX}=\boldsymbol{B}$ 有解的充要条件是 $\operatorname{rank}(\boldsymbol{A})=\operatorname{rank}(\boldsymbol{A},\boldsymbol{B})$.

证　我们将 $\boldsymbol{A}$ 和 $\boldsymbol{B}$ 写成列向量按行排列的形式:

$$\boldsymbol{A}=(\boldsymbol{a}_1,\cdots,\boldsymbol{a}_n),\quad \boldsymbol{B}=(\boldsymbol{b}_1,\cdots,\boldsymbol{b}_l).$$

则

$$\begin{aligned}\text{原方程组有解}\quad &\Leftrightarrow\quad \text{向量组 } \boldsymbol{b}_1,\cdots,\boldsymbol{b}_l \text{ 可以由向量组 } \boldsymbol{a}_1,\cdots,\boldsymbol{a}_n \text{ 线性表示}\\ &\Leftrightarrow\quad \operatorname{rank}(\boldsymbol{a}_1,\cdots,\boldsymbol{a}_n)=\operatorname{rank}(\boldsymbol{a}_1,\cdots,\boldsymbol{a}_n,\boldsymbol{b}_1,\cdots,\boldsymbol{b}_l)\\ &\Leftrightarrow\quad \operatorname{rank}(\boldsymbol{A})=\operatorname{rank}(\boldsymbol{A},\boldsymbol{B}).\end{aligned}$$

例 5.109　设矩阵 $\boldsymbol{A}\in F^{m\times n}$, $\boldsymbol{B}\in F^{m\times l}$. 考虑关于 $\boldsymbol{X}\in F^{n\times l}$ 的方程组

$$\boldsymbol{AX}=\boldsymbol{B}\tag{1}$$

和关于 $\boldsymbol{Y}\in F^{m\times l}$ 的方程组

$$\begin{cases}\boldsymbol{A}^{\mathrm{T}}\boldsymbol{Y}=\boldsymbol{O},\\ \boldsymbol{B}^{\mathrm{T}}\boldsymbol{Y}=\boldsymbol{I}_l.\end{cases}\tag{2}$$

(a) 当 $l=1$ 时, 证明: 线性方程组 (1) 有解的充分必要条件是方程组 (2) 无解;

(b) 举例说明当 $l \geqslant 2$ 时, 第 (1) 问中的充分必要条件不成立.

解 方程组 (1) 有解的充要条件是

$$\operatorname{rank}(\boldsymbol{A},\boldsymbol{B}) = \operatorname{rank}(\boldsymbol{A}),$$

而方程组 (2) 有解的充要条件是

$$\operatorname{rank}\begin{pmatrix} \boldsymbol{A}^{\mathrm{T}} & \boldsymbol{O} \\ \boldsymbol{B}^{\mathrm{T}} & \boldsymbol{I}_l \end{pmatrix} = \operatorname{rank}\begin{pmatrix} \boldsymbol{A}^{\mathrm{T}} \\ \boldsymbol{B}^{\mathrm{T}} \end{pmatrix}.$$

容易看出

$$\operatorname{rank}\begin{pmatrix} \boldsymbol{A}^{\mathrm{T}} \\ \boldsymbol{B}^{\mathrm{T}} \end{pmatrix} = \operatorname{rank}(\boldsymbol{A},\boldsymbol{B}),$$

而

$$\begin{aligned} \operatorname{rank}\begin{pmatrix} \boldsymbol{A}^{\mathrm{T}} & \boldsymbol{O} \\ \boldsymbol{B}^{\mathrm{T}} & \boldsymbol{I}_l \end{pmatrix} &= \operatorname{rank}\begin{pmatrix} \boldsymbol{A} & \boldsymbol{B} \\ \boldsymbol{O}^{\mathrm{T}} & \boldsymbol{I}_l \end{pmatrix} \xrightarrow{-\boldsymbol{B}r_2 \to r_1} \operatorname{rank}\begin{pmatrix} \boldsymbol{A} & \boldsymbol{O} \\ \boldsymbol{O}^{\mathrm{T}} & \boldsymbol{I}_l \end{pmatrix} \\ &= \operatorname{rank}(\boldsymbol{A}) + \operatorname{rank}(\boldsymbol{I}_l) = \operatorname{rank}(\boldsymbol{A}) + l. \end{aligned}$$

(a) 一般而言, 我们有

$$\begin{aligned} \operatorname{rank}(\boldsymbol{A}) &\leqslant \operatorname{rank}(\boldsymbol{A},\boldsymbol{B}) = \operatorname{rank}\begin{pmatrix} \boldsymbol{A}^{\mathrm{T}} \\ \boldsymbol{B}^{\mathrm{T}} \end{pmatrix} \\ &\leqslant \operatorname{rank}\begin{pmatrix} \boldsymbol{A}^{\mathrm{T}} & \boldsymbol{O} \\ \boldsymbol{B}^{\mathrm{T}} & \boldsymbol{I}_l \end{pmatrix} = \operatorname{rank}(\boldsymbol{A}) + l. \end{aligned}$$

当 $l = 1$ 时, 题中的条件显然是充分必要的.

(b) 当 $l \geqslant 2$ 时, 我们只需构造例子, 使得

$$0 < \operatorname{rank}(\boldsymbol{A},\boldsymbol{B}) - \operatorname{rank}(\boldsymbol{A}) < l.$$

例如, 我们可以选取 $\boldsymbol{A} = \boldsymbol{0}$ 为零矩阵, 而 $\boldsymbol{B} = \boldsymbol{1}$ 为全一矩阵. 此时 $\operatorname{rank}(\boldsymbol{A}) = 0 < \operatorname{rank}(\boldsymbol{A},\boldsymbol{B}) = 1$.

例 5.110 将方阵 $\boldsymbol{A} \in F^{n\times n}$ 写成列向量的形式: $\boldsymbol{A} = (\boldsymbol{a}_1,\boldsymbol{a}_2,\cdots,\boldsymbol{a}_n)$. 若非齐次线性方程组 $\boldsymbol{A}\boldsymbol{x} = \boldsymbol{b}$ 的通解可以写成 $\boldsymbol{x} = \boldsymbol{\eta}_0 + k_1\boldsymbol{\xi}_1 + \cdots + k_s\boldsymbol{\xi}_s$, 其中 $\boldsymbol{\eta}_0 = (1,1,\cdots,1)^{\mathrm{T}}$, $\boldsymbol{\xi}_i = (\underbrace{1,\cdots,1}_{i},0,\cdots,0)^{\mathrm{T}}$ $(i = 1,\cdots,s)$. 设矩阵 $\boldsymbol{B}$ 为 $(n\boldsymbol{a}_n,(n-1)\boldsymbol{a}_{n-1},\cdots,2\boldsymbol{a}_2,\boldsymbol{a}_1)$. 试求方程组 $\boldsymbol{B}\boldsymbol{x} = \boldsymbol{b}$ 的通解.

提示 矩阵 $\boldsymbol{B} = \boldsymbol{A}\boldsymbol{J}$, 其中

$$\boldsymbol{J} = \begin{pmatrix} & & & 1 \\ & & 2 & \\ & \cdot^{\cdot^{\cdot}} & & \\ n-1 & & & \\ n & & & \end{pmatrix}.$$

很容易看出 $\boldsymbol{J}$ 可逆, 并且有

$$\boldsymbol{J}^{-1}=\begin{pmatrix} & & & \frac{1}{n} \\ & & \frac{1}{n-1} & \\ & \cdot^{\cdot^{\cdot}} & & \\ & \frac{1}{2} & & \\ 1 & & & \end{pmatrix}.$$

方程 $\boldsymbol{By}=\boldsymbol{b}\Leftrightarrow\boldsymbol{AJy}=\boldsymbol{b}$, 故 $\boldsymbol{Jy}$ 是 $\boldsymbol{Ax}=\boldsymbol{b}$ 的解. 由于 $\boldsymbol{Jy}=\boldsymbol{x}$ 有唯一解 $\boldsymbol{y}=\boldsymbol{J}^{-1}\boldsymbol{x}$, 故 $\boldsymbol{Bx}=\boldsymbol{b}$ 的通解为 $\boldsymbol{x}=(\boldsymbol{J}^{-1}\boldsymbol{\eta}_0)+k_1(\boldsymbol{J}^{-1}\boldsymbol{\xi}_1)+\cdots+k_s(\boldsymbol{J}^{-1}\boldsymbol{\xi}_s)$.

例 5.111 设 $x_1,\cdots,x_n$ 和 $y_1,\cdots,y_n$ 是 $\mathbf{R}$ 中的两组数, 其中 $x_1,\cdots,x_n$ 两两互不相等. 证明: 存在唯一一个次数最多为 $n-1$ 的实系数多项式 $f(x)$, 使得 $f(x_i)=y_i$ $(1\leqslant i\leqslant n)$.

证 我们假定所求的多项式形如 $f(x)=\sum\limits_{i=0}^{n-1}a_ix^i$, 其中系数 $a_i\in\mathbf{R}$. 则

$$\sum_{i=0}^{n-1}a_ix_j^i=y_j\quad(1\leqslant j\leqslant n).$$

故 $(a_0,a_1,\cdots,a_{n-1})^{\mathrm{T}}$ 是方程组

$$\begin{pmatrix}1 & x_1 & x_1^2 & \cdots & x_1^{n-1}\\ 1 & x_2 & x_2^2 & \cdots & x_2^{n-1}\\ \vdots & \vdots & \vdots & \ddots & \vdots\\ 1 & x_n & x_n^2 & \cdots & x_n^{n-1}\end{pmatrix}\begin{pmatrix}a_0\\ a_1\\ \vdots\\ a_{n-1}\end{pmatrix}=\begin{pmatrix}y_0\\ y_1\\ \vdots\\ y_{n-1}\end{pmatrix}$$

的解. 注意到该方程组的系数行列式是非零的范德蒙德行列式, 故系数矩阵是可逆矩阵. 而该方程组存在唯一解, 从而所求的多项式 $f(x)$ 存在且唯一.

习 题 5

1. 设 $\boldsymbol{a}_1=(1,2,-1)$, $\boldsymbol{a}_2=(2,0,3)$, $\boldsymbol{a}_3=(2,1,0)$ 是 3 维几何空间中的 3 个向量. 能否将其中某一个向量写成其他两个向量的线性组合? 这 3 个向量是否共面?

2. 设 $\boldsymbol{a}_1=(0,1,-2)$, $\boldsymbol{a}_2=(2,1,3)$, $\boldsymbol{a}_3=(4,5,0)$ 是 3 维几何空间中的 3 个向量. 能否将其中某一个向量写成其他两个向量的线性组合? 这 3 个向量是否共面?

3. 在 F^4 中, 判断向量 $\boldsymbol{b}$ 能否写成 $\boldsymbol{a}_1,\boldsymbol{a}_2,\boldsymbol{a}_3$ 的线性组合. 若能, 请写出一种表示方式.

(1) $\boldsymbol{a}_1=(-1,3,0,-5),\boldsymbol{a}_2=(2,0,7,-3),\boldsymbol{a}_3=(-4,1,-2,6),\boldsymbol{b}=(8,3,-1,-25)$;

(2) $\boldsymbol{a}_1=(3,-5,2,-4)^{\mathrm{T}},\boldsymbol{a}_2=(-1,7,-3,6)^{\mathrm{T}},\boldsymbol{a}_3=(3,11,-5,10)^{\mathrm{T}},\boldsymbol{b}=(2,-30,13,-26)^{\mathrm{T}}$.

4. 设 $\boldsymbol{a}_1=(1,0,0,0)$, $\boldsymbol{a}_2=(1,1,0,0)$, $\boldsymbol{a}_3=(1,1,1,0)$, $\boldsymbol{a}_4=(1,1,1,1)$. 证明: F^4 中的任何向量都可以写成 $\boldsymbol{a}_1,\boldsymbol{a}_2,\boldsymbol{a}_3,\boldsymbol{a}_4$ 的线性组合, 且表示唯一.

5. 设 $\boldsymbol{P}_i=(x_i,y_i,z_i)$ $(i=1,2,3,4)$ 是 3 维几何空间中的点. 证明: $\boldsymbol{P}_i$ $(i=1,2,3,4)$ 共面的条件是

$$\begin{vmatrix} x_1 & y_1 & z_1 & 1 \\ x_2 & y_2 & z_2 & 1 \\ x_3 & y_3 & z_3 & 1 \\ x_4 & y_4 & z_4 & 1 \end{vmatrix}=0.$$

6. 设 $\boldsymbol{a}_1,\boldsymbol{a}_2,\boldsymbol{a}_3,\boldsymbol{a}_4$ 是 3 维几何空间中的 4 个向量. 证明: 它们必线性相关.

7. 设 $\boldsymbol{b}_1,\cdots,\boldsymbol{b}_s$ 中每个向量是 n 维数组向量 $\boldsymbol{a}_1,\cdots,\boldsymbol{a}_r$ 的线性组合. 证明: $\boldsymbol{b}_1,\cdots,\boldsymbol{b}_s$ 的任何线性组合都是 $\boldsymbol{a}_1,\cdots,\boldsymbol{a}_r$ 的线性组合.

8. 证明: 对线性方程组作初等变换后得到的线性方程组中, 每个方程都是原方程组的线性组合.

9. 判别下列线性方程组是否线性相关.

$$(1)\begin{cases} -x_1+2x_2+3x_3=4, \\ 5x_1-x_3=-1, \\ 8x_1-6x_2-10x_3=-13; \end{cases}$$

$$(2)\begin{cases} 2x_1+3x_2+x_3+5x_4=2, \\ 3x_1+2x_2+4x_3+2x_4=3, \\ x_1+x_2+2x_3+4x_4=1. \end{cases}$$

10. 判断下列向量组是否线性相关.

(1) $\boldsymbol{a}_1=(1,1,1)$, $\boldsymbol{a}_2=(1,-2,3)$, $\boldsymbol{a}_3=(1,4,9)$;

(2) $\boldsymbol{a}_1=(3,1,2,-4)$, $\boldsymbol{a}_2=(1,0,5,2)$, $\boldsymbol{a}_3=(-1,2,0,3)$;

(3) $\boldsymbol{a}_1=(-2,1,0,3)$, $\boldsymbol{a}_2=(1,-3,2,4)$, $\boldsymbol{a}_3=(3,0,2,-1)$, $\boldsymbol{a}_4=(2,-2,4,6)$;

(4) $\boldsymbol{a}_1=(1,-1,0,0)$, $\boldsymbol{a}_2=(0,1,-1,0)$, $\boldsymbol{a}_3=(0,0,1,-1)$, $\boldsymbol{a}_4=(-1,0,0,1)$.

11. 证明: 任何一个经过两个平面

$$\pi_1: A_1x+B_1y+C_1z+D_1=0, \quad \pi_2: A_2x+B_2y+C_2z+D_2=0$$

交线的平面的方程都能写成

$$\lambda(A_1x+B_1y+C_1z+D_1)+\mu(A_2x+B_2y+C_2z+D_2)=0.$$

其中 λ,μ 为不全为零的常数.

12. 下列说法是否正确? 为什么?

(1) 若 $\boldsymbol{\alpha}_1,\cdots,\boldsymbol{\alpha}_s(s\geqslant 2)$ 线性相关, 则其中每个向量都可以表示成其他向量的线性组合.

(2) 如果向量组的任何不是它本身的子向量组都线性无关, 则该向量组也线性无关.

(3) 若向量组线性无关, 则它的任何子向量组都线性无关.

(4) F^n 的 $n+1$ 个向量组成的向量组必线性相关.

(5) 设 $\boldsymbol{\alpha}_1,\cdots,\boldsymbol{\alpha}_s$ 线性无关, 则 $\boldsymbol{\alpha}_1+\boldsymbol{\alpha}_2,\boldsymbol{\alpha}_2+\boldsymbol{\alpha}_3,\cdots,\boldsymbol{\alpha}_s+\boldsymbol{\alpha}_1$ 必线性无关.

(6) 设 $\boldsymbol{\alpha}_1,\cdots,\boldsymbol{\alpha}_s$ 线性相关, 则 $\boldsymbol{\alpha}_1+\boldsymbol{\alpha}_2,\boldsymbol{\alpha}_2+\boldsymbol{\alpha}_3,\cdots,\boldsymbol{\alpha}_s+\boldsymbol{\alpha}_1$ 必线性相关.

(7) 设 $\boldsymbol{\alpha}_1,\cdots,\boldsymbol{\alpha}_s\in F^n$ 线性无关, 则它们的加长向量组也必线性无关.

(8) 设 $\boldsymbol{\alpha}_1,\cdots,\boldsymbol{\alpha}_s\in F^n$ 线性相关, 则它们的加长向量组也必线性相关.

13. 若向量组 $\boldsymbol{a}_1,\cdots,\boldsymbol{a}_n\in F^n$ 线性无关, 而 $\boldsymbol{a}_1,\cdots,\boldsymbol{a}_n,\boldsymbol{b}$ 线性相关, 则 $\boldsymbol{b}$ 可以表示成 $\boldsymbol{a}_1,\cdots,\boldsymbol{a}_n$ 的线性组合, 且表示唯一.

14. 证明**向量表示基本定理**: 设 $\boldsymbol{a}_1,\cdots,\boldsymbol{a}_n\in F^n$ 线性无关, 则任意向量 $\boldsymbol{b}\in F^n$ 可以表示为 $\boldsymbol{a}_1,\cdots,\boldsymbol{a}_n$ 的线性组合, 且表示唯一.

15. 证明: 非零向量组 $\boldsymbol{\alpha}_1,\cdots,\boldsymbol{\alpha}_s$ 线性无关的充要条件是每个 $\boldsymbol{\alpha}_i(1<i\leqslant s)$ 都不能用它前面的向量线性表示.

16. 设向量组 $\boldsymbol{\alpha}_1,\cdots,\boldsymbol{\alpha}_s$ 线性无关, $\boldsymbol{\beta}=\lambda_1\boldsymbol{\alpha}_1+\cdots+\lambda_s\boldsymbol{\alpha}_s$. 若 $\lambda_i\neq 0$, 则用 $\boldsymbol{\beta}$ 代替 $\boldsymbol{\alpha}_i$ 后, 向量组 $\boldsymbol{\alpha}_1,\cdots,\boldsymbol{\alpha}_{i-1},\boldsymbol{\beta},\boldsymbol{\alpha}_{i+1},\cdots,\boldsymbol{\alpha}_s$ 线性无关.

17. 设向量组 $\boldsymbol{\alpha}_1,\cdots,\boldsymbol{\alpha}_r$ 线性无关, 且 $\boldsymbol{\alpha}_1,\cdots,\boldsymbol{\alpha}_r$ 可以由向量组 $\boldsymbol{\beta}_1,\cdots,\boldsymbol{\beta}_r$ 线性表示, 则 $\boldsymbol{\beta}_1,\cdots,\boldsymbol{\beta}_r$ 也线性无关.

18. 证明: 向量组等价具有自身性、对称性与传递性.

19. 求下列向量组的极大无关组与秩.

(1) $\boldsymbol{a}_1=(3,-2,0),\boldsymbol{a}_2=(27,-18,0),\boldsymbol{a}_3=(-1,5,8)$;

(2) $\boldsymbol{a}_1=(1,-1,2,4),\boldsymbol{a}_2=(0,3,1,2),\boldsymbol{a}_3=(3,0,7,14),\boldsymbol{a}_4=(1,-1,2,0),\ \boldsymbol{a}_5=(2,1,5,6)$;

(3) $\boldsymbol{a}_1=(0,1,2,3),\boldsymbol{a}_2=(1,2,3,4),\boldsymbol{a}_3=(3,4,5,6),\boldsymbol{a}_4=(4,3,2,1),\boldsymbol{a}_5=(6,5,4,3)$.

20. 求下列矩阵的秩, 并求出它的行空间的一组基.

(1) $\begin{pmatrix} 3 & -2 & 0 & 1 \\ -1 & -3 & 2 & 0 \\ 2 & 0 & -4 & 5 \\ 4 & 1 & -2 & 1 \end{pmatrix}$;　(2) $\begin{pmatrix} 3 & 6 & 1 & 5 \\ 1 & 4 & -1 & 3 \\ -1 & -10 & 5 & -7 \\ 4 & -2 & 8 & 0 \end{pmatrix}$.

21. 证明: 若向量 $\boldsymbol{\beta}$ 可以由向量组 $\boldsymbol{\alpha}_1,\cdots,\boldsymbol{\alpha}_m$ 线性表示, 则 $\boldsymbol{\beta}$ 可以由它的极大无关组表示.

22. 设向量组 $\boldsymbol{\alpha}_1,\cdots,\boldsymbol{\alpha}_m$ 的秩为 r, 则其中任何 r 个线性无关的向量组构成 $\boldsymbol{\alpha}_1,\cdots,\boldsymbol{\alpha}_m$ 的极大无关组.

23. 设向量组 $\boldsymbol{\alpha}_1,\cdots,\boldsymbol{\alpha}_m$ 的秩为 r, 如 $\boldsymbol{\alpha}_1,\cdots,\boldsymbol{\alpha}_m$ 可以由它的 r 个向量线性表示, 则这 r 个向量构成 $\boldsymbol{\alpha}_1,\cdots,\boldsymbol{\alpha}_m$ 的极大无关组.

24. 证明: $\operatorname{rank}(\boldsymbol{\alpha}_1,\cdots,\boldsymbol{\alpha}_r,\boldsymbol{\beta}_1,\cdots,\boldsymbol{\beta}_s)\leqslant\operatorname{rank}(\boldsymbol{\alpha}_1,\cdots,\boldsymbol{\alpha}_r)+\operatorname{rank}(\boldsymbol{\beta}_1,\cdots,\boldsymbol{\beta}_s)$.

25. 证明: n 阶方阵 $\boldsymbol{A}$ 可逆 $\Leftrightarrow$ $r(\boldsymbol{A})=n$ $\Leftrightarrow$ $\boldsymbol{A}$ 的行向量线性无关 $\Leftrightarrow$ $\boldsymbol{A}$ 的列向量线性无关.

26. 设矩阵 $\boldsymbol{A}\in F^{m\times n}$ 的秩为 r, 则 $\boldsymbol{A}$ 中不等于零的 r 阶子式所在行（列）构成 $\boldsymbol{A}$ 的行（列）向量的极大无关组.

27. 设 $\boldsymbol{A},\boldsymbol{B}$ 是同阶矩阵. 证明: $\operatorname{rank}(\boldsymbol{A}+\boldsymbol{B})\leqslant\operatorname{rank}(\boldsymbol{A})+\operatorname{rank}(\boldsymbol{B})$.

28. 证明: 若 $\boldsymbol{b}_1,\cdots,\boldsymbol{b}_k\in\langle\boldsymbol{a}_1,\cdots,\boldsymbol{a}_m\rangle$, 则 $\boldsymbol{b}_1,\cdots,\boldsymbol{b}_k$ 的任何线性组合都属于 $\langle\boldsymbol{a}_1,\cdots,$

$\boldsymbol{a}_m\rangle$.

29. 证明: $\boldsymbol{a}_{i_1},\cdots,\boldsymbol{a}_{i_r}$ 是 $\boldsymbol{a}_1,\cdots,\boldsymbol{a}_m$ 的极大无关组, 当且仅当 $\langle\boldsymbol{a}_1,\cdots,\boldsymbol{a}_m\rangle=\langle\boldsymbol{a}_{i_1},\cdots,\boldsymbol{a}_{i_r}\rangle$ 且 $\boldsymbol{a}_{i_1},\cdots,\boldsymbol{a}_{i_r}$ 线性无关.

30. 证明: 教材中线性方程组 (5.4) 有解的充要条件是 $\boldsymbol{b}\in\langle\boldsymbol{a}_1,\cdots,\boldsymbol{a}_m\rangle\Leftrightarrow\langle\boldsymbol{a}_1,\cdots,\boldsymbol{a}_m\rangle=\langle\boldsymbol{a}_1,\cdots,\boldsymbol{a}_m,\boldsymbol{b}\rangle$.

31. 设 $\boldsymbol{\alpha}_1,\cdots,\boldsymbol{\alpha}_n$ 是 F^n 的基, 向量组 $\boldsymbol{\beta}_1,\cdots,\boldsymbol{\beta}_n$ 与 $\boldsymbol{\alpha}_1,\cdots,\boldsymbol{\alpha}_n$ 有关系式 $(\boldsymbol{\beta}_1,\cdots,\boldsymbol{\beta}_n)=(\boldsymbol{\alpha}_1,\cdots,\boldsymbol{\alpha}_n)\boldsymbol{T}$. 证明: $\boldsymbol{\beta}_1,\cdots,\boldsymbol{\beta}_n$ 为 F^n 的基, 当且仅当矩阵 $\boldsymbol{T}$ 为可逆方阵.

32. 证明教材中的定理 5.4.2.

33. 证明教材中的定理 5.4.3.

34. 以向量组 $\boldsymbol{\alpha}_1=(3,1,0),\boldsymbol{\alpha}_2=(6,3,2),\boldsymbol{\alpha}_3=(1,3,5)$ 为基, 求 $\boldsymbol{\beta}=(2,-1,2)$ 的坐标.

35. 设 $\boldsymbol{\alpha}_1=(3,2,-1,4),\boldsymbol{\alpha}_2=(2,3,0,-1)$.

(1) 将 $\boldsymbol{\alpha}_1,\boldsymbol{\alpha}_2$ 扩充为 $\mathbf{R}^4$ 的一组基;

(2) 给出标准基在该组基下的表示;

(3) 求 $\boldsymbol{\beta}=(1,3,4,-2)$ 在该组基下的坐标.

36. 将 3 维几何空间中的直角坐标系 $[O;\boldsymbol{e}_1,\boldsymbol{e}_2,\boldsymbol{e}_3]$ 绕单位向量 $\boldsymbol{e}=\dfrac{1}{\sqrt{3}}(1,1,1)$ 旋转 θ 角, 求新坐标系与原坐标系之间的关系.

37. 设 $n-1$ 个 n 元方程的齐次线性方程组的系数矩阵 $\boldsymbol{A}$ 的秩为 $n-1$, 求该齐次线性方程组的基础解系.

38. 设 $\boldsymbol{\alpha}_1,\cdots,\boldsymbol{\alpha}_s$ 为某个非齐次线性方程组 $\boldsymbol{A}\boldsymbol{x}=\boldsymbol{b}$ 的线性无关解, $\lambda_1,\cdots,\lambda_s$ 为常数. 给出 $\lambda_1\boldsymbol{\alpha}_1+\cdots+\lambda_s\boldsymbol{\alpha}_s$ 为该线性方程组的解的充要条件.

39. 给出 3 个平面 $a_ix+b_iy+c_iz=d_i\ (i=1,2,3)$ 相交于一条直线的充要条件.

40. 求下列齐次线性方程组的基础解系与通解.

$$(1)\ \begin{cases} x_1-3x_2+x_3-2x_4=0,\\ -5x_1+x_2-2x_3+3x_4=0,\\ -x_1-11x_2+2x_3-5x_4=0,\\ 3x_1+5x_2+x_4=0;\end{cases}$$

$$(2)\ \begin{cases} x_1+x_2+x_3+x_4-4x_5=0,\\ x_1-2x_2+3x_3-4x_4+2x_5=0,\\ -x_1+3x_2-5x_3+7x_4-4x_5=0,\\ x_1+2x_2-x_3+4x_4-6x_5=0.\end{cases}$$

41. 已知 F^5 中向量 $\boldsymbol{\eta}_1=(1,2,3,2,1)^{\mathrm{T}}$ 及 $\boldsymbol{\eta}_2=(1,3,2,1,2)^{\mathrm{T}}$. 求作一个齐次线性方程组使得 $\boldsymbol{\eta}_1$ 与 $\boldsymbol{\eta}_2$ 为该方程组的基础解系.

42. 给出线性方程组的公式解 (用系数矩阵与增广矩阵的子式表示).

43. 判断下列集合关于规定的运算是否构成线性空间.

(1) V 是所有实数对 (x,y) 的集合, 数域 $F=\mathbf{R}$. 定义

$$(x_1,y_1)+(x_2,y_2)=(x_1+x_2,y_1+y_2),\quad \lambda(x,y)=(x,y).$$

(2) V 是所有满足 $f(-1)=0$ 的实函数的集合, 数域 $F=\mathbf{R}$. 定义加法为函数的加法, 数乘为数与函数的乘法.

(3) V 是所有满足 $f(0)\neq 0$ 的实函数的集合, 数域 $F=\mathbf{R}$. 定义加法为函数的加法, 数乘为数与函数的乘法.

(4) V 是数域 F 上所有 n 阶可逆方阵的全体, 加法为矩阵的加法, 数乘为矩阵的数乘.

44. 设 V 是所有实函数全体在实数域上构成的线性空间, 判断下列函数组是否线性相关.

(1) $1,x,\sin x$;　　(2) $1,x,\mathrm{e}^x$;

(3) $1,\cos(2x),\cos^2 x$;　　(4) $1,x^2,(x-1)^3,(x+1)^3$;

(5) $\cos x,\cos(2x),\cdots,\cos(nx)$.

45. 证明教材中的定理 5.6.1.

46. 设 $F_n[x]$ 是次数小于或等于 n 的多项式全体构成的线性空间.

(1) 证明: $S=\{1,x-1,(x-1)^2,\cdots,(x-1)^n\}$ 构成 F^n 的一组基;

(2) 求 S 到基 $T=\{1,x,\cdots,x^n\}$ 之间的过渡矩阵;

(3) 求多项式 $p(x)\in F_n[x]$ 在基 S 下的坐标.

47. V 是数域 F 上所有 n 阶对称矩阵的全体, 定义加法为矩阵的加法, 数乘为矩阵的数乘. 证明: V 是线性空间. 并求 V 的一组基及维数.

48. 给定 3 阶矩阵

$$\boldsymbol{A}=\begin{pmatrix}0&0&1\\1&0&0\\4&-2&1\end{pmatrix},$$

令 V 是与 $\boldsymbol{A}$ 可交换的所有实矩阵全体. 证明: V 在矩阵加法与数乘下构成实数域上的线性空间. 并求 V 的一组基与维数.

49. $V=F^{n\times n}$ 是数域 F 上所有 n 阶矩阵构成的线性空间, 令 W 是数域 F 上所有满足 $\mathrm{tr}(\boldsymbol{A})=0$ 的 n 阶矩阵的全体. 证明: W 是 V 的线性子空间. 并求 W 的一组基与维数.

50* 证明教材中的定理 5.8.4 .

51* 证明: 有限维线性空间的任何子空间都有补空间.

第 6 章　线 性 变 换

6.1　线性变换与矩阵

内 容 提 要

V 和 W 都是数域 F 上的线性空间, $\mathscr{A}$ 是 V 到 W 的映射, 如果对任意的 $\boldsymbol{x},\boldsymbol{y}\in V$ 和 $\lambda_1,\lambda_2\in F$ 都有

$$\mathscr{A}(\lambda_1\boldsymbol{x}+\lambda_2\boldsymbol{y})=\lambda_1\mathscr{A}(\boldsymbol{x})+\lambda_2\mathscr{A}(\boldsymbol{y}),$$

则称其为 V 到 W 的**线性映射**. 若 $V=W$, 则称其为 V 上的**线性变换**. 假定 $\mathscr{A}$ 是 V 到 W 的线性映射, 若 $\boldsymbol{x}_1,\cdots,\boldsymbol{x}_n\in V$ 线性相关, 则 $\mathscr{A}(\boldsymbol{x}_1),\cdots,\mathscr{A}(\boldsymbol{x}_n)$ 同样线性相关.

设 V 是数域 F 上的 n 维线性空间, $\boldsymbol{\alpha}_1,\cdots,\boldsymbol{\alpha}_n$ 为 V 的一组基, 而 $\mathscr{A}$ 是 V 上的一个线性变换, 则 $\mathscr{A}(\boldsymbol{\alpha}_1),\cdots,\mathscr{A}(\boldsymbol{\alpha}_n)$ 是 V 中的一组向量, 可以由基 $\boldsymbol{\alpha}_1,\cdots,\boldsymbol{\alpha}_n$ 线性表示, 即存在 n 阶方阵 $\boldsymbol{A}$ 使得

$$(\mathscr{A}(\boldsymbol{\alpha}_1),\cdots,\mathscr{A}(\boldsymbol{\alpha}_n))=(\boldsymbol{\alpha}_1,\cdots,\boldsymbol{\alpha}_n)\boldsymbol{A}.$$

矩阵 $\boldsymbol{A}$ 由线性变换 $\mathscr{A}$ 和基 $\boldsymbol{\alpha}_1,\cdots,\boldsymbol{\alpha}_n$ 唯一确定, 称为$\mathscr{A}$ **在** $\boldsymbol{\alpha}_1,\cdots,\boldsymbol{\alpha}_n$ **下的矩阵**.

我们可以将 $(\mathscr{A}(\boldsymbol{\alpha}_1),\cdots,\mathscr{A}(\boldsymbol{\alpha}_n))$ 简记为 $\mathscr{A}(\boldsymbol{\alpha}_1,\cdots,\boldsymbol{\alpha}_n)$. 在讨论某些线性变换的问题时, 我们常常固定线性空间的一组基, 然后将原问题转化为该线性变换在这组基下的矩阵问题来进行讨论.

设向量空间 V 上的线性变换 $\mathscr{A}$ 在 V 的两组基 $\boldsymbol{\alpha}_1,\cdots,\boldsymbol{\alpha}_n$ 和 $\boldsymbol{\beta}_1,\cdots,\boldsymbol{\beta}_n$ 下的矩阵, 分别为 $\boldsymbol{A}$ 和 $\boldsymbol{B}$, 且从 $\boldsymbol{\alpha}_1,\cdots,\boldsymbol{\alpha}_n$ 到 $\boldsymbol{\beta}_1,\cdots,\boldsymbol{\beta}_n$ 的过渡矩阵为 $\boldsymbol{T}$, 则 $\boldsymbol{B}=\boldsymbol{T}^{-1}\boldsymbol{A}\boldsymbol{T}$. 即线性变换在不同基下的矩阵是相似矩阵.

设 $\mathscr{B}$ 为 V 上的另一个线性变换, 它在 $\boldsymbol{\alpha}_1,\cdots,\boldsymbol{\alpha}_n$ 下的矩阵为 $\boldsymbol{B}$, 则线性变换的复合 $\mathscr{A}\circ\mathscr{B}$(我们将其简记为 $\mathscr{A}\mathscr{B}$) 仍然是 V 上的线性变换, 且其对应的矩阵为 $\boldsymbol{A}\boldsymbol{B}$. 而线性变换的加法和数乘 (如何定义?) 同样是线性变换, 它们对应的矩阵分别是相应矩阵的加法和数乘.

设 $\boldsymbol{\alpha}_1,\cdots,\boldsymbol{\alpha}_n$ 是 V 的一组基, $\boldsymbol{x}_1,\cdots,\boldsymbol{x}_n$ 是 V 中任意一组向量, 则存在 V 上的唯一一个线性变换 $\mathscr{A}$, 满足 $\mathscr{A}(\boldsymbol{\alpha}_i)=\boldsymbol{x}_i\ (1\leqslant i\leqslant n)$.

当 $V=F^n$ 是 F 上的 n 维数组空间时, 我们将 V 中的向量 $\boldsymbol{x}$ 都写成列向量的形式.

此时, 对于 V 上的任何一个线性变换 $\mathscr{A}$, 都存在一个 n 阶方阵 $\boldsymbol{A}$, 使得 $\mathscr{A}(\boldsymbol{x})=\boldsymbol{A}\boldsymbol{x}$. 反过来, F 上的任意一个 n 阶方阵 $\boldsymbol{A}$ 也通过该方式给出了一个 F^n 上的线性变换. 这里出现的方阵 $\boldsymbol{A}$ 是 $\mathscr{A}$ 在 F^n 自然基下的矩阵.

例 题 分 析

例 6.1　判断下列线性空间上的映射 $\mathscr{A}$ 是否为相应线性空间的线性变换.

(1) $\mathscr{A}$ 是 $\mathbf{C}^3$ 上的映射, 满足 $\mathscr{A}(x_1,x_2,x_3)=(x_1^2,x_1x_2,x_3^2)$.

(2) $\mathscr{A}$ 是 $\mathbf{R}^n$ 上的映射, 满足 $\mathscr{A}(x_1,\cdots,x_n)=(0,\cdots,0,x_n)$.

(3) $\mathscr{A}$ 是 $\mathbf{R}^n$ 上的映射, 满足 $\mathscr{A}(x_1,\cdots,x_n)=(x_n,x_{n-1},\cdots,x_1)$.

(4) 设 $F_n[x]$ 是次数不超过 n 的多项式全体, $\mathscr{A}$ 是 $F_n[x]$ 上的映射, 满足 $\mathscr{A}(f(x))=f(x+1)-f(x)$.

(5) $\mathscr{A}$ 是 $F_n[x]$ 到 F 的映射, 满足 $\mathscr{A}(f(x))=f(x_0)$, 其中 $x_0\in F$ 是一个固定的数.

(6) $\mathscr{A}$ 是实系数多项式的全体 $\mathbf{R}[x]$ 上的映射, $\mathscr{A}(f(x))=xf(x)$.

(7) 复数域 $\mathbf{C}$ 上的共轭映射 $\mathscr{A}:\mathbf{C}\to\mathbf{C}$, 把任意的复数 c 映射成它的复共轭 $\bar{c}$.

(8) 将复数域 $\mathbf{C}=\mathbf{R}+\mathrm{i}\mathbf{R}$ 看成实数域 $\mathbf{R}$ 上的 2 维线性空间, $\mathscr{A}$ 把任意的复数 c 映射成它的复共轭 $\bar{c}$.

(9) 在 n 维方阵构成的线性空间 $\mathbf{C}^n$ 上, $\mathscr{A}:\boldsymbol{x}\mapsto\boldsymbol{A}\boldsymbol{x}\boldsymbol{B}$, 其中 $\boldsymbol{A},\boldsymbol{B}\in\mathbf{C}^n$ 为固定的方阵.

(10) 设 $f(x)$ 是定义在区间 $[a,b]$ 上的无穷次可微的函数, 定义映射

$$\mathscr{A}:f(x)\mapsto f''(x)+xf'(x)+\sin xf(x).$$

(11) 设 $f(x)$ 是定义在区间 $[a,b]$ 上的无穷次可微的函数, 定义映射

$$\mathscr{A}:f(x)\mapsto (f'(x))^2+xf'(x)+\sin xf(x).$$

答案　(1) 不是. 对于 $(x_1,x_2,x_3)=(1,0,0)$, $\mathscr{A}(2x_1,2x_2,2x_3)=4\mathscr{A}(x_1,x_2,x_3)\neq 2\mathscr{A}(x_1,x_2,x_3)$. (2) 是. (3) 是. (4) 是. (5) 是. (6) 是. (7) 不是. 如果 $\lambda\notin\mathbf{R}$, 则 $\mathscr{A}(\lambda)=\mathscr{A}(\lambda\cdot 1)=\bar{\lambda}\neq\lambda\mathscr{A}(1)=\lambda$. (8) 是. (9) 是. (10) 是. (11) 不是. $\mathscr{A}(\lambda f(x))=\lambda\mathscr{A}(f(x))$ 对于所有的 λ 成立, 当且仅当 $f'(x)\equiv 0$, 即 $f(x)$ 是常数函数. 而无穷次可微的函数远远不只是这些函数.

例 6.2　判断下列命题是否正确.

(1) 设 $\mathscr{A}:F^n\to F^n$ 为线性变换 $\mathscr{A}\boldsymbol{x}=\boldsymbol{A}\boldsymbol{x}$, 其中 $\boldsymbol{x}\in F^n$, $\boldsymbol{A}=(a_{ij})$ 为一个给定的 n 阶方阵, 则 $\mathscr{A}$ 在 F^n 的任何一组基下的矩阵皆为 $\boldsymbol{A}$.

(2) 设 V 是数域 F 上的向量空间, 则 V 中仅存在唯一一个向量 $\boldsymbol{x}_0$ 使得常值映射 $\mathscr{A}(\boldsymbol{x})\equiv\boldsymbol{x}_0$ 为 V 上的线性映射.

(3) 不存在 $\mathbf{R}^2$ 上的线性变换 $\mathscr{A}$, 使得 $\mathscr{A}(1,-1)=(1,0)$, $\mathscr{A}(2,-1)=(0,1)$, $\mathscr{A}(-3,2)=(1,1)$.

(4) 设 V 是数域 F 上的一个有限维线性空间, 维数为 $n\geqslant 1$, 则 V 上的一个线性变换是零变换的充要条件是该变换在 V 的任意一组基下的矩阵皆为 n 阶零方阵.

(5) 复数域 $\mathbf{C}$ 可以视为实数域上的向量空间, 也可以视为复数域自身上的向量空间. 若映射 $\mathscr{A}:\mathbf{C}\to\mathbf{C}$ 在 $\mathbf{C}$ 视为实数域上的线性空间时为线性的, 则其在 $\mathbf{C}$ 视为复数域上的线性空间时亦为线性的.

(6) 复数域 $\mathbf{C}$ 可以视为实数域上的向量空间, 也可以视为复数域自身上的向量空间. 若映射 $\mathscr{A}:\mathbf{C}\to\mathbf{C}$ 在 $\mathbf{C}$ 视为复数域上的线性空间时为线性的, 则其在 $\mathbf{C}$ 视为实数域上的线性空间时亦为线性的.

答案 (1) 错误. 除非 $\boldsymbol{A}$ 所在的相似等价类仅包含 $\boldsymbol{A}$ 这一个矩阵. (2) 正确. $\boldsymbol{x}_0=\mathbf{0}$. (3) 正确. (4) 正确. (5) 错误. 考虑 $\mathscr{A}(x+y\mathrm{i})=x$, 其中 $x,y\in\mathbf{R}$. (6) 正确.

例 6.3 实值连续函数的全体 V 是 $\mathbf{R}$ 上的线性空间. 对于 $f\in V$, 定义映射 $\varphi: f(x)\mapsto \int_0^x f(t)\,\mathrm{d}t$. 证明: φ 是 V 上的线性变换.

提示 这是对定积分的线性性质的简单运用.

例 6.4 设 V 是数域 F 上的一个线性空间, $\mathscr{A}$ 是 V 上的一个线性变换. 若 V 上的两组向量 $\boldsymbol{\alpha}_1,\cdots,\boldsymbol{\alpha}_m$ 和 $\boldsymbol{\beta}_1,\cdots,\boldsymbol{\beta}_n$ 等价, 证明: $\mathscr{A}(\boldsymbol{\alpha}_1),\cdots,\mathscr{A}(\boldsymbol{\alpha}_m)$ 和 $\mathscr{A}(\boldsymbol{\beta}_1),\cdots,\mathscr{A}(\boldsymbol{\beta}_n)$ 等价.

提示 由对称性, 我们只需证明 "若向量 $\boldsymbol{\beta}$ 可以由向量组 $\boldsymbol{\alpha}_1,\cdots,\boldsymbol{\alpha}_m$ 线性表示, 则 $\mathscr{A}(\boldsymbol{\beta})$ 可以由 $\mathscr{A}(\boldsymbol{\alpha}_1),\cdots,\mathscr{A}(\boldsymbol{\alpha}_m)$ 线性表示". 而这几乎是显然的.

例 6.5 若 $\mathbf{R}^n$ 上的线性变换 $\mathscr{A}$ 满足 $\mathscr{A}(\boldsymbol{x})=\boldsymbol{A}\boldsymbol{x}$, 求 $\mathscr{A}$ 在 $\mathbf{R}^n$ 的基

$$\boldsymbol{b}_1=\begin{pmatrix}b_{11}\\b_{21}\\\vdots\\b_{n1}\end{pmatrix},\quad \boldsymbol{b}_2=\begin{pmatrix}b_{12}\\b_{22}\\\vdots\\b_{n2}\end{pmatrix},\quad \cdots,\quad \boldsymbol{b}_n=\begin{pmatrix}b_{1n}\\b_{2n}\\\vdots\\b_{nn}\end{pmatrix}$$

下的矩阵.

答案 记 $\boldsymbol{B}=(\boldsymbol{b}_1,\boldsymbol{b}_2,\cdots,\boldsymbol{b}_n)$, 则 $\mathscr{A}$ 在 $\boldsymbol{b}_1,\boldsymbol{b}_2,\cdots,\boldsymbol{b}_n$ 下的矩阵为 $\boldsymbol{B}^{-1}\boldsymbol{A}\boldsymbol{B}$.

例 6.6 设 V 为数域 F 上的 3 维线性空间, $\boldsymbol{e}_1,\boldsymbol{e}_2,\boldsymbol{e}_3$ 为 V 的一组基. 若 V 上的线性变换 $\mathscr{A}$ 在基 $\boldsymbol{e}_1,\boldsymbol{e}_2,\boldsymbol{e}_3$ 下的矩阵为 $\boldsymbol{A}=(a_{ij})$, 求 $\mathscr{A}$ 在基 $\boldsymbol{e}_1+\boldsymbol{e}_2,\boldsymbol{e}_2+\boldsymbol{e}_3,\boldsymbol{e}_3+\boldsymbol{e}_1$ 下的矩阵.

答案

$$\begin{pmatrix}1&0&1\\1&1&0\\0&1&1\end{pmatrix}^{-1}\boldsymbol{A}\begin{pmatrix}1&0&1\\1&1&0\\0&1&1\end{pmatrix}=\frac{1}{2}\begin{pmatrix}1&1&-1\\-1&1&1\\1&-1&1\end{pmatrix}\boldsymbol{A}\begin{pmatrix}1&0&1\\1&1&0\\0&1&1\end{pmatrix}.$$

例 6.7 设 $\mathscr{A}$ 是向量空间 V 上的一个线性变换, $k\in\mathbf{N}$, 而向量 $\boldsymbol{x}\in V$ 满足 $\mathscr{A}^{k-1}(\boldsymbol{x})\neq 0$, $\mathscr{A}^k(\boldsymbol{x})=0$. 试证明: $\boldsymbol{x},\mathscr{A}\boldsymbol{x},\cdots,\mathscr{A}^{k-1}\boldsymbol{x}$ 线性无关.

证 假定

$$t_1\boldsymbol{x}+t_2\mathscr{A}\boldsymbol{x}+t_3\mathscr{A}^2\boldsymbol{x}+\cdots+t_k\mathscr{A}^{k-1}\boldsymbol{x}=\mathbf{0},\tag{1}$$

其中 $t_i\in F$. 故

$$\mathscr{A}^{k-1}(t_1\boldsymbol{x}+t_2\mathscr{A}\boldsymbol{x}+t_3\mathscr{A}^2\boldsymbol{x}+\cdots+t_k\mathscr{A}^{k-1}\boldsymbol{x})=\mathbf{0},$$

即

$$t_1\mathscr{A}^{k-1}\boldsymbol{x}+t_2\mathscr{A}^k\boldsymbol{x}+t_3\mathscr{A}^{k+1}\boldsymbol{x}+\cdots+t_k\mathscr{A}^{2k-2}\boldsymbol{x}=\boldsymbol{0}.$$

由于 $\mathscr{A}^{k-1}\boldsymbol{x}\neq\boldsymbol{0}$, 而 $\mathscr{A}^{\geqslant k}\boldsymbol{x}=\boldsymbol{0}$, 我们可以得到 $t_1=0$. 将 $t_1=0$ 代入式 (1), 并且在线性变换 $\mathscr{A}^{k-2}$ 的作用下, 我们可以类似得到 $t_2=0$. 反复下去, 我们可以证明所有的 $t_i=0$. 故 $\boldsymbol{x},\mathscr{A}\boldsymbol{x},\cdots,\mathscr{A}^{k-1}\boldsymbol{x}$ 线性无关.

例 6.8　在 3 维欧式空间 $\mathbf{R}^3$ 中, 取定直角坐标系 $OXYZ$. 以 $\mathscr{A}$ 表示空间绕 OX 轴由 OY 向 OZ 方向旋转 90° 的线性变换, 以 $\mathscr{B}$ 表示空间绕 OY 轴由 OZ 向 OX 方向旋转 90° 的线性变换, 以 $\mathscr{C}$ 表示空间绕 OZ 轴由 OX 向 OY 方向旋转 90° 的线性变换. 判断下列等式是否成立:

(1) $\mathscr{A}\mathscr{B}=\mathscr{B}\mathscr{A}$;

(2) $\mathscr{A}^2\mathscr{B}^2=\mathscr{B}^2\mathscr{A}^2$;

(3) $(\mathscr{A}\mathscr{B})^2=(\mathscr{B}\mathscr{A})^2$.

并找出使 $\mathscr{A}^k=\mathscr{B}^k=\mathscr{C}^k$ 成立的所有正整数 k.

答案　(1) 不成立. (2) 成立. (3) 不成立. k 为 4 的倍数. (提示: 若 $\boldsymbol{\alpha}=(x,y,z)^{\mathrm{T}}$, 分别写出 $\mathscr{A}\boldsymbol{\alpha}$, $\mathscr{B}\boldsymbol{\alpha}$ 和 $\mathscr{C}\boldsymbol{\alpha}$ 的具体形式.)

例 6.9　设 $\mathscr{A},\mathscr{B}$ 是数域 F 的有限维向量空间 V 上的幂等的线性变换, 即 $\mathscr{A}^2=\mathscr{A}$, $\mathscr{B}^2=\mathscr{B}$. 试证明: $\mathscr{A}+\mathscr{B}$ 也是幂等的线性变换, 当且仅当 $\mathscr{A}\mathscr{B}=0=\mathscr{B}\mathscr{A}$ 时.

证　固定 V 的任意一组基, 假定线性变换 $\mathscr{A}$ 和 $\mathscr{B}$ 在这组基下的矩阵分别为 $\boldsymbol{A}$ 和 $\boldsymbol{B}$. 由于 $\mathscr{A}$ 和 $\mathscr{B}$ 都是幂等的, 有 $\boldsymbol{A}^2=\boldsymbol{A}$ 及 $\boldsymbol{B}^2=\boldsymbol{B}$. 此时 $\mathscr{A}+\mathscr{B}$ 是幂等线性变换, 当且仅当 $(\boldsymbol{A}+\boldsymbol{B})^2=\boldsymbol{A}+\boldsymbol{B}$, 即

$$\boldsymbol{AB}=-\boldsymbol{BA}. \tag{1}$$

若 $\mathscr{A}\mathscr{B}=0=\mathscr{B}\mathscr{A}$, 则 $\boldsymbol{AB}=\boldsymbol{0}=\boldsymbol{BA}$, 此时式 (1) 显然成立.

反过来, 若式 (1) 成立, 则

$$\boldsymbol{AB}=(\boldsymbol{A}^2)\boldsymbol{B}=\boldsymbol{A}(\boldsymbol{AB})\overset{(1)}{=}-\boldsymbol{A}(\boldsymbol{BA})=-(\boldsymbol{AB})\boldsymbol{A}\overset{(1)}{=}(\boldsymbol{BA})\boldsymbol{A}=\boldsymbol{B}(\boldsymbol{A}^2)=\boldsymbol{BA}.$$

比较式 (1) 后, 我们得到 $\boldsymbol{AB}=\boldsymbol{0}=\boldsymbol{BA}$, 故 $\mathscr{A}\mathscr{B}=0=\mathscr{B}\mathscr{A}$.

例 6.10　已知 $\mathbf{R}^3$ 的两组基

$$\boldsymbol{a}_1=\begin{pmatrix}1\\1\\1\end{pmatrix},\quad \boldsymbol{a}_2=\begin{pmatrix}1\\0\\-1\end{pmatrix},\quad \boldsymbol{a}_3=\begin{pmatrix}1\\0\\1\end{pmatrix}$$

和

$$\boldsymbol{b}_1=\begin{pmatrix}1\\2\\1\end{pmatrix},\quad \boldsymbol{b}_2=\begin{pmatrix}2\\3\\4\end{pmatrix},\quad \boldsymbol{b}_3=\begin{pmatrix}3\\4\\5\end{pmatrix}.$$

(1) 求从 $\boldsymbol{a}_1,\boldsymbol{a}_2,\boldsymbol{a}_3$ 到 $\boldsymbol{b}_1,\boldsymbol{b}_2,\boldsymbol{b}_3$ 的过渡矩阵 $\boldsymbol{T}_1$.

(2) 设 $\mathbf{R}^3$ 上的线性变换 $\mathscr{T}$ 将 $\boldsymbol{a}_1,\boldsymbol{a}_2,\boldsymbol{a}_3$ 变换为 $\boldsymbol{b}_1,\boldsymbol{b}_2,\boldsymbol{b}_3$. 求 $\mathscr{T}$ 在基 $\boldsymbol{a}_1,\boldsymbol{a}_2,\boldsymbol{a}_3$ 下的矩阵 $\boldsymbol{T}_2$.

(3) 求第 (2) 问中 $\mathscr{T}$ 在自然基下的矩阵 $\boldsymbol{T}_3$.

(4) 求 $\mathscr{T}$ 在基 $\boldsymbol{b}_1,\boldsymbol{b}_2,\boldsymbol{b}_3$ 下的矩阵 $\boldsymbol{T}_4$.

解 考察矩阵 $\boldsymbol{A}=(\boldsymbol{a}_1,\boldsymbol{a}_2,\boldsymbol{a}_3)$ 和 $\boldsymbol{B}=(\boldsymbol{b}_1,\boldsymbol{b}_2,\boldsymbol{b}_3)$.

(1) 按照定义, $\boldsymbol{A}\boldsymbol{T}_1=\boldsymbol{B}$, 故 $\boldsymbol{T}_1=\boldsymbol{A}^{-1}\boldsymbol{B}$. 为此, 我们在矩阵 $(\boldsymbol{A},\boldsymbol{B})$ 上作一系列的初等行变换, 将左边的分块矩阵化为 3 阶单位阵, 则同时得到的右边的分块矩阵为我们需要的 $\boldsymbol{T}_1$.

$$\left(\begin{array}{ccc|ccc}1&1&1&1&2&3\\1&0&0&2&3&4\\1&-1&1&1&4&5\end{array}\right)\xrightarrow{r_1\leftrightarrow r_2}\left(\begin{array}{ccc|ccc}1&0&0&2&3&4\\1&1&1&1&2&3\\1&-1&1&1&4&5\end{array}\right)$$

$$\xrightarrow[-r_1\to r_3]{-r_1\to r_2}\left(\begin{array}{ccc|ccc}1&0&0&2&3&4\\0&1&1&-1&-1&-1\\0&-1&1&-1&1&1\end{array}\right)$$

$$\xrightarrow{r_2\to r_3}\left(\begin{array}{ccc|ccc}1&0&0&2&3&4\\0&1&1&-1&-1&-1\\0&0&2&-2&0&0\end{array}\right)$$

$$\xrightarrow{(1/2)r_3}\left(\begin{array}{ccc|ccc}1&0&0&2&3&4\\0&1&1&-1&-1&-1\\0&0&1&-1&0&0\end{array}\right)$$

$$\xrightarrow{-r_3\to r_2}\left(\begin{array}{ccc|ccc}1&0&0&2&3&4\\0&1&0&0&-1&-1\\0&0&1&-1&0&0\end{array}\right).$$

故从 $\boldsymbol{a}_1,\boldsymbol{a}_2,\boldsymbol{a}_3$ 到 $\boldsymbol{b}_1,\boldsymbol{b}_2,\boldsymbol{b}_3$ 的过渡矩阵为 $\begin{pmatrix}2&3&4\\0&-1&-1\\-1&0&0\end{pmatrix}$.

(2) 按照定义, 我们有 $\mathscr{T}(\boldsymbol{a}_1,\boldsymbol{a}_2,\boldsymbol{a}_3)=(\boldsymbol{a}_1,\boldsymbol{a}_2,\boldsymbol{a}_3)\boldsymbol{T}_2$. 另一方面, 我们知道 $\mathscr{T}(\boldsymbol{a}_1,\boldsymbol{a}_2,\boldsymbol{a}_3)=(\boldsymbol{b}_1,\boldsymbol{b}_2,\boldsymbol{b}_3)$, 故 $\boldsymbol{B}=\boldsymbol{A}\boldsymbol{T}_2$, 即 $\boldsymbol{T}_2=\boldsymbol{A}^{-1}\boldsymbol{B}$. 由前面一部分的运算, 我们有 $\boldsymbol{T}_2=\begin{pmatrix}2&3&4\\0&-1&-1\\-1&0&0\end{pmatrix}$.

(3) 对于自然基 $\boldsymbol{e}_1=\begin{pmatrix}1\\0\\0\end{pmatrix},\boldsymbol{e}_2=\begin{pmatrix}0\\1\\0\end{pmatrix},\boldsymbol{e}_3=\begin{pmatrix}0\\0\\1\end{pmatrix}$, 我们有 $\mathscr{T}(\boldsymbol{e}_1,\boldsymbol{e}_2,\boldsymbol{e}_3)=(\boldsymbol{e}_1,\boldsymbol{e}_2,\boldsymbol{e}_3)\boldsymbol{T}_3$. 另一方面, 从 $\boldsymbol{a}_1,\boldsymbol{a}_2,\boldsymbol{a}_3$ 到 $\boldsymbol{e}_1,\boldsymbol{e}_2,\boldsymbol{e}_3$ 的过渡矩阵为 $\boldsymbol{A}^{-1}$, 因此 $\boldsymbol{T}_3=(\boldsymbol{A}^{-1})^{-1}\boldsymbol{T}_2\boldsymbol{A}^{-1}=\boldsymbol{B}\boldsymbol{A}^{-1}$. 为此, 我们在矩阵 $\begin{pmatrix}\boldsymbol{A}\\\boldsymbol{B}\end{pmatrix}$ 上作一系列的初等列变换, 将上面的分块矩阵化为 3 阶单位阵, 则

同时得到的下面的分块矩阵为我们所需要的 $\boldsymbol{T}_3$.

$$\left(\begin{array}{ccc}1&1&1\\1&0&0\\1&-1&1\\\hline 1&2&3\\2&3&4\\1&4&5\end{array}\right)\xrightarrow[-c_3\to c_1]{c_3\to c_2}\left(\begin{array}{ccc}0&2&1\\1&0&0\\0&0&1\\\hline -2&5&3\\-2&7&4\\-4&9&5\end{array}\right)$$

$$\xrightarrow{(-1/2)c_2\to c_3}\left(\begin{array}{ccc}0&2&0\\1&0&0\\0&0&1\\\hline -2&5&1/2\\-2&7&1/2\\-4&9&1/2\end{array}\right)$$

$$\xrightarrow{(1/2)c_2\leftrightarrow c_1}\frac{1}{2}\cdot\left(\begin{array}{ccc}2&0&0\\0&2&0\\0&0&2\\\hline 5&-4&1\\7&-4&1\\9&-8&1\end{array}\right).$$

故所求的 $\boldsymbol{T}_3=\dfrac{1}{2}\cdot\begin{pmatrix}5&-4&1\\7&-4&1\\9&-8&1\end{pmatrix}$.

(4) 按照定义, 我们有 $\mathscr{T}(\boldsymbol{b}_1,\boldsymbol{b}_2,\boldsymbol{b}_3)=(\boldsymbol{b}_1,\boldsymbol{b}_2,\boldsymbol{b}_3)\boldsymbol{T}_4$. 易知

$$\boldsymbol{T}_4=\boldsymbol{T}_1^{-1}\boldsymbol{T}_2\boldsymbol{T}_1=\boldsymbol{A}^{-1}\boldsymbol{B}=\begin{pmatrix}2&3&4\\0&-1&-1\\-1&0&0\end{pmatrix}.$$

例 6.11 设 $\boldsymbol{\alpha}_1=(1,-1,-3)$, $\boldsymbol{\alpha}_2=(2,1,1)$, $\boldsymbol{\alpha}_3=(1,0,-1)$ 是 $\mathbf{R}^3$ 中的向量, 而 $\mathbf{R}^3$ 上的线性变换 $\mathscr{A}$ 满足 $\mathscr{A}(\boldsymbol{\alpha}_1)=(1,0,-1)$, $\mathscr{A}(\boldsymbol{\alpha}_2)=(2,-1,1)$, $\mathscr{A}(\boldsymbol{\alpha}_3)=(1,0,-1)$. 分别求出 $\mathscr{A}$ 在 $\boldsymbol{\alpha}_1,\boldsymbol{\alpha}_2,\boldsymbol{\alpha}_3$ 和 $\mathbf{R}^3$ 的自然基 $(1,0,0)$, $(0,1,0)$, $(0,0,1)$ 下的矩阵.

答案

$$\begin{pmatrix}1&2&1\\-1&1&0\\-3&1&-1\end{pmatrix}^{-1}\begin{pmatrix}1&2&1\\0&-1&0\\-1&1&-1\end{pmatrix}=\begin{pmatrix}0&6&0\\0&5&0\\1&-14&1\end{pmatrix};$$

$$\begin{pmatrix} 1 & 2 & 1 \\ 0 & -1 & 0 \\ -1 & 1 & -1 \end{pmatrix}\begin{pmatrix} 1 & 2 & 1 \\ -1 & 1 & 0 \\ -3 & 1 & -1 \end{pmatrix}^{-1} = \begin{pmatrix} 1 & 0 & 0 \\ -1 & 2 & -1 \\ 2 & -6 & 3 \end{pmatrix}.$$

例 6.12 设 $\boldsymbol{\alpha}_1=(-1,0,2)$, $\boldsymbol{\alpha}_2=(0,1,1)$, $\boldsymbol{\alpha}_3=(3,-1,0)$ 是 $\mathbf{R}^3$ 中的向量, 而 $\mathbf{R}^3$ 上的线性变换 $\mathscr{A}$ 满足 $\mathscr{A}(\boldsymbol{\alpha}_1)=(-5,0,3)$, $\mathscr{A}(\boldsymbol{\alpha}_2)=(0,-1,6)$, $\mathscr{A}(\boldsymbol{\alpha}_3)=(-5,-1,1)$. 分别求出 $\mathscr{A}$ 在 $\boldsymbol{\alpha}_1,\boldsymbol{\alpha}_2,\boldsymbol{\alpha}_3$ 和 $\mathbf{R}^3$ 的自然基 $(1,0,0)$, $(0,1,0)$, $(0,0,1)$ 下的矩阵.

答案

$$\begin{pmatrix} -1 & 0 & 3 \\ 0 & 1 & -1 \\ 2 & 1 & 0 \end{pmatrix}^{-1}\begin{pmatrix} -5 & 0 & -5 \\ 0 & -1 & -1 \\ 3 & 6 & 1 \end{pmatrix} = \begin{pmatrix} 2 & 3 & 11/7 \\ -1 & 0 & -15/7 \\ -1 & 1 & -8/7 \end{pmatrix},$$

$$\begin{pmatrix} -5 & 0 & -5 \\ 0 & -1 & -1 \\ 3 & 6 & 1 \end{pmatrix}\begin{pmatrix} -1 & 0 & 3 \\ 0 & 1 & -1 \\ 2 & 1 & 0 \end{pmatrix}^{-1} = \begin{pmatrix} -5/7 & 20/7 & -20/7 \\ -4/7 & -5/7 & -2/7 \\ 11/7 & 26/7 & 16/7 \end{pmatrix}.$$

例 6.13 对任意给定的 $\boldsymbol{A}=\begin{pmatrix} a & b \\ c & d \end{pmatrix}\in F^{2\times 2}$, 我们定义向量空间 $F^{2\times 2}$ 上的两个线性变换 $\mathscr{L}_{\boldsymbol{A}}(\boldsymbol{X})=\boldsymbol{AX}$ 以及 $\mathscr{R}_{\boldsymbol{A}}(\boldsymbol{X})=\boldsymbol{XA}$. 求 $\mathscr{L}_{\boldsymbol{A}}$ 和 $\mathscr{R}_{\boldsymbol{A}}$ 在 $F^{2\times 2}$ 的自然基底 $\boldsymbol{E}_{1,1}$, $\boldsymbol{E}_{1,2}$, $\boldsymbol{E}_{2,1}$ 和 $\boldsymbol{E}_{2,2}$ 下的矩阵.

答案 $\begin{pmatrix} a & 0 & b & 0 \\ 0 & a & 0 & b \\ c & 0 & d & 0 \\ 0 & c & 0 & d \end{pmatrix}$; $\begin{pmatrix} a & c & 0 & 0 \\ b & d & 0 & 0 \\ 0 & 0 & a & c \\ 0 & 0 & b & d \end{pmatrix}$.

例 6.14 设 $\mathscr{A}$ 是 3 维向量空间 V 上的一个线性变换, 在 V 的一组基 $\boldsymbol{\alpha}_1,\boldsymbol{\alpha}_2,\boldsymbol{\alpha}_3$ 下的矩阵是

$$\begin{pmatrix} a_{11} & a_{12} & a_{13} \\ a_{21} & a_{22} & a_{23} \\ a_{31} & a_{32} & a_{33} \end{pmatrix}.$$

求 $\mathscr{A}$ 在下面几组基底下的矩阵:

(1) $\boldsymbol{\alpha}_3,\boldsymbol{\alpha}_2,\boldsymbol{\alpha}_1$;

(2) $k\boldsymbol{\alpha}_1,\boldsymbol{\alpha}_2,\boldsymbol{\alpha}_3$, 其中 $k\neq 0$;

(3) $\boldsymbol{\alpha}_1+\boldsymbol{\alpha}_2,\boldsymbol{\alpha}_2,\boldsymbol{\alpha}_3$.

答案 (1) $\begin{pmatrix} a_{33} & a_{32} & a_{31} \\ a_{23} & a_{22} & a_{21} \\ a_{13} & a_{12} & a_{11} \end{pmatrix}$. (2) $\begin{pmatrix} a_{11} & a_{12}/k & a_{13}/k \\ ka_{21} & a_{22} & a_{23} \\ ka_{31} & a_{32} & a_{33} \end{pmatrix}$.

(3) $\begin{pmatrix} a_{11}+a_{12} & a_{12} & a_{13} \\ a_{21}+a_{22}-a_{11}-a_{12} & a_{22}-a_{12} & a_{23}-a_{13} \\ a_{31}+a_{32} & a_{32} & a_{33} \end{pmatrix}$.

例 6.15 $\boldsymbol{a}_1,\boldsymbol{a}_2,\boldsymbol{a}_3,\boldsymbol{a}_4$ 是 4 维向量空间 V 的一组基.

(1) 证明: $\boldsymbol{b}_1=\boldsymbol{a}_1-2\boldsymbol{a}_2+\boldsymbol{a}_4,\boldsymbol{b}_2=3\boldsymbol{a}_2-\boldsymbol{a}_3-\boldsymbol{a}_4,\boldsymbol{b}_3=\boldsymbol{a}_3+\boldsymbol{a}_4,\boldsymbol{b}_4=2\boldsymbol{a}_4$ 是 V 的另外一组基.

(2) 若 $\mathscr{A}$ 是 V 上的一个线性变换, 在 $\boldsymbol{a}_1,\boldsymbol{a}_2,\boldsymbol{a}_3,\boldsymbol{a}_4$ 下的矩阵为

$$\begin{pmatrix} 1 & 0 & 2 & 1 \\ -1 & 2 & 1 & 3 \\ 1 & 2 & 5 & 5 \\ 2 & -2 & 1 & -2 \end{pmatrix}.$$

求 $\mathscr{A}$ 在 $\boldsymbol{b}_1,\boldsymbol{b}_2,\boldsymbol{b}_3,\boldsymbol{b}_4$ 下的矩阵.

提示 (1) 证明矩阵 $\begin{pmatrix} 1 & 0 & 0 & 0 \\ -2 & 3 & 0 & 0 \\ 0 & -1 & 1 & 0 \\ 1 & -1 & 1 & 2 \end{pmatrix}$ 可逆即可.

(2) $\begin{pmatrix} 2 & -3 & 3 & 2 \\ 2/3 & -4/3 & 10/3 & 10/3 \\ 8/3 & -16/3 & 40/3 & 40/3 \\ 0 & 1 & -7 & -8 \end{pmatrix}$.

例 6.16 设 3 维实空间 $\mathbf{R}^3$ 上的线性变换 $\mathscr{A}$ 将向量 $\boldsymbol{a}_1=\begin{pmatrix}1\\0\\1\end{pmatrix},\boldsymbol{a}_2=\begin{pmatrix}0\\2\\3\end{pmatrix},\boldsymbol{a}_3=\begin{pmatrix}0\\3\\5\end{pmatrix}$ 分别映射到 $\boldsymbol{b}_1=\begin{pmatrix}1\\-2\\0\end{pmatrix},\boldsymbol{b}_2=\begin{pmatrix}0\\2\\-3\end{pmatrix},\boldsymbol{b}_3=\begin{pmatrix}2\\-2\\1\end{pmatrix}$. 求 $\mathscr{A}$ 在基 $\boldsymbol{c}_1=\begin{pmatrix}0\\1\\0\end{pmatrix},\boldsymbol{c}_2=\begin{pmatrix}0\\0\\1\end{pmatrix},$ $\boldsymbol{c}_3=\begin{pmatrix}1\\0\\0\end{pmatrix}$ 下的矩阵.

答案 $\begin{pmatrix} 16 & -10 & 8 \\ -18 & 11 & -11 \\ -6 & 4 & -3 \end{pmatrix}$.

例 6.17 (安徽大学) 已知线性变换 $\mathscr{A}$ 在基

$$\begin{pmatrix}1&0\\0&1\end{pmatrix},\quad \begin{pmatrix}0&1\\1&0\end{pmatrix},\quad \begin{pmatrix}0&-\mathrm{i}\\\mathrm{i}&0\end{pmatrix},\quad \begin{pmatrix}1&0\\0&-1\end{pmatrix}$$

下的矩阵为

$$\begin{pmatrix} & & & 1 \\ & & 1 & \\ & 1 & & \\ 1 & & & \end{pmatrix}.$$

求它在基

$$\begin{pmatrix} 1 & 0 \\ 0 & 0 \end{pmatrix},\quad \begin{pmatrix} 0 & 1 \\ 0 & 0 \end{pmatrix},\quad \begin{pmatrix} 0 & 0 \\ 1 & 0 \end{pmatrix},\quad \begin{pmatrix} 0 & 0 \\ 0 & 1 \end{pmatrix}$$

下的矩阵.

答案 过渡矩阵为 $\begin{pmatrix} 1/2 & & & 1/2 \\ & 1/2 & 1/2 & \\ & \mathrm{i}/2 & -\mathrm{i}/2 & \\ 1/2 & & & -1/2 \end{pmatrix}$, 线性变换在新的基下的矩阵为 $\begin{pmatrix} 1 & & & \\ & & -\mathrm{i} & \\ & \mathrm{i} & & \\ & & & -1 \end{pmatrix}$.

例 6.18 若 $\mathbf{R}_n[x]$ 是次数不超过 n 的实系数多项式的全体, 则求导运算 $\mathscr{D}: f(x) \mapsto f'(x)$ 是 $\mathbf{R}_n[x]$ 上的一个线性变换. 试求 $\mathscr{D}$ 在基 $1, x, x^2, \cdots, x^n$ 下的矩阵 $\boldsymbol{D}$.

解 对 $i = 0, 1, \cdots, n$, 我们有 $\mathscr{D}(x^i) = ix^{i-1}$. 因此用矩阵形式表达, 我们得到

$$\mathscr{D}(1, x, \cdots, x^n) = (1, x, \cdots, x^n) \left(\begin{array}{c|cccc} 0 & 1 & & & \\ 0 & & 2 & & \\ \vdots & & & \ddots & \\ 0 & & & & n \\ \hline 0 & 0 & 0 & \cdots & 0 \end{array}\right).$$

故 $\boldsymbol{D} = \left(\begin{array}{c|cccc} 0 & 1 & & & \\ 0 & & 2 & & \\ \vdots & & & \ddots & \\ 0 & & & & n \\ \hline 0 & 0 & 0 & \cdots & 0 \end{array}\right)$, 这是一个 $n+1$ 维的方阵.

例 6.19 (武汉大学) 设 $\mathbf{R}_4[x]$ 是由次数不超过 4 的一切实系数的一元多项式组成的向量空间. 对于 $\mathbf{R}_4[x]$ 中的任意 $P(x)$, 以 x^2-1 除得的商及余式分别为 $Q(x)$ 和 $R(x)$, 即

$$P(x) = Q(x)(x^2-1) + R(x).$$

设 φ 是 $\mathbf{R}_4[x]$ 到自身的映射, 满足 $\varphi(P(x))=R(x)$. 试证 φ 是一个线性变换, 并求它关于基 $1,x,x^2,x^3,x^4$ 的矩阵.

答案 矩阵为 $\begin{pmatrix}1&0&1&0&1\\0&1&0&1&0\\0&0&0&0&0\\0&0&0&0&0\\0&0&0&0&0\end{pmatrix}$.

例 6.20 填空题.

(1) 设数组空间 $\mathbf{R}^3$ 中的线性变换 $\mathscr{A}$ 满足 $\mathscr{A}(\boldsymbol{x})=(2x_1-x_2,3x_2+x_3,x_3)$, 其中 $\boldsymbol{x}=(x_1,x_2,x_3)$ 是 $\mathbf{R}^3$ 中任意的数组. 则 $\mathscr{A}$ 在自然基下的矩阵是________.

(2) 若 $\mathbf{R}_n[x]$ 是次数不超过 n 的实系数多项式的全体, 则求导运算 $\mathscr{D}: f(x)\mapsto f'(x)$ 是 $\mathbf{R}_n[x]$ 上的一个线性变换, 而变换的像 $\mathscr{D}(\mathbf{R}_n[x])$ 是 $\mathbf{R}_n[x]$ 的一个线性子空间. 该子空间的维数是________.

(3) 设 $\mathbf{R}^3$ 上的线性变换 $\mathscr{A}$ 在基 $(-1,1,1),(1,0,-1),(0,1,1)$ 下的矩阵为 $\begin{pmatrix}1&0&1\\1&1&0\\-3&2&1\end{pmatrix}$, 则其在自然基 $(1,0,0),(0,1,0),(0,0,1)$ 下的矩阵为________.

答案 (1) $\begin{pmatrix}2&-1&0\\0&3&1\\0&0&1\end{pmatrix}$. (2) n. (3) $\begin{pmatrix}-1&1&-2\\4&0&2\\5&-2&4\end{pmatrix}$.

6.2 特征值和特征向量

内 容 提 要

设 V 是数域 F 上的一个线性空间, $\mathscr{A}$ 是 V 上的一个线性变换. 若 $\boldsymbol{x}\in V$ 是一个非零向量, $\lambda\in F$, 满足 $\mathscr{A}(\boldsymbol{x})=\lambda\boldsymbol{x}$, 则 λ 是 $\mathscr{A}$ 的一个**特征值**, $\boldsymbol{x}$ 是 $\mathscr{A}$ 的属于 λ 的一个**特征向量**. 集合 $V_{\mathscr{A}}(\lambda)=\{\boldsymbol{x}\in V|\mathscr{A}(\boldsymbol{x})=\lambda\boldsymbol{x}\}$ 是 V 的一个线性子空间, 称为 λ 的**特征子空间**. 很明显, 特征子空间中的向量除了零向量外都是属于 λ 的特征向量.

当 $V=F^n$ 是 F 上的 n 维数组空间时, F 上的任何一个 n 阶方阵 $\boldsymbol{A}$ 通过 $\mathscr{A}(\boldsymbol{x})=\boldsymbol{A}\boldsymbol{x}$ 定义了 F^n 上的一个线性变换. 此时, $\mathscr{A}$ 的特征值、特征向量和特征子空间, 也称为 $\boldsymbol{A}$ 的特征值、特征向量和特征子空间. 值得注意的是, $\boldsymbol{A}$ 是 $\mathscr{A}$ 在 F^n 自然基下的矩阵. 若 $\mathscr{A}$ 在 F^n 的另外一组基下有矩阵 $\boldsymbol{B}$, 则 $\boldsymbol{B}$ 与 $\boldsymbol{A}$ 相似, 且具有相同的特征值, 但是对应的特征向量不一定相同.

向量 $\boldsymbol{x}$ 是 $\boldsymbol{A}$ 的属于 λ 的特征向量, 当且仅当 $\boldsymbol{x}$ 是齐次方程组 $(\lambda\boldsymbol{I}-\boldsymbol{A})\boldsymbol{x}=\boldsymbol{0}$ 的非零解时. 而该方程有非零解, 当且仅当行列式 $|\lambda\boldsymbol{I}-\boldsymbol{A}|=0$ 时. 该行列式是关于变量 λ 的 n 次多项式, 其首项系数为 1. 我们称该多项式为 $\boldsymbol{A}$ 的**特征多项式**, 并记其为 $p_{\boldsymbol{A}}(\lambda)$. 显然, $\lambda_0\in F$ 是 $\boldsymbol{A}$ 的一个特征值, 当且仅当 $p_{\boldsymbol{A}}(\lambda_0)=0$, 即 λ_0 是 $p_{\boldsymbol{A}}(\lambda)=0$ 的一个根时; 我们有时候也称 λ_0 是 $\boldsymbol{A}$ 的一个**特征根**.

不难验证, 若 λ 是方阵 $\boldsymbol{A}$ 的特征值, 则矩阵 $k\boldsymbol{A},\boldsymbol{A}^m,a\boldsymbol{A}+b\boldsymbol{I},\boldsymbol{A}^{-1},\boldsymbol{A}^*$ 分别有特征值 $k\lambda,\lambda^m,a\lambda+b,\lambda^{-1},\lambda^{-1}|\boldsymbol{A}|$.

不同特征值的特征向量是线性无关的: 设 $\boldsymbol{x}_{i1},\cdots,\boldsymbol{x}_{im_i}\,(i=1,2,\cdots,s)$ 是 $\boldsymbol{A}$ 的属于特征值 λ_i 的线性无关的特征向量组, 则 $\boldsymbol{x}_{11},\cdots,\boldsymbol{x}_{1m_1},\boldsymbol{x}_{21},\cdots,\boldsymbol{x}_{2m_2},\cdots,\boldsymbol{x}_{s1},\cdots,\boldsymbol{x}_{sm_s}$ 也是一组线性无关的向量.

在求解方阵 $\boldsymbol{A}$ 的特征值和特征向量时, 我们一般从定义出发, 先求 $\boldsymbol{A}$ 的特征多项式 $p_{\boldsymbol{A}}(\lambda)$, 记其所有的根为 $\lambda_1,\cdots,\lambda_s$. 然后对每个 λ_i, 我们求齐次线性方程组 $(\lambda_i\boldsymbol{I}-\boldsymbol{A})\boldsymbol{x}=\boldsymbol{0}$ 的基础解系.

例 题 分 析

例 6.21 判断下列命题是否正确.

(1) 线性变换 $\mathscr{A}$ 的属于 λ 的特征子空间是属于 λ 的特征向量的全体.

(2) $\lambda\in F$ 是向量空间 V 上的线性变换 $\mathscr{A}$ 的特征向量, 当且仅当集合

$$V_{\mathscr{A}}(\lambda)=\{\boldsymbol{x}\in V\mid \mathscr{A}\boldsymbol{x}=\lambda\boldsymbol{x}\}$$

非空时.

(3) 如果向量空间 V 上的线性变换 $\mathscr{A}$ 仅有特征值 1, 则 $\mathscr{A}$ 是 V 上的恒等变换.

(4) 如果 n 阶复方阵 $\boldsymbol{A}$ 的所有特征值 λ_i 皆非零, 则 $\boldsymbol{A}$ 可逆, 并且 λ_i^{-1} 是 $\boldsymbol{A}^{-1}$ 的所有特征值.

(5) 方阵 $\boldsymbol{A}$ 与其转置矩阵 $\boldsymbol{A}^{\mathrm{T}}$ 必有相同的特征值和特征向量.

(6) 设 n 阶实矩阵 $\boldsymbol{A}$ 和 $\boldsymbol{B}$ 的所有特征值都是实数, 则 $\boldsymbol{A}+\boldsymbol{B}$ 的所有特征值同样都是实数.

(7) 设 n 阶实矩阵 $\boldsymbol{A}$ 和 $\boldsymbol{B}$ 的特征值分别是 $\lambda_1\leqslant\lambda_2\leqslant\cdots\leqslant\lambda_n$ 和 $\lambda_1'\leqslant\lambda_2'\leqslant\cdots\leqslant\lambda_n'$, 则 $\boldsymbol{A}+\boldsymbol{B}$ 的所有特征值为 $\lambda_1+\lambda_1',\lambda_2+\lambda_2',\cdots,\lambda_n+\lambda_n'$.

(8) 向量 $\boldsymbol{x}$ 是矩阵 $\boldsymbol{A}$ 的属于 λ 的特征向量, 而 $\boldsymbol{A}$ 和 $\boldsymbol{B}$ 相似等价, 则向量 $\boldsymbol{x}$ 同样是矩阵 $\boldsymbol{B}$ 的属于 λ 的特征向量.

(9) 已知 $\boldsymbol{P}^{-1}\boldsymbol{A}\boldsymbol{P}=\mathrm{diag}(1,1,2)$. 若 $\boldsymbol{a}_1,\boldsymbol{a}_2$ 是矩阵 $\boldsymbol{A}$ 的属于特征值 $\lambda=1$ 的线性无关的特征向量, $\boldsymbol{a}_3$ 是矩阵 $\boldsymbol{A}$ 的属于特征值 $\lambda=2$ 的特征向量, 则矩阵 $\boldsymbol{P}\neq(\boldsymbol{a}_2,\boldsymbol{a}_1,\boldsymbol{a}_2+\boldsymbol{a}_3)$.

(10) 方阵可逆的充要条件是其特征多项式的常数项非零.

(11) 若 $\boldsymbol{A}$ 是 n 阶方阵, 则当有一个常数项不为零的多项式 $f(x)$, 使 $f(\boldsymbol{A})=\boldsymbol{O}$ 时, $\boldsymbol{A}$ 的特征值一定全不为零.

(12) 若可相似对角化的方阵 $\boldsymbol{A}$ 与 $\boldsymbol{B}$ 具有相同的特征值与特征向量, 则 $\boldsymbol{A}=\boldsymbol{B}$.

答案 (1) 错误. 还多了一个零向量.

(2) 错误. 应该是 $V_{\mathscr{A}}(\lambda)$ 非零.

(3) 错误. 考虑线性变换 $\mathscr{A}\boldsymbol{x}=\boldsymbol{Ax}$, 其中 $\boldsymbol{A}=\begin{pmatrix}1&1\\0&1\end{pmatrix}$.

(4) 正确.

(5) 错误. 特征向量可能不同.

(6) 错误. 考虑 $\boldsymbol{A}=\begin{pmatrix}0&1\\0&0\end{pmatrix}$ 和 $\boldsymbol{B}=\begin{pmatrix}0&0\\-1&0\end{pmatrix}$.

(7) 错误. 考虑 $\boldsymbol{A}=\begin{pmatrix}1&0\\0&0\end{pmatrix}$ 和 $\boldsymbol{B}=\begin{pmatrix}0&0\\0&1\end{pmatrix}$.

(8) 错误. 若 $\boldsymbol{A}=\boldsymbol{P}^{-1}\boldsymbol{BP}$, 则我们仅能推出 $\boldsymbol{Px}$ 是 $\boldsymbol{B}$ 的属于 λ 的特征向量.

(9) 正确. 验证若 $\boldsymbol{P}$ 具有该形式, 则 $\boldsymbol{AP}\neq\boldsymbol{P}\,\mathrm{diag}(1,1,2)$.

(10) 正确. 若 $\lambda_1,\cdots,\lambda_n$ 是 $\boldsymbol{A}$ 的所有特征值, 则 $p_{\boldsymbol{A}}(\lambda)$ 的常数项为 $\pm\lambda_1\cdots\lambda_n$. 而 $\boldsymbol{A}$ 可逆的充要条件是任何 $\lambda_i\neq 0$.

(11) 正确.

(12) 正确.

例 6.22 求下列矩阵的特征值和特征向量.

$$(1)\begin{pmatrix}1&-3&3\\3&-5&3\\6&-6&4\end{pmatrix};\quad(2)\begin{pmatrix}1&3&6\\-3&-5&-6\\3&3&4\end{pmatrix};\quad(3)\begin{pmatrix}-3&2&3\\-1&1&1\\-4&1&4\end{pmatrix};$$

$$(4)\begin{pmatrix}-3&-1&-4\\2&1&1\\3&1&4\end{pmatrix};\quad(5)\begin{pmatrix}3&1&0\\-4&-1&0\\4&-8&-2\end{pmatrix};$$

$$(6)\begin{pmatrix}1&1&1&1\\1&1&-1&-1\\1&-1&1&-1\\1&-1&-1&1\end{pmatrix}.$$

答案 (1) 对于 $\lambda_1=4$, 有特征向量 $(1,1,2)^{\mathrm{T}}$; 对于 $\lambda_2=\lambda_3=-2$, 有线性无关的特征向量 $(1,1,0)^{\mathrm{T}}$ 和 $(1,0,-1)^{\mathrm{T}}$.

(2) 对于 $\lambda_1=4$, 有特征向量 $(1,-1,1)^{\mathrm{T}}$; 对于 $\lambda_2=\lambda_3=-2$, 有线性无关的特征向量 $(2,0,-1)^{\mathrm{T}}$ 和 $(0,2,-1)^{\mathrm{T}}$.

(3) 对于 $\lambda_1=0$, 有特征向量 $(1,0,1)^{\mathrm{T}}$; 对于 $\lambda_2=1+\mathrm{i}$, 有特征向量 $(14-5\mathrm{i},5-3\mathrm{i},17)^{\mathrm{T}}$; 对于 $\lambda_3=1-\mathrm{i}$, 有特征向量 $(14+5\mathrm{i},5+3\mathrm{i},17)^{\mathrm{T}}$.

(4) 对于 $\lambda_1=0$, 有特征向量 $(-3,5,1)^{\mathrm{T}}$; 对于 $\lambda_2=1+\mathrm{i}$, 有特征向量 $(-1,\mathrm{i},1)^{\mathrm{T}}$; 对于 $\lambda_3=1-\mathrm{i}$, 有特征向量 $(-1,-\mathrm{i},1)^{\mathrm{T}}$.

(5) 对于 $\lambda_1=-2$, 有特征向量 $(0,0,1)$; 对于 $\lambda_2=\lambda_3=1$, 有特征向量 $(3,-6,20)$.

(6) 对于 $\lambda_1=-2$, 有特征向量 $(1,-1,-1,-1)^{\mathrm{T}}$; 对于 $\lambda_2=\lambda_3=\lambda_4=2$, 有线性无关的特征向量 $(1,0,0,1)^{\mathrm{T}},(0,1,0,-1)^{\mathrm{T}}$ 和 $(0,0,1,-1)^{\mathrm{T}}$.

例 6.23 设 $\mathbf{R}^{2\times 2}$ 是由所有 2 阶实方阵构成的实线性空间. 现定义 $\mathbf{R}^{2\times 2}$ 上的变换 $\mathscr{A}(\boldsymbol{X})=\boldsymbol{X}+\boldsymbol{X}^{\mathrm{T}}$, 其中 $\boldsymbol{X}^{\mathrm{T}}$ 是矩阵 $\boldsymbol{X}$ 的转置.

(1) 证明: $\mathscr{A}$ 是一个线性变换.

(2) 求 $\mathscr{A}$ 在基 $\left\{\begin{pmatrix}1&0\\0&0\end{pmatrix},\begin{pmatrix}0&1\\0&0\end{pmatrix},\begin{pmatrix}0&0\\1&0\end{pmatrix},\begin{pmatrix}0&0\\0&1\end{pmatrix}\right\}$ 下的表示矩阵.

(3) 求出 $\mathscr{A}$ 的所有特征值和特征向量.

答案 (1) 略. (2) $\begin{pmatrix}2&0&0&0\\0&1&1&0\\0&1&1&0\\0&0&0&2\end{pmatrix}$. (3) 对应 $\lambda_1=0$, 有 $\begin{pmatrix}0&1\\-1&0\end{pmatrix}$; 对应 $\lambda_2=\lambda_3=\lambda_4=2$, 有 $\begin{pmatrix}1&0\\0&0\end{pmatrix},\begin{pmatrix}0&1\\1&0\end{pmatrix},\begin{pmatrix}0&0\\0&1\end{pmatrix}$.

例 6.24 (华中师范大学, 2000) 设 $\boldsymbol{A}=\begin{pmatrix}-2&1\\0&-2\end{pmatrix}$, $f(x)=x^2+3x+2$, $\mathscr{B}$ 是 $\mathbf{R}^{2\times 3}$ 上的线性变换, 满足对任意的 $\boldsymbol{X}\in\mathbf{R}^{2\times 3}$, $\mathscr{B}(\boldsymbol{X})=f(\boldsymbol{A})\boldsymbol{X}$.

(1) 求 $\mathscr{B}$ 在基

$$\boldsymbol{E}_{11}=\begin{pmatrix}1&0&0\\0&0&0\end{pmatrix},\quad \boldsymbol{E}_{12}=\begin{pmatrix}0&1&0\\0&0&0\end{pmatrix},\quad \boldsymbol{E}_{13}=\begin{pmatrix}0&0&1\\0&0&0\end{pmatrix},$$
$$\boldsymbol{E}_{21}=\begin{pmatrix}0&0&0\\1&0&0\end{pmatrix},\quad \boldsymbol{E}_{22}=\begin{pmatrix}0&0&0\\0&1&0\end{pmatrix},\quad \boldsymbol{E}_{23}=\begin{pmatrix}0&0&0\\0&0&1\end{pmatrix}$$

下的矩阵.

(2) 求 $\mathscr{B}$ 的特征值和属于特征值的线性无关的特征向量.

答案 (1) $\begin{pmatrix}\boldsymbol{O}_3&-\boldsymbol{I}_3\\\boldsymbol{O}_3&\boldsymbol{O}_3\end{pmatrix}$. (2) $\boldsymbol{E}_{11},\boldsymbol{E}_{12},\boldsymbol{E}_{13}$ 是属于特征值 0 的线性无关的特征向量.

例 6.25 设 $\boldsymbol{A}$ 为 3 维方阵, $\boldsymbol{\alpha}_1,\boldsymbol{\alpha}_2,\boldsymbol{\alpha}_3$ 为线性无关的 3 维列向量, 满足 $\boldsymbol{A}\boldsymbol{\alpha}_1=-\boldsymbol{\alpha}_1-3\boldsymbol{\alpha}_2-3\boldsymbol{\alpha}_3$, $\boldsymbol{A}\boldsymbol{\alpha}_2=4\boldsymbol{\alpha}_1+4\boldsymbol{\alpha}_2+\boldsymbol{\alpha}_3$, $\boldsymbol{A}\boldsymbol{\alpha}_3=-2\boldsymbol{\alpha}_1+3\boldsymbol{\alpha}_3$.

(1) 求矩阵 $\boldsymbol{A}$ 的特征值和特征向量;

(2) 求行列式 $\det(\boldsymbol{A}^*-4\boldsymbol{I}_3)$.

解 (1) 记 $\boldsymbol{B}=\begin{pmatrix}-1&4&-2\\-3&4&0\\-3&1&3\end{pmatrix}$, 则依题意, 我们有

$$\boldsymbol{A}(\boldsymbol{\alpha}_1,\boldsymbol{\alpha}_2,\boldsymbol{\alpha}_3)=(\boldsymbol{\alpha}_1,\boldsymbol{\alpha}_2,\boldsymbol{\alpha}_3)\boldsymbol{B}.$$

不难计算出: 矩阵 $\boldsymbol{B}$ 相对于特征值 $\lambda_1=1$ 有特征向量 $(1,1,1)^{\mathrm{T}}$, 相对于 $\lambda_2=2$ 有特征向量 $(2,3,3)^{\mathrm{T}}$, 相对于 $\lambda_3=3$ 有特征向量 $(1,3,4)^{\mathrm{T}}$. 代入上面的等式, 故矩阵 $\boldsymbol{A}$ 相对于 $\lambda_1=1$ 有特征向量 $\boldsymbol{\alpha}_1+\boldsymbol{\alpha}_2+\boldsymbol{\alpha}_3$, 相对于 $\lambda_2=2$ 有特征向量 $2\boldsymbol{\alpha}_1+3\boldsymbol{\alpha}_2+3\boldsymbol{\alpha}_3$, 相对于 $\lambda_3=3$ 有特征向量 $\boldsymbol{\alpha}_1+3\boldsymbol{\alpha}_2+4\boldsymbol{\alpha}_3$.

(2) 由于 $\boldsymbol{A}$ 有互不相同的特征值, $\boldsymbol{A}$ 相似于对角阵 $\mathrm{diag}(1,2,3)$, 故 $\det(\boldsymbol{A}^*-4\boldsymbol{I}_3)=\det(\mathrm{diag}(1,2,3)^*-4\boldsymbol{I}_3)=4$.

例 6.26 设 $f(x)=a_nx^n+\cdots+a_1x+a_0$ 是方阵 $\boldsymbol{A}$ 的零化多项式, 即 $a_n\boldsymbol{A}^n+\cdots+a_1\boldsymbol{A}+a_0\boldsymbol{I}=\boldsymbol{O}$. 证明: $\boldsymbol{A}$ 的任意一个特征值 λ 都是 $f(x)$ 的根.

证 存在非零列向量 $\boldsymbol{\xi}$, 使得 $\boldsymbol{A\xi}=\lambda\boldsymbol{\xi}$. 此时 $\boldsymbol{0}=f(\boldsymbol{A})\boldsymbol{\xi}=a_n\boldsymbol{A}^n\boldsymbol{\xi}+\cdots+a_1\boldsymbol{A\xi}+a_0\boldsymbol{\xi}=(a_n\lambda^n+\cdots+a_1\lambda+a_0)\boldsymbol{\xi}=f(\lambda)\boldsymbol{\xi}$. 由于 $\boldsymbol{\xi}\neq\boldsymbol{0}$, 因此 $f(\lambda)=0$, 即 λ 是 $f(x)$ 的根.

例 6.27 设 3 阶方阵 $\boldsymbol{A}_1,\boldsymbol{A}_2,\boldsymbol{A}_3$ 满足 $\boldsymbol{A}_i^2=\boldsymbol{A}_i$, $\boldsymbol{A}_i\boldsymbol{A}_j=\boldsymbol{0}$ $(1\leqslant i\neq j\leqslant 3)$.

(1) 若 $i\neq j$, 证明: $\boldsymbol{A}_i$ 属于 1 的特征向量必定是 $\boldsymbol{A}_j$ 属于 0 的特征向量;

(2) 若 $\boldsymbol{x}_i$ 是 $\boldsymbol{A}_i(1\leqslant i\leqslant 3)$ 属于 1 的特征向量, 则 $\boldsymbol{x}_1,\boldsymbol{x}_2,\boldsymbol{x}_3$ 线性无关.

证 (1) 若 $\boldsymbol{x}_i$ 是 $\boldsymbol{A}_i$ 属于 1 的特征向量, 则 $\boldsymbol{A}_i\boldsymbol{x}_i=\boldsymbol{x}_i$. 此时 $\boldsymbol{A}_j\boldsymbol{x}_i=\boldsymbol{A}_j\boldsymbol{A}_i\boldsymbol{x}_i=\boldsymbol{0}\boldsymbol{x}_i=\boldsymbol{0}=0\boldsymbol{x}_i$, 故 $\boldsymbol{x}_i$ 是 $\boldsymbol{A}_j$ 属于 0 的特征向量.

(2) 若 $k_1\boldsymbol{x}_1+k_2\boldsymbol{x}_2+k_3\boldsymbol{x}_3=\boldsymbol{0}$, 对其左乘 $\boldsymbol{A}_i$, 其中 $1\leqslant i\leqslant 3$, 可以得到 $k_i\boldsymbol{x}_i=\boldsymbol{0}$. 又由于 $\boldsymbol{x}_i$ 是非零向量, 进而可以得到 $k_i=0$.

例 6.28 已知 $\boldsymbol{A}$ 是 n 阶矩阵, $\boldsymbol{a}_i(i=1,2,\cdots,n)$ 是 n 维非零列向量, 满足 $\boldsymbol{A}\boldsymbol{a}_i=i\boldsymbol{a}_i(i=1,2,\cdots,n)$. 令 $\boldsymbol{\alpha}=\boldsymbol{a}_1+\cdots+\boldsymbol{a}_n$, 证明: $\boldsymbol{\alpha},\boldsymbol{A\alpha},\cdots,\boldsymbol{A}^{n-1}\boldsymbol{\alpha}$ 线性无关.

证 $\boldsymbol{a}_1,\cdots,\boldsymbol{a}_n$ 是属于不同特征值的特征向量, 因而线性无关; 它们构成了 n 维数组空间的一组基. 注意到

$$(\boldsymbol{\alpha},\boldsymbol{A\alpha},\cdots,\boldsymbol{A}^{n-1}\boldsymbol{\alpha})=(\boldsymbol{a}_1,\cdots,\boldsymbol{a}_n)\begin{pmatrix}1 & 1 & \cdots & 1^{n-1}\\ 1 & 2 & \cdots & 2^{n-1}\\ \vdots & \vdots & \ddots & \vdots\\ 1 & n & \cdots & n^{n-1}\end{pmatrix},$$

其中右端的系数方阵的行列式非零, 因此该系数方阵可逆, 而 $\boldsymbol{\alpha},\boldsymbol{A\alpha},\cdots,\boldsymbol{A}^{n-1}\boldsymbol{\alpha}$ 线性无关.

例 6.29 证明: 满足矩阵方程 $\boldsymbol{A}^2-3\boldsymbol{A}+2\boldsymbol{I}=\boldsymbol{0}$ 的方阵 $\boldsymbol{A}$ 的特征值只能取值 1 或 2.

证 设 λ 是 $\boldsymbol{A}$ 的特征值, $\boldsymbol{x}$ 是对应的一个特征向量 (必非零). 由题设

$$\boldsymbol{0}=(\boldsymbol{A}^2-3\boldsymbol{A}+2\boldsymbol{I})\boldsymbol{x}=\boldsymbol{A}^2\boldsymbol{x}-3\boldsymbol{Ax}+2\boldsymbol{x}=(\lambda^2-3\lambda+2)\boldsymbol{x}.$$

但 $\boldsymbol{x}\neq\boldsymbol{0}$, 故只能有 $\lambda^2-3\lambda+2=0$. 该方程的解为 $\lambda_1=1$, $\lambda_2=2$, 即 $\boldsymbol{A}$ 的特征值只能取值 1 或 2.

例 6.30 设 $\boldsymbol{A}$ 是 n 阶反对称实矩阵, $\lambda\in\mathbf{C}$ 是 $\boldsymbol{A}$ 的一个非零特征值. 证明: λ 是纯虚数, 并且 $-\lambda$ 也是 $\boldsymbol{A}$ 的特征值.

证 存在 n 阶非零复向量 $\boldsymbol{x}$, 使得 $\boldsymbol{Ax}=\lambda\boldsymbol{x}$. 我们不妨假定向量的模长为 1, 即 $|\boldsymbol{x}|=\sqrt{\boldsymbol{x}^*\boldsymbol{x}}=1$. 这里, 记号 $*$ 表示的是共轭转置. 此时

$$\bar{\lambda}=(\bar{\lambda}\boldsymbol{x}^*)\boldsymbol{x}=(\lambda\boldsymbol{x})^*\boldsymbol{x}=(\boldsymbol{Ax})^*\boldsymbol{x}=\boldsymbol{x}^*(\boldsymbol{A}^*\boldsymbol{x})=\boldsymbol{x}^*(-\boldsymbol{Ax})=-\lambda\boldsymbol{x}^*\boldsymbol{x}=-\lambda,$$

故 λ 是纯虚数. 另外, $\boldsymbol{A}$ 的特征多项式 $p_{\boldsymbol{A}}(\lambda)$ 为实系数多项式, 虚根成对出现, 故 $p_{\boldsymbol{A}}(-\lambda)=0$, 即 $-\lambda$ 也是 $\boldsymbol{A}$ 的特征值.

例 6.31 设 $\boldsymbol{A}$ 为 n 阶复方阵, f 为复系数多项式.

(1) 若 λ 是 $\boldsymbol{A}$ 的特征值, 则 $f(\lambda)$ 是矩阵多项式 $f(\boldsymbol{A})$ 的特征值;

(2) $f(\boldsymbol{A})$ 的每个特征值都可以表示成这样的形式.

证 矩阵 $\boldsymbol{A}$ 可以相似于上三角方阵: $\boldsymbol{A}=\boldsymbol{PBP}^{-1}$, 其中 $\boldsymbol{P}$ 是可逆矩阵, 而 $\boldsymbol{B}$ 是一个上三角矩阵. 设 $\boldsymbol{B}$ 主对角线上的元素依次为 $\lambda_1,\cdots,\lambda_n$, 则它们是 $\boldsymbol{A}$ 的所有特征值. 容易验证 $f(\boldsymbol{A})=\boldsymbol{P}f(\boldsymbol{B})\boldsymbol{P}^{-1}$, 其中 $f(\boldsymbol{B})$ 同样是一个上三角矩阵, 其主对角线上的元素分别为 $f(\lambda_1),\cdots,f(\lambda_n)$. 命题中的两条结论现在是显而易见的.

例 6.32 若 $\boldsymbol{A}=\begin{pmatrix}1&-1&-1\\-1&1&-1\\-1&-1&1\end{pmatrix}$, 求 $\boldsymbol{A}^{10}$.

解 矩阵 $\boldsymbol{A}$ 的特征多项式是 $(\lambda+1)(\lambda-2)^2$, 故矩阵 $\boldsymbol{A}$ 有特征值 $\lambda_1=-1$ 和 $\lambda_2=2$ (2 重). 不难求出 $\boldsymbol{\xi}_1=(1,1,1)^{\mathrm{T}}$ 是 $\boldsymbol{A}$ 属于 λ_1 的一个特征向量, 而 $\boldsymbol{\xi}_2=(0,1,-1)^{\mathrm{T}}$ 和 $\boldsymbol{\xi}_3=(2,-1,-1)^{\mathrm{T}}$ 是 $\boldsymbol{A}$ 属于 λ_2 的线性无关的两个特征向量.

若记 $\boldsymbol{P}=(\boldsymbol{\xi}_1,\boldsymbol{\xi}_2,\boldsymbol{\xi}_3)$, 则 $\boldsymbol{A}=\boldsymbol{P}\,\mathrm{diag}(-1,2,2)\boldsymbol{P}^{-1}$. (用初等变换的方法) 我们可以求出

$$\boldsymbol{P}^{-1}=\begin{pmatrix}1/3&1/3&1/3\\0&1/2&-1/2\\1/3&-1/6&-1/6\end{pmatrix}.$$

此时

$$\boldsymbol{A}^{10}=\boldsymbol{P}\,\mathrm{diag}((-1)^{10},2^{10},2^{10})\boldsymbol{P}^{-1}=\begin{pmatrix}683&-341&-341\\-341&683&-341\\-341&-341&683\end{pmatrix}.$$

例 6.33 设 $\boldsymbol{A}=\begin{pmatrix}13&16&16\\-5&-7&-6\\-6&-8&-7\end{pmatrix}$, $\boldsymbol{B}=\boldsymbol{P}^{-1}\boldsymbol{AP}$, 其中 $\boldsymbol{P}=\begin{pmatrix}-4&-3&-2\\1&1&1\\2&1&1\end{pmatrix}$. 求:

(1) $\boldsymbol{B}$;

(2) 矩阵 $\boldsymbol{A}$ 的特征值和特征向量;

(3) $\boldsymbol{A}^{100}$.

答案 (1) (用初等变换的方法) 我们容易求出 $\boldsymbol{P}^{-1}=\begin{pmatrix}0&-1&-1\\-1&0&-2\\1&2&1\end{pmatrix}$, 因此

$$\boldsymbol{B}=\boldsymbol{P}^{-1}\boldsymbol{AP}=\begin{pmatrix}1&1&0\\0&1&0\\0&0&-3\end{pmatrix}.$$

注 读者如果了解若尔当 (Jordan) 标准形的概念, 就会注意到 $\boldsymbol{B}$ 是 $\boldsymbol{A}$ 的若尔当标准形.

(2) 由于 $\boldsymbol{B}$ 与 $\boldsymbol{A}$ 相似, 故 $\lambda_{1,2}=1$ 和 $\lambda_3=-3$ 是 $\boldsymbol{A}$ 和 $\boldsymbol{B}$ 的特征值. 进一步, 由于 $\boldsymbol{AP}=\boldsymbol{PB}$, 容易看出 $\boldsymbol{A}$ 关于 $\lambda_3=-3$ 的特征子空间由向量 $(-2,1,1)^{\mathrm{T}}$ 生成; $\boldsymbol{A}$ 关于 $\lambda_{1,2}=1$ 的特征子空间是 1 维的, 由向量 $(-4,1,2)^{\mathrm{T}}$ 生成.

(3) 注意到 $\boldsymbol{B}$ 是分块矩阵, 它的高阶次幂很容易求出.

$$\boldsymbol{A}^{100}=(\boldsymbol{PBP}^{-1})^{100}=\boldsymbol{PB}^{100}\boldsymbol{P}^{-1}=\boldsymbol{P}\begin{pmatrix}1&100&0\\0&1&0\\0&0&(-3)^{100}\end{pmatrix}\boldsymbol{P}^{-1}$$

$$=\begin{pmatrix}403-2\cdot3^{100}&4-4\cdot3^{100}&802-2\cdot3^{100}\\3^{100}-101&2\cdot3^{100}-1&3^{100}-201\\3^{100}-201&2\cdot3^{100}-2&3^{100}-400\end{pmatrix}.$$

例 6.34 设 3 阶矩阵 $\boldsymbol{A}$ 的特征值为 $\lambda_1=1,\lambda_2=2,\lambda_3=4$, 对应的特征向量依次为 $\boldsymbol{\xi}_1=(1,-1,-1)^{\mathrm{T}},\boldsymbol{\xi}_2=(0,1,-1)^{\mathrm{T}},\boldsymbol{\xi}_3=(2,1,1)^{\mathrm{T}}$.

(1) 求矩阵 $\boldsymbol{A}$;

(2) 计算 $\boldsymbol{A}^n\boldsymbol{x}$, 其中 n 为自然数, $\boldsymbol{x}=(4,0,-2)^{\mathrm{T}}$.

解 (1) $\boldsymbol{A}(\boldsymbol{\xi}_1,\boldsymbol{\xi}_2,\boldsymbol{\xi}_3)=(\boldsymbol{A}\boldsymbol{\xi}_1,\boldsymbol{A}\boldsymbol{\xi}_2,\boldsymbol{A}\boldsymbol{\xi}_3)=(\lambda_1\boldsymbol{\xi}_1,\lambda_2\boldsymbol{\xi}_2,\lambda_3\boldsymbol{\xi}_3)$, 即有

$$\boldsymbol{A}\begin{pmatrix}1&0&2\\-1&1&1\\-1&-1&1\end{pmatrix}=\begin{pmatrix}1&0&8\\-1&2&4\\-1&-2&4\end{pmatrix}.$$

故所求

$$\boldsymbol{A}=\begin{pmatrix}1&0&8\\-1&2&4\\-1&-2&4\end{pmatrix}\begin{pmatrix}1&0&2\\-1&1&1\\-1&-1&1\end{pmatrix}^{-1}=\begin{pmatrix}3&1&1\\1&2&0\\1&0&2\end{pmatrix}.$$

(2) 设 $\boldsymbol{x}=c_1\boldsymbol{\xi}_1+c_2\boldsymbol{\xi}_2+c_3\boldsymbol{\xi}_3$, (用初等行变换的方法) 解方程组

$$\begin{pmatrix}1&0&2\\-1&1&1\\-1&-1&1\end{pmatrix}\begin{pmatrix}c_1\\c_2\\c_3\end{pmatrix}=\begin{pmatrix}4\\0\\-2\end{pmatrix},$$

知 $\boldsymbol{x}=2\boldsymbol{\xi}_1+\boldsymbol{\xi}_2+\boldsymbol{\xi}_3$. 此时

$$\begin{aligned}\boldsymbol{A}^n\boldsymbol{x}&=\boldsymbol{A}^n(2\boldsymbol{\xi}_1+\boldsymbol{\xi}_2+\boldsymbol{\xi}_3)=2\boldsymbol{A}^n\boldsymbol{\xi}_1+\boldsymbol{A}^n\boldsymbol{\xi}_2+\boldsymbol{A}^n\boldsymbol{\xi}_3\\&=2\lambda_1^n\boldsymbol{\xi}_1+\lambda_2^n\boldsymbol{\xi}_2+\lambda_3^n\boldsymbol{\xi}_3\\&=2\cdot1^n\begin{pmatrix}1\\-1\\-1\end{pmatrix}+2^n\begin{pmatrix}0\\1\\-1\end{pmatrix}+4^n\begin{pmatrix}2\\1\\1\end{pmatrix}=\begin{pmatrix}2+2\cdot4^n\\-2+2^n+4^n\\-2-2^n+4^n\end{pmatrix}.\end{aligned}$$

例 6.35 求 $\begin{pmatrix} 1 & 2 & 0 \\ 0 & 2 & 0 \\ -2 & -1 & -1 \end{pmatrix}^{2012}$.

答案 $\begin{pmatrix} 1 & 2^{2013}-2 & 0 \\ 0 & 2^{2012} & 0 \\ 0 & \frac{5}{3}(1-2^{2012}) & 1 \end{pmatrix}$.

例 6.36 设 $\boldsymbol{A}=\begin{pmatrix} -4 & -10 & 0 \\ 1 & 3 & 0 \\ 3 & 6 & 1 \end{pmatrix}$. 求:

(1) $\boldsymbol{A}$ 的特征值与特征向量;

(2) $\boldsymbol{A}^{100}$.

答案 (1) 对应于特征值 $\lambda_{1,2}=1$, 有线性无关的特征向量 $(-2,1,0)^{\mathrm{T}}$ 和 $(0,0,1)^{\mathrm{T}}$. 对应于特征值 $\lambda_3=-2$, 有特征向量 $(5,-1,-3)^{\mathrm{T}}$.

(2) $\frac{1}{3}\begin{pmatrix} 5\cdot 2^{100}-2 & 5\cdot 2^{101}-10 & 0 \\ 1-2^{100} & 5-2^{101} & 0 \\ 3-3\cdot 2^{100} & 6-3\cdot 2^{101} & 3 \end{pmatrix}$.

例 6.37 (华中师范大学, 1996) 设 $\boldsymbol{A}=\begin{pmatrix} -5 & 6 \\ -4 & 5 \end{pmatrix}$. 求:

(1) $\boldsymbol{A}$ 的特征值与特征向量;

(2) $\boldsymbol{A}^{2n}$, 其中 n 为正整数.

答案 (1) 对应于特征值 $\lambda_1=1$, 有特征向量 $(1,1)^{\mathrm{T}}$. 对应于特征值 $\lambda_2=-1$, 有特征向量 $(3,2)^{\mathrm{T}}$. (2) $\begin{pmatrix} 1 & 0 \\ 0 & 1 \end{pmatrix}$.

例 6.38 (四川大学, 2002) 求 $\begin{pmatrix} -13 & -10 \\ 21 & 16 \end{pmatrix}^{2002}$.

答案 $10\begin{pmatrix} 15-7\cdot 2^{2003} & 10-5\cdot 2^{2003} \\ 21(2^{2002}-1) & 15\cdot 2^{2002}-14 \end{pmatrix}$.

例 6.39 (华中师范大学, 1996) 求 $\begin{pmatrix} 4 & 2 & 2 \\ 0 & 4 & 0 \\ 0 & -2 & 2 \end{pmatrix}^{n}$, 其中 n 为自然数.

答案 $\begin{pmatrix} 4^n & 4^n-2^n & 4^n-2^n \\ 0 & 4^n & 0 \\ 0 & 2^n-4^n & 2^n \end{pmatrix}$.

例 6.40 设 3 阶实对称矩阵 $\boldsymbol{A}$ 的特征值为 3,3,6, 且 $(1,1,1)^{\mathrm{T}}$ 是对应于特征值 6 的一

个特征向量. 求矩阵 $\boldsymbol{A}$.

提示　任意 n 阶的实对称阵必可实相似对角化, 并且其属于不同特征值的特征向量必正交; 参见教材中的推论 7.3.1 和定理 7.3.5.

解　设 $\boldsymbol{x}=(x_1,x_2,x_3)^{\mathrm{T}}$ 是对应于特征值 $\lambda=3$ 的一个特征向量. 由 $\boldsymbol{A}$ 的实对称性知, $\boldsymbol{x}$ 与 $(1,1,1)^{\mathrm{T}}$ 正交, 即 x_1,x_2,x_3 应满足 $x_1+x_2+x_3=0$. 此线性方程组的一个基础解系为 $\boldsymbol{\alpha}_1=(-1,1,0)^{\mathrm{T}}$, $\boldsymbol{\alpha}_2=(-1,0,1)^{\mathrm{T}}$. 此 $\boldsymbol{\alpha}_1,\boldsymbol{\alpha}_2$ 都是对应于 $\lambda=3$ 的特征向量, 且线性无关.

若令 $\boldsymbol{P}=\begin{pmatrix}1&1&1\\0&1&1\\-1&-2&1\end{pmatrix}$, 则 $\boldsymbol{P}$ 可逆, 且 $\boldsymbol{P}^{-1}=\dfrac{1}{3}\begin{pmatrix}1&1&1\\-1&2&-1\\-1&-1&2\end{pmatrix}$. 由 $\boldsymbol{AP}=\boldsymbol{P}\begin{pmatrix}3&&\\&3&\\&&6\end{pmatrix}$, 得

$$\boldsymbol{A}=\begin{pmatrix}1&1&1\\0&1&1\\-1&-2&1\end{pmatrix}\begin{pmatrix}3&&\\&3&\\&&6\end{pmatrix}\begin{pmatrix}1&-1&0\\-\frac{1}{3}&\frac{2}{3}&-\frac{1}{3}\\\frac{1}{3}&\frac{1}{3}&\frac{1}{3}\end{pmatrix}=\begin{pmatrix}4&1&1\\1&4&1\\1&1&4\end{pmatrix}.$$

例 6.41　(考研题, 2011) 设 $\boldsymbol{A}$ 是 3 阶实对称阵, 满足 $\operatorname{rank}(\boldsymbol{A})=2$, 且

$$\boldsymbol{A}\begin{pmatrix}1&1\\0&0\\-1&1\end{pmatrix}=\begin{pmatrix}-1&1\\0&0\\1&1\end{pmatrix}.$$

(1) 求 $\boldsymbol{A}$ 的特征值与特征向量;

(2) 求 $\boldsymbol{A}$.

解　(1) 若令 $\boldsymbol{\xi}_1=(1,0,-1)^{\mathrm{T}},\boldsymbol{\xi}_2=(1,0,1)^{\mathrm{T}}$, 则 $\boldsymbol{A\xi}_1=-\boldsymbol{\xi}_1,\boldsymbol{A\xi}_2=\boldsymbol{\xi}_2$, 即 $\boldsymbol{\xi}_1$ 和 $\boldsymbol{\xi}_2$ 是 $\boldsymbol{A}$ 分别对应于特征值 -1 和 1 的特征向量. 再由 $\operatorname{rank}(\boldsymbol{A})=2$, 知 0 也是 $\boldsymbol{A}$ 的一个特征值. 若 $\boldsymbol{\xi}_3=(x,y,z)$ 是 $\boldsymbol{A}$ 的对应于 0 的一个特征向量, 则 $\boldsymbol{\xi}_3$ 与 $\boldsymbol{\xi}_1$ 和 $\boldsymbol{\xi}_2$ 皆正交, 即 $\begin{cases}x+z=0,\\-x+z=0.\end{cases}$ 因此 $x=z=0$, 而 $\boldsymbol{\xi}_3$ 可以选为 $(0,1,0)^{\mathrm{T}}$.

(2) 由于

$$\boldsymbol{A}(\boldsymbol{\xi}_1,\boldsymbol{\xi}_2,\boldsymbol{\xi}_3)=(\boldsymbol{\xi}_1,\boldsymbol{\xi}_2,\boldsymbol{\xi}_3)\operatorname{diag}(-1,1,0),$$

因此

$$\begin{aligned}\boldsymbol{A}&=(\boldsymbol{\xi}_1,\boldsymbol{\xi}_2,\boldsymbol{\xi}_3)\operatorname{diag}(-1,1,0)(\boldsymbol{\xi}_1,\boldsymbol{\xi}_2,\boldsymbol{\xi}_3)^{-1}\\&=\begin{pmatrix}1&1&0\\0&0&1\\-1&1&0\end{pmatrix}\begin{pmatrix}-1&&\\&1&\\&&0\end{pmatrix}\begin{pmatrix}1&1&0\\0&0&1\\-1&1&0\end{pmatrix}^{-1}=\begin{pmatrix}0&0&1\\0&0&0\\1&0&0\end{pmatrix}.\end{aligned}$$

例 6.42 (高数三, 1997) 设 3 阶实对称阵 $\boldsymbol{A}$ 的特征值是 1,2,3, 而 $(-1,-1,1)^{\mathrm{T}}$ 和 $(1,-2,-1)^{\mathrm{T}}$ 是矩阵 $\boldsymbol{A}$ 分别属于特征值 1,2 的特征向量.

(1) 求 $\boldsymbol{A}$ 属于特征值 3 的特征向量;

(2) 求矩阵 $\boldsymbol{A}$.

答案 (1) $(1,0,1)^{\mathrm{T}}$. (2) $\dfrac{1}{6}\begin{pmatrix} 13 & -2 & 5 \\ -2 & 10 & 2 \\ 5 & 2 & 13 \end{pmatrix}$.

例 6.43 (考研题, 2008) 设 $\boldsymbol{A}$ 为 2 阶矩阵, $\boldsymbol{\alpha}_1,\boldsymbol{\alpha}_2$ 为线性无关的 2 维列向量, $\boldsymbol{A}\boldsymbol{\alpha}_1=\boldsymbol{0}$, $\boldsymbol{A}\boldsymbol{\alpha}_2=2\boldsymbol{\alpha}_1+\boldsymbol{\alpha}_2$. 求 $\boldsymbol{A}$ 的非零特征值.

解 由条件知 2 阶矩阵 $(\boldsymbol{\alpha}_1,\boldsymbol{\alpha}_2)$ 可逆, 且

$$\boldsymbol{A}(\boldsymbol{\alpha}_1,\boldsymbol{\alpha}_2)=(\boldsymbol{A}\boldsymbol{\alpha}_1,\boldsymbol{A}\boldsymbol{\alpha}_2)=(\boldsymbol{0},2\boldsymbol{\alpha}_1+\boldsymbol{\alpha}_2)=(\boldsymbol{\alpha}_1,\boldsymbol{\alpha}_2)\begin{pmatrix} 0 & 2 \\ 0 & 1 \end{pmatrix}.$$

因此

$$\boldsymbol{A}=(\boldsymbol{\alpha}_1,\boldsymbol{\alpha}_2)\begin{pmatrix} 0 & 2 \\ 0 & 1 \end{pmatrix}(\boldsymbol{\alpha}_1,\boldsymbol{\alpha}_2)^{-1}.$$

特别地, $\boldsymbol{A}$ 与矩阵 $\begin{pmatrix} 0 & 2 \\ 0 & 1 \end{pmatrix}$ 相似, 从而有非零特征值 1.

例 6.44 (高数一, 2003) 设矩阵

$$\boldsymbol{A}=\begin{pmatrix} 3 & 2 & 2 \\ 2 & 3 & 2 \\ 2 & 2 & 3 \end{pmatrix},\quad \boldsymbol{P}=\begin{pmatrix} 0 & 1 & 0 \\ 1 & 0 & 1 \\ 0 & 0 & 1 \end{pmatrix},\quad \boldsymbol{B}=\boldsymbol{P}^{-1}\boldsymbol{A}^*\boldsymbol{P},$$

求 $\boldsymbol{B}+2\boldsymbol{I}_3$ 的特征值和特征向量, 其中 $\boldsymbol{A}^*$ 是 $\boldsymbol{A}$ 的伴随矩阵.

解 (方法 1) 直接计算, 可得 $\boldsymbol{A}^*=\begin{pmatrix} 5 & -2 & -2 \\ -2 & 5 & -2 \\ -2 & -2 & 5 \end{pmatrix}$, $\boldsymbol{P}^{-1}=\begin{pmatrix} 0 & 1 & -1 \\ 1 & 0 & 0 \\ 0 & 0 & 1 \end{pmatrix}$, 从而 $\boldsymbol{B}=\boldsymbol{P}^{-1}\boldsymbol{A}^*\boldsymbol{P}=\begin{pmatrix} 7 & 0 & 0 \\ -2 & 5 & -4 \\ -2 & -2 & 3 \end{pmatrix}$, 以及 $\boldsymbol{B}+2\boldsymbol{I}_3=\begin{pmatrix} 9 & 0 & 0 \\ -2 & 7 & -4 \\ -2 & -2 & 5 \end{pmatrix}$. 用标准的方法, 不难求得后者的特征值为 2 重的 9 和 1 重的 3, 并且特征值 9 有线性无关的特征向量 $(2,0,-1)^{\mathrm{T}}$ 和 $(0,2,-1)^{\mathrm{T}}$, 而特征值 3 有特征向量 $(0,1,1)^{\mathrm{T}}$. 其所有的特征向量不难由此表示出来.

(方法 2) 直接计算, 我们有 $|\boldsymbol{A}|=7\neq 0$, 从而 $\boldsymbol{A}$ 的特征值皆非零. 设 $\boldsymbol{x}$ 是 $\boldsymbol{A}$ 关于特征值 λ 的一个特征向量, 利用 $\boldsymbol{A}^*\boldsymbol{A}=|\boldsymbol{A}|\boldsymbol{I}_3$, 不难推导得到这等价于

$$(\boldsymbol{B}+2\boldsymbol{I}_3)(\boldsymbol{P}^{-1}\boldsymbol{x})=\left(\frac{|\boldsymbol{A}|}{\lambda}+2\right)(\boldsymbol{P}^{-1}\boldsymbol{x}),$$

即 $\boldsymbol{P}^{-1}\boldsymbol{x}$ 是 $\boldsymbol{B}+2\boldsymbol{I}_3$ 关于特征值 $\dfrac{|\boldsymbol{A}|}{\lambda}+2$ 的特征向量. 因此, 我们先讨论 $\boldsymbol{A}$ 的特征值与特征向量. 利用标准的方法, 不难求得 $\boldsymbol{A}$ 关于 2 重的特征值 1 有线性无关的特征向量 $(2,0,-1)^{\mathrm{T}}$ 和 $(0,2,-1)^{\mathrm{T}}$, 而特征值 7 有特征向量 $(0,1,1)^{\mathrm{T}}$. 接下来, 利用上面的关系, 不难得到 $\boldsymbol{B}+2\boldsymbol{I}_3$ 的所有特征值与特征向量.

例 6.45　填空题.

(1) 若 $\boldsymbol{A}$ 为 n 阶复方阵, $\boldsymbol{A}$ 的特征多项式 $p_{\boldsymbol{A}}(\lambda)=\lambda^n+\sigma_1\lambda^{n-1}+\cdots+\sigma_{n-1}\lambda+\sigma_n$, 则 $\sigma_1=$________, $\sigma_n=$________.

(2) 设 n 阶方阵 $\boldsymbol{A}$ 的元素全是 1, 则 $\boldsymbol{A}$ 的 n 个特征值是________.

(3) 设 3 阶方阵 $\boldsymbol{A}$ 的所有特征值为 $\lambda_1,\lambda_2,\lambda_3$, 则伴随矩阵 $\boldsymbol{A}^*$ 的所有特征值为________.

(4) 设 $\boldsymbol{A}$ 为 3 阶矩阵, 其特征值分别为 3,2,1, 其对应的特征向量有 $\boldsymbol{a}_1,\boldsymbol{a}_2,\boldsymbol{a}_3$. 记 $\boldsymbol{P}=(\boldsymbol{a}_3,\boldsymbol{a}_1,\boldsymbol{a}_2)$, 则 $\boldsymbol{P}^{-1}\boldsymbol{A}\boldsymbol{P}=$________.

(5) 若 n 阶矩阵 $\boldsymbol{A}$ 有 n 个属于特征值 λ 的线性无关的特征向量, 则 $\boldsymbol{A}=$________.

(6) $\boldsymbol{A}$ 为 n 阶方阵, $\boldsymbol{A}\boldsymbol{x}=\boldsymbol{0}$ 有非零解, 则 $\boldsymbol{A}$ 必有一特征值________.

(7) 设 $\lambda_1,\lambda_2,\lambda_3$ 是 3 阶可逆复矩阵 $\boldsymbol{A}$ 的所有特征值, 则 $\boldsymbol{A}^{-1}$ 的所有特征值为________, $\boldsymbol{I}-\boldsymbol{A}^{-1}$ 的所有特征值为________.

(8) 设 3 阶矩阵 $\boldsymbol{A}$ 的特征值为 $-1,1,2$, 则分块矩阵 $\begin{pmatrix}3\boldsymbol{A}^{-1} & \boldsymbol{O}\\ \boldsymbol{O} & (\boldsymbol{A}^*)^{-1}\end{pmatrix}$ 的特征值为________.

(9) 设 $\boldsymbol{A}$ 为 3 阶方阵, 有特征值 $\lambda_1=-1$, $\lambda_2=1$, $\lambda_3=-2$, 对应的特征向量分别有 $\boldsymbol{\xi}_1$, $\boldsymbol{\xi}_2$, $\boldsymbol{\xi}_3$. 记矩阵 $\boldsymbol{P}=(2\boldsymbol{\xi}_2,-3\boldsymbol{\xi}_3,4\boldsymbol{\xi}_1)$, 则 $\boldsymbol{P}^{-1}\boldsymbol{A}\boldsymbol{P}=$________.

(10) 若 $\boldsymbol{A}=\begin{pmatrix}1 & -1 & 1\\ 2 & 4 & x\\ -3 & -3 & 5\end{pmatrix}$ 有特征值 $\lambda_1=6$, $\lambda_2=\lambda_3=2$, 则 $x=$________.

(11) 设 $\boldsymbol{A}=\begin{pmatrix}-1 & 2 & 2\\ 2 & -1 & -2\\ 2 & -2 & -1\end{pmatrix}$, 则 $\boldsymbol{A}$ 的特征值为________, 而 $\boldsymbol{I}_3+\boldsymbol{A}^{-1}$ 的特征值为________, 其中 $\boldsymbol{I}_3$ 是 3 阶单位阵.

(12) 若 $\lambda=1$ 是矩阵 $\begin{pmatrix}-3 & -1 & 2\\ 0 & -1 & 4\\ x & 0 & 1\end{pmatrix}$ 的特征值, 则参数 $x=$________.

(13) 若矩阵 $\begin{pmatrix}0&1&0&0\\1&0&0&0\\0&0&y&1\\0&0&1&2\end{pmatrix}$ 的一个特征值为 3, 则 $y=$________.

(14) 若向量 $(1,k,1)^{\mathrm{T}}$ 是矩阵 $\begin{pmatrix}2&1&1\\1&2&1\\1&1&2\end{pmatrix}$ 的逆矩阵对应于特征值 $\lambda=1/4$ 的一个特征向量, 则 $k=$________.

(15) 若 4 阶实方阵 $\boldsymbol{A}$ 满足 $|3\boldsymbol{I}_4+\boldsymbol{A}|=0$, $\boldsymbol{A}\boldsymbol{A}^{\mathrm{T}}=2\boldsymbol{I}_4$, 且 $|\boldsymbol{A}|<0$, 则________必为 $\boldsymbol{A}^*$ 的一个特征值.

(16) 若 3 维列向量 $\boldsymbol{\alpha},\boldsymbol{\beta}$ 满足 $\boldsymbol{\alpha}^{\mathrm{T}}\boldsymbol{\beta}=2$, 其中 $\boldsymbol{\alpha}^{\mathrm{T}}$ 为 $\boldsymbol{\alpha}$ 的转置, 则矩阵 $\boldsymbol{\beta}\boldsymbol{\alpha}^{\mathrm{T}}$ 的特征值为________.

(17) 设 $\mathscr{A}$ 是由 $\mathscr{A}(x,y,z)=(0,x,y)$ 给出的 $\mathbf{R}^3$ 上的线性变换, 则特征多项式 $p_{\mathscr{A}}(\lambda)=$________, $p_{\mathscr{A}^2}(\lambda)=$________, $p_{\mathscr{A}^3}(\lambda)=$________.

(18) 设矩阵 $\boldsymbol{A}=\begin{pmatrix}a&-1&c\\5&b&3\\1-c&0&-a\end{pmatrix}$, 其行列式 $|\boldsymbol{A}|=-1$. 又 $\boldsymbol{A}$ 的伴随矩阵 $\boldsymbol{A}^*$ 有一个特征值 λ_0, $\boldsymbol{\alpha}=(-1,-1,1)$ 是属于 λ_0 的一个特征向量, 则 $a=$________, $b=$________, $c=$________, $\lambda_0=$________.

答案 (1) $-\mathrm{tr}(\boldsymbol{A})$; $(-1)^n\det(\boldsymbol{A})$. (2) $n,0,0,\cdots,0$. (3) $\lambda_1\lambda_2,\lambda_2\lambda_3,\lambda_3\lambda_1$. (4) $\mathrm{diag}(1,3,2)$. (5) $\lambda\boldsymbol{I}_n$. (6) 0. (7) $\dfrac{1}{\lambda_1},\dfrac{1}{\lambda_2},\dfrac{1}{\lambda_3}$; $1-\dfrac{1}{\lambda_1},1-\dfrac{1}{\lambda_2},1-\dfrac{1}{\lambda_3}$. (8) $-3,3,\dfrac{3}{2},12,-\dfrac{1}{2},-1$. (9) $\mathrm{diag}(1,-2,-1)$. (10) -2. (11) $1,1,-5$; $2,2,\dfrac{4}{5}$. (12) 任意实数. (13) 2. (14) 1. (15) $\dfrac{4}{3}$. (16) $0,0,2$. (17) λ^3; λ^3; λ^3. (18) 2; -3; 2; 1.

例 6.46 设 5 阶可逆方阵 $\boldsymbol{A}$ 的各行元素之和均为 b. 试证明 $b\neq0$, 并且计算矩阵 $2\boldsymbol{A}^{-1}-3\boldsymbol{A}$ 的各行元素之和.

解 记向量 $\boldsymbol{x}=(1,1,1,1,1)^{\mathrm{T}}$. 由于 $\boldsymbol{A}$ 的各行元素之和为 b, 即 $\boldsymbol{A}\boldsymbol{x}=b\boldsymbol{x}$, 故 b 作为可逆矩阵 $\boldsymbol{A}$ 的特征值, 不为零, 并且 $\boldsymbol{A}^{-1}\boldsymbol{x}=\dfrac{1}{b}\boldsymbol{x}$. 进而 $(2\boldsymbol{A}^{-1}-3\boldsymbol{A})\boldsymbol{x}=\left(\dfrac{2}{b}-3b\right)\boldsymbol{x}$. 这说明矩阵 $2\boldsymbol{A}^{-1}-3\boldsymbol{A}$ 的各行元素之和为 $\dfrac{2}{b}-3b$.

例 6.47 若矩阵 $\boldsymbol{A}=\begin{pmatrix}4&5&k\\-2&-2&1\\-1&-1&1\end{pmatrix}$ 只有一个线性无关的特征向量, 请确定参数 k, 并求该特征子空间.

解 由于 $\boldsymbol{A}$ 只有一个线性无关的特征向量, 它仅有一个特征值 λ_0, 为 3 重. $\boldsymbol{A}$

的特征多项式为 $p_{\boldsymbol{A}}(\lambda)=\lambda^3-3\lambda^2+(5+k)\lambda-1$. 由于 λ_0 是 $p_{\boldsymbol{A}}(\lambda)$ 的 3 重根, 我们必有 $p_{\boldsymbol{A}}(\lambda)=(\lambda-\lambda_0)^3$. 比较二次项系数, 我们知 $\lambda_0=3/3=1$. 再比较一次项系数, 知 $5+k=3\lambda_0^2$, 即 $k=-2$. 容易求出, 相应的特征子空间是由向量 $(-1,1,1)^{\mathrm{T}}$ 生成的.

例 6.48　设 $\boldsymbol{A},\boldsymbol{B},\boldsymbol{C}$ 均为 n 阶方阵. $\boldsymbol{A}$ 有 n 个互异的特征值, 且 $\boldsymbol{AB}=\boldsymbol{BA},\boldsymbol{AC}=\boldsymbol{CA}$. 试证: $\boldsymbol{BC}=\boldsymbol{CB}$.

证　设 $\lambda_1,\cdots,\lambda_n$ 是 $\boldsymbol{A}$ 的特征值, 其对应的特征向量为 $\boldsymbol{x}_1,\cdots,\boldsymbol{x}_n$. 注意到 $\boldsymbol{ABx}_i=\boldsymbol{BAx}_i=\lambda_i\boldsymbol{Bx}_i$, 所以 $\boldsymbol{Bx}_i\in V_{\boldsymbol{A}}(\lambda_i)$. 因为 $\boldsymbol{A}$ 的 n 个特征值互异, $\boldsymbol{A}$ 的每个特征子空间 $V_{\boldsymbol{A}}(\lambda_i)$ 都是 1 维的, 由非零向量 $\boldsymbol{x}_i$ 生成, 故总存在 μ_i, 使得 $\boldsymbol{Bx}_i=\mu_i\boldsymbol{x}_i$. 进而

$$\boldsymbol{B}(\boldsymbol{x}_1,\cdots,\boldsymbol{x}_n)=(\boldsymbol{x}_1,\cdots,\boldsymbol{x}_n)\operatorname{diag}(\mu_1,\cdots,\mu_n).$$

若令 $\boldsymbol{P}=(\boldsymbol{x}_1,\cdots,\boldsymbol{x}_n)$, 则 $\boldsymbol{P}$ 可逆, 且

$$\boldsymbol{B}=\boldsymbol{P}\operatorname{diag}(\mu_1,\cdots,\mu_n)\boldsymbol{P}^{-1}.$$

同样的分析对矩阵 $\boldsymbol{C}$ 也有效, 即我们有

$$\boldsymbol{C}=\boldsymbol{P}\operatorname{diag}(\nu_1,\cdots,\nu_n)\boldsymbol{P}^{-1}.$$

利用这两个等式直接计算, 我们可以得到 $\boldsymbol{BC}=\boldsymbol{CB}$.

注　在上面的例子中, 我们观察到 $\boldsymbol{A},\boldsymbol{B},\boldsymbol{C}$ 可以同时相似对角化.

例 6.49　设 $\boldsymbol{A},\boldsymbol{B}$ 是两个 n 阶复方阵, $p_{\boldsymbol{B}}(\lambda)$ 是 $\boldsymbol{B}$ 的特征多项式. 证明: 矩阵多项式 $p_{\boldsymbol{B}}(\boldsymbol{A})$ 可逆的充要条件是 $\boldsymbol{B}$ 的特征值都不是 $\boldsymbol{A}$ 的特征值.

证　设 $\lambda_1,\cdots,\lambda_n\in\mathbf{C}$ 是特征多项式 $p_{\boldsymbol{B}}(\lambda)$ 的所有根; 它们是 $\boldsymbol{B}$ 的所有特征值, 并且 $p_{\boldsymbol{B}}(\lambda)=(\lambda-\lambda_1)\cdots(\lambda-\lambda_n)$. 此时 $p_{\boldsymbol{B}}(\boldsymbol{A})=(\boldsymbol{A}-\lambda_1\boldsymbol{I}_n)\cdots(\boldsymbol{A}-\lambda_n\boldsymbol{I}_n)$. 故有

$$\begin{aligned} p_{\boldsymbol{B}}(\boldsymbol{A})\text{可逆}\quad &\Leftrightarrow\quad \text{行列式 } |p_{\boldsymbol{B}}(\boldsymbol{A})|\neq 0\\ &\Leftrightarrow\quad \text{所有的行列式 } |\boldsymbol{A}-\lambda_i\boldsymbol{I}_n|\neq 0\\ &\Leftrightarrow\quad \text{任意一个 } \lambda_i \text{ 都不是 } \boldsymbol{A} \text{ 的特征值.}\end{aligned}$$

例 6.50　设 $\boldsymbol{A}$ 和 $\boldsymbol{B}$ 都是 n 阶方阵. 证明: $\boldsymbol{AB}$ 和 $\boldsymbol{BA}$ 具有相同的特征值集合.

证　由对称性, 我们只需证明: 若 λ 是 $\boldsymbol{AB}$ 的特征值, 则 λ 也是 $\boldsymbol{BA}$ 的特征值.

若 $\lambda=0$, 则 $|\boldsymbol{AB}|=0$. 此时 $|\boldsymbol{BA}|=|\boldsymbol{B}|\cdot|\boldsymbol{A}|=|\boldsymbol{A}|\cdot|\boldsymbol{B}|=|\boldsymbol{AB}|=0$, 故 $\lambda=0$ 同时是 $\boldsymbol{BA}$ 的特征值.

若 $\lambda\neq 0$, 不妨假定 $\boldsymbol{x}$ 是相应的一个特征值, 故 $\boldsymbol{ABx}=\lambda\boldsymbol{x}$. 对其两边同时左乘 $\boldsymbol{B}$, 此时有 $(\boldsymbol{BA})(\boldsymbol{Bx})=\lambda(\boldsymbol{Bx})$. 为了确保 $\boldsymbol{Bx}$ 是 $\boldsymbol{BA}$ 关于 λ 的一个特征值, 我们只需说明 $\boldsymbol{Bx}\neq\boldsymbol{0}$; 否则 $\lambda\boldsymbol{x}=\boldsymbol{A}(\boldsymbol{Bx})=\boldsymbol{0}$. 再由 $\lambda\neq 0$, 我们推出 $\boldsymbol{x}=\boldsymbol{0}$, 这与 $\boldsymbol{x}$ 是特征向量相矛盾.

事实上, 我们有更强的结论.

例 6.51　设 $\boldsymbol{A}$ 和 $\boldsymbol{B}$ 都是 n 阶方阵. 证明: $\boldsymbol{AB}$ 和 $\boldsymbol{BA}$ 具有相同的特征多项式, 从而在记重数的情况下 $\boldsymbol{AB}$ 和 $\boldsymbol{BA}$ 具有相同的特征值.

证　我们可以观察到以下两个矩阵等式:

$$\begin{pmatrix}\lambda\boldsymbol{I}_n & \boldsymbol{B}\\ \boldsymbol{A} & \boldsymbol{I}_n\end{pmatrix}\begin{pmatrix}\boldsymbol{I} & -\boldsymbol{B}\\ \boldsymbol{O} & \lambda\boldsymbol{I}_n\end{pmatrix}=\begin{pmatrix}\lambda\boldsymbol{I}_n & \boldsymbol{O}\\ \boldsymbol{A} & \lambda\boldsymbol{I}_n-\boldsymbol{AB}\end{pmatrix}$$

和

$$\begin{pmatrix} \boldsymbol{I} & -\boldsymbol{B} \\ \boldsymbol{O} & \lambda \boldsymbol{I}_n \end{pmatrix} \begin{pmatrix} \lambda \boldsymbol{I}_n & \boldsymbol{B} \\ \boldsymbol{A} & \boldsymbol{I}_n \end{pmatrix} = \begin{pmatrix} \lambda \boldsymbol{I}_n - \boldsymbol{BA} & \boldsymbol{O} \\ \lambda \boldsymbol{A} & \lambda \boldsymbol{I}_n \end{pmatrix}.$$

比较它们的行列式, 我们得到 $\lambda^n|\lambda \boldsymbol{I}_n - \boldsymbol{AB}| = \lambda^n|\lambda \boldsymbol{I}_n - \boldsymbol{BA}|$. 故 $|\lambda \boldsymbol{I}_n - \boldsymbol{AB}| = |\lambda \boldsymbol{I}_n - \boldsymbol{BA}|$, 即 $\boldsymbol{AB}$ 和 $\boldsymbol{BA}$ 具有相同的特征多项式.

注 用类似的方法我们可以证明: 若 $\boldsymbol{A}$ 是 $m \times n$ 矩阵, $\boldsymbol{B}$ 是 $n \times m$ 矩阵, 则 $\lambda^n p_{\boldsymbol{AB}}(\lambda) = \lambda^m p_{\boldsymbol{BA}}(\lambda)$, 从而 $\boldsymbol{AB}$ 和 $\boldsymbol{BA}$ 的所有非零特征值相同 (包括重数). 参见教材第 4 章的习题 27.

例 6.52 (清华大学) 设 $\boldsymbol{B} = \boldsymbol{AA}^{\mathrm{T}}$, 其中 $\boldsymbol{A} = (a_1, a_2, \cdots, a_n)^{\mathrm{T}}$ 为列向量, 且 $a_i(i = 1,2,\cdots,n)$ 为非零实数.

(1) 证明: $\boldsymbol{B}^k = l\boldsymbol{B}$ (k 为正整数), 并求数 l;

(2) 求可逆矩阵 $\boldsymbol{P}$, 使 $\boldsymbol{P}^{-1}\boldsymbol{BP}$ 为对角阵, 并写出该对角阵.

提示 可以选取

$$\boldsymbol{P} = \begin{pmatrix} -a_2 & -a_3 & \cdots & -a_n & a_1 \\ a_1 & 0 & \cdots & 0 & a_2 \\ 0 & a_1 & \cdots & 0 & a_3 \\ \vdots & \vdots & \ddots & \vdots & \vdots \\ 0 & 0 & \cdots & a_1 & a_n \end{pmatrix}.$$

此时 $\boldsymbol{P}^{-1}\boldsymbol{BP} = \operatorname{diag}(0, \cdots, 0, a_1^2 + \cdots + a_n^2)$.

解 (1) 注意到 $\boldsymbol{A}^{\mathrm{T}}\boldsymbol{A} = \sum\limits_{i=1}^{n} a_i^2$ (将之暂记为 c), 由此不难看出 $\boldsymbol{B}^k = \boldsymbol{A}(\boldsymbol{A}^{\mathrm{T}}\boldsymbol{A})^{k-1}\boldsymbol{A}^{\mathrm{T}} = c^{k-1}\boldsymbol{AA}^{\mathrm{T}} = c^{k-1}\boldsymbol{B}$. 因此所求的 $l = c^{k-1} = \left(\sum\limits_{i=1}^{n} a_i^2\right)^{k-1}$.

(2) 我们需要求出 $\boldsymbol{B}$ 的特征值与特征向量.

先考虑特征值.

(方法 1) 利用例 6.51 的注, 我们知道 $\boldsymbol{B}$ 的特征值为 $n-1$ 重的 0 和 1 重的 c.

(方法 2) 由于 $\boldsymbol{B}$ 是对称矩阵, 由第 7 章的知识, 我们知道 $\boldsymbol{B}$ 必定可以实相似对角化. 若 $\boldsymbol{x}$ 是 $\boldsymbol{B}$ 相对于特征值 λ 的特征向量, 则由 (1) 可知 $\boldsymbol{B}^2\boldsymbol{x} = c\boldsymbol{Bx}$, 即 $(\lambda^2 - c\lambda)\boldsymbol{x} = \boldsymbol{0}$, 这意味着 $\lambda = 0$ 或 $\lambda = c$. 由于 $\operatorname{rank}(\boldsymbol{B}) \leqslant \operatorname{rank}(\boldsymbol{A}) = 1$, 而 $\boldsymbol{B}$ 可以相似对角化, 且不为零矩阵, 故 $\operatorname{rank}(\boldsymbol{B}) = 1$ 且含有 1 重的非零特征值, 即 c; 而特征值 0 的重数也必然为 $n-1$.

接下来计算特征向量. 对于特征值 $\lambda = 0$, 由 $\boldsymbol{Bx} = \boldsymbol{0}$, 我们推得

$$\boldsymbol{0} = \boldsymbol{x}^{\mathrm{T}}\boldsymbol{Bx} = \boldsymbol{x}^{\mathrm{T}}\boldsymbol{AA}^{\mathrm{T}}\boldsymbol{x} = (\boldsymbol{A}^{\mathrm{T}}\boldsymbol{x})^{\mathrm{T}}(\boldsymbol{A}^{\mathrm{T}}\boldsymbol{x}).$$

由于 $\boldsymbol{A}^{\mathrm{T}}\boldsymbol{x}$ 为实数, 这意味着 $\boldsymbol{A}^{\mathrm{T}}\boldsymbol{x} = \boldsymbol{0}$. 当然, 由 $\boldsymbol{A}^{\mathrm{T}}\boldsymbol{x} = \boldsymbol{0}$ 不难推出 $\boldsymbol{Bx} = \boldsymbol{0}$. 从而, 我们得到特征值 $\lambda = 0$ 时的 $n-1$ 个线性无关的特征向量 $\boldsymbol{\xi}_1(-a_2, a_1, 0, \cdots, 0)^{\mathrm{T}}$, $\boldsymbol{\xi}_2(-a_3, 0, a_1, 0, \cdots, 0)^{\mathrm{T}}$, $\cdots$, $\boldsymbol{\xi}_{n-1}(-a_n, 0, \cdots, 0, a_1)^{\mathrm{T}}$. 对于特征值 $\lambda = c$, 我们可以直接解方程 $\boldsymbol{Bx} = c\boldsymbol{x}$ 来求特征向量. 另外, 利用第 7 章的知识, 若 $\boldsymbol{x}$ 为相应的特征向量, 则 $\boldsymbol{x}$ 必然与 $\boldsymbol{\xi}_1, \cdots, \boldsymbol{\xi}_{n-1}$ 都正交, 由此也不难求得一个特征向量 $\boldsymbol{\xi}_n = (a_1, a_2, \cdots, a_n)^{\mathrm{T}}$.

综上, 我们可以选

$$\boldsymbol{P}=(\boldsymbol{\xi}_1,\cdots,\boldsymbol{\xi}_{n-1},\boldsymbol{\xi}_n)=\begin{pmatrix}-a_2 & -a_3 & \cdots & -a_n & a_1\\ a_1 & 0 & \cdots & 0 & a_2\\ 0 & a_1 & \cdots & 0 & a_3\\ \vdots & \vdots & \ddots & \vdots & \vdots\\ 0 & 0 & \cdots & a_1 & a_n\end{pmatrix},$$

并得到 $\boldsymbol{P}^{-1}\boldsymbol{B}\boldsymbol{P}=\mathrm{diag}(0,\cdots,0,a_1^2+a_2^2+\cdots+a_n^2)$.

例 6.53 (华中科技大学, 新乡师范大学) 证明: 若 $\boldsymbol{A}$ 为 n 阶降秩矩阵, 则 $\boldsymbol{A}$ 的伴随矩阵 $\boldsymbol{A}^*$ 的 n 个特征值至少有 $n-1$ 个为 0, 且另一个非零特征值 (如果存在) 等于 $\mathrm{tr}(\boldsymbol{A}^*)=\boldsymbol{A}_{11}+\boldsymbol{A}_{22}+\cdots+\boldsymbol{A}_{nn}$, 其中 $\boldsymbol{A}_{ii}$ 是 $\boldsymbol{A}$ 主对角线上元素的 (代数) 余子式.

证 由于 $\boldsymbol{A}$ 是降秩矩阵, $\mathrm{rank}(\boldsymbol{A})\leqslant n-1$. 若 $\mathrm{rank}(\boldsymbol{A})\leqslant n-2$, 则 $\boldsymbol{A}^*=\boldsymbol{O}$; 此时欲证的结论是显然的. 接下来假定 $\mathrm{rank}(\boldsymbol{A})=n-1$, 从而 $\mathrm{rank}(\boldsymbol{A}^*)=1$. $\boldsymbol{A}^*$ 可以复相似于某个上三角矩阵 $\boldsymbol{R}$. 由于 $\mathrm{rank}(\boldsymbol{R})=\mathrm{rank}(\boldsymbol{A}^*)=1$, $\boldsymbol{R}$ 的主对角线上最多有一个元素非零. 由于 $\boldsymbol{R}$ 的主对角线上的元素即为 $\boldsymbol{R}$ (也为 $\boldsymbol{A}^*$) 的所有特征值, 这意味着 $\boldsymbol{A}^*$ 至多有一个非零的特征值, 且此非零特征值若存在, 必为 $\mathrm{tr}(\boldsymbol{R})=\mathrm{tr}(\boldsymbol{A}^*)$. 而后者依定义为 $\boldsymbol{A}_{11}+\boldsymbol{A}_{22}+\cdots+\boldsymbol{A}_{nn}$.

例 6.54 设 $\boldsymbol{A}$ 为 n 阶方阵, 有 n 个特征值 $\lambda_1,\cdots,\lambda_n$. 求 $\boldsymbol{A}$ 的伴随矩阵 $\boldsymbol{A}^*$ 的特征值.

提示 若 $\boldsymbol{A}$ 可逆, 利用等式 $\boldsymbol{A}^*=\det(\boldsymbol{A})\boldsymbol{A}^{-1}$, 容易看出 $\boldsymbol{A}^*$ 的特征值依次为

$$\prod_{i\neq 1}\lambda_i,\quad \prod_{i\neq 2}\lambda_i,\quad \cdots,\quad \prod_{i\neq n}\lambda_i.$$

若 $\boldsymbol{A}$ 不可逆, 则用上题的结论.

例 6.55 设 $\boldsymbol{A}$ 为 n 阶矩阵, 有特征值 $\lambda_1,\cdots,\lambda_n$. 证明: $\mathrm{tr}(\boldsymbol{A}^*)=\sum\limits_{i=1}^{n}\Big(\prod\limits_{j\neq i}\lambda_j\Big)$.

提示 我们只需证明 $\boldsymbol{A}$ 的特征多项式 $p_{\boldsymbol{A}}(\lambda)$ 的一次项系数为 $(-1)^{n-1}\mathrm{tr}(\boldsymbol{A}^*)$. 若 $\boldsymbol{A}$ 可逆, 利用上题的提示. 若 $\boldsymbol{A}$ 不可逆, 利用微小摄动法.

例 6.56 (浙江师范学院) 设 $\boldsymbol{A}$ 是 n 阶方阵, 有 k 个不同的特征值 $\lambda_1,\cdots,\lambda_k$. 证明: 若 $\boldsymbol{A}$ 可以对角化, 则必存在 n 阶幂等矩阵 $\boldsymbol{A}_1,\cdots,\boldsymbol{A}_k$ (即 $\boldsymbol{A}_i^2=\boldsymbol{A}_i$), 使得

(1) $\boldsymbol{A}_i\boldsymbol{A}_j=\boldsymbol{O}\ (i\neq j)$;

(2) $\sum\limits_{i=1}^{k}\boldsymbol{A}_i=\boldsymbol{I}$;

(3) $\boldsymbol{A}=\sum\limits_{i=1}^{k}\lambda_i\boldsymbol{A}_i$.

提示 若 $\boldsymbol{A}$ 有相似对角形 $\mathrm{diag}(\lambda_1\boldsymbol{I}_{n_1},\cdots,\lambda_{i-1}\boldsymbol{I}_{n_{i-1}},\lambda_i\boldsymbol{I}_{n_i},\lambda_{i+1}\boldsymbol{I}_{n_{i+1}},\cdots,\lambda_k\boldsymbol{I}_{n_k})$, 可以令 $\boldsymbol{A}_i=\mathrm{diag}(\boldsymbol{O}_{n_1},\cdots,\boldsymbol{O}_{n_{i-1}},\boldsymbol{I}_{n_i},\boldsymbol{O}_{n_{i+1}},\cdots,\boldsymbol{O}_{n_k})$.

例 6.57* (复旦大学) 已知实数 a_i 满足 $\sum_{i=1}^{n} a_i = 0$, 求下列矩阵的特征值:

$$A = \begin{pmatrix} a_1^2+1 & a_1a_2+1 & \cdots & a_1a_n+1 \\ a_2a_1+1 & a_2^2+1 & \cdots & a_2a_n+1 \\ \vdots & \vdots & \ddots & \vdots \\ a_na_1+1 & a_na_2+1 & \cdots & a_n^2+1 \end{pmatrix}.$$

提示 若记 $B = \begin{pmatrix} a_1 & 1 \\ a_2 & 1 \\ \vdots & \vdots \\ a_n & 1 \end{pmatrix}$, 则 $A = BB^{\mathrm{T}}$. 此时可以利用例 6.51 后面的注.

答案 $\lambda_1 = \cdots = \lambda_{n-2} = 0$, $\lambda_{n-1} = \sum_{i=1}^{n} a_i^2$, $\lambda_n = n$.

例 6.58 (日本东京大学) 在 n 阶方阵 $A = (a_{ij})$ 中, 当

$$a_{ij} > 0, \quad \sum_{j=1}^{n} a_{ij} = 1 \quad (i = 1, 2, \cdots, n)$$

时, 试回答下列问题:

(1) 证明: 1 是 A 的一个特征值;

(2) 若 $n = 2$, 求 $\lim_{m\to\infty} A^m$.

解 (1) 对于 $x = (1, \cdots, 1)^{\mathrm{T}}$, 显然有 $Ax = x$, 因此 1 是 A 的一个特征值.

(2) 由于 $n = 2$, 因此 $A = \begin{pmatrix} 1-a_{12} & a_{12} \\ a_{21} & 1-a_{21} \end{pmatrix}$. 由于 1 是 A 的特征值, 它的另一个特征值为 $\mathrm{tr}(A) - 1 = 1 - a_{12} - a_{21}$, 用标准方法可以求得相应的特征向量 $(1,1)^{\mathrm{T}}$ 和 $(a_{12}, -a_{21})^{\mathrm{T}}$. 若令 $P = \begin{pmatrix} 1 & a_{12} \\ 1 & -a_{21} \end{pmatrix}$, 则 $A = P\,\mathrm{diag}(1, 1-a_{12}-a_{21})P^{-1}$, 从而 $A^m = P\,\mathrm{diag}(1, (1-a_{12}-a_{21})^m)P^{-1}$. 由于 $0 < a_{12}, a_{21} < 1$, 我们有 $-1 < 1 - a_{12} - a_{21} < 1$, 从而 $\lim_{m\to\infty}(1-a_{12}-a_{21})^m = 0$. 因此

$$\lim_{m\to\infty} A^m = P\,\mathrm{diag}(1,0)P^{-1} = \frac{1}{a_{12}+a_{21}}\begin{pmatrix} a_{21} & a_{12} \\ a_{21} & a_{12} \end{pmatrix}.$$

例 6.59* 设 A 和 B 分别为 m 阶和 n 阶的复方阵. 证明: 存在 $m \times n$ 维非零复方阵 X, 使得 $AX = XB$ 成立的充要条件是 A 和 B 有公共的复特征值.

证 我们先证明必要性. 设可逆矩阵 $P_{m\times m}$ 和 $Q_{n\times n}$ 使得 $PXQ = \begin{pmatrix} I_r & O \\ O & O \end{pmatrix}$. 由于 $X \neq O$, 因此 $r = \mathrm{rank}(X) > 0$. 再由 $AX = XB$, 我们显然得到

$$(PAP^{-1})(PXQ) = (PXQ)(Q^{-1}BQ).$$

若记

$$PAP^{-1} = \begin{pmatrix} A_1 & A_2 \\ A_3 & A_4 \end{pmatrix}, \quad Q^{-1}BQ = \begin{pmatrix} B_1 & B_2 \\ B_3 & B_4 \end{pmatrix},$$

其中 $\boldsymbol{A}_1$ 和 $\boldsymbol{B}_1$ 皆为 r 阶方阵, 则

$$\begin{pmatrix} \boldsymbol{A}_1 & \boldsymbol{A}_2 \\ \boldsymbol{A}_3 & \boldsymbol{A}_4 \end{pmatrix}\begin{pmatrix} \boldsymbol{I}_r & \boldsymbol{O} \\ \boldsymbol{O} & \boldsymbol{O} \end{pmatrix}=\begin{pmatrix} \boldsymbol{I}_r & \boldsymbol{O} \\ \boldsymbol{O} & \boldsymbol{O} \end{pmatrix}\begin{pmatrix} \boldsymbol{B}_1 & \boldsymbol{B}_2 \\ \boldsymbol{B}_3 & \boldsymbol{B}_4 \end{pmatrix},$$

即 $\boldsymbol{A}_1=\boldsymbol{B}_1$, $\boldsymbol{A}_3=\boldsymbol{O}$, $\boldsymbol{B}_2=\boldsymbol{O}$.

注意到 r 阶方阵 $\boldsymbol{A}_1$ 的特征值显然是准三角矩阵 $\begin{pmatrix} \boldsymbol{A}_1 & \boldsymbol{A}_2 \\ & \boldsymbol{A}_4 \end{pmatrix}$ 的特征值, 而 $\begin{pmatrix} \boldsymbol{A}_1 & \boldsymbol{A}_2 \\ \boldsymbol{A}_3 & \boldsymbol{A}_4 \end{pmatrix}$ 与 $\boldsymbol{A}$ 相似, 从而有相同的特征值. 对于 $\boldsymbol{B}_1$ 有类似的关系, 从而 $\boldsymbol{A}$ 与 $\boldsymbol{B}$ 有公共的特征值.

接下来, 我们证明充分性. 不妨假定 λ 是 $\boldsymbol{A}$ 与 $\boldsymbol{B}$ 的一个公共特征值. 由教材中的定理 6.5.3 的证明知, 我们可以找到可逆矩阵 $\boldsymbol{P}_{m\times m}$ 和 $\boldsymbol{Q}_{n\times n}$, 使得

$$\boldsymbol{P}^{-1}\boldsymbol{A}\boldsymbol{P}=\begin{pmatrix} \lambda & * \\ \boldsymbol{0} & \boldsymbol{A}_1 \end{pmatrix},\quad \boldsymbol{Q}^{-1}\boldsymbol{B}^{\mathrm{T}}\boldsymbol{Q}=\begin{pmatrix} \lambda & * \\ \boldsymbol{0} & \boldsymbol{B}_1 \end{pmatrix}.$$

令 $\boldsymbol{X}=\boldsymbol{P}\begin{pmatrix} \boldsymbol{1} & \\ & \boldsymbol{O} \end{pmatrix}\boldsymbol{Q}^{\mathrm{T}}$ 即可.

例 6.60 在例 6.59* 中, 若存在列满秩矩阵 $\boldsymbol{X}$ 使得 $\boldsymbol{A}\boldsymbol{X}=\boldsymbol{X}\boldsymbol{B}$, 证明: $\boldsymbol{B}$ 的特征值都是 $\boldsymbol{A}$ 的特征值.

解 利用例 6.59* 的记号, 由于 $r=n$, 我们有 $\boldsymbol{Q}^{-1}\boldsymbol{B}\boldsymbol{Q}=\boldsymbol{B}_1$. 而在例 6.59* 的证明中我们看到, $\boldsymbol{A}_1=\boldsymbol{B}_1$, 且 $\boldsymbol{A}_1$ 的特征值为 $\boldsymbol{A}$ 的特征值, 故 $\boldsymbol{B}$ 的特征值都是 $\boldsymbol{A}$ 的特征值.

6.3 矩阵的相似

内 容 提 要

从线性变换在不同基下的矩阵出发, 我们需要考虑矩阵的相似关系: 若 $\boldsymbol{A},\boldsymbol{B},\boldsymbol{T}$ 都是数域 F 上的 n 阶方阵, 其中 $\boldsymbol{T}$ 可逆, 且 $\boldsymbol{B}=\boldsymbol{T}^{-1}\boldsymbol{A}\boldsymbol{T}$, 则称**$\boldsymbol{A}$ 与 $\boldsymbol{B}$ 在数域 F 上相似**.

相似关系是一个等价关系, 可以用来对同阶方阵构成的集合分类. 相似关系是比相抵关系更细致的一类等价关系: 相似必然相抵, 但是反过来不成立. 两个方阵相似的必要条件是它们的一些常用相似不变量 (例如矩阵的特征多项式、特征值、行列式、秩、迹) 相等.

如果一个方阵相似于对角矩阵, 则称该方阵**可 (相似) 对角化**. 并不是所有的方阵都可以对角化, 如 $\begin{pmatrix} 2 & 1 \\ 0 & 2 \end{pmatrix}$ 就不能对角化. 对于数域 F 上的 n 阶方阵 $\boldsymbol{A}$, 我们有如下几个等价条件:

(1) $\boldsymbol{A}$ 相似于对角矩阵.

(2) $\boldsymbol{A}$ 有 n 个线性无关的特征向量.

特别地, 当数域 F 是代数封闭 (例如 $F=\mathbf{C}$ 为复数域) 时, 它们还与如下的条件等价:

(3) $\boldsymbol{A}$ 的每个特征值的代数重数与几何重数相等.

这里我们回忆一下, 若 $\boldsymbol{A}$ 的特征多项式为

$$p_{\boldsymbol{A}}(\lambda)=(\lambda-\lambda_1)^{n_1}\cdots(\lambda-\lambda_s)^{n_s},$$

其中的 $\lambda_1,\cdots,\lambda_s$ 为 $\boldsymbol{A}$ 的互不相同的特征值, 则 n_i 是 λ_i 的**代数重数**, 而特征子空间 $V_{\boldsymbol{A}}(\lambda_i)$ 的维数 m_i 是 λ_i 的**几何重数**. 一般而言, 我们总有 $m_i\leqslant n_i$.

当 $\boldsymbol{A}$ 的 n 个特征值互不相等时, $\boldsymbol{A}$ 必然可以相似对角化.

若 $\boldsymbol{A}$ 通过可逆矩阵 $\boldsymbol{P}=(\boldsymbol{\xi}_1,\cdots,\boldsymbol{\xi}_n)$ 相似对角化, 即 $\boldsymbol{P}^{-1}\boldsymbol{A}\boldsymbol{P}=\operatorname{diag}(\lambda_1,\cdots,\lambda_n)$, 则 $\lambda_1,\cdots,\lambda_n$ 是 $\boldsymbol{A}$ 的所有特征值, 而 $\boldsymbol{\xi}_i$ 是 $\boldsymbol{A}$ 的属于 λ_i 的特征向量. 此时, 若定义 F^n 上的线性变换 $\mathscr{A}:\boldsymbol{x}\mapsto\boldsymbol{A}\boldsymbol{x}$, 则 $\boldsymbol{A}$ 是 $\mathscr{A}$ 在 F^n 的自然基下的矩阵. 另一方面, $\boldsymbol{\xi}_1,\cdots,\boldsymbol{\xi}_n$ 构成了 F^n 的另外一组基, 在这组基下 $\mathscr{A}$ 的矩阵是对角阵 $\operatorname{diag}(\lambda_1,\cdots,\lambda_n)$.

任何一个复方阵 $\boldsymbol{A}$ 都可以相似于一个上三角矩阵. 很显然, 该上三角阵的主对角线上的元素是 $\boldsymbol{A}$ 的所有特征值. 从教材中的定理 6.5.3 的证明出发, 我们容易看出用于上三角化的可逆矩阵不是唯一的, 最后得到的上三角矩阵也不是唯一的. 这种不唯一性给我们也带来了处理问题的方便, 比如我们可以借此证明本节的例 6.82(当然, 该例题也可以直接证明).

当处理方阵的相似问题时, 在不明了该矩阵是否可以对角化的情况下, 我们有时可以通过相似变换, 先假定该矩阵为上三角矩阵. 当然, 我们也可以假定该上三角矩阵具有更好的形式: 它是一个若尔当形矩阵.

感兴趣的读者可以了解一下方阵的哈密顿–凯莱 (Hamilton-Cayley) 定理和最小多项式的知识. 若 $p_{\boldsymbol{A}}(\lambda)$ 是 $\boldsymbol{A}$ 的特征多项式 (这是一个关于 λ 的 n 次首项系数为 1 的多项式), 则哈密顿–凯莱定理告诉我们 $p_{\boldsymbol{A}}(\boldsymbol{A})=\boldsymbol{0}$, 即 $p_{\boldsymbol{A}}(\lambda)$ 是方阵 $\boldsymbol{A}$ 的**零化多项式**. $\boldsymbol{A}$ 的任何一个特征值都是 $\boldsymbol{A}$ 的任何零化多项式的根. 另一方面, 存在一个次数最低的首一多项式 $d_{\boldsymbol{A}}(\lambda)$, 使得 $f(\lambda)$ 是 $\boldsymbol{A}$ 的零化多项式, 当且仅当 $f(\lambda)$ 作为 F 上的多项式可以被 $d_{\boldsymbol{A}}(\lambda)$ 整除. 该 $d_{\boldsymbol{A}}(\lambda)$ 称为 $\boldsymbol{A}$ 的**最小多项式**. 很明显, $d_{\boldsymbol{A}}(\lambda)$ 可以整除 $p_{\boldsymbol{A}}(\lambda)$. 相关的一个重要结论是: 若 F 是代数封闭的 (例如 $F=\mathbf{C}$ 是复数域), 则 $\boldsymbol{A}$ 可以相似对角化, 当且仅当 $d_{\boldsymbol{A}}(\lambda)$ 没有重根. 对这方面内容感兴趣的读者, 可以参考李尚志教授编写的《线性代数》.

关于实对称阵等特殊矩阵的对角化问题, 在后续章节中我们将有进一步的讨论.

例 题 分 析

例 6.61 判断下列命题是否正确.

(1) 若 n 阶方阵 $\boldsymbol{A}$ 存在两两不等的特征向量, 则 $\boldsymbol{A}$ 可以相似对角化.

(2) 若 2 阶实矩阵有负的行列式, 则其必可相似对角化.

(3) 数域 F 上的 n 阶方阵 $\boldsymbol{A}$ 相似于对角方阵的充分必要条件是 $\boldsymbol{A}$ 有 n 个不同的特征值.

(4) 任何一个 n 阶实方阵 $\boldsymbol{A}$ 都实相似于一个上三角矩阵.

(5) 若 $\boldsymbol{A}$ 相似于 $\boldsymbol{B}$, 则 $\boldsymbol{A}^{\mathrm{T}}$ 相似于 $\boldsymbol{B}^{\mathrm{T}}$.

(6) 若 n 阶实方阵 $\boldsymbol{A}$ 的所有特征值都是实数, 则 $\boldsymbol{A}$ 可以实相似于一个上三角矩阵.

(7) 若 n 阶实方阵 $\boldsymbol{A}$ 的所有特征值都是实数, 则 $\boldsymbol{A}$ 可以复相似于一个对角矩阵.

(8) 矩阵 $\begin{pmatrix}1&0&0&0\\2&2&0&0\\3&3&3&0\\4&4&4&4\end{pmatrix}$ 相似于对角阵.

(9) 矩阵 $\begin{pmatrix}1&0&0&0\\2&1&0&0\\3&2&1&0\\4&3&2&1\end{pmatrix}$ 相似于对角阵.

(10) 矩阵 $\boldsymbol{A}=\begin{pmatrix}1&1&1\\0&1&0\\0&0&1\end{pmatrix}$ 与矩阵 $\boldsymbol{B}=\begin{pmatrix}1&1&0\\0&1&1\\0&0&1\end{pmatrix}$ 相似.

(11) 矩阵的非零特征值的个数 (计入重数) 等于该矩阵的秩.

(12) 若 n 阶方阵 $\boldsymbol{A}$ 相似于 $\boldsymbol{B}$, 则 $\boldsymbol{A}$ 和 $\boldsymbol{B}$ 必相似于同一对角矩阵.

(13) 复方阵 $\boldsymbol{A}$ 必相似于它的转置 $\boldsymbol{A}^{\mathrm{T}}$.

(14) 方阵 $\boldsymbol{A}$ 可以相似对角化, 当且仅当 $\boldsymbol{A}^{\mathrm{T}}$ 可以相似对角化.

(15) 矩阵 $\begin{pmatrix}2&-1\\1&4\end{pmatrix}$ 不能相似对角化.

答案　(1) 错误. 这些向量可能线性相关.

(2) 正确. 此时矩阵有不相等的两个特征值.

(3) 错误. $\boldsymbol{A}$ 有 n 个不同的特征值仅仅是 $\boldsymbol{A}$ 相似于对角方阵的充分条件, 并不是必要条件. 考虑 $\boldsymbol{A}$ 为单位矩阵.

(4) 错误. $\boldsymbol{A}$ 可能有复数的特征值.

(5) 正确.

(6) 正确. 参考 "任何一个复方阵都可以相似于一个上三角矩阵" 的证明.

(7) 错误. 考虑 $\boldsymbol{A}=\begin{pmatrix}0&1\\0&0\end{pmatrix}$.

(8) 正确. 该矩阵的特征值互不相同.

(9) 错误. 该矩阵的所有特征值皆为 1, 故该矩阵最多可能与单位矩阵 $\boldsymbol{I}$ 相似; 但这是明显错误的.

(10) 错误. $\operatorname{rank}(\boldsymbol{A}-\boldsymbol{I}_3)\neq\operatorname{rank}(\boldsymbol{B}-\boldsymbol{I}_3)$.

(11) 错误. 参考矩阵 $\begin{pmatrix}0&1\\0&0\end{pmatrix}$.

(12) 错误. 除非它们能相似对角化.

(13) 正确. 需要用若尔当标准形的知识来验证.

(14) 正确.

(15) 正确.

例 6.62 试构造方阵 $\boldsymbol{A}$ 和 $\boldsymbol{B}$, 使得 $\boldsymbol{A}$ 与 $\boldsymbol{B}$ 相抵等价, 但不相似等价.

证 具有相同维数的方阵相抵等价的充分必要条件是它们有相同的秩. 相似等价的方阵当然一定具有相等的秩, 但是还进一步要求有相同的特征值. 这一点并不是所有相抵的方阵都满足的. 例如, 矩阵 $\boldsymbol{A}=\mathrm{diag}(1,2)$ 和 $\boldsymbol{B}=\mathrm{diag}(1,1)$ 具有相同的秩, 但是特征值不同, 因此不是相似等价的.

当然, 我们也可以很轻松地构造出具有相同特征值, 但是仍然不相似等价的矩阵. 例如, 矩阵 $\boldsymbol{A}=\begin{pmatrix}3&1\\0&3\end{pmatrix}$ 与矩阵 $\boldsymbol{B}=\mathrm{diag}(3,3)$ 具有相同的特征值, 但是它们并不相似等价.

例 6.63 若数域 F 上的方阵 $\boldsymbol{A}$ 所在的相似等价类仅包含一个元素, 试证明 $\boldsymbol{A}$ 是一个数量矩阵.

证 若矩阵 $\boldsymbol{A}$ 所在的相似等价类里仅包含一个元素, 这个元素必定是 $\boldsymbol{A}$ 本身, 故对任意的可逆方阵 $\boldsymbol{P}$, 有 $\boldsymbol{P}^{-1}\boldsymbol{AP}=\boldsymbol{A}$, 即 $\boldsymbol{AP}=\boldsymbol{PA}$. 这说明 $\boldsymbol{A}$ 与所有的可逆方阵都乘法可交换. 满足这样条件的方阵必然是数量矩阵. 对此, 我们简单描述一下证明思路.

选取 $\boldsymbol{P}$ 为初等矩阵 $\boldsymbol{S}_{i,j}$, 可以看出 $\boldsymbol{A}$ 是对称矩阵, 并且对角线上的元素相等. 进一步, 我们选取 $\boldsymbol{P}$ 为初等矩阵 $\boldsymbol{D}_i(\lambda)$, 其中 $\lambda\neq 0,1$, 我们可以看到 $\boldsymbol{A}$ 非对角线上的元素只能为 0. 故 $\boldsymbol{A}$ 必定为数量阵.

注 数域 F 上的 n 维方阵的全体 $F^{n\times n}$ 构成 F 上的一个 n^2 维向量空间. 由于数域 F 的元素有无限个, 我们可以证明, 这个向量空间可以由所有 n 维可逆方阵生成. 一个方阵 $\boldsymbol{A}$ 若与所有的 n 维可逆矩阵都乘法可交换, 则它实际上与所有的 n 维方阵都乘法可交换. 因此, 前面的讨论就回到第 4 章课后的一道习题了.

例 6.64 (第三届大学生数学竞赛预赛数学类试题) 设 F^n 是数域 F 上的 n 维列空间, $\sigma:F^n\to F^n$ 是一个线性变换. 对 F 上的任何 n 阶方阵 $\boldsymbol{A}$ 及 F^n 中的任意列向量 $\boldsymbol{x}$, 有 $\sigma(\boldsymbol{Ax})=\boldsymbol{A}\sigma(\boldsymbol{x})$. 证明: $\sigma=\lambda\cdot\mathrm{id}_{F^n}$, 其中 λ 是 F 中的某个数, id_{F^n} 表示 F^n 上的恒等变换.

证 设线性变换 σ 在 F^n 的标准基下的矩阵为 $\boldsymbol{B}$, 那么对任意的 $\boldsymbol{x}\in F^n$, 都有 $\sigma(\boldsymbol{x})=\boldsymbol{Bx}$. 于是由条件可知, 对任意的 $\boldsymbol{A}\in F^{n\times n}$, 都有 $\boldsymbol{B}(\boldsymbol{Ax})=\boldsymbol{A}(\boldsymbol{Bx})$, 从而 $(\boldsymbol{AB}-\boldsymbol{BA})\boldsymbol{x}=\boldsymbol{0}$. 由 $\boldsymbol{x}\in F^n$ 的任意性不难推出 $\boldsymbol{AB}-\boldsymbol{BA}=\boldsymbol{O}$. 这说明 $\boldsymbol{B}$ 与任意的同阶方阵都乘法可交换, 特别地, $\boldsymbol{B}$ 与所有的同阶可逆矩阵乘法可交换, 即 $\boldsymbol{B}$ 所在的相似等价类里仅含有一个元素, 从而 $\boldsymbol{B}$ 必为数量阵, 即形如 $\lambda\boldsymbol{I}_n$, 其中 $\lambda\in F$. 而这对应于 $\sigma=\lambda\cdot\mathrm{id}_{F^n}$.

例 6.65 设 $\mathscr{A}:F^n\to F^n$ 为线性变换 $\mathscr{A}(\boldsymbol{x})=\boldsymbol{Ax}$, 其中 $\boldsymbol{x}\in F^n$, $\boldsymbol{A}=(a_{ij})$ 为一个给定的 n 阶方阵. 若 $\mathscr{A}$ 在 F^n 的任何一组基下的矩阵皆为 $\boldsymbol{A}$, 试证明: $\boldsymbol{A}$ 是一个数量矩阵.

证 方阵 $\boldsymbol{A}$ 是线性变换 $\mathscr{A}$ 在 F^n 标准基 $\boldsymbol{\varepsilon}_1,\cdots,\boldsymbol{\varepsilon}_n$ 下的矩阵. 任取 F 上的一个可逆矩阵 $\boldsymbol{P}$, 通过 $(\boldsymbol{\xi}_1,\cdots,\boldsymbol{\xi}_n)=(\boldsymbol{\varepsilon}_1,\cdots,\boldsymbol{\varepsilon}_n)\boldsymbol{P}$ 所确定的向量组 $\boldsymbol{\xi}_1,\cdots,\boldsymbol{\xi}_n$ 仍然是 F^n 的一组基. 由条件知 $\mathscr{A}$ 在这组基下的矩阵仍然为 $\boldsymbol{A}$, 即 $\boldsymbol{A}=\boldsymbol{P}^{-1}\boldsymbol{AP}$. 由 $\boldsymbol{P}$ 的任意性可知, $\boldsymbol{A}$ 所在的相似等价类里仅有一个元素, 故 $\boldsymbol{A}$ 为数量阵.

例 6.66　若 $\boldsymbol{A}$ 为 n 阶方阵, 任意非零列向量 $\boldsymbol{x} \in F^n$ 都是 $\boldsymbol{A}$ 的特征向量, 证明: $\boldsymbol{A}$ 为数量矩阵.

证　由条件可知, 对任意的非零向量 $\boldsymbol{x} \in F^n$, 都存在 $\lambda(\boldsymbol{x}) \in F$ 使得 $\boldsymbol{A}\boldsymbol{x} = \lambda(\boldsymbol{x})\boldsymbol{x}$. 若存在两个不同的非零向量 $\boldsymbol{x}$ 和 $\boldsymbol{y}$ 使得 $\lambda(\boldsymbol{x}) \neq \lambda(\boldsymbol{y})$, 则我们不难推出 $\boldsymbol{x}+\boldsymbol{y}$ 仍然是非零向量, 但不是 $\boldsymbol{A}$ 的特征向量 (参见教材习题 6 的第 14 题). 这是一个矛盾. 故存在 $\lambda \in F$ 使得对任意的非零向量 $\boldsymbol{x}$ 都有 $\lambda = \lambda(\boldsymbol{x})$. 这说明, 对任意的非零向量 $\boldsymbol{x}$ 都有 $\boldsymbol{A}\boldsymbol{x} = \lambda\boldsymbol{x}$, 由此不难推出 $\boldsymbol{A} = \lambda\boldsymbol{I}_n$.

例 6.67　当 a,b,c 取何值时, 方阵

$$\begin{pmatrix} 0 & a & & \\ & 0 & b & \\ & & 0 & c \\ & & & 0 \end{pmatrix}$$

可以相似对角化?

解　由于方阵的特征值为 4 重的 0, 矩阵关于 0 的几何重数必为 4, 即 $\boldsymbol{A}\boldsymbol{x} = \boldsymbol{0}$ 的解空间的维数为 4, 而这等价于 $\operatorname{rank}(\boldsymbol{A}) = 0$, 即 $\boldsymbol{A} = \boldsymbol{O}$. 故 $a = b = c = 0$.

例 6.68　设 2 阶非零复矩阵 $\boldsymbol{A}$ 满足 $\boldsymbol{A}^2 = \boldsymbol{O}$. 证明: $\boldsymbol{A}$ 相似于 $\begin{pmatrix} 0 & 1 \\ 0 & 0 \end{pmatrix}$.

证　由于 $\boldsymbol{A}^2 = \boldsymbol{O}$, 若 λ 为 $\boldsymbol{A}$ 的特征值, 则 $\lambda^2 = 0$, 即 $\lambda = 0$. 若 m 是特征值 0 的几何重数, 则 $1 \leqslant m \leqslant 2$. 若 $m = 2$, 则 $\boldsymbol{A}$ 相似于 $\operatorname{diag}(0,0)$, 从而 $\boldsymbol{A}$ 为零矩阵, 这与题设相矛盾. 故 $m = 1$. $\boldsymbol{A}$ 可以相似上三角化, 即存在上三角矩阵 $\boldsymbol{R} = \begin{pmatrix} 0 & r \\ 0 & 0 \end{pmatrix}$ 与 $\boldsymbol{A}$ 相似. 由于 $\operatorname{rank}(\boldsymbol{R}) = \operatorname{rank}(\boldsymbol{A}) = 1$, $r \neq 0$. 接下来, 只需证明存在可逆矩阵 $\boldsymbol{P}$, 使得 $\boldsymbol{P}^{-1}\boldsymbol{R}\boldsymbol{P} = \begin{pmatrix} 0 & 1 \\ 0 & 0 \end{pmatrix}$. 为此, 我们只需要选取 $\boldsymbol{P} = \operatorname{diag}\left(1, \dfrac{1}{r}\right)$ 即可. $\Big($由条件, 存在一组基 $\boldsymbol{x}_1, \boldsymbol{x}_2$, 使得 $\boldsymbol{A}(\boldsymbol{x}_1, \boldsymbol{x}_2) = (\boldsymbol{x}_1, \boldsymbol{x}_2)\begin{pmatrix} 0 & r \\ 0 & 0 \end{pmatrix}$, 即 $\boldsymbol{A}\boldsymbol{x}_1 = \boldsymbol{0}$, $\boldsymbol{A}\boldsymbol{x}_2 = r\boldsymbol{x}_1$. 而我们希望找到一组新的基 $\boldsymbol{y}_1, \boldsymbol{y}_2$, 使得 $\boldsymbol{A}(\boldsymbol{y}_1, \boldsymbol{y}_2) = (\boldsymbol{y}_1, \boldsymbol{y}_2)\begin{pmatrix} 0 & 1 \\ 0 & 0 \end{pmatrix}$, 即 $\boldsymbol{A}\boldsymbol{y}_1 = \boldsymbol{0}$, $\boldsymbol{A}\boldsymbol{y}_2 = \boldsymbol{y}_1$. 不难看出, 我们可以选取 $\boldsymbol{y}_1 = \boldsymbol{x}_1$, 而 $\boldsymbol{y}_2 = \dfrac{1}{r}\boldsymbol{x}_2$. 此时, 我们选取的 $\boldsymbol{P}$ 恰好是 $\boldsymbol{x}_1, \boldsymbol{x}_2$ 到 $\boldsymbol{y}_1, \boldsymbol{y}_2$ 的过渡矩阵.$\Big)$

例 6.69　(考研题, 2013) 给出实矩阵 $\begin{pmatrix} 1 & a & 1 \\ a & b & a \\ 1 & a & 1 \end{pmatrix}$ 与 $\begin{pmatrix} 2 & 0 & 0 \\ 0 & b & 0 \\ 0 & 0 & 0 \end{pmatrix}$ 相似的一个充要条件.

解 由于矩阵 $\boldsymbol{A}=\begin{pmatrix}1 & a & 1\\ a & b & a\\ 1 & a & 1\end{pmatrix}$ 是实对称阵, 它一定可以相似对角化. 故 $\boldsymbol{A}$ 与对角阵 $\boldsymbol{B}=\begin{pmatrix}2 & 0 & 0\\ 0 & b & 0\\ 0 & 0 & 0\end{pmatrix}$ 相似的充要条件是 $\boldsymbol{A}$ 具有 $\boldsymbol{B}$ 的特征值: $2,b,0$. 通过计算, 我们看到 $\boldsymbol{A}$ 的特征多项式为 $p_{\boldsymbol{A}}(\lambda)=|\lambda\boldsymbol{I}_3-\boldsymbol{A}|=\lambda((\lambda-b)(\lambda-2)-2a^2)$. 从而 "$a=0$, b 可以选取任意实数" 为所求的充要条件.

例 6.70 (南开大学, 2004) 设 V 是数域 F 上的 3 维线性空间, 线性变换 $f:V\to V$ 在 V 的基 $\boldsymbol{e}_1,\boldsymbol{e}_2,\boldsymbol{e}_3$ 下的矩阵为

$$\begin{pmatrix}2 & -1 & 2\\ 5 & -3 & 3\\ -1 & 0 & -2\end{pmatrix}.$$

(1) 求线性变换 f 在 V 的基 $\boldsymbol{e}_1,\boldsymbol{e}_1+\boldsymbol{e}_2,\boldsymbol{e}_1+\boldsymbol{e}_3$ 下的矩阵.

(2) 求线性变换 f 的特征值和特征向量.

(3) 线性变换 f 可否在 V 的某组基下的矩阵为对角阵? 为什么?

答案 (1) $\begin{pmatrix}-2 & 0 & -1\\ 5 & 2 & 8\\ -1 & -1 & -3\end{pmatrix}$.

(2) 对于 3 重特征根 $\lambda=-1$, 特征向量为 $k(\boldsymbol{e}_1+\boldsymbol{e}_2+\boldsymbol{e}_3)$, 其中 $0\neq k\in F$.

(3) 不能. 特征子空间的维数为 1, 小于全空间的维数.

例 6.71 (南开大学, 2003) 设 V 是数域 F 上的 3 维线性空间, 线性变换 $f:V\to V$ 在 V 的基 $\boldsymbol{e}_1,\boldsymbol{e}_2,\boldsymbol{e}_3$ 下的矩阵为

$$\boldsymbol{A}=\begin{pmatrix}4 & 6 & -15\\ 1 & 3 & -5\\ 1 & 2 & -4\end{pmatrix}.$$

问 f 能否在 V 的某组基下的矩阵为

$$\boldsymbol{B}=\begin{pmatrix}1 & -3 & 3\\ -2 & -6 & 13\\ -1 & -4 & 8\end{pmatrix}?$$

为什么?

答案 不能. $\boldsymbol{A}$ 关于特征值 $\lambda=1$ 的特征子空间的维数为 2, 而 $\boldsymbol{B}$ 的相应的特征子空间的维数为 1.

例 6.72 填空题.

(1) 若矩阵 $\begin{pmatrix}2&0&0\\0&0&1\\0&1&x\end{pmatrix}$ 和矩阵 $\begin{pmatrix}2&0&0\\0&y&0\\0&0&-1\end{pmatrix}$ 相似, 则参数 $x=$________, $y=$________.

(2) 设 $\boldsymbol{A}$ 是 4 阶实对称阵, 且 $\boldsymbol{A}^2+\boldsymbol{A}=\boldsymbol{O}$. 若 $\boldsymbol{A}$ 的秩为 3, 则 $\boldsymbol{A}$ 相似于对角阵________.

(3) 设矩阵 $\begin{pmatrix}2&2&0\\8&2&a\\0&0&6\end{pmatrix}$ 相似于对角阵, 则常数 $a=$________.

(4) 设矩阵 $\begin{pmatrix}3&2&-2\\-k&-1&k\\4&3&-3\end{pmatrix}$ 不能相似于对角阵, 则常数 $k=$________.

答案 (1) 0, 1. (2) $\text{diag}(-1,-1,-1,0)$. (答案不唯一, 只要对角线上的元素为 3 个 -1 和 1 个 0 即可.) (3) 0. (4) 0 或 4.

例 6.73 判断下列矩阵是否可以相似对角化.

(1) $\begin{pmatrix}-3&-7&-6\\1&5&6\\-1&-1&-2\end{pmatrix}$; (2) $\begin{pmatrix}-3&2&3\\-1&1&1\\-4&1&4\end{pmatrix}$;

(3) $\begin{pmatrix}4&3&-4\\-1&0&2\\1&1&0\end{pmatrix}$; (4) $\begin{pmatrix}2&1&1\\1&2&1\\1&1&2\end{pmatrix}$.

答案 (1) 不可以. (2) 作为复矩阵可以. (3) 不可以. (4) 可以.

例 6.74 对下列矩阵按相似等价关系分类:

$$\boldsymbol{A}_1=\begin{pmatrix}1&1&1\\2&2&2\\0&0&0\end{pmatrix},\quad \boldsymbol{A}_2=\begin{pmatrix}1&0&0\\2&0&0\\0&0&0\end{pmatrix},\quad \boldsymbol{A}_3=\begin{pmatrix}3&2&1\\0&0&0\\0&0&0\end{pmatrix},\quad \boldsymbol{A}_4=\begin{pmatrix}3&2&0\\0&0&1\\0&0&0\end{pmatrix}.$$

解 容易看出:

(1) $\text{rank}(\boldsymbol{A}_1)=\text{rank}(\boldsymbol{A}_2)=\text{rank}(\boldsymbol{A}_3)=1<\text{rank}(\boldsymbol{A}_4)=2$;

(2) 1 是 $\boldsymbol{A}_2$ 的特征值, 不是 $\boldsymbol{A}_1$ 和 $\boldsymbol{A}_3$ 的特征值;

(3) 3 和 0(2 重) 是 $\boldsymbol{A}_1$ 和 $\boldsymbol{A}_3$ 的特征值, 且相应于 0 的特征子空间的维数都是 2 维.

故这些矩阵依照相似等价关系可以分为三类: $\boldsymbol{A}_1\sim\boldsymbol{A}_3$; $\boldsymbol{A}_2$; $\boldsymbol{A}_4$.

例 6.75 若 2 阶实方阵 $\boldsymbol{A}$ 满足 $|\boldsymbol{A}|=1$, 且 $\text{tr}(\boldsymbol{A})>3$, 证明: $\boldsymbol{A}$ 可以对角化.

提示 通过判别式证明 $\boldsymbol{A}$ 有两个互异的特征值.

例 6.76 设 $\boldsymbol{A}$ 为 3 阶复方阵, $\boldsymbol{A}-\boldsymbol{I}_3, \boldsymbol{A}+2\boldsymbol{I}_3, 5\boldsymbol{A}-3\boldsymbol{I}_3$ 都不是可逆矩阵. 证明: $\boldsymbol{A}$ 可以相似对角化.

提示 $1,-2,3/5$ 是 $\boldsymbol{A}$ 的特征值.

例 6.77 已知 $\boldsymbol{\xi}=\begin{pmatrix}1\\1\\-1\end{pmatrix}$ 是矩阵 $\boldsymbol{A}=\begin{pmatrix}2&-1&2\\5&a&3\\-1&b&-2\end{pmatrix}$ 的一个特征向量.

(1) 试确定参数 a,b;

(2) 判断 $\boldsymbol{A}$ 能否相似对角化.

提示 (1) 若 $\boldsymbol{A\xi}=\lambda\boldsymbol{\xi}$, 解相应的线性方程组, 得 $\lambda=-1$, $a=-3$, $b=0$.

(2) 容易解出 $\lambda=-1$ 是此时矩阵 $\boldsymbol{A}$ 的 3 重特征值, 但是矩阵 $\boldsymbol{A}$ 不是数量矩阵, 无法对角化.

例 6.78* (北京大学, 1991) 设 V 是数域 F 上全体 2 阶矩阵所构成的线性空间. 取定一个矩阵 $\boldsymbol{A}\in V$, 定义 V 上的变换 $\mathscr{A}$ 如下:

$$\mathscr{A}(\boldsymbol{x})=\boldsymbol{Ax}\quad(\boldsymbol{x}\in V).$$

(1) 求线性变换 $\mathscr{A}$ 在基

$$\begin{pmatrix}1&0\\0&0\end{pmatrix},\quad\begin{pmatrix}0&1\\0&0\end{pmatrix},\quad\begin{pmatrix}0&0\\1&0\end{pmatrix},\quad\begin{pmatrix}0&0\\0&1\end{pmatrix}$$

下的矩阵.

(2) 试证明: 可以找到 V 的一组基使得 $\mathscr{A}$ 在这组基下的矩阵为对角阵的充要条件是 $\boldsymbol{A}$ 可以对角化.

解 (1) 设题中给出的基中的 4 个矩阵依次为 $\boldsymbol{e}_1,\cdots,\boldsymbol{e}_4$, 而 $\boldsymbol{A}=\begin{pmatrix}a&b\\c&d\end{pmatrix}$. 由此依定义, 不难求得 $\mathscr{A}$ 在这组基下的矩阵为 $\boldsymbol{B}=\begin{pmatrix}a&0&b&0\\0&a&0&b\\c&0&d&0\\0&c&0&d\end{pmatrix}$.

(2) 先考虑 $\boldsymbol{A}$ 可以相似对角化的情形. 此时, 存在可逆矩阵 $\boldsymbol{P}$ 使得 $\boldsymbol{P}^{-1}\boldsymbol{AP}=\mathrm{diag}(\lambda_1,\lambda_2)$. 可以验证, $\boldsymbol{Pe}_1,\cdots,\boldsymbol{Pe}_4$ 仍然线性无关, 从而仍为 V 的一组基, 且 $\mathscr{A}$ 在这组基下的矩阵为 $\mathrm{diag}(\lambda_1,\lambda_1,\lambda_2,\lambda_2)$, 是对角阵. 再考虑 $\boldsymbol{A}$ 不可以相似对角化的情形. 此时, 存在可逆矩阵 $\boldsymbol{P}$, 使得 $\boldsymbol{P}^{-1}\boldsymbol{AP}=\begin{pmatrix}\lambda&\mu\\0&\lambda\end{pmatrix}$, 其中 $\lambda,\mu\in F$, 并且 $\mu\neq0$. 类似地, 可以验证, $\mathscr{A}$ 在基 $\boldsymbol{Pe}_1,\cdots,\boldsymbol{Pe}_4$ 下的矩阵为 $\boldsymbol{C}\begin{pmatrix}\lambda&0&\mu&0\\0&\lambda&0&\mu\\0&0&\lambda&0\\0&0&0&\lambda\end{pmatrix}$. 显然, λ 是 $\boldsymbol{C}$ 的 4 重特征值, 但是 $\mathrm{rank}(\boldsymbol{C}-\lambda\boldsymbol{I}_4)=2$, 故 $\boldsymbol{C}$ 关于 λ 的几何重数是 2. 这说明 $\boldsymbol{C}$ 不可相似对角化. 从而, 不存在 V 的一组基使得 $\mathscr{A}$ 在相应基下的矩阵为对角阵.

例 6.79*　对于 n 阶矩阵

$$\boldsymbol{A}=\begin{pmatrix} & & 1\\ & \cdot^{\cdot^{\cdot}} & \\ 1 & & \end{pmatrix},$$

试求可逆方阵 $\boldsymbol{P}$, 使得 $\boldsymbol{P}^{-1}\boldsymbol{A}\boldsymbol{P}$ 为对角阵.

解　若 $\boldsymbol{e}_1,\cdots,\boldsymbol{e}_n$ 为 F^n 的标准基, 则 $\boldsymbol{A}\boldsymbol{e}_i=\boldsymbol{e}_{n+1-i}$, 从而 $\boldsymbol{A}(\boldsymbol{e}_i+\boldsymbol{e}_{n+1-i})=\boldsymbol{e}_i+\boldsymbol{e}_{n+1-i}$, 且 $\boldsymbol{A}(-\boldsymbol{e}_i+\boldsymbol{e}_{n+1-i})=-(-\boldsymbol{e}_i+\boldsymbol{e}_{n+1-i})$. 受此观察启发, 我们记 $\boldsymbol{H}_k=\begin{pmatrix} & & 1\\ & \cdot^{\cdot^{\cdot}} & \\ 1 & & \end{pmatrix}_{k\times k}$.

若 $n=2k$, 对于 $\boldsymbol{P}=\begin{pmatrix}\boldsymbol{I}_k & -\boldsymbol{H}_k\\ \boldsymbol{H}_k & \boldsymbol{I}_k\end{pmatrix}$, 我们有 $\boldsymbol{P}^{-1}\boldsymbol{A}\boldsymbol{P}=\mathrm{diag}(\boldsymbol{I}_k,-\boldsymbol{I}_k)$. 若 $n=2k+1$, 对于 $\boldsymbol{P}=\begin{pmatrix}\boldsymbol{I}_k & \boldsymbol{0} & -\boldsymbol{H}_k\\ \boldsymbol{0} & \boldsymbol{1} & \boldsymbol{0}\\ \boldsymbol{H}_k & \boldsymbol{0} & \boldsymbol{I}_k\end{pmatrix}$, 我们有 $\boldsymbol{P}^{-1}\boldsymbol{A}\boldsymbol{P}=\mathrm{diag}(\boldsymbol{I}_{k+1},-\boldsymbol{I}_k)$. 在这两种情形里, 利用行列式的性质, 不难验证 $|\boldsymbol{P}|=2^k$, 从而 $\boldsymbol{P}$ 可逆.

例 6.80　(高数三, 2004) 设 n 阶方阵

$$\boldsymbol{A}=\begin{pmatrix}1 & b & \cdots & b\\ b & 1 & \cdots & b\\ \vdots & \vdots & \ddots & \vdots\\ b & b & \cdots & 1\end{pmatrix}.$$

(1) 求 $\boldsymbol{A}$ 的特征值和特征向量;

(2) 求可逆矩阵 $\boldsymbol{P}$, 使得 $\boldsymbol{P}^{-1}\boldsymbol{A}\boldsymbol{P}$ 为对角阵.

答案　(1) 当 $b\neq 0$ 时, 对于 $\lambda_1=1+(n-1)b$, 有特征根 $\boldsymbol{\xi}_1=(1,1,\cdots,1)^{\mathrm{T}}$; 对于特征值 $\lambda_{2,\cdots,n}=1-b$, 有线性无关的特征向量

$$\begin{aligned}&\boldsymbol{\xi}_2=(1,-1,0,\cdots,0)^{\mathrm{T}},\\ &\boldsymbol{\xi}_3=(1,0,-1,\cdots,0)^{\mathrm{T}},\\ &\cdots,\\ &\boldsymbol{\xi}_n=(1,0,\cdots,0,-1)^{\mathrm{T}}.\end{aligned}$$

当 $b=0$ 时, $\boldsymbol{A}=\boldsymbol{I}_n$, 对于特征值 $\lambda_{1,2,\cdots,n}=1$, 任意非零向量皆为其特征向量.

(2) 当 $b\neq 0$ 时, $\boldsymbol{P}$ 可以选取为 $(\boldsymbol{\xi}_1,\boldsymbol{\xi}_2,\cdots,\boldsymbol{\xi}_n)$. 当 $b=0$ 时, $\boldsymbol{P}$ 可以选取为 $\boldsymbol{I}_n$.

例 6.81　对矩阵 $\boldsymbol{A}=\begin{pmatrix}2 & -6 & 1\\ 0 & -1 & 0\\ 3 & -6 & 0\end{pmatrix}$ 和矩阵 $\boldsymbol{B}=\begin{pmatrix}1 & 2 & 1\\ -2 & -3 & 0\\ 0 & 0 & 3\end{pmatrix}$, 是否存在可逆矩阵

$\boldsymbol{P}$, 使得 $\boldsymbol{B}=\boldsymbol{P}^{-1}\boldsymbol{A}\boldsymbol{P}$? 如果存在, 试给出一个满足要求的矩阵 $\boldsymbol{P}$.

解 $\boldsymbol{A}$ 和 $\boldsymbol{B}$ 有特征向量 $\lambda_1=3$ 和 $\lambda_{2,3}=-1$(2 重). $\boldsymbol{A}$ 相应于特征值 $\lambda=-1$ 有线性无关的特征向量 $(-1,0,3)^{\mathrm{T}}$ 和 $(2,1,0)^{\mathrm{T}}$, 故 $\boldsymbol{A}$ 可以相似对角化. 而 $\boldsymbol{B}$ 相应于特征值 $\lambda=-1$ 的特征子空间为 1 维的, 故 $\boldsymbol{B}$ 无法相似对角化. 故不存在题中要求的可逆矩阵 $\boldsymbol{P}$.

例 6.82 设 $\lambda_1,\cdots,\lambda_n$ 是数域 F 中的元素, 而 $(j_1,j_2,\cdots,j_n)$ 是 $(1,2,\cdots,n)$ 的一个排列. 证明: 对角矩阵 $\operatorname{diag}(\lambda_1,\lambda_2,\cdots,\lambda_n)$ 与对角矩阵 $\operatorname{diag}(\lambda_{i_1},\cdots,\lambda_{i_n})$ 相似.

证 (方法 1) 设 $\boldsymbol{\varepsilon}_1,\cdots,\boldsymbol{\varepsilon}_n$ 是 F^n 的标准基, 而 $\mathscr{A}$ 是 F^n 上的线性变换, 满足 $\mathscr{A}(\boldsymbol{\varepsilon}_i)=\lambda_i\boldsymbol{\varepsilon}_i$. 不难看出, $\mathscr{A}$ 在基 $\boldsymbol{\varepsilon}_1,\cdots,\boldsymbol{\varepsilon}_n$ 下的矩阵为 $\operatorname{diag}(\lambda_1,\cdots,\lambda_n)$, 而在基 $\boldsymbol{\varepsilon}_{i_1},\cdots,\boldsymbol{\varepsilon}_{i_n}$ 下的矩阵为 $\operatorname{diag}(\lambda_{i_1},\cdots,\lambda_{i_n})$. 故这两个对角矩阵相似.

(方法 2) 考虑置换矩阵 $\boldsymbol{P}=\boldsymbol{E}_{1i_1}+\boldsymbol{E}_{2i_2}+\cdots+\boldsymbol{E}_{ni_n}$, 直接计算可以验证, 这是正交矩阵, 即满足 $\boldsymbol{P}\boldsymbol{P}^{\mathrm{T}}=\boldsymbol{I}$. 特别地, $\boldsymbol{P}$ 是可逆矩阵. 另外, 可以直接验证 $\boldsymbol{P}\operatorname{diag}(\lambda_1,\cdots,\lambda_n)\boldsymbol{P}^{\mathrm{T}}=\operatorname{diag}(\lambda_{i_1},\cdots,\lambda_{i_n})$.

(方法 3) 这是前面方法 2 的变形: 由于任何一个排列都可以通过交换相邻位置化为顺序排列, 通过化归的方法, 这里我们只需考虑 $n=2$ 且 $(i_1,i_2)=(2,1)$ 的情形. 此时, 令 $\boldsymbol{T}=\begin{pmatrix}0&1\\1&0\end{pmatrix}$. 不难验证, $\boldsymbol{T}$ 可逆, 满足 $\boldsymbol{T}^{-1}=\begin{pmatrix}0&1\\1&0\end{pmatrix}$, 并且有 $\boldsymbol{T}\operatorname{diag}(\lambda_1,\lambda_2)\boldsymbol{T}^{-1}=\operatorname{diag}(\lambda_2,\lambda_1)$.

例 6.83 (高数一, 高数二, 2004) 设矩阵 $\boldsymbol{A}=\begin{pmatrix}1&2&-3\\-1&4&-3\\1&a&5\end{pmatrix}$ 的特征方程有一个 2 重根, 求 a 的值, 并讨论 $\boldsymbol{A}$ 是否可相似对角化.

答案 当 $a=-2$ 时, $\boldsymbol{A}$ 的特征值为 2,2,6, 此时 $\boldsymbol{A}$ 可以相似对角化. 当 $a=-2/3$ 时, $\boldsymbol{A}$ 的特征值为 2,4,4, 此时 $\boldsymbol{A}$ 不可以相似对角化.

例 6.84 若 n 阶方阵 $\boldsymbol{A}$ 的秩为 r, 证明: 存在可逆阵 $\boldsymbol{P}$, 使得 $\boldsymbol{P}^{-1}\boldsymbol{A}\boldsymbol{P}$ 的后 $n-r$ 列为 0.

证 存在可逆矩阵 $\boldsymbol{P}$ 和 $\boldsymbol{Q}$, 使得 $\boldsymbol{Q}\boldsymbol{A}\boldsymbol{P}=\begin{pmatrix}\boldsymbol{I}_r&\boldsymbol{O}\\\boldsymbol{O}&\boldsymbol{O}\end{pmatrix}$. 于是 $\boldsymbol{P}^{-1}\boldsymbol{A}\boldsymbol{P}=\boldsymbol{P}^{-1}\boldsymbol{Q}^{-1}\begin{pmatrix}\boldsymbol{I}_r&\boldsymbol{O}\\\boldsymbol{O}&\boldsymbol{O}\end{pmatrix}$, 故该矩阵的后 $n-r$ 列全为 0.

例 6.85 设 $\boldsymbol{A}$ 和 $\boldsymbol{B}$ 是两个 n 阶方阵.

(1) 若其中至少一个矩阵可逆, 试证明: $\boldsymbol{AB}$ 与 $\boldsymbol{BA}$ 相似;

(2) 试举出一个 2 阶的例子, 使得 $\boldsymbol{A}$ 和 $\boldsymbol{B}$ 皆不可逆, 且 $\boldsymbol{AB}$ 与 $\boldsymbol{BA}$ 不相似.

提示 (1) 不妨设矩阵 $\boldsymbol{A}$ 可逆, 此时 $\boldsymbol{BA}=\boldsymbol{A}^{-1}(\boldsymbol{AB})\boldsymbol{A}$.

(2) 可以考虑 $\begin{pmatrix}1&1\\0&0\end{pmatrix}$ 和 $\begin{pmatrix}0&1\\0&1\end{pmatrix}$.

例 6.86* 设 $\boldsymbol{A}$ 和 $\boldsymbol{B}$ 是两个 n 阶复方阵, 满足 $\boldsymbol{AB}=\boldsymbol{BA}$. 证明: 存在非零列向量 $\boldsymbol{\xi}\in\mathbf{C}^n$ 同时是 $\boldsymbol{A}$ 与 $\boldsymbol{B}$ 的特征向量.

证 任取 $\boldsymbol{A}$ 的一个特征值 λ, 则特征子空间 $V:=V_{\boldsymbol{A}}(\lambda)$ 至少是 1 维的. 对任意的 $\boldsymbol{x}\in V$, $\boldsymbol{A}\boldsymbol{x}=\lambda\boldsymbol{x}$, 从而 $\boldsymbol{A}(\boldsymbol{B}\boldsymbol{x})=\boldsymbol{B}(\boldsymbol{A}\boldsymbol{x})=\lambda(\boldsymbol{B}\boldsymbol{x})$, 即 $\boldsymbol{B}\boldsymbol{x}\in V$. 这说明映射 $\mathscr{B}:V\to V:\boldsymbol{x}\mapsto\boldsymbol{B}\boldsymbol{x}$

是 V 上的一个线性变换. 任取 $\mathscr{B}$ 的一个 (属于特征值 λ' 的) 特征向量 $\boldsymbol{\xi}$. 此时 $\boldsymbol{\xi}\in V$ 满足 $\mathscr{B}(\boldsymbol{\xi})=\lambda'\boldsymbol{x}_i$, 即 $\boldsymbol{B\xi}=\lambda'\boldsymbol{\xi}$. 故 $\boldsymbol{\xi}$ 是 $\boldsymbol{B}$ 的一个特征向量. 由于 $\boldsymbol{\xi}\in V$, 非零向量 $\boldsymbol{\xi}$ 也是 $\boldsymbol{A}$ 的一个特征向量.

例 6.87*　若 n 阶复方阵 $\boldsymbol{A}$ 和 $\boldsymbol{B}$ 满足 $\boldsymbol{AB}=\boldsymbol{BA}$, 证明: $\boldsymbol{A}$ 和 $\boldsymbol{B}$ 可以同时上三角化, 即存在可逆矩阵 $\boldsymbol{P}$, 使得 $\boldsymbol{PAP}^{-1}$ 和 $\boldsymbol{PBP}^{-1}$ 同时为上三角矩阵.

提示　利用上题的结论, 仿照教材中的定理 6.4.3 的证明.

例 6.88*　(上海交通大学) 若 $\boldsymbol{A},\boldsymbol{B}$ 是数域 $\mathbf{C}$ 上的两个 n 阶方阵, 且 $\boldsymbol{AB}=\boldsymbol{BA}$, 又存在一正整数 s, 使得 $\boldsymbol{A}^s=\boldsymbol{O}$. 求证: $|\boldsymbol{A}+\boldsymbol{B}|=|\boldsymbol{B}|$.

证　利用例 6.87* 的结论, 可知存在可逆矩阵 $\boldsymbol{P}$, 使得 $\boldsymbol{PAP}^{-1}=\begin{pmatrix}\lambda_1 & & *\\ & \ddots & \\ 0 & & \lambda_n\end{pmatrix}$ 和 $\boldsymbol{PBP}^{-1}=\begin{pmatrix}\mu_1 & & *\\ & \ddots & \\ 0 & & \mu_n\end{pmatrix}$. 又由于 $\boldsymbol{A}^s=\boldsymbol{O}$, $\boldsymbol{A}$ 的特征值全为 0, 从而 $\boldsymbol{PAP}^{-1}=\begin{pmatrix}0 & & *\\ & \ddots & \\ 0 & & 0\end{pmatrix}$. 由此可知 $\boldsymbol{P}^{-1}(\boldsymbol{A}+\boldsymbol{B})\boldsymbol{P}=\begin{pmatrix}\mu_1 & & *\\ & \ddots & \\ 0 & & \mu_n\end{pmatrix}$. 这说明 $|\boldsymbol{A}+\boldsymbol{B}|=\mu_1\cdots\mu_n=|\boldsymbol{B}|$.

例 6.89　(湖北大学, 2001) 证明:

(1) 方阵 $\boldsymbol{A}$ 的特征值皆为 0 的充要条件是存在自然数 m, 使得 $\boldsymbol{A}^m=\boldsymbol{O}$;

(2) 若 $\boldsymbol{A}^m=\boldsymbol{O}$, 则 $|\boldsymbol{A}+\boldsymbol{I}|=1$.

证　(1) 存在可逆矩阵 $\boldsymbol{P}$, 使得 $\boldsymbol{PAP}^{-1}=\begin{pmatrix}\lambda_1 & & *\\ & \ddots & \\ 0 & & \lambda_n\end{pmatrix}$. 若 $\boldsymbol{A}$ 的特征值全为 0, 则 $\boldsymbol{PAP}^{-1}=\begin{pmatrix}0 & & *\\ & \ddots & \\ 0 & & 0\end{pmatrix}$. 不难验证对于 $k=1,2,\cdots,n$, $(\boldsymbol{PAP}^{-1})^k$ 仍然为上三角矩阵, 且从主对角线开始右上的前 k 条对角线上的元素也全为 0. 特别地, $(\boldsymbol{PAP}^{-1})^n=\boldsymbol{O}$, 即 $\boldsymbol{A}^n=\boldsymbol{O}$. 反之, 若存在自然数 m 使得 $\boldsymbol{A}^m=\boldsymbol{O}$, 而 λ 是 $\boldsymbol{A}$ 的特征值, 则 $\lambda^s=0$, 即 $\lambda=0$.

(2) 因为 $\boldsymbol{IA}=\boldsymbol{AI}$, 这里可以利用例 6.88 的结论. 当然, 也可以直接证明: 此时,
$\boldsymbol{PAP}^{-1}=\begin{pmatrix}0 & & *\\ & \ddots & \\ 0 & & 0\end{pmatrix}$, 从而 $\boldsymbol{P}(\boldsymbol{A}+\boldsymbol{I})\boldsymbol{P}^{-1}=\begin{pmatrix}1 & & *\\ & \ddots & \\ 0 & & 1\end{pmatrix}$, 故 $|\boldsymbol{A}+\boldsymbol{I}|=1^n=1$.

例 6.90　设 $\boldsymbol{A}$ 和 $\boldsymbol{B}$ 分别为 t 和 s 阶方阵, 则准对角方阵 $\begin{pmatrix}\boldsymbol{A} & \\ & \boldsymbol{B}\end{pmatrix}$ 可以相似对角化的充要条件是 $\boldsymbol{A}$ 和 $\boldsymbol{B}$ 都可以相似对角化.

提示 考虑特征值的代数重数与几何重数. 设 λ 是准对角阵的特征值, $n_{\boldsymbol{A},\boldsymbol{B}}$, $n_{\boldsymbol{A}}$ 和 $n_{\boldsymbol{B}}$ 是 λ 相应的代数重数, 而 $m_{\boldsymbol{A},\boldsymbol{B}}$, $m_{\boldsymbol{A}}$ 和 $m_{\boldsymbol{B}}$ 是 λ 相应的几何重数.

对于代数重数, 很显然有 $n_{\boldsymbol{A},\boldsymbol{B}}=n_{\boldsymbol{A}}+n_{\boldsymbol{B}}$. 对于几何重数, 我们也有类似的等式:

$$\begin{aligned}m_{\boldsymbol{A},\boldsymbol{B}} &=t+s-\operatorname{rank}\begin{pmatrix}\lambda\boldsymbol{I}_t-\boldsymbol{A} & \\ & \lambda\boldsymbol{I}_s-\boldsymbol{B}\end{pmatrix}\\ &=(t-\operatorname{rank}(\lambda\boldsymbol{I}_t-\boldsymbol{A}))+(s-\operatorname{rank}(\lambda\boldsymbol{I}_s-\boldsymbol{B}))\\ &=m_{\boldsymbol{A}}+m_{\boldsymbol{B}}.\end{aligned}$$

例 6.91 设 $\boldsymbol{A},\boldsymbol{B}$ 为可相似对角化的 n 阶方阵, 且 $\boldsymbol{AB}=\boldsymbol{BA}$. 证明:

(1) $\boldsymbol{A}$ 与 $\boldsymbol{B}$ 可以同时相似对角化, 即存在可逆方阵 $\boldsymbol{P}$, 使得 $\boldsymbol{P}^{-1}\boldsymbol{AP}$ 和 $\boldsymbol{P}^{-1}\boldsymbol{BP}$ 同时为对角阵;

(2) $\boldsymbol{AB}$ 可以相似对角化.

提示 由于 $\boldsymbol{A}$ 可以相似对角化, 存在可逆方阵 $\boldsymbol{P}_1$, 使得 $\boldsymbol{P}_1^{-1}\boldsymbol{AP}_1=\operatorname{diag}(\lambda_1\boldsymbol{I}_{n_1},\cdots,\lambda_s\boldsymbol{I}_{n_s})$ 为对角阵, 其中 $\lambda_1,\cdots,\lambda_s$ 为 $\boldsymbol{A}$ 的不同特征值. 若令 $\widetilde{\boldsymbol{B}}=\boldsymbol{P}_1^{-1}\boldsymbol{BP}_1$, 则由 $\boldsymbol{AB}=\boldsymbol{BA}$, 可以推出 $\widetilde{\boldsymbol{B}}=\operatorname{diag}(\boldsymbol{B}_1,\cdots,\boldsymbol{B}_s)$ 为准对角阵, 其中 $\boldsymbol{B}_i$ 为 n_i 阶方阵. 而 $\boldsymbol{B}$ 可以相似对角化, 当且仅当 $\widetilde{\boldsymbol{B}}$ 可以相似对角化, 当且仅当所有的 $\boldsymbol{B}_i$ 可以相似对角化.

例 6.92* 设 $\boldsymbol{A}$ 和 $\boldsymbol{B}$ 均为 n 阶实方阵. 证明: 若 $\boldsymbol{A}$ 复相似于 $\boldsymbol{B}$, 则 $\boldsymbol{A}$ 实相似于 $\boldsymbol{B}$.

证 由题意可知, 存在可逆复矩阵 $\boldsymbol{P}$, 使得 $\boldsymbol{PA}=\boldsymbol{BP}$, 记 $\boldsymbol{P}=\boldsymbol{P}_1+\mathrm{i}\boldsymbol{P}_2$, 其中 $\boldsymbol{P}_1,\boldsymbol{P}_2$ 均为 n 阶实矩阵. 此时 $\boldsymbol{P}_1\boldsymbol{A}=\boldsymbol{BP}_1$, $\boldsymbol{P}_2\boldsymbol{A}=\boldsymbol{BP}_2$. 若 $\boldsymbol{P}_1$ 或 $\boldsymbol{P}_2$ 为可逆矩阵, 则证明结束. 若否, 考虑依赖于实参数 t 的矩阵 $\boldsymbol{P}_t=\boldsymbol{P}_1+t\boldsymbol{P}_2$, 它的行列式 $|\boldsymbol{P}_t|$ 是关于 t 的实系数非零多项式, 次数最多为 n. 适当选取实数 t_0 使得 $|\boldsymbol{P}_{t_0}|\neq 0$, 则矩阵 $\boldsymbol{P}_{t_0}$ 是可逆的实矩阵, 满足 $\boldsymbol{P}_{t_0}\boldsymbol{A}=\boldsymbol{BP}_{t_0}$. 由此可以看出, $\boldsymbol{A}$ 可以实相似于 $\boldsymbol{B}$.

例 6.93 设 n 阶方阵 $\boldsymbol{A}$ 是幂等的, 即 $\boldsymbol{A}^2=\boldsymbol{A}$. 证明: $\boldsymbol{A}$ 相似于 $\begin{pmatrix}\boldsymbol{I}_r & \boldsymbol{O}\\ \boldsymbol{O} & \boldsymbol{O}\end{pmatrix}$, 其中 $r=\operatorname{rank}(\boldsymbol{A})$. 特别地, $\operatorname{tr}(\boldsymbol{A})=\operatorname{rank}(\boldsymbol{A})$.

证 首先, 我们证明 $\boldsymbol{A}$ 的特征值只能为 0 和 1. 设 $\boldsymbol{Ax}=\lambda\boldsymbol{x}$, $\boldsymbol{x}$ 为非零向量. 则 $\boldsymbol{A}^2\boldsymbol{x}=\boldsymbol{A}(\boldsymbol{Ax})=\boldsymbol{A}(\lambda\boldsymbol{x})=\lambda\boldsymbol{Ax}=\lambda^2\boldsymbol{x}$. 另一方面, $\boldsymbol{A}^2\boldsymbol{x}=\boldsymbol{Ax}=\lambda\boldsymbol{x}$. 故 $(\lambda^2-\lambda)\boldsymbol{x}=0$. 由于 $\boldsymbol{x}\neq\boldsymbol{0}$, 因此 $\lambda^2=\lambda$, 即 $\lambda=0$ 或 $\lambda=1$.

接下来, 我们证明 $\boldsymbol{A}$ 相似于 $\begin{pmatrix}\boldsymbol{I}_r & \boldsymbol{O}\\ \boldsymbol{O} & \boldsymbol{O}\end{pmatrix}$. 对于特征值 $\lambda_1=0$, 其几何重数为

$$m_1:=\dim\{\boldsymbol{x}\mid(0\cdot\boldsymbol{I}-\boldsymbol{A})\boldsymbol{x}=\boldsymbol{0}\}=n-\operatorname{rank}(\boldsymbol{A}).$$

对于特征值 $\lambda_2=1$, 其几何重数为

$$m_2:=\dim\{\boldsymbol{x}\mid(1\cdot\boldsymbol{I}-\boldsymbol{A})\boldsymbol{x}=\boldsymbol{0}\}=n-\operatorname{rank}(\boldsymbol{I}-\boldsymbol{A}).$$

对于满足 $\boldsymbol{A}^2=\boldsymbol{A}$ 的矩阵, 我们已经推出 $\operatorname{rank}(\boldsymbol{A})+\operatorname{rank}(\boldsymbol{I}-\boldsymbol{A})=n$, 故 $m_1+m_2=n$. 另一方面, $m_1\leqslant n_1$, $m_2\leqslant n_2$, 其中 n_1,n_2 分别为相应于 $\lambda=1$ 和 $\lambda=2$ 的代数重数, 并且

$n_1+n_2=n$. 故有 $m_1=n_1$, $m_2=n_2$, 即 $\boldsymbol{A}$ 的所有特征值的代数重数等于其相应的几何重数. 由教材中的定理 6.4.2, $\boldsymbol{A}$ 可以相似对角化.

该对角阵主对角线上的元素只能为 $\boldsymbol{A}$ 的特征值 0 和 1. 由于矩阵的秩是相似不变量, 对角线上的 1 出现的次数必然为 $\operatorname{rank}(\boldsymbol{A})$. 由教材中的定理 6.4.1 的证明, 我们不妨假定这些 1 出现在对角阵的左上角.

例 6.94 设 $\boldsymbol{A},\boldsymbol{B}$ 是两个 n 阶方阵, 满足 $\boldsymbol{A}^2=\boldsymbol{A}$, $\boldsymbol{B}^2=\boldsymbol{B}$, $\boldsymbol{AB}=\boldsymbol{BA}$. 证明: $\boldsymbol{A}$ 和 $\boldsymbol{B}$ 可以同时相似对角化.

证 由例 6.93 可知, 存在可逆矩阵 $\boldsymbol{P}$, 使得 $\boldsymbol{P}^{-1}\boldsymbol{AP}=\begin{pmatrix}\boldsymbol{I}_r & \boldsymbol{O}\\ \boldsymbol{O} & \boldsymbol{O}\end{pmatrix}$. 令 $\boldsymbol{C}=\boldsymbol{P}^{-1}\boldsymbol{BP}=\begin{pmatrix}\boldsymbol{C}_1 & \boldsymbol{C}_2\\ \boldsymbol{C}_3 & \boldsymbol{C}_4\end{pmatrix}$, 其中 $\boldsymbol{C}_1$ 为 r 阶方阵. 不难验证, $\boldsymbol{C}^2=\boldsymbol{C}$ 且 $\boldsymbol{C}$ 与 $\begin{pmatrix}\boldsymbol{I}_r & \boldsymbol{O}\\ \boldsymbol{O} & \boldsymbol{O}\end{pmatrix}$ 乘法可交换. 由此不难推出 $\boldsymbol{C}=\operatorname{diag}(\boldsymbol{C}_1,\boldsymbol{O})$, 且 $\boldsymbol{C}_1^2=\boldsymbol{C}_1$. 由例 6.93 可知, 存在可逆矩阵 $\boldsymbol{Q}$, 使得 $\boldsymbol{Q}^{-1}\boldsymbol{C}_1\boldsymbol{Q}$ 为 r 阶对角阵. 令 $\boldsymbol{R}=\boldsymbol{P}\operatorname{diag}(\boldsymbol{Q},\boldsymbol{I}_{n-r})$, 不难验证, $\boldsymbol{R}^{-1}\boldsymbol{AR}$ 和 $\boldsymbol{R}^{-1}\boldsymbol{BR}$ 同时为对角阵.

例 6.95 证明: n 阶复方阵 $\boldsymbol{A}$ 满足 $\operatorname{rank}(\boldsymbol{A}+\boldsymbol{I})+\operatorname{rank}(\boldsymbol{A}-\boldsymbol{I})=n$, 当且仅当 $\boldsymbol{A}^2=\boldsymbol{I}$.

证 若 $\boldsymbol{A}^2=\boldsymbol{I}$, 由教材第 6 章的习题 23, 我们知道 $\boldsymbol{A}$ 相似于 $\begin{pmatrix}\boldsymbol{I}_r & \boldsymbol{O}\\ \boldsymbol{O} & -\boldsymbol{I}_{n-r}\end{pmatrix}$, 其中 $0\leqslant r\leqslant n$. 故 $\operatorname{rank}(\boldsymbol{A}+\boldsymbol{I})+\operatorname{rank}(\boldsymbol{A}-\boldsymbol{I})=r+(n-r)=n$.

反过来, 设 $\operatorname{rank}(\boldsymbol{A}+\boldsymbol{I})+\operatorname{rank}(\boldsymbol{A}-\boldsymbol{I})=r+(n-r)=n$. 若 $\operatorname{rank}(\boldsymbol{A}+\boldsymbol{I})<n$, 则 -1 是 $\boldsymbol{A}$ 的特征值. 类似地, 若 $\operatorname{rank}(\boldsymbol{A}-\boldsymbol{I})<n$, 则 1 是 $\boldsymbol{A}$ 的特征值. 从 $\operatorname{rank}(\boldsymbol{A}+\boldsymbol{I})+\operatorname{rank}(\boldsymbol{A}-\boldsymbol{I})=r+(n-r)=n$ 出发, 我们可以得知: ① -1 和 1 的代数重数和几何重数相等; ② -1 的几何重数 $+1$ 的几何重数 $=n$. 从而 $\boldsymbol{A}$ 的特征值仅可能为 -1 和 (或)1, 并且 $\boldsymbol{A}$ 可以对角化. 故 $\boldsymbol{A}$ 相似于某个 $\begin{pmatrix}\boldsymbol{I}_r & \boldsymbol{O}\\ \boldsymbol{O} & -\boldsymbol{I}_{n-r}\end{pmatrix}$, 其中 $0\leqslant r\leqslant n$. 从此容易看出 $\boldsymbol{A}^2=\boldsymbol{I}$.

例 6.96* 设 $f(x)=(x-\lambda_1)\cdots(x-\lambda_s)$ 是复系数多项式, 其中 $\lambda_1,\cdots,\lambda_s$ 是互不相等的复数. 证明: 若 $\boldsymbol{A}$ 为 n 阶复方阵, 满足矩阵多项式 $f(\boldsymbol{A})=\boldsymbol{O}_n$, 则 $\boldsymbol{A}$ 可以相似对角化.

证 利用极小多项式和零化多项式的性质, 我们很容易证明这一结论. 下面我们用一个较为初等的方法, 其中要利用下面的结论 (例 5.36(4)):

$$\text{若}\boldsymbol{A}\in F^{m\times n},\ \boldsymbol{B}\in F^{n\times p},\text{则}\operatorname{rank}(\boldsymbol{AB})\geqslant\operatorname{rank}(\boldsymbol{A})+\operatorname{rank}(\boldsymbol{B})-n.$$

由于 $f(\boldsymbol{A})=(\boldsymbol{A}-\lambda_1\boldsymbol{I}_n)\cdots(\boldsymbol{A}-\lambda_s\boldsymbol{I}_n)=\boldsymbol{O}_n$, 反复利用上面的不等式, 我们有

$$\sum_{i=1}^{s}(n-\operatorname{rank}(\lambda_i\boldsymbol{I}_n-\boldsymbol{A}))\geqslant n-\operatorname{rank}(f(\boldsymbol{A}))=n.$$

由于 $m_i:=n-\operatorname{rank}(\lambda_i\boldsymbol{I}_n-\boldsymbol{A})$ 是矩阵 $\boldsymbol{A}$ 关于 (可能的) 特征值 λ_i 的几何重数, 并且我们总有 m_i 不超过关于 λ_i 的代数重数 n_i, 以及 $\boldsymbol{A}$ 的所有特征值的代数重数之和为 n, 故 $\boldsymbol{A}$ 的特征值是 $\{\lambda_1,\cdots,\lambda_s\}$ 的子集, 并且它们的几何重数等于相应的代数重数, 从而 $\boldsymbol{A}$ 可以相似对角化.

例 6.97 若 $\boldsymbol{A}$ 为 n 阶复方阵, 满足 $\boldsymbol{A}^k=\boldsymbol{I}_n$ $(k\in\mathbf{N})$, 则 $\boldsymbol{A}$ 可以相似对角化.

提示 除了利用例 6.96* 的结论或若尔当标准形的知识，读者还可以试试其他的解法.

例 6.98 设 $\boldsymbol{\alpha}=(a_1,a_2,\cdots,a_n)$, $\boldsymbol{\beta}=(b_1,b_2,\cdots,b_n)$, 满足 $a_1b_1\neq 0$, $\boldsymbol{\alpha}\boldsymbol{\beta}^{\mathrm{T}}=\boldsymbol{0}$. 令 $\boldsymbol{A}=\boldsymbol{\alpha}^{\mathrm{T}}\boldsymbol{\beta}$, 求 $\boldsymbol{A}$ 的所有特征值和相应的特征向量, 并判断 $\boldsymbol{A}$ 能否相似对角化.

解 若 λ 是 $\boldsymbol{A}$ 的一个特征值, 则 λ^2 是 $\boldsymbol{A}^2$ 的一个特征值. 注意到 $\boldsymbol{A}^2=(\boldsymbol{\alpha}^{\mathrm{T}}\boldsymbol{\beta})(\boldsymbol{\alpha}^{\mathrm{T}}\boldsymbol{\beta})=\boldsymbol{\alpha}^{\mathrm{T}}(\boldsymbol{\beta}\boldsymbol{\alpha}^{\mathrm{T}})\boldsymbol{\beta}=\boldsymbol{\alpha}^{\mathrm{T}}(0)\boldsymbol{\beta}=\boldsymbol{0}$, 仅有零特征值, 故 $\lambda=0$.

若 $\boldsymbol{x}$ 是 $\boldsymbol{A}$ 的一个特征值, 则 $\boldsymbol{\alpha}^{\mathrm{T}}(\boldsymbol{\beta}\boldsymbol{x})=\boldsymbol{0}$. 由于 $\boldsymbol{\beta}\boldsymbol{x}$ 是一个标量, 而 $\boldsymbol{\alpha}$ 是一个非零向量, 故这等价于 $\boldsymbol{\beta}\boldsymbol{x}=\boldsymbol{0}$. 容易看出该齐次方程有基础解系

$$\left\{\boldsymbol{x}_i=(-b_{i+1}/b_1,0,\cdots,0,1,0,\cdots,0)^{\mathrm{T}}|1\leqslant i\leqslant n-1\right\},$$

其中, 1 出现在向量 $\boldsymbol{x}_i$ 的第 $i+1$ 个分量上.

由于特征子空间是 $n-1$ 维的, 矩阵 $\boldsymbol{A}$ 无法相似对角化.

例 6.99* (哈密顿–凯莱定理) 令 $\boldsymbol{A}$ 是复数域上的一个 n 阶方阵, $p_{\boldsymbol{A}}(\lambda)$ 是 $\boldsymbol{A}$ 的特征多项式. 证明: $p_{\boldsymbol{A}}(\boldsymbol{A})=\boldsymbol{O}$.

证 设 $p_{\boldsymbol{A}}(\lambda)=(\lambda-\lambda_1)^{n_1}(\lambda-\lambda_2)^{n_2}\cdots(\lambda-\lambda_s)^{n_s}$, 其中特征值 $\lambda_1,\cdots,\lambda_s$ 互不相等. 方阵 $\boldsymbol{A}$ 可以相似上三角化, 即存在可逆阵 $\boldsymbol{P}$, 使得 $\boldsymbol{P}\boldsymbol{A}\boldsymbol{P}^{-1}=\boldsymbol{J}$ 为上三角阵. 此时

$$\begin{aligned}
p_{\boldsymbol{A}}(\boldsymbol{A})&=(\boldsymbol{A}-\lambda_1\boldsymbol{I})^{n_1}\cdots(\boldsymbol{A}-\lambda_s\boldsymbol{I})^{n_s}\\
&=(\boldsymbol{P}^{-1}\boldsymbol{J}\boldsymbol{P}-\lambda_1\boldsymbol{I})^{n_1}\cdots(\boldsymbol{P}^{-1}\boldsymbol{J}\boldsymbol{P}-\lambda_s\boldsymbol{I})^{n_s}\\
&=\left(\boldsymbol{P}^{-1}(\boldsymbol{J}-\lambda_1\boldsymbol{I})\boldsymbol{P}\right)^{n_1}\cdots\left(\boldsymbol{P}^{-1}(\boldsymbol{J}-\lambda_s\boldsymbol{I})\boldsymbol{P}\right)^{n_s}\\
&=\boldsymbol{P}^{-1}(\boldsymbol{J}-\lambda_1\boldsymbol{I})^{n_1}\cdots(\boldsymbol{J}-\lambda_s\boldsymbol{I})^{n_s}\boldsymbol{P}.
\end{aligned}$$

通过适当选取可逆阵 $\boldsymbol{P}$, 我们可以假定 $\boldsymbol{J}$ 为如下的上三角阵:

$$\boldsymbol{J}=\begin{pmatrix}\boldsymbol{J}_1 & * & * & *\\ & \boldsymbol{J}_2 & * & *\\ & & \ddots & \vdots\\ & & & \boldsymbol{J}_s\end{pmatrix},$$

其中

$$\boldsymbol{J}_i=\begin{pmatrix}\lambda_i & * & * & *\\ & \lambda_i & * & *\\ & & \ddots & \vdots\\ & & & \lambda_i\end{pmatrix}\quad(i=1,2,\cdots,s).$$

此时

$$(\boldsymbol{J}_i-\lambda_i\boldsymbol{I}_{n_i})^{n_i}=\begin{pmatrix}0 & * & * & *\\ & 0 & * & *\\ & & \ddots & *\\ & & & 0\end{pmatrix}^{n_i}.$$

对于 $1 \leqslant k \leqslant n_i$, 若记 $(\boldsymbol{J}_i - \lambda_i \boldsymbol{I}_{n_i})^k = \left(s_{x,y}^{(i,k)}\right)_{1\leqslant x,y\leqslant n_i}$, 我们用归纳法可以验证, 当 $y < x+k$ 时, $s_{x,y}^{(i,k)} = 0$. 特别地, 当 $k = n_i$ 时, 所有的 $s_{x,y}^{(i,n_i)} = 0$, 即 $(\boldsymbol{J}_i - \lambda_i \boldsymbol{I}_{n_i})^{n_i} = \boldsymbol{O}_{n_i}$ 为 n_i 阶零方阵. 故

$$(\boldsymbol{J}-\lambda_i\boldsymbol{I})^{n_i} = \begin{pmatrix} (\boldsymbol{J}_1-\lambda_i\boldsymbol{I}_{n_1})^{n_i} & * & * & * & * & * & * \\ & \ddots & * & * & * & * & * \\ & & (\boldsymbol{J}_{i-1}-\lambda_i\boldsymbol{I}_{n_{i-1}})^{n_i} & * & * & * & * \\ & & & \boldsymbol{O}_{n_i} & * & * & * \\ & & & & (\boldsymbol{J}_{i+1}-\lambda_i\boldsymbol{I}_{n_{i+1}})^{n_i} & * & * \\ & & & & & \ddots & \vdots \\ & & & & & & (\boldsymbol{J}_s-\lambda_i\boldsymbol{I}_{n_s})^{n_i} \end{pmatrix}.$$

通过归纳法, 我们可以直接验证 $(\boldsymbol{J}-\lambda_1\boldsymbol{I})^{n_1}\cdots(\boldsymbol{J}-\lambda_i\boldsymbol{I})^{n_i}$ 是前 $n_1+\cdots+n_i$ 列为 0 的上三角阵. 特别地, $(\boldsymbol{J}-\lambda_1\boldsymbol{I})^{n_1}\cdots(\boldsymbol{J}-\lambda_s\boldsymbol{I})^{n_s} = \boldsymbol{O}$. 从而 $p_{\boldsymbol{A}}(\boldsymbol{A}) = \boldsymbol{O}$.

例 6.100　设 $\boldsymbol{A}$ 是 n 阶可逆方阵. 证明: 存在次数不超过 $n-1$ 的多项式 $f(x)$, 使得 $\boldsymbol{A}^{-1} = f(\boldsymbol{A})$.

提示　利用哈密顿–凯莱定理.

例 6.101*　求 $\boldsymbol{A}^{100}$, 其中

$$\boldsymbol{A} = \begin{pmatrix} 0 & 1 & 1 & 1 \\ 0 & 1 & 1 & 1 \\ 0 & 0 & 1 & 1 \\ 0 & 0 & 0 & 1 \end{pmatrix}.$$

解　$\boldsymbol{A}$ 的特征多项式为 $p_{\boldsymbol{A}}(\lambda) = \lambda(\lambda-1)^3$. 对 λ^{100} 关于 $p_{\boldsymbol{A}}(\lambda)$ 作带余除法:

$$\lambda^{100} = p_{\boldsymbol{A}}(\lambda)f(\lambda) + r(\lambda), \tag{1}$$

其中 $r(\lambda) = a\lambda^3 + b\lambda^2 + c\lambda + d$. 由于 0 是 $\boldsymbol{A}$ 的单特征值, 1 是 $\boldsymbol{A}$ 的 3 重特征值, 我们在方程 (1) 中代入 $\lambda = 0$ 和 $\lambda = 1$, 对式 (1) 两边依次求导和求二次导后代入 $\lambda = 1$, 可以建立如下四个方程:

$$\begin{cases} 0^{100} = p_{\boldsymbol{A}}(0)f(0) + r(0) = r(0) = d \\ 1^{100} = p_{\boldsymbol{A}}(1)f(1) + r(1) = r(1) = a+b+c+d \\ 100\cdot 1^{99} = p'_{\boldsymbol{A}}(1)f(1) + p_{\boldsymbol{A}}(1)f'(1) + r'(1) = r'(1) = 3a+2b+c \\ 100\cdot 99\cdot 1^{98} = p''_{\boldsymbol{A}}(1)f(1) + 2p'_{\boldsymbol{A}}(1)f'(1) + p_{\boldsymbol{A}}(1)f''(1) + r''(1) = r''(1) = 6a+2b \end{cases},$$

容易解得 $a = 4851, b = -9603, c = 4753, d = 0$, 从而 $r(\lambda) = 4851\lambda^3 - 9603\lambda^2 + 4753\lambda$.

再由哈密顿–凯莱定理, 我们知 $p_{\boldsymbol{A}}(\boldsymbol{A}) = \boldsymbol{O}$, 从而

$$\begin{aligned} \boldsymbol{A}^{100} &= p_{\boldsymbol{A}}(\boldsymbol{A})f(\boldsymbol{A}) + r(\boldsymbol{A}) = \boldsymbol{O}f(\boldsymbol{A}) + r(\boldsymbol{A}) = r(\boldsymbol{A}) \\ &= 4851\boldsymbol{A}^3 - 9603\boldsymbol{A}^2 + 4753\boldsymbol{A} \end{aligned}$$

$$=4851\begin{pmatrix}0&1&3&6\\0&1&3&6\\0&0&1&3\\0&0&0&1\end{pmatrix}-9603\begin{pmatrix}0&1&2&3\\0&1&2&3\\0&0&1&2\\0&0&0&1\end{pmatrix}+4753\begin{pmatrix}0&1&1&1\\0&1&1&1\\0&0&1&1\\0&0&0&1\end{pmatrix}$$

$$=\begin{pmatrix}0&1&100&5050\\0&1&100&5050\\0&0&1&100\\0&0&0&1\end{pmatrix}.$$

例 6.102* 设方阵 $\boldsymbol{A}$ 的迹 $\mathrm{tr}(\boldsymbol{A})=0$. 证明: $\boldsymbol{A}$ 相似于一个对角线上的元素全为 0 的方阵.

提示 若 $\boldsymbol{A}$ 的阶 >1, 且 $\boldsymbol{A}$ 不是一个纯量矩阵, 则存在 $\boldsymbol{x}_1$ 不是 $\boldsymbol{A}$ 的特征向量. 此时令 $\boldsymbol{x}_2=\boldsymbol{A}\boldsymbol{x}_1$, 并将列向量 $\boldsymbol{x}_1,\boldsymbol{x}_2$ 扩充为 F^n 的一组基 $\boldsymbol{x}_1,\boldsymbol{x}_2,\cdots,\boldsymbol{x}_n$. 令 $\boldsymbol{P}=(\boldsymbol{x}_1,\cdots,\boldsymbol{x}_n)$, 对 $\boldsymbol{P}$ 分块讨论, 并用归纳法.

例 6.103* 设 $\boldsymbol{A}$ 是一个 n 阶方阵. 证明: 关于方阵 $\boldsymbol{X},\boldsymbol{Y}$ 的矩阵方程 $\boldsymbol{XY}-\boldsymbol{YX}=\boldsymbol{A}$ 有解的充要条件是 $\mathrm{tr}(\boldsymbol{A})=0$.

证 若方阵 $\boldsymbol{X},\boldsymbol{Y}$ 是方程 $\boldsymbol{XY}-\boldsymbol{YX}=\boldsymbol{A}$ 的解, 则

$$\mathrm{tr}(\boldsymbol{A})=\mathrm{tr}(\boldsymbol{XY}-\boldsymbol{YX})=\mathrm{tr}(\boldsymbol{XY})-\mathrm{tr}(\boldsymbol{YX})=0.$$

反过来, 若 $\mathrm{tr}(\boldsymbol{A})=0$, 由例 6.102 的结论, 知存在方阵 $\boldsymbol{B}=(b_{ij})$ 和 $\boldsymbol{P}$, 使得 $\boldsymbol{P}^{-1}\boldsymbol{AP}=\boldsymbol{B}$, 而 $\boldsymbol{B}$ 的对角线上的元素全为 0. 若 $\widetilde{\boldsymbol{X}}=\mathrm{diag}(x_1,\cdots,x_n)$, 其中对角线上的元素互不相等, 则关于方阵 $\widetilde{\boldsymbol{Y}}=(y_{ij})$ 的矩阵方程 $\widetilde{\boldsymbol{X}}\widetilde{\boldsymbol{Y}}-\widetilde{\boldsymbol{Y}}\widetilde{\boldsymbol{X}}=\boldsymbol{B}$, 即 $(x_i-x_j)y_{ij}=b_{ij}\,(1\leqslant i,j\leqslant n)$, 明显有解. 此时令 $\boldsymbol{X}=\boldsymbol{P}\widetilde{\boldsymbol{X}}\boldsymbol{P}^{-1}$ 和 $\boldsymbol{Y}=\boldsymbol{P}\widetilde{\boldsymbol{Y}}\boldsymbol{P}^{-1}$ 即可.

习 题 6

1. 判断下面所定义的变换, 哪些是线性的, 哪些不是线性的.

(1) 在 $\mathbf{R}^2$ 中, $\mathscr{A}(a,b)=(a+b,a^2)$;

(2) 在 $\mathbf{R}^3$ 中, $\mathscr{A}(a,b,c)=(a-b,c,a+1)$;

(3) 取定 $\boldsymbol{A},\boldsymbol{B}\in M_n(F)$, 对每个 $\boldsymbol{X}\in M_n(F)$, $\mathscr{A}(\boldsymbol{X})=\boldsymbol{AX}-\boldsymbol{XB}$;

(4) 在线性空间 V 中, $\mathscr{A}(x)=\boldsymbol{\alpha}$, 其中 $\boldsymbol{\alpha}$ 为 V 中的一个固定向量.

2. 求下列线性变换在所指定的基下的矩阵.

(1) $\mathbf{R}^3$ 中的投影变换 $\mathscr{A}(\boldsymbol{\alpha}_1,\boldsymbol{\alpha}_2,\boldsymbol{\alpha}_3)=(\boldsymbol{\alpha}_1,\boldsymbol{\alpha}_2,0)$ 在自然基下;

(2) 在 $F_n[x]$ 中, $\mathscr{A}(P(x))=P'(x)$, 在基 $\boldsymbol{e}_0=1,\boldsymbol{e}_1=x,\cdots,\boldsymbol{e}_{n-1}=\dfrac{x^{n-1}}{(n-1)!}$ 下;

(3) 以 4 个线性无关的函数

$$\boldsymbol{\alpha}_1=\mathrm{e}^{ax}\cos bx,\qquad \boldsymbol{\alpha}_2=\mathrm{e}^{ax}\sin bx,$$

$$\boldsymbol{\alpha}_3 = x\mathrm{e}^{ax}\cos bx, \quad \boldsymbol{\alpha}_4 = x\mathrm{e}^{ax}\sin bx$$

为基的 4 维空间中, 线性变换为微分变换;

(4) 给定 2 阶实方阵 $\boldsymbol{A}$, 求 2 阶实方阵构成的线性空间上的线性变换 $\mathscr{A}(\boldsymbol{X}) = \boldsymbol{AX} - \boldsymbol{XA}$ 在基

$$\boldsymbol{e}_1 = \begin{pmatrix} 1 & 0 \\ 0 & 0 \end{pmatrix}, \quad \boldsymbol{e}_2 = \begin{pmatrix} 0 & 1 \\ 0 & 0 \end{pmatrix}, \quad \boldsymbol{e}_3 = \begin{pmatrix} 0 & 0 \\ 1 & 0 \end{pmatrix}, \quad \boldsymbol{e}_4 = \begin{pmatrix} 0 & 0 \\ 0 & 1 \end{pmatrix}$$

下的矩阵.

3. 在 $\mathbf{R}^3$ 中, 定义线性变换

$$\mathscr{A}(x,y,z) = (x+2y, x-3z, 2y-z).$$

求 $\mathscr{A}$ 在基 $\boldsymbol{e}_1 = (1,0,0), \boldsymbol{e}_2 = (0,1,0), \boldsymbol{e}_3 = (0,0,1)$ 下的矩阵.

4. 设 $\mathbf{R}^3$ 中的线性变换 $\mathscr{A}$ 将

$$\boldsymbol{\alpha}_1 = (0,0,1)^{\mathrm{T}}, \quad \boldsymbol{\alpha}_2 = (0,1,1)^{\mathrm{T}}, \quad \boldsymbol{\alpha}_3 = (1,1,1)^{\mathrm{T}}$$

变换到

$$\boldsymbol{\beta}_1 = (2,3,5)^{\mathrm{T}}, \quad \boldsymbol{\beta}_2 = (1,0,0)^{\mathrm{T}}, \quad \boldsymbol{\beta}_3 = (0,1,-1)^{\mathrm{T}}.$$

求 $\mathscr{A}$ 在自然基和基 $\boldsymbol{\alpha}_1, \boldsymbol{\alpha}_2, \boldsymbol{\alpha}_3$ 下的矩阵.

5. 设 V 为 n 维线性空间, $\mathscr{A}: V \to V$ 为线性变换. 若存在 $\boldsymbol{\alpha} \in V$, 使得 $\mathscr{A}^{n-1}(\boldsymbol{\alpha}) \neq 0$, 但是 $\mathscr{A}^n(\boldsymbol{\alpha}) = 0$, 证明: $\mathscr{A}$ 在某组基下的矩阵为

$$\begin{pmatrix} 0 & 1 & 0 & \cdots & 0 \\ & 0 & 1 & \ddots & \vdots \\ & & \ddots & \ddots & 0 \\ & & & 0 & 1 \\ & & & & 0 \end{pmatrix}.$$

6. 设 $\boldsymbol{\alpha}_1, \boldsymbol{\alpha}_2, \cdots, \boldsymbol{\alpha}_n$ 为线性空间 V 的一组基. 证明: 对于任意 $\boldsymbol{\beta}_1, \boldsymbol{\beta}_2, \cdots, \boldsymbol{\beta}_n \in V$, 存在线性变换 $\mathscr{A}$, 使得 $\mathscr{A}(\boldsymbol{\alpha}_i) = \boldsymbol{\beta}_i \, (i = 1,2,\cdots,n)$.

7. 设线性变换 $\mathscr{A}$ 在基 $\boldsymbol{\alpha}_1 = (1,-1), \boldsymbol{\alpha}_2 = (1,1)$ 下的矩阵为 $\begin{pmatrix} 2 & 3 \\ 0 & 1 \end{pmatrix}$, 求 $\mathscr{A}$ 在基 $\boldsymbol{\beta}_1 = (2,0), \boldsymbol{\beta}_2 = (-1,1)$ 下的矩阵.

8. 设 $\mathscr{A}$ 在基 $\boldsymbol{\alpha}_1, \boldsymbol{\alpha}_2, \boldsymbol{\alpha}_3$ 下的矩阵为

$$\boldsymbol{A} = \begin{pmatrix} 1 & 2 & 3 \\ -1 & 0 & 3 \\ 2 & 1 & 5 \end{pmatrix}.$$

求 $\mathscr{A}$ 在基 $\boldsymbol{\beta}_1, \boldsymbol{\beta}_2, \boldsymbol{\beta}_3$ 下的矩阵:

(1) $\boldsymbol{\beta}_1=\boldsymbol{\alpha}_3, \boldsymbol{\beta}_2=\boldsymbol{\alpha}_1, \boldsymbol{\beta}_3=\boldsymbol{\alpha}_2$;

(2) $\boldsymbol{\beta}_1=\boldsymbol{\alpha}_1, \boldsymbol{\beta}_2=\boldsymbol{\alpha}_2+\boldsymbol{\alpha}_3, \boldsymbol{\beta}_3=\boldsymbol{\alpha}_2-\boldsymbol{\alpha}_3$.

9. 在 $\mathbf{R}^3$ 中, 给定两组基:

$$\boldsymbol{\alpha}_1=(1,0,1), \quad \boldsymbol{\alpha}_2=(2,1,0), \quad \boldsymbol{\alpha}_3=(1,1,1);$$
$$\boldsymbol{\beta}_1=(2,3,1), \quad \boldsymbol{\beta}_2=(7,9,5), \quad \boldsymbol{\beta}_3=(3,4,3).$$

定义线性变换 $\mathscr{A}(\boldsymbol{\alpha}_i)=\boldsymbol{\beta}_i\,(i=1,2,3)$.

(1) 求 $\mathscr{A}$ 在基 $\boldsymbol{\alpha}_1,\boldsymbol{\alpha}_2,\boldsymbol{\alpha}_3$ 下的矩阵;

(2) 求 $\mathscr{A}$ 在基 $\boldsymbol{\beta}_1,\boldsymbol{\beta}_2,\boldsymbol{\beta}_3$ 下的矩阵.

10. 如果 $\boldsymbol{A}$ 与 $\boldsymbol{B}$ 相似, $\boldsymbol{C}$ 与 $\boldsymbol{D}$ 相似, 证明: $\begin{pmatrix}\boldsymbol{A} & \boldsymbol{O}\\ \boldsymbol{O} & \boldsymbol{C}\end{pmatrix}$ 与 $\begin{pmatrix}\boldsymbol{B} & \boldsymbol{O}\\ \boldsymbol{O} & \boldsymbol{D}\end{pmatrix}$ 相似.

11. 设方阵 $\boldsymbol{A}$ 与 $\boldsymbol{B}$ 相似. 证明:

(1) 对每个正整数 k, $\boldsymbol{A}^k$ 相似于 $\boldsymbol{B}^k$;

(2) 对每个多项式 f, $f(\boldsymbol{A})$ 相似于 $f(\boldsymbol{B})$.

12. 设 $\boldsymbol{A}$ 是可逆方阵. 证明:

(1) $\boldsymbol{A}$ 的特征值一定不为 0;

(2) 若 $\lambda(\lambda\neq 0)$ 是 $\boldsymbol{A}$ 的一个特征值, 则 λ^{-1} 是 $\boldsymbol{A}^{-1}$ 的特征值, 且对应的特征向量相同.

13. (1) 若 $\boldsymbol{A}^2=\boldsymbol{I}$, 证明: $\boldsymbol{A}$ 的特征值只能是 ± 1;

(2) 设 n 阶实方阵 $\boldsymbol{A}$ 满足 $\boldsymbol{A}^{\mathrm{T}}=-\boldsymbol{A}$. 证明: $\boldsymbol{A}$ 的特征值为零或纯虚数.

14. 设 λ_1,λ_2 是方阵 $\boldsymbol{A}$ 的两个不同的特征值, $\boldsymbol{x}_1,\boldsymbol{x}_2$ 分别是属于 λ_1,λ_2 的特征向量. 证明: $\boldsymbol{x}_1+\boldsymbol{x}_2$ 不是 $\boldsymbol{A}$ 的特征向量.

15. 求下列矩阵的全部特征值和特征向量.

(1) $\begin{pmatrix}0 & a\\ -a & 0\end{pmatrix}$; (2) $\begin{pmatrix}\cos\theta & -\sin\theta\\ \sin\theta & \cos\theta\end{pmatrix}$ $(\theta\in(0,\pi))$;

(3) $\begin{pmatrix}0 & 0 & 1\\ 0 & 1 & 0\\ 1 & 0 & 0\end{pmatrix}$; (4) $\begin{pmatrix}1 & 1 & 1 & 1\\ 1 & 1 & -1 & -1\\ 1 & -1 & 1 & -1\\ 1 & 1 & -1 & 1\end{pmatrix}$.

16. 设 V 为次数不超过 2 的多项式构成的线性空间, 线性变换 $\mathscr{A}: V\to V$ 满足

$$\mathscr{A}(1)=x^2+x+3, \quad \mathscr{A}(x)=2x+1, \quad \mathscr{A}(x^2)=2x^2+3.$$

求 $\mathscr{A}$ 的特征值和特征向量.

17. 设 n 阶方阵 $\boldsymbol{A}=(a_{ij})$ 的全部特征值为 $\lambda_i\,(i=1,2,\cdots,n)$. 证明:

$$\sum_{i=1}^{n}\lambda_i^2=\sum_{i,j=1}^{n}a_{ij}a_{ji}.$$

18. 判断下列矩阵 $\boldsymbol{A}$ 是否可对角化? 若可以, 试求变换矩阵 $\boldsymbol{T}$, 使得 $\boldsymbol{T}^{-1}\boldsymbol{A}\boldsymbol{T}$ 为对角阵.

(1) $A=\begin{pmatrix}-2&0&0\\3&1&1\\2&2&0\end{pmatrix}$;　　(2) $A=\begin{pmatrix}1&-1&1\\2&4&-2\\-3&-3&5\end{pmatrix}$;

(3) $A=\begin{pmatrix}3&0&1\\4&-2&-8\\-4&0&-1\end{pmatrix}$;　　(4) $A=\begin{pmatrix}2&1&1\\1&2&1\\1&1&2\end{pmatrix}$.

19. 设矩阵 $A=\begin{pmatrix}0&0&1\\x&1&y\\1&0&0\end{pmatrix}$ 有 3 个线性无关的特征向量, 求 x 和 y 应满足的条件.

20. 设矩阵 A 与 B 相似, 其中

$$A=\begin{pmatrix}-2&0&0\\2&x&2\\3&1&1\end{pmatrix},\quad B=\begin{pmatrix}-1&0&0\\0&2&0\\0&0&y\end{pmatrix}.$$

(1) 求 x 和 y 的值;

(2) 求可逆矩阵 T, 使得 $T^{-1}AT=B$.

21. 设 n 阶方阵 $A\neq O$, 满足 $A^m=O$, 其中 $m\geqslant 2$ 为正整数.

(1) 求 A 的特征值;

(2) 证明: A 不能相似于对角阵;

(3) 证明: $|I+A|=1$.

22. 设 A,B 均为 n 阶方阵, A 有 n 个互异的特征值且 $AB=BA$. 证明: B 相似于对角阵.

23. 设 n 阶方阵 A 满足 $A^2=I$. 证明: A 相似于 $\begin{pmatrix}I_r&O\\O&-I_{n-r}\end{pmatrix}$, 其中 $0\leqslant r\leqslant n$.

24. 设 A 为 3 阶实方阵, 若 A 不实相似于上三角阵, 问 A 是否一定复相似于对角阵?

25. 求下列矩阵的若尔当标准形.

(1) $\begin{pmatrix}2&-2&3\\1&1&1\\1&3&-1\end{pmatrix}$;　　(2) $\begin{pmatrix}4&-9&-4\\6&-12&-5\\-7&13&5\end{pmatrix}$;

(3) $\begin{pmatrix}1&2&3&4\\0&1&2&3\\0&0&1&2\\0&0&0&1\end{pmatrix}$;　　(4) $\begin{pmatrix}0&1&0&\cdots&0&0\\0&0&1&\cdots&0&0\\\vdots&\vdots&\vdots&\ddots&\vdots&\vdots\\0&0&0&\cdots&0&1\\1&0&0&\cdots&0&0\end{pmatrix}_{n\times n}$.

26. 设 $\boldsymbol{A}=\begin{pmatrix} 2 & -2 & 3 \\ 10 & -4 & 5 \\ 5 & -4 & 6 \end{pmatrix}$, 求方阵 $\boldsymbol{T}$, 使得 $\boldsymbol{T}^{-1}\boldsymbol{A}\boldsymbol{T}$ 为若尔当标准形.

27. 设方阵 $\boldsymbol{A}$ 满足 $\boldsymbol{A}^2=\boldsymbol{A}$. 证明: $\mathrm{tr}(\boldsymbol{A})=\mathrm{rank}(\boldsymbol{A})$.

28. 设 $x=x(t), y=y(t), z=z(t)$, 求解常微分方程组

$$\begin{cases} \dfrac{\mathrm{d}x}{\mathrm{d}t}=2x-2y+3z, \\ \dfrac{\mathrm{d}y}{\mathrm{d}t}=10x-4y+5z, \\ \dfrac{\mathrm{d}z}{\mathrm{d}t}=5x-4y+6z. \end{cases}$$

第 7 章 欧几里得空间

7.1 欧几里得空间的基本性质

内 容 提 要

1. 基本概念

(1) 内积与欧几里得空间

欧几里得 (Euclid) **空间** (简称**欧氏空间**) 就是定义了**内积**的实数域 $\mathbf{R}$ 上的线性空间 $V=V(\mathbf{R})$, 记为 $\mathbf{E}(\mathbf{R})$. 其**内积**是 V 中的两个向量的一种乘积 ($\boldsymbol{a}$ 和 $\boldsymbol{b}$ 的内积记为 $(\boldsymbol{a},\boldsymbol{b})$), 它是一个实数, 且满足:

① **对称性**. 对任意两个向量 $\boldsymbol{a},\boldsymbol{b}\in V$, 有

$$(\boldsymbol{a},\boldsymbol{b})=(\boldsymbol{b},\boldsymbol{a}).\tag{1}$$

② **线性性**. 对任意一个实数 λ 和任意三个向量 $\boldsymbol{a},\boldsymbol{b},\boldsymbol{c}\in V$, 有

$$(\boldsymbol{a},\boldsymbol{b}+\boldsymbol{c})=(\boldsymbol{a},\boldsymbol{b})+(\boldsymbol{a},\boldsymbol{c}),\quad (\boldsymbol{a},\lambda\boldsymbol{b})=\lambda(\boldsymbol{a},\boldsymbol{b}).\tag{2}$$

③ **正定性**. 对任意一个向量 $\boldsymbol{a}\in V$, 有

$$(\boldsymbol{a},\boldsymbol{a})\geqslant 0,\tag{3}$$

且等号仅当 $\boldsymbol{a}=\mathbf{0}$ 时成立.

由定义可知, **欧氏空间**不但具有线性运算的**代数结构**, 而且还具有度量性质的**几何结构**.

(2) 向量的长度或模

称

$$|\boldsymbol{a}|=\sqrt{(\boldsymbol{a},\boldsymbol{a})}\tag{4}$$

为向量 $\boldsymbol{a}$ 的**长度或模**.

模为 1 的向量称为**单位向量**. 对于任意一个非零向量 $\boldsymbol{a}$, 有

$$\boldsymbol{a}_0=\frac{\boldsymbol{a}}{|\boldsymbol{a}|}\tag{5}$$

为单位向量. 通过这种方式把任一非零向量“伸缩”为单位向量的过程, 称为对向量的**单位化**、**归一化**、**标准化**或**规范化**.

(3) 向量间的夹角

称

$$\theta = \arccos\frac{(\boldsymbol{a},\boldsymbol{b})}{|\boldsymbol{a}|\cdot|\boldsymbol{b}|} \in [0,\pi] \tag{6}$$

为非零向量 $\boldsymbol{a}$ 与 $\boldsymbol{b}$ 的**夹角** (由下面的柯西–施瓦茨 (Cauchy-Schwarz) 不等式 $|(\boldsymbol{a},\boldsymbol{b})| \leqslant |\boldsymbol{a}|\cdot|\boldsymbol{b}|$ 知, 这是合理的).

(4) 正交或垂直

如果

$$(\boldsymbol{a},\boldsymbol{b}) = 0, \tag{7}$$

则称 $\boldsymbol{a}$ 与 $\boldsymbol{b}$ **正交**或**垂直**.

显然, 零向量与任意向量正交; 两个非零向量正交, 当且仅当其夹角为 $\dfrac{\pi}{2}$ 时.

(5) 距离

称

$$d(\boldsymbol{a},\boldsymbol{b}) = |\boldsymbol{a}-\boldsymbol{b}| \tag{8}$$

为向量 $\boldsymbol{a}$ 与 $\boldsymbol{b}$ 之间的**距离**.

2. 基本性质

(1) 双线性性

对任意的实数 λ_i,μ_j 和任意的向量 $\boldsymbol{a}_i,\boldsymbol{b}_j \in V(i=1,2,\cdots,m;j=1,2,\cdots,n)$, 有

$$(\sum_{i=1}^{m}\lambda_i\boldsymbol{a}_i,\sum_{j=1}^{n}\mu_j\boldsymbol{b}_j) = \sum_{i=1}^{m}\sum_{j=1}^{n}\lambda_i\mu_j(\boldsymbol{a}_i,\boldsymbol{b}_j). \tag{9}$$

特别地, 对任意实数 λ 和任意向量 $\boldsymbol{a},\boldsymbol{b},\boldsymbol{c}$, 有

$$(\boldsymbol{a}+\boldsymbol{b},\boldsymbol{c}) = (\boldsymbol{a},\boldsymbol{c})+(\boldsymbol{b},\boldsymbol{c}), \quad (\lambda\boldsymbol{a},\boldsymbol{b}) = \lambda(\boldsymbol{a},\boldsymbol{b}) \tag{10}$$

和

$$(\boldsymbol{a},\boldsymbol{0}) = (\boldsymbol{0},\boldsymbol{b}) = 0. \tag{11}$$

(2) 对称性

① $\boldsymbol{a}$ 与 $\boldsymbol{b}$ 的夹角等于 $\boldsymbol{b}$ 与 $\boldsymbol{a}$ 的夹角;

② $\boldsymbol{a}$ 与 $\boldsymbol{b}$ 之间的距离等于 $\boldsymbol{b}$ 与 $\boldsymbol{a}$ 之间的距离, 即

$$d(\boldsymbol{a},\boldsymbol{b}) = d(\boldsymbol{b},\boldsymbol{a}). \tag{12}$$

(3) 正定性

① 对于任意一个向量 $\boldsymbol{a}$, 有

$$|\boldsymbol{a}| \geqslant 0, \tag{13}$$

且等号仅当 $\boldsymbol{a}=\boldsymbol{0}$ 时成立.

② 对于任意两个向量 $\boldsymbol{a}$ 和 $\boldsymbol{b}$, 有

$$d(\boldsymbol{a},\boldsymbol{b}) \geqslant 0, \tag{14}$$

且等号仅当 $\boldsymbol{a}=\boldsymbol{b}$ 时成立.

(4) 齐次性

对任意一个实数 λ 和任意两个向量 $\boldsymbol{a},\boldsymbol{b}\in V$, 有

$$|\lambda\boldsymbol{a}| = |\lambda|\cdot|\boldsymbol{a}|,\quad d(\lambda\boldsymbol{a},\lambda\boldsymbol{b}) = |\lambda|\cdot d(\boldsymbol{a},\boldsymbol{b}). \tag{15}$$

(5) 柯西–施瓦茨不等式

对于任意两个向量 $\boldsymbol{a}$ 和 $\boldsymbol{b}$, 有

$$|(\boldsymbol{a},\boldsymbol{b})| \leqslant |\boldsymbol{a}|\cdot|\boldsymbol{b}|, \tag{16}$$

且等号仅当 $\boldsymbol{a}$ 与 $\boldsymbol{b}$ 线性相关时成立.

(6) 三角形不等式

(请给出等号成立的条件.)

$$||\boldsymbol{a}|-|\boldsymbol{b}|| \leqslant |\boldsymbol{a}+\boldsymbol{b}| \leqslant |\boldsymbol{a}|+|\boldsymbol{b}|,\quad ||\boldsymbol{a}|-|\boldsymbol{b}|| \leqslant d(\boldsymbol{a},\boldsymbol{b}) = |\boldsymbol{a}-\boldsymbol{b}| \leqslant |\boldsymbol{a}|+|\boldsymbol{b}|, \tag{17}$$

$$|d(\boldsymbol{a},\boldsymbol{b})-d(\boldsymbol{b},\boldsymbol{c})| \leqslant d(\boldsymbol{a},\boldsymbol{c}) \leqslant d(\boldsymbol{a},\boldsymbol{b})+d(\boldsymbol{b},\boldsymbol{c}). \tag{18}$$

3. 度量矩阵与内积的坐标–矩阵表示

(1) 度量矩阵. 称

$$\boldsymbol{G} = (g_{ij})_{n\times n} \tag{19}$$

为 n 维欧氏空间 V 的内积 (,) 在基 $\boldsymbol{a}_1,\boldsymbol{a}_2,\cdots,\boldsymbol{a}_n$ 下的**度量矩阵或格拉姆 (Gram) 矩阵**, 其中 $g_{ij}=(\boldsymbol{a}_i,\boldsymbol{a}_j)(i,j=1,2,\cdots,n)$.

(2) 内积的**坐标–矩阵表示**. 设 $\boldsymbol{a}_1,\boldsymbol{a}_2,\cdots,\boldsymbol{a}_n$ 为 n 维欧氏空间 $V=\mathbf{E}_n(\mathbf{R})$ 的一组基, $\boldsymbol{a},\boldsymbol{b}\in V$ 在基 $\boldsymbol{a}_1,\boldsymbol{a}_2,\cdots,\boldsymbol{a}_n$ 下的坐标分别为 $\boldsymbol{X}=(x_1,x_2,\cdots,x_n)^{\mathrm{T}}$ 和 $\boldsymbol{Y}=(y_1,y_2,\cdots,y_n)^{\mathrm{T}}\in\mathbf{R}^n$, 即 $\boldsymbol{a}=(\boldsymbol{a}_1,\boldsymbol{a}_2,\cdots,\boldsymbol{a}_n)\cdot\boldsymbol{X}$, $\boldsymbol{b}=(\boldsymbol{a}_1,\boldsymbol{a}_2,\cdots,\boldsymbol{a}_n)\boldsymbol{Y}$, 则

$$(\boldsymbol{a},\boldsymbol{b}) = \boldsymbol{X}^{\mathrm{T}}\boldsymbol{G}\boldsymbol{Y}. \tag{20}$$

(3) 度量矩阵 $\boldsymbol{G}$ 为 n 阶**正定的实对称阵**, 即 $\boldsymbol{G}\in M_n(\mathbf{R}),\boldsymbol{G}^{\mathrm{T}}=\boldsymbol{G}$, 亦即 $g_{ij}=g_{ji}\in\mathbf{R}(i,j=1,2,\cdots,n)$, 并且满足: 对于任意一个向量 $\boldsymbol{X}\in\mathbf{R}^n$, 有

$$\boldsymbol{X}^{\mathrm{T}}\boldsymbol{G}\boldsymbol{X} \geqslant 0, \tag{21}$$

且等号仅当 $\boldsymbol{X}=\boldsymbol{0}$ 时成立.

(4) 设 $\boldsymbol{a}_1,\boldsymbol{a}_2,\cdots,\boldsymbol{a}_n$ 为 n 维实线性空间 $V=V_n(\mathbf{R})$ 的一组基, $\boldsymbol{G}$ 为 n 阶正定的实对称矩阵, $\boldsymbol{a}=(\boldsymbol{a}_1,\boldsymbol{a}_2,\cdots,\boldsymbol{a}_n)\boldsymbol{X},\boldsymbol{b}=(\boldsymbol{a}_1,\boldsymbol{a}_2,\cdots,\boldsymbol{a}_n)\boldsymbol{Y}\in V$, 其中 $\boldsymbol{X}=(x_1,x_2,\cdots,x_n)^{\mathrm{T}}$, $\boldsymbol{Y}=(y_1,y_2,\cdots,y_n)^{\mathrm{T}}\in\mathbf{R}^n$, 则 $(\boldsymbol{a},\boldsymbol{b})=\boldsymbol{X}^{\mathrm{T}}\boldsymbol{G}\boldsymbol{Y}$ 为 V 上的内积.

(5) 集合$\{V_n(\mathbf{R})$ 上的内积$\}$ 与集合$\{n$ 阶正定实对称矩阵$\}$ 的元素一一对应.

(6) 设 $\boldsymbol{a}_1,\boldsymbol{a}_2,\cdots,\boldsymbol{a}_n$ 和 $\boldsymbol{b}_1,\boldsymbol{b}_2,\cdots,\boldsymbol{b}_n$ 为 n 维欧氏空间 $V=\mathbf{E}_n(\mathbf{R})$ 的两组基, 过渡矩阵为 $\boldsymbol{T}$(n 阶可逆实方阵), 即基变换为 $(\boldsymbol{b}_1,\boldsymbol{b}_2,\cdots,\boldsymbol{b}_n)=(\boldsymbol{a}_1,\boldsymbol{a}_2,\cdots,\boldsymbol{a}_n)\boldsymbol{T}$, 则 V 的内积在上述两组基下的度量矩阵 $\boldsymbol{G}$ 和 $\tilde{\boldsymbol{G}}$ 相合, 即

$$\tilde{\boldsymbol{G}}=\boldsymbol{T}^{\mathrm{T}}\boldsymbol{G}\boldsymbol{T}. \tag{22}$$

4. 标准正交基

(1) 正交向量组: 由两两正交的非零向量构成的向量组.

(2) 正交向量组必线性无关.

(3) 正交基: 由正交向量组构成的基.

(4) 标准正交向量组: 由单位正交向量组成的向量组.

(5) 标准正交基: 由标准正交向量组构成的基称为**标准正交基或笛卡儿 (Descartes) 基**.

(6) 标准正交基的存在性及其求法——施密特(Schmidt)正交化: 将欧氏空间中任意一组向量 (或基) 改造成标准正交向量组 (或基) 的过程称为施密特正交化. 具体做法是:

对 n 维欧氏空间 $V=\mathbf{E}_n(\mathbf{R})$ 的一组线性无关的向量 $\boldsymbol{a}_1,\boldsymbol{a}_2,\cdots,\boldsymbol{a}_k(k\leqslant n)$.

首先, 令 $\boldsymbol{b}_1=\boldsymbol{a}_1$, 且

$$\boldsymbol{b}_k=\boldsymbol{a}_k-\sum_{i=1}^{k-1}\frac{(\boldsymbol{a}_k,\boldsymbol{b}_i)}{(\boldsymbol{b}_i,\boldsymbol{b}_i)}\boldsymbol{b}_i=\boldsymbol{a}_k-\sum_{i=1}^{k-1}(\boldsymbol{a}_k,\boldsymbol{e}_i)\boldsymbol{e}_i\quad(k=2,3,\cdots,n). \tag{23}$$

将 $\boldsymbol{a}_1,\boldsymbol{a}_2,\cdots,\boldsymbol{a}_k$ 正交化得正交向量组 $\boldsymbol{b}_1,\boldsymbol{b}_2,\cdots,\boldsymbol{b}_k$.

其次, 将 $\boldsymbol{b}_k$ 单位化:

$$\boldsymbol{e}_k=\frac{\boldsymbol{b}_k}{|\boldsymbol{b}_k|}\quad(k=1,2,\cdots,n), \tag{24}$$

即得标准正交向量组 $\boldsymbol{e}_1,\boldsymbol{e}_2,\cdots,\boldsymbol{e}_k$.

最后, 当 $k=n$ 时, 即得 $V=\mathbf{E}_n(\mathbf{R})$ 的一组标准正交基 $\boldsymbol{e}_1,\boldsymbol{e}_2,\cdots,\boldsymbol{e}_n$. 于是, **有限维欧氏空间必存在标准正交基**.

(7) 在标准正交基下, 度量矩阵为单位矩阵, 内积为标准内积 (即对应坐标乘积之和).

5. 子空间的正交性与正交补子空间

(1) 向量与子空间的正交性. 欧氏空间中的向量 $\boldsymbol{\alpha}$ 与子空间 V_1 正交是指 $\boldsymbol{\alpha}$ 与子空间 V_1 中的任一向量都正交, 记为 $\boldsymbol{\alpha}\perp V_1$.

(2) 子空间之间的正交性. 欧氏空间的两个子空间 V_1 与 V_2 正交是指 V_1 中的任一向量与 V_2 中的任一向量都正交, 记为 $V_1\perp V_2$.

(3) 两个正交子空间的交必为零子空间; 两个正交子空间的和必为直和.

(4) 正交补子空间. 如果欧氏空间 V 的两个正交子空间 V_1 与 V_2 互补 (即 $V_1 \perp V_2$, 且 $V_1+V_2=V$), 则称 V_1 与 V_2 互为正交补子空间, 记为 $V_1=V_2^{\perp}$ 或 $V_2=V_1^{\perp}$.

(5) 欧氏空间的任一有限维子空间 V_1 必存在唯一的正交补子空间 $V_1^{\perp}$.

6. 欧氏空间的同构

(1) 两个欧氏空间之间的同构是指这两个欧氏空间作为实线性空间之间的同构, 且保持内积.

(2) 欧氏空间之间的同构是等价关系, 即满足自反性、对称性和传递性.

(3) 欧氏空间之间的同构必保持向量的模、夹角和标准正交基.

(4) 两个有限维欧氏空间同构, 当且仅当它们的维数相同时; 任一 n 维欧氏空间都同构于 $\mathbf{R}^n$(标准内积).

例题分析

例 7.1 (1) 设 $\boldsymbol{\alpha}_1,\boldsymbol{\alpha}_2,\cdots,\boldsymbol{\alpha}_n$ 为 n 维实线性空间 $V=V_n(\mathbf{R})$ 的一组基, $\boldsymbol{A}$ 为 n 阶正定的实对称阵. 对任意的 $\boldsymbol{x},\boldsymbol{y}\in V$, 设 $\boldsymbol{x}=(\boldsymbol{\alpha}_1,\boldsymbol{\alpha}_2,\cdots,\boldsymbol{\alpha}_n)\boldsymbol{X}$, $\boldsymbol{y}=(\boldsymbol{\alpha}_1,\boldsymbol{\alpha}_2,\cdots,\boldsymbol{\alpha}_n)\boldsymbol{Y}$, 其中 $\boldsymbol{X}=(x_1,x_2,\cdots,x_n)^{\mathrm{T}}$, $\boldsymbol{Y}=(y_1,y_2,\cdots,y_n)^{\mathrm{T}}\in\mathbf{R}^n$. 若令 $(\boldsymbol{x},\boldsymbol{y})=\boldsymbol{X}^{\mathrm{T}}\boldsymbol{A}\boldsymbol{Y}$, 不难验证 (,) 为 V 上的内积, 从而使 V 成为 n 维欧氏空间. 此时,

(i) 空间中的向量 $\boldsymbol{x}$ 的模为 $|\boldsymbol{x}|=\sqrt{\boldsymbol{X}^{\mathrm{T}}\boldsymbol{A}\boldsymbol{X}}$.

(ii) 柯西–施瓦茨不等式为 $|\boldsymbol{X}^{\mathrm{T}}\boldsymbol{A}\boldsymbol{Y}|\leqslant\sqrt{\boldsymbol{X}^{\mathrm{T}}\boldsymbol{A}\boldsymbol{Y}}\cdot\sqrt{\boldsymbol{Y}^{\mathrm{T}}\boldsymbol{A}\boldsymbol{Y}}=\sqrt{\boldsymbol{X}^{\mathrm{T}}\boldsymbol{A}\boldsymbol{X}\boldsymbol{Y}^{\mathrm{T}}\boldsymbol{A}\boldsymbol{Y}}$.

(iii) $\boldsymbol{x}$ 与 $\boldsymbol{y}$ 的夹角为 $\theta=\arccos\dfrac{\boldsymbol{X}^{\mathrm{T}}\boldsymbol{A}\boldsymbol{Y}}{\sqrt{\boldsymbol{X}^{\mathrm{T}}\boldsymbol{A}\boldsymbol{Y}}\cdot\sqrt{\boldsymbol{Y}^{\mathrm{T}}\boldsymbol{A}\boldsymbol{Y}}}$.

(iv) $\boldsymbol{x}$ 与 $\boldsymbol{y}$ 的距离为 $d(\boldsymbol{x},\boldsymbol{y})=|\boldsymbol{x}-\boldsymbol{y}|=\sqrt{(\boldsymbol{X}-\boldsymbol{Y})^{\mathrm{T}}\boldsymbol{A}(\boldsymbol{X}-\boldsymbol{Y})}$.

(2) 在 (1) 中取 $V=\mathbf{R}^n$, $\boldsymbol{A}=\boldsymbol{I}_n$, 则得 $V=\mathbf{R}^n$ 上的标准内积 $(\boldsymbol{X},\boldsymbol{Y})=\boldsymbol{X}^{\mathrm{T}}\boldsymbol{Y}$.

(3) 在 (1) 中取 $V=\mathbf{R}^2$, $\boldsymbol{A}=\begin{pmatrix}1 & -1\\ -1 & a\end{pmatrix}$, 其中 $a>1$, 则得 $V=\mathbf{R}^2$ 中的内积 $(\boldsymbol{X},\boldsymbol{Y})=x_1y_1-x_1y_2-x_2y_1+ay_1y_2$.

(4) $V=\mathbf{C}$ 为 2 维实线性空间, $\boldsymbol{e}_1=1$, $\boldsymbol{e}_2=\mathrm{i}$ 为其一组基. 设 $\boldsymbol{A}$ 为一个 2 阶正定实对称矩阵. 那么, 对任意的 $\boldsymbol{x}=x_1+x_2\mathrm{i}$, $\boldsymbol{y}=y_1+y_2\mathrm{i}$, 令 $(\boldsymbol{x},\boldsymbol{y})=\boldsymbol{X}^{\mathrm{T}}\boldsymbol{A}\boldsymbol{Y}$, 其中 $\boldsymbol{X}=(x_1,x_2)^{\mathrm{T}}$, $\boldsymbol{Y}=(y_1,y_2)^{\mathrm{T}}$, 则 (,) 为 V 上的内积, 从而 $V=\mathbf{C}$ 为 2 维欧氏空间.

例 7.2 对于 $V=\mathbf{R}^{m\times n}$, 若 $\boldsymbol{A}=(a_{ij})$, $\boldsymbol{B}=(b_{ij})\in V$, 令 $(\boldsymbol{A},\boldsymbol{B})=\mathrm{tr}(\boldsymbol{A}\boldsymbol{B}^{\mathrm{T}})=\mathrm{tr}(\boldsymbol{A}^{\mathrm{T}}\boldsymbol{B})$, 则 (,) 为 V 上的内积, 从而 $V=\mathbf{R}^{m\times n}$ 为 mn 维欧氏空间. 此时, $\boldsymbol{A}$ 的模为 $\sqrt{\mathrm{tr}(\boldsymbol{A}\boldsymbol{A}^{\mathrm{T}})}=\sqrt{\sum\limits_{i=1}^{m}\sum\limits_{j=1}^{n}a_{ij}^2}$, 这被称为矩阵 $\boldsymbol{A}$ 的 2-范数.

例 7.3 求例 7.1 和例 7.2 中各小题的内积在适当基下的度量矩阵 $\boldsymbol{G}$.

解 在例 7.1 中, (1) $\boldsymbol{G}=\boldsymbol{A}$; (2) $\boldsymbol{G}=\boldsymbol{I}_n$; (3) $\boldsymbol{G}=\begin{pmatrix}1&-1\\-1&4\end{pmatrix}$;(4) $\boldsymbol{G}=\boldsymbol{A}$.

在例 7.2 中, 取 $V=\mathbf{R}^{m\times n}$ 的基 E_{ij} $(i=1,2,\cdots,m;\ j=1,2,\cdots,n)$; 则 $\boldsymbol{G}=\boldsymbol{I}_{mn}$.

例 7.4 (1) 已知 $V=\mathbf{E}_2(\mathbf{R})$ 中的内积在其基 $\boldsymbol{\alpha}_1,\boldsymbol{\alpha}_2$ 下的度量矩阵为 $\boldsymbol{G}=\begin{pmatrix}1&-1\\-1&4\end{pmatrix}$, 试用施密特正交化方法, 将 $\boldsymbol{\alpha}_1,\boldsymbol{\alpha}_2$ 改造成 V 的标准正交基.

(2) 已知 $V=\mathbf{E}_3(\mathbf{R})$ 中的内积在其基 $\boldsymbol{\alpha}_1,\boldsymbol{\alpha}_2,\boldsymbol{\alpha}_3$ 下的度量矩阵为 $\boldsymbol{G}=\begin{pmatrix}1&1&1\\1&2&3\\1&3&6\end{pmatrix}$, 试用施密特正交化方法, 将 $\boldsymbol{\alpha}_1,\boldsymbol{\alpha}_2,\boldsymbol{\alpha}_3$ 改造成 V 的标准正交基.

解 (1) 令 $\boldsymbol{e}_1=\dfrac{\boldsymbol{\alpha}_1}{|\boldsymbol{\alpha}_1|}=\boldsymbol{\alpha}_1$, $\boldsymbol{\beta}_2=\boldsymbol{\alpha}_2-(\boldsymbol{\alpha}_2,\boldsymbol{e}_1)\boldsymbol{e}_1=\boldsymbol{\alpha}_1+\boldsymbol{\alpha}_2$, $\boldsymbol{e}_2=\dfrac{\boldsymbol{\beta}_2}{|\boldsymbol{\beta}_2|}=\dfrac{1}{\sqrt{3}}\cdot(\boldsymbol{\alpha}_1+\boldsymbol{\alpha}_2)$, 则 $\boldsymbol{e}_1,\boldsymbol{e}_2$ 即为 V 的标准正交基.

(2) $\boldsymbol{e}_1=\dfrac{\boldsymbol{\alpha}_1}{|\boldsymbol{\alpha}_1|}=\boldsymbol{\alpha}_1$, $\boldsymbol{\beta}_2=\boldsymbol{\alpha}_2-(\boldsymbol{\alpha}_2,\boldsymbol{e}_1)\boldsymbol{e}_1=\boldsymbol{\alpha}_2-\boldsymbol{\alpha}_1$, $\boldsymbol{e}_2=\dfrac{\boldsymbol{\beta}_2}{|\boldsymbol{\beta}_2|}=\boldsymbol{\alpha}_2-\boldsymbol{\alpha}_1$, $\boldsymbol{\beta}_3=\boldsymbol{\alpha}_3-(\boldsymbol{\alpha}_3,\boldsymbol{e}_1)\boldsymbol{e}_1-(\boldsymbol{\alpha}_3,\boldsymbol{e}_2)\boldsymbol{e}_2=\boldsymbol{\alpha}_3-2\boldsymbol{\alpha}_2+\boldsymbol{\alpha}_1$, $\boldsymbol{e}_3=\dfrac{\boldsymbol{\beta}_3}{|\boldsymbol{\beta}_3|}=\boldsymbol{\alpha}_3-2\boldsymbol{\alpha}_2+\boldsymbol{\alpha}_1$, 则 $\boldsymbol{e}_1,\boldsymbol{e}_2,\boldsymbol{e}_3$ 为 V 的标准正交基.

例 7.5 可逆方阵的 QR 分解. 设 $\boldsymbol{A}=(a_{ij})$ 为 n 阶可逆实方阵. 证明: 存在正交阵 $\boldsymbol{Q}$ 和上三角阵 $\boldsymbol{R}$, 使 $\boldsymbol{A}=\boldsymbol{QR}$.

证 设 $\boldsymbol{A}$ 的列向量为 $\boldsymbol{\alpha}_1,\boldsymbol{\alpha}_2,\cdots,\boldsymbol{\alpha}_n$, 则 $\boldsymbol{\alpha}_1,\boldsymbol{\alpha}_2,\cdots,\boldsymbol{\alpha}_n$ 为 $V=\mathbf{R}^n$ 的一组基. 用施密特正交化方法, 将其改造为 V 的标准正交基 $\boldsymbol{e}_1,\boldsymbol{e}_2,\cdots,\boldsymbol{e}_n$, 其中 $\boldsymbol{e}_1=\dfrac{\boldsymbol{\alpha}_1}{|\boldsymbol{\alpha}_1|}$,$\boldsymbol{\beta}_k=\boldsymbol{\alpha}_k-\displaystyle\sum_{i=1}^{n-1}(\boldsymbol{\alpha}_k,\boldsymbol{e}_i)\boldsymbol{e}_i$, $\boldsymbol{e}_k=\dfrac{\boldsymbol{\beta}_k}{|\boldsymbol{\beta}_k|}(k=2,3,\cdots,n)$. 从而 $\boldsymbol{\alpha}_k=\gamma_{1k}\boldsymbol{e}_1+\gamma_{2k}\boldsymbol{e}_2+\cdots+\gamma_{kk}\boldsymbol{e}_k(k=1,2,\cdots,n)$. 令 $\boldsymbol{Q}=(\boldsymbol{e}_1\ \boldsymbol{e}_2\ \cdots\ \boldsymbol{e}_n)$, $\boldsymbol{R}=(\gamma_{ij})$, 其中 $\gamma_{ij}=0(i>j)$, 则 $\boldsymbol{Q}$ 为正交阵, $\boldsymbol{R}$ 为上三角阵, 且 $\boldsymbol{A}=(\boldsymbol{\alpha}_1\ \boldsymbol{\alpha}_2\ \cdots\ \boldsymbol{\alpha}_n)=(\boldsymbol{e}_1\ \boldsymbol{e}_2\ \cdots\ \boldsymbol{e}_n)\cdot\boldsymbol{R}=\boldsymbol{QR}$.

例 7.6 证明: 例 7.2 中的欧氏空间 $V=\mathbf{R}^{m\times n}$ 与 $U=\mathbf{R}^{mn}$(标准内积) 同构.

证 令 φ: $V\to U$, $\boldsymbol{A}=(a_{ij})_{m\times n}\longmapsto(a_{11}\ a_{12}\ \cdots\ a_{1n}\ a_{21}\ a_{22}\ \cdots\ a_{2n}\ \cdots\ a_{m1}\ a_{m2}\ \cdots\ a_{mn})^{\mathrm{T}}$. 则 φ 是 V 到 U 上的双射, 且对任意的 $\boldsymbol{A},\boldsymbol{B}\in V$, $\lambda\in\mathbf{R}$, $\varphi(\boldsymbol{A}+\boldsymbol{B})=\varphi(\boldsymbol{A})+\varphi(\boldsymbol{B})$, $\varphi(\lambda\boldsymbol{A})=\lambda\varphi(\boldsymbol{A})$, $(\varphi(\boldsymbol{A}),\varphi(\boldsymbol{B}))=\displaystyle\sum_{i=1}^{m}\sum_{j=1}^{n}a_{ij}b_{ij}=\mathrm{tr}(\boldsymbol{AB}^{\mathrm{T}})=(\boldsymbol{A},\boldsymbol{B})$, 即 φ 是欧氏空间 V 到 U 的同构.

例 7.7 设 $\boldsymbol{\alpha}_1,\boldsymbol{\alpha}_2,\cdots,\boldsymbol{\alpha}_m$ 为有限维欧氏空间 (酉空间) V 中的非零正交向量组. 则对任意的 $\boldsymbol{\beta}\in V$, 有贝塞尔不等式 $\displaystyle\sum_{k=1}^{m}|(\boldsymbol{\alpha}_k,\boldsymbol{\beta})|^2|\boldsymbol{\alpha}_k|^{-2}\leqslant|\boldsymbol{\beta}|^2$, 当且仅当 $\boldsymbol{\beta}=\displaystyle\sum_{k=1}^{m}(\boldsymbol{\alpha}_k,\boldsymbol{\beta})|\boldsymbol{\alpha}_k|^{-2}\boldsymbol{\alpha}_k\in\langle\boldsymbol{\alpha}_1,\boldsymbol{\alpha}_2,\cdots,\boldsymbol{\alpha}_m\rangle$ 时等号成立, 称为帕塞瓦尔等式.

证 (1) 因为 $\boldsymbol{\alpha}_1,\boldsymbol{\alpha}_2,\cdots,\boldsymbol{\alpha}_m$ 为非零正交组, 从而线性无关, 于是可将其扩充为 V 的一组基, 再将其正交化为 $\boldsymbol{\alpha}_1,\boldsymbol{\alpha}_2,\cdots,\boldsymbol{\alpha}_m,\boldsymbol{\alpha}_{m+1},\cdots,\boldsymbol{\alpha}_n$, 其中 $n=\dim(V)$. 故对任意的 $\boldsymbol{\beta}\in V$,

设 $\boldsymbol{\beta}=a_1\boldsymbol{\alpha}_1+a_2\boldsymbol{\alpha}_2+\cdots+a_n\boldsymbol{\alpha}_n$, 分别与 $\boldsymbol{\alpha}_k$ 作内积, 得

$$(\boldsymbol{\alpha}_k,\boldsymbol{\beta})=\left(\boldsymbol{\alpha}_k,\sum_{j=1}^{n}a_j\boldsymbol{\alpha}_j\right)=a_k(\boldsymbol{\alpha}_k,\boldsymbol{\alpha}_k)=a_k|\boldsymbol{\alpha}_k|^2\quad(k=1,2,\cdots,n).$$

因此 $\boldsymbol{\beta}=\sum\limits_{k=1}^{n}(\boldsymbol{\alpha}_k,\boldsymbol{\beta})|\boldsymbol{\alpha}_k|^{-2}\boldsymbol{\alpha}_k$, 于是

$$|\boldsymbol{\beta}|^2=\sum_{k=1}^{n}a_k^2(\boldsymbol{\alpha}_k,\boldsymbol{\alpha}_k)=\sum_{k=1}^{n}|(\boldsymbol{\alpha}_k,\boldsymbol{\beta})|^2|\boldsymbol{\alpha}_k|^{-2}\geqslant\sum_{k=1}^{m}|(\boldsymbol{\alpha}_k,\boldsymbol{\beta})|^2|\boldsymbol{\alpha}_k|^{-2}.$$

(2) 当且仅当 $a_k=0(k=m+1,\cdots,n)$, 即 $\boldsymbol{\beta}=\sum\limits_{k=1}^{m}|(\boldsymbol{\alpha}_k,\boldsymbol{\beta})|^2|\boldsymbol{\alpha}_k|^{-2}\boldsymbol{\alpha}_k$ 时等号成立.

例 7.8　设 $\boldsymbol{A}$ 为 n 阶实可逆方阵. 对任意的 $\boldsymbol{X}=(a_1,a_2,\cdots,a_n)^{\mathrm{T}},\boldsymbol{Y}=(b_1,b_2,\cdots,b_n)^{\mathrm{T}}\in\mathbf{R}^n$, 证明: 由 $(\boldsymbol{X},\boldsymbol{Y})=(\boldsymbol{AX})^{\mathrm{T}}(\boldsymbol{AY})$ 定义了 $\mathbf{R}^n$ 的一个内积.

证　直接验证满足内积公理, 即对称性、线性性及正定性即可.

例 7.9　设 $\boldsymbol{A}$ 为 n 阶实方阵, 在欧氏空间 $\mathbf{R}^n$(标准内积) 中证明对任意的 $\boldsymbol{X},\boldsymbol{Y}\in\mathbf{R}^n$, $(\boldsymbol{X},\boldsymbol{AY})=(\boldsymbol{A}^{\mathrm{T}}\boldsymbol{X},\boldsymbol{Y})$.

证　$(\boldsymbol{X},\boldsymbol{AY})=(\boldsymbol{AY})^{\mathrm{T}}\boldsymbol{X}=\boldsymbol{Y}^{\mathrm{T}}\boldsymbol{A}^{\mathrm{T}}\boldsymbol{X}=(\boldsymbol{A}^{\mathrm{T}}\boldsymbol{X},\boldsymbol{Y})$.

例 7.10　设 V 为欧氏空间. 对任意的 $\boldsymbol{\alpha},\boldsymbol{\beta}\in V$, 证明:

(1) 平行四边形定理: $|\boldsymbol{\alpha}+\boldsymbol{\beta}|^2+|\boldsymbol{\alpha}-\boldsymbol{\beta}|^2=2(|\boldsymbol{\alpha}|^2+|\boldsymbol{\beta}|^2)$;

(2) $|\boldsymbol{\alpha}+\boldsymbol{\beta}|^2-|\boldsymbol{\alpha}-\boldsymbol{\beta}|^2=4(\boldsymbol{\alpha},\boldsymbol{\beta})$ 或 $(\boldsymbol{\alpha},\boldsymbol{\beta})=\dfrac{1}{4}(|\boldsymbol{\alpha}+\boldsymbol{\beta}|^2-|\boldsymbol{\alpha}-\boldsymbol{\beta}|^2)$.

证　(1) $|\boldsymbol{\alpha}+\boldsymbol{\beta}|^2+|\boldsymbol{\alpha}-\boldsymbol{\beta}|^2=(\boldsymbol{\alpha}+\boldsymbol{\beta},\boldsymbol{\alpha}+\boldsymbol{\beta})+(\boldsymbol{\alpha}-\boldsymbol{\beta},\boldsymbol{\alpha}-\boldsymbol{\beta})=(\boldsymbol{\alpha},\boldsymbol{\alpha})+2(\boldsymbol{\alpha},\boldsymbol{\beta})+(\boldsymbol{\beta},\boldsymbol{\beta})+(\boldsymbol{\alpha},\boldsymbol{\alpha})-2(\boldsymbol{\alpha},\boldsymbol{\beta})+(\boldsymbol{\beta},\boldsymbol{\beta})=2(|\boldsymbol{\alpha}|^2+|\boldsymbol{\beta}|^2)$.

(2) 由 (1) 的证明过程立得.

例 7.11　设 $V=\mathbf{R}^n$(标准内积), $\boldsymbol{\alpha}_1,\boldsymbol{\alpha}_2,\cdots,\boldsymbol{\alpha}_n,\boldsymbol{\beta}\in V$, $\boldsymbol{A}$ 为 n 阶正定阵. 如果 $\boldsymbol{\alpha}_i\neq\mathbf{0}(i=1,2,\cdots,n)$, $\boldsymbol{\alpha}_i^{\mathrm{T}}\boldsymbol{A}\boldsymbol{\alpha}_j=\mathbf{0}(i,j=1,2,\cdots,n,i\neq j)$, 且 $\boldsymbol{\alpha}_i$ 与 $\boldsymbol{\beta}$ 都正交 $(j=1,2,\cdots,n)$. 证明: (1) $\boldsymbol{\alpha}_1,\boldsymbol{\alpha}_2,\cdots,\boldsymbol{\alpha}_n$ 为 V 的一组基; (2) $\boldsymbol{\beta}=\mathbf{0}$.

证　(1) 设 $k_1\boldsymbol{\alpha}_1+k_2\boldsymbol{\alpha}_2+\cdots+k_n\boldsymbol{\alpha}_n=\mathbf{0},k_i\in\mathbf{R}(i=1,2,\cdots,n)$, 则对任意的 i, $\mathbf{0}=\boldsymbol{\alpha}_i^{\mathrm{T}}\boldsymbol{A}(k_1\boldsymbol{\alpha}_1+k_2\boldsymbol{\alpha}_2+\cdots+k_n\boldsymbol{\alpha}_n)=k_i\boldsymbol{\alpha}_i^{\mathrm{T}}\boldsymbol{A}\boldsymbol{\alpha}_i$. 而 $\boldsymbol{\alpha}_i\neq\mathbf{0}$, $\boldsymbol{A}$ 正定, 所以 $\boldsymbol{\alpha}_i^{\mathrm{T}}\boldsymbol{A}\boldsymbol{\alpha}_i>0$, 因此 $k_i=0(i=1,2,\cdots,n)$, 从而 $\boldsymbol{\alpha}_1,\boldsymbol{\alpha}_2,\cdots,\boldsymbol{\alpha}_n$ 线性无关, 于是构成 V 的一组基.

(2) 由于 $\boldsymbol{\beta}$ 与 $\boldsymbol{\alpha}_i(i=1,2,\cdots,n)$ 都正交, 因此 $\boldsymbol{\beta}=\mathbf{0}$.

例 7.12　设 $\boldsymbol{\alpha}_1,\boldsymbol{\alpha}_2,\cdots,\boldsymbol{\alpha}_n$ 为欧氏空间 V 的一组正交基, $\boldsymbol{\alpha}\in V$, θ_i 为 $\boldsymbol{\alpha}$ 与 $\boldsymbol{\alpha}_i$ 的夹角. 证明: $\cos^2\theta_1+\cos^2\theta_2+\cdots+\cos^2\theta_n=1$.

证　$\cos\theta_i=\dfrac{(\boldsymbol{\alpha},\boldsymbol{\alpha}_i)}{|\boldsymbol{\alpha}|\cdot|\boldsymbol{\alpha}_i|}(i=1,2,\cdots,n)$, 于是

$$\cos^2\theta_1+\cos^2\theta_2+\cdots+\cos^2\theta_n=\sum_{i=1}^{n}\left(\frac{(\boldsymbol{\alpha},\boldsymbol{\alpha}_i)}{|\boldsymbol{\alpha}|\cdot|\boldsymbol{\alpha}_i|}\right)^2=\sum_{i=1}^{n}\frac{(\boldsymbol{\alpha},\boldsymbol{e}_i)^2}{|\boldsymbol{\alpha}|^2},$$

其中, $\boldsymbol{e}_i=\dfrac{\boldsymbol{\alpha}_i}{|\boldsymbol{\alpha}_i|}$ 为 $\boldsymbol{\alpha}_i$ 的单位向量, 从而 $\boldsymbol{e}_1,\boldsymbol{e}_2,\cdots,\boldsymbol{e}_n$ 为标准正交基, 于是 $\boldsymbol{\alpha}=\sum\limits_{i=1}^{n}(\boldsymbol{\alpha},\boldsymbol{e}_i)\boldsymbol{e}_i$, $|\boldsymbol{\alpha}|^2$

$=\sum_{i=1}^{n}(\boldsymbol{\alpha},\boldsymbol{e}_i)^2$. 因此 $\cos^2\theta_1+\cos^2\theta_2+\cdots+\cos^2\theta_n=1$.

例 7.13 (1) 设 $\boldsymbol{e}_1,\boldsymbol{e}_2,\cdots,\boldsymbol{e}_n$ 为 n 维欧氏空间 V 的一组标准正交基, 求 $\boldsymbol{\alpha}=\boldsymbol{e}_1+\boldsymbol{e}_2+\cdots+\boldsymbol{e}_n$ 与 $\boldsymbol{e}_i$ 的夹角 θ_i 的余弦 $\cos\theta_i(i=1,2,\cdots,n)$;

(2) 求 $\mathbf{R}^n$ 中的向量 $\boldsymbol{\alpha}=(1,1,\cdots,1)^{\mathrm{T}}$ 与每个 $\boldsymbol{e}_i$(第 i 个分量为 1, 其余分量为 0) 的夹角 θ_i 的余弦 $\cos\theta_i(i=1,2,\cdots,n)$.

解 (1) $\cos\theta_i=\dfrac{(\boldsymbol{\alpha},\boldsymbol{e}_i)}{|\boldsymbol{\alpha}|\cdot|\boldsymbol{e}_i|}=\dfrac{1}{\sqrt{n}}(i=1,2,\cdots,n)$.

另解: 由对称性知 $\cos\theta_1=\cos\theta_2=\cdots=\cos\theta_n$, 再由例 7.12 知 $n\cos^2\theta_i=1$, 而 $(\boldsymbol{\alpha},\boldsymbol{e}_i)>0$, 于是 $\cos\theta_i=\dfrac{1}{\sqrt{n}}(i=1,2,\cdots,n)$.

(2) 由 (1) 知 $\cos\theta_i=\dfrac{1}{\sqrt{n}}(i=1,2,\cdots,n)$.

例 7.14 设 V 为欧氏空间, $\boldsymbol{\alpha},\boldsymbol{\alpha}_i\in V(i=1,2,\cdots,m),\boldsymbol{\alpha}\neq\mathbf{0}$, 且满足 $(\boldsymbol{\alpha},\boldsymbol{\alpha}_i)>0,(\boldsymbol{\alpha}_i,\boldsymbol{\alpha}_j)\leqslant 0(i,j=1,2,\cdots,m,i\neq j)$. 证明: $\boldsymbol{\alpha}_1,\boldsymbol{\alpha}_2,\cdots,\boldsymbol{\alpha}_m$ 线性无关.

证 设 $k_1\boldsymbol{\alpha}_1+k_2\boldsymbol{\alpha}_2+\cdots+k_m\boldsymbol{\alpha}_m=\mathbf{0}$, 其中 $k_i\geqslant 0,k_j\leqslant 0(i=1,2,\cdots,r;j=r+1,\cdots,m)$. (这是可以做到的, 因为 $\boldsymbol{\alpha}_1,\boldsymbol{\alpha}_2,\cdots,\boldsymbol{\alpha}_m$ 的顺序可以重排.) 并令

$$\boldsymbol{\beta}=k_1\boldsymbol{\alpha}_1+k_2\boldsymbol{\alpha}_2+\cdots+k_r\boldsymbol{\alpha}_r=-k_{r+1}\boldsymbol{\alpha}_{r+1}-k_{r+2}\boldsymbol{\alpha}_{r+2}-\cdots-k_m\boldsymbol{\alpha}_m,$$

则

$$\begin{aligned}(\boldsymbol{\beta},\boldsymbol{\beta})&=(k_1\boldsymbol{\alpha}_1+k_2\boldsymbol{\alpha}_2+\cdots+k_r\boldsymbol{\alpha}_r,-k_{r+1}\boldsymbol{\alpha}_{r+1}-k_{r+2}\boldsymbol{\alpha}_{r+2}-\cdots-k_m\boldsymbol{\alpha}_m)\\&=\sum_{i=1}^{r}\sum_{j=r+1}^{m}k_i\cdot(-k_j)(\boldsymbol{\alpha}_i,\boldsymbol{\alpha}_j)\leqslant 0.\end{aligned}$$

故 $(\boldsymbol{\beta},\boldsymbol{\beta})=0$, 从而 $\boldsymbol{\beta}=\mathbf{0}$, 即

$$k_1\boldsymbol{\alpha}_1+k_2\boldsymbol{\alpha}_2+\cdots+k_r\boldsymbol{\alpha}_r=\mathbf{0},\quad k_{r+1}\boldsymbol{\alpha}_{r+1}+k_{r+2}\boldsymbol{\alpha}_{r+2}+\cdots+k_m\boldsymbol{\alpha}_m=\mathbf{0}.$$

于是

$$\begin{aligned}0&=(k_1\boldsymbol{\alpha}_1+k_2\boldsymbol{\alpha}_2+\cdots+k_r\boldsymbol{\alpha}_r,\boldsymbol{\alpha})=k_1(\boldsymbol{\alpha}_1,\boldsymbol{\alpha})+k_2(\boldsymbol{\alpha}_2,\boldsymbol{\alpha})+\cdots+k_r(\boldsymbol{\alpha}_r,\boldsymbol{\alpha}),\\0&=(k_{r+1}\boldsymbol{\alpha}_{r+1}+k_{r+2}\boldsymbol{\alpha}_{r+2}+\cdots+k_m\boldsymbol{\alpha}_m,\boldsymbol{\alpha})\\&=k_{r+1}(\boldsymbol{\alpha}_{r+1},\boldsymbol{\alpha})+k_{r+2}(\boldsymbol{\alpha}_{r+2},\boldsymbol{\alpha})+\cdots+k_m(\boldsymbol{\alpha}_m,\boldsymbol{\alpha}).\end{aligned}$$

而

$$\begin{aligned}&k_i\geqslant 0,\quad k_j\leqslant 0\quad(i=1,2,\cdots,r;j=r+1,r+2,\cdots,m);\\&(\boldsymbol{\alpha}_i,\boldsymbol{\alpha})>0\quad(i=1,2,\cdots,m).\end{aligned}$$

故

$$k_i(\boldsymbol{\alpha}_i,\boldsymbol{\alpha})\geqslant 0,\quad k_j(\boldsymbol{\alpha}_j,\boldsymbol{\alpha})\leqslant 0\quad(i=1,2,\cdots,r;j=r+1,r+2,\cdots,m).$$

因此 $k_i(\boldsymbol{\alpha}_i,\boldsymbol{\alpha})=0(i=1,2,\cdots,m)$. 而 $(\boldsymbol{\alpha}_i,\boldsymbol{\alpha})>0(i=1,2,\cdots,m)$, 故 $k_i=0(i=1,2,\cdots,m)$, 即 $\boldsymbol{\alpha}_1,\boldsymbol{\alpha}_2,\cdots,\boldsymbol{\alpha}_m$ 线性无关.

例 7.15 证明: n 维欧氏空间 V 中两两夹钝角的向量个数至多为 $n+1$.

证 (方法 1) 对 n 进行归纳. 当 $n=1$ 时, 1 维欧氏空间中任意 3 个向量中至少有 2 个同向, 于是至多 2 个向量夹钝角.

假设结论对 $n-1$ 成立. 现设 $\boldsymbol{\alpha}_1,\boldsymbol{\alpha}_2,\cdots,\boldsymbol{\alpha}_{n+2}$ 为 n 维欧氏空间 V 中两两夹钝角的向量, 记 $W=\langle\boldsymbol{\alpha}_1\rangle$, 且将 V 分解为 $W\bigoplus W^{\perp}$, 则 $\dim(W^{\perp})=n-1$. 设 $\boldsymbol{\alpha}_i=k_i\boldsymbol{\alpha}_1+\boldsymbol{\beta}_i,\boldsymbol{\beta}_i\in W^{\perp}(i=2,3,\cdots,n+2)$. 则由 $0>(\boldsymbol{\alpha}_i,\boldsymbol{\alpha}_1)=(k_i\boldsymbol{\alpha}_1+\boldsymbol{\beta}_i,\boldsymbol{\alpha}_1)=k_i(\boldsymbol{\alpha}_1,\boldsymbol{\alpha}_1)+(\boldsymbol{\beta}_i,\boldsymbol{\alpha}_1)=k_i(\boldsymbol{\alpha}_1,\boldsymbol{\alpha}_1)$ 得 $k_i<0(i=2,3,\cdots,n+2)$. 又对 $i,j=2,3,\cdots,n+2$, 且 $i\neq j$, 有 $0>(\boldsymbol{\alpha}_i,\boldsymbol{\alpha}_j)=(k_i\boldsymbol{\alpha}_1+\boldsymbol{\beta}_i,k_j\boldsymbol{\alpha}_1+\boldsymbol{\beta}_j)=k_ik_j(\boldsymbol{\alpha}_1,\boldsymbol{\alpha}_1)+(\boldsymbol{\beta}_i,\boldsymbol{\beta}_j)$, 从而 $(\boldsymbol{\beta}_i,\boldsymbol{\beta}_j)=-k_ik_j(\boldsymbol{\alpha}_1,\boldsymbol{\alpha}_1)<0$. 这表明 $n-1$ 维欧氏空间 $W^{\perp}$ 中有 $n+1$ 个两两夹钝角的向量, 与归纳假设矛盾. 因此结论对 n 成立.

(方法 2) 将 $\boldsymbol{\alpha}_1$ 单位化, 记为 $\boldsymbol{e}$, 并将其扩充为 V 的一组标准正交基 $\boldsymbol{e},\boldsymbol{e}_2,\cdots,\boldsymbol{e}_n$. 则 $\boldsymbol{\alpha}_1,\boldsymbol{\alpha}_2,\cdots,\boldsymbol{\alpha}_{n+2}$ 在此标准正交基下的坐标依次为 $(|\boldsymbol{\alpha}_1|,0,\cdots,0),(a_{i1},a_{i2},\cdots,a_{in})(i=2,3,\cdots,n+2)$. 设 $\boldsymbol{\beta}_i=\sum\limits_{j=2}^{n}a_{ij}\boldsymbol{e}_j(i=2,3,\cdots,n+2)$, 则 $\boldsymbol{\beta}_2,\boldsymbol{\beta}_3,\cdots,\boldsymbol{\beta}_{n+2}$ 为 $n-1$ 维欧氏空间 $\langle\boldsymbol{e}_2,\boldsymbol{e}_3,\cdots,\boldsymbol{e}_n\rangle$ 中的 $n+1$ 个向量, 且 $0>(\boldsymbol{\alpha}_i,\boldsymbol{\alpha}_j)=\sum\limits_{k=1}^{n}a_{ik}a_{jk}=a_{i1}a_{j1}+\sum\limits_{k=2}^{n}a_{ik}a_{jk}=a_{i1}a_{j1}+(\boldsymbol{\beta}_i,\boldsymbol{\beta}_j)$. 又 $a_{i1}a_{j1}>0(i,j=2,3,\cdots,n+2)$, 于是 $(\boldsymbol{\beta}_i,\boldsymbol{\beta}_j)<0(i,j=2,3,\cdots,n+2)$. 即 $\boldsymbol{\beta}_2,\boldsymbol{\beta}_3,\cdots,\boldsymbol{\beta}_{n+2}$ 为 $n-1$ 维欧氏空间 $\langle\boldsymbol{e}_2,\boldsymbol{e}_3,\cdots,\boldsymbol{e}_n\rangle$ 中 $n+1$ 个两两夹钝角的向量组. 矛盾.

(方法 3) 假设 $\boldsymbol{\alpha}_1,\boldsymbol{\alpha}_2,\cdots,\boldsymbol{\alpha}_{n+2}$ 为 n 维欧氏空间 V 中两两夹钝角的向量, 则 $\boldsymbol{\alpha}=-\boldsymbol{\alpha}_{n+2}$ 与 $\boldsymbol{\alpha}_1,\boldsymbol{\alpha}_2,\cdots,\boldsymbol{\alpha}_{n+1}$ 满足 $(\boldsymbol{\alpha},\boldsymbol{\alpha}_i)=-(\boldsymbol{\alpha}_{n+2},\boldsymbol{\alpha}_i)>0,(\boldsymbol{\alpha}_i,\boldsymbol{\alpha}_j)\leqslant 0(i,j=1,2,\cdots,n+1,i\neq j)$. 由例 7.14 知 $\boldsymbol{\alpha}_1,\boldsymbol{\alpha}_2,\cdots,\boldsymbol{\alpha}_{n+1}$ 线性无关, 与 $\dim(V)=n$ 矛盾. 因此结论得证.

例 7.16 设 $\boldsymbol{e}_1,\boldsymbol{e}_2,\cdots,\boldsymbol{e}_n$ 为 n 维欧氏空间 $V=\mathbf{E}_n(\mathbf{R})$ 的一组标准正交基, $\boldsymbol{\alpha}_1,\boldsymbol{\alpha}_2,\cdots,\boldsymbol{\alpha}_n$ 为 V 的一组基, 且从基 $\boldsymbol{e}_1,\boldsymbol{e}_2,\cdots,\boldsymbol{e}_n$ 到 $\boldsymbol{\alpha}_1,\boldsymbol{\alpha}_2,\cdots,\boldsymbol{\alpha}_n$ 的过渡矩阵为 $\boldsymbol{A}=(a_{ij})$, 即 $(\boldsymbol{\alpha}_1,\boldsymbol{\alpha}_2,\cdots,\boldsymbol{\alpha}_n)=(\boldsymbol{e}_1,\boldsymbol{e}_2,\cdots,\boldsymbol{e}_n)\cdot\boldsymbol{A}$. 则下列条件等价:

(1) $\boldsymbol{\alpha}_1,\boldsymbol{\alpha}_2,\cdots,\boldsymbol{\alpha}_n$ 为 V 的标准正交基;

(2) V 中任意两个向量 $\boldsymbol{\alpha}=a_1\boldsymbol{\alpha}_1+a_2\boldsymbol{\alpha}_2+\cdots+a_n\boldsymbol{\alpha}_n$ 和 $\boldsymbol{\beta}=b_1\boldsymbol{\alpha}_1+b_2\boldsymbol{\alpha}_2+\cdots+b_n\boldsymbol{\alpha}_n$ 的内积为 $(\boldsymbol{\alpha},\boldsymbol{\beta})=a_1b_1+a_2b_2+\cdots+a_nb_n$(即标准内积);

(3) V 中任意向量 $\boldsymbol{\alpha}$ 在基 $\boldsymbol{\alpha}_1,\boldsymbol{\alpha}_2,\cdots,\boldsymbol{\alpha}_n$ 下的坐标为 $a_i=(\boldsymbol{\alpha},\boldsymbol{\alpha}_i)(i=1,2,\cdots,n)$, 即 $\boldsymbol{\alpha}=(\boldsymbol{\alpha},\boldsymbol{\alpha}_1)\boldsymbol{\alpha}_1+(\boldsymbol{\alpha},\boldsymbol{\alpha}_2)\boldsymbol{\alpha}_2+\cdots+(\boldsymbol{\alpha},\boldsymbol{\alpha}_n)\boldsymbol{\alpha}_n$.

证 (1) ⇒ (2): 显然, 直接计算内积即可.

(2) ⇒ (3): 分别取 $\boldsymbol{\beta}=\boldsymbol{\alpha}_i(i=1,2,\cdots,n)$, 即可得 $a_i=(\boldsymbol{\alpha},\boldsymbol{\alpha}_i)$.

(3) ⇒ (1): 取 $\boldsymbol{\alpha}=\boldsymbol{\alpha}_j$, 即得 $(\boldsymbol{\alpha}_j,\boldsymbol{\alpha}_i)=\delta_{ji}(i,j=1,2,\cdots,n)$, 从而 $\boldsymbol{\alpha}_1,\boldsymbol{\alpha}_2,\cdots,\boldsymbol{\alpha}_n$ 为 V 的标准正交基.

例 7.17 设 $V=\mathbf{R}_n[x]$. 对于 $f(x)=a_0+a_1x+\cdots+a_nx^n,g(x)=b_0+b_1x+\cdots+b_nx^n$, 证明: 下列定义都在 V 中定义了内积.

(1) $(f,g)=\sum\limits_{i=0}^{n}a_ib_i$;

(2) $[f,g]=\int_0^1 f(x)g(x)\mathrm{d}x\left(=\sum_{i,j=0}^{n}\frac{a_ib_i}{i+j+1}\right)$;

(3) $\langle f,g\rangle=\int_{-1}^1 f(x)g(x)\mathrm{d}x$;

(4) 对任意的 $a,b\in\mathbf{R},a<b,\{f,g\}=\int_a^b f(x)g(x)\mathrm{d}x$.

证 直接验证满足内积公理, 即对称性、线性性和正定性即可.

例 7.18 在 $V=\mathbf{R}_3[x]$ 中, 定义内积 $(f,g)=\int_{-1}^1 f(x)g(x)\mathrm{d}x$. 试用施密特正交化方法将 $1,x,x^2,x^3$ 改造成标准正交基, 并由此给出 V 的子空间 $V_i=\mathbf{R}_i[x](i=0,1,2)$ 的标准正交基.

解 因为 $(1,1)=2,(x,1)=0,(x^2,1)=(x,x)=2/3,(x^2,x)=0$, 于是先将 $1,x,x^2,x^3$ 用施密特正交化方法改造成正交基:

$$\boldsymbol{\beta}_1=1,\quad \boldsymbol{\beta}_2=x-\frac{(x,1)}{(1,1)}\cdot 1=x,$$
$$\boldsymbol{\beta}_3=x^2-\frac{(x^2,1)}{(1,1)}\cdot 1-\frac{(x^2,x)}{(x,x)}\cdot x=x^2-\frac{1}{3},$$
$$\boldsymbol{\beta}_4=x^3-\frac{(x^3,1)}{(1,1)}\cdot 1-\frac{(x^3,x)}{(x,x)}\cdot x-\frac{(x^3,x^2)}{(x^2,x^2)}\cdot x^2=x^3-\frac{3}{5}x.$$

而

$$(\boldsymbol{\beta}_1,\boldsymbol{\beta}_1)=2,\quad (\boldsymbol{\beta}_2,\boldsymbol{\beta}_2)=2/3,\quad (\boldsymbol{\beta}_3,\boldsymbol{\beta}_3)=8/45,\quad (\boldsymbol{\beta}_4,\boldsymbol{\beta}_4)=8/175.$$

再将它们单位化, 即得标准正交向量组, 也是 V_4 的标准正交基: $\boldsymbol{e}_1=\sqrt{2}/2,\boldsymbol{e}_2=\frac{\sqrt{6}}{2}x,\boldsymbol{e}_3=\frac{\sqrt{10}}{4}(3x^2-1),\boldsymbol{e}_4=\frac{\sqrt{14}}{4}(5x^3-3x)$.

由此可得, V_0,V_1 和 V_2 的标准正交基: $\boldsymbol{e}_1;\boldsymbol{e}_1,\boldsymbol{e}_2$ 和 $\boldsymbol{e}_1,\boldsymbol{e}_2,\boldsymbol{e}_3$.

例 7.19 在 $V=\mathbf{R}_n[x]$ 中, 定义 $(f(x),g(x))=\sum_{i=0}^{n}f\left(\frac{i}{n}\right)g\left(\frac{i}{n}\right),f(x),g(x)\in V$.

(1) 证明: (,) 是 V 的内积, 从而使 V 成为欧氏空间;

(2) 当 $n=1$, 即 $V=\mathbf{R}_1[x]$ 时, 取 $f(x)=x,g(x)=x+a$, 问: a 为何值时, $f(x)$ 与 $g(x)$ 正交?

证 (1) 对称性与线性性直接验证即可 (显然成立). 今验证正定性: 显然 $(0,0)=0$, 当 $f(x)\neq 0$ 时, $n+1$ 个点处的函数值 $f\left(\frac{i}{n}\right)(i=0,1,\cdots,n)$ 不全为 0, 从而 $(f(x),f(x))=\sum_{i=0}^{n}\left(f\left(\frac{i}{n}\right)\right)^2>0$. 因此 (,) 是 V 的内积.

(2) $n=1,f(x)=x,g(x)=x+a$, 则 $(f(x),g(x))=f(0)g(0)+f(1)g(1)=1+a$. 因此当 $a=-1$ 时, $f(x)$ 与 $g(x)$ 正交, 即 x 与 $x-1$ 正交.

例 7.20 设 V 为 $\mathbf{R}^n$ 关于内积 $(\boldsymbol{X},\boldsymbol{Y})=\boldsymbol{X}^{\mathrm{T}}\boldsymbol{A}\boldsymbol{Y}$ 所作的欧氏空间, 其中 $\boldsymbol{A}$ 为 n 阶正定的实对称矩阵, $\boldsymbol{X}=(x_1,x_2,\cdots,x_n)^{\mathrm{T}},\boldsymbol{Y}=(y_1,y_2,\cdots,y_n)^{\mathrm{T}}$.

(1) 求基 $\boldsymbol{e}_1=(1,0,\cdots,0)^{\mathrm{T}},\boldsymbol{e}_2=(0,1,\cdots,0)^{\mathrm{T}},\cdots,\boldsymbol{e}_n=(0,0,\cdots,1)^{\mathrm{T}}$ 的度量矩阵;

(2) 具体写出 V 中的柯西–施瓦茨不等式.

解　(1) 设 $\boldsymbol{A}=(a_{ij})$, 则 $(\boldsymbol{e}_i,\boldsymbol{e}_j)=\boldsymbol{e}_i^{\mathrm{T}}\boldsymbol{A}\boldsymbol{e}_j=a_{ij}$, 因此, 基 $\boldsymbol{e}_1,\boldsymbol{e}_2,\cdots,\boldsymbol{e}_n$ 的度量矩阵就是 $\boldsymbol{A}$.

(2) V 中的柯西–施瓦茨不等式为

$$\left|\sum_{i,j=1}^{n}a_{ij}x_iy_j\right|\leqslant\sqrt{\sum_{i,j=1}^{n}a_{ij}x_ix_j}\cdot\sqrt{\sum_{i,j=1}^{n}a_{ij}y_iy_j}.$$

例 7.21　证明: (1) 如果 $\boldsymbol{\alpha}$ 与 $\boldsymbol{\beta}_1,\boldsymbol{\beta}_2,\cdots,\boldsymbol{\beta}_s$ 都正交, 则 $\boldsymbol{\alpha}$ 与 $\boldsymbol{\beta}_1,\boldsymbol{\beta}_2,\cdots,\boldsymbol{\beta}_s$ 的任一线性组合都正交. 从而 $\boldsymbol{\alpha}$ 与子空间 $\langle\boldsymbol{\beta}_1,\boldsymbol{\beta}_2,\cdots,\boldsymbol{\beta}_s\rangle$ 正交.

(2) 设 V_1 为 n 维子空间, $\boldsymbol{\alpha}_1,\boldsymbol{\alpha}_2,\cdots,\boldsymbol{\alpha}_n$ 为 V_1 的一组基. 如果 $\boldsymbol{\alpha}$ 与 $\boldsymbol{\alpha}_i(i=1,2,\cdots,n)$ 都正交, 则 $\boldsymbol{\alpha}$ 与 V_1 正交.

证　(1) 设 $\boldsymbol{\beta}=k_1\boldsymbol{\beta}_1+k_2\boldsymbol{\beta}_2+\cdots+k_s\boldsymbol{\beta}_s$, 则 $(\boldsymbol{\alpha},\boldsymbol{\beta})=(\boldsymbol{\alpha},k_1\boldsymbol{\beta}_1+k_2\boldsymbol{\beta}_2+\cdots+k_s\boldsymbol{\beta}_s)=k_1(\boldsymbol{\alpha},\boldsymbol{\beta}_1)+k_2(\boldsymbol{\alpha},\boldsymbol{\beta}_2)+\cdots+k_s(\boldsymbol{\alpha},\boldsymbol{\beta}_s)=0$, 因此 $\boldsymbol{\alpha}$ 与 $\boldsymbol{\beta}$ 正交. 由此显然得另一个结论及 (2).

例 7.22　设 $\boldsymbol{\alpha},\boldsymbol{\alpha}_1,\boldsymbol{\alpha}_2$ 为欧氏空间 V 中的任意三个向量.

(1) 如果对任意的 $\boldsymbol{\beta}\in V$, 都有 $(\boldsymbol{\alpha},\boldsymbol{\beta})=0$, 则 $\boldsymbol{\alpha}=\boldsymbol{0}$.

(2) 如果对任意的 $\boldsymbol{\beta}\in V$, 都有 $(\boldsymbol{\alpha}_1,\boldsymbol{\beta})=(\boldsymbol{\alpha}_2,\boldsymbol{\beta})$, 则 $\boldsymbol{\alpha}_1=\boldsymbol{\alpha}_2$.

(3) 当 V 为 n 维欧氏空间时, $\boldsymbol{\beta}_1,\boldsymbol{\beta}_2,\cdots,\boldsymbol{\beta}_n$ 为 V 的一组基. 如果 $(\boldsymbol{\alpha},\boldsymbol{\beta}_i)=0(i=1,2,\cdots,n)$, 则 $\boldsymbol{\alpha}=\boldsymbol{0}$; 如果 $(\boldsymbol{\alpha}_1,\boldsymbol{\beta}_i)=(\boldsymbol{\alpha}_2,\boldsymbol{\beta}_i)(i=1,2,\cdots,n)$, 则 $\boldsymbol{\alpha}_1=\boldsymbol{\alpha}_2$.

证　(1) 取 $\boldsymbol{\beta}=\boldsymbol{\alpha}$, 得 $(\boldsymbol{\alpha},\boldsymbol{\alpha})=0$, 从而 $\boldsymbol{\alpha}=0$.

(2) 由 $(\boldsymbol{\alpha}_1,\boldsymbol{\beta})=(\boldsymbol{\alpha}_2,\boldsymbol{\beta})$, 得 $(\boldsymbol{\alpha}_1-\boldsymbol{\alpha}_2,\boldsymbol{\beta})=0,\boldsymbol{\beta}\in V$. 再由 (1) 得 $\boldsymbol{\alpha}_1-\boldsymbol{\alpha}_2=\boldsymbol{0}$, 即 $\boldsymbol{\alpha}_1=\boldsymbol{\alpha}_2$.

(3) 由 $(\boldsymbol{\alpha},\boldsymbol{\beta}_i)=0(i=1,2,\cdots,n)$, 得对任意的 $\boldsymbol{\beta}\in V,(\boldsymbol{\alpha},\boldsymbol{\beta})=0$. 再由 (1) 知 $\boldsymbol{\alpha}=\boldsymbol{0}$. 又由 $(\boldsymbol{\alpha}_1,\boldsymbol{\beta}_i)=(\boldsymbol{\alpha}_2,\boldsymbol{\beta}_i)(i=1,2,\cdots,n)$, 得对任意的 $\boldsymbol{\beta}\in V$, $(\boldsymbol{\alpha}_1,\boldsymbol{\beta})=(\boldsymbol{\alpha}_2,\boldsymbol{\beta})$. 再由 (2) 知 $\boldsymbol{\alpha}_1=\boldsymbol{\alpha}_2$.

7.2　正交变换与对称变换

内 容 提 要

1. 正交变换、对称变换与正交矩阵

(1) 正交变换

欧氏空间 $V=\mathbf{E}(\mathbf{R})$ 上保持内积的 (线性) 变换 (即欧氏空间 V 到其自身的同构, 称为 V 的自同构) $\mathscr{A}$ 称为**正交变换**, 即 $\mathscr{A}\in L(V)$, 且满足

$$(\mathscr{A}(\boldsymbol{\alpha}),\mathscr{A}(\boldsymbol{\beta}))=(\boldsymbol{\alpha},\boldsymbol{\beta})\quad(\boldsymbol{\alpha},\boldsymbol{\beta}\in V).\tag{1}$$

欧氏空间 V 上所有正交变换的集合记为 $O(V)$.

(2) 对称变换

欧氏空间 $V=\mathbf{E}(\mathbf{R})$ 上满足

$$(\mathscr{A}(\boldsymbol{\alpha}),\boldsymbol{\beta})=(\boldsymbol{\alpha},\mathscr{A}(\boldsymbol{\beta}))\quad(\boldsymbol{\alpha},\boldsymbol{\beta}\in V)\tag{2}$$

的 (线性) 变换 $\mathscr{A}$ 称为**对称变换**.

(3) 正交矩阵

满足

$$\boldsymbol{A}^{\mathrm{T}}\boldsymbol{A}=\boldsymbol{I}\tag{3}$$

(或 $\boldsymbol{A}^{\mathrm{T}}=\boldsymbol{A}^{-1}$, 或 $\boldsymbol{A}\boldsymbol{A}^{\mathrm{T}}=\boldsymbol{I}$) 的实矩阵 $\boldsymbol{A}$ 称为**正交矩阵**. 所有 n 阶正交矩阵的集合记为 $O_n(\mathbf{R})$.

2. 正交矩阵与正交变换的关系与性质

(1) 单位矩阵为正交矩阵; 正交矩阵必可逆, 且其逆仍为正交矩阵; 正交矩阵的转置 (等于其逆) 仍为正交矩阵; 两个同阶正交矩阵的乘积仍为正交矩阵.

(2) 恒等变换为正交变换; 正交变换必可逆, 且其逆变换仍为正交变换; 同一欧氏空间上的两个正交变换的乘积 (合成) 仍为正交变换.

(3) 设 $\mathscr{A}$ 是 (n 维) 欧氏空间 V 上的线性变换, 则下列条件等价:

① $\mathscr{A}$ 是正交变换;

② $\mathscr{A}$ 保持 V 中向量的模, 即对任意的 $\boldsymbol{\alpha}\in V,|\mathscr{A}(\boldsymbol{\alpha})|=|\boldsymbol{\alpha}|$;

③ $\mathscr{A}$ 保持 V 中的标准正交基, 即若 $\boldsymbol{e}_1,\boldsymbol{e}_2,\cdots,\boldsymbol{e}_n$ 为 V 的一组标准正交基, 则 $\mathscr{A}(\boldsymbol{e}_1),\mathscr{A}(\boldsymbol{e}_2),\cdots,\mathscr{A}(\boldsymbol{e}_n)$ 仍为 V 的标准正交基.

(4) 设 n 维欧氏空间 $V=\mathbf{E}_n(\mathbf{R})$ 上的线性变换 $\mathscr{A}$ 在 V 的标准正交基 $\boldsymbol{e}_1,\boldsymbol{e}_2,\cdots,\boldsymbol{e}_n$ 下的矩阵为 $\boldsymbol{A}$, 则 $\mathscr{A}$ 是正交变换的充分必要条件为 $\boldsymbol{A}$ 是正交矩阵.

(5) 设 $\boldsymbol{e}_1,\boldsymbol{e}_2,\cdots,\boldsymbol{e}_n$ 为 $V=\mathbf{E}_n(\mathbf{R})$ 的一组标准正交基, $\boldsymbol{A}\in M_n(\mathbf{R})$, $(\boldsymbol{a}_1,\boldsymbol{a}_2,\cdots,\boldsymbol{a}_n)=(\boldsymbol{e}_1,\boldsymbol{e}_2,\cdots,\boldsymbol{e}_n)\cdot\boldsymbol{A}$, 则 $\boldsymbol{a}_1,\boldsymbol{a}_2,\cdots,\boldsymbol{a}_n$ 是 V 的标准正交基, 当且仅当 $\boldsymbol{A}$ 是正交矩阵时.

(6) 集合 $O(V_n)=\{V_n=\mathbf{E}_n(\mathbf{R})$ 上的正交变换$\}$、集合 $O_n(\mathbf{R})=\{n$ 阶正交矩阵$\}$ 与集合$\{\mathbf{E}_n(\mathbf{R})$ 中的标准正交基$\}$ 的元素一一对应.

(7) 设 $\boldsymbol{A}\in M_n(\mathbf{R})$, 则下列条件等价:

① $\boldsymbol{A}$ 是正交矩阵;

② 对任意的 $\boldsymbol{X}\in\mathbf{R}^n,|\boldsymbol{A}\cdot\boldsymbol{X}|=|\boldsymbol{X}|$;

③ 若 $\boldsymbol{e}_1,\boldsymbol{e}_2,\cdots,\boldsymbol{e}_n$ 为 $\mathbf{R}^n$ 的一组标准正交基, 则 $\boldsymbol{A}\boldsymbol{e}_1,\boldsymbol{A}\boldsymbol{e}_2,\cdots,\boldsymbol{A}\boldsymbol{e}_n$ 仍为 $\mathbf{R}^n$ 的标准正交基;

④ $\boldsymbol{A}$ 的列向量组标准正交;

⑤ $\boldsymbol{A}$ 的行向量组标准正交.

(8) 正交矩阵的 (复) 特征值是模为 1 的复数 $\mathrm{e}^{\mathrm{i}\theta}(\theta\in\mathbf{R})$; 实特征值只能是 1 或 -1, 虚特征值必成对共轭出现; 属于同一正交矩阵的特征值 1 和特征值 -1 的实特征向量相互正交.

(9) 正交变换的 (实) 特征值只能是 1 或 -1; 属于同一正交变换的特征值 1 和特征值 -1 的 (实) 特征向量相互正交.

(10) 正交矩阵 (或正交变换) 的行列式必为 1 或 -1. 行列式为 1 的正交矩阵 (或正交变换) 称为**第一类**正交矩阵 (或正交变换, 第一类正交变换又称为"**旋转**"), 低维 (3 维及以下) 欧氏空间上的第一类正交变换就是旋转 (见下面的例 7.29 和例 7.30); 行列式为 -1 的正交矩阵 (或正交变换) 称为**第二类**正交矩阵 (或正交变换).

3. 对称变换与实对称矩阵的关系与性质

(1) 设 n 维欧氏空间 $V=\mathbf{E}_n(\mathbf{R})$ 上的线性变换 $\mathscr{A}$ 在 V 的标准正交基 $\boldsymbol{e}_1,\boldsymbol{e}_2,\cdots,\boldsymbol{e}_n$ 下的矩阵为 $\boldsymbol{A}$, 则 $\mathscr{A}$ 是对称变换的充分必要条件为 $\boldsymbol{A}$ 是 (实) 对称矩阵.

(2) 集合$\{\mathbf{E}_n(\mathbf{R})$ 上的对称变换$\}$ 与集合$\{n$ 阶实对称矩阵$\}$ 的元素一一对应.

(3) 实对称矩阵的特征值全是实数, 从而 n 阶实对称矩阵 $\boldsymbol{A}$ 恰有 n 个实特征值 (重根的按其重数计); 实对称矩阵的特征向量可全取实向量, 属于实对称矩阵 $\boldsymbol{A}$ 的不同 (实) 特征值的实特征向量相互正交.

(4) 欧氏空间上的对称变换的特征值全是实数, 从而 n 维欧氏空间 $V=\mathbf{E}_n(\mathbf{R})$ 的对称变换 $\mathscr{A}$ 恰有 n 个实特征值 (重根的按其重数计); 属于对称变换 $\mathscr{A}$ 的不同 (实) 特征值的 (实) 特征向量相互正交.

4. 对称变换与实对称矩阵的对角化

(1) 正交相似. 设 $\boldsymbol{A},\boldsymbol{B}\in M_n(\mathbf{R})$, 若存在正交矩阵 $\boldsymbol{T}$, 使得 $\boldsymbol{B}=\boldsymbol{T}^{\mathrm{T}}\boldsymbol{A}\boldsymbol{T}$, 则称 $\boldsymbol{B}$ 与 $\boldsymbol{A}$ **正交相似**, 记为 $\boldsymbol{A}\sim\boldsymbol{B}$.

(2) 正交相似是等价关系, 即满足自反性、对称性和传递性.

(3) 实对称矩阵必可正交相似对角化. 即若 $\boldsymbol{A}$ 为 n 阶实对称阵, 则存在 n 阶正交矩阵 $\boldsymbol{T}$, 使得 $\boldsymbol{T}^{\mathrm{T}}\boldsymbol{A}\boldsymbol{T}$ 为对角阵

$$\operatorname{diag}(\lambda_1,\lambda_2,\cdots,\lambda_n)\quad(\lambda_i\in\mathbf{R},i=1,2,\cdots,n). \tag{4}$$

(4) 对称变换必可对角化. 即若 $\mathscr{A}$ 为 n 维欧氏空间 $V=\mathbf{E}_n(\mathbf{R})$ 上的对称变换, 则必存在 V 的一组标准正交基, 使得 $\mathscr{A}$ 在此基下的矩阵为对角阵 $\operatorname{diag}(\lambda_1,\lambda_2,\cdots,\lambda_n)(\lambda_i\in\mathbf{R},i=1,2,\cdots,n)$.

(5) 实对称矩阵和对称变换必有标准正交的实完全特征向量系. 设 $\mathscr{A}$ 为 n 维欧氏空间 $V=\mathbf{E}_n(\mathbf{R})$ 上的对称变换, $\boldsymbol{A}$ 为 n 阶实对称阵, 则:

① $\mathscr{A}$ 和 $\boldsymbol{A}$ 必存在标准正交的实完全特征向量系, 即 n 个标准正交的实特征向量;

② $\mathscr{A}$ 和 $\boldsymbol{A}$ 的每个特征值的几何重数都等于其代数重数.

例题分析

例 7.23　(1) 设 $V=\mathbf{R}^2$, 对任意的 $\boldsymbol{X}=\begin{pmatrix}a\\b\end{pmatrix}$, 令 $\mathscr{A}\boldsymbol{X}=\begin{pmatrix}b\\a\end{pmatrix}$, $\mathscr{B}\boldsymbol{X}=\begin{pmatrix}a\\-b\end{pmatrix}$,

则 $\mathscr{A},\mathscr{B}\in O(V)$, 即关于直线 $\boldsymbol{Y}=\boldsymbol{X}$ 和关于 Ox 轴的镜面反射都是正交变换; $\mathscr{E}\in O(V)$.

(2) 设 $V=\mathbf{C}$ 为例 7.1(4) 给出的 2 维欧氏空间, 对任意的 $\boldsymbol{\alpha}=a+b\mathrm{i}\in V\ (a,b\in\mathbf{R})$, 令 $\mathscr{C}(\boldsymbol{\alpha})=\mathrm{e}^{\mathrm{i}\theta}\cdot\boldsymbol{\alpha}$, 则 $\mathscr{C}\in O(V)$. 即 2 维实平面上的旋转为正交变换.

证 (1) 显然 $\mathscr{A},\mathscr{B}$ 为 V 的变换, 且对任意的 $\boldsymbol{X},\boldsymbol{Y}\in V,\lambda\in\mathbf{R},\mathscr{A}(\boldsymbol{X}+\boldsymbol{Y})=\mathscr{A}\boldsymbol{X}+\mathscr{A}\boldsymbol{Y},\mathscr{A}(\lambda\boldsymbol{X})=\lambda\mathscr{A}\boldsymbol{X},(\mathscr{A}\boldsymbol{X},\mathscr{A}\boldsymbol{Y})=(\boldsymbol{X},\boldsymbol{Y});\mathscr{B}(\boldsymbol{X}+\boldsymbol{Y})=\mathscr{B}\boldsymbol{X}+\mathscr{B}\boldsymbol{Y},\mathscr{B}(\lambda\mathscr{B})=\lambda\mathscr{B},(\mathscr{B}\boldsymbol{X},\mathscr{B}\boldsymbol{Y})=(\boldsymbol{X},\boldsymbol{Y})$.

注 可将 $\mathscr{A}$, $\mathscr{B}$ 推广为关于过原点的任意一条直线 $\boldsymbol{Y}=k\boldsymbol{X}$ 的镜面反射, 都是 V 的正交变换.

(2) 显然 $\mathscr{C}$ 是 V 上的变换, 且对任意的 $\boldsymbol{X},\boldsymbol{Y}\in V$, $\lambda\in\mathbf{R}$, $\mathscr{C}(\boldsymbol{X}+\boldsymbol{Y})=\mathscr{C}\boldsymbol{X}+\mathscr{C}\boldsymbol{Y}$, $\mathscr{C}(\lambda\boldsymbol{X})=\lambda\mathscr{C}\boldsymbol{X}$, $(\mathscr{C}\boldsymbol{X},\mathscr{C}\boldsymbol{Y})=(\boldsymbol{X},\boldsymbol{Y})$.

例 7.24 求例 7.23 中的 $\mathscr{A},\mathscr{B}$ 和 $\mathscr{C}$ 在 V 的适当标准正交基 $\boldsymbol{e}_1,\boldsymbol{e}_2$ 下的矩阵 $\boldsymbol{A},\boldsymbol{B}$ 和 $\boldsymbol{C}$.

解 (1) 取 V 的原始自然标准正交基 $\boldsymbol{e}_1=\begin{pmatrix}1\\0\end{pmatrix}$, $\boldsymbol{e}_2=\begin{pmatrix}0\\1\end{pmatrix}$, 则 $\boldsymbol{A}=\begin{pmatrix}0&1\\1&0\end{pmatrix}$, $\boldsymbol{B}=\begin{pmatrix}1&0\\0&-1\end{pmatrix}$.

(2) 取 V 的原始自然标准正交基 $\boldsymbol{e}_1=1,\boldsymbol{e}_2=\mathrm{i}$, 则 $\boldsymbol{C}=\begin{pmatrix}\cos\theta&-\sin\theta\\\sin\theta&\cos\theta\end{pmatrix}$.

例 7.25 设 2 维欧氏空间 $V=\mathbf{C}$ 上的线性变换 $\mathscr{D}$ 在 V 的原始自然标准正交基 $\boldsymbol{e}_1=1,\boldsymbol{e}_2=\mathrm{i}$ 下的矩阵为 $\boldsymbol{D}=\begin{pmatrix}\cos\theta&\sin\theta\\\sin\theta&-\cos\theta\end{pmatrix}$.

(1) 证明: $\mathscr{D}$ 为第二类正交变换;

(2) 用例 7.24 中的 $\boldsymbol{B}$ 和 $\boldsymbol{C}$ 表示 $\boldsymbol{D}$, 用例 7.24 中的 $\mathscr{B}$ 和 $\mathscr{C}$ 表示 $\mathscr{D}$.

证 (1) $\boldsymbol{D}^{\mathrm{T}}\boldsymbol{D}=\boldsymbol{I}$, 且 $\det(\boldsymbol{D})=-1$, 所以 $\boldsymbol{D}$ 为第二类正交阵, 从而 $\mathscr{D}$ 为第二类正交变换.

(2) $\boldsymbol{D}=\boldsymbol{C}\cdot\boldsymbol{B}$, $\mathscr{D}=\mathscr{C}\cdot\mathscr{B}$.

例 7.26 证明: 属于同一正交矩阵 $\boldsymbol{A}$(或正交变换 $\mathscr{A}$) 的两个不同实特征值的 (实) 特征向量相互正交.

证 (1) 设 λ_1,λ_2 为正交阵 $\boldsymbol{A}$ 的两个不同的实特征值, 则 λ_1,λ_2 必为 ±1, 不妨设 $\lambda_1=1$, $\lambda_2=-1$. 再设 $\boldsymbol{X}_i$ 为 $\boldsymbol{A}$ 的属于 λ_i 的实特征向量, 即 $\boldsymbol{A}\boldsymbol{X}_i=\lambda_i\boldsymbol{X}_i(i=1,2)$, 则 $\boldsymbol{X}_1^{\mathrm{T}}\boldsymbol{A}^{\mathrm{T}}\boldsymbol{A}\boldsymbol{X}_2=\boldsymbol{X}_1^{\mathrm{T}}\boldsymbol{X}_2$. 又 $\boldsymbol{X}_1^{\mathrm{T}}\boldsymbol{A}^{\mathrm{T}}\boldsymbol{A}\boldsymbol{X}_2=(\boldsymbol{A}\boldsymbol{X}_1)^{\mathrm{T}}\boldsymbol{A}\boldsymbol{X}_2=\lambda_1\lambda_2\boldsymbol{X}_1^{\mathrm{T}}\boldsymbol{X}_2=-\boldsymbol{X}_1^{\mathrm{T}}\boldsymbol{X}_2\Rightarrow\boldsymbol{X}_1^{\mathrm{T}}\boldsymbol{X}_2=0$, 即 $\boldsymbol{X}_1\perp\boldsymbol{X}_2$.

(2) 设 λ_1,λ_2 为正交变换 $\mathscr{A}$ 的两个不同的实特征值, 则 λ_1,λ_2 必为 ±1, 不妨设 $\lambda_1=1$, $\lambda_2=-1$. 再设 $\boldsymbol{\alpha}_i$ 为 $\boldsymbol{A}$ 的属于 λ_i 的实特征向量, 即 $\mathscr{A}(\boldsymbol{\alpha}_i)=\lambda_i\boldsymbol{\alpha}_i(i=1,2)$, 则 $(\mathscr{A}(\boldsymbol{\alpha}_1),\mathscr{A}(\boldsymbol{\alpha}_2))=(\boldsymbol{\alpha}_1,\boldsymbol{\alpha}_2)$. 又 $(\mathscr{A}(\boldsymbol{\alpha}_1),\mathscr{A}(\boldsymbol{\alpha}_2))=\lambda_1\lambda_2(\boldsymbol{\alpha}_1,\boldsymbol{\alpha}_2)=-(\boldsymbol{\alpha}_1,\boldsymbol{\alpha}_2)\Rightarrow(\boldsymbol{\alpha}_1,\boldsymbol{\alpha}_2)=0$, 即 $\boldsymbol{\alpha}_1\perp\boldsymbol{\alpha}_2$.

本题也可以以下面的形式出现.

例 7.27 设正交变换 $\mathscr{A}$ 有两个不相等的实特征值 λ 和 $\mu,\boldsymbol{\alpha}$ 和 $\boldsymbol{\beta}$ 分别为相应的特征

向量.

(1) 求 λ, μ;

(2) 证明: $\boldsymbol{\alpha}$ 与 $\boldsymbol{\beta}$ 正交.

解　(1) 因为正交变换的实特征值只能是 ±1, 所以 $\lambda=1$, $\mu=-1$ (或 $\lambda=-1$, $\mu=1$).

(2) 由 $\mathscr{A}\boldsymbol{\alpha}=\boldsymbol{\alpha}$, $\mathscr{A}\boldsymbol{\beta}=-\boldsymbol{\beta}$, 得 $(\boldsymbol{\alpha},\boldsymbol{\beta})=(\mathscr{A}\boldsymbol{\alpha},\mathscr{A}\boldsymbol{\beta})=(\boldsymbol{\alpha},-\boldsymbol{\beta})$, 从而 $(\boldsymbol{\alpha},\boldsymbol{\beta})=0$, 即 $\boldsymbol{\alpha}\perp\boldsymbol{\beta}$.

例 7.28　设 $\boldsymbol{A}$ 为 2 阶正交阵, $\boldsymbol{X}\in V=\mathbf{R}^2$ 为 $\boldsymbol{A}$ 的一个属于实特征值 λ_1 的实特征向量. 证明: 任意一个与 $\boldsymbol{X}$ 正交的非零向量 $\boldsymbol{Y}$ 都是 $\boldsymbol{A}$ 的特征向量.

证　设 $\boldsymbol{A}$ 的特征值为 λ_1,λ_2, 且 $\lambda_1\in\mathbf{R}$, $\boldsymbol{AX}=\lambda_1\boldsymbol{X}$, 则因为 $\lambda_1\lambda_2=\det(\boldsymbol{A})\in\mathbf{R}$, 所以 $\lambda_2\in\mathbf{R}$.

(1) 若 $\lambda_2=\lambda_1=\lambda$, 则 $\lambda=1$ 或 $\lambda=-1$. 于是 $\boldsymbol{A}=\boldsymbol{I}$ 或 $\boldsymbol{A}=-\boldsymbol{I}$. 从而对任意的 $\boldsymbol{Y}(\neq 0,\in V)$ 都是 $\boldsymbol{A}$ 的特征向量, 因此结论成立.

(2) 若 $\lambda_2\neq\lambda_1$, 则由例 7.27 知 $\boldsymbol{A}$ 属于特征值 λ_2 的特征向量 $\boldsymbol{X}_1$ 与 $\boldsymbol{X}$ 正交. 对 $V=\mathbf{R}^2$ 中任意一个与 $\boldsymbol{X}$ 正交的非零向量 $\boldsymbol{Y}$, $\boldsymbol{Y}=\mu\boldsymbol{X}_1(\mu\in\mathbf{R})$, 从而也都是 $\boldsymbol{A}$ 的特征向量.

例 7.29　证明: (1) 任何 2 阶正交阵 $\boldsymbol{A}$ 必取下面两种形式之一:

$$\boldsymbol{B}=\begin{pmatrix}\cos\theta & -\sin\theta\\ \sin\theta & \cos\theta\end{pmatrix},\quad \boldsymbol{C}=\begin{pmatrix}\cos\theta & \sin\theta\\ \sin\theta & -\cos\theta\end{pmatrix}\quad(-\pi\leqslant\theta<\pi),$$

其中, $\boldsymbol{B}$ 为第一类的, $\boldsymbol{C}$ 为第二类的.

(2) $\boldsymbol{C}=\boldsymbol{B}\begin{pmatrix}1 & 0\\ 0 & -1\end{pmatrix}$; $\boldsymbol{C}\sim\begin{pmatrix}1 & 0\\ 0 & -1\end{pmatrix}$.

(3) $\mathbf{R}^2$ 中的第一类正交变换即为旋转, 第二类正交变换为一个旋转与一个镜面反射的合成.

证　(1) 设 $\boldsymbol{A}=(\boldsymbol{X},\boldsymbol{Y})$, $\boldsymbol{X},\boldsymbol{Y}$ 为 $\mathbf{R}^2$ 中标准正交的向量. 设 $\boldsymbol{X}=\begin{pmatrix}\cos\theta\\ \sin\theta\end{pmatrix}$, 则 $\boldsymbol{Y}=\begin{pmatrix}-\sin\theta\\ \cos\theta\end{pmatrix}$ 或 $\begin{pmatrix}\sin\theta\\ -\cos\theta\end{pmatrix}$, 即 $\boldsymbol{A}$ 为 $\boldsymbol{B}$ 或 $\boldsymbol{C}$ 的形式.

(2) 显然 $\boldsymbol{C}=\boldsymbol{B}\cdot\begin{pmatrix}1 & 0\\ 0 & -1\end{pmatrix}$, 且 $\boldsymbol{C}$ 的特征值为 ±1, $\boldsymbol{C}\sim\begin{pmatrix}1 & 0\\ 0 & -1\end{pmatrix}$.

(3) 设 $\mathscr{A}$ 为 $\mathbf{R}^2$ 中的正交变换, 则存在 $\mathbf{R}^2$ 的标准正交基 $\boldsymbol{e}_1,\boldsymbol{e}_2$, 使得 $\mathscr{A}$ 在基 $\boldsymbol{e}_1,\boldsymbol{e}_2$ 下的矩阵 $\boldsymbol{A}$ 为 $\boldsymbol{B}$ 或 $\boldsymbol{C}$ 的形式, 且分别记 $\mathscr{A}$ 为 $\mathscr{B}$ 和 $\mathscr{C}$. 并记 $\mathscr{D}$ 为在基 $\boldsymbol{e}_1,\boldsymbol{e}_2$ 下的矩阵 $\begin{pmatrix}1 & 0\\ 0 & -1\end{pmatrix}$ 的正交变换. 则 $\mathscr{B}$ 为旋转, $\mathscr{D}$ 为镜面反射, 且 $\mathscr{C}=\mathscr{B}\cdot\mathscr{D}$.

例 7.30　证明: (1) 任何 3 阶第一类正交阵 $\boldsymbol{A}=(a_{ij})$ 必相似于 $\begin{pmatrix}1 & 0\\ 0 & \boldsymbol{B}\end{pmatrix}$, 其中

$$\boldsymbol{B}=\begin{pmatrix}\cos\theta & -\sin\theta\\ \sin\theta & \cos\theta\end{pmatrix},\quad \cos\theta=\frac{a_{11}+a_{22}+a_{33}-1}{2}\quad(-\pi\leqslant\theta<\pi).$$

(2) 任何 3 阶第二类正交阵 $\boldsymbol{A}=(a_{ij})$ 必相似于 $\begin{pmatrix}1 & 0\\ 0 & \boldsymbol{C}\end{pmatrix}$ 或 $\begin{pmatrix}-1 & 0\\ 0 & \boldsymbol{B}\end{pmatrix}$, 其中 $\boldsymbol{B}$ 如 (1) 所示, 有

$$\boldsymbol{C}=\begin{pmatrix}\cos\theta & \sin\theta\\ \sin\theta & -\cos\theta\end{pmatrix}\quad(-\pi\leqslant\theta<\pi),$$

$$\begin{pmatrix}-1 & 0\\ 0 & \boldsymbol{B}\end{pmatrix}=\begin{pmatrix}-1 & \\ & \boldsymbol{I}_2\end{pmatrix}\begin{pmatrix}1 & \\ & \boldsymbol{B}\end{pmatrix},$$

$$\begin{pmatrix}1 & 0\\ 0 & \boldsymbol{C}\end{pmatrix}=\begin{pmatrix}1 & 0\\ 0 & \boldsymbol{B}\end{pmatrix}\begin{pmatrix}1 & & \\ & 1 & \\ & & -1\end{pmatrix}.$$

(3) 在 $\mathbf{R}^3$ 中, 第一类正交变换即为旋转, 第二类正交变换为一个旋转和一个镜面反射的合成.

证 (1) 首先 1 为 $\boldsymbol{A}$ 的特征值, 设 $\boldsymbol{X}_1\in\mathbf{R}^2$ 为 $\boldsymbol{A}$ 的属于特征值 1 的单位特征向量. 将 $\boldsymbol{X}_1$ 扩充为 $\mathbf{R}^2$ 的标准正交基 $\boldsymbol{X}_1,\boldsymbol{X}_2,\boldsymbol{X}_3$, 令 $\boldsymbol{P}=(\boldsymbol{X}_1\boldsymbol{X}_2\boldsymbol{X}_3)$, 则 $\boldsymbol{P}$ 正交, 且

$$\boldsymbol{P}^{\mathrm{T}}\boldsymbol{A}\boldsymbol{P}=\begin{pmatrix}1 & \boldsymbol{\alpha}\\ 0 & \boldsymbol{A}_1\end{pmatrix}.$$

$$\begin{aligned}\boldsymbol{I}=\boldsymbol{A}\boldsymbol{A}^{\mathrm{T}}&=\boldsymbol{P}\begin{pmatrix}1 & \boldsymbol{\alpha}\\ 0 & \boldsymbol{A}_1\end{pmatrix}\boldsymbol{P}^{\mathrm{T}}\boldsymbol{P}\begin{pmatrix}1 & 0\\ \boldsymbol{\alpha}^{\mathrm{T}} & \boldsymbol{A}_1^{\mathrm{T}}\end{pmatrix}\boldsymbol{P}^{\mathrm{T}}\\ &=\boldsymbol{P}\begin{pmatrix}1+\boldsymbol{\alpha}\boldsymbol{\alpha}^{\mathrm{T}} & \boldsymbol{\alpha}\boldsymbol{A}^{\mathrm{T}}\\ \boldsymbol{A}_1\boldsymbol{\alpha}^{\mathrm{T}} & \boldsymbol{A}_1\boldsymbol{A}_1^{\mathrm{T}}\end{pmatrix}\boldsymbol{P}^{\mathrm{T}}\end{aligned}$$

$$\Rightarrow\quad\begin{pmatrix}1+\boldsymbol{\alpha}\boldsymbol{\alpha}^{\mathrm{T}} & \boldsymbol{\alpha}\boldsymbol{A}_1^{\mathrm{T}}\\ \boldsymbol{A}_1\boldsymbol{\alpha}^{\mathrm{T}} & \boldsymbol{A}_1\boldsymbol{A}_1^{\mathrm{T}}\end{pmatrix}\text{正交}$$

$$\Rightarrow\quad\boldsymbol{\alpha}\boldsymbol{\alpha}^{\mathrm{T}}=0,\ \boldsymbol{A}_1\boldsymbol{A}_1^{\mathrm{T}}=\boldsymbol{I}_2\quad\Rightarrow\quad\boldsymbol{\alpha}=\boldsymbol{0},\ \boldsymbol{A}_1=\boldsymbol{I},\text{且 }\det(\boldsymbol{A}_1)=1.$$

由例 7.28 知 $\boldsymbol{A}_1$ 必取 $\boldsymbol{B}$ 的形式. 由 $\operatorname{tr}\boldsymbol{A}=1+\operatorname{tr}\boldsymbol{B}$, 即得

$$\cos\theta=\frac{a_{11}+a_{22}+a_{33}-1}{2}.$$

(2) 若 1 为 $\boldsymbol{A}$ 的特征值, 同 (1) 知 $\boldsymbol{A}\sim\begin{pmatrix}1 & 0\\ 0 & \boldsymbol{C}\end{pmatrix}$. 此时 $\boldsymbol{A}$ 的特征值为 $1,1,-1$. 若 -1 是 $\boldsymbol{A}$ 的特征值, 与 (1) 类似可得 $\boldsymbol{A}\sim\begin{pmatrix}-1 & 0\\ 0 & \boldsymbol{B}\end{pmatrix}$. 此时 $\boldsymbol{A}$ 的特征值为 $-1,\lambda,\overline{\lambda}(\lambda\in\mathbf{C})$.

(3) 由 (1) 和 (2), 仿例 7.28(2) 得结论.

例 7.31 设 $\mathscr{A}^*$ 为 $V=\mathbf{E}_n(R)$ 中线性变换 $\mathscr{A}$ 的共轭变换, 即对任意的 $\boldsymbol{\alpha},\boldsymbol{\beta}\in V$, $(\mathscr{A}\boldsymbol{\alpha},\boldsymbol{\beta})=(\boldsymbol{\alpha},\mathscr{A}^*\boldsymbol{\beta})$. 证明:

(1) 若 $\mathscr{A}$ 在 V 的标准正交基 $\boldsymbol{e}_1,\boldsymbol{e}_2,\cdots,\boldsymbol{e}_n$ 下的矩阵为 $\boldsymbol{A}=(a_{ij})\in M_n(\mathbf{R})$, 则 $\mathscr{A}^*$ 在 V 的标准正交基 $\boldsymbol{e}_1,\boldsymbol{e}_2,\cdots,\boldsymbol{e}_n$ 下的矩阵为 $\boldsymbol{A}^{\mathrm{T}}$;

(2) 若 $\mathscr{A}$ 为 V 中的正交变换, 则 $\mathscr{A}^*=\mathscr{A}^{-1}$;

(3) 若 $\mathscr{A}$ 为 V 中的对称变换, 则 $\mathscr{A}^*=\mathscr{A}$;

(4) 若 $\mathscr{A}$ 为 V 中的反对称变换, 则 $\mathscr{A}^*=-\mathscr{A}$.

证　(1) 设 $\mathscr{A}^*$ 在标准正交基 $\boldsymbol{e}_1,\boldsymbol{e}_2,\cdots,\boldsymbol{e}_n$ 下的矩阵为 $\boldsymbol{B}=(b_{ij})$, 则对任意的 i,j, $b_{ij}=(\boldsymbol{e}_i,\mathscr{A}^*\boldsymbol{e}_j)=(\mathscr{A}\boldsymbol{e}_i,\boldsymbol{e}_j)=a_{ji}$, 从而 $\boldsymbol{B}=\boldsymbol{A}^{\mathrm{T}}$.

(2) 当 $\mathscr{A}$ 为正交变换时, $\boldsymbol{A}$ 为正交阵, 从而 $\boldsymbol{B}=\boldsymbol{A}^{\mathrm{T}}=\boldsymbol{A}^{-1}$, 因此 $\mathscr{A}^*=\mathscr{A}^{-1}$.

(3) 当 $\mathscr{A}$ 为对称变换时, $\boldsymbol{A}$ 为对称阵, 从而 $\boldsymbol{B}=\boldsymbol{A}^{\mathrm{T}}=\boldsymbol{A}$, 因此 $\mathscr{A}^*=\mathscr{A}$.

(2),(3) 和 (4) 也可以直接证明, 如下:

对正交变换 $\mathscr{A}$, $\mathscr{A}$ 可逆, 由定义, 对任意的 $\boldsymbol{\alpha},\boldsymbol{\beta}\in V$, $(\boldsymbol{\alpha},\mathscr{A}^*\boldsymbol{\beta})=(\mathscr{A}\boldsymbol{\alpha},\mathscr{A}\mathscr{A}^{-1}\boldsymbol{\beta})=(\boldsymbol{\alpha},\mathscr{A}^{-1}\boldsymbol{\beta})$, 从而 $(\boldsymbol{\alpha},(\mathscr{A}^*-\mathscr{A}^{-1})\boldsymbol{\beta})=0$ 对任意的 $\boldsymbol{\alpha},\boldsymbol{\beta}$ 成立, 所以 $(\mathscr{A}^*-\mathscr{A}^{-1})\boldsymbol{\beta}=0$ 对任意的 $\boldsymbol{\beta}\in V$ 成立, 因此 $\mathscr{A}^*-\mathscr{A}^{-1}=0$, 即 $\mathscr{A}^*=\mathscr{A}^{-1}$.

对对称变换 $\mathscr{A}$, 由定义, 对任意的 $\boldsymbol{\alpha},\boldsymbol{\beta}\in V$, $(\boldsymbol{\alpha},\mathscr{A}^*\boldsymbol{\beta})=(\mathscr{A}\boldsymbol{\alpha},\boldsymbol{\beta})=(\boldsymbol{\alpha},\mathscr{A}\boldsymbol{\beta})$, 从而 $(\boldsymbol{\alpha},(\mathscr{A}^*-\mathscr{A})\boldsymbol{\beta})=0$ 对任意的 $\boldsymbol{\alpha},\boldsymbol{\beta}\in V$ 成立, 所以 $(\mathscr{A}^*-\mathscr{A})\boldsymbol{\beta}=0$ 对任意的 $\boldsymbol{\beta}\in V$ 成立, 因此 $\mathscr{A}^*-\mathscr{A}=0$, 即 $\mathscr{A}^*=\mathscr{A}$.

对反对称变换 $\mathscr{A}$, 由定义, 对任意的 $\boldsymbol{\alpha},\boldsymbol{\beta}\in V$, $(\boldsymbol{\alpha},\mathscr{A}^*\boldsymbol{\beta})=(\mathscr{A}\boldsymbol{\alpha},\boldsymbol{\beta})=-(\boldsymbol{\alpha},\mathscr{A}\boldsymbol{\beta})$, 从而 $(\boldsymbol{\alpha},(\mathscr{A}^*+\mathscr{A})\boldsymbol{\beta})=0$ 对任意的 $\boldsymbol{\alpha},\boldsymbol{\beta}\in V$ 成立, 所以 $(\mathscr{A}^*+\mathscr{A})\boldsymbol{\beta}=0$ 对任意的 $\boldsymbol{\beta}\in V$ 成立, 因此 $\mathscr{A}^*+\mathscr{A}=0$, 即 $\mathscr{A}^*=-\mathscr{A}$.

例 7.32　证明: $\mathbf{R}^3$ 中保持两个不共线的向量 $\boldsymbol{X},\boldsymbol{Y}$ 不变的第一类正交变换 $\mathscr{A}$ 必为恒等变换 $\mathscr{E}$.

证　由题意知, 1 至少是 $\mathscr{A}$ 的 2 重特征值 (代数重数 $n_1\geqslant$ 几何重数 $m_1\geqslant 2$), 于是 $\mathscr{A}$ 的另一个特征值为 1, 从而 $\mathscr{A}$ 的特征值全为 1(代数重数为 3). 将 $\boldsymbol{X},\boldsymbol{Y}$ 标准正交化, 得 $\boldsymbol{A}$ 的标准正交特征向量 $\boldsymbol{e}_1,\boldsymbol{e}_2$, 并扩充为 $\mathbf{R}^3$ 的标准正交基 $\boldsymbol{e}_1,\boldsymbol{e}_2,\boldsymbol{e}_3$, 则 $\boldsymbol{A}$ 在此标准正交基下的矩阵为 $\boldsymbol{A}=\begin{pmatrix}\boldsymbol{I}_2 & a\\ 0 & 1\end{pmatrix}$. 而 $\boldsymbol{A}$ 正交, 从而 $a=0$, 于是 $\boldsymbol{A}=\boldsymbol{I}$, 因此 $\mathscr{A}=\mathscr{E}$.

本题的几何意义是: 若 3 维实数空间 $\mathbf{R}^3$ 中的线性变换 $\mathscr{A}$ 既是绕 L_1 的旋转, 又是绕 L_2 的旋转, 其中 L_1 和 L_2 是 $\mathbf{R}^3$ 中过原点的两条 (垂直) 相交的直线, 则 $\mathscr{A}$ 必为恒等变换 $\mathscr{E}$.

例 7.33　设 $\boldsymbol{A}$ 为 n 阶实方阵, 且 $\boldsymbol{I}+\boldsymbol{A}$ 可逆. 则:

(1) $\boldsymbol{I}-\boldsymbol{A}$ 与 $(\boldsymbol{I}+\boldsymbol{A})^{-1}$ 乘积可交换;

(2) 若 $\boldsymbol{A}$ 正交, 则 $\boldsymbol{B}=(\boldsymbol{I}-\boldsymbol{A})\cdot(\boldsymbol{I}+\boldsymbol{A})^{-1}$ 为反对称阵.

证　(1) 由 $(\boldsymbol{I}-\boldsymbol{A})(\boldsymbol{I}+\boldsymbol{A})=(\boldsymbol{I}+\boldsymbol{A})(\boldsymbol{I}-\boldsymbol{A})$, 得 $(\boldsymbol{I}-\boldsymbol{A})\cdot(\boldsymbol{I}+\boldsymbol{A})^{-1}=(\boldsymbol{I}+\boldsymbol{A})^{-1}\cdot(\boldsymbol{I}-\boldsymbol{A})$, 即证.

(2) $\boldsymbol{B}^{\mathrm{T}}=((\boldsymbol{I}+\boldsymbol{A})^{-1})^{\mathrm{T}}\cdot(\boldsymbol{I}-\boldsymbol{A})^{\mathrm{T}}=((\boldsymbol{I}+\boldsymbol{A})^{\mathrm{T}})^{-1}(\boldsymbol{I}-\boldsymbol{A})^{\mathrm{T}}=(\boldsymbol{I}+\boldsymbol{A}^{-1})^{-1}\cdot(\boldsymbol{I}-\boldsymbol{A}^{-1})=((\boldsymbol{A}+\boldsymbol{I})\cdot\boldsymbol{A}^{-1})^{-1}\cdot(\boldsymbol{I}-\boldsymbol{A}^{-1})=(\boldsymbol{A}^{-1}(\boldsymbol{A}+\boldsymbol{I}))^{-1}(\boldsymbol{I}-\boldsymbol{A})^{-1}=(\boldsymbol{A}+\boldsymbol{I})^{-1}\boldsymbol{A}\cdot(\boldsymbol{I}-\boldsymbol{A}^{-1})=(\boldsymbol{I}+\boldsymbol{A})^{-1}(\boldsymbol{A}-\boldsymbol{I})=-(\boldsymbol{I}-\boldsymbol{A})(\boldsymbol{I}+\boldsymbol{A})^{-1}=-\boldsymbol{B}$, 即为反对称阵.

例 7.34　证明: (1) -1 必为第二类正交阵 $\boldsymbol{A}$ 的特征值;

(2) -1 是第二类正交变换的特征值.

证 (1) 已知 $\boldsymbol{A}\boldsymbol{A}^{\mathrm{T}}=\boldsymbol{A}^{\mathrm{T}}\boldsymbol{A}=\boldsymbol{I}$, 且 $\det(\boldsymbol{A})=-1$, 从而 $(\boldsymbol{I}+\boldsymbol{A})\boldsymbol{A}^{\mathrm{T}}=\boldsymbol{A}^{\mathrm{T}}+\boldsymbol{A}\boldsymbol{A}^{\mathrm{T}}=\boldsymbol{A}^{\mathrm{T}}+\boldsymbol{I}=(\boldsymbol{I}+\boldsymbol{A})^{\mathrm{T}}$, 两边取行列式, 得 $\det(\boldsymbol{I}+\boldsymbol{A})\cdot\det(\boldsymbol{A}^{\mathrm{T}})=\det(\boldsymbol{I}+\boldsymbol{A})$, 即 $(1-\det(\boldsymbol{A}))\det(\boldsymbol{I}+\boldsymbol{A})=0$. 而 $\det(\boldsymbol{A})=-1$, 所以 $1-\det(\boldsymbol{A})\neq 0$, 于是 $\det(\boldsymbol{I}+\boldsymbol{A})=0$. 因此 $\det(-1\cdot\boldsymbol{I}-\boldsymbol{A})=(-1)^n\cdot\det(\boldsymbol{I}+\boldsymbol{A})=0$, 即 -1 是 $\boldsymbol{A}$ 的特征值.

(2) 由 (1) 立得.

例 7.35 证明: 奇数阶第一类正交矩阵 $\boldsymbol{A}$ 必有特征值 1, 从而奇数维欧氏空间中的第一类正交变换必有特征值 1.

证 由 $|\boldsymbol{I}-\boldsymbol{A}|=|\boldsymbol{A}^{\mathrm{T}}\boldsymbol{A}-\boldsymbol{A}|=(-1)^n|\boldsymbol{A}|\cdot|\boldsymbol{I}-\boldsymbol{A}^{\mathrm{T}}|=-|\boldsymbol{I}-\boldsymbol{A}|$, 得 $|\boldsymbol{I}-\boldsymbol{A}|=0$, 即 1 为 $\boldsymbol{A}$ 的特征值.

例 7.36 欧氏空间 V 中保持任意两个非零向量夹角不变的线性变换是否一定是正交变换?

解 不一定. 例如, $k\in\mathbf{R},k\neq 0,\pm 1$, 令 $\mathscr{A}\boldsymbol{\alpha}=k\boldsymbol{\alpha},\boldsymbol{\alpha}\in V$, 则显然 $\mathscr{A}$ 是 V 的线性变换; 且直接计算知, $\mathscr{A}$ 保持夹角不变, 但 $\mathscr{A}$ 不保持向量的模不变, 从而不是正交变换.

例 7.37 设 $\mathscr{A}$ 为 n 维欧氏空间 V 的一个线性变换. 若对 V 的某一组基 $\boldsymbol{\alpha}_1,\boldsymbol{\alpha}_2,\cdots,\boldsymbol{\alpha}_n$, $|\mathscr{A}\boldsymbol{\alpha}_i|=|\boldsymbol{\alpha}_i|(i=1,2,\cdots,n)$, 即 $\mathscr{A}$ 保持此 n 个基向量的模不变. 问 $\mathscr{A}$ 是否一定是正交变换?

解 不一定. 例如 $V=\mathbf{R}^2$(通常内积), 取基 $\boldsymbol{e}_1=(1,0),\boldsymbol{e}_2=(0,1)$, 令 $\mathscr{A}\boldsymbol{e}_1=\dfrac{\sqrt{2}}{2}(\boldsymbol{e}_1+\boldsymbol{e}_2),\mathscr{A}\boldsymbol{e}_2=\boldsymbol{e}_2$, 并线性扩充为 V 的一个线性变换. 则 $(\mathscr{A}\boldsymbol{e}_1,\mathscr{A}\boldsymbol{e}_2)=\dfrac{\sqrt{2}}{2}$, 从而 $|\mathscr{A}\boldsymbol{e}_1|=|\boldsymbol{e}_1|,|\mathscr{A}\boldsymbol{e}_2|=|\boldsymbol{e}_2|$. 但 $\mathscr{A}$ 在 V 的标准正交基 $\boldsymbol{e}_1,\boldsymbol{e}_2$ 下的矩阵 $\boldsymbol{A}=\begin{pmatrix}\dfrac{\sqrt{2}}{2} & 0\\ \dfrac{\sqrt{2}}{2} & 1\end{pmatrix}$ 不是正交矩阵, 从而 $\mathscr{A}$ 不是正交变换.

例 7.38 欧氏空间 V 中保持向量模不变的变换是否是正交变换?

解 不一定. 因为保持向量模不变的变换不一定是线性变换, 从而不一定是正交变换. 例如, $V=\mathbf{R},x\in V$, 令 $\mathscr{A}x=|x|$, 则 $\mathscr{A}$ 是 V 中保持向量模不变的变换, 但它是非线性的, 从而不是正交变换. 事实上 $\mathscr{A}(k\boldsymbol{x})=|k\boldsymbol{x}|=|k|\cdot|\boldsymbol{x}|\neq k\cdot|\boldsymbol{x}|=k\cdot\mathscr{A}\boldsymbol{x},\mathscr{A}(\boldsymbol{x}+\boldsymbol{y})=|\boldsymbol{x}+\boldsymbol{y}|\neq|\boldsymbol{x}|+|\boldsymbol{y}|(=\boldsymbol{x}+\boldsymbol{y})$.

例 7.39 (1) 设 $\mathscr{A}$ 为欧氏空间 V 中的一个线性变换. 证明: $\mathscr{A}$ 是正交变换的充要条件是 $\mathscr{A}$ 保持 V 中任意两个向量 $\boldsymbol{\alpha}$ 与 $\boldsymbol{\beta}$ 的距离不变, 即 $d(\mathscr{A}\boldsymbol{\alpha},\mathscr{A}\boldsymbol{\beta})=d(\boldsymbol{\alpha},\boldsymbol{\beta})$.

(2) 欧氏空间 V 中保持距离不变的变换是否一定是正交变换?

证 (1) 正交变换显然保持距离不变; 反之, 若线性变换 $\mathscr{A}$ 保持距离不变, 即对任意的 $\boldsymbol{\alpha},\boldsymbol{\beta}\in V$, $d(\mathscr{A}\boldsymbol{\alpha},\mathscr{A}\boldsymbol{\beta})=d(\boldsymbol{\alpha},\boldsymbol{\beta})$. 取 $\boldsymbol{\beta}=\mathbf{0}$, 便有 $|\mathscr{A}\boldsymbol{\alpha}|=|\boldsymbol{\alpha}|,\boldsymbol{\alpha}\in V$, 即 $\mathscr{A}$ 保持向量的模不变, 因此 $\mathscr{A}$ 为正交变换.

(2) 不一定. 因为保持距离不变的变换不一定是线性变换, 从而不一定是正交变换. 例如坐标平移变换 $\mathscr{A}\boldsymbol{\alpha}=\boldsymbol{\alpha}+\boldsymbol{\gamma},\boldsymbol{\alpha}\in V$, 其中 $\boldsymbol{\gamma}$ 为 V 中一个固定的非零向量. 则 $\mathscr{A}$ 保持距离不变, 有 $d(\mathscr{A}\boldsymbol{\alpha},\mathscr{A}\boldsymbol{\beta})=|\mathscr{A}\boldsymbol{\alpha}-\mathscr{A}\boldsymbol{\beta}|=|(\boldsymbol{\alpha}+\boldsymbol{\gamma})-(\boldsymbol{\beta}-\boldsymbol{\gamma})|=|\boldsymbol{\alpha}-\boldsymbol{\beta}|=d(\boldsymbol{\alpha},\boldsymbol{\beta})$; 但因

$\mathscr{A}(\boldsymbol{\alpha}+\boldsymbol{\beta})=(\boldsymbol{\alpha}+\boldsymbol{\beta})+\boldsymbol{\gamma}\neq(\boldsymbol{\alpha}+\boldsymbol{\gamma})+(\boldsymbol{\beta}+\boldsymbol{\gamma})=\mathscr{A}\boldsymbol{\alpha}+\mathscr{A}\boldsymbol{\beta}$, 或 $\mathscr{A}(k)=k\boldsymbol{\alpha}+\boldsymbol{\gamma}\neq k(\boldsymbol{\alpha}+\boldsymbol{\gamma})=k\mathscr{A}\boldsymbol{\alpha}$, 故 $\mathscr{A}$ 不是线性变换, 从而不是正交变换.

例 7.40　设 $\mathscr{A}$ 是欧氏空间 V 中的一个变换. 证明: 如果 $\mathscr{A}$ 保持 V 中任意两个向量的内积不变, 即有 $(\mathscr{A}\boldsymbol{\alpha},\mathscr{A}\boldsymbol{\beta})=(\boldsymbol{\alpha},\boldsymbol{\beta}),\boldsymbol{\alpha},\boldsymbol{\beta}\in V$, 则 $\mathscr{A}$ 一定是线性变换, 从而是正交变换.

证　(1) $\mathscr{A}(\boldsymbol{\alpha}+\boldsymbol{\beta})=\mathscr{A}\boldsymbol{\alpha}+\mathscr{A}\boldsymbol{\beta},\boldsymbol{\alpha},\boldsymbol{\beta}\in V$. 由于 $(\mathscr{A}(\boldsymbol{\alpha}+\boldsymbol{\beta})-\mathscr{A}\boldsymbol{\alpha}-\mathscr{A}\boldsymbol{\beta},\mathscr{A}(\boldsymbol{\alpha}+\boldsymbol{\beta})-\mathscr{A}\boldsymbol{\alpha}-\mathscr{A}\boldsymbol{\beta})=(\mathscr{A}(\boldsymbol{\alpha}+\boldsymbol{\beta}),\mathscr{A}(\boldsymbol{\alpha}+\boldsymbol{\beta}))-2(\mathscr{A}(\boldsymbol{\alpha}+\boldsymbol{\beta}),\mathscr{A}\boldsymbol{\alpha})-2(\mathscr{A}(\boldsymbol{\alpha}+\boldsymbol{\beta}),\mathscr{A}\boldsymbol{\beta})+(\mathscr{A}\boldsymbol{\alpha},\mathscr{A}\boldsymbol{\alpha})+(\mathscr{A}\boldsymbol{\beta},\mathscr{A}\boldsymbol{\beta})+2(\mathscr{A}\boldsymbol{\alpha},\mathscr{A}\boldsymbol{\beta})=(\boldsymbol{\alpha}+\boldsymbol{\beta},\boldsymbol{\alpha}+\boldsymbol{\beta})-2(\boldsymbol{\alpha}+\boldsymbol{\beta},\boldsymbol{\alpha})-2(\boldsymbol{\alpha}+\boldsymbol{\beta},\boldsymbol{\beta})+(\boldsymbol{\alpha},\boldsymbol{\alpha})+(\boldsymbol{\beta},\boldsymbol{\beta})+2(\boldsymbol{\alpha},\boldsymbol{\beta})=0$, 故 $\mathscr{A}(\boldsymbol{\alpha}+\boldsymbol{\beta})-\mathscr{A}\boldsymbol{\alpha}-\mathscr{A}\boldsymbol{\beta}=0$, 即 $\mathscr{A}(\boldsymbol{\alpha}+\boldsymbol{\beta})=\mathscr{A}\boldsymbol{\alpha}+\mathscr{A}\boldsymbol{\beta}$.

(2) $\mathscr{A}(k\boldsymbol{\alpha})=k\mathscr{A}\boldsymbol{\alpha},k\in\mathbf{R},\boldsymbol{\alpha}\in V$. 由于 $(\mathscr{A}(k\boldsymbol{\alpha})-k\mathscr{A}\boldsymbol{\alpha},\mathscr{A}(k\boldsymbol{\alpha})-k\mathscr{A}\boldsymbol{\alpha})=(\mathscr{A}(k\boldsymbol{\alpha}),\mathscr{A}(k\boldsymbol{\alpha}))-k(\mathscr{A}\boldsymbol{\alpha},\mathscr{A}(k\boldsymbol{\alpha}))-k(\mathscr{A}(k\boldsymbol{\alpha}),\mathscr{A}\boldsymbol{\alpha})+k^2(\mathscr{A}\boldsymbol{\alpha},\mathscr{A}\boldsymbol{\alpha})=(k\boldsymbol{\alpha},k\boldsymbol{\alpha})-k(\boldsymbol{\alpha},k\boldsymbol{\alpha})-k(k\boldsymbol{\alpha},\boldsymbol{\alpha})+k^2(\boldsymbol{\alpha},\boldsymbol{\alpha})=0$, 故 $\mathscr{A}(k\boldsymbol{\alpha})-k\mathscr{A}\boldsymbol{\alpha}=0$, 即 $\mathscr{A}(k\boldsymbol{\alpha})=k\mathscr{A}\boldsymbol{\alpha}$. 因此 $\mathscr{A}$ 是线性变换, 从而是正交变换.

例 7.41　设 n 维欧氏空间 V 中的正交变换 $\mathscr{A}$ 在 V 的一组基 $\boldsymbol{\alpha}_1,\boldsymbol{\alpha}_2,\cdots,\boldsymbol{\alpha}_n$ 下的矩阵为 $\boldsymbol{A}$, 而此基的度量矩阵为 $\boldsymbol{G}$. 证明: $\boldsymbol{A}^{\mathrm{T}}\boldsymbol{G}\boldsymbol{A}=\boldsymbol{G}$.

证　由于 $\mathscr{A}$ 为正交变换, $\boldsymbol{\alpha}_1,\boldsymbol{\alpha}_2,\cdots,\boldsymbol{\alpha}_n$ 为基, 从而 $\mathscr{A}\boldsymbol{\alpha}_1,\mathscr{A}\boldsymbol{\alpha}_2,\cdots,\mathscr{A}\boldsymbol{\alpha}_n$ 也是基, 且从基 $\boldsymbol{\alpha}_1,\boldsymbol{\alpha}_2,\cdots,\boldsymbol{\alpha}_n$ 到基 $\mathscr{A}\boldsymbol{\alpha}_1,\mathscr{A}\boldsymbol{\alpha}_2,\cdots,\mathscr{A}\boldsymbol{\alpha}_n$ 的过渡矩阵为 $\boldsymbol{A}$, 即 $(\mathscr{A}\boldsymbol{\alpha}_1,\mathscr{A}\boldsymbol{\alpha}_2,\cdots,\mathscr{A}\boldsymbol{\alpha}_n)=(\boldsymbol{\alpha}_1,\boldsymbol{\alpha}_2,\cdots,\boldsymbol{\alpha}_n)\cdot\boldsymbol{A}$. 于是基 $\mathscr{A}\boldsymbol{\alpha}_1,\mathscr{A}\boldsymbol{\alpha}_2,\cdots,\mathscr{A}\boldsymbol{\alpha}_n$ 的度量矩阵为 $\boldsymbol{A}^{\mathrm{T}}\boldsymbol{G}\boldsymbol{A}$. 又由于 $(\mathscr{A}\boldsymbol{\alpha}_i,\mathscr{A}\boldsymbol{\alpha}_j)=(\boldsymbol{\alpha}_i,\boldsymbol{\alpha}_j)(i,j=1,2,\cdots,n)$, 故基 $\mathscr{A}\boldsymbol{\alpha}_1,\mathscr{A}\boldsymbol{\alpha}_2,\cdots,\mathscr{A}\boldsymbol{\alpha}_n$ 的度量矩阵也是 $\boldsymbol{G}$. 因此 $\boldsymbol{A}^{\mathrm{T}}\boldsymbol{G}\boldsymbol{A}=\boldsymbol{G}$.

例 7.42　证明: (1) 上三角正交阵 $\boldsymbol{A}$ 必为对角阵, 且对角元为 ±1; 如果 $\boldsymbol{A}$ 的对角元还都非负, 则 $\boldsymbol{A}=\boldsymbol{I}$.

(2) 下三角正交阵 $\boldsymbol{A}$ 必为对角阵, 且对角元为 ±1; 如果 $\boldsymbol{A}$ 的对角元还都非负, 则 $\boldsymbol{A}=\boldsymbol{I}$.

(3) 分块上三角阵 $\boldsymbol{D}=\begin{pmatrix}\boldsymbol{A}&\boldsymbol{C}\\\boldsymbol{O}&\boldsymbol{B}\end{pmatrix}$ 正交, 则 $\boldsymbol{A},\boldsymbol{B}$ 都正交, 且 $\boldsymbol{C}=\boldsymbol{O}$.

(4) 分块下三角阵 $\boldsymbol{D}=\begin{pmatrix}\boldsymbol{A}&\boldsymbol{O}\\\boldsymbol{C}&\boldsymbol{B}\end{pmatrix}$ 正交, 则 $\boldsymbol{A},\boldsymbol{B}$ 都正交, 且 $\boldsymbol{C}=\boldsymbol{O}$.

证　(1) 设 $\boldsymbol{A}$ 为上三角正交阵, 即 $\boldsymbol{A}^{-1}=\boldsymbol{A}^{\mathrm{T}}$. 上三角阵的转置为下三角阵, 又其逆仍为上三角阵, 故 $\boldsymbol{A}^{\mathrm{T}}$ 必为对角阵 $\operatorname{diag}(a_1,a_2,\cdots,a_n)$. 又由 $\boldsymbol{A}\boldsymbol{A}^{\mathrm{T}}=\boldsymbol{I}$, 得 $a_i^2=1(i=1,2,\cdots,n)$, 从而 $a_i=\pm1$.

(2) 类似于 (1).

(3) 由 $\boldsymbol{D}\boldsymbol{D}^{\mathrm{T}}=\boldsymbol{I}$, 得 $\begin{pmatrix}\boldsymbol{A}&\boldsymbol{C}\\\boldsymbol{O}&\boldsymbol{B}\end{pmatrix}\begin{pmatrix}\boldsymbol{A}^{\mathrm{T}}&\boldsymbol{O}\\\boldsymbol{C}^{\mathrm{T}}&\boldsymbol{B}^{\mathrm{T}}\end{pmatrix}=\begin{pmatrix}\boldsymbol{I}&\boldsymbol{O}\\\boldsymbol{O}&\boldsymbol{I}\end{pmatrix}$, 即

$$\begin{cases}\boldsymbol{A}\boldsymbol{A}^{\mathrm{T}}+\boldsymbol{C}\boldsymbol{C}^{\mathrm{T}}=\boldsymbol{I},\\\boldsymbol{C}\boldsymbol{B}^{\mathrm{T}}=\boldsymbol{O}=\boldsymbol{B}\boldsymbol{C}^{\mathrm{T}},\\\boldsymbol{B}\boldsymbol{B}^{\mathrm{T}}=\boldsymbol{I}.\end{cases}$$

于是 $\boldsymbol{A},\boldsymbol{B}$ 都正交, 且 $\boldsymbol{C}=\boldsymbol{O}$.

(4) 类似于 (3).

例 7.43 设 $\boldsymbol{A},\boldsymbol{B}$ 为两个同阶正交阵, 且 $|\boldsymbol{AB}|=-1$. 证明:

(1) $|\boldsymbol{A}^{\mathrm{T}}\boldsymbol{B}|=|\boldsymbol{A}\boldsymbol{B}^{\mathrm{T}}|=|\boldsymbol{A}^{\mathrm{T}}\boldsymbol{B}^{\mathrm{T}}|=-1$;

(2) $|\boldsymbol{A}+\boldsymbol{B}|=0$.

证 (1) $|\boldsymbol{A}^{\mathrm{T}}\boldsymbol{B}|=|\boldsymbol{A}^{\mathrm{T}}|\cdot|\boldsymbol{B}|=|\boldsymbol{A}|\cdot|\boldsymbol{B}|=|\boldsymbol{AB}|=-1$, 同理得 $|\boldsymbol{A}\boldsymbol{B}^{\mathrm{T}}|=|\boldsymbol{A}^{\mathrm{T}}\boldsymbol{B}^{\mathrm{T}}|=-1$.

(2) 由于 $\boldsymbol{A},\boldsymbol{B}$ 正交, 从而 $\boldsymbol{A}^{\mathrm{T}}\boldsymbol{B}$ 正交, 且因 $|\boldsymbol{A}^{\mathrm{T}}\boldsymbol{B}|=-1$, 故 $\boldsymbol{A}^{\mathrm{T}}\boldsymbol{B}$ 为第二类正交阵, 从而有特征值 -1, 于是 $|(-1)\cdot\boldsymbol{I}-\boldsymbol{A}^{\mathrm{T}}\boldsymbol{B}|=0$. 因此 $|\boldsymbol{A}+\boldsymbol{B}|=|(-\boldsymbol{A})(-\boldsymbol{I}-\boldsymbol{A}^{\mathrm{T}}\boldsymbol{B})|=|-\boldsymbol{A}|\cdot|-\boldsymbol{I}-\boldsymbol{A}^{\mathrm{T}}\boldsymbol{B}|=0$.

例 7.44 设 $\boldsymbol{A},\boldsymbol{B}$ 为两个同阶正交阵. 如果 $|\boldsymbol{A}|+|\boldsymbol{B}|=0$, 则 $|\boldsymbol{A}+\boldsymbol{B}|=0$.

证 由于 $\boldsymbol{A},\boldsymbol{B}$ 正交, 故 $\boldsymbol{A}^{\mathrm{T}}\boldsymbol{A}=\boldsymbol{B}^{\mathrm{T}}\boldsymbol{B}=\boldsymbol{I}$, 且 $|\boldsymbol{B}|^2=1$. 又因 $|\boldsymbol{A}|+|\boldsymbol{B}|=\boldsymbol{0}$, 即 $|\boldsymbol{A}|=-|\boldsymbol{B}|$, 于是 $|\boldsymbol{A}+\boldsymbol{B}|=|\boldsymbol{B}\boldsymbol{B}^{\mathrm{T}}\boldsymbol{A}+\boldsymbol{B}\boldsymbol{A}^{\mathrm{T}}\boldsymbol{A}|=|\boldsymbol{B}|\cdot|\boldsymbol{B}^{\mathrm{T}}+\boldsymbol{A}^{\mathrm{T}}|\cdot|\boldsymbol{A}|=-|\boldsymbol{B}|^2\cdot|\boldsymbol{B}^{\mathrm{T}}+\boldsymbol{A}^{\mathrm{T}}|=-|\boldsymbol{A}+\boldsymbol{B}|$. 因此 $|\boldsymbol{A}+\boldsymbol{B}|=0$.

例 7.45 设 n 维欧氏空间 V 中的线性变换 $\mathscr{A}$ 在 V 的基 $\boldsymbol{\alpha}_1,\boldsymbol{\alpha}_2,\cdots,\boldsymbol{\alpha}_n$ 下的矩阵为 $\boldsymbol{A}$, $\boldsymbol{G}$ 为此基的度量矩阵. 证明: $\mathscr{A}$ 为对称变换的充要条件是 $\boldsymbol{A}^{\mathrm{T}}\boldsymbol{G}=\boldsymbol{G}\boldsymbol{A}$.

证 任取 V 中两个向量 $\boldsymbol{\alpha}=a_1\boldsymbol{\alpha}_1+a_2\boldsymbol{\alpha}_2+\cdots+a_n\boldsymbol{\alpha}_n,\boldsymbol{\beta}=b_1\boldsymbol{\alpha}_1+b_2\boldsymbol{\alpha}_2+\cdots+b_n\boldsymbol{\alpha}_n$, 则 $(\boldsymbol{\alpha},\boldsymbol{\beta})=\boldsymbol{X}^{\mathrm{T}}\boldsymbol{G}\boldsymbol{Y}$, 其中 $\boldsymbol{X}=(a_1,a_2,\cdots,a_n)^{\mathrm{T}},\boldsymbol{Y}=(b_1,b_2,\cdots,b_n)^{\mathrm{T}}$ 分别为 $\boldsymbol{\alpha},\boldsymbol{\beta}$ 的坐标. 由于 $\mathscr{A}$ 在基 $\boldsymbol{\alpha}_1,\boldsymbol{\alpha}_2,\cdots,\boldsymbol{\alpha}_n$ 下的矩阵为 $\boldsymbol{A}$, 从而 $\mathscr{A}\boldsymbol{\alpha},\mathscr{A}\boldsymbol{\beta}$ 在基 $\boldsymbol{\alpha}_1,\boldsymbol{\alpha}_2,\cdots,\boldsymbol{\alpha}_n$ 下的坐标分别为 $\boldsymbol{AX},\boldsymbol{AY}$, 于是 $(\mathscr{A}\boldsymbol{\alpha},\boldsymbol{\beta})=(\boldsymbol{AX})^{\mathrm{T}}\boldsymbol{GY}=\boldsymbol{X}^{\mathrm{T}}\boldsymbol{A}^{\mathrm{T}}\boldsymbol{GY},(\boldsymbol{\alpha},\mathscr{A}\boldsymbol{\beta})=\boldsymbol{X}^{\mathrm{T}}\boldsymbol{G}(\boldsymbol{AY})=\boldsymbol{X}^{\mathrm{T}}\boldsymbol{GAY}$. 因此可得 $\mathscr{A}$ 为对称变换的充要条件是 $\boldsymbol{A}^{\mathrm{T}}\boldsymbol{G}=\boldsymbol{GA}$.

例 7.46 设 n 维欧氏空间 V 中的对称变换 $\mathscr{A}$ 在 V 的基 $\boldsymbol{\alpha}_1,\boldsymbol{\alpha}_2,\cdots,\boldsymbol{\alpha}_n$ 下的矩阵为 $\boldsymbol{A}$, $\boldsymbol{G}$ 为此基的度量矩阵.

(1) 证明: $\boldsymbol{GA}$ 为对称阵.

(2) $\boldsymbol{AG}$ 是否对称? $\boldsymbol{AG}$ 与 $\boldsymbol{GA}$ 是否相等?

证 (1) 由上题知 $\boldsymbol{A}^{\mathrm{T}}\boldsymbol{G}=\boldsymbol{GA}$, 而 $\boldsymbol{G}^{\mathrm{T}}=\boldsymbol{G}$, 故 $(\boldsymbol{GA})^{\mathrm{T}}=(\boldsymbol{A}^{\mathrm{T}}\boldsymbol{G})^{\mathrm{T}}=\boldsymbol{GA}$, 即 $\boldsymbol{GA}$ 对称.

(2) 不一定. 例如 $V=\mathbf{R}^2$(通常内积), $\mathscr{A}\begin{pmatrix}a_1\\a_2\end{pmatrix}=\begin{pmatrix}a_2\\a_1\end{pmatrix},\boldsymbol{\alpha}=\begin{pmatrix}a_1\\a_2\end{pmatrix}\in V$. 则 $\mathscr{A}$ 为对称变换, 且 $\mathscr{A}$ 在基 $\boldsymbol{\alpha}_1=\begin{pmatrix}1\\1\end{pmatrix},\boldsymbol{\alpha}_2=\begin{pmatrix}1\\2\end{pmatrix}$ 下的矩阵为 $\boldsymbol{A}=\begin{pmatrix}1&3\\0&-1\end{pmatrix}$, 基 $\boldsymbol{\alpha}_1,\boldsymbol{\alpha}_2$ 的度量矩阵为 $\boldsymbol{G}=\begin{pmatrix}2&3\\3&5\end{pmatrix}$. 于是 $\boldsymbol{GA}=\begin{pmatrix}2&3\\3&4\end{pmatrix}$ 对称, 但 $\boldsymbol{AG}=\begin{pmatrix}11&18\\-3&-5\end{pmatrix}$ 不对称, $\boldsymbol{AG}\neq\boldsymbol{GA}$.

例 7.47 设 $\mathscr{A}$ 为欧氏空间 V 中的一个变换, 且对任意的 $\boldsymbol{\alpha},\boldsymbol{\beta}\in V$, 有 $(\mathscr{A}\boldsymbol{\alpha},\boldsymbol{\beta})=(\boldsymbol{\alpha},\mathscr{A}\boldsymbol{\beta})$. $\mathscr{A}$ 是否是对称变换?

解 $\mathscr{A}$ 是对称变换. 因为 $\mathscr{A}$ 是线性变换, 证明如下: 对任意的 $\boldsymbol{\alpha},\boldsymbol{\beta},\boldsymbol{\gamma}\in V,k\in\mathbf{R}$.

(1) $\mathscr{A}(\boldsymbol{\alpha}+\boldsymbol{\beta})=\mathscr{A}\boldsymbol{\alpha}+\mathscr{A}\boldsymbol{\beta}$. 由于 $(\mathscr{A}\boldsymbol{\alpha},\mathscr{A}\boldsymbol{\beta})=(\boldsymbol{\alpha},\mathscr{A}^2\boldsymbol{\beta})=(\mathscr{A}^2\boldsymbol{\alpha},\boldsymbol{\beta})$, 从而 $(\mathscr{A}\boldsymbol{\gamma},\mathscr{A}(\boldsymbol{\alpha}+\boldsymbol{\beta}))=(\mathscr{A}^2\boldsymbol{\gamma},\boldsymbol{\alpha}+\boldsymbol{\beta})=(\mathscr{A}^2\boldsymbol{\gamma},\boldsymbol{\alpha})+(\mathscr{A}^2\boldsymbol{\gamma},\boldsymbol{\beta})=(\mathscr{A}\boldsymbol{\gamma},\mathscr{A}\boldsymbol{\alpha})+(\mathscr{A}\boldsymbol{\gamma},\mathscr{A}\boldsymbol{\beta})=(\mathscr{A}\boldsymbol{\gamma},\mathscr{A}\boldsymbol{\alpha}+\mathscr{A}\boldsymbol{\beta})$, 由对称性得 $(\mathscr{A}(\boldsymbol{\alpha}+\boldsymbol{\beta}),\mathscr{A}\boldsymbol{\gamma})=(\mathscr{A}\boldsymbol{\alpha}+\mathscr{A}\boldsymbol{\beta},\mathscr{A}\boldsymbol{\gamma})$; $(\mathscr{A}(\boldsymbol{\alpha}+\boldsymbol{\beta}),\mathscr{A}(\boldsymbol{\alpha}+\boldsymbol{\beta}))=(\mathscr{A}(\boldsymbol{\alpha}+\boldsymbol{\beta}),\mathscr{A}\boldsymbol{\alpha}+\mathscr{A}\boldsymbol{\beta})=(\mathscr{A}\boldsymbol{\alpha},\mathscr{A}(\boldsymbol{\alpha}+\boldsymbol{\beta}))+(\mathscr{A}\boldsymbol{\beta},\mathscr{A}(\boldsymbol{\alpha}+\boldsymbol{\beta}))=(\mathscr{A}\boldsymbol{\alpha},\mathscr{A}\boldsymbol{\alpha}+\mathscr{A}\boldsymbol{\beta})+(\mathscr{A}\boldsymbol{\beta},\mathscr{A}\boldsymbol{\alpha}+\mathscr{A}\boldsymbol{\beta})=(\mathscr{A}\boldsymbol{\alpha}+$

$\mathscr{A}\boldsymbol{\beta},\mathscr{A}\boldsymbol{\alpha}+\mathscr{A}\boldsymbol{\beta})$. 于是

$$\begin{aligned}&(\mathscr{A}(\boldsymbol{\alpha}-\boldsymbol{\beta})-(\mathscr{A}\boldsymbol{\alpha}+\mathscr{A}\boldsymbol{\beta}),\mathscr{A}(\boldsymbol{\alpha}+\boldsymbol{\beta})-(\mathscr{A}\boldsymbol{\alpha}+\mathscr{A}\boldsymbol{\beta}))\\&=(\mathscr{A}(\boldsymbol{\alpha}+\boldsymbol{\beta}),\mathscr{A}(\boldsymbol{\alpha}+\boldsymbol{\beta}))-2(\mathscr{A}(\boldsymbol{\alpha}+\boldsymbol{\beta}),\mathscr{A}\boldsymbol{\alpha}+\mathscr{A}\boldsymbol{\beta})+(\mathscr{A}\boldsymbol{\alpha}+\mathscr{A}\boldsymbol{\beta},\mathscr{A}\boldsymbol{\alpha}+\mathscr{A}\boldsymbol{\beta})\\&=(\mathscr{A}\boldsymbol{\alpha}+\mathscr{A}\boldsymbol{\beta},\mathscr{A}\boldsymbol{\alpha}+\mathscr{A}\boldsymbol{\beta})-2(\mathscr{A}\boldsymbol{\alpha}+\mathscr{A}\boldsymbol{\beta},\mathscr{A}\boldsymbol{\alpha}+\mathscr{A}\boldsymbol{\beta})+(\mathscr{A}\boldsymbol{\alpha}+\mathscr{A}\boldsymbol{\beta},\mathscr{A}\boldsymbol{\alpha}+\mathscr{A}\boldsymbol{\beta})\\&=0.\end{aligned}$$

从而 $\mathscr{A}(\boldsymbol{\alpha}+\boldsymbol{\beta})-(\mathscr{A}\boldsymbol{\alpha}+\mathscr{A}\boldsymbol{\beta})=0$, 故 $\mathscr{A}(\boldsymbol{\alpha}+\boldsymbol{\beta})=\mathscr{A}\boldsymbol{\alpha}+\mathscr{A}\boldsymbol{\beta}$.

(2) $\mathscr{A}(k\boldsymbol{\alpha})=k\mathscr{A}\boldsymbol{\alpha}$. 由于

$$\begin{aligned}&(\mathscr{A}(k\boldsymbol{\alpha})-k\mathscr{A}\boldsymbol{\alpha},\mathscr{A}(k\boldsymbol{\alpha})-k\mathscr{A}\boldsymbol{\alpha})\\&\quad=(\mathscr{A}(k\boldsymbol{\alpha}),\mathscr{A}(k\boldsymbol{\alpha}))-2k(\mathscr{A}(k\boldsymbol{\alpha}),\mathscr{A}\boldsymbol{\alpha})+k^2(\mathscr{A}\boldsymbol{\alpha},\mathscr{A}\boldsymbol{\alpha})\\&\quad=(k\boldsymbol{\alpha},\mathscr{A}^2(k\boldsymbol{\alpha}))-2k(k\boldsymbol{\alpha},\mathscr{A}^2\boldsymbol{\alpha})+k^2(\boldsymbol{\alpha},\mathscr{A}^2\boldsymbol{\alpha})\\&\quad=k(\boldsymbol{\alpha},\mathscr{A}^2(k\mathscr{A}))-2k^2(\boldsymbol{\alpha},\mathscr{A}^2\boldsymbol{\alpha})+k^2(\boldsymbol{\alpha},\mathscr{A}^2\boldsymbol{\alpha})\\&\quad=k(\mathscr{A}^2\boldsymbol{\alpha},k\boldsymbol{\alpha})-k^2(\boldsymbol{\alpha},\mathscr{A}^2\boldsymbol{\alpha})=k^2(\mathscr{A}^2\boldsymbol{\alpha},\boldsymbol{\alpha})-k^2(\boldsymbol{\alpha},\mathscr{A}\boldsymbol{\alpha})=0.\end{aligned}$$

从而 $\mathscr{A}(k\boldsymbol{\alpha})-k\mathscr{A}\boldsymbol{\alpha}=0$, 故 $\mathscr{A}(k\boldsymbol{\alpha})=k\mathscr{A}\boldsymbol{\alpha}$.

例 7.48　(1) 设 $\mathscr{A}$ 为 n 维欧氏空间 V 中的一个线性变换. 证明: $\mathscr{A}$ 为对称变换的充要条件是 $\mathscr{A}$ 有 (n 个) 标准正交的完全特征向量系.

(2) 设 $\boldsymbol{A}$ 为 n 阶实方阵, 则 $\boldsymbol{A}$ 为对称阵的充要条件为 $\boldsymbol{A}$ 有 (n 个) 标准正交的完全特征向量系.

(3) 对称变换和实对称方阵的每个特征值的几何重数都等于其代数重数.

证　(1) ($\Rightarrow$): 设 $\mathscr{A}$ 为对称变换, 且在 V 的标准正交基 $\boldsymbol{e}_1,\boldsymbol{e}_2,\cdots,\boldsymbol{e}_n$ 下的矩阵为 $\boldsymbol{A}$, 则 $\boldsymbol{A}$ 为实对称阵, 从而存在正交阵 $\boldsymbol{Q}$, 使 $\boldsymbol{Q}^{\mathrm{T}}\boldsymbol{A}\boldsymbol{Q}=\mathrm{diag}(\lambda_1,\lambda_2,\cdots,\lambda_n)=\boldsymbol{\Lambda}$, 其中 $\lambda_1,\lambda_2,\cdots,\lambda_n$ 为 $\mathscr{A}$ 的全部特征值. 令 $(\boldsymbol{\alpha}_1,\boldsymbol{\alpha}_2,\cdots,\boldsymbol{\alpha}_n)=(\boldsymbol{e}_1,\boldsymbol{e}_2,\cdots,\boldsymbol{e}_n)\boldsymbol{Q}$, 则 $\boldsymbol{\alpha}_1,\boldsymbol{\alpha}_2,\cdots,\boldsymbol{\alpha}_n$ 也是 V 的标准正交基, 且 $\mathscr{A}$ 在此基下的矩阵为 $\boldsymbol{\Lambda}$, 从而 $\mathscr{A}\boldsymbol{\alpha}_i=\lambda_i\boldsymbol{\alpha}_i(i=1,2,\cdots,n)$, 即 $\mathscr{A}$ 有 n 个标准正交的完全特征向量系 $\boldsymbol{\alpha}_1,\boldsymbol{\alpha}_2,\cdots,\boldsymbol{\alpha}_n$.

($\Leftarrow$): 设 $\mathscr{A}$ 有 n 个标准正交的完全特征向量系 $\boldsymbol{\alpha}_1,\boldsymbol{\alpha}_2,\cdots,\boldsymbol{\alpha}_n$, 且 $\mathscr{A}\boldsymbol{\alpha}_i=\lambda_i\boldsymbol{\alpha}_i(i=1,2,\cdots,n)$. 则 $\boldsymbol{\alpha}_1,\boldsymbol{\alpha}_2,\cdots,\boldsymbol{\alpha}_n$ 为 V 的一组标准基, 且 $\mathscr{A}$ 在此基下的矩阵 $\boldsymbol{\Lambda}$ 是实对称阵, 故 $\mathscr{A}$ 为对称变换.

(2) 和 (3) 由 (1) 立得.

例 7.49　设 n 维欧氏空间 V 中的线性变换 $\mathscr{A}$ 在 V 的标准正交基 $\boldsymbol{e}_1,\boldsymbol{e}_2,\cdots,\boldsymbol{e}_n$ 下的矩阵为 $\boldsymbol{A}=(a_{ij})$. 证明: $\mathscr{A}$ 是反对称变换, 即对任意的 $\boldsymbol{\alpha},\boldsymbol{\beta}\in V,(\mathscr{A}\boldsymbol{\alpha},\boldsymbol{\beta})=-(\boldsymbol{\alpha},\mathscr{A}\boldsymbol{\beta})$ 的充要条件是 $\boldsymbol{A}$ 为反对称阵, 即 $\boldsymbol{A}^{\mathrm{T}}=-\boldsymbol{A}$.

证　由 $\mathscr{A}\boldsymbol{e}_i=a_{i1}\boldsymbol{e}_1+a_{i2}\boldsymbol{e}_2+\cdots+a_{in}\boldsymbol{e}_n$, 得

$$(\mathscr{A}\boldsymbol{e}_i,\boldsymbol{e}_j)=a_{ij},\quad(\boldsymbol{e}_i,\mathscr{A}\boldsymbol{e}_j)=a_{ji}\quad(i,j=1,2,\cdots,n).$$

因此, $\mathscr{A}$ 为反对称变换的充要条件是 $\boldsymbol{A}$ 为反对称阵.

例 7.50 设 $\boldsymbol{A},\boldsymbol{B}$ 是两个 n 阶实对称阵. 证明: $\boldsymbol{A}$ 与 $\boldsymbol{B}$(正交) 相似的充要条件是 $\boldsymbol{A}$ 与 $\boldsymbol{B}$ 有完全相同的特征值.

证 ($\Rightarrow$): $\boldsymbol{A}$ 与 $\boldsymbol{B}$(正交) 相似, 则显然 $\boldsymbol{A}$ 与 $\boldsymbol{B}$ 有完全相同的特征值.

($\Leftarrow$): 设 $\boldsymbol{A}$ 与 $\boldsymbol{B}$ 有完全相同的特征值 $\lambda_1,\lambda_2,\cdots,\lambda_n$, 则存在可逆 (正交) 阵 $\boldsymbol{Q}_1,\boldsymbol{Q}_2$ 使 $\boldsymbol{Q}_1^{-1}\boldsymbol{A}\boldsymbol{Q}_2=\mathrm{diag}(\lambda_1,\lambda_2,\cdots,\lambda_n)=\boldsymbol{Q}_2^{-1}\boldsymbol{B}\boldsymbol{Q}_2$. 令 $\boldsymbol{Q}=\boldsymbol{Q}_1\boldsymbol{Q}_2^{-1}$, 则 $\boldsymbol{Q}$ 也是可逆 (正交) 阵, 且 $\boldsymbol{Q}^{-1}\boldsymbol{A}\boldsymbol{Q}=\boldsymbol{B}$, 即 $\boldsymbol{A}$ 与 $\boldsymbol{B}$(正交) 相似.

例 7.51 证明对方阵 $\boldsymbol{A}$, 若下列三个条件中任意两个成立, 则另一个也成立:

(1) $\boldsymbol{A}^{\mathrm{T}}=\boldsymbol{A}$; (2) $\boldsymbol{A}^{\mathrm{T}}\boldsymbol{A}=\boldsymbol{I}$; (3) $\boldsymbol{A}^2=\boldsymbol{I}$.

证 首先, 若 $\boldsymbol{A}^{\mathrm{T}}=\boldsymbol{A}$, 且 $\boldsymbol{A}^{\mathrm{T}}\boldsymbol{A}=\boldsymbol{I}$, 则 $\boldsymbol{A}^2=\boldsymbol{A}\boldsymbol{A}=\boldsymbol{A}^{\mathrm{T}}\boldsymbol{A}=\boldsymbol{I}$; 其次, 若 $\boldsymbol{A}^{\mathrm{T}}=\boldsymbol{A}$, 且 $\boldsymbol{A}^2=\boldsymbol{I}$, 则 $\boldsymbol{A}^{\mathrm{T}}\boldsymbol{A}=\boldsymbol{A}\boldsymbol{A}=\boldsymbol{A}^2=\boldsymbol{I}$; 最后, 若 $\boldsymbol{A}^{\mathrm{T}}\boldsymbol{A}=\boldsymbol{A}^2=\boldsymbol{I}$, 则 $\boldsymbol{A}^{\mathrm{T}}=\boldsymbol{A}^{\mathrm{T}}\boldsymbol{I}=\boldsymbol{A}^{\mathrm{T}}(\boldsymbol{A}\boldsymbol{A})=(\boldsymbol{A}^{\mathrm{T}}\boldsymbol{A})\boldsymbol{A}=\boldsymbol{I}\boldsymbol{A}=\boldsymbol{A}$.

例 7.52 设 $\boldsymbol{X}$ 为 n 维欧氏空间 $\mathbf{R}^n$(按通常内积) 中的一个单位向量. 证明: 存在对称的正交阵 $\boldsymbol{Q}$, 使得 $\boldsymbol{X}$ 为其第 1 列.

证 若 $\boldsymbol{X}=\boldsymbol{e}_1=(1,0,\cdots,0)^{\mathrm{T}}$, 则 $\boldsymbol{I}$ 即为所求.

设 $\boldsymbol{X}=(a_1,a_2,\cdots,a_n)^{\mathrm{T}}\neq\boldsymbol{e}_1$, 则由 $a_1^2+a_2^2+\cdots+a_n^2=|\boldsymbol{X}|^2=1$, 得 $a_1<1$, 从而 $1-a_1>0$; 于是 $|\boldsymbol{e}_1-\boldsymbol{X}|=\sqrt{(1-a_1)^2+a_2^2+\cdots+a_n^2}=\sqrt{2-2a_1}\neq0$. 令 $\boldsymbol{\beta}$ 为 $\boldsymbol{e}_1-\boldsymbol{X}$ 的单位向量, 则实镜像阵 $\boldsymbol{Q}=\boldsymbol{I}-2\boldsymbol{\beta}\boldsymbol{\beta}^{\mathrm{T}}$ 即为对称的正交阵; 且因 $\boldsymbol{\beta}$ 的第 1 个分量为 $\dfrac{1-a_1}{\sqrt{2-2a_1}}$, 故 $2\boldsymbol{\beta}\boldsymbol{\beta}^{\mathrm{T}}$ 的第 1 列为 $2\boldsymbol{\beta}\cdot\dfrac{1-a_1}{\sqrt{2-2a_1}}=2\dfrac{\boldsymbol{e}_1-\boldsymbol{X}}{\sqrt{2-2a_1}}\cdot\dfrac{1-a_1}{\sqrt{2-2a_1}}=\boldsymbol{e}_1-\boldsymbol{X}$; 因此 $\boldsymbol{Q}=\boldsymbol{I}-2\boldsymbol{\beta}\boldsymbol{\beta}^{\mathrm{T}}$ 的第 1 列为 $\boldsymbol{e}_1-(\boldsymbol{e}_1-\boldsymbol{X})=\boldsymbol{X}$.

注 如果不要求 $\boldsymbol{Q}$ 是对称的, 则很容易获得: 将 $\boldsymbol{X}$ 扩充为 $\mathbf{R}^n$ 的 (一组基 $\boldsymbol{X},\boldsymbol{\alpha}_2,\cdots,\boldsymbol{\alpha}_n$, 再用施密特正交化方法, 将其改造为) 标准正交基 $\boldsymbol{X},\boldsymbol{e}_2,\cdots,\boldsymbol{e}_n$, 则 $\boldsymbol{Q}=(\boldsymbol{X},\boldsymbol{e}_2,\cdots,\boldsymbol{e}_n)$ 即为所求正交阵.

例 7.53 设 $\boldsymbol{\alpha}_1,\boldsymbol{\alpha}_2,\cdots,\boldsymbol{\alpha}_n$ 和 $\boldsymbol{\beta}_1,\boldsymbol{\beta}_2,\cdots,\boldsymbol{\beta}_n$ 为 n 维欧氏空间 V 的两组正交基. 证明: 存在正交变换 $\mathscr{A}$, 使得 $\mathscr{A}\boldsymbol{\alpha}_i=\boldsymbol{\beta}_i(i=1,2,\cdots,n)$ 的充要条件为 $|\boldsymbol{\alpha}_i|=|\boldsymbol{\beta}_i|(i=1,2,\cdots,n)$.

证 设有正交变换 $\mathscr{A}$, 使得 $\mathscr{A}\boldsymbol{\alpha}_i=\boldsymbol{\beta}_i(i=1,2,\cdots,n)$, 则 $|\boldsymbol{\beta}_i|=|\mathscr{A}\boldsymbol{\alpha}_i|=|\boldsymbol{\alpha}_i|(i=1,2,\cdots,n)$.

反之, 设 $|\boldsymbol{\alpha}_i|=|\boldsymbol{\beta}_i|(i=1,2,\cdots,n)$. 对 V 中任一向量 $\boldsymbol{\alpha}=k_1\boldsymbol{\alpha}_1+k_2\boldsymbol{\alpha}_2+\cdots+k_n\boldsymbol{\alpha}_n,k_i\in\mathbf{R}(i=1,2,\cdots,n)$, 令 $\mathscr{A}(k_1\boldsymbol{\alpha}_1+k_2\boldsymbol{\alpha}_2+\cdots+k_n\boldsymbol{\alpha}_n)=k_1\boldsymbol{\beta}_1+k_2\boldsymbol{\beta}_2+\cdots+k_n\boldsymbol{\beta}_n$. 即为 V 中满足 $\mathscr{A}\boldsymbol{\alpha}_i=\boldsymbol{\beta}_i(i=1,2,\cdots,n)$ 的正交变换.

例 7.54 设 $\boldsymbol{A}$ 是反对称阵, 且 $\boldsymbol{I}+\boldsymbol{A}$ 可逆. 证明: $\boldsymbol{B}=(\boldsymbol{I}-\boldsymbol{A})(\boldsymbol{I}+\boldsymbol{A})^{-1}$ 是正交阵.

证 因为 $\boldsymbol{A}$ 是反对称阵, 即 $\boldsymbol{A}^{\mathrm{T}}=-\boldsymbol{A}$ 而 $\boldsymbol{I}+\boldsymbol{A}$ 可逆, 从而 $\boldsymbol{I}-\boldsymbol{A}=(\boldsymbol{I}+\boldsymbol{A})^{\mathrm{T}}$ 也可逆, 且 $(\boldsymbol{I}-\boldsymbol{A})(\boldsymbol{I}+\boldsymbol{A})=\boldsymbol{I}-\boldsymbol{A}^2=(\boldsymbol{I}+\boldsymbol{A})(\boldsymbol{I}-\boldsymbol{A})$, 于是 $(\boldsymbol{I}+\boldsymbol{A})^{-1}(\boldsymbol{I}-\boldsymbol{A})^{-1}=(\boldsymbol{I}-\boldsymbol{A})^{-1}(\boldsymbol{I}+\boldsymbol{A})^{-1}$. 所以 $\boldsymbol{B}\boldsymbol{B}^{\mathrm{T}}=(\boldsymbol{I}-\boldsymbol{A})(\boldsymbol{I}+\boldsymbol{A})^{-1}\cdot((\boldsymbol{I}-\boldsymbol{A})(\boldsymbol{I}+\boldsymbol{A})^{-1})^{\mathrm{T}}=(\boldsymbol{I}-\boldsymbol{A})(\boldsymbol{I}+\boldsymbol{A})^{-1}((\boldsymbol{I}+\boldsymbol{A})^{\mathrm{T}})^{-1}(\boldsymbol{I}-\boldsymbol{A}^{\mathrm{T}})=(\boldsymbol{I}-\boldsymbol{A})(\boldsymbol{I}+\boldsymbol{A})^{-1}(\boldsymbol{I}-\boldsymbol{A})^{-1}(\boldsymbol{I}+\boldsymbol{A})=(\boldsymbol{I}-\boldsymbol{A})(\boldsymbol{I}-\boldsymbol{A})^{-1}(\boldsymbol{I}+\boldsymbol{A})^{-1}(\boldsymbol{I}+\boldsymbol{A})=\boldsymbol{I}$, 即 $\boldsymbol{B}$ 是正交阵.

例 7.55 设 $\boldsymbol{\alpha}_1,\boldsymbol{\alpha}_2,\cdots,\boldsymbol{\alpha}_{n-1}$ 为 n 维欧氏空间 V 中线性无关的向量组, 而 $\boldsymbol{\beta}_1,\boldsymbol{\beta}_2,\cdots,\boldsymbol{\beta}_s(s\geqslant2)$ 与 $\boldsymbol{\alpha}_i(i=1,2,\cdots,n-1)$ 都正交. 证明: $\boldsymbol{\beta}_1,\boldsymbol{\beta}_2,\cdots,\boldsymbol{\beta}_s$ 线性相关.

证 (方法 1) 因 n 维空间 V 中任意 $n+1$ 个向量必线性相关, 从而 $n+s-1(\geqslant n+1)$

个向量 $\boldsymbol{\alpha}_1,\boldsymbol{\alpha}_2,\cdots,\boldsymbol{\alpha}_{n-1},\boldsymbol{\beta}_1,\boldsymbol{\beta}_2,\cdots,\boldsymbol{\beta}_s$ 必线性相关, 即存在不全为 0 的数 $k_1,k_2,\cdots,k_{n-1},l_1,$ $l_2,\cdots,l_s$ 使

$$k_1\boldsymbol{\alpha}_1+k_2\boldsymbol{\alpha}_2+\cdots+k_{n-1}\boldsymbol{\alpha}_{n-1}+l_1\boldsymbol{\beta}_1+l_2\boldsymbol{\beta}_2+\cdots+l_s\boldsymbol{\beta}_s=\mathbf{0}.$$

上式中 $l_1,l_2,\cdots,l_s$ 必不全为 0(否则 $l_1=l_2=\cdots=l_s=0$, 则上式成为存在不全为 0 的数 $k_1,k_2,\cdots,k_{n-1}$, 使得 $k_1\boldsymbol{\alpha}_1+k_2\boldsymbol{\alpha}_2+\cdots+k_{n-1}\boldsymbol{\alpha}_{n-1}=\mathbf{0}$, 这与 $\boldsymbol{\alpha}_1,\boldsymbol{\alpha}_2,\cdots,\boldsymbol{\alpha}_{n-1}$ 线性无关矛盾). 下证 $l_1\boldsymbol{\beta}_1+l_2\boldsymbol{\beta}_2+\cdots+l_s\boldsymbol{\beta}_s=\mathbf{0}$, 从而 $\boldsymbol{\beta}_1,\boldsymbol{\beta}_2,\cdots,\boldsymbol{\beta}_s$ 线性相关. 为此用 $l_1\boldsymbol{\beta}_1+l_2\boldsymbol{\beta}_2+\cdots+l_s\boldsymbol{\beta}_s$ 与 $k_1\boldsymbol{\alpha}_1+k_2\boldsymbol{\alpha}_2+\cdots+k_{n-1}\boldsymbol{\alpha}_{n-1}+l_1\boldsymbol{\beta}_1+l_2\boldsymbol{\beta}_2+\cdots+l_s\boldsymbol{\beta}_s=\mathbf{0}$ 两端分别作内积, 并注意到

$$\begin{aligned}(l_1\boldsymbol{\beta}_1+l_2\boldsymbol{\beta}_2+\cdots+l_s\boldsymbol{\beta}_s,\boldsymbol{\alpha}_i)&=l_1(\boldsymbol{\beta}_1,\boldsymbol{\alpha}_i)+l_2(\boldsymbol{\beta}_2,\boldsymbol{\alpha}_i)+\cdots+l_s(\boldsymbol{\beta}_s,\boldsymbol{\alpha}_i)\\&=0\quad(i=1,2,\cdots,n-1).\end{aligned}$$

于是得

$$(l_1\boldsymbol{\beta}_1+l_2\boldsymbol{\beta}_2+\cdots+l_s\boldsymbol{\beta}_s,l_1\boldsymbol{\beta}_1+l_2\boldsymbol{\beta}_2+\cdots+l_s\boldsymbol{\beta}_s)=0.$$

从而

$$l_1\boldsymbol{\beta}_1+l_2\boldsymbol{\beta}_2+\cdots+l_s\boldsymbol{\beta}_s=\mathbf{0}.$$

因此 $\boldsymbol{\beta}_1,\boldsymbol{\beta}_2,\cdots,\boldsymbol{\beta}_s$ 线性相关.

(方法 2)$V_1=\langle\boldsymbol{\alpha}_1,\boldsymbol{\alpha}_2,\cdots,\boldsymbol{\alpha}_{n-1}\rangle$, 则 $\dim(V_1)=n-1$, 且 $\boldsymbol{\beta}_i\in V_1^{\perp}(i=1,2,\cdots,s)$. 而 $\dim(V_1^{\perp})=n-\dim(V_1)=1, s\geqslant 2$, 故 $\boldsymbol{\beta}_1,\boldsymbol{\beta}_2,\cdots,\boldsymbol{\beta}_s$ 线性相关.

例 7.56　设 V 为 n 维欧氏空间, $\mathscr{A}$ 为 V 中的线性变换, V_1 为 $\mathscr{A}$ 的不变子空间. 证明: 若 $\mathscr{A}$ 是 (反) 对称变换或正交变换, 则 $V_1^{\perp}$ 也是 $\mathscr{A}$ 的不变子空间.

证　(1) 设 $\mathscr{A}$ 为 (反) 对称变换. 对任意的 $\boldsymbol{\alpha}\in V_1,\boldsymbol{\beta}\in V_1^{\perp}$, $\mathscr{A}\boldsymbol{\alpha}\in V_1$ 及 $(\mathscr{A}\boldsymbol{\alpha},\boldsymbol{\beta})=0$, 从而 $(\boldsymbol{\alpha},\mathscr{A}\boldsymbol{\beta})=\pm(\mathscr{A}\boldsymbol{\alpha},\boldsymbol{\beta})=0$, 即 $\mathscr{A}\boldsymbol{\beta}\in V_1^{\perp}$. 因此 $V_1^{\perp}$ 也是 $\mathscr{A}$ 不变的.

(2) 设 $\mathscr{A}$ 是正交变换. 因为 V_1 为 $\mathscr{A}$ 的不变子空间, 从而 $\mathscr{A}$ 限制在 V_1 上即为 V_1 的正交变换, 所以 $\mathscr{A}$ 是 V_1 上的双射. 从而对任意的 $\boldsymbol{\alpha}\in V_1$, 有 $\boldsymbol{\beta}\in V_1$ 使得 $\boldsymbol{\alpha}=\mathscr{A}\boldsymbol{\beta}$. 这样对任意的 $\boldsymbol{\gamma}\in V_1^{\perp}$, $(\boldsymbol{\gamma},\boldsymbol{\beta})=0$. 于是 $(\mathscr{A}\boldsymbol{\gamma},\boldsymbol{\alpha})=(\mathscr{A}\boldsymbol{\gamma},\mathscr{A}\boldsymbol{\beta})=(\boldsymbol{\gamma},\boldsymbol{\beta})=0$, 即 $\mathscr{A}\boldsymbol{\gamma}\in V_1^{\perp}$. 因此 $V_1^{\perp}$ 也是 $\mathscr{A}$ 不变的.

例 7.57　设 V_1,V_2 是欧氏空间 V 的两个子空间. 证明:

(1) $(V_1+V_2)^{\perp}=V_1^{\perp}\bigcap V_2^{\perp}$;

(2) $(V_1^{\perp})^{\perp}=V_1$;

(3) $(V_1\bigcap V_2)^{\perp}=V_1^{\perp}+V_2^{\perp}$;

(4) 若 $V_1\subseteq V_2$, 则 $V_1^{\perp}\supseteq V_2^{\perp}$.

证　(1) 设 $\boldsymbol{\alpha}\in(V_1+V_2)^{\perp}$, 则 $\boldsymbol{\alpha}$ 与 V_1+V_2 中向量都正交, 从而与 $V_i(i=1,2)$ 中向量都正交. 于是 $\boldsymbol{\alpha}\in V_i^{\perp}(i=1,2)$, 因此 $\boldsymbol{\alpha}\in V_1^{\perp}\bigcap V_2^{\perp}$, 即 $(V_1+V_2)^{\perp}\subseteq V_1^{\perp}\bigcap V_2^{\perp}$.

反之, 设 $\boldsymbol{\alpha}\in V_1^{\perp}\bigcap V_2^{\perp}$, 则 $\boldsymbol{\alpha}\in V_i^{\perp}(i=1,2)$, 从而 $\boldsymbol{\alpha}$ 与 $V_i(i=1,2)$ 中向量都正交. 于是 $\boldsymbol{\alpha}$ 与 V_1+V_2 中向量都正交. 因此 $\boldsymbol{\alpha}\in(V_1+V_2)^{\perp}$, 即 $V_1^{\perp}\bigcap V_2^{\perp}\subseteq(V_1+V_2)^{\perp}$. 故 $(V_1+V_2)^{\perp}=V_1^{\perp}\bigcap V_2^{\perp}$.

(2) 对任意的 $\boldsymbol{\alpha}\in V_1,\boldsymbol{\beta}\in V_1^{\perp}$, $(\boldsymbol{\alpha},\boldsymbol{\beta})=0$, 于是 $\boldsymbol{\alpha}\in(V_1^{\perp})^{\perp}$, 因此 $V_1\subseteq(V_1^{\perp})^{\perp}$.

又对任意的 $\boldsymbol{\alpha}\in(V_1^{\perp})^{\perp}\subseteq V=V_1+V_1^{\perp}$, 设 $\boldsymbol{\alpha}=\boldsymbol{\alpha}_1+\boldsymbol{\beta}_1$, 其中 $\boldsymbol{\alpha}_1\in V_1,\boldsymbol{\beta}_1\in V_1^{\perp}$, 则 $0=(\boldsymbol{\alpha},\boldsymbol{\beta}_1)=(\boldsymbol{\alpha}_1,\boldsymbol{\beta}_1)+(\boldsymbol{\beta}_1,\boldsymbol{\beta}_1)=(\boldsymbol{\beta}_1,\boldsymbol{\beta}_1)$, 从而 $\boldsymbol{\beta}_1=\mathbf{0}$, 于是 $\boldsymbol{\alpha}=\boldsymbol{\alpha}_1\in V_1$, 因此 $(V_1^{\perp})^{\perp}\subseteq V_1$, 故 $(V_1^{\perp})^{\perp}=V_1$.

(3) 由 $(V_1^{\perp}+V_2^{\perp})^{\perp}=(V_1^{\perp})^{\perp}\bigcap(V_2^{\perp})^{\perp}=V_1\bigcap V_2$, 得 $((V_1^{\perp}+V_2^{\perp})^{\perp})^{\perp}=(V_1\bigcap V_2)^{\perp}$, 即 $V_1^{\perp}+V_2^{\perp}=(V_1\bigcap V_2)^{\perp}$.

(4) 对任意的 $\boldsymbol{\alpha}\in V_2^{\perp}$, $(\boldsymbol{\alpha},V_2)=0$. 而 $V_1\subseteq V_2$, 故 $(\boldsymbol{\alpha},V_1)=0$, 即 $\boldsymbol{\alpha}\in V_1^{\perp}$, 因此 $V_2^{\perp}\subseteq V_1^{\perp}$.

例 7.58 设 $\boldsymbol{\alpha}$ 为 n 维欧氏空间 V 中的一个非零向量, W 为 V 中所有与 $\boldsymbol{\alpha}$ 正交的向量所成的集合. 证明: W 是 V 的 $n-1$ 维子空间.

证 因为 $\boldsymbol{\beta}\in V$ 与 $\boldsymbol{\alpha}$ 正交 $\Leftrightarrow\boldsymbol{\beta}\perp\langle\boldsymbol{\alpha}\rangle$, 所以 $W=\langle\boldsymbol{\alpha}\rangle^{\perp}$, 即 W 为 V 的 $n-1$ 维子空间.

例 7.59 设 $V=\mathbf{R}_3[x]$ 为次数不超过 3 的实多项式全体关于 $(f,g)=\int_0^1 f(x)g(x)\mathrm{d}x$ 作为其内积所成的欧氏空间, W 为其中所有实数构成的 1 维子空间, 求 $W^{\perp}$ 及其一组基.

解 $f(x)\in W^{\perp}\Leftrightarrow(f(x),c)=0(c\in W)\Leftrightarrow\int_0^1 cf(x)\mathrm{d}x=0(c\in\mathbf{R})\Leftrightarrow\int_0^1 f(x)\mathrm{d}x=0$. 因此 $W^{\perp}=\left\{f(x)\in V\,\middle|\,\int_0^1 f(x)\mathrm{d}x=0\right\}$.

$$\begin{aligned}f(x)=a_3x^3+a_2x^2+a_1x+a_0\in W^{\perp}\quad&\Leftrightarrow\quad\frac{1}{4}a_3+\frac{1}{3}a_2+\frac{1}{2}a_1+a_0=0\\&\Leftrightarrow\quad a_0=-\frac{1}{4}a_3-\frac{1}{3}a_2-\frac{1}{2}a_1.\end{aligned}$$

此方程的一组基础解系为 $\boldsymbol{X}=\left(1,0,0,-\frac{1}{4}\right),\boldsymbol{Y}=\left(0,1,0,-\frac{1}{3}\right),\boldsymbol{Z}=\left(0,0,1,-\frac{1}{2}\right)$. 因此 $W^{\perp}$ 的一组基为 $\boldsymbol{\alpha}=x^3-\frac{1}{4},\boldsymbol{\beta}=x^2-\frac{1}{3},\boldsymbol{\gamma}=x-\frac{1}{2}$.

例 7.60 设 V 为 n 维欧氏空间, $\boldsymbol{\alpha}_1,\cdots,\boldsymbol{\alpha}_n$ 为 V 的一组基. 证明: 对任意一组实数 $a_1,\cdots,a_n,V$ 中有唯一的一个向量 $\boldsymbol{\alpha}$, 使 $(\boldsymbol{\alpha},\boldsymbol{\alpha}_i)=a_i(i=1,\cdots,n)$.

证 设 $\boldsymbol{\alpha}=x_1\boldsymbol{\alpha}_1+\cdots+x_n\boldsymbol{\alpha}_n$, 则

$$(\boldsymbol{\alpha},\boldsymbol{\alpha}_i)=a_i(i=1,\cdots,n)\quad\Leftrightarrow\quad x_1(\boldsymbol{\alpha}_1,\boldsymbol{\alpha}_i)+\cdots+x_n(\boldsymbol{\alpha}_n,\boldsymbol{\alpha}_i)=a_i\quad(i=1,\cdots,n).$$

此方程组的系数矩阵为基 $\boldsymbol{\alpha}_1,\cdots,\boldsymbol{\alpha}_n$ 的度量矩阵 $\boldsymbol{G}$, 它是正定的, 从而可逆, 故上述线性方程组有唯一解 $x_1,\cdots,x_n$. 因此 $\boldsymbol{\alpha}$ 存在且唯一.

例 7.61 证明: n 维欧氏空间 V 中的线性变换 $\mathscr{A}$ 为反对称变换的充要条件为对 V 中任意向量 $\boldsymbol{\alpha}$, $\mathscr{A}\boldsymbol{\alpha}\perp\boldsymbol{\alpha}$.

证 ($\Rightarrow$)对任意的 $\boldsymbol{\alpha}\in V,(\boldsymbol{\alpha},\mathscr{A}\boldsymbol{\alpha})=-(\mathscr{A}\boldsymbol{\alpha},\boldsymbol{\alpha})=-(\boldsymbol{\alpha},\mathscr{A}\boldsymbol{\alpha})\Rightarrow(\boldsymbol{\alpha},\mathscr{A}\boldsymbol{\alpha})=0$, 即 $\mathscr{A}\boldsymbol{\alpha}\perp\boldsymbol{\alpha}$. ($\Leftarrow$) 利用 $(\boldsymbol{\alpha}-\boldsymbol{\beta},\mathscr{A}(\boldsymbol{\alpha}-\boldsymbol{\beta}))=0$, 可得 $(\boldsymbol{\alpha},\mathscr{A}\boldsymbol{\beta})=-(\boldsymbol{\beta},\mathscr{A}\boldsymbol{\alpha})$, 即 $\mathscr{A}$ 为反对称变换.

例 7.62 设 $V=\mathbf{R}^2$(标准内积), 对任意的 $\boldsymbol{X}=\begin{pmatrix}x_1\\x_2\end{pmatrix},\boldsymbol{AX}=\begin{pmatrix}x_2\\-x_1\end{pmatrix}$. 证明: 对任意的 $\boldsymbol{X}\in V,\mathscr{A}\boldsymbol{X}\perp\boldsymbol{X}$. 并说明 $\mathscr{A}$ 的几何意义.

证 因 $(\boldsymbol{X},\mathscr{A}\boldsymbol{X})=x_1\cdot x_2+x_2\cdot(-x_1)$=0, 故 $\mathscr{A}\boldsymbol{X}\perp\boldsymbol{X}$.

$\mathscr{A}$ 的几何意义是: $\mathscr{A}$ 将 V 中任意向量逆时针旋转 $3\pi/2$(或顺时针旋转 $\pi/2$). 因此 $\mathscr{A}$ 是正交变换. 又因 $\mathscr{A}$ 在 V 的标准正交基 $\boldsymbol{e}_1=\begin{pmatrix}1\\0\end{pmatrix},\boldsymbol{e}_2=\begin{pmatrix}0\\1\end{pmatrix}$ 下的矩阵为

$\boldsymbol{A}=\begin{pmatrix}0&1\\-1&0\end{pmatrix}$, 是反对称矩阵, 故 $\mathscr{A}$ 又是反对称变换. 事实上, 对任意的 $\boldsymbol{X}=\begin{pmatrix}x_1\\x_2\end{pmatrix}, \boldsymbol{Y}=\begin{pmatrix}y_1\\y_2\end{pmatrix}$, $(\mathscr{A}\boldsymbol{X},\boldsymbol{Y})=x_2y_1-x_1y_2=-(\boldsymbol{X},\mathscr{A}\boldsymbol{Y})$.

例 7.63　设 $\boldsymbol{X}=(x,y), \boldsymbol{Y}=(-y,x)\in\mathbf{R}^2=V$.

(1) 对 V 的标准内积, 证明: $\boldsymbol{X}\perp\boldsymbol{Y}$.

(2) 若 V 中的内积定义如例 7.1(3), 问 $\boldsymbol{X}$ 与 $\boldsymbol{Y}$ 是否正交? 给出 $\boldsymbol{X}$ 与 $\boldsymbol{Y}$ 正交的条件.

证　(1) 因为在标准内积下, $(\boldsymbol{X},\boldsymbol{Y})=x\cdot(-y)+y\cdot x=0$, 所以 $\boldsymbol{X}\perp\boldsymbol{Y}$.

(2) 若 V 中的内积定义如例 7.1(3), 则 $(\boldsymbol{X},\boldsymbol{Y})=-xy-x^2+y^2+4xy=-\left(x-\dfrac{3}{2}y\right)^2+\left(\dfrac{\sqrt{13}}{2}y\right)^2$, 所以 $\boldsymbol{X}$ 与 $\boldsymbol{Y}$ 不一定正交. $\boldsymbol{X}\perp\boldsymbol{Y}\Leftrightarrow x=\dfrac{3\pm\sqrt{13}}{2}y$.

例 7.64　设 $\boldsymbol{A}$ 为 n 阶实方阵, 且 $\boldsymbol{A}^2=\boldsymbol{A}$. 证明: $\boldsymbol{A}$ 可表示为两个实对称阵的积.

证　设 a 为 $\boldsymbol{A}$ 的特征值, 则由 $\boldsymbol{A}^2=\boldsymbol{A}$, 得 $\lambda^2=\lambda$, 所以 $\lambda=0$ 或 $\lambda=1$.

设 $\operatorname{rank}(\boldsymbol{A})=r$, 则由 $\boldsymbol{A}(\boldsymbol{A}-\boldsymbol{I})=\boldsymbol{0}$, 得 $\operatorname{rank}(\boldsymbol{A}-\boldsymbol{I})\leqslant n-r$; 线性方程组 $\boldsymbol{AX}=\boldsymbol{0}$ 的解空间 (即 $\boldsymbol{A}$ 的属于特征值 0 的特征子空间)V_0 是 $n-r$ 维的; 而线性方程组 $(\boldsymbol{I}-\boldsymbol{A})\boldsymbol{X}=\boldsymbol{0}$ 的解空间 (即 $\boldsymbol{A}$ 的属于特征值 1 的特征子空间)V_1 的维数为 $n-\operatorname{rank}(\boldsymbol{A}-\boldsymbol{I})\geqslant r$. 而显然 $V_0\bigcap V_1=0$, 于是

$$\dim(V_0)+\dim(V_1)=\dim(V_0+V_1)\leqslant\dim(F^n)=n.$$

故 $\dim(V_1)=r$.

V_1 的任一组基 $\boldsymbol{X}_1,\boldsymbol{X}_2,\cdots,\boldsymbol{X}_r$ 和 V_0 的任一组基 $\boldsymbol{X}_{r+1},\boldsymbol{X}_{r+2},\cdots,\boldsymbol{X}_n$ 一起构成 $V=\mathbf{R}^n$ 的基. 令 $\boldsymbol{P}=(\boldsymbol{X}_1\ \boldsymbol{X}_2\ \cdots\ \boldsymbol{X}_n)$, 则 $\boldsymbol{P}^{-1}\boldsymbol{AP}=\begin{pmatrix}\boldsymbol{I}_r&\boldsymbol{O}\\\boldsymbol{O}&\boldsymbol{O}\end{pmatrix}$. 所以

$$\boldsymbol{A}=\boldsymbol{P}\begin{pmatrix}\boldsymbol{I}_r&\boldsymbol{O}\\\boldsymbol{O}&\boldsymbol{O}\end{pmatrix}\boldsymbol{P}^{-1}=\boldsymbol{P}\begin{pmatrix}\boldsymbol{I}_r&\boldsymbol{O}\\\boldsymbol{O}&\boldsymbol{O}\end{pmatrix}\boldsymbol{P}^{\mathrm{T}}(\boldsymbol{P}^{\mathrm{T}})^{-1}\begin{pmatrix}\boldsymbol{I}_r&\boldsymbol{O}\\\boldsymbol{O}&\boldsymbol{O}\end{pmatrix}\boldsymbol{P}^{-1}=\boldsymbol{S}_1\boldsymbol{S}_2,$$

其中 $\boldsymbol{S}_1=\boldsymbol{P}\begin{pmatrix}\boldsymbol{I}_r&\boldsymbol{O}\\\boldsymbol{O}&\boldsymbol{O}\end{pmatrix}\boldsymbol{P}^{\mathrm{T}}$ 和 $\boldsymbol{S}_2=(\boldsymbol{P}^{-1})^{\mathrm{T}}\begin{pmatrix}\boldsymbol{I}_r&\boldsymbol{O}\\\boldsymbol{O}&\boldsymbol{O}\end{pmatrix}\boldsymbol{P}^{-1}$ 都是实对称阵.

例 7.65　设 $\boldsymbol{A},\boldsymbol{B}$ 为同阶实对称阵. 证明: 当且仅当 $\boldsymbol{AB}=\boldsymbol{BA}$ 时, 存在正交阵 $\boldsymbol{P}$, 使得 $\boldsymbol{P}^{\mathrm{T}}\boldsymbol{AP}$ 与 $\boldsymbol{P}^{\mathrm{T}}\boldsymbol{BP}$ 同时为对角阵.

证　若存在正交阵 $\boldsymbol{P}$, 使得 $\boldsymbol{P}^{\mathrm{T}}\boldsymbol{AP}=\boldsymbol{\Lambda}$ 与 $\boldsymbol{P}^{\mathrm{T}}\boldsymbol{BP}=\boldsymbol{M}$ 同时为对角阵, 则 $\boldsymbol{A}=\boldsymbol{P\Lambda P}^{\mathrm{T}}, \boldsymbol{B}=\boldsymbol{PMP}^{\mathrm{T}}$, 于是

$$\boldsymbol{AB}=\boldsymbol{P\Lambda P}^{\mathrm{T}}\cdot\boldsymbol{PMP}^{\mathrm{T}}=\boldsymbol{P\Lambda MP}^{\mathrm{T}}=\boldsymbol{PM\Lambda P}^{\mathrm{T}}=\boldsymbol{PMP}^{\mathrm{T}}\cdot\boldsymbol{P\Lambda P}^{\mathrm{T}}=\boldsymbol{BA}.$$

反之, 若 $\boldsymbol{AB}=\boldsymbol{BA}$. 因 $\boldsymbol{A}$ 为实对称阵, 故存在正交阵 $\boldsymbol{P}_1$, 使得 $\boldsymbol{P}_1^{\mathrm{T}}\boldsymbol{AP}_1$ 为对角阵 $\boldsymbol{\Lambda}$. 设 $\boldsymbol{\Lambda}=\operatorname{diag}(\lambda_1\boldsymbol{I}_1,\lambda_2\boldsymbol{I}_2,\cdots,\lambda_s\boldsymbol{I}_s), \lambda_i\neq\lambda_j(i\neq j), \boldsymbol{I}_i(i=1,2,\cdots,s)$ 为单位阵. 因 $\boldsymbol{AB}=\boldsymbol{BA}$, 故

$$\boldsymbol{P}_1^{\mathrm{T}}\boldsymbol{AP}_1\cdot\boldsymbol{P}_1^{\mathrm{T}}\boldsymbol{BP}_1=\boldsymbol{P}_1^{\mathrm{T}}\boldsymbol{ABP}_1=\boldsymbol{P}_1^{\mathrm{T}}\boldsymbol{BAP}_1=\boldsymbol{P}_1^{\mathrm{T}}\boldsymbol{BP}_1\cdot\boldsymbol{P}_1^{\mathrm{T}}\boldsymbol{AP}_1,$$

即 $\boldsymbol{P}_1^{\mathrm{T}}\boldsymbol{B}\boldsymbol{P}_1$ 与 $\boldsymbol{P}_1^{\mathrm{T}}\boldsymbol{A}\boldsymbol{P}_1=\boldsymbol{\Lambda}$ 可换, 从而有 $\boldsymbol{P}_1^{\mathrm{T}}\boldsymbol{B}\boldsymbol{P}_1=\mathrm{diag}(\boldsymbol{B}_1,\boldsymbol{B}_2,\cdots,\boldsymbol{B}_s)$, 且由 $\boldsymbol{P}_1^{\mathrm{T}}\boldsymbol{B}\boldsymbol{P}_1$ 为实对称阵知 $\boldsymbol{B}_i(i=1,2,\cdots,s)$ 都是实对称阵. 于是存在正交阵 $\boldsymbol{Q}_i(i=1,2,\cdots,s)$, 使得 $\boldsymbol{Q}_i^{\mathrm{T}}\boldsymbol{B}_i\boldsymbol{Q}_i=\boldsymbol{\Lambda}_i$ 为对角阵. 令 $\boldsymbol{P}=\boldsymbol{P}_1\cdot\mathrm{diag}(\boldsymbol{Q}_1,\boldsymbol{Q}_2,\cdots,\boldsymbol{Q}_s)$, 则 $\boldsymbol{P}$ 正交, 且 $\boldsymbol{P}^{\mathrm{T}}\boldsymbol{A}\boldsymbol{P}=\boldsymbol{\Lambda}$ 和 $\boldsymbol{P}^{\mathrm{T}}\boldsymbol{B}\boldsymbol{P}=\mathrm{diag}(\boldsymbol{\Lambda}_1,\boldsymbol{\Lambda}_2,\cdots,\boldsymbol{\Lambda}_s)$ 都为对角阵.

例 7.66 设 $\boldsymbol{A}$ 为实对称阵且其特征值互异. 证明: 与 $\boldsymbol{A}$ 可换的矩阵是 $\boldsymbol{A}$ 的多项式, 从而也是实对称阵.

证 因 $\boldsymbol{A}$ 为实对称阵, 故存在正交阵 $\boldsymbol{P}$, 使得 $\boldsymbol{P}^{\mathrm{T}}\boldsymbol{A}\boldsymbol{P}=\boldsymbol{\Lambda}=\mathrm{diag}(\lambda_1,\lambda_2,\cdots,\lambda_n)$, 且由题设 $\lambda_i\neq\lambda_j(i\neq j)$. 记 $\boldsymbol{C}=\boldsymbol{P}^{\mathrm{T}}\boldsymbol{B}\boldsymbol{P}$, 则由 $\boldsymbol{A}\boldsymbol{B}=\boldsymbol{B}\boldsymbol{A}$, 得 $\boldsymbol{C}\boldsymbol{\Lambda}=\boldsymbol{\Lambda}\boldsymbol{C}$, 因此 $\boldsymbol{C}$ 是对角阵 $\mathrm{diag}(\mu_1,\mu_2,\cdots,\mu_n)$. 于是存在唯一次数小于 n 的多项式 $f(\lambda)$, 使得 $f(\lambda_i)=\mu_i(i=1,2,\cdots,n)$. 从而 $f(\boldsymbol{\Lambda})=\boldsymbol{C}$, 于是

$$\boldsymbol{B}=\boldsymbol{P}\boldsymbol{C}\boldsymbol{P}^{\mathrm{T}}=\boldsymbol{P}f(\boldsymbol{\Lambda})\boldsymbol{P}^{\mathrm{T}}=f(\boldsymbol{P}\boldsymbol{\Lambda}\boldsymbol{P}^{\mathrm{T}})=f(\boldsymbol{A}).$$

显然 $f(\boldsymbol{A})$ 是实对称阵.

7.3 酉 空 间

“欧几里得空间在两千年中曾被认为是唯一的空间形式, 而牛顿物理学正是建立在这种空间概念的基础之上的. 所以这是一个**具有伟大意义的错误**!”

——Alfred North Whitehead

内 容 提 要

7.3.1 酉空间的基本概念

1. 酉空间及其内积

酉 (Unitary) **空间**就是定义了**内积**的复数域 $\mathbf{C}$ 上的线性空间 $V=V(\mathbf{C})$, 记为 $\mathbf{U}(\mathbf{C})$. 其**内积**是 V 中的两个向量的一种乘积 ($\boldsymbol{a}$ 和 $\boldsymbol{b}$ 的内积记为 $(\boldsymbol{a},\boldsymbol{b})$, 它是一个复数), 且满足:

(1) **共轭对称性**: 即对任意两个向量 $\boldsymbol{a},\boldsymbol{b}\in V$, 有

$$(\boldsymbol{a},\boldsymbol{b})=\overline{(\boldsymbol{b},\boldsymbol{a})}. \tag{1}$$

(2) **线性性**: 即对任意一个实数 λ 和任意三个向量 $\boldsymbol{a},\boldsymbol{b},\boldsymbol{c}\in V$, 有

$$(\boldsymbol{a},\lambda\boldsymbol{b})=\lambda(\boldsymbol{a},\boldsymbol{b}),\ \ (\boldsymbol{a},\boldsymbol{b}+\boldsymbol{c})=(\boldsymbol{a},\boldsymbol{b})+(\boldsymbol{a},\boldsymbol{c}).$$

(3) **正定性**: 即对任意一个向量 $\boldsymbol{a}\in V$, 有$(\boldsymbol{a},\boldsymbol{a})\geqslant 0$, 且等号仅当 $\boldsymbol{a}=\boldsymbol{0}$ 时成立.

2. 向量的长度或模

称 $|\boldsymbol{a}| = \sqrt{(\boldsymbol{a},\boldsymbol{a})}$ 为向量 $\boldsymbol{a}$ 的**长度或模**.

模为 1 的向量称为**单位向量**. 对于任意一个非零向量 $\boldsymbol{a}$, $\boldsymbol{a}_0 = \dfrac{\boldsymbol{a}}{|\boldsymbol{a}|}$ 为单位向量. 通过这种方式把任一非零向量“伸缩”为单位向量的过程, 称为对向量的**单位化**、**归一化**、**标准化或规范化**.

3. 向量的正交性

如果 $(\boldsymbol{a},\boldsymbol{b}) = 0$, 则称 $\boldsymbol{a}$ 与 $\boldsymbol{b}$ **正交或垂直**.

显然, 零向量与任意向量正交.

4. 距离

称 $d(\boldsymbol{a},\boldsymbol{b}) = |\boldsymbol{a}-\boldsymbol{b}|$ 为向量 $\boldsymbol{a}$ 与 $\boldsymbol{b}$ 之间的**距离**.

7.3.2　酉空间的基本性质

1. 双线性性

对任意的复数 λ_i,μ_j 和任意的向量 $\boldsymbol{a}_i,\boldsymbol{b}_j \in V(i=1,2,\cdots,m;j=1,2,\cdots,n)$, 有

$$\left(\sum_{i=1}^{m}\lambda_i\boldsymbol{a}_i, \sum_{j=1}^{n}\mu_j\boldsymbol{b}_j\right) = \sum_{i=1}^{m}\sum_{j=1}^{n}\overline{\lambda}_i\mu_j(\boldsymbol{a}_i,\boldsymbol{b}_j). \tag{2}$$

特别地, 对任意实数 λ 和任意向量 $\boldsymbol{a},\boldsymbol{b},\boldsymbol{c}$, $(\boldsymbol{a}+\boldsymbol{b},\boldsymbol{c}) = (\boldsymbol{a},\boldsymbol{c})+(\boldsymbol{b},\boldsymbol{c})$, 且

$$(\lambda\boldsymbol{a},\boldsymbol{b}) = \overline{\lambda}(\boldsymbol{a},\boldsymbol{b}), \tag{3}$$

和 $(\boldsymbol{a},\boldsymbol{0}) = (\boldsymbol{0},\boldsymbol{b}) = 0$.

2. 对称性

$\boldsymbol{a}$ 与 $\boldsymbol{b}$ 之间的距离等于 $\boldsymbol{b}$ 与 $\boldsymbol{a}$ 之间的距离, 即 $d(\boldsymbol{a},\boldsymbol{b}) = d(\boldsymbol{b},\boldsymbol{a})$.

3. 正定性

(1) 对于任意一个向量 $\boldsymbol{a}$, $|\boldsymbol{a}| \geqslant 0$, 且等号仅当 $\boldsymbol{a} = \boldsymbol{0}$ 时成立;

(2) 对于任意两个向量 $\boldsymbol{a}$ 和 $\boldsymbol{b}$, $d(\boldsymbol{a},\boldsymbol{b}) \geqslant 0$, 且等号仅当 $\boldsymbol{a} = \boldsymbol{b}$ 时成立.

4. 齐次性

(1) $|\lambda\boldsymbol{a}| = |\lambda|\cdot|\boldsymbol{a}|$;

(2) $d(\lambda\boldsymbol{a},\lambda\boldsymbol{b}) = |\lambda|\cdot d(\boldsymbol{a},\boldsymbol{b})$.

5. 柯西–施瓦茨不等式

对于任意两个向量 $\boldsymbol{a}$ 和 $\boldsymbol{b}$, $|(\boldsymbol{a},\boldsymbol{b})| \leqslant |\boldsymbol{a}|\cdot|\boldsymbol{b}|$, 且等号仅当 $\boldsymbol{a}$ 与 $\boldsymbol{b}$ 线性相关时成立.

6. 三角形不等式

(请给出等号成立的条件.)

(1) $||\boldsymbol{a}|-|\boldsymbol{b}|| \leqslant |\boldsymbol{a}+\boldsymbol{b}| \leqslant |\boldsymbol{a}|+|\boldsymbol{b}|$;

(2) $||\boldsymbol{a}|-|\boldsymbol{b}|| \leqslant d(\boldsymbol{a},\boldsymbol{b}) = |\boldsymbol{a}-\boldsymbol{b}| \leqslant |\boldsymbol{a}|+|\boldsymbol{b}|$;

(3) $|d(\boldsymbol{a},\boldsymbol{b})-d(\boldsymbol{b},\boldsymbol{c})| \leqslant d(\boldsymbol{a},\boldsymbol{c}) \leqslant d(\boldsymbol{a},\boldsymbol{b})+d(\boldsymbol{b},\boldsymbol{c})$.

表 7.1 给出欧氏空间和酉空间一些重要性质之间的对比.

表 7.1

欧氏空间 $\mathbf{E}(\mathbf{R})$	酉空间 $\mathbf{U}(\mathbf{C})$
内积 $(\boldsymbol{a},\boldsymbol{b})$ 为实数, 且满足 $(\boldsymbol{a},\boldsymbol{b})=(\boldsymbol{b},\boldsymbol{a})$, $(\boldsymbol{a},\boldsymbol{b}+\boldsymbol{c})=(\boldsymbol{a},\boldsymbol{b})+(\boldsymbol{a},\boldsymbol{c})$, $(\boldsymbol{a}+\boldsymbol{b},\boldsymbol{c})=(\boldsymbol{a},\boldsymbol{c})+(\boldsymbol{b},\boldsymbol{c})$, $(\lambda\boldsymbol{a},\boldsymbol{b})=(\boldsymbol{a},\lambda\boldsymbol{b})=\lambda(\boldsymbol{a},\boldsymbol{b})$, $(\boldsymbol{a},\boldsymbol{a})\geqslant 0$, 且等号仅当 $\boldsymbol{a}=\mathbf{0}$ 时成立	内积 $(\boldsymbol{a},\boldsymbol{b})$ 为复数, 且满足 $(\boldsymbol{a},\boldsymbol{b})=\overline{(\boldsymbol{b},\boldsymbol{a})}$, $(\boldsymbol{a},\boldsymbol{b}+\boldsymbol{c})=(\boldsymbol{a},\boldsymbol{b})+(\boldsymbol{a},\boldsymbol{c})$, $(\boldsymbol{a}+\boldsymbol{b},\boldsymbol{c})=(\boldsymbol{a},\boldsymbol{c})+(\boldsymbol{b},\boldsymbol{c})$, $(\lambda\boldsymbol{a},\boldsymbol{b})=\overline{\lambda}(\boldsymbol{a},\boldsymbol{b}),(\boldsymbol{a},\lambda\boldsymbol{b})=\lambda(\boldsymbol{a},\boldsymbol{b})$, $(\boldsymbol{a},\boldsymbol{a})\geqslant 0$, 且等号仅当 $\boldsymbol{a}=\mathbf{0}$ 时成立
模 $|\boldsymbol{a}|=\sqrt{(\boldsymbol{a},\boldsymbol{a})}\geqslant 0$, 非零向量 $\boldsymbol{a}$ 的单位化向量 $\dfrac{\boldsymbol{a}}{|\boldsymbol{a}|}$	模 $|\boldsymbol{a}|=\sqrt{(\boldsymbol{a},\boldsymbol{a})}\geqslant 0$, 非零向量 $\boldsymbol{a}$ 的单位化向量 $\dfrac{\boldsymbol{a}}{|\boldsymbol{a}|}$
柯西–施瓦茨不等式 $(\boldsymbol{a},\boldsymbol{b})^2\leqslant(\boldsymbol{a},\boldsymbol{a})(\boldsymbol{b},\boldsymbol{b})$, 即 $|(\boldsymbol{a},\boldsymbol{b})|\leqslant|\boldsymbol{a}|\cdot|\boldsymbol{b}|$, 且等号仅当 $\boldsymbol{a},\boldsymbol{b}$ 线性相关时成立	柯西–施瓦茨不等式 $(\boldsymbol{a},\boldsymbol{b})\overline{(\boldsymbol{a},\boldsymbol{b})}\leqslant(\boldsymbol{a},\boldsymbol{a})(\boldsymbol{b},\boldsymbol{b})$, 即 $|(\boldsymbol{a},\boldsymbol{b})|\leqslant|\boldsymbol{a}|\cdot|\boldsymbol{b}|$, 且等号仅当 $\boldsymbol{a},\boldsymbol{b}$ 线性相关时成立
非零向量 $\boldsymbol{a},\boldsymbol{b}$ 的夹角 $\varphi=\arccos\dfrac{(\boldsymbol{a},\boldsymbol{b})}{|\boldsymbol{a}|\cdot|\boldsymbol{b}|}$	非零向量 $\boldsymbol{a},\boldsymbol{b}$ 的夹角也可以定义为 $\varphi=\arccos\dfrac{|(\boldsymbol{a},\boldsymbol{b})|}{|\boldsymbol{a}|\cdot|\boldsymbol{b}|}$
向量 $\boldsymbol{a},\boldsymbol{b}$ 正交 $\Leftrightarrow(\boldsymbol{a},\boldsymbol{b})=0$ 三角不等式成立 $||\boldsymbol{a}|-|\boldsymbol{b}||\leqslant|\boldsymbol{a}+\boldsymbol{b}|\leqslant|\boldsymbol{a}|+|\boldsymbol{b}|$	向量 $\boldsymbol{a},\boldsymbol{b}$ 正交 $\Leftrightarrow(\boldsymbol{a},\boldsymbol{b})=0$ 三角不等式成立 $||\boldsymbol{a}|-|\boldsymbol{b}||\leqslant|\boldsymbol{a}+\boldsymbol{b}|\leqslant|\boldsymbol{a}|+|\boldsymbol{b}|$
度量矩阵 $\boldsymbol{G}$ 为实对称矩阵 设 $\boldsymbol{a}_1,\boldsymbol{a}_2,\cdots,\boldsymbol{a}_n$ 为基, $\sigma_{ij}=(\boldsymbol{a}_i,\boldsymbol{a}_j)=\sigma_{ji}$, 度量矩阵 $\boldsymbol{G}=(\sigma_{ij})=\boldsymbol{G}^{\mathrm{T}}$	度量矩阵 $\boldsymbol{G}$ 为厄米矩阵 设 $\boldsymbol{a}_1,\boldsymbol{a}_2,\cdots,\boldsymbol{a}_n$ 为基, $\sigma_{ij}=(\boldsymbol{a}_i,\boldsymbol{a}_j)=\overline{(\boldsymbol{a}_j,\boldsymbol{a}_i)}=\overline{\sigma_{ji}}$, 度量矩阵 $\boldsymbol{G}=(\sigma_{ij})=\boldsymbol{G}^{\mathrm{H}}$
用施密特方法可将任一组基改造为标准正交基 $\boldsymbol{e}_1,\boldsymbol{e}_2,\cdots,\boldsymbol{e}_n$, $(\boldsymbol{e}_i,\boldsymbol{e}_j)=\delta_{ij}\ (i,j=1,2,\cdots,n)$	用施密特方法可将任一组基改造为标准正交基 $\boldsymbol{e}_1,\boldsymbol{e}_2,\cdots,\boldsymbol{e}_n$, $(\boldsymbol{e}_i,\boldsymbol{e}_j)=\delta_{ij}\ (i,j=1,2,\cdots,n)$
在标准正交基下, 度量矩阵为单位阵, 内积为标准内积, 即 $(\boldsymbol{a},\boldsymbol{b})=\sum\limits_{i=1}^{n}a_ib_i$	在标准正交基下, 度量矩阵为单位阵, 内积为标准内积, 即 $(\boldsymbol{a},\boldsymbol{b})=\sum\limits_{i=1}^{n}\overline{a_i}b_i$

7.3.3　酉变换与酉矩阵

1. 酉变换与酉矩阵的定义

(1) 酉变换. 酉空间 $V=\mathbf{U}(\mathbf{C})$ 上保持内积的线性变换 $\mathscr{U}$ 称为**酉变换**, 即 $\mathscr{U}\in L(V)$, 且满足

$$(\mathscr{U}(\boldsymbol{\alpha}),\mathscr{U}(\boldsymbol{\beta}))=(\boldsymbol{\alpha},\boldsymbol{\beta})\quad(\boldsymbol{\alpha},\boldsymbol{\beta}\in V).\tag{4}$$

酉空间 $V=\mathbf{U}(\mathbf{C})$ 上所有酉变换的集合记为 $U(V)$.

(2) 酉矩阵. 满足

$$\boldsymbol{U}^{\mathrm{H}}\boldsymbol{U}=\boldsymbol{I}\tag{5}$$

(或 $\boldsymbol{U}^{\mathrm{H}}=\boldsymbol{U}^{-1}$, 或 $\boldsymbol{U}\boldsymbol{U}^{\mathrm{H}}=\boldsymbol{I}$) 的 (复) 矩阵称为**酉矩阵**. 所有 n 阶酉矩阵的集合记为 $U_n(\mathbf{C})$.

2. 酉矩阵与酉变换的性质

(1) 单位矩阵为酉矩阵; 酉矩阵必可逆, 且其逆仍为酉矩阵; 酉矩阵的共轭转置 (等于其逆) 仍为酉矩阵; 两个同阶酉矩阵的乘积仍为酉矩阵.

(2) 恒等变换为酉变换; 酉变换必可逆, 且其逆变换仍为酉变换; 同一酉空间上的两个酉变换的乘积 (合成) 仍为酉变换.

(3) 设 $\mathscr{U}$ 是 (n 维) 酉空间 $V=\mathbf{U}_n(\mathbf{C})$ 上的线性变换, 则下列条件等价: ① $\mathscr{U}$ 是酉变换; ② $\mathscr{U}$ 保持 V 中向量的模, 即对任意的 $\boldsymbol{\alpha}\in V, |\mathscr{U}(\boldsymbol{\alpha})|=|\boldsymbol{\alpha}|$; ③ $\mathscr{U}$ 保持 V 中的标准正交基, 即若 $\boldsymbol{e}_1,\boldsymbol{e}_2,\cdots,\boldsymbol{e}_n$ 为 V 的一组标准正交基, 则 $\mathscr{U}(\boldsymbol{e}_1),\mathscr{U}(\boldsymbol{e}_2),\cdots,\mathscr{U}(\boldsymbol{e}_n)$ 仍为 V 的标准正交基.

(4) 设 n 维酉空间 $V=\mathbf{U}_n(\mathbf{C})$ 上的线性变换 $\mathscr{U}$ 在 V 的标准正交基 $\boldsymbol{e}_1,\boldsymbol{e}_2,\cdots,\boldsymbol{e}_n$ 下的矩阵为 $\boldsymbol{U}$, 则 $\mathscr{U}$ 是酉变换的充分必要条件为 $\boldsymbol{U}$ 是酉矩阵.

(5) 集合 $U(V_n)=\{V_n=\mathbf{U}_n(\mathbf{C})$ 上的酉变换$\}$ 与集合 $U_n(\mathbf{C})=\{n$ 阶酉矩阵$\}$ 的元素一一对应.

(6) 设 $\boldsymbol{e}_1,\boldsymbol{e}_2,\cdots,\boldsymbol{e}_n$ 为 $V=\mathbf{U}_n(\mathbf{C})$ 的一组标准正交基, $U\in M_n(\mathbf{C})$, $(\boldsymbol{a}_1,\boldsymbol{a}_2,\cdots,\boldsymbol{a}_n)=(\boldsymbol{e}_1,\boldsymbol{e}_2,\cdots,\boldsymbol{e}_n)\cdot\boldsymbol{U}$, 则 $\boldsymbol{a}_1,\boldsymbol{a}_2,\cdots,\boldsymbol{a}_n$ 是 V 的标准正交基, 当且仅当 $\boldsymbol{U}$ 是酉矩阵时.

(7) 设 $\boldsymbol{A}\in M_n(\mathbf{C})$, 则下列条件等价: ① $\boldsymbol{U}$ 是酉矩阵; ② 对任意的 $\boldsymbol{X}\in\mathbf{C}^n, |\boldsymbol{U}\cdot\boldsymbol{X}|=|\boldsymbol{X}|$; ③ 若 $\boldsymbol{e}_1,\boldsymbol{e}_2,\cdots,\boldsymbol{e}_n$ 为 $\mathbf{C}^n$ 的一组标准正交基, 则 $\boldsymbol{U}\boldsymbol{e}_1,\boldsymbol{U}\boldsymbol{e}_2,\cdots,\boldsymbol{U}\boldsymbol{e}_n$ 仍为 $\mathbf{C}^n$ 的标准正交基; ④ $\boldsymbol{U}$ 的列向量组标准正交; ⑤ $\boldsymbol{U}$ 的行向量组标准正交.

(8) 酉矩阵的 (复) 特征值是模为 1 的复数 $\mathrm{e}^{\mathrm{i}\theta}(\theta\in\mathbf{R})$; 实特征值只能是 1 或 -1; 且属于同一酉矩阵的不同 (复) 特征值的 (复) 特征向量相互正交.

(9) 酉变换的 (复) 特征值是模为 1 的复数 $\mathrm{e}^{\mathrm{i}\theta}(\theta\in\mathbf{R})$; 实特征值只能是 1 或 -1; 且属于同一酉变换的不同 (复) 特征值的 (复) 特征向量相互正交.

(10) 酉矩阵和酉变换的行列式的模必为 1.

7.3.4 厄米变换与厄米矩阵

1. 厄米变换与厄米矩阵的定义

(1) 厄米变换. 酉空间 $V=\mathbf{U}(\mathbf{C})$ 上满足

$$(\mathscr{H}(\boldsymbol{\alpha}),\boldsymbol{\beta})=(\boldsymbol{\alpha},\mathscr{H}(\boldsymbol{\beta}))\quad(\boldsymbol{\alpha},\boldsymbol{\beta}\in V)\tag{6}$$

的线性变换 $\mathscr{H}$ 称为**厄米** (Hermite) **变换**. 酉空间 $V=\mathbf{U}(\mathbf{C})$ 上所有厄米变换的集合记为 $H(V)$.

(2) 厄米矩阵. 满足

$$\boldsymbol{H}=\boldsymbol{H}^{\mathrm{H}}\tag{7}$$

的复矩阵称为**厄米** (Hermite) **矩阵**. 所有 n 阶厄米矩阵的集合记为 $H_n(\mathbf{C})$.

2. 厄米变换与厄米矩阵的性质

(1) 设 n 维酉空间 $V=\mathbf{U}_n(\mathbf{C})$ 上的线性变换 $\mathscr{H}$ 在 V 的标准正交基 $\boldsymbol{e}_1,\boldsymbol{e}_2,\cdots,\boldsymbol{e}_n$ 下的矩阵为 $\boldsymbol{H}$, 则 $\mathscr{H}$ 是厄米变换的充分必要条件为 $\boldsymbol{H}$ 是厄米矩阵.

(2) 集合 $H(V_n)$={$\mathbf{U}_n(\mathbf{C})$ 上的厄米变换} 与集合{n 阶厄米矩阵}$=H_n(\mathbf{C})$ 的元素一一对应.

(3) 厄米矩阵的特征值全是实数, 从而 n 阶厄米矩阵必有 n 个实特征值 (重根按其重数计); 且属于同一厄米矩阵的不同 (实) 特征值的 (复) 特征向量相互正交.

(4) 厄米变换的特征值全是实数, 从而 n 维酉空间 $V=\mathbf{U}_n(\mathbf{C})$ 上的厄米变换必有 n 个实特征值 (重根按其重数计); 且属于同一厄米变换的不同 (实) 特征值的 (复) 特征向量相互正交.

7.3.5 规范变换与规范矩阵

1. 共轭变换及其矩阵与性质

(1) 共轭变换及其矩阵. 设 $\mathscr{A}$ 是酉空间 V 上的一个线性变换. 如果存在一个 V 上的 (线性) 变换 $\mathscr{A}^*$, 使得对 V 中任意两个向量 $\boldsymbol{a}$ 和 $\boldsymbol{b}$ 都有

$$(\mathscr{A}\boldsymbol{a},\boldsymbol{b})=(\boldsymbol{a},\mathscr{A}^*\boldsymbol{b}),\tag{8}$$

则称 $\mathscr{A}^*$ 为 $\mathscr{A}$ 的**共轭变换**. 显然, 此时 $\mathscr{A}$ 也是 $\mathscr{A}^*$ 的共轭变换.

(2) 设 $\boldsymbol{e}_1,\boldsymbol{e}_2,\cdots,\boldsymbol{e}_n$ 为 n 维酉空间 $V=\mathbf{U}_n(\mathbf{C})$ 的一组基, $\mathscr{A}$ 和 $\mathscr{B}\in L(V)$ 在此基下的矩阵分别为 $\boldsymbol{A}$ 和 $\boldsymbol{B}$, 则 $\mathscr{A}$ 与 $\mathscr{B}$ 互为共轭变换 $\Leftrightarrow\boldsymbol{B}=\boldsymbol{A}^{\mathrm{H}}$.

(3) 矩阵共轭转置的性质.

① $I^{\mathrm{H}} = I$, 即单位矩阵的共轭转置就是它自己;

② $(A^{\mathrm{H}})^{\mathrm{H}} = A$, 即矩阵 A 的共轭转置的共轭转置等于 A;

③ $(\lambda A)^{\mathrm{H}} = \overline{\lambda} A^{\mathrm{H}}$, $(A \pm B)^{\mathrm{H}} = A^{\mathrm{H}} \pm B^{\mathrm{H}}$;

④ $(A \cdot B)^{\mathrm{H}} = B^{\mathrm{H}} \cdot A^{\mathrm{H}}$.

(4) 共轭变换的性质.

① $\mathscr{E}^* = \mathscr{E}$, 即单位变换的共轭变换就是它自己;

② $(\mathscr{A}^*)^* = \mathscr{A}$, 即变换 $\mathscr{A}$ 的共轭变换的共轭变换等于 $\mathscr{A}$;

③ $(\lambda \mathscr{A})^* = \overline{\lambda} \mathscr{A}^*, (\mathscr{A} \pm \mathscr{B})^* = \mathscr{A}^* \pm \mathscr{B}^*$;

④ $(\mathscr{A} \cdot \mathscr{B})^* = \mathscr{B}^* \cdot \mathscr{A}^*$.

2. 规范变换与规范矩阵

(1) 规范变换. 设 $\mathscr{A}$ 是 n 维酉空间中的一个线性变换, 如果 $\mathscr{A}$ 和它的共轭变换 $\mathscr{A}^*$ 可交换, 即

$$\mathscr{A}\mathscr{A}^* = \mathscr{A}^*\mathscr{A}, \tag{9}$$

则称变换 $\mathscr{A}$ 是一个**规范变换**.

(2) 规范矩阵. 满足

$$AA^{\mathrm{H}} = A^{\mathrm{H}}A \tag{10}$$

的 (复) 矩阵 A 称为**规范矩阵**.

(3) 设 $e_1, e_2, \cdots, e_n$ 为 n 维酉空间 $V = \mathbf{U}_n(\mathbf{C})$ 的一组基, $\mathscr{A} \in L(V)$ 在此基下的矩阵为 A, 则 $\mathscr{A}$ 为规范变换 $\Leftrightarrow A$ 为规范矩阵.

(4) 酉矩阵和厄米矩阵都是规范矩阵, 且酉矩阵 U 的共轭转置就是它的逆变换, 即 $U^{\mathrm{H}} = U^{-1}$; 而厄米矩阵 H 的共轭转置就是它自己, 即 $H^{\mathrm{H}} = H$.

(5) 酉变换和厄米变换都是规范变换, 且酉变换 $\mathscr{U}$ 的共轭变换就是它的逆变换, 即 $\mathscr{U}^* = \mathscr{U}^{-1}$; 而厄米变换 $\mathscr{H}$ 的共轭变换就是它自己, 即 $\mathscr{H}^* = \mathscr{H}$.

3. 规范矩阵的性质

(1) 设 A 是 n 阶矩阵, 如果 $V = \mathbf{C}^n$ 的子空间 W 是 A 的**不变子空间** (即对任意的 $X \in W$, $AX \in W$), 则 W 在 V 中的正交补子空间 $W^{\perp}$ 是 A 的共轭转置 A^{H} 不变子空间.

(2) 设 λ 是 n 阶规范矩阵 A 的特征值, X 是对应的特征向量 (即 $AX = \lambda X$), 则 $\overline{\lambda}$ 是 A 的共轭转置 A^{H} 的特征值, 且 X 是对应的特征向量 (即 $A^{\mathrm{H}}X = \overline{\lambda}X$).

(3) 设 A 是 n 阶规范矩阵, 则 A 的属于不同特征值的特征向量相互正交.

(4) 酉相似. 对于复数域上的 n 阶方阵 A 和 B, 如果存在 n 阶酉矩阵 U, 使得

$$A = U^{\mathrm{H}}BU, \tag{11}$$

则称 A **酉相似于**B, 记为 $A \sim B$.

(5) 复方阵之间的酉相似是等价关系, 即满足自反性、对称性和传递性.

(6) 任一规范矩阵 $\boldsymbol{A}$ 都酉相似于对角矩阵, 即存在 n 阶酉矩阵 $\boldsymbol{U}$, 使得 $\boldsymbol{U}^{\mathrm{H}}\boldsymbol{AU}$ 为对角阵. 反之, 任一酉相似于对角阵的矩阵一定是规范矩阵.

(7) 规范矩阵必有标准正交的完全特征向量系. 即 n 阶规范矩阵必有 n 个标准正交的完全特征向量系.

(8) 规范矩阵的每个特征值的几何重数都等于其代数重数.

4. 规范变换的性质

(1) 设 $\mathscr{A}$ 是 n 维酉空间 $V=\mathbf{U}_n(\mathbf{C})$ 内的一个线性变换, 如果 V 的子空间 W 是 $\mathscr{A}$ 的不变子空间 (即对任意的 $\boldsymbol{a}\in W$, $\mathscr{A}\boldsymbol{a}\in W$), 则 W 在 V 中的正交补子空间 $W^{\perp}$ 是 $\mathscr{A}$ 的共轭变换 $\mathscr{A}^*$ 的不变子空间.

(2) 设 λ 是 n 维酉空间上 $V=\mathbf{U}_n(\mathbf{C})$ 的规范变换 $\mathscr{A}$ 的特征值, $\boldsymbol{\alpha}\in V$ 是对应的特征向量 (即 $\mathscr{A}\boldsymbol{\alpha}=\lambda\boldsymbol{\alpha}$), 则 $\overline{\lambda}$ 是 $\mathscr{A}$ 的共轭变换 $\mathscr{A}^*$ 的特征值, 且 $\boldsymbol{\alpha}$ 是对应的特征向量 (即 $\mathscr{A}^*\boldsymbol{\alpha}=\overline{\lambda}\boldsymbol{\alpha}$).

(3) 设 $\mathscr{A}$ 是 n 维酉空间 $V=\mathbf{U}_n(\mathbf{C})$ 内的一个规范变换, 则 $\mathscr{A}$ 的属于不同特征值的特征向量相互正交.

(4) 设 $\mathscr{A}$ 是 n 维酉空间 $V=\mathbf{U}_n(\mathbf{C})$ 内的一个规范变换, 则存在 V 的一组标准正交基, 使得 $\mathscr{A}$ 在此基下的矩阵 $\boldsymbol{A}$ 为对角阵.

(5) 规范变换必有标准正交的完全特征向量系. 即 n 维酉空间 $V=\mathbf{U}_n(\mathbf{C})$ 内的规范变换必有 n 个标准正交的完全特征向量系.

(6) 规范变换的每个特征值的几何重数都等于其代数重数.

7.3.6 酉变换与厄米变换的对角化

1. 酉矩阵与酉变换的对角化

(1) 酉矩阵必可酉相似对角化. 即若 $\boldsymbol{A}$ 是 n 阶酉矩阵, 则存在 n 阶酉矩阵 $\boldsymbol{U}$, 使得 $\boldsymbol{U}^{\mathrm{H}}\boldsymbol{AU}$ 为对角阵

$$\operatorname{diag}(\mathrm{e}^{\mathrm{i}\theta_1},\mathrm{e}^{\mathrm{i}\theta_2},\cdots,\mathrm{e}^{\mathrm{i}\theta_n})\quad(\theta_i\in\mathbf{R},i=1,2,\cdots,n).\tag{12}$$

(2) 酉变换必可对角化. 即若 $\mathscr{A}$ 是 n 维酉空间 $V=\mathbf{U}_n(\mathbf{C})$ 内的一个酉变换, 则存在 V 的一组标准正交基, 使得 $\mathscr{A}$ 在此基下的矩阵为对角阵 $\operatorname{diag}(\mathrm{e}^{\mathrm{i}\theta_1},\mathrm{e}^{\mathrm{i}\theta_2},\cdots,\mathrm{e}^{\mathrm{i}\theta_n})(\theta_i\in\mathbf{R},i=1,2,\cdots,n)$.

(3) 酉矩阵与酉变换必有标准正交的完全特征向量系. 设 $\mathscr{U}$ 为 n 维酉空间 $V=\mathbf{U}_n(\mathbf{C})$ 上的酉变换, $\boldsymbol{U}$ 为 n 阶酉矩阵, 则:

① $\mathscr{U}$ 和 $\boldsymbol{U}$ 必存在标准正交的完全特征向量系, 即 n 个标准正交的特征向量.

② $\mathscr{U}$ 和 $\boldsymbol{U}$ 的每个特征值的几何重数都等于其代数重数.

(4) 正交矩阵为实的酉矩阵, 于是上述结论对正交矩阵成立. 即有:

① 正交矩阵必可酉相似对角化. 即若 $\boldsymbol{A}$ 是 n 阶正交矩阵, 则存在 n 阶酉矩阵 $\boldsymbol{U}$, 使得 $\boldsymbol{U}^{\mathrm{H}}\boldsymbol{AU}$ 为对角阵 $\mathrm{diag}(\mathrm{e}^{\mathrm{i}\theta_1},\mathrm{e}^{\mathrm{i}\theta_2},\cdots,\mathrm{e}^{\mathrm{i}\theta_n})(\theta_i\in\mathbf{R},i=1,2,\cdots,n)$.

② 正交矩阵必有标准正交的完全 (复) 特征向量系, 即 n 个标准正交的 (复) 特征向量.

③ 正交矩阵的每个特征值的几何重数都等于其代数重数.

2. 厄米矩阵与厄米变换的对角化

(1) 厄米矩阵必酉相似于实对角阵. 即若 $\boldsymbol{H}$ 是 n 阶厄米矩阵, 则存在 n 阶酉矩阵 $\boldsymbol{U}$, 使得 $\boldsymbol{U}^{\mathrm{H}}\boldsymbol{AU}$ 为实对角阵

$$\mathrm{diag}(\lambda_1,\lambda_2,\cdots,\lambda_n)\quad(\lambda_i\in\mathbf{R},i=1,2,\cdots,n).\tag{13}$$

(2) 厄米变换必可对角化. 即若 $\mathscr{H}$ 是 n 维酉空间 $V=\mathbf{U}_n(\mathbf{C})$ 内的一个厄米变换, 则存在 V 的一组标准正交基, 使得 $\mathscr{H}$ 在此基下的矩阵为实对角阵 $\mathrm{diag}(\lambda_1,\lambda_2,\cdots,\lambda_n)$, $\lambda_i\in\mathbf{R}(i=1,2,\cdots,n)$.

(3) 厄米矩阵与厄米变换必有标准正交的完全特征向量系. 设 $\mathscr{H}$ 为 n 维酉空间 $V=\mathbf{U}_n(\mathbf{C})$ 上的厄米变换, $\boldsymbol{H}$ 为 n 阶厄米矩阵, 则:

① $\mathscr{H}$ 和 $\boldsymbol{H}$ 必存在标准正交的完全特征向量系, 即 n 个标准正交的特征向量;

② $\mathscr{H}$ 和 $\boldsymbol{H}$ 的每个特征值的几何重数都等于其代数重数.

(4) 实对称矩阵 (对称变换) 为实的厄米矩阵, 于是上述结论对实对称矩阵 (对称变换) 成立. 并且, 由于实对称矩阵 (对称变换) 的特征值全是实数, 从而特征向量可全取实向量, 且属于同一实对称矩阵 (对称变换) 的不同 (实) 特征值的 (实) 特征向量相互正交. 因此有:

① 实对称矩阵必可正交相似对角化. 即若 $\boldsymbol{A}$ 是 n 阶实对称矩阵, 则存在 n 阶正交矩阵 $\boldsymbol{P}$, 使得 $\boldsymbol{P}^{\mathrm{T}}\boldsymbol{AP}$ 为对角阵 $\mathrm{diag}(\lambda_1,\lambda_2,\cdots,\lambda_n)(\lambda_i\in\mathbf{R},i=1,2,\cdots,n)$.

② 对称变换必可对角化. 即若 $\mathscr{A}$ 是 n 维欧氏空间 $V=\mathbf{E}_n(\mathbf{R})$ 上的对称变换, 则必存在 V 的一组标准正交基, 使得 $\mathscr{A}$ 在此基下的矩阵为对角阵 $\mathrm{diag}(\lambda_1,\lambda_2,\cdots,\lambda_n)$ $(\lambda_i\in\mathbf{R},i=1,2,\cdots,n)$.

③ 实对称矩阵 (对称变换) 必有标准正交的完全 (实) 特征向量系, 即 n 个标准正交的 (实) 特征向量.

④ 实对称矩阵 (对称变换) 的每个特征值的几何重数都等于其代数重数.

例 题 分 析

例 7.67 设 $\boldsymbol{A}$ 为 n 阶反对称实方阵. 证明:

(1) $\boldsymbol{A}$ 的特征值为 0 或纯虚数 $\lambda=\mu\mathrm{i}(\mu\in\mathbf{R},\mu\neq0)$;

(2) 属于 $\boldsymbol{A}$ 的不同特征值的特征向量正交;

(3) 若 $\boldsymbol{X}=\boldsymbol{Y}+\boldsymbol{Z}\mathrm{i}$ 为 $\boldsymbol{A}$ 的属于纯虚特征值 $\lambda=\mu\mathrm{i}$ 的特征向量, 其中 $\boldsymbol{Y},\boldsymbol{Z}\in\mathbf{R}^n$, 则 $|\boldsymbol{Y}|=|\boldsymbol{Z}|$ 且 $\boldsymbol{Y}$ 与 $\boldsymbol{Z}$ 正交.

证 (1) 设 $\boldsymbol{X}\in\mathbf{C}^n$ 为 $\boldsymbol{A}$ 的属于特征值 $\lambda\in\mathbf{C}$ 的特征向量, 即 $\boldsymbol{AX}=\lambda\boldsymbol{X}$, 且 $\boldsymbol{X}\neq\boldsymbol{0}$, 则

$$\overline{\boldsymbol{X}}^{\mathrm{T}}\boldsymbol{AX}=\lambda\overline{\boldsymbol{X}}^{\mathrm{T}}\boldsymbol{X},\quad -\overline{\boldsymbol{X}}^{\mathrm{T}}\boldsymbol{AX}=\overline{\boldsymbol{X}}^{\mathrm{T}}\overline{\boldsymbol{A}}^{\mathrm{T}}\boldsymbol{X}=\overline{\lambda}\,\overline{\boldsymbol{X}}^{\mathrm{T}}\boldsymbol{X}.$$

而 $\overline{X}^{\mathrm{T}}X>0$, 故 $\overline{\lambda}=-\lambda$, 因此 $\lambda=0$ 或 $\lambda=\mu\mathrm{i}(\mu\in\mathbf{R})$.

(2) 设 X,Y 为 A 的属于特征值 $\lambda,\mu(\lambda\neq\mu)$ 的特征向量, 即 $AX=\lambda X,AY=\mu Y$, 则

$$-\overline{\lambda}\,\overline{X}^{\mathrm{T}}Y=\overline{X}^{\mathrm{T}}AY=\mu\overline{X}^{\mathrm{T}}Y,$$

即 $(\overline{\lambda}+\mu)\overline{X}^{\mathrm{T}}Y=\mathbf{0}$. 而 $\lambda\neq\mu$, 所以 $\overline{\lambda}\neq-\mu$, 即 $\overline{\lambda}+\mu\neq0$, 因此 $\overline{X}^{\mathrm{T}}Y=\mathbf{0}$, 即 X 与 Y 正交.

(3) (方法 1) 由 $A(Y+Z\mathrm{i})=\mu\mathrm{i}(Y+Z\mathrm{i})$, 得

$$AY=-\mu Z, \tag{1}$$

$$AZ=\mu Y. \tag{2}$$

以 Z^{T} 左乘式 (1), 得 $Z^{\mathrm{T}}AY=-\mu Z^{\mathrm{T}}Z$; 以 Y 右乘式 (2) 的转置, 得 $Z^{\mathrm{T}}A^{\mathrm{T}}Y=\mu Y^{\mathrm{T}}Y$. 于是 $\mu(Z^{\mathrm{T}}Z-Y^{\mathrm{T}}Y)=\mathbf{0}$, 所以 $Z^{\mathrm{T}}Z=Y^{\mathrm{T}}Y$, 即 $|Y|=|Z|$.

又 A 为反对称的, 所以对任意的 $X\in\mathbf{R}^n$, 恒有 $X^{\mathrm{T}}AX=\mathbf{0}$.

以 Y^{T} 左乘式 (1), 得 $Y^{\mathrm{T}}AY=-\mu Y^{\mathrm{T}}Z$, 所以 $Y^{\mathrm{T}}Z=\mathbf{0}$, 即 Y 与 Z 正交.

(方法 2) 因为 A 为实方阵, 其复特征值共轭成对出现, 所以当 $\lambda=\mu\mathrm{i}$ 为 A 的特征值时, $\overline{\lambda}=-\mu\mathrm{i}$ 也是 A 的特征值. 故由 $AX=\lambda X$ 得 $A\overline{X}=\overline{\lambda}\,\overline{X}$, 即 $\overline{X}$ 为 A 的属于特征值 $\overline{\lambda}$ 的特征向量. 由 (2) 中 $0=(Y+Z\mathrm{i},Y-Z\mathrm{i})=(Y,Y)-(Z,Z)-2\mathrm{i}(Y,Z)$ 得 $(Y,Y)=(Z,Z),(Y,Z)=\mathbf{0}$.

例 7.68 在 $V=\mathbf{R}^n$(标准内积) 中, $\boldsymbol{\alpha}_i=(a_{i1},a_{i2},\cdots,a_{in})(i=1,2,\cdots,n),\boldsymbol{\beta}=(b_1,b_2,\cdots,b_n),V_1=\langle\boldsymbol{\alpha}_1,\boldsymbol{\alpha}_2,\cdots,\boldsymbol{\alpha}_m\rangle,A=\begin{pmatrix}\boldsymbol{\alpha}_1\\\boldsymbol{\alpha}_2\\\vdots\\\boldsymbol{\alpha}_m\end{pmatrix}=(a_{ij})$ 为 $m\times n$ 矩阵, V_2 为齐次线性方程组 $AX=\mathbf{0}$ 的实解空间. 证明:

(1) $V_2=V_1^{\perp}$;

(2) $\boldsymbol{\beta}\in V_1^{\perp}\Leftrightarrow A\boldsymbol{\beta}^{\mathrm{T}}=\mathbf{0}$;

(3) V 的任一子空间 W 都是某个实系数齐次线性方程组的解空间;

(4) 当 $m=n$ 时, $A^{\mathrm{T}}X=\boldsymbol{\beta}^{\mathrm{T}}$ 有解 $\Leftrightarrow\boldsymbol{\beta}\perp V_2$.

证 (1) 因 V_2 中的向量都与 $\boldsymbol{\alpha}_i(i=1,2,\cdots,m)$ 正交, 从而 $V_2\perp V_1$ 或 $V_2\subseteq V_1^{\perp}$, 且 $V_1\bigcap V_2=0$. 又 $\dim(V_2)=n-\operatorname{rank}(\boldsymbol{\alpha}_1,\boldsymbol{\alpha}_2,\cdots,\boldsymbol{\alpha}_m)=n-\dim(V_1)$, 从而 $\dim(V_1+V_2)=\dim(V_1)+\dim(V_2)=n$, 于是 $V_1+V_2=V$, 因此 $V_2=V_1^{\perp}$.

(2) $\boldsymbol{\beta}\in V_1^{\perp}\Leftrightarrow(\boldsymbol{\alpha}_i,\boldsymbol{\beta})=0$, 即

$$\boldsymbol{\alpha}_i\boldsymbol{\beta}^{\mathrm{T}}=0\ (i=1,2,\cdots,m)\quad\Leftrightarrow\quad A\boldsymbol{\beta}^{\mathrm{T}}=\mathbf{0}.$$

(3) 取 $W^{\perp}$ 的一组基 $\boldsymbol{\beta}_i=(b_{i1},b_{i2},\cdots,b_{in})(i=1,2,\cdots,r)$, 记 $B=\begin{pmatrix}\boldsymbol{\beta}_1\\\boldsymbol{\beta}_2\\\vdots\\\boldsymbol{\beta}_r\end{pmatrix}=(b_{ij})_{r\times n}$, 则 W 是 $BX=\mathbf{0}$ 的解空间.

(4) 当 $m=n$ 时, $\boldsymbol{A}^{\mathrm{T}}\boldsymbol{X}=\boldsymbol{\beta}^{\mathrm{T}}$ 有解 $\Leftrightarrow\boldsymbol{\beta}\in V_1\Leftrightarrow\boldsymbol{\beta}\perp V_1^{\perp}$, 即 $\boldsymbol{\beta}\perp V_2$.

例 7.69 设 $\boldsymbol{\alpha}_i,\boldsymbol{\beta}_j\in V=\mathbf{R}^n$(标准内积) $(i=1,2,\cdots,s;j=1,2,\cdots,t)$. 证明: 如果 $(\boldsymbol{\alpha}_i,\boldsymbol{\beta}_j)=0(i=1,2,\cdots,s;j=1,2,\cdots,t)$, 则

$$\operatorname{rank}(\boldsymbol{\alpha}_1,\boldsymbol{\alpha}_2,\cdots,\boldsymbol{\alpha}_s)+\operatorname{rank}(\boldsymbol{\beta}_1,\boldsymbol{\beta}_2,\cdots,\boldsymbol{\beta}_t)\leqslant n.$$

证 (方法 1) 记 $V_1=\langle\boldsymbol{\alpha}_1,\boldsymbol{\alpha}_2,\cdots,\boldsymbol{\alpha}_s\rangle,V_2=\langle\boldsymbol{\beta}_1,\boldsymbol{\beta}_2,\cdots,\boldsymbol{\beta}_t\rangle$, 则由 $(\boldsymbol{\alpha}_i,\boldsymbol{\beta}_j)=0(i=1,2,\cdots,s;j=1,2,\cdots,t)$ 知 $V_1\perp V_2$, 从而 $V_1\bigcap V_2=0$, 于是 $\dim(V_1)+\dim(V_2)=\dim(V_1+V_2)\leqslant\dim(V)=n$. 因而

$$\operatorname{rank}(\boldsymbol{\alpha}_1,\boldsymbol{\alpha}_2,\cdots,\boldsymbol{\alpha}_s)+\operatorname{rank}(\boldsymbol{\beta}_1,\boldsymbol{\beta}_2,\cdots,\boldsymbol{\beta}_t)=\dim(V_1)+\dim(V_2)\leqslant n.$$

(方法 2) 不妨设 $\boldsymbol{\alpha}_i,\boldsymbol{\beta}_j(i=1,2,\cdots,s;j=1,2,\cdots,t)$ 都是行向量.

记 $\boldsymbol{A}=\begin{pmatrix}\boldsymbol{\alpha}_1\\\boldsymbol{\alpha}_2\\\vdots\\\boldsymbol{\alpha}_s\end{pmatrix}$, 则 $\boldsymbol{\beta}_j^{\perp}$ 都是 $\boldsymbol{AX}=\boldsymbol{0}$ 的解向量, 从而

$$\begin{aligned}\operatorname{rank}(\boldsymbol{\beta}_1,\boldsymbol{\beta}_2,\cdots,\boldsymbol{\beta}_t)&=\operatorname{rank}(\boldsymbol{\beta}_1^{\perp},\boldsymbol{\beta}_2^{\perp},\cdots,\boldsymbol{\beta}_t^{\perp})\leqslant n-\operatorname{rank}(\boldsymbol{A})\\&=n-\operatorname{rank}(\boldsymbol{\alpha}_1,\boldsymbol{\alpha}_2,\cdots,\boldsymbol{\alpha}_s).\end{aligned}$$

因此 $\operatorname{rank}(\boldsymbol{\alpha}_1,\boldsymbol{\alpha}_2,\cdots,\boldsymbol{\alpha}_s)+\operatorname{rank}(\boldsymbol{\beta}_1,\boldsymbol{\beta}_2,\cdots,\boldsymbol{\beta}_t)\leqslant n$.

例 7.70 设 V 为 n 维欧氏空间, $\mathscr{A}$ 既是 V 的正交变换, 又是对称变换. 证明: 存在 V 的标准正交基, 使得 $\mathscr{A}$ 在此基下的矩阵为 $\begin{pmatrix}\boldsymbol{I}_r&\boldsymbol{0}\\\boldsymbol{0}&-\boldsymbol{I}_{n-r}\end{pmatrix}$.

证 因 $\mathscr{A}$ 为对称变换, 故 V 中存在标准正交基 $\boldsymbol{e}_1,\boldsymbol{e}_2,\cdots,\boldsymbol{e}_n$, 使得

$$\mathscr{A}\boldsymbol{e}_i=\lambda_i\boldsymbol{e}_i\quad(\lambda_i\in\mathbf{R},i=1,2,\cdots,n).$$

又 $\mathscr{A}$ 是正交变换, 故 $\lambda_i=\pm1$. 重排基的顺序使 $\lambda_i=1,\lambda_j=-1(i=1,2,\cdots,r;j=r+1,r+2,\cdots,n)$, 则 $\mathscr{A}$ 在此基下的矩阵为 $\begin{pmatrix}\boldsymbol{I}_r&\boldsymbol{0}\\\boldsymbol{0}&-\boldsymbol{I}_{n-r}\end{pmatrix}$.

例 7.71 证明: (1) n 阶实矩阵 $\boldsymbol{A}$ 必有 1 维或 2 维不变子空间;

(2) n 维实线性空间的线性变换 $\boldsymbol{A}$ 必有 1 维或 2 维不变子空间.

证 (1) 因 $\boldsymbol{A}$ 的特征多项式 $P_{\boldsymbol{A}}(\lambda)=|\lambda\boldsymbol{I}-\boldsymbol{A}|$ 为 n 次实系数多项式.

① 若 $P_{\boldsymbol{A}}(\lambda)$ 有实根 λ, 设 $\boldsymbol{X}$ 为 $\boldsymbol{A}$ 的属于特征值 λ 的特征向量, 则 $V_1=\langle\boldsymbol{X}\rangle$ 即为 $\boldsymbol{A}$ 的 1 维不变子空间;

② 若 $P_{\boldsymbol{A}}(\lambda)$ 无实根, 则 $P_{\boldsymbol{A}}(\lambda)$ 必有一对共轭虚根, 设为 $\lambda_{1,2}=a\pm b\mathrm{i}(a,b\in\mathbf{R},b\neq0)$, 且设 $\boldsymbol{X}\pm\boldsymbol{Y}\mathrm{i}(\boldsymbol{X},\boldsymbol{Y}\in\mathbf{R}^n)$ 为 $\boldsymbol{A}$ 的属于特征值 $\lambda_{1,2}$ 的特征向量, 即

$$\boldsymbol{A}(\boldsymbol{X}\pm\boldsymbol{Y}\mathrm{i})=(a\pm b\mathrm{i})(\boldsymbol{X}\pm\boldsymbol{Y}\mathrm{i}).$$

于是 $\boldsymbol{AX}=a\boldsymbol{X}-b\boldsymbol{Y},\boldsymbol{AY}=b\boldsymbol{X}+a\boldsymbol{Y}$. 因此 $V_1=\langle\boldsymbol{X},\boldsymbol{Y}\rangle$ 即为 $\boldsymbol{A}$ 的 2 维不变子空间.

(2) 由 (1) 立即得证.

例 7.72 设 $\mathscr{A}$ 为 n 维欧氏空间 V 的正交变换. 证明:

(1) V 可分解为 $\mathscr{A}$ 的相互正交的 1 维或 2 维不变子空间的直和, 即 $V=V_1\bigoplus V_2\bigoplus\cdots\bigoplus V_m$;

(2) $\mathbf{R}^n$ 可分解为 n 阶正交阵 $\boldsymbol{A}$ 的 1 维或 2 维不变子空间的直和.

证 (1) 对 n 归纳. 当 $n=1$ 时显然成立, 假设结论对小于 n 都成立, 则对 n, 由例 7.71 知 $\mathscr{A}$ 必有 1 维或 2 维不变子空间 V_1. 而 $\mathscr{A}$ 为正交变换, 故 $V_1^{\perp}$ 也是 $\mathscr{A}$ 的不变子空间, 其维数为 $n-1$ 或 $n-2$, 且 $\mathscr{A}$ 限制在 $V_1^{\perp}$ 上 (仍记为 $\mathscr{A}$) 也是 $V_1^{\perp}$ 的正交变换. 由归纳假设知 $V_1^{\perp}$ 可分解为 $\mathscr{A}$ 的相互正交的 1 维或 2 维不变子空间的直和, 即 $V_1^{\perp}=V_2\bigoplus\cdots\bigoplus V_m$. 因此 V 可分解为 $\mathscr{A}$ 的相互正交的 1 维或 2 维不变子空间的直和, 即 $V=V_1\bigoplus V_2\bigoplus+\cdots\bigoplus V_m$.

(2) 由 (1) 立即得证.

例 7.73 (1) n 阶正交阵 $\boldsymbol{A}$ 的 2 维不变子空间 V_1, 必可由满足 $\boldsymbol{Ae}_1=a\boldsymbol{e}_1-b\boldsymbol{e}_2$ 和 $\boldsymbol{Ae}_2=b\boldsymbol{e}_1+a\boldsymbol{e}_2$ 的标准交向量组 $\boldsymbol{e}_1,\boldsymbol{e}_2$ 生成, 其中 $a^2+b^2=1(a,b\in\mathbf{R})$.

(2) n 维欧氏空间 V 的正交变换 $\mathscr{A}$ 的 2 维不变子空间 V_1, 必可由满足 $\mathscr{A}\boldsymbol{\beta}_1=a\boldsymbol{\beta}_1-b\boldsymbol{\beta}_2$ 和 $\mathscr{A}\boldsymbol{\beta}_2=b\boldsymbol{\beta}_1+a\boldsymbol{\beta}_2$ 的标准正交向量组 $\boldsymbol{\beta}_1,\boldsymbol{\beta}_2$ 生成, 其中 $a^2+b^2=1(a,b\in\mathbf{R})$.

证 (1) 若 V_1 又可分解为 $\boldsymbol{A}$ 的两个 1 维不变子空间的直和, 则结论显然成立. 事实上, 分别取两个 1 维不变子空间的生成元 $\boldsymbol{\alpha}_1,\boldsymbol{\alpha}_2$(必满足 $\boldsymbol{A\alpha}_j=\lambda_j\boldsymbol{\alpha}_j,\lambda_j=\pm1,j=1,2$), 再各自单位化为 $\boldsymbol{e}_1,\boldsymbol{e}_2$, 即满足 $\boldsymbol{Ae}_j=\lambda_j\boldsymbol{e}_j(j=1,2)$, 此时 $a_j=\lambda_j,b_j=0$.

若 V_1 不可分解为 $\boldsymbol{A}$ 的两个 1 维不变子空间的直和, 则由例 7.71 知存在 $\boldsymbol{X},\boldsymbol{Y}$, 使得 $\boldsymbol{AX}=a\boldsymbol{X}-b\boldsymbol{Y},\boldsymbol{AY}=b\boldsymbol{X}-a\boldsymbol{Y},a^2+b^2=1(a,b\in\mathbf{R},b\neq0)$. 事实上, $\boldsymbol{X},\boldsymbol{Y}$ 满足

$$\boldsymbol{A}(\boldsymbol{X}\pm\boldsymbol{Y}\mathrm{i})=(a\pm b\mathrm{i})(\boldsymbol{X}\pm\boldsymbol{Y}\mathrm{i}).$$

于是

$$\begin{aligned}(\overline{\boldsymbol{A}(\boldsymbol{X}-\boldsymbol{Y}\mathrm{i})})^{\mathrm{T}}\cdot(\boldsymbol{A}(\boldsymbol{X}+\boldsymbol{Y}\mathrm{i}))&=\overline{((a-b\mathrm{i})(\boldsymbol{X}-\boldsymbol{Y}\mathrm{i}))}^{\mathrm{T}}\cdot((a+b\mathrm{i})(\boldsymbol{X}+\boldsymbol{Y}\mathrm{i}))\\&=(a+b\mathrm{i})^2(\boldsymbol{X}+\boldsymbol{Y}\mathrm{i})^{\mathrm{T}}(\boldsymbol{X}+\boldsymbol{Y}\mathrm{i}).\end{aligned}$$

而

$$(\overline{\boldsymbol{A}\cdot(\boldsymbol{X}-\boldsymbol{Y}\mathrm{i})})^{\mathrm{T}}\cdot(\boldsymbol{A}\cdot(\boldsymbol{X}+\boldsymbol{Y}\mathrm{i}))=(\boldsymbol{X}+\boldsymbol{Y}\mathrm{i})^{\mathrm{T}}\overline{\boldsymbol{A}}^{\mathrm{T}}\boldsymbol{A}(\boldsymbol{X}+\boldsymbol{Y}\mathrm{i})=(\boldsymbol{X}+\boldsymbol{Y}\mathrm{i})^{\mathrm{T}}(\boldsymbol{X}+\boldsymbol{Y}\mathrm{i}).$$

所以

$$0=(\boldsymbol{X}+\boldsymbol{Y}\mathrm{i})^{\mathrm{T}}(\boldsymbol{X}+\boldsymbol{Y}\mathrm{i})=\boldsymbol{X}^{\mathrm{T}}\boldsymbol{X}-\boldsymbol{Y}^{\mathrm{T}}\boldsymbol{Y}+2\mathrm{i}\boldsymbol{X}^{\mathrm{T}}\boldsymbol{Y}.$$

因此 $|\boldsymbol{X}|=|\boldsymbol{Y}|$ 且 $\boldsymbol{X}\perp\boldsymbol{Y}$. 将 $\boldsymbol{X},\boldsymbol{Y}$ 分别单位化为 $\boldsymbol{e}_1,\boldsymbol{e}_2$, 则 $\boldsymbol{e}_1,\boldsymbol{e}_2$ 标准正交, 且满足 $\boldsymbol{Ae}_1=a\boldsymbol{e}_1-b\boldsymbol{e}_2,\boldsymbol{Ae}_2=b\boldsymbol{e}_1+a\boldsymbol{e}_2$, 而 $V_1=\langle\boldsymbol{e}_1,\boldsymbol{e}_2\rangle$.

(2) 由 (1) 立即得证.

例 7.74 设 $\mathscr{A}$ 为 n 维欧氏空间 V 的正交变换. 证明:

(1) V 中存在标准正交基 $\boldsymbol{e}_1,\boldsymbol{e}_2,\cdots,\boldsymbol{e}_n$, 使得 $\mathscr{A}$ 在此基下的矩阵为

$$\boldsymbol{B}=\operatorname{diag}\left(\boldsymbol{I}_r,-\boldsymbol{I}_s,\begin{pmatrix} a_1 & b_1 \\ -b_1 & a_1 \end{pmatrix},\cdots,\begin{pmatrix} a_t & b_t \\ -b_t & a_t \end{pmatrix}\right),$$

其中 $a_j^2+b_j^2=1,a_j,b_j\in\mathbf{R}(j=1,2,\cdots,t)$;

(2) 正交矩阵 $\boldsymbol{A}$ 必正交相似于 (1) 中 $\boldsymbol{B}$ 的形式.

证　(1) 由例 7.72 知, V 可分解为 $\mathscr{A}$ 的相互正交的 1 维或 2 维不变子空间的直和, 且 1 维不变子空间必为特征值 ±1 的 (单位) 特征向量生成. 由例 7.73 知, 2 维不变子空间 (不可再分解为两个 1 维不变子空间直和) 必可由标准正交向量 $\boldsymbol{\beta}_1,\boldsymbol{\beta}_2$ 生成, $\boldsymbol{\beta}_1,\boldsymbol{\beta}_2$ 满足例 7.73 中的条件. 重排不变子空间的顺序, 使得 $V_i(i=1,2,\cdots,r)$ 和 $V_{r+j}(j=1,2,\cdots,s)$ 分别为 $\mathscr{A}$ 的属于特征值 1 和 -1 的 1 维不变子空间, 而 $V_{r+s+k}(k=1,2,\cdots,t)$ 为 $\mathscr{A}$ 满足例 7.73 条件的 2 维不变子空间. 则 $\mathscr{A}$ 在 V 的标准正交基 $\boldsymbol{e}_1,\cdots,\boldsymbol{e}_r,\boldsymbol{e}_{r+1},\cdots,\boldsymbol{e}_{r+s},\boldsymbol{e}_{r+s+1,1},\boldsymbol{e}_{r+s+1,2},\cdots,\boldsymbol{e}_{r+s+t,1},\boldsymbol{e}_{r+s+t,2}$ 下的矩阵为 $\boldsymbol{B}$; 其中 $\boldsymbol{e}_i(i=1,2,\cdots,r+s)$ 为 V_i 的标准正交基, $\boldsymbol{e}_{r+s+j,1},\boldsymbol{e}_{r+s+j,2}(j=1,2,\cdots,t)$ 为 V_{r+s+j} 满足例 7.73 的标准正交基.

(2) 由 (1) 立即得证.

例 7.75　(度量矩阵的 "几何意义") 在 n 维欧氏空间 V 中, m 个线性无关的向量 $\boldsymbol{\alpha}_1,\boldsymbol{\alpha}_2,\cdots,\boldsymbol{\alpha}_m$ 张成的 "m 维平行 $2m$ 面体" 的 "体积"$V(\boldsymbol{\alpha}_1,\boldsymbol{\alpha}_2,\cdots,\boldsymbol{\alpha}_m)$ 定义为 $(\det(G(\boldsymbol{\alpha}_1,\boldsymbol{\alpha}_2,\cdots,\boldsymbol{\alpha}_m)))^{\frac{1}{2}}$. 请分别计算当 $m=2,3$ 时 V 的表达式, 并说明其几何意义.

解　(1) 当 $m=3$ 时, 设 $\boldsymbol{\alpha}_1,\boldsymbol{\alpha}_2,\boldsymbol{\alpha}_3$ 在 V 的标准正交基 $\boldsymbol{e}_1,\boldsymbol{e}_2,\cdots,\boldsymbol{e}_n$ 下的坐标分别为

$$\boldsymbol{X}_1=(a_{11},a_{12},a_{13})^{\mathrm{T}},\quad \boldsymbol{X}_2=(a_{21},a_{22},a_{23})^{\mathrm{T}},\quad \boldsymbol{X}_3=(a_{31},a_{32},a_{33})^{\mathrm{T}},$$

则

$$(\boldsymbol{\alpha}_i,\boldsymbol{\alpha}_j)=\boldsymbol{X}_i^{\mathrm{T}}\boldsymbol{X}_j\quad(i,j=1,2,3).$$

于是

$$V(\boldsymbol{\alpha}_1,\boldsymbol{\alpha}_2,\boldsymbol{\alpha}_3)=(\det(\boldsymbol{G}(\boldsymbol{\alpha}_1,\boldsymbol{\alpha}_2,\boldsymbol{\alpha}_3)))^{\frac{1}{2}}=(\det(\boldsymbol{X}_i^{\mathrm{T}}\boldsymbol{X}_j))^{\frac{1}{2}}=(\det(\boldsymbol{A}^{\mathrm{T}}\boldsymbol{A}))^{\frac{1}{2}}=|\det(\boldsymbol{A})|,$$

其中 $\boldsymbol{A}=(a_{ij})_{3\times3}$. 此即 3 阶行列式, 几何意义为: $\begin{vmatrix} a_{11} & a_{12} & a_{13} \\ a_{21} & a_{22} & a_{23} \\ a_{31} & a_{32} & a_{33} \end{vmatrix}$ 表示 3 个向量 $\boldsymbol{\alpha}_1,\boldsymbol{\alpha}_2,\boldsymbol{\alpha}_3$ 张成的 (3 维) 平行 6 面体的代数 (或有向) 体积.

(2) 类似可得, 在 $\mathbf{R}^2$ 或 $\mathbf{R}^3$ 中 $V(\boldsymbol{\alpha}_1,\boldsymbol{\alpha}_2)$ 表示以向量 $\boldsymbol{\alpha}_1,\boldsymbol{\alpha}_2$ 为邻边的 "平行四边形" 的面积. 因此, $\begin{vmatrix} a_{11} & a_{12} \\ a_{21} & a_{22} \end{vmatrix}$ 表示该平行四边形的代数 (或有向) 面积.

例 7.76　证明酉空间中的柯西–施瓦茨不等式: 设 $\boldsymbol{X},\boldsymbol{Y}$ 为酉空间 V 中的任意两个向量, 则 $|(\boldsymbol{X},\boldsymbol{Y})|\leqslant|\boldsymbol{X}|\cdot|\boldsymbol{Y}|$ 或 $(\boldsymbol{X},\boldsymbol{Y})\cdot(\overline{\boldsymbol{X},\boldsymbol{Y}})\leqslant(\boldsymbol{X},\boldsymbol{X})\cdot(\boldsymbol{Y},\boldsymbol{Y})$, 且等号仅当 $\boldsymbol{X},\boldsymbol{Y}$ 线性相关时成立.

证 当 $\boldsymbol{X},\boldsymbol{Y}$ 中有一个为零向量时, 显然成立, 且取等号. 现设 $\boldsymbol{X}\neq\boldsymbol{0},\boldsymbol{Y}\neq\boldsymbol{0}$. 对任意的 $\lambda\in\mathbf{C}$, 有

$$0\leqslant(\boldsymbol{X}+\lambda\boldsymbol{Y},\boldsymbol{X}+\lambda\boldsymbol{Y})=(\boldsymbol{X},\boldsymbol{X})+\lambda(\boldsymbol{X},\boldsymbol{Y})+\overline{\lambda}(\boldsymbol{Y},\boldsymbol{X})+\lambda\overline{\lambda}(\boldsymbol{Y},\boldsymbol{Y}).$$

取 $\lambda=-(\overline{\boldsymbol{X},\boldsymbol{Y}})/(\boldsymbol{Y},\boldsymbol{Y})$, 则

$$(\boldsymbol{X},\boldsymbol{X})-(\overline{\boldsymbol{X},\boldsymbol{Y}})(\boldsymbol{X},\boldsymbol{Y})/(\boldsymbol{Y},\boldsymbol{Y})-(\boldsymbol{X},\boldsymbol{Y})(\overline{\boldsymbol{X},\boldsymbol{Y}})/(\boldsymbol{Y},\boldsymbol{Y})+(\overline{\boldsymbol{X},\boldsymbol{Y}})(\boldsymbol{X},\boldsymbol{Y})/(\boldsymbol{Y},\boldsymbol{Y})\geqslant 0.$$

整理即得

$$(\boldsymbol{X},\boldsymbol{Y})(\overline{\boldsymbol{X},\boldsymbol{Y}})\leqslant(\boldsymbol{X},\boldsymbol{X})\cdot(\boldsymbol{Y},\boldsymbol{Y}),$$

且等号当且仅当 $\boldsymbol{X}+\lambda\boldsymbol{Y}=\boldsymbol{0}$, 即 $\boldsymbol{X},\boldsymbol{Y}$ 线性相关时成立.

注 欧氏空间中的柯西–施瓦茨不等式也可以用此方法证明.

例 7.77 镜像阵 (也称初等反射阵或镜面反射阵) 的概念是由物体在平面镜中成像的一些简单物理性质发展而来的. 在通常的 3 维几何空间中, 任一点 S(对应的向量 $\overrightarrow{OS}$ 记为 $\boldsymbol{X}$) 对过原点 O 的平面 (镜面)π 的像是镜面另一侧的一点 S' (对应的向量 $\overrightarrow{OS'}$ 记为 $\boldsymbol{Y}$). 如图 7.1 所示, 根据成像的物理意义, 有如下性质:

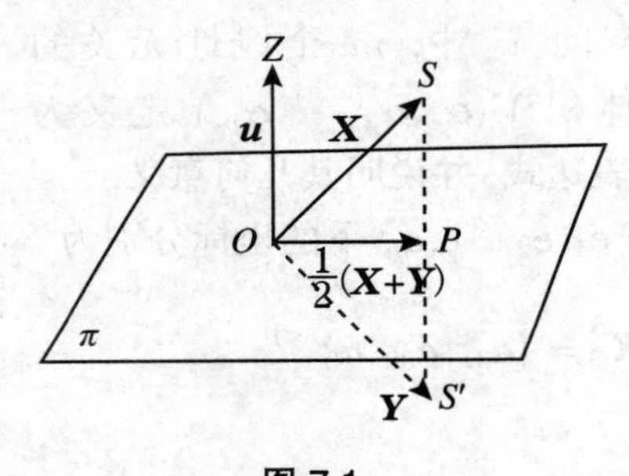

图 7.1

(1) $\boldsymbol{X}$ 与 $\boldsymbol{Y}$ 的模相等, 即 $|\boldsymbol{X}|=|\boldsymbol{Y}|$;

(2) 点 S' 在过点 S 而与镜面垂直的直线上. 对镜面来说, S 与 S' 具有对称的位置, 即 S 也可以看作 S' 的镜像. 由原点 O 作镜面 π 的单位法向量 $\boldsymbol{u}$, 设其终点为 Z, 则 SS' 平行于 OZ, 所以

$$\boldsymbol{Y}-\boldsymbol{X}=k\boldsymbol{u}=\boldsymbol{u}k\quad(k\in\mathbf{R}).\tag{1}$$

我们可以用下面的方法求出 k 来: 式 (1) 两边同左乘 $\boldsymbol{u}^{\mathrm{T}}$, 得

$$\boldsymbol{u}^{\mathrm{T}}(\boldsymbol{Y}-\boldsymbol{X})=\boldsymbol{u}^{\mathrm{T}}\boldsymbol{u}k=k.\tag{2}$$

又 $\boldsymbol{X}+\boldsymbol{Y}$ 位于 π 内, 所以

$$\boldsymbol{u}^{\mathrm{T}}(\boldsymbol{X}+\boldsymbol{Y})=0.\tag{3}$$

(3)−(2), 得

$$-k=2\boldsymbol{u}^{\mathrm{T}}\boldsymbol{X}.$$

代入式 (1) 中的 $\boldsymbol{u}k$, 得 $\boldsymbol{Y}-\boldsymbol{X}=-2\boldsymbol{u}\boldsymbol{u}^{\mathrm{T}}\boldsymbol{X}$, 于是

$$\boldsymbol{Y}=(\boldsymbol{I}_3-2\boldsymbol{u}\boldsymbol{u}^{\mathrm{T}})\boldsymbol{X}.\tag{4}$$

故 $\boldsymbol{X}$ 与其镜面反射的像 $\boldsymbol{Y}$ 通过方阵 $\boldsymbol{H}=\boldsymbol{I}_3-2\boldsymbol{u}\boldsymbol{u}^{\mathrm{T}}$ 联系起来.

例 7.77 中的 $\boldsymbol{H}=\boldsymbol{I}_3-2\boldsymbol{u}\boldsymbol{u}^{\mathrm{T}}$ 称为 (3 阶) 实镜像阵. 一般地，可引入下列定义.

定义 (1) 设 $\boldsymbol{u}$ 为 n 维实的单位列向量, 则称 $\boldsymbol{H}=\boldsymbol{I}_n-\boldsymbol{u}\boldsymbol{u}^{\mathrm{T}}$ 为 (n 阶) 实镜像阵或 Housholder 变换阵, 且称 n 维欧氏空间 $\mathbf{R}^n$ 中的变换 $\mathscr{H}\boldsymbol{X}=\boldsymbol{H}\boldsymbol{X}$ 为实镜面反射 (变换) 或 Housholder 变换.

(2) 对 n 维复的单位列向量 $\boldsymbol{u}$, 称 $\boldsymbol{K}=\boldsymbol{I}_n-2\boldsymbol{u}\boldsymbol{u}^{\mathrm{H}}$ 为 (n 阶) 复镜像阵, 且称 n 维酉空间 $\mathbf{C}^n$ 中的变换 $\mathcal{K}\boldsymbol{X}=\boldsymbol{K}\boldsymbol{X}$ 为复镜面反射 (变换).

例 7.78 (1) 若 $\boldsymbol{H}$ 是 (n 阶) 实镜像阵, 则 $\begin{pmatrix}\boldsymbol{I}_m & \boldsymbol{O}\\ \boldsymbol{O} & \boldsymbol{H}\end{pmatrix}$ 也是 ($m+n$ 阶) 实镜像阵;

(2) 若 $\boldsymbol{K}$ 是 (n 阶) 复镜像阵, 则 $\begin{pmatrix}\boldsymbol{I}_m & \boldsymbol{O}\\ \boldsymbol{O} & \boldsymbol{K}\end{pmatrix}$ 也是 ($m+n$ 阶) 复镜像阵.

证 (1) 因为 $\boldsymbol{H}=\boldsymbol{I}_n-2\boldsymbol{u}\boldsymbol{u}^{\mathrm{T}}$, 且 $\boldsymbol{u}^{\mathrm{T}}\boldsymbol{u}=1$, 所以

$$\begin{pmatrix}\boldsymbol{I}_m & \boldsymbol{O}\\ \boldsymbol{O} & \boldsymbol{H}\end{pmatrix}=\begin{pmatrix}\boldsymbol{I}_m & \boldsymbol{O}\\ \boldsymbol{O} & \boldsymbol{I}_n-2\boldsymbol{u}\boldsymbol{u}^{\mathrm{T}}\end{pmatrix}=\boldsymbol{I}_{m+n}-2\begin{pmatrix}\boldsymbol{O}\\ \boldsymbol{u}\end{pmatrix}\begin{pmatrix}\boldsymbol{O} & \boldsymbol{u}^{\mathrm{T}}\end{pmatrix}.$$

又 $\begin{pmatrix}\boldsymbol{O}\\ \boldsymbol{u}\end{pmatrix}$ 是 ($m+n$ 维) 单位向量, 故 $\begin{pmatrix}\boldsymbol{I}_m & \boldsymbol{O}\\ \boldsymbol{O} & \boldsymbol{H}\end{pmatrix}$ 是 ($m+n$ 阶) 实镜像阵.

类似证明 (2).

例 7.79 (1) $\boldsymbol{H}$ 是实对称阵, 也是第二类正交矩阵, 则 $\boldsymbol{H}^{-1}=\boldsymbol{H}^{\mathrm{T}}=\boldsymbol{H}$, 且 $|\boldsymbol{H}|=-1$;

(2) $\boldsymbol{K}$ 是厄米矩阵, 也是酉阵, 则 $\boldsymbol{K}^{-1}=\boldsymbol{K}^{\mathrm{H}}=\boldsymbol{K}$, 并且 $|\boldsymbol{K}|=-1$.

提示 直接验证和计算, 即得证.

例 7.80 (1) 若 $\boldsymbol{X},\boldsymbol{Y}$ 为两个模相同的 n 维复向量, 且 $\boldsymbol{X}^{\mathrm{H}}\cdot\boldsymbol{Y}\in\mathbf{R}$, 则存在 n 阶复镜像阵 $\boldsymbol{K}$, 使得 $\boldsymbol{K}\boldsymbol{X}=\boldsymbol{Y}$;

(2) 若 $\boldsymbol{X},\boldsymbol{Y}$ 为两个模相同的 n 维实向量, 则存在 n 阶实镜像阵 $\boldsymbol{H}$, 使得 $\boldsymbol{H}\boldsymbol{X}=\boldsymbol{Y}$.

证 (1) 设 $\boldsymbol{u}$ 为 $\boldsymbol{X}-\boldsymbol{Y}$ 的单位向量, 则 $\boldsymbol{Y}-\boldsymbol{X}=-|\boldsymbol{X}-\boldsymbol{Y}|\boldsymbol{u}$, 但

$$|\boldsymbol{X}-\boldsymbol{Y}|^2=(\boldsymbol{X}-\boldsymbol{Y})^{\mathrm{H}}(\boldsymbol{X}-\boldsymbol{Y})=\boldsymbol{X}^{\mathrm{H}}\boldsymbol{X}+\boldsymbol{Y}^{\mathrm{H}}\boldsymbol{Y}-\boldsymbol{Y}^{\mathrm{H}}\boldsymbol{X}-\boldsymbol{X}^{\mathrm{H}}\boldsymbol{Y}.$$

由假设 $|\boldsymbol{X}|=|\boldsymbol{Y}|$, 即 $\boldsymbol{X}^{\mathrm{H}}\boldsymbol{X}=\boldsymbol{Y}^{\mathrm{H}}\boldsymbol{Y},\boldsymbol{X}^{\mathrm{H}}\boldsymbol{Y}=(\boldsymbol{X}^{\mathrm{H}}\boldsymbol{Y})^{\mathrm{H}}=\boldsymbol{Y}^{\mathrm{H}}\boldsymbol{X}$. 从而 $|\boldsymbol{X}-\boldsymbol{Y}|^2=2(\boldsymbol{X}-\boldsymbol{Y})^{\mathrm{H}}\boldsymbol{X}$, 所以

$$|\boldsymbol{X}-\boldsymbol{Y}|=2\left(\frac{\boldsymbol{X}-\boldsymbol{Y}}{|\boldsymbol{X}-\boldsymbol{Y}|}\right)^{\mathrm{H}}\boldsymbol{X}=2\boldsymbol{u}^{\mathrm{H}}\boldsymbol{X}.$$

因此

$$\boldsymbol{Y}=(\boldsymbol{I}_n-2\boldsymbol{u}\boldsymbol{u}^{\mathrm{H}})\boldsymbol{X}=\boldsymbol{K}\boldsymbol{X},$$

其中 $\boldsymbol{K}=\boldsymbol{I}_n-2\boldsymbol{u}\boldsymbol{u}^{\mathrm{H}}$.

(2) 设 $\boldsymbol{u}$ 为 $\boldsymbol{X}-\boldsymbol{Y}$ 的单位向量, 则 $\boldsymbol{H}=\boldsymbol{I}-2\boldsymbol{u}\boldsymbol{u}^{\mathrm{T}}$ 即满足 $\boldsymbol{H}\boldsymbol{X}=\boldsymbol{Y}$.

例 7.81 (1) 对 $\boldsymbol{u}=\dfrac{1}{\sqrt{3}}(1,1,1)^{\mathrm{T}}$, 求实镜像对称矩阵 $\boldsymbol{H}$;

(2) 设 $\boldsymbol{X}=(1-\mathrm{i},1+\mathrm{i})^{\mathrm{T}},\boldsymbol{Y}=(\sqrt{2},\sqrt{2})^{\mathrm{T}}$, 求 2 阶复镜像阵 $\boldsymbol{K}$, 使得 $\boldsymbol{K}\boldsymbol{X}=\boldsymbol{Y}$.

解 (1) $\boldsymbol{H}=\boldsymbol{I}_3-\boldsymbol{u}\boldsymbol{u}^{\mathrm{T}}=\dfrac{1}{3}\begin{pmatrix}1&-2&-2\\-2&1&-2\\-2&-2&1\end{pmatrix}$.

(2) 因 $|\boldsymbol{X}|=|\boldsymbol{Y}|=2$, 且

$$\boldsymbol{X}^{\mathrm{H}}\boldsymbol{Y}=(1+\mathrm{i})\cdot\sqrt{2}+(1-\mathrm{i})\sqrt{2}=2\sqrt{2}\in\mathbf{R},$$

所以 $\boldsymbol{X}-\boldsymbol{Y}$ 的单位向量为

$$\boldsymbol{u}=\frac{1}{2\sqrt{2}-\sqrt{2}}(1-\sqrt{2}-\mathrm{i},1-\sqrt{2}+\mathrm{i})^{\mathrm{T}}.$$

于是

$$\boldsymbol{K}=\boldsymbol{I}_2-2\boldsymbol{u}\boldsymbol{u}^{\mathrm{H}}=\frac{\sqrt{2}}{2}\begin{pmatrix}0&1-\mathrm{i}\\1+\mathrm{i}&0\end{pmatrix}.$$

容易验证 $\boldsymbol{K}\boldsymbol{X}=\boldsymbol{Y}$.

例 7.82 设 $\boldsymbol{A}$ 为 n 阶实方阵, 则 $\boldsymbol{A}$ 必有 QR 分解 $\boldsymbol{A}=\boldsymbol{Q}\boldsymbol{R}$, 其中 $\boldsymbol{Q}$ 为正交阵, $\boldsymbol{R}$ 为主对角元全是非负实数的上三角阵.

证 对 n 进行归纳. 当 $n=1$ 时, $\boldsymbol{a}=\pm1\cdot|\boldsymbol{a}|$, 即为 $\boldsymbol{a}$ 的 QR 分解, 其中 $\boldsymbol{Q}=\pm1$ 为 1 阶正交阵, $\boldsymbol{R}=|\boldsymbol{a}|$ 为 1 阶上三角阵.

假设结论对 $n-1$ 成立, 现证其对 n 也成立. 为此先对 $\boldsymbol{A}$ 按列分块: $\boldsymbol{A}=(\boldsymbol{\alpha}_1,\boldsymbol{\alpha}_2,\cdots,\boldsymbol{\alpha}_n)$.

(1) 若 $\boldsymbol{\alpha}_1=\boldsymbol{0}$, 则 $\boldsymbol{A}=\begin{pmatrix}0&*\\0&\boldsymbol{A}_1\end{pmatrix}$, 其中 $\boldsymbol{A}_1$ 为 $n-1$ 阶实方阵. 则由归纳假设知 $\boldsymbol{A}_1$ 有 QR 分解 $\boldsymbol{A}_1=\boldsymbol{Q}_1\boldsymbol{R}_1$, 其中 $\boldsymbol{Q}_1$ 为 $n-1$ 阶正交阵, $\boldsymbol{R}_1$ 为 $n-1$ 阶主对角元全为非负实数的上三角阵. 于是 $\boldsymbol{A}=\begin{pmatrix}0&*\\0&\boldsymbol{A}_1\end{pmatrix}=\begin{pmatrix}1&\boldsymbol{0}\\0&\boldsymbol{Q}_1\end{pmatrix}\begin{pmatrix}0&*\\0&\boldsymbol{R}_1\end{pmatrix}$, 即为 $\boldsymbol{A}$ 的 QR 分解, 其中 $\boldsymbol{Q}=\begin{pmatrix}1&\boldsymbol{0}\\0&\boldsymbol{Q}_1\end{pmatrix}$ 为 n 阶正交阵, $\boldsymbol{R}=\begin{pmatrix}0&*\\0&\boldsymbol{R}_1\end{pmatrix}$ 为 n 阵主对角元全为非负实数的上三角阵.

(2) 若 $\boldsymbol{\alpha}_1\neq\boldsymbol{0}$, 则令 $\boldsymbol{\beta}_1=(|\boldsymbol{\alpha}_1|,0,\cdots,0)^{\mathrm{T}}$, 显然 $|\boldsymbol{\beta}_1|=|\boldsymbol{\alpha}_1|$. 由上题知存在 n 阶实镜像阵 $\boldsymbol{H}$, 使得 $\boldsymbol{H}\boldsymbol{\alpha}_1=\boldsymbol{\beta}_1$, 于是

$$\boldsymbol{H}\boldsymbol{A}=(\boldsymbol{H}\boldsymbol{\alpha}_1,\boldsymbol{H}\boldsymbol{\alpha}_2,\cdots,\boldsymbol{H}\boldsymbol{\alpha}_n)=(\boldsymbol{\beta}_1,\boldsymbol{H}\boldsymbol{\alpha}_2,\cdots,\boldsymbol{H}\boldsymbol{\alpha}_n)=\begin{pmatrix}|\boldsymbol{\alpha}_1|&*\\0&\boldsymbol{A}_1\end{pmatrix},$$

且 $|\boldsymbol{\alpha}_1|>0,\boldsymbol{A}_1$ 为 $n-1$ 阶实方阵, 则由归纳假设知 $\boldsymbol{A}_1=\boldsymbol{Q}_1\boldsymbol{R}_1$, 其中 $\boldsymbol{Q}_1$ 为 $n-1$ 阶正交阵, $\boldsymbol{R}_1$ 为 $n-1$ 阶主对角元全为非负实数的上三角阵. 而 $\boldsymbol{H}^{-1}=\boldsymbol{H}$, 于是 $\boldsymbol{A}=\boldsymbol{H}\begin{pmatrix}|\boldsymbol{\alpha}_1|&*\\0&\boldsymbol{Q}_1\boldsymbol{R}_1\end{pmatrix}=\boldsymbol{H}\begin{pmatrix}1&0\\0&\boldsymbol{Q}_1\end{pmatrix}\begin{pmatrix}|\boldsymbol{\alpha}_1|&*\\0&\boldsymbol{R}_1\end{pmatrix}$, 即为 $\boldsymbol{A}$ 的 QR 分解, 其中 $\boldsymbol{Q}=\boldsymbol{H}\begin{pmatrix}1&\boldsymbol{*}\\0&\boldsymbol{Q}_1\end{pmatrix}$

为 n 阶正交阵, $\boldsymbol{R}=\begin{pmatrix}|\boldsymbol{\alpha}_1| & * \\ 0 & \boldsymbol{R}_1\end{pmatrix}$ 为主对角元全为非负实数的上三角阵.

例 7.83　设 $\boldsymbol{A}$ 为非奇异实方阵, 则 $\boldsymbol{A}$ 有非奇异的 QR 分解 $\boldsymbol{A}=\boldsymbol{QR}$, 其中 $\boldsymbol{Q}$ 为 n 阶正交阵, $\boldsymbol{R}$ 为 n 阶主对角元全为正实数的上三角阵, 且这种分解是唯一的.

只需证唯一性: 设 $\boldsymbol{A}=\boldsymbol{QR}=\boldsymbol{Q}_1\boldsymbol{R}_1$, 其中 $\boldsymbol{Q},\boldsymbol{Q}_1$ 都是正交阵, $\boldsymbol{R},\boldsymbol{R}_1$ 都是主对角元全为正数的上三角阵. 则 $\boldsymbol{Q}_1^{-1}\boldsymbol{Q}=\boldsymbol{R}_1\boldsymbol{R}^{-1}$. 而 $\boldsymbol{Q}_1^{-1}\boldsymbol{Q}$ 仍是正交阵, $\boldsymbol{R}_1\boldsymbol{R}^{-1}$ 仍是主对角元全为正实数的上三角阵, 故 $\boldsymbol{R}_1\boldsymbol{R}^{-1}=\boldsymbol{Q}_1^{-1}\boldsymbol{Q}$ 既是正交阵, 又是主对角元全为正实数的上三角阵, 从而 $\boldsymbol{R}_1\boldsymbol{R}^{-1}=\boldsymbol{Q}_1^{-1}\boldsymbol{Q}=\boldsymbol{I}$, 即 $\boldsymbol{R}_1=\boldsymbol{R},\boldsymbol{Q}_1=\boldsymbol{Q}$.

例 7.84　(1) 正交阵 $\boldsymbol{A}$ 必可分解为有限个实镜像阵的乘积;

(2) 有限个实镜像阵的乘积是正交阵;

(3) $\boldsymbol{A}$ 是正交阵的充要条件为 $\boldsymbol{A}$ 可分解为有限个实镜像阵的乘积.

证　(1) 由例 7.82 的证明过程知, 存在有限个实镜像阵 $\boldsymbol{H}_1,\boldsymbol{H}_2,\cdots,\boldsymbol{H}_s(s\leqslant n)$, 使得

$$\boldsymbol{H}_s\cdots\boldsymbol{H}_2\boldsymbol{H}_1\boldsymbol{A}=\begin{pmatrix}|\boldsymbol{\alpha}_1| & & & * \\ & |\boldsymbol{\alpha}_2| & & \\ & & \ddots & \\ 0 & & & |\boldsymbol{\alpha}_n|\end{pmatrix}=\boldsymbol{R}\ (\text{主对角元全为正实数的上三角阵}).$$

假设 $\boldsymbol{A}$ 是正交阵, 又 $\boldsymbol{H}_s\cdots\boldsymbol{H}_2\boldsymbol{H}_1$ 是正交阵, 故 $\boldsymbol{R}$ 是正交的且主对角元全是正实数的上三角阵, 从而 $\boldsymbol{R}=\boldsymbol{I}_n$. 所以 $\boldsymbol{H}_s\cdots\boldsymbol{H}_2\boldsymbol{H}_1\boldsymbol{A}=\boldsymbol{I}$, 而 $\boldsymbol{H}_i^{-1}=\boldsymbol{H}_i(i=1,2,\cdots,s)$, 因此 $\boldsymbol{A}=\boldsymbol{H}_1\boldsymbol{H}_2\cdots\boldsymbol{H}_s$.

(2) 和 (3) 显然.

例 7.85　复方阵 $\boldsymbol{A}$ 必可进行 UR 分解, 即 $\boldsymbol{A}=\boldsymbol{UR}$, 其中 $\boldsymbol{U}$ 为酉阵, $\boldsymbol{R}$ 为上三角阵.

证　对 n 进行归纳. 当 $n=1$ 时, $\boldsymbol{a}=\mathrm{e}^{\mathrm{i}\varphi}\cdot|\boldsymbol{a}|$ 即为 $\boldsymbol{a}$ 的 UR 分解, 其中 $\boldsymbol{U}=\mathrm{e}^{\mathrm{i}\varphi}$ 为 (1 阶) 酉阵, $\boldsymbol{R}=|\boldsymbol{a}|$ 为 (1 阶) 上三角阵, φ 为复数 $\boldsymbol{a}$ 的辐角.

假设结论对 $n-1$ 成立, 现证其对 n 也成立. 为此先对 $\boldsymbol{A}$ 按列分块: $\boldsymbol{A}=(\boldsymbol{\alpha}_1,\boldsymbol{\alpha}_2,\cdots,\boldsymbol{\alpha}_n)$.

(1) 若 $\boldsymbol{\alpha}_1=\boldsymbol{0}$, 则 $\boldsymbol{A}=\begin{pmatrix}0 & * \\ 0 & \boldsymbol{A}_1\end{pmatrix}$, 其中 $\boldsymbol{A}_1$ 为 $n-1$ 阶复阵. 则由归纳假设知 $\boldsymbol{A}_1$ 有 UR 分解, 即 $\boldsymbol{A}_1=\boldsymbol{U}_1\boldsymbol{R}_1$, 其中 $\boldsymbol{U}_1$ 为 $n-1$ 阶酉阵, $\boldsymbol{R}_1$ 为 $n-1$ 阶上三角阵. 于是 $\boldsymbol{A}=\begin{pmatrix}0 & * \\ 0 & \boldsymbol{A}_1\end{pmatrix}=\begin{pmatrix}1 & \boldsymbol{0} \\ 0 & \boldsymbol{U}_1\end{pmatrix}\begin{pmatrix}0 & * \\ 0 & \boldsymbol{R}_1\end{pmatrix}$, 即为 $\boldsymbol{A}$ 的 UR 分解, 其中 $\boldsymbol{U}=\begin{pmatrix}1 & \boldsymbol{0} \\ 0 & \boldsymbol{U}_1\end{pmatrix}$ 为 n 阶酉阵, $\boldsymbol{R}=\begin{pmatrix}0 & * \\ 0 & \boldsymbol{R}_1\end{pmatrix}$ 为 n 阶上三角阵.

(2) 若 $\boldsymbol{\alpha}_1\neq\boldsymbol{0}$. 设 $\boldsymbol{\alpha}_1=(a_{11}\quad a_{21}\quad\cdots\quad a_{n1})^{\mathrm{T}}$.

① 若 $a_{11}=|a_{11}|\mathrm{e}^{\mathrm{i}\varphi}\neq 0$, 令 $\boldsymbol{\beta}_1=(|\boldsymbol{\alpha}_1|\mathrm{e}^{\mathrm{i}\varphi},0,\cdots,0)^{\mathrm{T}}$, 则 $|\boldsymbol{\alpha}_1|=|\boldsymbol{\beta}_1|$, 且 $\boldsymbol{\alpha}_1^{\mathrm{H}}\boldsymbol{\beta}_1=|a_{11}|\cdot|\boldsymbol{\alpha}_1|\in\mathbf{R}$, 故存在复镜像阵 $\boldsymbol{K}_1$, 使得 $\boldsymbol{K}_1\boldsymbol{\alpha}_1=\boldsymbol{\beta}_1$. 于是

$$\boldsymbol{K}_1\boldsymbol{A}=(\boldsymbol{\beta}_1,k_1\boldsymbol{\alpha}_2,\cdots,k_1\boldsymbol{\alpha}_n)=\begin{pmatrix}|\boldsymbol{\alpha}_1|\mathrm{e}^{\mathrm{i}\varphi} & * \\ 0 & \boldsymbol{A}_1\end{pmatrix},\quad \text{其中 } \boldsymbol{A}_1 \text{ 为 } n-1 \text{ 阶复阵}.$$

以下同 (1), 用归纳假设即可得 $\boldsymbol{A}$ 的 UR 分解.

② 若 $a_{11}=0$, 取 $\boldsymbol{\beta}_1=(|\boldsymbol{\alpha}_1|,0,\cdots,0)^{\mathrm{T}}$, 则 $|\boldsymbol{\alpha}_1|=|\boldsymbol{\beta}_1|$, 且 $\boldsymbol{\alpha}_1^{\mathrm{H}}\boldsymbol{\beta}_1=\mathbf{0}\in\mathbf{R}$, 故存在复镜像阵 $\boldsymbol{K}_1$, 使得

$$\boldsymbol{K}_1\boldsymbol{A}=\begin{pmatrix}|\boldsymbol{\alpha}_1| & * \\ 0 & \boldsymbol{A}_1\end{pmatrix},\ \text{其中 } \boldsymbol{A}_1 \text{ 为 } n-1 \text{ 阶复阵.}$$

以下同①, 可得 $\boldsymbol{A}$ 的 UR 分解.

例 7.86 证明: 任何实 $n\times r$ 列满秩矩阵 $\boldsymbol{A}$ 必有 QR 分解, 即 $\boldsymbol{A}=\boldsymbol{QR}$, 其中 $\boldsymbol{Q}$ 为 $n\times r$ 列正交阵 (即 $\boldsymbol{Q}$ 满足 $\boldsymbol{Q}^{\mathrm{T}}\boldsymbol{Q}=\boldsymbol{I}_r$ 或 $\boldsymbol{Q}$ 的列向量组标准正交), $\boldsymbol{R}$ 为 r 阶主对角元全为正实数的上三角阵.

证 将 $\boldsymbol{A}$ 按列分块: $\boldsymbol{A}=(\boldsymbol{\alpha}_1,\boldsymbol{\alpha}_2,\cdots,\boldsymbol{\alpha}_r)$, 则 $\boldsymbol{\alpha}_1,\boldsymbol{\alpha}_2,\cdots,\boldsymbol{\alpha}_r$ 为欧氏空间 $\mathbf{R}^n$(标准内积) 中线性无关的向量组, 可用施密特正交化方法将它们正交化为 $\boldsymbol{\beta}_1,\boldsymbol{\beta}_2,\cdots,\boldsymbol{\beta}_r$, 再单位化得标准正交向量组 $\boldsymbol{e}_1,\boldsymbol{e}_2,\cdots,\boldsymbol{e}_r$. 于是

$$\begin{aligned}&\boldsymbol{\alpha}_1=\boldsymbol{\beta}_1=|\boldsymbol{\beta}_1|\boldsymbol{e}_1,\quad \boldsymbol{\alpha}_2=k_{12}\boldsymbol{e}_1+|\boldsymbol{\beta}_2|\boldsymbol{e}_2,\quad \cdots,\\ &\boldsymbol{\alpha}_r=k_{1r}\boldsymbol{e}_1+k_{2r}\boldsymbol{e}_2+\cdots+k_{r-1}\boldsymbol{e}_{r-1}+|\boldsymbol{\beta}_r|\boldsymbol{e}_r,\end{aligned}$$

即

$$\boldsymbol{A}=(\boldsymbol{\alpha}_1,\boldsymbol{\alpha}_2,\cdots,\boldsymbol{\alpha}_r)=(\boldsymbol{e}_1,\boldsymbol{e}_2,\cdots,\boldsymbol{e}_r)\cdot\boldsymbol{R}=\boldsymbol{QR}.$$

其中 $\boldsymbol{Q}=(\boldsymbol{e}_1,\boldsymbol{e}_2,\cdots,\boldsymbol{e}_r)$ 为 $n\times r$ 列正交阵, $\boldsymbol{R}=\begin{pmatrix}|\boldsymbol{\beta}_1| & k_{12} & \cdots & k_{1r}\\ & |\boldsymbol{\beta}_2| & \cdots & k_{2r}\\ & & \ddots & \vdots\\ 0 & & & |\boldsymbol{\beta}_r|\end{pmatrix}$ 为 r 阶主对角元全为正实数的上三角阵.

例 7.87 将 $\boldsymbol{A}=\begin{pmatrix}0&1&1\\0&1&2\\0&1&3\\1&1&4\end{pmatrix}$ 作 QR 分解.

解 将 $\boldsymbol{A}$ 按列分块: $\boldsymbol{A}=(\boldsymbol{\alpha}_1,\boldsymbol{\alpha}_2,\boldsymbol{\alpha}_3)$, 显然 $\boldsymbol{\alpha}_1,\boldsymbol{\alpha}_2,\boldsymbol{\alpha}_3$ 线性无关. 可用施密特正交化方法将其化为正交向量组:

$$\begin{aligned}&\boldsymbol{\beta}_1=\boldsymbol{\alpha}_1(0,0,0,1)^{\mathrm{T}},\quad \boldsymbol{\beta}_2=\boldsymbol{\alpha}_2-\boldsymbol{\beta}_1=(1,1,1,0)^{\mathrm{T}},\\ &\boldsymbol{\beta}_3=\boldsymbol{\alpha}_3-4\boldsymbol{\beta}_1-2\boldsymbol{\beta}_2=(-1,0,1,0)^{\mathrm{T}}.\end{aligned}$$

再单位化得标准正交向量组

$$\boldsymbol{e}_1=(0,0,0,1)^{\mathrm{T}},\quad \boldsymbol{e}_2=\frac{1}{\sqrt{3}}(1,1,1,0)^{\mathrm{T}},\quad \boldsymbol{e}_3=\frac{1}{\sqrt{2}}(-1,0,1,0)^{\mathrm{T}},$$

故

$$\boldsymbol{\alpha}_1=\boldsymbol{e}_1,\quad \boldsymbol{\alpha}_2=\boldsymbol{e}_1+\sqrt{3}\boldsymbol{e}_2,\quad \boldsymbol{\alpha}_3=4\boldsymbol{e}_1+2\sqrt{3}\boldsymbol{e}_2+\sqrt{2}\boldsymbol{e}_3.$$

于是得 $\boldsymbol{A}$ 的 QR 分解, 有

$$\boldsymbol{A}=(\boldsymbol{\alpha}_1,\boldsymbol{\alpha}_2,\boldsymbol{\alpha}_3)=(\boldsymbol{e}_1,\boldsymbol{e}_2,\boldsymbol{e}_3)\begin{pmatrix}1&0&4\\0&\sqrt{3}&2\sqrt{3}\\0&0&\sqrt{2}\end{pmatrix}=\boldsymbol{QR},$$

$$\boldsymbol{Q}=(\boldsymbol{e}_1,\boldsymbol{e}_2,\boldsymbol{e}_3)=\frac{1}{\sqrt{6}}\begin{pmatrix}0&\sqrt{2}&-\sqrt{3}\\0&\sqrt{2}&0\\0&\sqrt{2}&\sqrt{3}\\\sqrt{6}&0&0\end{pmatrix}\text{(列正交阵)},$$

$$\boldsymbol{R}=\begin{pmatrix}1&1&4\\0&\sqrt{3}&2\sqrt{3}\\0&0&\sqrt{2}\end{pmatrix}.$$

例 7.88 设 $\boldsymbol{\eta}$ 为欧氏空间 V 中的一个单位向量, 令 $\mathscr{H}\boldsymbol{\alpha}=\boldsymbol{\alpha}-2(\boldsymbol{\eta},\boldsymbol{\alpha})\boldsymbol{\eta},\boldsymbol{\alpha}\in V$. 证明:

(1) $\mathscr{H}$ 是 V 中的正交变换 (称为镜面反射);

(2) 当 V 为有限维时, $\mathscr{H}$ 是第二类的;

(3) 设 $\dim(V)=n$, 若 V 中的正交变换 $\mathscr{A}$ 有特征值 1, 且属于特征值 1 的特征子空间 V_1 为 $n-1$ 维的, 则 $\mathscr{A}$ 为镜面反射;

(4) 设 $\boldsymbol{\alpha},\boldsymbol{\beta}$ 为 V 中两个不同的单位向量, 则存在镜面反射 $\mathscr{H}$, 使得 $\mathscr{H}\boldsymbol{\alpha}=\boldsymbol{\beta}$;

(5) 当 V 为有限维时, V 中任一正交变换都可以表示成有限个镜面反射的乘积.

证 (1) 直接验证即可.

(2) 设 $\dim(V)=n$, 将 $\boldsymbol{\eta}$ 扩充为 V 标准正交基 $\boldsymbol{\eta},\boldsymbol{\eta}_2,\cdots,\boldsymbol{\eta}_n$, 则

$$\mathscr{H}\boldsymbol{\eta}=\boldsymbol{\eta}-2(\boldsymbol{\eta},\boldsymbol{\eta})\boldsymbol{\eta}=-\boldsymbol{\eta},\quad \mathscr{H}\boldsymbol{\eta}_i=\boldsymbol{\eta}_i-2(\boldsymbol{\eta},\boldsymbol{\eta}_i)=\boldsymbol{\eta}_i\quad(i=2,3,\cdots,n),$$

故 $\mathscr{H}$ 在基 $\boldsymbol{\eta},\boldsymbol{\eta}_2,\cdots,\boldsymbol{\eta}_n$ 下的矩阵为 $\boldsymbol{H}=\mathrm{diag}(-1,1,\cdots,1)$, 从而 $\mathscr{H}$ 是第二类的.

(3) (方法 1) 取 V_1 的标准正交基 $\boldsymbol{\eta}_2,\cdots,\boldsymbol{\eta}_n$, 再补充一个 $\boldsymbol{\eta}$, 使 $\boldsymbol{\eta},\boldsymbol{\eta}_2,\cdots,\boldsymbol{\eta}_n$ 为 V 的标准正交基. 设 $\mathscr{A}\boldsymbol{\eta}=k_1\boldsymbol{\eta}+k_2\boldsymbol{\eta}_2+\cdots+k_n\boldsymbol{\eta}_n,k_i\in\mathbf{R}(i=1,2,\cdots,n)$. 而 $\mathscr{A}\boldsymbol{\eta}_i=\boldsymbol{\eta}_i(i=2,\cdots,n)$, 于是 $\mathscr{A}$ 在基 $\boldsymbol{\eta},\boldsymbol{\eta}_2,\cdots,\boldsymbol{\eta}_n$ 下的矩阵 $\boldsymbol{A}=\begin{pmatrix}k_1&&&\\k_2&1&&0\\\vdots&\vdots&\ddots&\\k_n&0&\cdots&1\end{pmatrix}$ 为正交阵, 从而 $k_1^2=1,k_i=0(i=2,\cdots,n)$. 又 $\boldsymbol{\eta}\notin V_1$, 故 $k_1=-1$, 且 $\mathscr{A}\boldsymbol{\eta}=-\boldsymbol{\eta}$. 于是对 V 中的任意向量 $\boldsymbol{\alpha}=a_1\boldsymbol{\eta}+a_2\boldsymbol{\eta}_2+\cdots+a_n\boldsymbol{\eta}_n$, 都有

$$\mathscr{A}\boldsymbol{\alpha}=\mathscr{H}(a_1\boldsymbol{\eta}+a_2\boldsymbol{\eta}_2+\cdots+a_n\boldsymbol{\eta}_n)=-a_1\boldsymbol{\eta}+a_2\boldsymbol{\eta}_2+\cdots+a_n\boldsymbol{\eta}_n=\boldsymbol{\alpha}-2(\boldsymbol{\alpha},\boldsymbol{\eta})\boldsymbol{\eta},$$

即 $\mathscr{A}$ 为镜面反射.

(方法 2) 由于 $\dim(V_1)=n-1$, 故 1 至少是 $\mathscr{A}$ 的 $n-1$ 重特征值, 于是 $\mathscr{A}$ 的另一特征值 λ_1 必为实数, 且只能是 ±1, 故 $\lambda_1=-1$. 设 $\boldsymbol{e}$ 为 $\mathscr{A}$ 属于特征值 -1 的单位特征向量,

即 $\mathscr{A}\boldsymbol{e}=-\boldsymbol{e}$. 现取 V_1 的一组标准正交基 $\boldsymbol{e}_2,\cdots,\boldsymbol{e}_n$, 则 $\boldsymbol{e},\boldsymbol{e}_2,\cdots,\boldsymbol{e}_n$ 即为 V 的标准正交基. 以下同方法 1.

(4) 取 $\boldsymbol{\alpha}-\boldsymbol{\beta}$ 的单位向量 $\boldsymbol{e}$, 令 $\mathscr{H}\boldsymbol{\gamma}=\boldsymbol{\gamma}-2(\boldsymbol{\gamma},\boldsymbol{e})\boldsymbol{e},\boldsymbol{\gamma}\in V$, 则 $\mathscr{H}$ 为镜面反射, 且 $\mathscr{H}\boldsymbol{\alpha}=\boldsymbol{\beta}$.

(5) 设 $\mathscr{A}$ 为 n 维欧氏空间 V 的任一正交变换, 取 V 的一组标准正交基 $\boldsymbol{e}_1,\boldsymbol{e}_2,\cdots,\boldsymbol{e}_n$, 则 $\boldsymbol{\alpha}_1=\mathscr{A}\boldsymbol{e}_1,\boldsymbol{\alpha}_2=\mathscr{A}\boldsymbol{e}_2,\cdots,\boldsymbol{\alpha}_n=\mathscr{A}\boldsymbol{e}_n$ 也是 V 的标准正交基.

① 如果 $\boldsymbol{\alpha}_1=\boldsymbol{e}_1,\boldsymbol{\alpha}_2=\boldsymbol{e}_2,\cdots,\boldsymbol{\alpha}_n=\boldsymbol{e}_n$, 则 $\mathscr{A}$ 为恒等变换. 作镜面反射 $\mathscr{A}_1\boldsymbol{\alpha}=\boldsymbol{\alpha}-2(\boldsymbol{\alpha},\boldsymbol{e}_1)\boldsymbol{e}_1$, 则 $\mathscr{A}_1\boldsymbol{e}_1=-\boldsymbol{e}_1,\mathscr{A}_1\boldsymbol{e}_i=\boldsymbol{e}_i(i=2,\cdots,n)$. 此时 $\mathscr{A}=\mathscr{A}_1\mathscr{A}_1$.

② 如果 $\boldsymbol{e}_1,\boldsymbol{e}_2,\cdots,\boldsymbol{e}_n$ 与 $\boldsymbol{\alpha}_1,\boldsymbol{\alpha}_2,\cdots,\boldsymbol{\alpha}_n$ 不完全相同, 不妨设 $\boldsymbol{e}_1\neq\boldsymbol{\alpha}_1$. 则由 (4) 知存在镜面反射 $\mathscr{A}_1$, 使得 $\mathscr{A}_1\boldsymbol{e}_1=\boldsymbol{\alpha}_1$. 令 $\mathscr{A}_1\boldsymbol{e}_i=\boldsymbol{\beta}_i(i=2,\cdots,n)$.

i) 如果 $\boldsymbol{\beta}_i=\boldsymbol{\alpha}_i(i=2,\cdots,n)$, 则 $\mathscr{A}=\mathscr{A}_1$, 结论成立.

ii) 否则, 如果 $\boldsymbol{\alpha}_2,\cdots,\boldsymbol{\alpha}_n$ 与 $\boldsymbol{\beta}_2,\cdots,\boldsymbol{\beta}_n$ 不完全相同, 再作镜面反射 $\mathscr{A}_2$: $\mathscr{A}_2\boldsymbol{\alpha}=\boldsymbol{\alpha}-2(\boldsymbol{\alpha},\boldsymbol{\beta})\boldsymbol{\beta}$, $\boldsymbol{\beta}$ 为 $\boldsymbol{\beta}_2-\boldsymbol{\alpha}_2$ 的单位向量. 于是 $\mathscr{A}_2\boldsymbol{\beta}_2=\boldsymbol{\alpha}_2$, 且 $\mathscr{A}_2\boldsymbol{\alpha}_1=\boldsymbol{\alpha}_1$. 如此继续下去, 设

$$\begin{aligned}(\boldsymbol{e}_1,\boldsymbol{e}_2,\cdots,\boldsymbol{e}_n)&\xrightarrow{\mathscr{A}_1}(\boldsymbol{\alpha}_1,\boldsymbol{\beta}_2,\cdots,\boldsymbol{\beta}_n)\xrightarrow{\mathscr{A}_2}(\boldsymbol{\alpha}_1,\boldsymbol{\alpha}_2,\boldsymbol{\beta}_3,\cdots,\boldsymbol{\beta}_n)\xrightarrow{\mathscr{A}_3}\cdots\\&\xrightarrow{\mathscr{A}_s}(\boldsymbol{\alpha}_1,\boldsymbol{\alpha}_2,\cdots,\boldsymbol{\alpha}_n),\end{aligned}$$

则 $\mathscr{A}=\mathscr{A}_s\mathscr{A}_{s-1}\cdots\mathscr{A}_2\mathscr{A}_1$, 其中 $\mathscr{A}_i(i=1,2,\cdots,s)$ 为镜面反射, 即 $\mathscr{A}$ 表示为有限个镜面反射的乘积.

习 题 7

1. 证明以下不等式:

(1) $|x-y|\geqslant|x|-|y|$;

(2) $|x-y|+|y-z|\geqslant|x-z|$.

2. 设在 $\mathbf{R}^3$ 中, 基 $\boldsymbol{\alpha}_1,\boldsymbol{\alpha}_2,\boldsymbol{\alpha}_3$ 给出的度量矩阵是

$$\begin{pmatrix}1&0&-1\\0&2&0\\-1&0&2\end{pmatrix}.$$

试求 $\mathbf{R}^3$ 中由 $\boldsymbol{\alpha}_1,\boldsymbol{\alpha}_2,\boldsymbol{\alpha}_3$ 给出的一组标准正交基.

3. 已知 $\boldsymbol{\alpha}_1=(1,2,-1,1)$, $\boldsymbol{\alpha}_2=(2,3,1,-1)$, $\boldsymbol{\alpha}_3=(-1,-1,-2,2)$.

(1) 求 $\boldsymbol{\alpha}_1,\boldsymbol{\alpha}_2,\boldsymbol{\alpha}_3$ 的长度及彼此间的夹角;

(2) 求与 $\boldsymbol{\alpha}_1,\boldsymbol{\alpha}_2,\boldsymbol{\alpha}_3$ 都正交的向量.

4. 用施密特正交化方法构造标准正交向量组.

(1) $(0,0,1),(0,1,1),(1,1,1)$;

(2) $(1,1,1,2),(1,1,-5,3),(3,2,8,-7)$.

5. 证明: n 维向量空间中任一个正交向量组都能扩充成一个正交基.

6. 验证下列各组向量是正交的, 并添加向量改造为标准正交基.

(1) $(2,1,2),(1,2,-2)$;

(2) $(1,1,1,2),(1,2,3,-3)$.

7. 设 $\boldsymbol{\beta}$ 与 $\boldsymbol{\alpha}_1,\cdots,\boldsymbol{\alpha}_n$ 都正交. 证明: $\boldsymbol{\beta}$ 与 $\boldsymbol{\alpha}_1,\cdots,\boldsymbol{\alpha}_n$ 的任意线性组合也正交.

8. 设 $\boldsymbol{e}_1,\boldsymbol{e}_2,\boldsymbol{e}_3$ 是 $\mathbf{R}^3$ 的一组标准正交基, 且

$$\boldsymbol{\alpha}_1=\frac{1}{3}(2\boldsymbol{e}_1+2\boldsymbol{e}_2-\boldsymbol{e}_3),$$

$$\boldsymbol{\alpha}_2=\frac{1}{3}(2\boldsymbol{e}_1-\boldsymbol{e}_2+2\boldsymbol{e}_3),$$

$$\boldsymbol{\alpha}_3=\frac{1}{3}(\boldsymbol{e}_1-2\boldsymbol{e}_2-2\boldsymbol{e}_3).$$

(1) 证明: $\boldsymbol{\alpha}_1,\boldsymbol{\alpha}_2,\boldsymbol{\alpha}_3$ 也是 $\mathbf{R}^3$ 的一组标准正交基;

(2) 求把 $\boldsymbol{e}_1,\boldsymbol{e}_2,\boldsymbol{e}_3$ 变换到 $\boldsymbol{\alpha}_1,\boldsymbol{\alpha}_2,\boldsymbol{\alpha}_3$ 的正交变换的矩阵;

(3) 求标准正交基 $\boldsymbol{e}_1,\boldsymbol{e}_2,\boldsymbol{e}_3$ 到标准正交基 $\boldsymbol{\alpha}_1,\boldsymbol{\alpha}_2,\boldsymbol{\alpha}_3$ 的坐标变换矩阵.

9. 写出所有 3 阶正交矩阵, 它的元素是 0 或 1.

10. 如果一个正交阵中每个元素都是 $\frac{1}{4}$ 或 $-\frac{1}{4}$, 这个正交阵是几阶的?

11. 若 $\boldsymbol{\alpha}$ 是一个单位向量, 证明: $\boldsymbol{Q}=\boldsymbol{I}-2\boldsymbol{\alpha}\boldsymbol{\alpha}^{\mathrm{T}}$ 是一个正交阵. 当 $\boldsymbol{\alpha}=\frac{1}{\sqrt{3}}(1,1,1)^{\mathrm{T}}$ 时, 具体求出 $\boldsymbol{Q}$.

12. 在什么条件下, 对角矩阵是正交矩阵?

13. 设 $\boldsymbol{A},\boldsymbol{B}$ 都为 n 阶正交阵. 证明:

(1) $\boldsymbol{A}$ 的伴随矩阵 $\boldsymbol{A}^*$ 也是正交阵;

(2) $\boldsymbol{AB}$ 也为正交阵;

(3) $\boldsymbol{A}^{-1}$ 也为正交阵.

14. 证明: 任何 2 阶正交矩阵必取下面两种形式之一:

$$\begin{pmatrix}\cos\theta & \sin\theta\\ -\sin\theta & \cos\theta\end{pmatrix},\quad \begin{pmatrix}\cos\theta & \sin\theta\\ \sin\theta & -\cos\theta\end{pmatrix}\ (-\pi\leqslant\theta<\pi).$$

15. 设

$$\boldsymbol{A}=\begin{pmatrix}1 & -2 & 0\\ -2 & 2 & -2\\ 0 & -2 & 3\end{pmatrix}.$$

求正交矩阵 $\boldsymbol{P}$, 使得 $\boldsymbol{P}^{-1}\boldsymbol{AP}$ 为对角阵. 并由此求 $\boldsymbol{A}^k$ (k 是自然数).

16. 证明: 下列三个条件中只要有两个成立, 另一个也必成立.

(1) $\boldsymbol{A}$ 是对称的; (2) $\boldsymbol{A}$ 是正交的; (3) $\boldsymbol{A}^2=\boldsymbol{I}$.

17. 设 $\boldsymbol{e}_1,\boldsymbol{e}_2,\cdots,\boldsymbol{e}_n$ 是 $\mathbf{R}^n$ 的标准正交基, $\boldsymbol{x}_1,\boldsymbol{x}_2,\cdots,\boldsymbol{x}_k$ 是 $\mathbf{R}^n$ 中任意 k 个向量. 证明:

$\boldsymbol{x}_1,\boldsymbol{x}_2,\cdots,\boldsymbol{x}_k$ 两两正交的充分必要条件是

$$\sum_{s=1}^{n}(\boldsymbol{x}_i,\boldsymbol{e}_s)(\boldsymbol{x}_j,\boldsymbol{e}_s)=0\quad(i,j=1,2,\cdots,k;\ i\neq j).$$

18. 求正交阵 $\boldsymbol{T}$, 使得 $\boldsymbol{T}^{-1}\boldsymbol{A}\boldsymbol{T}$ 为对角矩阵.

(1) $\boldsymbol{A}=\begin{pmatrix}2&1\\1&2\end{pmatrix}$;　　(2) $\boldsymbol{A}=\begin{pmatrix}0&-1&-1\\-1&0&-1\\-1&-1&0\end{pmatrix}$;

(3) $\boldsymbol{A}=\begin{pmatrix}1&2&4\\2&-2&2\\4&2&1\end{pmatrix}$;　　(4) $\boldsymbol{A}=\begin{pmatrix}3&-2&0\\-2&2&-2\\0&-2&1\end{pmatrix}$.

19. 验证:

(1) $\boldsymbol{A}=\begin{pmatrix}-\left(\frac{1}{2}+\frac{\sqrt{2}}{4}\right)\mathrm{i}&\frac{1}{2}\mathrm{i}&-\left(\frac{1}{2}-\frac{\sqrt{2}}{4}\right)\mathrm{i}\\\frac{1}{2}\mathrm{i}&\frac{\sqrt{2}}{2}\mathrm{i}&-\frac{1}{2}\mathrm{i}\\\left(\frac{1}{2}-\frac{\sqrt{2}}{4}\right)\mathrm{i}&\frac{1}{2}\mathrm{i}&\left(\frac{1}{2}+\frac{\sqrt{2}}{4}\right)\mathrm{i}\end{pmatrix}$ 为酉阵;

(2) $\boldsymbol{B}=\begin{pmatrix}1&1+\mathrm{i}&\mathrm{i}\\1-\mathrm{i}&2&-\mathrm{i}\\-\mathrm{i}&\mathrm{i}&0\end{pmatrix}$ 为厄米阵.

20. 证明: 酉变换的特征值的模等于 1.

21. 证明:

(1) 酉阵的不同特征值所对应的特征向量是正交的;

(2) 厄米阵的不同特征值所对应的特征向量是正交的.

22. 证明:

(1) 设 $\boldsymbol{A}$ 为可逆厄米阵, 则 $\boldsymbol{A}^{-1}$ 也为厄米阵;

(2) 设 $\boldsymbol{A},\boldsymbol{B}$ 都是 n 阶厄米阵, 那么 $\boldsymbol{AB}$ 也是厄米阵的充分必要条件是 $\boldsymbol{AB}=\boldsymbol{BA}$.

23. 设 $\boldsymbol{A}$ 为厄米阵. 证明:

(1) $\boldsymbol{I}\pm\mathrm{i}\boldsymbol{A}$ 为可逆阵;

(2) $\boldsymbol{I}+\mathrm{i}\boldsymbol{A}$ 与 $\boldsymbol{I}-\mathrm{i}\boldsymbol{A}$ 乘法可交换;

(3) $\boldsymbol{U}=(\boldsymbol{I}+\mathrm{i}\boldsymbol{A})(\boldsymbol{I}-\mathrm{i}\boldsymbol{A})^{-1}$ 为酉阵.

24. 若 $\boldsymbol{A}\boldsymbol{A}^{\mathrm{H}}=\boldsymbol{0}$, 证明: $\boldsymbol{A}=\boldsymbol{0}$.

25. 设 $\lambda_1,\lambda_2,\cdots,\lambda_n$ 是 n 阶规范阵 $\boldsymbol{A}$ 的特征值, $\mu_1,\mu_2,\cdots,\mu_n$ 是 $\boldsymbol{A}^{\mathrm{H}}\boldsymbol{A}$ 的特征值. 证明:

$$\sum_{i=1}^{n}\mu_i=\sum_{i=1}^{n}|\lambda_i|^2.$$

26. 设 $\boldsymbol{U}$ 为酉阵, 且 $\boldsymbol{U}^{-1}\boldsymbol{A}\boldsymbol{U}=\boldsymbol{B}$. 证明:

$$\operatorname{tr}(\boldsymbol{A}^{\mathrm{H}}\boldsymbol{A})=\operatorname{tr}(\boldsymbol{B}^{\mathrm{H}}\boldsymbol{B}).$$

27. 设 $\boldsymbol{A}$ 是 r 阶方阵, $\boldsymbol{B}$ 是 s 阶方阵, 并且

$$\boldsymbol{M}=\begin{pmatrix}\boldsymbol{A} & \boldsymbol{C}\\ \boldsymbol{O} & \boldsymbol{B}\end{pmatrix}$$

是规范阵. 证明: $\boldsymbol{A},\boldsymbol{B}$ 也是规范阵, 且 $\boldsymbol{C}=\boldsymbol{O}$.

28. 已知厄米阵

$$\boldsymbol{H}=\begin{pmatrix}0 & -\mathrm{i} & 1\\ \mathrm{i} & 0 & \mathrm{i}\\ 1 & -\mathrm{i} & 0\end{pmatrix}.$$

求酉方阵 $\boldsymbol{U}$, 使得 $\boldsymbol{U}^{-1}\boldsymbol{H}\boldsymbol{U}$ 为对角阵.

第 8 章　实 二 次 型

8.1　二次型的标准形与不变量

内 容 提 要

1. 二次型及其矩阵表示

(1) 实二次型. 称

$$Q(x_1,x_2,\cdots,x_n)=\sum_{i,j=1}^{n}a_{ij}x_ix_j=\boldsymbol{X}^{\mathrm{T}}\boldsymbol{A}\boldsymbol{X} \tag{1}$$

为关于 n 个实变量 $x_1,x_2,\cdots,x_n$ 的**实二次型**, 简记为 $Q(\boldsymbol{X})$; 其中 $\boldsymbol{A}=(a_{ij})$ 为 n 阶实对称矩阵, 即 $a_{ij}=a_{ji}\in\mathbf{R}(i,j=1,\cdots,n)$; 而 $\boldsymbol{X}$ 为 n 维实变向量 $\boldsymbol{X}=(x_1,x_2,\cdots,x_n)^{\mathrm{T}}$.

(2) n 元实二次型与 n 阶实对称阵一一对应.

(3) 称实对称矩阵 $\boldsymbol{A}$ 为二次型 $Q(\boldsymbol{X})=\boldsymbol{X}^{\mathrm{T}}\boldsymbol{A}\boldsymbol{X}$ 的**矩阵**, 称二次型 $Q(\boldsymbol{X})=\boldsymbol{X}^{\mathrm{T}}\boldsymbol{A}\boldsymbol{X}$ 为实对称矩阵 $\boldsymbol{A}$ 的**二次型**, 且分别称 $\boldsymbol{A}$ 的秩和特征值为**二次型** $Q(\boldsymbol{X})=\boldsymbol{X}^{\mathrm{T}}\boldsymbol{A}\boldsymbol{X}$ 的**秩**和**特征值**.

2. 二次型在不同坐标下的矩阵与矩阵的相合

(1) 二次型在不同坐标下的矩阵. 在可逆线性变换 (或坐标变换)

$$\boldsymbol{X}=\boldsymbol{P}\boldsymbol{Y} \tag{2}$$

(其中 $\boldsymbol{P}$ 为 n 阶可逆实方阵) 下, 二次型 $Q(\boldsymbol{X})$ 化为二次型

$$Q_1(\boldsymbol{Y})=Q(\boldsymbol{P}\boldsymbol{Y})=\boldsymbol{Y}^{\mathrm{T}}(\boldsymbol{P}^{\mathrm{T}}\boldsymbol{A}\boldsymbol{P})\boldsymbol{Y}, \tag{3}$$

其矩阵为 $\boldsymbol{B}=\boldsymbol{P}^{\mathrm{T}}\boldsymbol{A}\boldsymbol{P}$. 显然, $\boldsymbol{B}$ 也是 n 阶实对称阵 (即 $\boldsymbol{B}\in M_n(\mathbf{R})$, 且 $\boldsymbol{B}^{\mathrm{T}}=\boldsymbol{B}$).

(2) 设 $\boldsymbol{A},\boldsymbol{B}\in M_n(\mathbf{R})$(且 $\boldsymbol{A}^{\mathrm{T}}=\boldsymbol{A},\boldsymbol{B}^{\mathrm{T}}=\boldsymbol{B}$), 如果存在 n 阶可逆实方阵 $\boldsymbol{P}$, 使得

$$\boldsymbol{B}=\boldsymbol{P}^{\mathrm{T}}\boldsymbol{A}\boldsymbol{P}, \tag{4}$$

则称 $\boldsymbol{B}$ 与 $\boldsymbol{A}$ **相合**, 记为 $\boldsymbol{A}\cong\boldsymbol{B}$, 且称 $\boldsymbol{P}$ 为相合过渡矩阵; 当 $\boldsymbol{P}$ 为初等矩阵时, 称 $\boldsymbol{B}$ 与 $\boldsymbol{A}$ **初等相合**.

(3) 矩阵的相合是等价关系, 即满足自反性、对称性和传递性.

(4) 两个矩阵相合必相抵, 从而秩相等; 在可逆线性变换 (或坐标变换) 下, 二次型的矩阵相合、秩不变. 于是, 可按相合对实对称矩阵和实二次型进行分类.

(5) n 维欧氏空间 $\mathbf{E}_n(\mathbf{R})$ 的内积在两组基下的度量矩阵相合, 且都相合于 $\boldsymbol{I}_n$.

3. 二次型与实对称矩阵的标准形及其求法

(1) 正交相似变换 (主轴化) 法. 由第 7 章知, 对 n 阶实对称阵 $\boldsymbol{A}$, 存在 n 阶正交矩阵 $\boldsymbol{P}$, 使得

$$\boldsymbol{P}^{\mathrm{T}}\boldsymbol{A}\boldsymbol{P}=\boldsymbol{\Lambda}, \tag{5}$$

其中 $\boldsymbol{\Lambda}=\mathrm{diag}(\lambda_1,\lambda_2,\cdots,\lambda_n)$ 为 $\boldsymbol{A}$ 的**正交相似标准形**; 相应地, 正交变换 $\boldsymbol{X}=\boldsymbol{P}\boldsymbol{Y}$ 使得二次型 $Q(\boldsymbol{X})=\boldsymbol{X}^{\mathrm{T}}\boldsymbol{A}\boldsymbol{X}$ 化为

$$Q_1(\boldsymbol{Y})=Q(\boldsymbol{P}\boldsymbol{Y})=\boldsymbol{Y}^{\mathrm{T}}(\boldsymbol{P}^{\mathrm{T}}\boldsymbol{A}\boldsymbol{P})\boldsymbol{Y}=\lambda_1y_1^2+\lambda_2y_2^2+\cdots+\lambda_ny_n^2, \tag{6}$$

称为 $Q(\boldsymbol{X})$ 的**正交 (变换) 标准形**, 其中, $\lambda_1,\lambda_2,\cdots,\lambda_n$ 为 $\boldsymbol{A}$ 的全部 n 个 (实) 特征值.

(2) 拉格朗日 (Lagrange) 初等配方法. 通过配平方获得可逆线性变换 $\boldsymbol{Y}=\boldsymbol{T}\boldsymbol{X}(\boldsymbol{X}=\boldsymbol{P}\boldsymbol{Y},\ \boldsymbol{P}=\boldsymbol{T}^{-1})$, 将二次型 $Q(\boldsymbol{X})=\boldsymbol{X}^{\mathrm{T}}\boldsymbol{A}\boldsymbol{X}$ 化为

$$Q_1(\boldsymbol{Y})=Q(\boldsymbol{P}\boldsymbol{Y})=\boldsymbol{Y}^{\mathrm{T}}(\boldsymbol{P}^{\mathrm{T}}\boldsymbol{A}\boldsymbol{P})\boldsymbol{Y}=\mu_1y_1^2+\mu_2y_2^2+\cdots+\mu_ny_n^2, \tag{7}$$

称为**二次型 $Q(\boldsymbol{X})$ 的 (有理) 标准形**; 同时, 将实对称矩阵 $\boldsymbol{A}$ 相合化为

$$\boldsymbol{P}^{\mathrm{T}}\boldsymbol{A}\boldsymbol{P}=\mathrm{diag}(\mu_1,\mu_2,\cdots,\mu_n), \tag{8}$$

称为 **$\boldsymbol{A}$ 的 (有理) 相合标准形**, 其中 $\mu_i\in\mathbf{R}(i=1,2,\cdots,n)$.

(3) 矩阵初等相合变换法. 通过矩阵的初等相合变换, 将 $\boldsymbol{A}$ 化为其 (有理) 相合标准形 $\boldsymbol{P}^{\mathrm{T}}\boldsymbol{A}\boldsymbol{P}=\mathrm{diag}(\mu_1,\mu_2,\cdots,\mu_n)$, 同时给出相合过渡矩阵 $\boldsymbol{P}$(n 阶可逆实方阵); 从而得可逆线性变换 $\boldsymbol{X}=\boldsymbol{P}\boldsymbol{Y}$, 将二次型 $Q(\boldsymbol{X})$ 化为其 (有理) 标准形 $Q_1(\boldsymbol{Y})=Q(\boldsymbol{P}\boldsymbol{Y})=\boldsymbol{Y}^{\mathrm{T}}(\boldsymbol{P}^{\mathrm{T}}\boldsymbol{A}\boldsymbol{P})\boldsymbol{Y}=\mu_1y_1^2+\mu_2y_2^2+\cdots+\mu_ny_n^2$.

4. 二次型的规范形

(1) 二次型的规范形. 存在 n 阶可逆实方阵 $\boldsymbol{P}$, 使得

$$\boldsymbol{B}=\boldsymbol{P}^{\mathrm{T}}\boldsymbol{A}\boldsymbol{P}=\mathrm{diag}(\boldsymbol{I}_s,-\boldsymbol{I}_t,\boldsymbol{O}), \tag{9}$$

称为**矩阵 $\boldsymbol{A}$ 的 (相合) 规范形 (或 (实) 相合标准形)**; 相应地, 可逆线性变换 $\boldsymbol{X}=\boldsymbol{P}\boldsymbol{Y}$ 将二次型 $Q(\boldsymbol{X})$ 化为

$$Q_1(\boldsymbol{Y})=Q(\boldsymbol{P}\boldsymbol{Y})=\boldsymbol{Y}^{\mathrm{T}}(\boldsymbol{P}^{\mathrm{T}}\boldsymbol{A}\boldsymbol{P})\boldsymbol{Y}=y_1^2+\cdots+y_s^2-y_{s+1}^2-\cdots-y_{s+t}^2, \tag{10}$$

称为**二次型 $Q(\boldsymbol{X})$ 的规范形** (或 (实) **标准形**), 其中 $s+t=\text{rank}(\boldsymbol{A})$.

(2) 维特 (Witt) 消去定理. 设 $\boldsymbol{A}=\begin{pmatrix}\boldsymbol{A}_1 & \boldsymbol{O}\\ \boldsymbol{O} & \boldsymbol{A}_2\end{pmatrix}$ 和 $\boldsymbol{B}=\begin{pmatrix}\boldsymbol{B}_1 & \boldsymbol{O}\\ \boldsymbol{O} & \boldsymbol{B}_2\end{pmatrix}$ 为两个实对称的分块对角阵. 若 $\boldsymbol{A}$ 与 $\boldsymbol{B}$ 相合, 且 $\boldsymbol{A}_1$ 与 $\boldsymbol{B}_1$ 相合, 则 $\boldsymbol{A}_2$ 与 $\boldsymbol{B}_2$ 相合.

(3) 唯一性 (西尔维斯特 (Sylvester) 惯性定理). 二次型 $Q(\boldsymbol{X})=\boldsymbol{X}^{\mathrm{T}}\boldsymbol{A}\boldsymbol{X}$ 或其矩阵 $\boldsymbol{A}$ 的规范形中 s 和 t 是唯一的, 分别称为二次型 $Q(\boldsymbol{X})$ 或其矩阵 $\boldsymbol{A}$ 的**正、负惯性指数**.

5. 相合不变量与分类

(1) 相合不变量. 二次型 $Q(\boldsymbol{X})=\boldsymbol{X}^{\mathrm{T}}\boldsymbol{A}\boldsymbol{X}$ 及其矩阵 $\boldsymbol{A}$ 的秩, 正、负惯性指数以及符号差 $s-t$ 等都是相合不变量.

(2) 分类. 按正、负惯性指数可以将二次型 $Q(\boldsymbol{X})=\boldsymbol{X}^{\mathrm{T}}\boldsymbol{A}\boldsymbol{X}$ 和实对称矩阵 $\boldsymbol{A}$ 进行完全分类 (请读者自己完成).

例 题 分 析

例 8.1 设 $\boldsymbol{Q}(x_1,x_2,x_3)=2(a_1x_1+a_2x_2+a_3x_3)^2+(b_1x_1+b_2x_2+b_3x_3)^2, \boldsymbol{\alpha}=(a_1,a_2,a_3)^{\mathrm{T}}, \boldsymbol{\beta}=(b_1,b_2,b_3)^{\mathrm{T}}\in\mathbf{R}^3$.

(1) 求 $\boldsymbol{Q}$ 的矩阵 $\boldsymbol{A}$ 和 $\boldsymbol{Q}$ 的矩阵表示;

(2) 若 $\boldsymbol{\alpha},\boldsymbol{\beta}$ 为正交的单位向量, 求正交变换 $\boldsymbol{Y}=\boldsymbol{P}\boldsymbol{X}$, 将 $\boldsymbol{Q}$ 化为标准形.

解 (1) $Q(x_1,x_2,x_3)=2(\boldsymbol{\alpha}^{\mathrm{T}}\boldsymbol{X})^2+(\boldsymbol{\beta}^{\mathrm{T}}\boldsymbol{X})^2=2(\boldsymbol{\alpha}^{\mathrm{T}}\boldsymbol{X})^{\mathrm{T}}(\boldsymbol{\alpha}^{\mathrm{T}}\boldsymbol{X})+(\boldsymbol{\beta}^{\mathrm{T}}\boldsymbol{X})^{\mathrm{T}}(\boldsymbol{\beta}^{\mathrm{T}}\boldsymbol{X})=\boldsymbol{X}^{\mathrm{T}}(2\boldsymbol{\alpha}\boldsymbol{\alpha}^{\mathrm{T}}+\boldsymbol{\beta}\boldsymbol{\beta}^{\mathrm{T}})\boldsymbol{X}$, 且 $\boldsymbol{A}=2\boldsymbol{\alpha}\boldsymbol{\alpha}^{\mathrm{T}}+\boldsymbol{\beta}\boldsymbol{\beta}^{\mathrm{T}}$ 为对称阵 $(\boldsymbol{A}^{\mathrm{T}}=(2\boldsymbol{\alpha}\boldsymbol{\alpha}^{\mathrm{T}}+\boldsymbol{\beta}\boldsymbol{\beta}^{\mathrm{T}})^{\mathrm{T}}=2(\boldsymbol{\alpha}\boldsymbol{\alpha}^{\mathrm{T}})^{\mathrm{T}}+(\boldsymbol{\beta}\boldsymbol{\beta}^{\mathrm{T}})^{\mathrm{T}}=2\boldsymbol{\alpha}\boldsymbol{\alpha}^{\mathrm{T}}+\boldsymbol{\beta}\boldsymbol{\beta}^{\mathrm{T}}=\boldsymbol{A})$, 故 $\boldsymbol{Q}$ 的矩阵为 $\boldsymbol{A}$, 且 $\boldsymbol{Q}$ 的矩阵表示为 $\boldsymbol{Q}=\boldsymbol{X}^{\mathrm{T}}\boldsymbol{A}\boldsymbol{X}$.

(2) 若 $\boldsymbol{\alpha},\boldsymbol{\beta}$ 为单位正交向量, 则 $\exists\boldsymbol{\gamma}\in\mathbf{R}^3$, 使得 $\boldsymbol{\alpha},\boldsymbol{\beta},\boldsymbol{\gamma}$ 为 $\mathbf{R}^3$ 的标准正交基. 记 $\boldsymbol{P}=(\boldsymbol{\alpha},\boldsymbol{\beta},\boldsymbol{\gamma})^{\mathrm{T}}$, 则 $\boldsymbol{P}$ 为正交阵, 且正交变换 $\boldsymbol{Y}=\boldsymbol{P}\boldsymbol{X}$, 即 $\boldsymbol{y}_1=\boldsymbol{\alpha}^{\mathrm{T}}\boldsymbol{X},\boldsymbol{y}_2=\boldsymbol{\beta}^{\mathrm{T}}\boldsymbol{X},\boldsymbol{y}_3=\boldsymbol{\gamma}^{\mathrm{T}}\boldsymbol{X}$ 将 $Q(\boldsymbol{X})$ 化为标准形 $2\boldsymbol{y}_1^2+\boldsymbol{y}_2^2$.

注 因 $\boldsymbol{A}\boldsymbol{\alpha}=(2\boldsymbol{\alpha}\boldsymbol{\alpha}^{\mathrm{T}}+\boldsymbol{\beta}\boldsymbol{\beta}^{\mathrm{T}})\boldsymbol{\alpha}=2\boldsymbol{\alpha},\boldsymbol{A}\boldsymbol{\beta}=(2\boldsymbol{\alpha}\boldsymbol{\alpha}^{\mathrm{T}}+\boldsymbol{\beta}\boldsymbol{\beta}^{\mathrm{T}})\boldsymbol{\beta}=\boldsymbol{\beta}$, 从而 $\boldsymbol{\alpha},\boldsymbol{\beta}$ 分别为 $\boldsymbol{A}$ 的属于特征值 $\lambda_1=2$ 和 $\lambda_2=1$ 的特征向量, 且 $\text{rank}(\boldsymbol{A})\geqslant 2$. 又 $\text{rank}(\boldsymbol{A})\leqslant\text{rank}(2\boldsymbol{\alpha}\boldsymbol{\alpha}^{\mathrm{T}})+\text{rank}(\boldsymbol{\beta}\boldsymbol{\beta}^{\mathrm{T}})=2$, 故 $\text{rank}(\boldsymbol{A})=2$, 因而 $\boldsymbol{A}$ 的另一个特征值 $\lambda_3=0$.

例 8.2 设 $Q(x_1,x_2,\cdots,x_n)=\sum\limits_{i=1}^{m}(a_{i1}x_1+a_{i2}x_2+\cdots+a_{in}x_n)^2,\boldsymbol{A}=(a_{ij})$. 证明: $\text{rank}(\boldsymbol{Q})=\text{rank}(\boldsymbol{A})$.

证 令 $y_i=a_{i1}x_1+a_{i2}x_2+\cdots+a_{in}x_n(i=1,2,\cdots,m);\boldsymbol{X}=(x_1,x_2,\cdots,x_n)^{\mathrm{T}},\boldsymbol{Y}=(y_1,y_2,\cdots,y_n)^{\mathrm{T}}$. 则 $\boldsymbol{Y}=\boldsymbol{A}\boldsymbol{X},Q(\boldsymbol{X})=\sum\limits_{i=1}^{m}y_i^2=\boldsymbol{Y}^{\mathrm{T}}\boldsymbol{Y}=\boldsymbol{X}^{\mathrm{T}}\boldsymbol{A}^{\mathrm{T}}\boldsymbol{A}\boldsymbol{X}$, 从而 $\text{rank}(\boldsymbol{Q})=\text{rank}(\boldsymbol{A}^{\mathrm{T}}\boldsymbol{A})=\text{rank}(\boldsymbol{A})$.

例 8.3 设 $\boldsymbol{A},\boldsymbol{B}$ 均为 n 阶实对称阵.

(1) 证明: 若对任意的 $\boldsymbol{X}\in\mathbf{R}^n$, 都有 $\boldsymbol{X}^{\mathrm{T}}\boldsymbol{A}\boldsymbol{X}=\boldsymbol{0}$, 则 $\boldsymbol{A}=\boldsymbol{0}$; 若对任意的 $\boldsymbol{X}\in\mathbf{R}^n$, 都有

$\boldsymbol{X}^{\mathrm{T}}\boldsymbol{A}\boldsymbol{X}=\boldsymbol{X}^{\mathrm{T}}\boldsymbol{B}\boldsymbol{X}$, 则 $\boldsymbol{A}=\boldsymbol{B}$.

(2) 证明: $\boldsymbol{A}$ 为反对称阵的充要条件是对任意的 $\boldsymbol{X}\in\mathbf{R}^n$, 都有 $\boldsymbol{X}^{\mathrm{T}}\boldsymbol{A}\boldsymbol{X}=\mathbf{0}$.

证 (1) ① 设 $\boldsymbol{A}=(a_{ij})$, 则由 $a_{ii}=\boldsymbol{e}_i^{\mathrm{T}}\boldsymbol{A}\boldsymbol{e}_i=0,0=(\boldsymbol{e}_i+\boldsymbol{e}_j)^{\mathrm{T}}\boldsymbol{A}(\boldsymbol{e}_i+\boldsymbol{e}_j)=a_{ii}+2a_{ij}+a_{jj}(i,j=1,2,\cdots,n,i\neq j)$ 得 $a_{ij}=0$, 因此 $\boldsymbol{A}=\mathbf{0}$.

② 由 $\boldsymbol{X}^{\mathrm{T}}\boldsymbol{A}\boldsymbol{X}=\boldsymbol{X}^{\mathrm{T}}\boldsymbol{B}\boldsymbol{X}$ 得 $\boldsymbol{X}^{\mathrm{T}}(\boldsymbol{A}-\boldsymbol{B})\boldsymbol{X}=\mathbf{0}(\boldsymbol{X}\in\mathbf{R}^n)$, 再由①得 $\boldsymbol{A}-\boldsymbol{B}=\mathbf{0}$, 即 $\boldsymbol{A}=\boldsymbol{B}$.

(2) ($\Rightarrow$) 设 $\boldsymbol{A}$ 为反对称阵, 即 $\boldsymbol{A}^{\mathrm{T}}=-\boldsymbol{A}$, 则对任意的 $\boldsymbol{X}\in\mathbf{R}^n$, $\boldsymbol{X}^{\mathrm{T}}\boldsymbol{A}^{\mathrm{T}}\boldsymbol{X}=-\boldsymbol{X}^{\mathrm{T}}\boldsymbol{A}\boldsymbol{X}$, 而 $\boldsymbol{X}^{\mathrm{T}}\boldsymbol{A}^{\mathrm{T}}\boldsymbol{X}=(\boldsymbol{X}^{\mathrm{T}}\boldsymbol{A}^{\mathrm{T}}\boldsymbol{X})^{\mathrm{T}}=\boldsymbol{X}^{\mathrm{T}}\boldsymbol{A}\boldsymbol{X}$, 故 $\boldsymbol{X}^{\mathrm{T}}\boldsymbol{A}\boldsymbol{X}=-\boldsymbol{X}^{\mathrm{T}}\boldsymbol{A}\boldsymbol{X}$, 所以 $\boldsymbol{X}^{\mathrm{T}}\boldsymbol{A}\boldsymbol{X}=\mathbf{0}$.

($\Leftarrow$) 若对任意的 $\boldsymbol{X}\in\mathbf{R}^n$, 都有 $\boldsymbol{X}^{\mathrm{T}}\boldsymbol{A}\boldsymbol{X}=\mathbf{0}$, 则 $\boldsymbol{X}^{\mathrm{T}}\boldsymbol{A}^{\mathrm{T}}\boldsymbol{X}=(\boldsymbol{X}^{\mathrm{T}}\boldsymbol{A}\boldsymbol{X})^{\mathrm{T}}=\mathbf{0}$, 从而 $\boldsymbol{X}^{\mathrm{T}}(\boldsymbol{A}+\boldsymbol{A}^{\mathrm{T}})\boldsymbol{X}=\mathbf{0}$. 而 $\boldsymbol{A}+\boldsymbol{A}^{\mathrm{T}}$ 为实对称阵, 由 (1) 知 $\boldsymbol{A}+\boldsymbol{A}^{\mathrm{T}}=\mathbf{0}$, 即 $\boldsymbol{A}^{\mathrm{T}}=-\boldsymbol{A}$, 亦即 $\boldsymbol{A}$ 为反对称阵.

例 8.4 设 $\boldsymbol{A}$ 为 n 阶实对称阵, $\boldsymbol{X}$ 为 $\mathbf{R}^n$ 中非零向量, $Q(\boldsymbol{X})=\boldsymbol{X}^{\mathrm{T}}\boldsymbol{A}\boldsymbol{X}$. 称实数 $R(x)=\dfrac{\boldsymbol{X}^{\mathrm{T}}\boldsymbol{A}\boldsymbol{X}}{\boldsymbol{X}^{\mathrm{T}}\boldsymbol{X}}$ 为 $\boldsymbol{A}$ 的瑞利 (Rayleigh) 商. 如果实对称阵 $\boldsymbol{A}$ 的全部 (实) 特征值按大小顺序排列成 $\lambda_1\leqslant\lambda_2\leqslant\cdots\leqslant\lambda_n$, $\boldsymbol{X}_i$ 为 $\boldsymbol{A}$ 属于特征值 λ_i 的实特征向量. 试证:

(1) 若 λ 为 $\boldsymbol{A}$ 的 (实) 特征值, $\boldsymbol{X}$ 为 $\boldsymbol{A}$ 属于特征值 λ 的实特征向量, 则 $Q(\boldsymbol{X})=\lambda\boldsymbol{X}^{\mathrm{T}}\boldsymbol{X}$;

(2) 对任意 n 维实列向量 $\boldsymbol{X}$, 均有 $\lambda_1\boldsymbol{X}^{\mathrm{T}}\boldsymbol{X}\leqslant Q(\boldsymbol{X})\leqslant\lambda_n\boldsymbol{X}^{\mathrm{T}}\boldsymbol{X}$;

(3) 瑞利原理: $\lambda_1\leqslant R(\boldsymbol{X})\leqslant\lambda_n$, 且 $\lambda_1=\min\limits_{\boldsymbol{X}\neq\mathbf{0}}R(\boldsymbol{X})=R(\boldsymbol{X}_1),\lambda_n=\max\limits_{\boldsymbol{X}\neq\mathbf{0}}R(\boldsymbol{X})=R(\boldsymbol{X}_n)$.

证 (1) 若 $\boldsymbol{X}$ 为 $\boldsymbol{A}$ 属于特征值 λ 的实特征向量, 即 $\boldsymbol{A}\boldsymbol{X}=\lambda\boldsymbol{X}$, 则 $Q(\boldsymbol{X})=\boldsymbol{X}^{\mathrm{T}}\boldsymbol{A}\boldsymbol{X}=\boldsymbol{X}^{\mathrm{T}}\lambda\boldsymbol{X}=\lambda\boldsymbol{X}^{\mathrm{T}}\boldsymbol{X}$.

(2) 可作适当的正交变换 $\boldsymbol{X}=\boldsymbol{P}\boldsymbol{Y}$, 使二次型 $\boldsymbol{X}^{\mathrm{T}}\boldsymbol{A}\boldsymbol{X}$ 成为标准形: $\boldsymbol{X}^{\mathrm{T}}\boldsymbol{A}\boldsymbol{X}=\lambda_1y_1^2+\lambda_2y_2^2+\cdots+\lambda_ny_n^2$, 从而 $\lambda_1\boldsymbol{Y}^{\mathrm{T}}\boldsymbol{Y}\leqslant\boldsymbol{X}^{\mathrm{T}}\boldsymbol{A}\boldsymbol{X}\leqslant\lambda_n\boldsymbol{Y}^{\mathrm{T}}\boldsymbol{Y}$. 而 $\boldsymbol{X}^{\mathrm{T}}\boldsymbol{X}=(\boldsymbol{P}\boldsymbol{Y})^{\mathrm{T}}\boldsymbol{P}\boldsymbol{Y}=\boldsymbol{Y}^{\mathrm{T}}\boldsymbol{P}^{\mathrm{T}}\boldsymbol{P}\boldsymbol{Y}=\boldsymbol{Y}^{\mathrm{T}}\boldsymbol{Y}$, 故 $\lambda_1\boldsymbol{X}^{\mathrm{T}}\boldsymbol{X}\leqslant\boldsymbol{X}^{\mathrm{T}}\boldsymbol{A}\boldsymbol{X}\leqslant\lambda_n\boldsymbol{X}^{\mathrm{T}}\boldsymbol{X}$.

(3) 当 $\boldsymbol{X}\neq\mathbf{0}$ 时, $\boldsymbol{X}^{\mathrm{T}}\boldsymbol{X}=|\boldsymbol{X}|^2>0$, 于是 $\lambda_1\leqslant\dfrac{\boldsymbol{X}^{\mathrm{T}}\boldsymbol{A}\boldsymbol{X}}{\boldsymbol{X}^{\mathrm{T}}\boldsymbol{X}}\leqslant\lambda_n$. 而 $R(\boldsymbol{X}_1)=\dfrac{\boldsymbol{X}_1^{\mathrm{T}}\boldsymbol{A}\boldsymbol{X}_1}{\boldsymbol{X}_1^{\mathrm{T}}\boldsymbol{X}_1}=\dfrac{\lambda_1\boldsymbol{X}_1^{\mathrm{T}}\boldsymbol{X}_1}{\boldsymbol{X}_1^{\mathrm{T}}\boldsymbol{X}_1}=\lambda_1,R(\boldsymbol{X}_n)=\dfrac{\boldsymbol{X}_n^{\mathrm{T}}\boldsymbol{A}\boldsymbol{X}_n}{\boldsymbol{X}_n^{\mathrm{T}}\boldsymbol{X}_n}=\dfrac{\lambda_n\boldsymbol{X}_n^{\mathrm{T}}\boldsymbol{X}_n}{\boldsymbol{X}_n^{\mathrm{T}}\boldsymbol{X}_n}$, 因此结论得证.

例 8.5 求 $f(x,y,z)=\dfrac{2x^2+y^2-4xy-4yz}{x^2+y^2+z^2}$ 在 $x^2+y^2+z^2\neq 0$ 条件下的最大值和最小值 (点).

解 二次型 $2x^2+y^2-4xy-4yz$ 的矩阵为 $\boldsymbol{A}=\begin{pmatrix}2&-2&0\\-2&1&-2\\0&-2&0\end{pmatrix}$, 令 $\boldsymbol{X}=(x,y,z)^{\mathrm{T}}$, 则 $f(x,y,z)=\dfrac{\boldsymbol{X}^{\mathrm{T}}\boldsymbol{A}\boldsymbol{X}}{\boldsymbol{X}^{\mathrm{T}}\boldsymbol{X}}$. 由瑞利原理知 f 的最大值和最小值分别为 $\boldsymbol{A}$ 的最大、最小特征值 λ_3 和 λ_1, 最大值点和最小值点分别为 $\boldsymbol{A}$ 属于最大、最小特征值 λ_3,λ_1 的特征向量 $\boldsymbol{X}_3$ 和 $\boldsymbol{X}_1$. 而 $\boldsymbol{A}$ 的最小、最大特征值及相应的实特征向量分别为 $\lambda_1=-2,\lambda_3=4,\boldsymbol{X}_1=$

$c_1\begin{pmatrix}1\\2\\2\end{pmatrix}$，$\boldsymbol{X}_3=c_3\begin{pmatrix}2\\-2\\1\end{pmatrix}$ $\left(\lambda_2=1,\boldsymbol{X}_2=c_2\begin{pmatrix}1\\2\\-1\end{pmatrix}\right)$，其中 $c_i(i=1,2,3)$ 为任意非零实数，因此 f 的最大值和最小值分别为 $\lambda_3=4$ 和 $\lambda_1=-2$；最大值和最小值点分别为 $\boldsymbol{X}_3=c_3\begin{pmatrix}2\\-2\\1\end{pmatrix}$ 和 $\boldsymbol{X}_1=c_1\begin{pmatrix}1\\2\\2\end{pmatrix}$，其中 c_1,c_3 为任意非零实数，即

$$\max f(x,y,z)=f(2c_3,-2c_3,c_3)=4,\quad \min f(x,y,z)=f(c_1,2c_1,2c_1)=-2,$$

其中 c_1,c_3 为任意非零实数.

注 本题等价于求函数 $g(x,y,z)=2x^2+y^2-4xy-4yz$ 在条件 $x^2+y^2+z^2=1$ 下的最大值和最小值. 应用条件极值的拉格朗日乘数法，可得 $g_x-2\lambda x=0,g_y-2\lambda y=0,g_z-2\lambda z=0$. 此条件即 $\boldsymbol{AX}=\lambda\boldsymbol{X}$，说明最大值点和最小值点必可在 $\boldsymbol{A}$ 的特征向量 (所对应的点) 处取到.

例 8.6 (标准正交基的初等 (相合) 变换求法) 已知 $\boldsymbol{\alpha}_1=(1,0,0)^{\mathrm{T}},\boldsymbol{\alpha}_2=(1,1,0)^{\mathrm{T}},\boldsymbol{\alpha}_3=(1,1,1)^{\mathrm{T}}$ 为 3 维欧氏空间 $V=\mathbf{R}^3$(标准内积) 中的 3 个向量.

(1) 求 $\boldsymbol{\alpha}_1,\boldsymbol{\alpha}_2,\boldsymbol{\alpha}_3$ 的格拉姆矩阵 $\boldsymbol{G}$，并由此指出 $\boldsymbol{\alpha}_1,\boldsymbol{\alpha}_2,\boldsymbol{\alpha}_3$ 的线性相关性；

(2) 用两种方法求 V 的标准正交基.

解 (1) 因为 $(\boldsymbol{\alpha}_1,\boldsymbol{\alpha}_1)=(\boldsymbol{\alpha}_1,\boldsymbol{\alpha}_2)=(\boldsymbol{\alpha}_1,\boldsymbol{\alpha}_3)=1,(\boldsymbol{\alpha}_2,\boldsymbol{\alpha}_2)=(\boldsymbol{\alpha}_2,\boldsymbol{\alpha}_3)=2,(\boldsymbol{\alpha}_3,\boldsymbol{\alpha}_3)=3$，所以 $\boldsymbol{G}=\begin{pmatrix}1&1&1\\1&2&2\\1&2&3\end{pmatrix}$. 由 $|\boldsymbol{G}|=1$，得 $\boldsymbol{\alpha}_1,\boldsymbol{\alpha}_2,\boldsymbol{\alpha}_3$ 线性无关，从而是 V 的一组基.

(2) (方法 1) 施密特正交化方法. 将 $\boldsymbol{\alpha}_1,\boldsymbol{\alpha}_2,\boldsymbol{\alpha}_3$ 改造成 V 的标准正交基 (过程略)：

$$\boldsymbol{e}_1=\boldsymbol{\alpha}_1=(1,0,0)^{\mathrm{T}},\quad \boldsymbol{e}_2=(0,1,0)^{\mathrm{T}},\quad \boldsymbol{e}_3=(0,0,1)^{\mathrm{T}}.$$

(方法 2) 初等相合变换法. 将 $\boldsymbol{G}$ 相合化为 $\boldsymbol{I}$，同时求出过渡矩阵：

$$\begin{pmatrix}\boldsymbol{G}\\\boldsymbol{I}\end{pmatrix}=\begin{pmatrix}1&1&1\\1&2&2\\1&2&3\\1&0&0\\0&1&0\\0&0&1\end{pmatrix}\longrightarrow\begin{pmatrix}1&0&0\\0&1&1\\0&1&2\\1&-1&-1\\0&1&0\\0&0&1\end{pmatrix}\longrightarrow\begin{pmatrix}1&0&0\\0&1&0\\0&0&1\\1&-1&0\\0&1&-1\\0&0&1\end{pmatrix}=\begin{pmatrix}\boldsymbol{I}\\\boldsymbol{C}\end{pmatrix},$$

得 $\boldsymbol{C}=\begin{pmatrix}1&-1&0\\0&1&-1\\0&0&1\end{pmatrix}$，即 $\boldsymbol{C}^{\mathrm{T}}\boldsymbol{G}\boldsymbol{C}=\boldsymbol{I}$. 于是 $(\boldsymbol{d}_1,\boldsymbol{d}_2,\boldsymbol{d}_3)=(\boldsymbol{\alpha}_1,\boldsymbol{\alpha}_2,\boldsymbol{\alpha}_3)\cdot\boldsymbol{C}$，即给出 V 的标

准正交基:

$$\boldsymbol{d}_1=\boldsymbol{\alpha}_1=(1,0,0)^{\mathrm{T}},\quad \boldsymbol{d}_2=-\boldsymbol{\alpha}_1+\boldsymbol{\alpha}_2=(0,1,0)^{\mathrm{T}},\quad \boldsymbol{d}_3=-\boldsymbol{\alpha}_2+\boldsymbol{\alpha}_3=(0,0,1)^{\mathrm{T}}.$$

结果与方法 1 相同.

例 8.7 设 $\boldsymbol{A}$ 为元素全非负的实对称阵, 即 $\boldsymbol{A}=(a_{ij})$ 满足 $a_{ij}=a_{ji}\geqslant 0(i,j=1,2,\cdots,n)$. 证明: $\boldsymbol{A}$ 必有一个元素全非负的特征向量.

证 设 $\lambda_i(i=1,2,\cdots,n)$ 为 $\boldsymbol{A}$ 的全部特征值, 且 $\lambda_n=\max\limits_{1\leqslant i\leqslant n}\{\lambda_i\}$, 则由瑞利原理知 $\lambda_n=\max\{\boldsymbol{X}^{\mathrm{T}}\boldsymbol{A}\boldsymbol{X}|\boldsymbol{X}\in\mathbf{R}^n,|\boldsymbol{X}|=1\}=\boldsymbol{X}_n^{\mathrm{T}}\boldsymbol{A}\boldsymbol{X}_n$, 其中 $\boldsymbol{X}_n$ 为 $\boldsymbol{A}$ 的属于 λ_n 的单位特征向量. 设 $\boldsymbol{X}_n=(a_1,a_2,\cdots,a_n)^{\mathrm{T}}$, 且设 $\boldsymbol{Y}=(|a_1|,|a_2|,\cdots,|a_n|)^{\mathrm{T}}$. 由于 $a_{ij}\geqslant 0$, 因此

$$\boldsymbol{Y}^{\mathrm{T}}\boldsymbol{A}\boldsymbol{Y}\geqslant \boldsymbol{X}_n^{\mathrm{T}}\boldsymbol{A}\boldsymbol{X}_n=\lambda_n.$$

于是 $\boldsymbol{Y}^{\mathrm{T}}\boldsymbol{A}\boldsymbol{Y}=\lambda_n$, 因此 $\boldsymbol{Y}$ 即为 $\boldsymbol{A}$ 的 (属于最大特征值 λ_n 的) 元素全非负的特征向量.

例 8.8 设 $\boldsymbol{A}=\begin{pmatrix}1&5\\5&16\end{pmatrix}$. 求非零整数 x,y, 使得 $(x\ y)\boldsymbol{A}\begin{pmatrix}x\\y\end{pmatrix}=0$.

解 令

$$Q(x,y)=(x\ y)\boldsymbol{A}\begin{pmatrix}x\\y\end{pmatrix}=x^2+10xy+16y^2=(x+5y)^2-(3y)^2.$$

令 $\begin{cases}\tilde{x}=x+5y,\\ \tilde{y}=3y,\end{cases}$ 即 $\begin{cases}x=\tilde{x}-\dfrac{5}{3}\tilde{y},\\ y=\dfrac{1}{3}\tilde{y},\end{cases}$ 则二次型 $Q(x,y)$ 化为 $Q_1(\tilde{x},\tilde{y})=\tilde{x}^2-\tilde{y}^2$. 显然 $Q(x,y)=0\Leftrightarrow|\tilde{x}|=|\tilde{y}|$.

为使 x,y 为整数, 只需 $\tilde{y}=3k(k$ 为整数). 因此所求非零整数 x,y 为

$$\begin{cases}x=-2k,\\ y=k\end{cases}\quad 或\quad \begin{cases}x=-8k,\\ y=k\end{cases}\quad (k为非零整数).$$

例 8.9 证明: 一个实二次型可以分解成两个实系数的一次齐次多项式的乘积的充要条件是它的秩为 1 或 2, 且符号差为 0.

证 ($\Rightarrow$) 设 $Q(x_1,x_2,\cdots,x_n)=(a_1x_1+\cdots+a_nx_n)\cdot(b_1x_1+\cdots+b_nx_n)$.

(1) 若 $\boldsymbol{A}=\begin{pmatrix}a_1&\cdots&a_n\\b_1&\cdots&b_n\end{pmatrix}$ 的秩为 1, 不妨设 $a_1\neq 0$, 则 $b_i=ka_i(i=1,2,\cdots,n;k\neq 0)$. 令 $y_1=a_1x+\cdots+a_nx_n,y_i=x_i(i=2,\cdots,n)$, 或

$$x_1=-\frac{1}{a_1}y_1-\frac{a_2}{a_1}y_2-\cdots-\frac{a_n}{a_1}y_n,$$
$$x_i=y_i\quad(i=2,\cdots,n).$$

则 $Q(x_1,x_2,\cdots,x_n)=ky_1^2$, 即 Q 的秩为 1.

(2) 若 $\boldsymbol{A}$ 的秩为 2, 不妨设 $\begin{vmatrix} a_1 & a_2 \\ b_1 & b_2 \end{vmatrix} \neq 0$, 令

$$y_1=a_1x_1+\cdots+a_nx_n,\quad y_2=b_1x_1+\cdots+b_nx_n,$$
$$y_i=x_i\quad (i=3,\cdots,n).$$

$$\boldsymbol{C}=\begin{pmatrix} a_1 & a_2 & a_3 & \cdots & a_n \\ b_1 & b_2 & b_3 & \cdots & b_n \\ 0 & 0 & 1 & \cdots & 0 \\ \vdots & \vdots & \vdots & \ddots & \vdots \\ 0 & 0 & 0 & \cdots & 1 \end{pmatrix}.$$

则 $\boldsymbol{C}$ 可逆, 且经可逆线性变换 $\boldsymbol{X}=\boldsymbol{C}^{-1}\boldsymbol{Y}, Q$ 化为 $Q=y_1y_2$. 再令

$$y_1=z_1+z_2,\quad y_2=z_1-z_2,\quad y_i=z_i\quad (i=3,\cdots,n).$$

$$\boldsymbol{C}_1=\begin{pmatrix} 1 & 1 & 0 & \cdots & 0 \\ 1 & -1 & 0 & \cdots & 0 \\ 0 & 0 & 1 & \cdots & 0 \\ \vdots & \vdots & \vdots & \ddots & \vdots \\ 0 & 0 & 0 & \cdots & 1 \end{pmatrix}.$$

则 $\boldsymbol{C}_1$ 可逆, 且经可逆线性变换 $\boldsymbol{Y}=\boldsymbol{C}_1\boldsymbol{Z}, Q$ 又化为 $Q=z_1^2-z_2^2$. 因此经可逆线性变换 $\boldsymbol{X}=(\boldsymbol{C}^{-1}\boldsymbol{C}_1)\boldsymbol{Z}, Q$ 化为 $z_1^2-z_2^2$, 即 Q 的秩为 2, 且符号差为 0.

例 8.10 设 $\boldsymbol{A}$ 为 n 阶实对称方阵, $S=\{\boldsymbol{X}\in\mathbf{R}^n|\boldsymbol{X}^{\mathrm{T}}\boldsymbol{A}\boldsymbol{X}=\boldsymbol{0}\}$.

(1) 给出 S 是 $V=\mathbf{R}^n$ 的子空间的充分与必要条件, 并证明;

(2) 当 S 是 V 的子空间, 且 $\mathrm{rank}(\boldsymbol{A})=r$ 时, 求 $\dim(S)$.

解 因 $\boldsymbol{A}$ 为实对称阵, 故存在 n 阶实可逆方阵 $\boldsymbol{P}$, 使得 $\boldsymbol{A}=\boldsymbol{P}^{\mathrm{T}}\mathrm{diag}(\boldsymbol{I}_p,-\boldsymbol{I}_q,0)\boldsymbol{P}$, 从而 $Q(\boldsymbol{X})=\boldsymbol{X}^{\mathrm{T}}\boldsymbol{A}\boldsymbol{X}=y_1^2+y_2^2+\cdots+y_p^2-y_{p+1}^2-y_{p+2}^2-\cdots-y_{p+q}^2$, 其中 $\boldsymbol{Y}=\boldsymbol{P}\boldsymbol{X}$. 于是

$$\boldsymbol{X}^{\mathrm{T}}\boldsymbol{A}\boldsymbol{X}=\boldsymbol{0}\quad\Leftrightarrow\quad y_1^2+\cdots+y_p^2-y_{p+1}^2-\cdots-y_{p+q}^2=0.$$

(i) 当 $q=0$ 时, $\boldsymbol{X}^{\mathrm{T}}\boldsymbol{A}\boldsymbol{X}=\boldsymbol{0}\Leftrightarrow y_1^2+\cdots+y_p^2=0\Leftrightarrow y_1=\cdots=y_p=0\Leftrightarrow \boldsymbol{X}=\boldsymbol{P}^{-1}(0,\cdots,0,y_{p+1},\cdots,y_n)^{\mathrm{T}}$, 故 S 是 V 的子空间, 且 $\dim(S)=n-p=n-r$.

(ii) 当 $p=0$ 时, 同 (i) 知 S 也是 V 的子空间, 且 $\dim(S)=n-q=n-r$.

(iii) 当 p,q 都非零时, S 对加法不封闭, 从而不是 V 的子空间. 如设 $\boldsymbol{X}_1=\boldsymbol{P}^{-1}(\boldsymbol{e}_1+\boldsymbol{e}_{p+1}), \boldsymbol{X}_2=\boldsymbol{P}^{-1}(\boldsymbol{e}_1-\boldsymbol{e}_{p+1})$, 则 $\boldsymbol{X}_1,\boldsymbol{X}_2\in S$(即 $\boldsymbol{X}_i^{\mathrm{T}}\boldsymbol{A}\boldsymbol{X}_i=\boldsymbol{0}(i=1,2)$), 但 $\boldsymbol{X}_1+\boldsymbol{X}_2\notin S$(因为 $(\boldsymbol{X}_1+\boldsymbol{X}_2)^{\mathrm{T}}\boldsymbol{A}(\boldsymbol{X}_1+\boldsymbol{X}_2)=4\neq 0$). 因此:

(1) S 是 V 的子空间 $\Leftrightarrow \boldsymbol{A}$ 是有定 (即正定、半正定、负定或半负定) 的.

(2) 当 S 是 V 的子空间时, $\dim(S)=n-r$.

8.2　二次曲面的分类

内 容 提 要

1. 二次曲线的化简与分类

(1) 二次曲线的化简. 给定平面二次曲线

$$a_{11}x^2+2a_{12}xy+a_{22}y^2+b_1x+b_2y+c=0, \tag{1}$$

其二次型部分 $a_{11}x^2+2a_{12}xy+a_{22}y^2$ 可通过正交 (或坐标旋转) 变换

$$(x\ \ y)^{\mathrm{T}}=\boldsymbol{P}(x'\ \ y')^{\mathrm{T}}, \tag{2}$$

化为其标准形 $\lambda_1x'^2+\lambda_2y'^2$, 其中

$$\boldsymbol{P}=\begin{pmatrix}\cos\theta & \sin\theta\\ -\sin\theta & \cos\theta\end{pmatrix},\quad \cot 2\theta=\frac{a_{22}-a_{11}}{2a_{12}},$$

λ_1,λ_2(不全为零) 为二次型的特征值, 从而原二次曲线方程化为

$$\lambda_1x'^2+\lambda_2y'^2+2b_1'x'+2b_2'y'+c'=0. \tag{3}$$

再作坐标平移 (不妨设 $\lambda_1\neq 0$), 可得

$$\tilde{x}=x'+\frac{b_1}{\lambda_1},\quad \tilde{y}=y'+\frac{b_2}{\lambda_2}\quad (\lambda_2\neq 0), \tag{4}$$

(若 $\lambda_2=0$, 则令 $\tilde{y}=y'$) 即可将原方程化为标准形式.

(2) 二次曲线的分类. 根据二次曲线的标准形, 即可将二次曲线进行完全分类:

① **椭圆型**

$$\lambda_1\tilde{x}^2+\lambda_2\tilde{y}^2+\lambda_3=0\quad (\lambda_1\lambda_2>0).$$

② **双曲线型**

$$\lambda_1\tilde{x}^2+\lambda_2\tilde{y}^2+\lambda_3=0\quad (\lambda_1\lambda_2<0).$$

③ **抛物线型**

$$\lambda_1\tilde{x}^2+2\tilde{b}_2\tilde{y}+\tilde{c}=0\quad (\lambda_1\neq 0,\lambda_2=0).$$

2. 二次曲面的化简与分类

(1) 二次曲面的化简. 类似于二次曲线, 对于给定的二次曲面

$$a_{11}x^2+a_{22}y^2+a_{33}z^2+2a_{12}xy+2a_{13}xz+2a_{23}yz+b_1x+b_2y+b_3z+c=0. \tag{5}$$

首先, 用正交 (或坐标旋转) 变换

$$(x\ \ y\ \ z)^{\mathrm{T}}=\boldsymbol{P}(x'\ \ y'\ \ z')^{\mathrm{T}}, \tag{6}$$

将其二次型部分化为其标准形 $\lambda_1x'^2+\lambda_2y'^2+\lambda_3z'^2$, 从而原方程变为

$$\lambda_1x'^2+\lambda_2y'^2+\lambda_3z'^2+2b_1'x'+2b_2'y'+2b_3'z'+c'=0, \tag{7}$$

其中 $\boldsymbol{P}$ 为 3 阶 (第一类) 正交矩阵, $\lambda_1,\lambda_2,\lambda_3$(不全为零) 为二次型的特征值.

再作坐标平移 (有时还需再作一次平面的坐标旋转), 即可将原方程化成标准形式.

(2) 二次曲面的分类. 根据二次曲面的标准形, 即可将二次曲面进行完全分类:

① **椭球面型**

$$\lambda_1\tilde{x}^2+\lambda_2\tilde{y}^2+\lambda_3\tilde{z}^2+\lambda_4=0\quad(\lambda_1,\lambda_2,\lambda_3\ \text{全非零, 且同号}).$$

② **双曲面型**

$$\lambda_1\tilde{x}^2+\lambda_2\tilde{y}^2+\lambda_3\tilde{z}^2+\lambda_4=0\quad(\lambda_1,\lambda_2,\lambda_3\ \text{全非零, 且不同号, 而}\ \lambda_4\neq 0).$$

③ **抛物面型**

$$\lambda_1\tilde{x}^2+\lambda_2\tilde{y}^2+2\tilde{b}_3\tilde{z}=0\quad(\lambda_1,\lambda_2,\lambda_3\ \text{中恰有两个 (不妨设}\ \lambda_1,\lambda_2)\ \text{非零, 而}\ \tilde{b}_3\neq 0).$$

④ **二次锥面型**

$$\lambda_1\tilde{x}^2+\lambda_2\tilde{y}^2+\lambda_3\tilde{z}^2=0\quad(\lambda_1,\lambda_2,\lambda_3\ \text{不同号}).$$

⑤ **二次柱面型**

$$\lambda_1\tilde{x}^2+\lambda_2\tilde{y}^2+2\tilde{b}_2\tilde{y}+\tilde{c}=0\quad(\lambda_1,\lambda_2,\lambda_3\ \text{不全为零, 但至少一个为零, 不妨设}\ \lambda_1\neq 0,\lambda_3=0).$$

其中, 双曲面型又分为**单叶双曲面型**和**双叶双曲面型**, 抛物面型又分为**椭圆抛物面型**和**双曲抛物面型**, 二次柱面型又分为**椭圆柱面型**、**双曲柱面型**和**抛物柱面型** (请读者自己完成). 这**九类标准二次曲面**正是第 2 章介绍过的.

例 题 分 析

例 8.11 已知二次型 $Q(\boldsymbol{X})=\boldsymbol{X}^{\mathrm{T}}\boldsymbol{A}\boldsymbol{X},\boldsymbol{A}^{\mathrm{T}}=\boldsymbol{A}\in M_n(\mathbf{R})$. 证明: 如果 $Q(\boldsymbol{X})=0\Leftrightarrow\boldsymbol{X}=\boldsymbol{0}$, 那么 $Q(\boldsymbol{X})$ 或 $\boldsymbol{A}$ 必正定或负定.

证 假设不然, 即 $Q(\boldsymbol{X})$ 是①不定的, 或②半正定的, 或③半负定的.

① 若 $Q(\boldsymbol{X})$ 不定, 则存在可逆线性变换 $\boldsymbol{X}=\boldsymbol{P}\boldsymbol{Y}$, 使得 $Q(\boldsymbol{X})=Q(\boldsymbol{P}\boldsymbol{Y})=y_1^2+y_2^2+\cdots+y_s^2-y_{s+1}^2-y_{s+2}^2-\cdots-y_{s+t}^2$, 其中 $0<s,t<n$. 取 $\boldsymbol{Y}=\boldsymbol{e}_1+\boldsymbol{e}_{s+1}$, 则 $\boldsymbol{X}=\boldsymbol{P}\boldsymbol{Y}\neq\boldsymbol{0}$, 但 $Q(\boldsymbol{X})=0$, 矛盾!

② 若 $Q(\boldsymbol{X})$ 半正定, 则存在可逆线性变换 $\boldsymbol{X}=\boldsymbol{PY}$, 使得 $Q(\boldsymbol{X})=Q(\boldsymbol{PY})=y_1^2+y_2^2+\cdots+y_s^2$, 其中 $s<n$. 取 $\boldsymbol{Y}=\boldsymbol{e}_n$, 则 $\boldsymbol{X}=\boldsymbol{PY}\neq\boldsymbol{0}$, 但 $Q(\boldsymbol{X})=0$, 矛盾!

③ 与②类似得出矛盾! 而当 $Q(\boldsymbol{X})$ 正定或负定时, 显然 $Q(\boldsymbol{X})=0\Leftrightarrow\boldsymbol{X}=\boldsymbol{0}$. 因此 Q 必正定或负定.

例 8.12 设 $Q(x_1,x_2,\cdots,x_n)=y_1^2+y_2^2+\cdots+y_p^2-y_{p+1}^2-y_{p+2}^2-\cdots-y_{p+q}^2$, 其中 $y_i(i=1,2,\cdots,p+q)$ 是 $x_1,x_2,\cdots,x_n$ 的一次齐次式. 证明: Q 的正惯性指数 $\leqslant p$, 负惯性指数 $\leqslant q$.

证 设 Q 的正、负惯性指数分别为 s,t, 并经可逆线性变换 $\boldsymbol{X}=\boldsymbol{CZ}$ 化为规范形 $Q(x_1,x_2,\cdots,x_n)=z_1^2+z_2^2+\cdots+z_s^2-z_{s+1}^2-z_{s+2}^2-\cdots-z_{s+t}^2$. 不妨设 $\boldsymbol{C}^{-1}=(c_{ij})$.

用反证法. 假设 $s>p$, 则因为 $p+(n-s)<n$, 故存在非零的 $\boldsymbol{X}_0$, 使得 $y_i=0$ $(i=1,2,\cdots,p)$, 以及 $z_j=c_{j1}x_1+c_{j2}x_2+\cdots+c_{jn}x_n=0$ $(s+1\leqslant j\leqslant n)$. 此时, 一方面, $Q(\boldsymbol{X}_0)=-y_{p+1}^2-y_{p+2}^2-\cdots-y_{p+q}^2\leqslant 0$; 另一方面, $\boldsymbol{Z}_0=\boldsymbol{C}^{-1}\boldsymbol{X}_0$ 不是零向量. 从而相应的 $z_1,z_2,\cdots,z_s$ 不全为 0. 于是 $Q(\boldsymbol{X}_0)=z_1^2+z_2^2+\cdots+z_s^2>0$. 这是明显的矛盾, 从而 $s\leqslant p$. 同理可证 $t\leqslant q$.

例 8.13 证明: $Q(\boldsymbol{X})=n\sum\limits_{i=1}^n x_i^2-\left(\sum\limits_{i=1}^n x_i\right)^2$ 半正定, 且 $Q(\boldsymbol{X})=0\Leftrightarrow x_1=x_2=\cdots=x_n$.

证 (方法 1) $Q(\boldsymbol{X})=n\sum\limits_{i=1}^n x_i^2-\left(\sum\limits_{i=1}^n x_i\right)^2=\sum\limits_{1\leqslant i<j\leqslant n}(x_i-x_j)^2\geqslant 0$, 且 $Q(\boldsymbol{X})=0\Leftrightarrow x_1=x_2=\cdots=x_n$.

(方法 2) 由柯西–施瓦茨不等式 $(\boldsymbol{X}^{\mathrm{T}}\boldsymbol{X})(\boldsymbol{Y}^{\mathrm{T}}\boldsymbol{Y})\geqslant(\boldsymbol{X}^{\mathrm{T}}\boldsymbol{Y})^2$, 取 $\boldsymbol{Y}=(1,1,\cdots,1)^{\mathrm{T}}$, 则 $n\sum\limits_{i=1}^n x_i^2=(\boldsymbol{X}^{\mathrm{T}}\boldsymbol{X})(\boldsymbol{Y}^{\mathrm{T}}\boldsymbol{Y})\geqslant(\boldsymbol{X}^{\mathrm{T}}\boldsymbol{Y})^2=\left(\sum\limits_{i=1}^n x_i\right)^2$, 于是 $n\sum\limits_{i=1}^n x_i^2-\left(\sum\limits_{i=1}^n x_i\right)^2\geqslant 0$, 且等号成立 $\Leftrightarrow\boldsymbol{X}$ 与 $\boldsymbol{Y}$ 线性相关, 即 $\boldsymbol{X}=k\boldsymbol{Y}=(k,k,\cdots,k)^{\mathrm{T}}$, 亦即 $x_1=x_2=\cdots=x_n$.

例 8.14 证明: 若 $\boldsymbol{A}$ 为 n 阶正定矩阵, 则对任意 n 维实列向量 $\boldsymbol{X},\boldsymbol{Y}$, 都有

$$(\boldsymbol{X}^{\mathrm{T}}\boldsymbol{Y})^2\leqslant(\boldsymbol{X}^{\mathrm{T}}\boldsymbol{AX})(\boldsymbol{Y}^{\mathrm{T}}\boldsymbol{A}^{-1}\boldsymbol{Y}).$$

证 因为 $\boldsymbol{A}$ 正定, 故存在实可逆矩阵 $\boldsymbol{C}$, 使得 $\boldsymbol{A}=\boldsymbol{C}^{\mathrm{T}}\boldsymbol{C}$. 于是

$$\begin{aligned}(\boldsymbol{X}^{\mathrm{T}}\boldsymbol{AX})(\boldsymbol{Y}^{\mathrm{T}}\boldsymbol{A}^{-1}\boldsymbol{Y})&=\boldsymbol{X}^{\mathrm{T}}\boldsymbol{C}^{\mathrm{T}}\boldsymbol{CX}\cdot\boldsymbol{Y}^{\mathrm{T}}\boldsymbol{C}^{-1}(\boldsymbol{C}^{\mathrm{T}})^{-1}\boldsymbol{Y}\\&=(\boldsymbol{CX})^{\mathrm{T}}(\boldsymbol{CX})\cdot(\boldsymbol{C}^{-1}\boldsymbol{Y})^{\mathrm{T}}(\boldsymbol{C}^{-1}\boldsymbol{Y})\\&=(\boldsymbol{CX},\boldsymbol{CX})\cdot(\boldsymbol{C}^{-1}\boldsymbol{Y},\boldsymbol{C}^{-1}\boldsymbol{Y})\\&=|\boldsymbol{CX}|^2\cdot|\boldsymbol{C}^{-1}\boldsymbol{Y}|^2.\end{aligned}$$

再由柯西–施瓦茨不等式得

$$(\boldsymbol{X}^{\mathrm{T}}\boldsymbol{Y})^2=(\boldsymbol{X}^{\mathrm{T}}\boldsymbol{CC}^{-1}\boldsymbol{Y})^2=(\boldsymbol{CX},\boldsymbol{C}^{-1}\boldsymbol{Y})^2\leqslant|\boldsymbol{CX}|^2\cdot|\boldsymbol{C}^{-1}\boldsymbol{Y}|^2.$$

因此 $(\boldsymbol{X}^{\mathrm{T}}\boldsymbol{Y})^2\leqslant(\boldsymbol{X}^{\mathrm{T}}\boldsymbol{AX})(\boldsymbol{Y}^{T}\boldsymbol{A}^{-1}\boldsymbol{Y})$.

例 8.15 设 $\boldsymbol{A}$ 为 n 阶实对称方阵. 证明: $\boldsymbol{A}$ 为正定的充要条件是存在实可逆上三角阵 $\boldsymbol{R}$, 使得 $\boldsymbol{A}=\boldsymbol{R}^{\mathrm{T}}\boldsymbol{R}$.

证 若 $\boldsymbol{A}$ 正定, 则存在实可逆方阵 $\boldsymbol{C}$, 使得 $\boldsymbol{A}=\boldsymbol{C}^{\mathrm{T}}\boldsymbol{C}$. 而 $\boldsymbol{C}$ 有 QR 分解, 即 $\boldsymbol{C}=\boldsymbol{QR}$, 其中 $\boldsymbol{Q}$ 为正交阵, $\boldsymbol{R}$ 为实可逆上三角阵, 于是 $\boldsymbol{A}=\boldsymbol{C}^{\mathrm{T}}\boldsymbol{C}=(\boldsymbol{QR})^{\mathrm{T}}\boldsymbol{QR}=\boldsymbol{R}^{\mathrm{T}}\boldsymbol{Q}^{\mathrm{T}}\boldsymbol{QR}=\boldsymbol{R}^{\mathrm{T}}\boldsymbol{R}$. 反之, 若 $\boldsymbol{A}=\boldsymbol{R}^{\mathrm{T}}\boldsymbol{R}$, 其中 $\boldsymbol{R}$ 为实可逆上三角阵, 则 $\boldsymbol{A}$ 正定.

例 8.16 设 $\boldsymbol{A}$ 为 $m\times n$ 实矩阵. 证明: $\boldsymbol{A}^{\mathrm{T}}\boldsymbol{A}$ 正定 $\Leftrightarrow\operatorname{rank}(\boldsymbol{A})=n$.

证 若 n 阶实方阵 $\boldsymbol{A}^{\mathrm{T}}\boldsymbol{A}$ 正定, 则 $\operatorname{rank}(\boldsymbol{A}^{\mathrm{T}}\boldsymbol{A})=n$. 而 $\operatorname{rank}(\boldsymbol{A}^{\mathrm{T}}\boldsymbol{A})\leqslant\operatorname{rank}(\boldsymbol{A})\leqslant n$, 故 $\operatorname{rank}(\boldsymbol{A})=n$.

反之, 若 $\operatorname{rank}(\boldsymbol{A})=n$, 则齐次线性方程组 $\boldsymbol{AX}=\boldsymbol{0}$ 只有零解. 于是对任意的 $\boldsymbol{X}\neq\boldsymbol{0}$, $\boldsymbol{AX}\neq\boldsymbol{0}$, 从而 $\boldsymbol{X}^{\mathrm{T}}(\boldsymbol{A}^{\mathrm{T}}\boldsymbol{A})\boldsymbol{X}=(\boldsymbol{AX})^{\mathrm{T}}(\boldsymbol{AX})=|\boldsymbol{AX}|^2>0$, 即二次型 $\boldsymbol{X}^{\mathrm{T}}(\boldsymbol{A}^{\mathrm{T}}\boldsymbol{A})\boldsymbol{X}$ 正定, 因此实对称阵 $\boldsymbol{A}^{\mathrm{T}}\boldsymbol{A}$ 正定.

例 8.17 设 $\boldsymbol{A}$ 为 n 阶正定实对称方阵, $\boldsymbol{B}$ 为 $m\times n$ 实矩阵. 证明: $\boldsymbol{B}^{\mathrm{T}}\boldsymbol{AB}$ 正定 $\Leftrightarrow\operatorname{rank}(\boldsymbol{B})=n$.

证 若 n 阶实对称阵 $\boldsymbol{B}^{\mathrm{T}}\boldsymbol{AB}$ 正定, 即对任意的 $\boldsymbol{X}\neq\boldsymbol{0}$, $\boldsymbol{X}^{\mathrm{T}}(\boldsymbol{B}^{\mathrm{T}}\boldsymbol{AB})\boldsymbol{X}>0$, 即 $(\boldsymbol{BX})^{\mathrm{T}}\boldsymbol{A}(\boldsymbol{BX})>0$, 从而 $\boldsymbol{BX}\neq\boldsymbol{0}$, 于是 $\boldsymbol{BX}=\boldsymbol{0}$ 只有零解, 因此 $\operatorname{rank}(\boldsymbol{B})=n$.

反之, 若 $\operatorname{rank}(\boldsymbol{B})=n$, 则 $\boldsymbol{BX}=\boldsymbol{0}$ 只有零解, 即对任意的 $\boldsymbol{X}\neq\boldsymbol{0}$, $\boldsymbol{BX}\neq\boldsymbol{0}$. 而 $\boldsymbol{A}$ 正定, 从而 $\boldsymbol{X}^{\mathrm{T}}(\boldsymbol{B}^{\mathrm{T}}\boldsymbol{AB})\boldsymbol{X}=(\boldsymbol{BX})^{\mathrm{T}}\boldsymbol{A}(\boldsymbol{BX})>0$, 即 $\boldsymbol{B}^{\mathrm{T}}\boldsymbol{AB}$ 正定.

例 8.18 设 $\boldsymbol{A}$ 为 n 阶正定对称方阵, $\boldsymbol{X}=(x_1,x_2,\cdots,x_n)^{\mathrm{T}}$. 证明: 二次型 $Q(\boldsymbol{X})=\begin{vmatrix}\boldsymbol{A} & \boldsymbol{X}\\ \boldsymbol{X}^{\mathrm{T}} & \boldsymbol{0}\end{vmatrix}$ 负定.

证 因为 $\boldsymbol{A}$ 正定, 所以 $|\boldsymbol{A}|>0$, 且 $\boldsymbol{A}^{-1}$ 正定. 对等式

$$\begin{pmatrix}\boldsymbol{I}_{n-1} & 0\\ -\boldsymbol{X}^{\mathrm{T}}\boldsymbol{A}^{-1} & 1\end{pmatrix}\begin{pmatrix}\boldsymbol{A} & \boldsymbol{X}\\ \boldsymbol{X}^{\mathrm{T}} & \boldsymbol{0}\end{pmatrix}=\begin{pmatrix}\boldsymbol{A} & \boldsymbol{X}\\ \boldsymbol{0} & -\boldsymbol{X}^{\mathrm{T}}\boldsymbol{A}^{-1}\boldsymbol{X}\end{pmatrix},$$

两边取行列式, 得 $Q(\boldsymbol{X})=\begin{vmatrix}\boldsymbol{A} & \boldsymbol{X}\\ \boldsymbol{X}^{\mathrm{T}} & \boldsymbol{0}\end{vmatrix}=-|\boldsymbol{A}|(\boldsymbol{X}^{\mathrm{T}}\boldsymbol{A}^{-1}\boldsymbol{X})$, 因此 $Q(\boldsymbol{X})$ 负定.

例 8.19 设 $\boldsymbol{A}=(a_{ij})$ 为 n 阶正定实对称方阵, $\boldsymbol{A}_{n-1}$ 为 $\boldsymbol{A}$ 的左上角的 $n-1$ 阶子方阵. 证明:

(1) $|\boldsymbol{A}|\leqslant a_{nn}|\boldsymbol{A}_{n-1}|$;

(2) $|\boldsymbol{A}|\leqslant a_{11}a_{22}\cdots a_{nn}$.

证 (1) 记 $\boldsymbol{\alpha}=(a_{1n}\ a_{2n}\ \cdots\ a_{(n-1)n})^{\mathrm{T}}$, 因 $\boldsymbol{A}$ 正定, 故 $\boldsymbol{A}_{n-1}$ 正定, 且 $a_{nn}>0$, 从而 $|\boldsymbol{A}_{n-1}|>0,\boldsymbol{\alpha}^{\mathrm{T}}\boldsymbol{A}_{n-1}^{-1}\boldsymbol{\alpha}\geqslant0$. 对等式

$$\begin{pmatrix}\boldsymbol{I}_{n-1} & 0\\ -\boldsymbol{\alpha}^{\mathrm{T}}\boldsymbol{A}_{n-1}^{-1} & 1\end{pmatrix}\begin{pmatrix}\boldsymbol{A}_{n-1} & \boldsymbol{\alpha}\\ \boldsymbol{\alpha}^{\mathrm{T}} & a_{nn}\end{pmatrix}=\begin{pmatrix}\boldsymbol{A}_{n-1} & \boldsymbol{\alpha}\\ \boldsymbol{0} & a_{nn}-\boldsymbol{\alpha}^{\mathrm{T}}\boldsymbol{A}_{n-1}^{-1}\boldsymbol{\alpha}\end{pmatrix},$$

两边取行列式, 得 $|\boldsymbol{A}|=|\boldsymbol{A}_{n-1}|(a_{nn}-\boldsymbol{\alpha}^{\mathrm{T}}\boldsymbol{A}_{n-1}^{-1}\boldsymbol{\alpha})\leqslant a_{nn}|\boldsymbol{A}_{n-1}|$.

(2) 由 (1) 得 $|\boldsymbol{A}|\leqslant a_{nn}|\boldsymbol{A}_{n-1}|\leqslant a_{nn}a_{(n-1)(n-1)}|\boldsymbol{A}_{n-2}|$, 其中 $\boldsymbol{A}_{n-2}$ 为 $\boldsymbol{A}$ 的左上角的 $n-2$ 阶主子方阵. 如此类推, 即得 $|\boldsymbol{A}|\leqslant a_{11}a_{22}\cdots a_{nn}$.

例 8.20 设 $\boldsymbol{A}=(a_{ij})$ 为 n 阶实可逆方阵. 证明: 阿达马 (Hadamard) 不等式 $|\boldsymbol{A}|^2\leqslant\prod\limits_{i=1}^{n}\sum\limits_{j=1}^{n}a_{ji}^2$.

证　因 $\boldsymbol{A}$ 可逆, 从而 $\boldsymbol{A}^{\mathrm{T}}\boldsymbol{A}$ 正定. 而 $\boldsymbol{A}^{\mathrm{T}}\boldsymbol{A}$ 的 (i,i) 应为 $\sum\limits_{j=1}^{n}a_{ji}^2$, 故由例 8.19 的结论得证.

例 8.21　设 $\boldsymbol{A},\boldsymbol{B}$ 为同阶半正定实对称方阵. 证明:

(1) $\boldsymbol{AB}$ 的特征值全为非负实数;

(2) $\boldsymbol{AB}$ 半正定 $\Leftrightarrow \boldsymbol{AB}=\boldsymbol{BA}$.

证　(1) 因为 $\boldsymbol{A},\boldsymbol{B}$ 都半正定, 所以存在方阵 $\boldsymbol{P},\boldsymbol{Q}$, 使得 $\boldsymbol{A}=\boldsymbol{P}^{\mathrm{T}}\boldsymbol{P},\boldsymbol{B}=\boldsymbol{Q}^{\mathrm{T}}\boldsymbol{Q}$, 于是 $\boldsymbol{AB}=\boldsymbol{P}^{\mathrm{T}}\boldsymbol{P}\boldsymbol{Q}^{\mathrm{T}}\boldsymbol{Q}$. 又 $\boldsymbol{P}^{\mathrm{T}}\boldsymbol{P}\boldsymbol{Q}^{\mathrm{T}}\boldsymbol{Q}$ 与 $\boldsymbol{P}\boldsymbol{Q}^{\mathrm{T}}\boldsymbol{Q}\boldsymbol{P}^{\mathrm{T}}=(\boldsymbol{Q}\boldsymbol{P}^{\mathrm{T}})^{\mathrm{T}}(\boldsymbol{Q}\boldsymbol{P}^{\mathrm{T}})$ 的特征值相同 (不计重数), 而 $(\boldsymbol{Q}\boldsymbol{P}^{\mathrm{T}})^{\mathrm{T}}(\boldsymbol{Q}\boldsymbol{P}^{\mathrm{T}})$ 半正定, 从而其特征值全非负. 于是 $\boldsymbol{AB}=\boldsymbol{P}^{\mathrm{T}}\boldsymbol{P}\boldsymbol{Q}^{\mathrm{T}}\boldsymbol{Q}$ 的特征值全非负.

(2) $(\Rightarrow)\boldsymbol{A},\boldsymbol{B}$ 和 $\boldsymbol{AB}$ 都是半正定实对称阵, 所以 $\boldsymbol{AB}=(\boldsymbol{AB})^{\mathrm{T}}=\boldsymbol{B}^{\mathrm{T}}\boldsymbol{A}^{\mathrm{T}}=\boldsymbol{BA}$.

$(\Leftarrow)$ 若 $\boldsymbol{AB}=\boldsymbol{BA}$, 且 $\boldsymbol{A}^{\mathrm{T}}=\boldsymbol{A},\boldsymbol{B}^{\mathrm{T}}=\boldsymbol{B}$, 则 $(\boldsymbol{AB})^{\mathrm{T}}=\boldsymbol{B}^{\mathrm{T}}\boldsymbol{A}^{\mathrm{T}}=\boldsymbol{BA}=\boldsymbol{AB}$, 即 $\boldsymbol{AB}$ 为实对称阵. 再由 (1) 知 $\boldsymbol{AB}$ 半正定.

例 8.22　设 $\boldsymbol{A},\boldsymbol{B}$ 为同阶正定实对称方阵. 证明: $\boldsymbol{AB}$ 的特征值全为正实数.

证　(方法 1) 与例 8.21 完全类似.

(方法 2) 类似于例 8.21, 存在可逆阵 $\boldsymbol{P},\boldsymbol{Q}$, 使得 $\boldsymbol{A}=\boldsymbol{P}^{\mathrm{T}}\boldsymbol{P},\boldsymbol{B}=\boldsymbol{Q}^{\mathrm{T}}\boldsymbol{Q}$, 于是

$$\boldsymbol{AB}=\boldsymbol{P}^{\mathrm{T}}\boldsymbol{P}\boldsymbol{Q}^{\mathrm{T}}\boldsymbol{Q}=\boldsymbol{P}^{\mathrm{T}}\boldsymbol{P}\boldsymbol{Q}^{\mathrm{T}}\boldsymbol{Q}\boldsymbol{P}^{\mathrm{T}}(\boldsymbol{P}^{\mathrm{T}})^{-1}$$

与

$$\boldsymbol{P}\boldsymbol{Q}^{\mathrm{T}}\boldsymbol{Q}\boldsymbol{P}^{\mathrm{T}}=(\boldsymbol{Q}\boldsymbol{P}^{\mathrm{T}})^{\mathrm{T}}(\boldsymbol{Q}\boldsymbol{P})^{\mathrm{T}}$$

相似. 而 $(\boldsymbol{Q}\boldsymbol{P}^{\mathrm{T}})^{\mathrm{T}}(\boldsymbol{Q}\boldsymbol{P}^{\mathrm{T}})$ 正定, 因此 $\boldsymbol{AB}$ 的特征值 (与 $\boldsymbol{P}\boldsymbol{Q}^{\mathrm{T}}\boldsymbol{Q}\boldsymbol{P}^{\mathrm{T}}$ 的特征值相同) 全为正实数.

(方法 3) 因为两个可交换的规范阵可同时酉相似于对角阵, 而实对称阵必为规范的, 所以存在酉阵 $\boldsymbol{P}$, 使得 $\overline{\boldsymbol{P}}^{\mathrm{T}}\boldsymbol{AP}=\mathrm{diag}(\lambda_1,\lambda_2,\cdots,\lambda_n),\overline{\boldsymbol{P}}^{\mathrm{T}}\boldsymbol{BP}=\mathrm{diag}(\mu_1,\mu_2,\cdots,\mu_n)$, 其中 $\lambda_1,\lambda_2,\cdots,\lambda_n$ 和 $\mu_1,\mu_2,\cdots,\mu_n$ 分别为 $\boldsymbol{A}$ 和 $\boldsymbol{B}$ 的特征值. 又因为 $\boldsymbol{A},\boldsymbol{B}$ 都正定, 所以 $\lambda_i>0,\mu_i>0$. 于是 $\overline{\boldsymbol{P}}^{\mathrm{T}}\boldsymbol{ABP}=\mathrm{diag}(\lambda_1\mu_1,\lambda_2\mu_2,\cdots,\lambda_n\mu_n)$, 且 $\lambda_i\mu_i>0(i=1,2,\cdots,n)$, 即 $\boldsymbol{AB}$ 的特征值全为正实数.

例 8.23　设 $\boldsymbol{A},\boldsymbol{B}$ 为同阶正定实对称阵. 证明: $\boldsymbol{AB}$ 正定 $\Leftrightarrow \boldsymbol{AB}=\boldsymbol{BA}$.

证　$(\Rightarrow)$ 显然. 因为 $\boldsymbol{AB}$ 正定隐含 $\boldsymbol{AB}$ 对称, 所以 $\boldsymbol{AB}=(\boldsymbol{AB})^{\mathrm{T}}=\boldsymbol{B}^{\mathrm{T}}\boldsymbol{A}^{\mathrm{T}}=\boldsymbol{BA}$.

$(\Leftarrow)$ 设 $\boldsymbol{AB}=\boldsymbol{BA}$, 且 $\boldsymbol{A},\boldsymbol{B}$ 正定, 则 $\boldsymbol{A}^{\mathrm{T}}=\boldsymbol{A},\boldsymbol{B}^{\mathrm{T}}=\boldsymbol{B}$. 于是

$$(\boldsymbol{AB})^{\mathrm{T}}=\boldsymbol{B}^{\mathrm{T}}\boldsymbol{A}^{\mathrm{T}}=\boldsymbol{BA}=\boldsymbol{AB},$$

即 $\boldsymbol{AB}$ 为实对称阵.

(方法 1) 由例 8.22 知 $\boldsymbol{AB}$ 正定.

(方法 2) 由于 $\boldsymbol{A},\boldsymbol{B}$ 都正定, 故存在可逆实方阵 $\boldsymbol{P},\boldsymbol{Q}$, 使得 $\boldsymbol{A}=\boldsymbol{P}^{\mathrm{T}}\boldsymbol{P},\boldsymbol{B}=\boldsymbol{Q}^{\mathrm{T}}\boldsymbol{Q}$. 于是 $\boldsymbol{AB}=\boldsymbol{P}^{\mathrm{T}}\boldsymbol{P}\boldsymbol{Q}^{\mathrm{T}}\boldsymbol{Q}$, 它相似于 $\boldsymbol{QABQ}^{-1}$. 而 $\boldsymbol{QABQ}^{-1}=\boldsymbol{Q}(\boldsymbol{P}^{\mathrm{T}}\boldsymbol{P}\boldsymbol{Q}^{\mathrm{T}}\boldsymbol{Q})\boldsymbol{Q}^{-1}=\boldsymbol{Q}\boldsymbol{P}^{\mathrm{T}}\boldsymbol{P}\boldsymbol{Q}^{\mathrm{T}}=(\boldsymbol{P}\boldsymbol{Q}^{\mathrm{T}})^{\mathrm{T}}(\boldsymbol{P}\boldsymbol{Q}^{\mathrm{T}})$ 正定, 因此 $\boldsymbol{AB}$ 正定 (因为正定是相似不变性).

(方法 3) 同上, 可得 $\boldsymbol{AB}$ 为实对称阵. 又由于 $\boldsymbol{A},\boldsymbol{B}$ 正定, 故存在可逆方阵 $\boldsymbol{P}$, 使得 $\boldsymbol{A}=\boldsymbol{P}\boldsymbol{P}^{\mathrm{T}}$, 且 $\boldsymbol{B}=\boldsymbol{P}\boldsymbol{D}\boldsymbol{P}^{\mathrm{T}}$, 其中 $\boldsymbol{D}=\mathrm{diag}(\lambda_1,\lambda_2,\cdots,\lambda_n),\lambda_i>0(i=1,2,\cdots,n)$. 于是

$AB = PP^{\mathrm{T}}PDP^{\mathrm{T}} = PP^{\mathrm{T}}PDP^{\mathrm{T}}PP^{-1} \sim P^{\mathrm{T}}PDP^{\mathrm{T}}P = (P^{\mathrm{T}}P)^{\mathrm{T}}D(P^{\mathrm{T}}P) \sim D$, 因此 AB 正定 (因为正定是相似和相合不变性).

例 8.24 设 A 为 n 阶实对称阵, m 为任意正整数. 证明: A(半) 正定 $\Leftrightarrow$ 存在 (半) 正定阵 B, 使得 $A = B^m$; 特别地, 当 $m = 2$ 时, A(半) 正定 $\Leftrightarrow$ 存在 (半) 正定阵 B, 使得 $A = B^2$.

证 ($\Leftarrow$) 显然.

($\Rightarrow$) 设 A(半) 正定, 则存在正交阵 P, 使得 $P^{\mathrm{T}}AP = \mathrm{diag}(\lambda_1, \lambda_2, \cdots, \lambda_n)$, 其中 $\lambda_i >$ ($\geqslant$)$0(i = 1, 2, \cdots, n)$. 令 $B = P\mathrm{diag}(\sqrt[m]{\lambda_1}, \sqrt[m]{\lambda_2}, \cdots, \sqrt[m]{\lambda_n})P^{\mathrm{T}}$, 则 B(半) 正定, 且 $A = B^m$.

例 8.25 设 A, B 分别为实对称阵和正定阵. 证明: AB 的特征值全是实数.

证 因 B 正定, 从而存在正定阵 C, 使得 $B = C^2$. 由此得 $AB = AC^2 = C^{-1}(CAC)C$ 相似于 CAC. 而 $(CAC)^{\mathrm{T}} = C^{\mathrm{T}}A^{\mathrm{T}}C^{\mathrm{T}} = CAC$, 即 CAC 为实对称阵, 从而其特征值全为实数, 因此 AB 的特征值全为实数.

例 8.26 证明: 实可逆阵 A 必可表示为一个正定阵与一个正交阵的乘积. 具体地, 存在正定阵 B 和正交阵 P_1, P_2, 使得 $A = BP_1 = P_2B$.

证 因 A 可逆, 从而 AA^{T} 正定, 于是存在正定阵 B, 使得 $AA^{\mathrm{T}} = B^2$.

令 $B^{-1}A = P_1, AB^{-1} = P_2$, 则 $A = BP_1 = P_2B$. 而 $P_1P_1^{\mathrm{T}} = (B^{-1}A) \cdot (B^{-1}A)^{\mathrm{T}} = B^{-1}AA^{\mathrm{T}}(B^{-1})^{\mathrm{T}} = B^{-1}B^2B^{-1} = I$, 即 P_1 正交; 同理 P_2 正交.

例 8.27 设 A 为 n 阶实可逆方阵. 证明: 存在正交阵 P_1, P_2, 使得

$$P_2AP_1 = \mathrm{diag}(d_1, d_2, \cdots, d_n),$$

其中 $d_i > 0(i = 1, 2, \cdots, n)$.

证 (方法 1) 因为 A 可逆, 所以 $A^{\mathrm{T}}A$ 正定, 从而存在正交阵 P_1, 使得

$$P_1^{\mathrm{T}}A^{\mathrm{T}}AP_1 = \mathrm{diag}(\lambda_1, \lambda_2, \cdots, \lambda_n),$$

其中 $\lambda_i > 0(i = 1, 2, \cdots, n)$ 为 AA^{T} 的全部特征值.

令 $B = \mathrm{diag}(\sqrt{\lambda_1}, \sqrt{\lambda_2}, \cdots, \sqrt{\lambda_n})$, 则 B 可逆. 再令 $P_2 = (AP_1B^{-1})^{\mathrm{T}}$, 则 $P_2AP_1 = (B^{-1})^{\mathrm{T}}P_1^{\mathrm{T}}A^{\mathrm{T}}AP_1 = B$, 且 $P_2P_2^{\mathrm{T}} = (AP_1B^{-1})^{\mathrm{T}}(AP_1B^{-1}) = I$, 即 P_2 正交.

(方法 2) 由例 8.26 知 $A = PB$, 其中 P 正交, B 正定, 从而存在正交阵 P_1, 使得

$$P_1^{\mathrm{T}}BP_1 = \mathrm{diag}(d_1, d_2, \cdots, d_n),$$

其中 $d_i > 0(i = 1, 2, \cdots, n)$.

令 $P_2 = P_1^{\mathrm{T}}P^{\mathrm{T}}$, 则 P_2 仍正交, 且

$$P_2AP_1 = P_1^{\mathrm{T}}P^{\mathrm{T}}(PB)P_1 = P_1^{\mathrm{T}}BP_1 = \mathrm{diag}(d_1, d_2, \cdots, d_n).$$

例 8.28 设 A, B 分别为正定阵和实对称阵. 证明: A 与 B 可以同时相合对角化. 具体地, 即存在实可逆方阵 P, 使得 $P^{\mathrm{T}}AP = I$, 且 $P^{\mathrm{T}}BP$ 为对角阵.

证 因 A 正定, 故存在实可逆方阵 Q, 使得 $Q^{\mathrm{T}}AQ = I$. 而 B 对称, 于是 $Q^{\mathrm{T}}BQ$ 仍对称. 因此存在正交阵 U, 使得 $U^{\mathrm{T}}(Q^{\mathrm{T}}BQ)U$ 为对角阵 Λ.

令 $P=QU$, 则 P 可逆, 且

$$P^{\mathrm{T}}AP=(QU)^{\mathrm{T}}A(QU)=U^{\mathrm{T}}Q^{\mathrm{T}}AQU=U^{\mathrm{T}}U=I,$$
$$P^{\mathrm{T}}BP=(QU)^{\mathrm{T}}B(QU)=U^{\mathrm{T}}Q^{\mathrm{T}}BQU=\Lambda.$$

注 本题的结论对微振动理论很有用, 而它在理论推导中的作用可由下面两题看出.

例 8.29 设 A 为 n 阶正定阵, AB 为实对称阵. 证明: AB 正定 $\Leftrightarrow B$ 的特征值全正.

证 因 A 正定, AB 实对称, 故由例 8.28 知, 存在实可逆阵 P, 使得 $P^{\mathrm{T}}AP=I$, 且 $P^{\mathrm{T}}(AB)P=\mathrm{diag}(\lambda_1,\lambda_2,\cdots,\lambda_n)\overset{\text{记作}}{=}\Lambda$. 但由于 $P^{-1}BP=P^{\mathrm{T}}AP\cdot P^{-1}BP=P^{\mathrm{T}}(AB)P=\Lambda$, 因此 $B\sim\Lambda$.

($\Rightarrow$) 若 AB 正定, 则 $\lambda_i>0(i=1,2,\cdots,n)$. 故 B 的特征值为 $\lambda_1,\lambda_2,\cdots,\lambda_n$, 全正.

($\Leftarrow$) 若 B 的特征值 $\lambda_i(i=1,2,\cdots,n)$ 全正, 则因 $\Lambda\sim B$, 故 Λ 正定. 而 AB 与 Λ 相合, 因此 AB 正定.

例 8.30 设 A,B 分别为 n 阶正定阵和实对称阵. 证明: 若 AB 的特征值全正, 则 B 正定.

证 (方法 1) 因 A 正定, 故 A^{-1} 正定, 于是存在实可逆方阵 P, 使得 $P^{\mathrm{T}}A^{-1}P=I$(即$A=PP^{\mathrm{T}}$), 且 $P^{\mathrm{T}}BP=\mathrm{diag}(\lambda_1,\lambda_2,\cdots,\lambda_n)\overset{\text{记作}}{=}\Lambda$. 从而 $AB=PP^{\mathrm{T}}B=P(P^{\mathrm{T}}BP)P^{-1}=P\Lambda P^{-1}\sim\Lambda$, 于是 Λ 的特征值 $\lambda_i(i=1,2,\cdots,n)$ 即为 AB 的特征值, 全正, 因此 B 正定.

(方法 2) 因 A 正定, 故存在正定阵 C, 使得 $A=C^2$. 又 $C^{\mathrm{T}}=C$, 故 $C^{-1}ABC=C^{-1}C^2BC=C^{\mathrm{T}}BC$. 而 $C^{-1}ABC$ 的特征值即为 AB 的特征值, 全正, 从而 $C^{\mathrm{T}}BC$ 的特征值全正, 于是实对称阵 $C^{\mathrm{T}}BC$ 正定, 因此 B 也正定.

例 8.31 设 A,B 分别为 n 阶正定阵和半正定阵. 证明: $|A|+|B|\leqslant|A+B|$, 且等号仅当 $B=0$ 时才成立.

证 因 A 正定, B 半正定, 故有实可逆方阵 P, 使得 $P^{\mathrm{T}}AP=I$, $P^{\mathrm{T}}BP=\Lambda\overset{\text{定义为}}{=}\mathrm{diag}(\lambda_1,\lambda_2,\cdots,\lambda_n)$, 其中 $\lambda_i\geqslant0(i=1,2,\cdots,n)$. 于是

$$P^{\mathrm{T}}(A+B)P=\mathrm{diag}(1+\lambda_1,1+\lambda_2,\cdots,1+\lambda_n).$$

由此可得

$$\begin{aligned}|P^{\mathrm{T}}|(|A|+|B|)|P|&=|P^{\mathrm{T}}||A||P|+|P^{\mathrm{T}}||B||P|=|P^{\mathrm{T}}AP|+|P^{\mathrm{T}}BP|\\&=1+\lambda_1\lambda_2\cdots\lambda_n\leqslant(1+\lambda_1)(1+\lambda_2)\cdots(1+\lambda_n)\\&=|P^{\mathrm{T}}(A+B)P|=|P^{\mathrm{T}}||A+B||P|.\end{aligned}$$

两边同除以 $|P|^2=|P^{\mathrm{T}}||P|(>0)$, 即得 $|A|+|B|\leqslant|A+B|$.

等号成立 $\Leftrightarrow\lambda_1=\lambda_2=\cdots=\lambda_n=0$, 即 $B=0$.

例 8.32 设 A 为 n 阶实对称方阵. 证明: 如果 $|A|<0$, 则存在 n 维非零实向量 X, 使得 $Q(X)=X^{\mathrm{T}}AX<0$, 即二次型 $Q(X)$ 或其矩阵 A 非 (半) 正定.

证 因 A 为实对称阵, 故存在正交阵 P, 使得

$$P^{\mathrm{T}}AP=\Lambda=\mathrm{diag}(\lambda_1,\lambda_2,\cdots,\lambda_n)\quad(\lambda_i\in\mathbf{R},i=1,2,\cdots,n).$$

由假设 $\lambda_1\lambda_2\cdots\lambda_n=|\boldsymbol{A}|<0$, 从而 $\exists i,\lambda_i<0$. 不妨设 $\lambda_1<0$, 取 $\boldsymbol{X}=\boldsymbol{P}\boldsymbol{e}_1\neq 0$, 则

$$Q(\boldsymbol{X})=\boldsymbol{X}^{\mathrm{T}}\boldsymbol{A}\boldsymbol{X}=(\boldsymbol{P}\boldsymbol{e}_1)^{\mathrm{T}}\boldsymbol{A}(\boldsymbol{P}\boldsymbol{e}_1)=\boldsymbol{e}_1^{\mathrm{T}}\boldsymbol{P}^{\mathrm{T}}\boldsymbol{A}\boldsymbol{P}\boldsymbol{e}_1=\lambda_1<0.$$

例 8.33 证明: 若 $\boldsymbol{A}$ 为 n 阶半正定 (实对称) 矩阵, 则对任意 n 维实列向量 $\boldsymbol{X},\boldsymbol{Y}$, 都有 $(\boldsymbol{X}^{\mathrm{T}}\boldsymbol{A}\boldsymbol{Y})^2\leqslant(\boldsymbol{X}^{\mathrm{T}}\boldsymbol{A}\boldsymbol{X})(\boldsymbol{Y}^{\mathrm{T}}\boldsymbol{A}\boldsymbol{Y})$.

证 因 $\boldsymbol{A}$ 半正定, 故存在实矩阵 $\boldsymbol{C}$, 使得 $\boldsymbol{A}=\boldsymbol{C}^{\mathrm{T}}\boldsymbol{C}$. 于是根据柯西–施瓦茨不等式, 对任意 n 维实列向量 $\boldsymbol{X},\boldsymbol{Y}$, 有

$$\begin{aligned}(\boldsymbol{X}^{\mathrm{T}}\boldsymbol{A}\boldsymbol{Y})^2&=|\boldsymbol{X}^{\mathrm{T}}\boldsymbol{A}\boldsymbol{Y}|^2=|\boldsymbol{X}^{\mathrm{T}}\boldsymbol{C}^{\mathrm{T}}\boldsymbol{C}\boldsymbol{Y}|^2=|(\boldsymbol{C}\boldsymbol{X})^{\mathrm{T}}(\boldsymbol{C}\boldsymbol{Y})|^2=|(\boldsymbol{C}\boldsymbol{X},\boldsymbol{C}\boldsymbol{Y})|^2\\&\leqslant|\boldsymbol{C}\boldsymbol{X}|^2\cdot|\boldsymbol{C}\boldsymbol{Y}|^2=(\boldsymbol{C}\boldsymbol{X},\boldsymbol{C}\boldsymbol{X})(\boldsymbol{C}\boldsymbol{Y},\boldsymbol{C}\boldsymbol{Y})=(\boldsymbol{X}^{\mathrm{T}}\boldsymbol{C}^{\mathrm{T}}\boldsymbol{C}\boldsymbol{X})(\boldsymbol{Y}^{\mathrm{T}}\boldsymbol{C}^{\mathrm{T}}\boldsymbol{C}\boldsymbol{Y})\\&=(\boldsymbol{X}^{\mathrm{T}}\boldsymbol{A}\boldsymbol{X})(\boldsymbol{Y}^{\mathrm{T}}\boldsymbol{A}\boldsymbol{Y}).\end{aligned}$$

例 8.34 设 $\boldsymbol{e}_1,\boldsymbol{e}_2,\cdots,\boldsymbol{e}_n$ 为 n 维欧氏空间 V 的一组标准正交基. $\boldsymbol{\alpha}_1,\boldsymbol{\alpha}_2,\cdots,\boldsymbol{\alpha}_m$ 为 V 中的一组向量, 其格拉姆矩阵为 $\boldsymbol{G}$, 即 $\boldsymbol{G}=((\boldsymbol{\alpha}_i,\boldsymbol{\alpha}_j))\in M_m(\mathbf{R})$; 且

$$(\boldsymbol{\alpha}_1,\boldsymbol{\alpha}_2,\cdots,\boldsymbol{\alpha}_m)=(\boldsymbol{e}_1,\boldsymbol{e}_2,\cdots,\boldsymbol{e}_n)\cdot\boldsymbol{P},$$

其中 $\boldsymbol{P}=(p_{ij})_{m\times n}$. 证明:

(1) $\boldsymbol{G}=\boldsymbol{P}^{\mathrm{T}}\boldsymbol{P}$;

(2) $\boldsymbol{\alpha}_1,\boldsymbol{\alpha}_2,\cdots,\boldsymbol{\alpha}_m$ 线性无关的充要条件为 $|\boldsymbol{G}|\neq 0$;

(3) $\boldsymbol{\alpha}_1,\boldsymbol{\alpha}_2,\cdots,\boldsymbol{\alpha}_n$ 为 V 的基的充要条件为 $\boldsymbol{G}$ 是正定 (实对称) 矩阵;

(4) V 中不同基下的度量矩阵是相合的;

(5) V 中必有标准正交基;

(6) 对任意一个 n 阶正定阵 $\boldsymbol{G}$, 都有 V 的基 $\boldsymbol{\alpha}_1,\boldsymbol{\alpha}_2,\cdots,\boldsymbol{\alpha}_n$, 使 $\boldsymbol{G}$ 为此基的度量矩阵.

证 (1) 由 $(\boldsymbol{\alpha}_i,\boldsymbol{\alpha}_j)=p_{1i}p_{1j}+p_{2i}p_{2j}+\cdots+p_{ni}p_{nj}$, 立即得 $\boldsymbol{G}=\boldsymbol{P}^{\mathrm{T}}\boldsymbol{P}$.

(2) 若 $\boldsymbol{\alpha}_1,\boldsymbol{\alpha}_2,\cdots,\boldsymbol{\alpha}_m$ 线性无关, 则 $\boldsymbol{\alpha}_1,\boldsymbol{\alpha}_2,\cdots,\boldsymbol{\alpha}_m$ 为 V 的 m 维子空间 $\langle\boldsymbol{\alpha}_1,\boldsymbol{\alpha}_2,\cdots,\boldsymbol{\alpha}_m\rangle$ 的基, $\boldsymbol{G}$ 为此基的度量矩阵, 是正定的, 从而 $|\boldsymbol{G}|\neq 0$.

反之, 若 $|\boldsymbol{G}|\neq 0$, 设

$$x_1\boldsymbol{\alpha}_1+x_2\boldsymbol{\alpha}_2+\cdots+x_m\boldsymbol{\alpha}_m=\mathbf{0}.\tag{1}$$

方程 (1) 两边分别与 $\boldsymbol{\alpha}_i(i=1,2,\cdots,m)$ 作内积, 得

$$(\boldsymbol{\alpha}_i,\boldsymbol{\alpha}_1)x_1+(\boldsymbol{\alpha}_i,\boldsymbol{\alpha}_2)x_2+\cdots+(\boldsymbol{\alpha}_i,\boldsymbol{\alpha}_m)x_m=0\quad(i=1,2,\cdots,m).\tag{2}$$

由于 $|\boldsymbol{G}|\neq 0$, 方程组 (2) 只有零解, 从而方程 (1) 只有零解 $x_1=x_2=\cdots=x_m=0$. 因此 $\boldsymbol{\alpha}_1,\boldsymbol{\alpha}_2,\cdots,\boldsymbol{\alpha}_m$ 线性无关.

(3) $\boldsymbol{\alpha}_1,\boldsymbol{\alpha}_2,\cdots,\boldsymbol{\alpha}_n$ 为 V 的基 $\Leftrightarrow\boldsymbol{P}$ 可逆 $\Leftrightarrow\boldsymbol{G}=\boldsymbol{P}^{\mathrm{T}}\boldsymbol{P}$ 正定.

(4) 设 $\boldsymbol{\alpha}_1,\boldsymbol{\alpha}_2,\cdots,\boldsymbol{\alpha}_n$ 和 $\boldsymbol{\beta}_1,\boldsymbol{\beta}_2,\cdots,\boldsymbol{\beta}_n$ 为 V 的两组基, 其度量矩阵分别为 $\boldsymbol{G}=(g_{ij})_{n\times n}$ 和 $\tilde{\boldsymbol{G}}=(\tilde{g}_{ij})_{n\times n}$, 又设 $(\boldsymbol{\beta}_1,\boldsymbol{\beta}_2,\cdots,\boldsymbol{\beta}_n)=(\boldsymbol{\alpha}_1,\boldsymbol{\alpha}_2,\cdots,\boldsymbol{\alpha}_n)\boldsymbol{C}$, 其中 $\boldsymbol{C}$ 为过渡矩阵. 令 $\boldsymbol{\alpha},\boldsymbol{\beta}$ 为 V 中任意两个向量, 且在基 $\boldsymbol{\beta}_1,\boldsymbol{\beta}_2,\cdots,\boldsymbol{\beta}_n$ 下的坐标分别为 $\boldsymbol{X}=(a_1,a_2,\cdots,a_n)^{\mathrm{T}}$ 和 $\boldsymbol{Y}=$

$(b_1,b_2,\cdots,b_n)^{\mathrm{T}}$, 则在基 $\boldsymbol{\alpha}_1,\boldsymbol{\alpha}_2,\cdots,\boldsymbol{\alpha}_n$ 下的坐标分别为 $\boldsymbol{CX}$ 和 $\boldsymbol{CY}$. 于是在基 $\boldsymbol{\alpha}_1,\boldsymbol{\alpha}_2,\cdots,\boldsymbol{\alpha}_n$ 下有 $(\boldsymbol{\alpha},\boldsymbol{\beta})=(\boldsymbol{CX})^{\mathrm{T}}\boldsymbol{G}(\boldsymbol{CY})=\boldsymbol{X}^{\mathrm{T}}\boldsymbol{C}^{\mathrm{T}}\boldsymbol{GCY}$, 而在基 $\boldsymbol{\beta}_1,\boldsymbol{\beta}_2,\cdots,\boldsymbol{\beta}_n$ 下有 $(\boldsymbol{\alpha},\boldsymbol{\beta})=\boldsymbol{X}^{\mathrm{T}}\tilde{\boldsymbol{G}}\boldsymbol{Y}$. 因此 $\tilde{\boldsymbol{G}}=\boldsymbol{C}^{\mathrm{T}}\boldsymbol{GC}$, 即 $\tilde{\boldsymbol{G}}$ 与 $\boldsymbol{G}$ 相合.

(5) 任取 V 的一组基 $\boldsymbol{\alpha}_1,\boldsymbol{\alpha}_2,\cdots,\boldsymbol{\alpha}_n$, 其度量矩阵 $\boldsymbol{G}$ 正定, 因而存在可逆实方阵 $\boldsymbol{C}$, 使得 $\boldsymbol{C}^{\mathrm{T}}\boldsymbol{GC}=\boldsymbol{I}$. 令 $(\boldsymbol{\eta}_1,\boldsymbol{\eta}_2,\cdots,\boldsymbol{\eta}_n)=(\boldsymbol{\alpha}_1,\boldsymbol{\alpha}_2,\cdots,\boldsymbol{\alpha}_n)\cdot\boldsymbol{C}$, 则 $\boldsymbol{\eta}_1,\boldsymbol{\eta}_2,\cdots,\boldsymbol{\eta}_n$ 也是 V 的一组基, 且其度量矩阵为 $\boldsymbol{I}$, 因此 $\boldsymbol{\eta}_1,\boldsymbol{\eta}_2,\cdots,\boldsymbol{\eta}_n$ 为 V 的标准正交基.

(6) 由前面的证明知, 对于任意一个正定阵 $\boldsymbol{G}$, 存在可逆阵 $\boldsymbol{P}$, 使得 $\boldsymbol{G}=\boldsymbol{P}^{\mathrm{T}}\boldsymbol{P}$. 令 $(\boldsymbol{\alpha}_1,\boldsymbol{\alpha}_2,\cdots,\boldsymbol{\alpha}_n)=(\boldsymbol{e}_1,\boldsymbol{e}_2,\cdots,\boldsymbol{e}_n)\boldsymbol{P}$, 则 $\boldsymbol{\alpha}_1,\boldsymbol{\alpha}_2,\cdots,\boldsymbol{\alpha}_n$ 为 V 的一组基, 且此基的度量矩阵为 $\boldsymbol{G}$.

例 8.35　(1) 设 $Q(x,y)=ax^2+2bxy+cy^2$ 是正定二次型, 即 $Q=1$ 为椭圆. 求椭圆域 $Q\leqslant 1$ 的面积 S.

(2) 设 $Q(x,y,z)=a_{11}x^2+a_{22}y^2+a_{33}z^2+2a_{12}xy+2a_{13}xz+2a_{23}yz$ 正定, 即 $Q=1$ 为椭球面. 求椭球体 $Q\leqslant 1$ 的体积 V.

解　(1) Q 的矩阵 $\boldsymbol{A}=\begin{pmatrix} a & b \\ b & c \end{pmatrix}$ 正定, 从而其特征值 $\lambda_i>0(i=1,2)$, 且可通过坐标旋转变换, 将 $Q=1$ 化为 $\lambda_1\tilde{x}^2+\lambda_2\tilde{y}^2=1$ 或 $\dfrac{\tilde{x}^2}{\left(\sqrt{\dfrac{1}{\lambda_1}}\right)^2}+\dfrac{\tilde{y}^2}{\left(\sqrt{\dfrac{1}{\lambda_2}}\right)^2}=1$. 因此所求椭圆域的面积为

$$S=\pi\sqrt{\frac{1}{\lambda_1}}\cdot\sqrt{\frac{1}{\lambda_2}}=\frac{\pi}{\sqrt{\lambda_1\lambda_2}}=\frac{\pi}{\sqrt{|\boldsymbol{A}|}}=\frac{\pi}{\sqrt{ac-b^2}}.$$

(2) 令 $a_{ji}=a_{ij}(i,j=1,2,3)$, 则 Q 的矩阵 $\boldsymbol{A}=(a_{ij})_{3\times 3}$ 正定, 从而其特征值 $\lambda_i>0(i=1,2,3)$, 且可通过坐标旋转变换, 将 $Q=1$ 化为 $\lambda_1\tilde{x}^2+\lambda_2\tilde{y}^2+\lambda_3\tilde{z}^2=1$ 或 $\dfrac{\tilde{x}^2}{\left(\sqrt{\dfrac{1}{\lambda_1}}\right)^2}+\dfrac{\tilde{y}^2}{\left(\sqrt{\dfrac{1}{\lambda_2}}\right)^2}+\dfrac{\tilde{z}^2}{\left(\sqrt{\dfrac{1}{\lambda_3}}\right)^2}=1$. 因此所求椭球体的体积为

$$V=\frac{4\pi}{3}\sqrt{\frac{1}{\lambda_1}}\sqrt{\frac{1}{\lambda_2}}\sqrt{\frac{1}{\lambda_3}}=\frac{4\pi}{3\sqrt{\lambda_1\lambda_2\lambda_3}}=\frac{4\pi}{3\sqrt{|\boldsymbol{A}|}}.$$

例 8.36　设 $a_1,a_2,\cdots,a_n$ 为实数, 二次型 $Q(x_1,x_2,\cdots,x_n)=(x_1+a_1x_2)^2+\cdots+(x_{n-1}+a_{n-1}x_n)^2+(x_n+a_nx_1)^2$. 求 Q 正定的条件.

解　显然对任意的 $x_1,x_2,\cdots,x_n,Q(x_1,x_2,\cdots,x_n)\geqslant 0$. 因此

$$\begin{aligned}&Q(x_1,x_2,\cdots,x_n)\text{正定}\\ \Leftrightarrow\ &\text{对任意不全为零的}x_1,x_2,\cdots,x_n,\text{都有}Q(x_1,x_2,\cdots,x_n)\neq 0\end{aligned}$$

$$\Leftrightarrow \text{方程组} \begin{cases} x_1+a_1x_2=0, \\ x_2+a_2x_3=0, \\ \cdots\cdots \\ x_{n-1}+a_{n-1}x_n=0, \\ x_n+a_nx_1=0 \end{cases} \text{只有零解}$$

$$\Leftrightarrow \begin{vmatrix} 1 & a_1 & 0 & \cdots & 0 & 0 \\ 0 & 1 & a_2 & \cdots & 0 & 0 \\ \vdots & \vdots & \vdots & \ddots & \vdots & \vdots \\ 0 & 0 & 0 & \cdots & 1 & a_{n-1} \\ a_n & 0 & 0 & \cdots & 0 & 1 \end{vmatrix} \neq 0$$

$$\Leftrightarrow \quad 1+(-1)^{n+1}a_1a_2\cdots a_{n-1}a_n \neq 0 \quad \Leftrightarrow \quad a_1a_{2n-1}a_n \neq (-1)^n.$$

例 8.37 设 $\boldsymbol{A}$ 为 n 阶实对称阵. 证明: $\mathrm{rank}(\boldsymbol{A})=n \Leftrightarrow$ 存在 n 阶实矩阵 $\boldsymbol{B}$, 使得 $\boldsymbol{AB}+\boldsymbol{B}^{\mathrm{T}}\boldsymbol{A}$ 正定.

证 ($\Rightarrow$) 取 $\boldsymbol{B}=\boldsymbol{A}^{\mathrm{T}}$. 因 $\mathrm{rank}(\boldsymbol{A})=n$, 故 $\boldsymbol{AB}+\boldsymbol{B}^{\mathrm{T}}\boldsymbol{A}=\boldsymbol{AA}^{\mathrm{T}}+\boldsymbol{AA}=2\boldsymbol{A}^2$ 正定.

($\Leftarrow$) 任取 n 维实向量 $\boldsymbol{X}\neq\boldsymbol{0}$, 则

$$\begin{aligned} \boldsymbol{X}^{\mathrm{T}}(\boldsymbol{AB}+\boldsymbol{B}^{\mathrm{T}}\boldsymbol{A})\boldsymbol{X} &= \boldsymbol{X}^{\mathrm{T}}\boldsymbol{ABX}+\boldsymbol{X}^{\mathrm{T}}\boldsymbol{B}^{\mathrm{T}}\boldsymbol{AX} \\ &= (\boldsymbol{AX})^{\mathrm{T}}(\boldsymbol{BX})+(\boldsymbol{BX})^{\mathrm{T}}(\boldsymbol{AX})>0. \end{aligned}$$

因此 $\boldsymbol{AX}\neq 0$, 故 $\mathrm{rank}(\boldsymbol{A})=n$.

例 8.38 设 $F(x,y)=x^2+2xy+2y^2+2x+6y+6$. 证明: 对任意的 $x,y\in\mathbf{R}, F(x,y)>0$.

证 (方法 1) 将 $F(x,y)$ 看作 x,y 和 $z(=1)$ 的二次型

$$Q(x,y,1)=(x,y,1)\begin{pmatrix} 1 & 1 & 1 \\ 1 & 2 & 3 \\ 1 & 3 & 6 \end{pmatrix}\begin{pmatrix} x \\ y \\ z \end{pmatrix},$$

其矩阵 $\boldsymbol{A}=\begin{pmatrix} 1 & 1 & 1 \\ 1 & 2 & 3 \\ 1 & 3 & 6 \end{pmatrix}$ 正定, 故对任意的 $x,y\in\mathbf{R}, F(x,y)=Q(x,y,1)>0$.

(方法 2) 将 $F(x,y)$ 看作 x 的首项系数为 1 的二次三项式 $f(x)$(y 看作参数), 由于其判别式 $\Delta=(2y+2)^2-4(2y^2+6y+6)=-8\left((y+1)^2+\dfrac{3}{2}\right)<0$, 故对任意的 $x,y\in\mathbf{R}, F(x,y)=f(x)>0$.

8.3 二次型的有定性

内容提要

1. 有定性的概念

(1) 设 n 元实二次型 $Q(\boldsymbol{X})=\boldsymbol{X}^{\mathrm{T}}\boldsymbol{A}\boldsymbol{X}$, 如果对任意 n 维非零实向量 $\boldsymbol{X}$, 恒有 $Q(\boldsymbol{X})>(\geqslant,<,\leqslant)0$, 则分别称二次型 $Q(\boldsymbol{X})=\boldsymbol{X}^{\mathrm{T}}\boldsymbol{A}\boldsymbol{X}$ 为**正定** (**半正定、负定、半负定**) 的; 同时, 分别称相应的实对称矩阵 $\boldsymbol{A}$ 为**正定** (**半正定、负定、半负定**) 的, 且分别记为 $\boldsymbol{A}>(\geqslant,<,\leqslant)0$.

(2) 正定、半正定、负定和半负定的二次型及其矩阵统称为**有定**的, 而其余的称为**不定**的.

2. 有定性的等价条件与运算性质

(1) 正定的等价条件. 下列条件均与 $\boldsymbol{A}$ 正定 (即 $\boldsymbol{A}>0$) 等价:

① $-\boldsymbol{A}<0$;

② $\boldsymbol{P}^{\mathrm{T}}\boldsymbol{A}\boldsymbol{P}>0$(其中 $\boldsymbol{P}$ 为 n 阶可逆实方阵), 即正定是相合不变性;

③ $\boldsymbol{A}$ 的正惯性指数 $s=\operatorname{rank}(\boldsymbol{A})=n$(负惯性指数 $t=0$);

④ $\boldsymbol{A}\cong\boldsymbol{I}_n$($\boldsymbol{A}$ 的规范形);

⑤ $\boldsymbol{A}=\boldsymbol{B}^{\mathrm{T}}\boldsymbol{B}$(其中 $\boldsymbol{B}$ 为 n 阶可逆实方阵);

⑥ $\boldsymbol{A}$ 的特征值全为正实数;

⑦ $\boldsymbol{T}^{-1}\boldsymbol{A}\boldsymbol{T}>0$(其中 $\boldsymbol{T}$ 为 n 阶可逆实方阵, 且 $\boldsymbol{T}^{-1}\boldsymbol{A}\boldsymbol{T}$ 实对称), 即正定是相似不变性.

(2) 若 $\boldsymbol{A}>0,\mu\in\mathbf{R}^{+},k\in\mathbf{Z}$, 则 $\mu\boldsymbol{A}>0$, $\boldsymbol{A}^{k}>0$, $\boldsymbol{A}^{*}>0;\det(\boldsymbol{A})>0$, 对角线元素 $\boldsymbol{A}_{ii}>0$.

(3) 设 $\boldsymbol{A},\boldsymbol{B}$ 为同阶正定实对称矩阵, 则: ① $\boldsymbol{A}+\boldsymbol{B}>0$; ② $\boldsymbol{A}\boldsymbol{B}>0\Leftrightarrow\boldsymbol{A}\boldsymbol{B}=\boldsymbol{B}\boldsymbol{A}$.

(4) 设 $\boldsymbol{A},\boldsymbol{B}$ 为 (不一定同阶) 正定实对称矩阵, 则 $\boldsymbol{A}\oplus\boldsymbol{B}=\operatorname{diag}(\boldsymbol{A},\boldsymbol{B})>0$.

仿照 (1)~(4), 可得矩阵半正定和 (半) 负定, 以及二次型有定的等价条件和运算性质. 如下面的 (5).

(5) 半正定的等价条件. 下列条件均与 $\boldsymbol{A}$ 半正定 (即 $\boldsymbol{A}\geqslant0$) 等价:

① $-\boldsymbol{A}\leqslant0$;

② $\boldsymbol{P}^{\mathrm{T}}\boldsymbol{A}\boldsymbol{P}\geqslant0$(其中 $\boldsymbol{P}$ 为 n 阶可逆实方阵), 即半正定是相合不变性;

③ $\boldsymbol{A}$ 的负惯性指数 $t=0$;

④ $\boldsymbol{A}\cong\operatorname{diag}(I_s,\boldsymbol{O})$($\boldsymbol{A}$ 的规范形);

⑤ $\boldsymbol{A}=\boldsymbol{B}^{\mathrm{T}}\boldsymbol{B}$(其中 $\boldsymbol{B}$ 为 n 阶实方阵);

⑥ $\boldsymbol{A}$ 的特征值全为非负实数.

⑦ $\boldsymbol{T}^{-1}\boldsymbol{A}\boldsymbol{T}\geqslant0$(其中 $\boldsymbol{T}$ 为 n 阶可逆实方阵, 且 $\boldsymbol{T}^{-1}\boldsymbol{A}\boldsymbol{T}$ 实对称), 即半正定是相似不变性.

(6) 若 $\boldsymbol{A}\geqslant 0,\mu\in\mathbf{R}^{+},k\in\mathbf{N}$, 则 $\mu\boldsymbol{A}\geqslant 0$, $\boldsymbol{A}^{k}\geqslant 0$, $\boldsymbol{A}^{*}\geqslant 0$, $\boldsymbol{A}_{ii}\geqslant 0$.

3. 有定性的判定

(1) 正定的判定 (霍尔维茨定理). n 元实二次型 $Q(\boldsymbol{X})=\boldsymbol{X}^{\mathrm{T}}\boldsymbol{A}\boldsymbol{X}$(或实对称矩阵 $\boldsymbol{A}$) 正定 $\Leftrightarrow\boldsymbol{A}$ 的各阶 (顺序) 主子式全正, 即 $\det(\boldsymbol{A})\begin{pmatrix}1&2&\cdots&k\\1&2&\cdots&k\end{pmatrix}>0(k=1,2,\cdots,n)$.

仿照 (1), 可得实二次型或实对称矩阵半正定和 (半) 负定的判定如下:

(2) 半正定的判定. n 元实二次型 $Q(\boldsymbol{X})=\boldsymbol{X}^{\mathrm{T}}\boldsymbol{A}\boldsymbol{X}$ 或实对称矩阵 $\boldsymbol{A}$ 半正定 $\Leftrightarrow\boldsymbol{A}$ 的各阶主子式全非负, 即 $\det(\boldsymbol{A})\begin{pmatrix}i_1\ i_2\cdots i_k\\i_1\ i_2\cdots i_k\end{pmatrix}\geqslant 0(1\leqslant i_1<i_2<\cdots<i_k\leqslant n,k=1,2,\cdots,n)$.

(3) 负定的判定. n 元实二次型 $Q(\boldsymbol{X})=\boldsymbol{X}^{\mathrm{T}}\boldsymbol{A}\boldsymbol{X}$ 或实对称矩阵 $\boldsymbol{A}$ 负定 $\Leftrightarrow\boldsymbol{A}$ 的各奇数阶 (顺序) 主子式全负, 各偶数阶 (顺序) 主子式全正, 即 $(-1)^{k}\cdot\det(\boldsymbol{A})\begin{pmatrix}1&2&\cdots&k\\1&2&\cdots&k\end{pmatrix}>0(k=1,2,\cdots,n)$.

(4) 半负定的判定. n 元实二次型 $Q(\boldsymbol{X})=\boldsymbol{X}^{\mathrm{T}}\boldsymbol{A}\boldsymbol{X}$ 或实对称矩阵 $\boldsymbol{A}$ 半负定 $\Leftrightarrow\boldsymbol{A}$ 的各奇数阶主子式全非正, 各偶数阶主子式全非负, 即 $(-1)^{k}\det(\boldsymbol{A})\begin{pmatrix}i_1\ i_2\cdots i_k\\i_1\ i_2\cdots i_k\end{pmatrix}\geqslant 0$ $(1\leqslant i_1<i_2<\cdots<i_k\leqslant n,\ k=1,2,\cdots,n)$.

4. 同时相合对角化

若 $\boldsymbol{A},\boldsymbol{B}$ 都是 n 阶实对称矩阵, 且 $\boldsymbol{A}>0$, 则存在 n 阶可逆实方阵 $\boldsymbol{P}$, 使得 $\boldsymbol{P}^{\mathrm{T}}\boldsymbol{A}\boldsymbol{P}=\boldsymbol{I}$, 且 $\boldsymbol{P}^{\mathrm{T}}\boldsymbol{B}\boldsymbol{P}$ 为对角阵.

5. 应用

多元函数的极值的判定.

例题分析

例 8.39 判断矩阵 $\boldsymbol{A}=\begin{pmatrix}1&1&2\\1&1&2\\2&2&1\end{pmatrix}$ 是否正定.

解　$\boldsymbol{A}=\begin{pmatrix}1&1&2\\1&1&2\\2&2&1\end{pmatrix}$ 的顺序主子式依次为 $a_{11}=1, \left|\boldsymbol{A}\begin{pmatrix}1&2\\1&2\end{pmatrix}\right|=\begin{vmatrix}1&1\\1&1\end{vmatrix}=0, |\boldsymbol{A}|=0$, 全非负. 但 $\boldsymbol{A}$ 的相合标准形为 $\boldsymbol{B}=\begin{pmatrix}1&&\\&-3&\\&&0\end{pmatrix}$, 因而是不定的. 事实上, 记 $Q=\boldsymbol{X}^{\mathrm{T}}\boldsymbol{A}\boldsymbol{X}$, 则 $Q=x_1^2+x_2^2+x_3^2+2x_1x_2+4x_1x_3+4x_2x_3=(x_1+x_2+2x_3)^2-3x_3^2=y_1^2-3y_2^2$, $Q(1,-1,0)=0, Q(1,1,0)=4, Q(-1,-1,1)=-3$. 而 $\boldsymbol{A}$ 的主子式

$$\left|\boldsymbol{A}\begin{pmatrix}1&3\\1&3\end{pmatrix}\right|=\left|\boldsymbol{A}\begin{pmatrix}2&3\\2&3\end{pmatrix}\right|=\begin{vmatrix}1&2\\2&1\end{vmatrix}=-3<0.$$

例 8.40　判断 $Q(x_1,x_2,x_3)=(x_1-x_2)^2+(x_2-x_3)^2+(x_1-x_3)^2$ 的有定性.

解　$Q=2x_1^2+2x_2^2+2x_3^2-2x_1x_2-2x_1x_3-2x_2x_3$, 其矩阵为

$$\boldsymbol{A}=\begin{pmatrix}2&-1&-1\\-1&2&-1\\-1&-1&2\end{pmatrix}.$$

特征值为 $\lambda_1=\lambda_2=3, \lambda_3=0$, 所以 Q 半正定.

注　本题不能简单地令 $y_1=x_1-x_2, y_2=x_2-x_3, y_3=x_1-x_3$, 将其化为 $y_1^2+y_2^2+y_3^2$ 来作为 Q 的标准形, 从而判断其有定性, 因为作为变换 $\boldsymbol{Y}=\boldsymbol{P}\boldsymbol{X}$ 的矩阵 $\boldsymbol{P}=\begin{pmatrix}1&-1&0\\0&1&-1\\1&0&-1\end{pmatrix}$ 是不可逆的.

习　题　8

1. 将下列二次型表示成矩阵形式.

(1) $Q(x_1,x_2,x_3)=-x_1^2+x_2^2+2x_3^2+4x_1x_2+3x_1x_3+4x_2x_3$;

(2) $Q(x_1,x_2,x_3)=2x_1^2+2x_1x_2-x_2x_3$;

(3) $Q(x_1,x_2,x_3,x_4)=x_1x_2+3x_1x_3+5x_1x_4+6x_2x_3+7x_2x_4+10x_3x_4$;

(4) $Q(x_1,x_2,\cdots,x_n)=\sum\limits_{i=1}^{n-2}(x_i-x_{i+2})^2$.

2. 写出下列对称矩阵对应的二次型.

(1) $\boldsymbol{A}=\begin{pmatrix}1&3&5\\3&2&6\\5&6&4\end{pmatrix}$; (2) $\boldsymbol{A}=\begin{pmatrix}a&b&0\\b&a&b\\0&b&a\end{pmatrix}$;

(3) $\boldsymbol{A}=\begin{pmatrix}0&-1&2&-3\\-1&0&3&-2\\2&3&0&2\\-3&-2&2&0\end{pmatrix}$.

3. 求正交变换化下列实二次型的标准形.

(1) $Q=x_1^2+4x_2^2+4x_3^2-4x_1x_2+4x_1x_3-8x_2x_3$;

(2) $Q=x_1^2+7x_2^2+x_3^2+8x_1x_2+8x_2x_3-16x_1x_3$;

(3) $Q=6x_1x_2+6x_1x_3+6x_2x_3$;

(4) $Q=2x_1x_2-2x_3x_4$.

4. 用配方法将下列二次型化为标准形, 并求相应的可逆线性变换.

(1) $Q=x_1^2+x_2^2+x_3^2+x_1x_2+x_1x_3+x_2x_3$;

(2) $Q=x_1^2+x_2x_3$;

(3) $Q=x_1x_2+x_2x_3+x_3x_4+x_4x_1$;

(4) $Q=x_1^2+5x_2^2-4x_3^2+2x_1x_2-4x_2x_3$.

5. 用初等变换法将下列二次型化成标准形, 并求相应的可逆线性变换.

(1) $\boldsymbol{Q}=\boldsymbol{x}^{\mathrm{T}}\begin{pmatrix}2&1&1\\1&3&2\\1&2&1\end{pmatrix}\boldsymbol{x}$; (2) $\boldsymbol{Q}=\boldsymbol{x}^{\mathrm{T}}\begin{pmatrix}0&-1&0\\-1&1&1\\0&1&1\end{pmatrix}\boldsymbol{x}$;

(3) $\boldsymbol{Q}=\boldsymbol{x}^{\mathrm{T}}\begin{pmatrix}0&1&1\\1&0&-1\\1&-1&0\end{pmatrix}\boldsymbol{x}$; (4) $\boldsymbol{Q}=\boldsymbol{x}^{\mathrm{T}}\begin{pmatrix}0&\frac{1}{2}&0&\frac{1}{2}\\\frac{1}{2}&0&\frac{1}{2}&0\\0&\frac{1}{2}&0&\frac{1}{2}\\\frac{1}{2}&0&\frac{1}{2}&0\end{pmatrix}\boldsymbol{x}$.

6. 试证: 在实数域上, 对称矩阵 $\begin{pmatrix}1&0\\0&1\end{pmatrix}$ 和 $\begin{pmatrix}1&0\\0&-1\end{pmatrix}$ 不相合.

7. 设 $\boldsymbol{A}$ 是 n 阶实对称阵, 且 $\boldsymbol{A}^2=\boldsymbol{A}$, 求 $\boldsymbol{A}$ 的相合标准形.

8. 证明: 秩等于 r 的对称矩阵可以表示成 r 个秩等于 1 的对称矩阵之和.

9. 设 $\boldsymbol{A}$ 是一个 n 阶方阵. 证明:

(1) $\boldsymbol{A}$ 是反对称阵, 当且仅当对任一个 n 维向量 $\boldsymbol{x}$, $\boldsymbol{x}^{\mathrm{T}}\boldsymbol{A}\boldsymbol{x}=0$;

(2) 如果 $\boldsymbol{A}$ 为对称阵, 且对任一个 n 维向量 $\boldsymbol{x}$, $\boldsymbol{x}^{\mathrm{T}}\boldsymbol{A}\boldsymbol{x}=0$, 那么 $\boldsymbol{A}=\boldsymbol{0}$.

10. 判断下列二次型是否是正定二次型.

(1) $Q(x_1,x_2,x_3)=x_1^2+2x_2^2+4x_3^2+2x_1x_2-4x_2x_3$;

(2) $Q(x_1,x_2,x_3)=-5x_1^2-6x_2^2-4x_3^2+4x_1x_2+4x_1x_3$;

(3) $Q(x_1,x_2,x_3)=7x_1^2+x_2^2+x_3^2-2x_1x_2-4x_1x_3$;

(4) $Q(x_1,x_2,x_3)=x_1^2+5x_2^2+9x_3^2+4x_1x_2-6x_2x_3+x_1x_3$.

11. 判断下列矩阵是否是正定矩阵.

(1) $\begin{pmatrix} 2 & 1/2 & 2 \\ 1/2 & 2 & -2 \\ 2 & -2 & 4 \end{pmatrix}$;　　(2) $\begin{pmatrix} 1 & -1 & 1 \\ -1 & 2 & 0 \\ 1 & 0 & 1 \end{pmatrix}$.

12. 问参数 t 满足什么条件时, 下列二次型正定?

(1) $Q(x_1,x_2,x_3)=2x_1^2+x_2^2+x_3^2+2x_1x_2+tx_1x_3$;

(2) $Q(x_1,x_2,x_3)=x_1^2+2x_2^2+3x_3^2+tx_1x_2+tx_1x_3+x_2x_3$.

13. 设 $Q=ax_1^2+bx_2^2+ax_3^2+2cx_1x_3$. 问 a,b,c 满足什么条件时, Q 为正定?

14. 试证: 二次型 $Q(x_1,x_2,\cdots,x_n)=\boldsymbol{x}^{\mathrm{T}}\boldsymbol{A}\boldsymbol{x}$ 负定的充分必要条件是 $\boldsymbol{A}$ 的奇数阶顺序主子式全小于零, 偶数阶顺序主子式全大于零.

15. 设有 n 元实二次型满足

$$Q(x_1,x_2,\cdots,x_n)=(x_1+a_1x_2)^2+(x_2+a_2x_3)^2+\cdots +(x_{n-1}+a_{n-1}x_n)^2+(x_n+a_nx_1)^2,$$

其中 $a_i(i=1,\cdots,n)$ 为实数. 试问: 当 $a_1,\cdots,a_n$ 满足何种条件时, $Q(x_1,\cdots,x_n)$ 为正定二次型?

16. 在 $Q=\lambda(x^2+y^2+z^2)+2xy+2xz-2yz$ 中, 问:

(1) 哪些 λ 的值使得 Q 为正定?

(2) 哪些 λ 的值使得 Q 为负定?

(3) 当 $\lambda=2$ 和 $\lambda=-1$ 时, Q 分别为什么类型?

17. 证明: 若 $\boldsymbol{A}=(a_{ij})$ 是 n 阶正定矩阵, 则 $\det(\boldsymbol{A})\leqslant a_{11}a_{22}\cdots a_{nn}$.

18. 设 $\boldsymbol{A}$ 为 n 阶实对称阵. 证明:

(1) $\boldsymbol{A}$ 正定的充分必要条件是 $\boldsymbol{A}$ 的特征值全大于零;

(2) $\boldsymbol{A}$ 正定, 则对任意正整数 k, $\boldsymbol{A}^k$ 为正定.

19. 设 $\boldsymbol{A}$ 为 n 阶可逆实对称阵. 证明:

(1) 若 $\boldsymbol{A}$ 正定, 则 $\boldsymbol{A}^{-1}$ 亦正定;

(2) 若 $\boldsymbol{A}$ 正定, 则 $\boldsymbol{A}$ 的伴随矩阵 $\boldsymbol{A}^*$ 亦正定.

20. 在二次型 $Q=\boldsymbol{x}^{\mathrm{T}}\boldsymbol{A}\boldsymbol{x}$ 中, 实对称阵 $\boldsymbol{A}=(\alpha_{ij})_{n\times n}$. 若

$$\begin{vmatrix} a_{11} & \cdots & a_{1k} \\ \vdots & \ddots & \vdots \\ a_{k1} & \cdots & a_{kk} \end{vmatrix}>0 \quad (k=1,2,\cdots,n-1),$$

$\det(\boldsymbol{A})=0$.

证明: Q 为半正定.

21. 设 $\boldsymbol{\alpha}_1,\cdots,\boldsymbol{\alpha}_m$ 为 n 维列向量, 定义 $(\boldsymbol{\alpha}_i,\boldsymbol{\alpha}_j)=\boldsymbol{\alpha}_i^{\mathrm{T}}\boldsymbol{\alpha}_j$. 证明: 矩阵

$$\begin{pmatrix} (\boldsymbol{\alpha}_1,\boldsymbol{\alpha}_1) & (\boldsymbol{\alpha}_1,\boldsymbol{\alpha}_2) & \cdots & (\boldsymbol{\alpha}_1,\boldsymbol{\alpha}_m) \\ (\boldsymbol{\alpha}_2,\boldsymbol{\alpha}_1) & (\boldsymbol{\alpha}_2,\boldsymbol{\alpha}_2) & \cdots & (\boldsymbol{\alpha}_2,\boldsymbol{\alpha}_m) \\ \vdots & \vdots & \ddots & \vdots \\ (\boldsymbol{\alpha}_m,\boldsymbol{\alpha}_1) & (\boldsymbol{\alpha}_m,\boldsymbol{\alpha}_2) & \cdots & (\boldsymbol{\alpha}_m,\boldsymbol{\alpha}_m) \end{pmatrix}$$

为正定矩阵的充分必要条件是 $\boldsymbol{\alpha}_1,\boldsymbol{\alpha}_2,\cdots,\boldsymbol{\alpha}_m$ 线性无关.

22. 将下列二次方程化为最简形式, 并判断曲面类型.

(1) $4x^2-6y^2-6z^2-4yz-4x+4y+4z-5=0$;

(2) $x^2-\dfrac{4}{3}y^2+\dfrac{4}{3}z^2-\dfrac{16}{3}\sqrt{2}yz+4x+\dfrac{8}{3}\sqrt{3}z-1=0$.

23. 设 $\boldsymbol{A}$ 为 n 阶实对称矩阵. 若 $\boldsymbol{A}^2=\boldsymbol{I}$, 证明: $\boldsymbol{A}+\boldsymbol{I}$ 为正定矩阵或半正定矩阵.

24. 设 $\boldsymbol{A},\boldsymbol{B}$ 是两个 n 阶实对称正定矩阵. 证明:

(1) $\boldsymbol{A}+\boldsymbol{B}$ 亦正定;

(2) $\boldsymbol{AB}$ 正定的充分必要条件是 $\boldsymbol{AB}=\boldsymbol{BA}$.

25. 设 $\boldsymbol{S}$ 是实对称正定矩阵. 证明: 存在上三角阵 $\boldsymbol{P}$, 使得 $\boldsymbol{S}=\boldsymbol{P}^{\mathrm{T}}\boldsymbol{P}$.

26. 设 $\boldsymbol{A},\boldsymbol{B}$ 均为 n 阶实对称阵, 其中 $\boldsymbol{A}$ 为正定阵. 证明: 当实数 t 充分大时, $t\boldsymbol{A}+\boldsymbol{B}$ 亦正定.

27. 设 $\boldsymbol{A}$ 为 n 阶实对称阵, 且 $\boldsymbol{A}>0$. 证明: $\det(\boldsymbol{A})\leqslant\left(\dfrac{1}{n}\mathrm{tr}(\boldsymbol{A})\right)^n$.

28. 证明下列命题等价:

(1) $\boldsymbol{A}$ 为半正定方阵;

(2) $\boldsymbol{A}=\boldsymbol{P}^{\mathrm{T}}\boldsymbol{P}$, 其中 $\boldsymbol{P}$ 为 n 阶实方阵;

(3) $\boldsymbol{A}$ 的各阶主子式皆非负.

附录 1　习题参考答案

习　题　1

1. 提示: 利用向量的加法.

2. 提示:

必要性: 存在 α,β, 使得 $\overrightarrow{AM}=\alpha\overrightarrow{AB}+\beta\overrightarrow{AC}$. 再利用向量的加法公式.

充分性: 直接将 $k_3=1-k_1-k_2$ 代入，再利用向量的加法公式.

3. 提示: 用待定系数法.

4. 提示: 利用教材中的命题 1.1.2 和定理 1.2.1①.

5. (1) 证明略; (2) $x=1$.

6. 共线.

7. 设四个点按顺序依次是 A,C,D,B, 则 $A(0,5,1),B(3,-4,7)$.

8. $\boldsymbol{a}=(1,-1,\pm\sqrt{2})$.

9. $2,12,26$.

10. $\sqrt{26-11\sqrt{2}}$.

11. $-3/2$.

12. $3,2\sqrt{3}$.

13. $(-2,8,5),(4,-16,-10)$.

14. $5/2$.

15. (1) 否; (2) 否; (3) 否; (4) 否; (5) 否; (6) 否 (后一个式子无意义).

16. 提示: (1) $(\boldsymbol{a}\times\boldsymbol{b})^2=|\boldsymbol{a}\times\boldsymbol{b}|^2$; (2) 利用教材中的命题 1.5.2.

17. 提示: 设 $z=a+b\mathrm{i}$.

18. $\dfrac{\mathrm{i}\sin\theta}{1-\cos\theta}$.

19. (1) $\dfrac{\sin\left(n+\dfrac{1}{2}\right)\theta+\sin\dfrac{\theta}{2}}{2\sin\dfrac{\theta}{2}}(\theta\neq 2k\pi)$;

---

① 本书中提到的定理、命题均来自教材 (陈发来, 陈效群, 李思敏, 王新茂. 线性代数与解析几何 [M].2 版. 北京: 高等教育出版社, 2015).

(2) $\dfrac{\cos\dfrac{\theta}{2}-\cos\left(n+\dfrac{1}{2}\right)\theta}{2\sin\dfrac{\theta}{2}}(\theta\neq 2k\pi)$.

20. 提示: 类似于第 17 题的证法.

习 题 2

1. 直线方程: $\dfrac{x-4}{2}=y+1=\dfrac{z-3}{-5}$.

2. 直线的点向式方程: $\dfrac{x-1}{5}=\dfrac{y+1}{7}=\dfrac{z}{11}$.

3. 直线方程: $\begin{cases}x-2y+z=0,\\-7x+2y+3z+2=0.\end{cases}$

4. 垂线方程: $\begin{cases}4x+3y-2z=0,\\-x+6y+7z=0.\end{cases}$

5. 平面方程: $6x-4y+3z-14=0$.

6. 平面方程: $2x-6y+2z-7=0$.

7. 平面方程: $x-y-z=0$.

8. 当截距 $a=0$ 时, 平面方程: $Ax+By+Cz=0$, 满足 A,B,C 不全为零, 且 $5A-7B+4C=0$; 当截距非零时, 平面方程: $x+y+z-2=0$.

9. 直线方程: $\dfrac{x}{-2}=\dfrac{y-2}{3}=z-4$.

10. 平面方程: $x-8y+5z+5=0$.

11. 对称点坐标: $\left(\dfrac{12}{121},\dfrac{4}{121},\dfrac{-18}{121}\right)$.

12. 对称点坐标: $\left(\dfrac{-12}{7},\dfrac{57}{7},\dfrac{-53}{7}\right)$.

13. 点到直线的距离: $\dfrac{\sqrt{6}}{2}$.

14. 点到平面的距离: 2.

15. $1<a<8$.

16. $\theta=\arccos\dfrac{2\sqrt{2}}{27}$.

17. $\sqrt{5}$.

18. $a=8$, 交点坐标: $\left(\dfrac{231}{47},-\dfrac{73}{47},\dfrac{210}{47}\right)$, 平面方程: $x-y-z-2=0$.

19. $\theta=\dfrac{\pi}{3}$.

20. $a=-1$.

21. $d=\dfrac{13}{2}$.

22. 交点坐标 $\left(\dfrac{7}{3},\dfrac{10}{3},\dfrac{14}{3}\right)$, 夹角 $\theta=\dfrac{\pi}{6}$.

23. 轨迹方程: $x^2+y^2+2z-1=0$.

24. 轨迹为圆柱体, 柱面方程: $4x^2+4y^2\leqslant 1$.

25. 球面的一般方程: $x^2+y^2+z^2-x-y-z=0$.

26. 圆的一般方程: $\begin{cases}x^2+y^2+z^2=2,\\ x+y+z-2=0.\end{cases}$

27. 圆柱面的一般方程:

$$8x^2+5y^2+5z^2+4xy+8yz-4xz-8x-2y+2z-7=0.$$

28. 柱面的一般方程: $x^2+2y^2+2z^2-2xy-2xz-2x+2y+2z-2=0$.

29. 锥面的一般方程: $x^2+y^2+z^2-2xy-2xz+2y+2z-2=0$.

30. 参数方程:

$$\begin{cases}x=\sqrt{t^2+(t-1)^2}\cos\theta+1,\\ y=\sqrt{t^2+(t-1)^2}\sin\theta+1, \qquad (\theta\in[0,2\pi],t\in\mathbf{R}).\\ z=t\end{cases}$$

一般方程: $x^2+y^2-2z^2-2x-2y+2z+1=0$.

31. 参数方程:

$$\begin{cases}x=(2+\cos\theta)\cos\varphi,\\ y=\sin\theta, \qquad (\theta\in[0,2\pi],\varphi\in[0,2\pi]).\\ z=(2+\cos\theta)\sin\varphi\end{cases}$$

一般方程:

$$(x^2+y^2+z^2+3)^2-16(x^2+z^2)=0,$$
$$(\sqrt{x^2+z^2}-2)^2+y^2=1.$$

32*. 化简二次曲面方程为 $\dfrac{\tilde{x}^2}{a^2}+\dfrac{\tilde{y}^2}{a^2}-\dfrac{\tilde{z}^2}{a^2}=-1$, 其中 $a=\dfrac{\sqrt{3}}{2}$, 为双叶双曲面.

33*. 详见例 2.32.

34*. 坐标变换公式:

$$\begin{cases}x=\hat{x}\cos\beta+\hat{z}\sin\beta,\\ y=\hat{x}\sin\alpha\sin\beta+\hat{y}\cos\alpha-\hat{z}\sin\alpha\cos\beta,\\ z=-\hat{x}\cos\alpha\sin\beta+\hat{y}\sin\alpha+\hat{z}\cos\alpha\cos\beta.\end{cases}$$

35*. 标准方程: $\tilde{z}=\dfrac{\tilde{x}^2}{2}-\dfrac{\tilde{y}^2}{2}$; 曲面类型: 双曲抛物面.

36*. 椭球面的一般方程:

$$\frac{\left(-\frac{1}{3}x+\frac{2}{3}y+\frac{2}{3}z+2\right)^2}{a^2}+\frac{\left(\frac{2}{3}x-\frac{1}{3}y+\frac{2}{3}z+2\right)^2}{b^2}+\frac{\left(\frac{2}{3}x+\frac{2}{3}y-\frac{1}{3}z+2\right)^2}{c^2}=1.$$

习 题 3

1. (1) 无解; (2) $(-8,t,2t,-3+t)$; (3) $(t_1,t_2,-8t_1-12t_2+5,-10t_1-15t_2+6)$;

(4) $\left(\dfrac{7}{12}-\dfrac{5}{12}t,\dfrac{1}{12}+\dfrac{25}{12}t,t,\dfrac{1}{2}-\dfrac{3}{2}t\right)$; (5) 无解; (6) $(t,2t,t,-3t)$; (7) $\left(\dfrac{7}{2}t,\dfrac{5}{2}t,0,t,3t\right)$.

2. (1) $a\neq-8$, 通解为 $\left(\dfrac{4}{8+a},\dfrac{1}{3}\dfrac{-20+a}{8+a},\dfrac{4}{3}\dfrac{a+13}{8+a}\right)$;

(2) $a=-1$, 通解为 $(-5+18t,t,2-7t)$.

3. $a\neq-2/3$ 时, 有唯一解, 否则无解.

4. $\left(-\dfrac{5}{24},\dfrac{1}{2},-\dfrac{7}{24},2\right)$.

5. $(-2,2,1,1)$.

6. $\left(\dfrac{85}{8}+\dfrac{17}{2}t,-\dfrac{25}{16}-\dfrac{27}{4}t,t,\dfrac{85}{16}-\dfrac{9}{4}t\right)$, 但 $t>0,-\dfrac{25}{16}-\dfrac{27}{4}t<0$, 所以不可以满足.

7. 齐次方程: $(11t_1-18t_2,-4t_1+7t_2,t_1,t_2)$;

非齐次方程: $(11t_1-18t_2+8,-4t_1+7t_2-3,t_1,t_2)$.

习 题 4

1. 提示: 直接验证即可.

2. 提示: $\boldsymbol{A}=\dfrac{1}{2}(\boldsymbol{A}+\boldsymbol{A}^{\mathrm{T}})+\dfrac{1}{2}(\boldsymbol{A}-\boldsymbol{A}^{\mathrm{T}})$.

3. $\boldsymbol{AB}=\begin{pmatrix}-18&-11&16\\30&11&-26\end{pmatrix}$, $\boldsymbol{BC}=\begin{pmatrix}-4&8\\12&11\\-5&13\end{pmatrix}$, $\boldsymbol{ABC}=\begin{pmatrix}10&-61\\12&93\end{pmatrix}$,

$\boldsymbol{B}^2=\begin{pmatrix}4&-4&-6\\-12&-3&8\\8&-4&-11\end{pmatrix}$, $\boldsymbol{AC}=\begin{pmatrix}3&0\\-15&-4\end{pmatrix}$, $\boldsymbol{CA}=\begin{pmatrix}-2&2&2\\13&7&12\\1&-5&-6\end{pmatrix}$.

4.

$$\begin{pmatrix} \sum_{i=0}^{n} a_i x^i & \sum_{i=0}^{n} b_i x^i & \sum_{i=0}^{n} c_i x^i \\ \sum_{i=0}^{n} a_i y^i & \sum_{i=0}^{n} b_i y^i & \sum_{i=0}^{n} c_i y^i \\ \sum_{i=0}^{n} a_i z^i & \sum_{i=0}^{n} b_i z^i & \sum_{i=0}^{n} c_i z^i \end{pmatrix}.$$

5. $\sum_{i=1}^{m}\sum_{j=1}^{n} a_{ij}x_iy_j$.

6. (1) 不存在;　(2) $\begin{pmatrix} \frac{\sqrt{2}}{2} & \frac{\sqrt{2}}{2} \\ -\frac{\sqrt{2}}{2} & \frac{\sqrt{2}}{2} \end{pmatrix}$;　(3) $\begin{pmatrix} -\frac{1}{2} & 1 \\ -\frac{3}{4} & -\frac{1}{2} \end{pmatrix}$.

7. (1) $\begin{pmatrix} \cos(k\theta) & \sin(k\theta) \\ -\sin(k\theta) & \cos(k\theta) \end{pmatrix}$.

(2) 当 $a=b=0$ 时, 方阵是零方阵; 否则利用 (1), 得

$$\left(a^2+b^2\right)^{k/2}\begin{pmatrix} \cos(k\theta) & \sin(k\theta) \\ -\sin(k\theta) & \cos(k\theta) \end{pmatrix},$$

其中 $\cos\theta=\frac{a}{\sqrt{a^2+b^2}}, \sin\theta=\frac{b}{\sqrt{a^2+b^2}}$.

(3) $\begin{pmatrix} 1 & ka & k & k(k-1)a \\ 0 & 1 & 0 & k \\ 0 & 0 & 1 & ka \\ 0 & 0 & 0 & 1 \end{pmatrix}$.

(4) 当 $k \leqslant n-1$ 时, 有

$$\begin{pmatrix} 1 & C_k^1 & \cdots & C_k^k & 0 & \cdots & 0 \\ & \ddots & \ddots & & \ddots & \ddots & \vdots \\ & & \ddots & \ddots & & \ddots & 0 \\ & & & \ddots & \ddots & & C_k^k \\ & & & & \ddots & \ddots & \vdots \\ & & & & & \ddots & C_k^1 \\ & & & & & & 1 \end{pmatrix}.$$

当 $k \geqslant n$ 时, 有

$$\begin{pmatrix} 1 & C_k^1 & \cdots & C_k^{n-1} \\ & \ddots & \ddots & \vdots \\ & & \ddots & C_k^1 \\ & & & 1 \end{pmatrix}.$$

(5) $(a_1b_1+\cdots+a_nb_n)^{k-1}\boldsymbol{A}$.

8. 提示: $(\boldsymbol{AB})^{\mathrm{T}}=\boldsymbol{B}^{\mathrm{T}}\boldsymbol{A}^{\mathrm{T}}$.

9. 提示: 直接根据矩阵乘法法则具体验证下 (上) 三角元素.

10. 提示: 考虑所有 $\boldsymbol{E}_{ij}\big((i,j)$ 分量为 1、其余分量都为 0 的矩阵 $\big)$.

11. 提示: 根据逆矩阵的定义直接验证.

12. 提示: 先将 $\boldsymbol{A}_1\boldsymbol{A}_2\cdots\boldsymbol{A}_{k-1}$ 看作一个整体, 用数学归纳法.

13. 提示: 类比于 $1-x+x^2-x^3+\cdots+(-1)^nx^n+\cdots=\dfrac{1}{1+x},|x|<1$.

14. $2\boldsymbol{I}-3\boldsymbol{A}^2+\boldsymbol{A}^3+6\boldsymbol{A}^4$.

15. (1) $\begin{pmatrix}-9&-7&-9\\-36&-29&-46\\-41&-32&-51\end{pmatrix}$; (2) $\begin{pmatrix}3&8&14\\1&5&11\\2&5&11\end{pmatrix}$.

16. 提示: 直接验证.

17. 提示: 类似习题 12.

18. 提示: 考虑迹.

19. 分别设三个矩阵为 $\begin{pmatrix}a&b\\c&d\end{pmatrix}$.

(1) $a+d=0,a^2+bc=0$;

(2) $a+d=0,a^2+bc=1$, 或 $\boldsymbol{I},-\boldsymbol{I}$;

(3) $|a|^2+|c|^2=|b|^2+|d|^2=1,\overline{a}b+\overline{c}d=0$.

20. 提示: 可逆上 (下) 三角, 利用性质, 可逆上 (下) 三角阵的对角元全不为零, 从最后一行验证起; 准对角阵, 求出逆的表达式; 对称和反对称方阵, 直接验证.

21. 19,15,20.

22. 提示: 对于排列 $s=(s_1,s_2,\cdots,s_n)$, 我们熟知它是偶排列的充要条件是行列式 $\det(\boldsymbol{e}_{s_1},\boldsymbol{e}_{s_2},\cdots,\boldsymbol{e}_{s_n})$ 恰为 1. 另一方面, 若 s 经过对换变为 s', 则相应的行列式会要改变符号.

23. (1) -372. (2) -28. (3) 0. (4) $(-1)^{\sum\limits_{i<j}n_in_j}\det(\boldsymbol{A}_1)\cdots\det(\boldsymbol{A}_k)$.

(5) $(-1)^{\frac{n(n-1)}{2}}\displaystyle\prod_{i+j=n+1}a_{ij}$. (6) $\displaystyle\prod_{i=1}^{n}a_i+\sum_{j=1}^{n}\Big(\prod_{i=1,i\neq j}^{n}a_i\Big)$. (7) $\displaystyle\prod_{i=1}^{n}(a_id_i-b_ic_i)$.

(8) 当 $n=1$ 时, a_1-b_1; 当 $n=2$ 时, $(a_1-a_2)(b_1-b_2)$; 当 $n>2$ 时, 0.

24. 提示: $\det(-\boldsymbol{A})=(-1)^n\det(\boldsymbol{A})$, n 为 $\boldsymbol{A}$ 的阶.

25. 提示: $\begin{pmatrix}\boldsymbol{I}&\boldsymbol{0}\\-\boldsymbol{B}&\boldsymbol{I}\end{pmatrix}\begin{pmatrix}\boldsymbol{I}&\boldsymbol{A}\\\boldsymbol{B}&\boldsymbol{I}\end{pmatrix}=\begin{pmatrix}\boldsymbol{I}&\boldsymbol{A}\\\boldsymbol{0}&\boldsymbol{I}-\boldsymbol{BA}\end{pmatrix}$.

26. 提示: 先考虑方阵可逆的情形, 再利用命题, 即对任意的方阵 $\boldsymbol{A}$, 存在 t_0, $t>t_0$ 时, $\boldsymbol{A}+t\boldsymbol{I}$ 可逆. 另外, (3) 可利用后面第 38 题的结论.

27. $\boldsymbol{A}^* = \begin{pmatrix} \frac{1}{2} & \frac{1}{2} & \frac{1}{2} \\ \frac{1}{2} & 1 & \frac{1}{2} \\ \frac{1}{2} & \frac{1}{2} & \frac{3}{2} \end{pmatrix}$.

28. $\boldsymbol{A} = \begin{pmatrix} & & & -\frac{1}{2} \\ & & 2 & \\ & -1 & & \\ -2 & & & \end{pmatrix}$.

29. 提示: 写出 $\boldsymbol{A}^*$ 每个元素的表达式, 将此表达式作初等变换.

30. 提示: 考虑克拉默法则.

31. (1) $\left(3,\frac{1}{3},\frac{1}{3}\right)$;　(2) $(3,-4,-1,1)$.

32. 提示: 方程的系数矩阵是范德蒙德矩阵.

33. 提示: 对于教材中的定理 4.4.1 中列变换的情形, 可以仿照教材中行变换的情形来证明. 对于教材中的定理 4.4.2, 直接用初等矩阵的定义写出相应的矩阵, 并利用逆矩阵的定义来验证.

34. 提示: 直接验证.

35. (1) $\begin{pmatrix} \frac{49}{186} & \frac{25}{186} & \frac{7}{31} & \frac{13}{62} \\ -\frac{2}{93} & -\frac{20}{93} & -\frac{5}{31} & \frac{2}{31} \\ \frac{7}{186} & -\frac{23}{186} & \frac{1}{31} & -\frac{7}{62} \\ -\frac{65}{372} & \frac{1}{372} & \frac{2}{31} & \frac{3}{124} \end{pmatrix}$;　(2) $\begin{pmatrix} \frac{1}{7} & \frac{3}{14} & -\frac{3}{14} & \frac{1}{2} \\ \frac{2}{7} & -\frac{1}{14} & \frac{1}{14} & -\frac{1}{2} \\ -\frac{1}{14} & -\frac{5}{14} & -\frac{1}{7} & 0 \\ \frac{5}{14} & \frac{2}{7} & \frac{3}{14} & -\frac{3}{2} \end{pmatrix}$;

(3) $\begin{pmatrix} & & -1 & 1 \\ & \iddots & 1 & \\ -1 & \iddots & & \\ 1 & & & \end{pmatrix}$;　(4) $\begin{pmatrix} & & & \boldsymbol{A}_k^{-1} \\ & & \iddots & \\ & \boldsymbol{A}_2^{-1} & & \\ \boldsymbol{A}_1^{-1} & & & \end{pmatrix}$;

(5) $\prod\limits_{i=1}^{n} a_i + \sum\limits_{j=1}^{n}\Big(\prod\limits_{i=1,i\neq j}^{n} a_i\Big) \neq 0$时可逆, 当 $a_i = 0$ 时, 有

$$\begin{pmatrix} \frac{1}{a_1} & & & & -\frac{1}{a_1} & & & \\ & \ddots & & & \vdots & & & \\ & & \frac{1}{a_{i-1}} & & -\frac{1}{a_{i-1}} & & & \\ -\frac{1}{a_1} & \cdots & -\frac{1}{a_{i-1}} & & 1+\frac{1}{a_1}+\cdots+\frac{1}{a_{i-1}}+\frac{1}{a_{i+1}}+\cdots+\frac{1}{a_n} & -\frac{1}{a_{i+1}} & \cdots & -\frac{1}{a_n} \\ & & & & -\frac{1}{a_{i+1}} & \frac{1}{a_{i+1}} & & \\ & & & & \vdots & & \ddots & \\ & & & & -\frac{1}{a_n} & & & \frac{1}{a_n} \end{pmatrix}.$$

当 $a_i \neq 0$ 时, 有

$$\begin{pmatrix} \frac{1}{a_1}-\frac{1}{a_1^2c} & -\frac{1}{a_1a_2c} & \cdots & -\frac{1}{a_1a_nc} \\ -\frac{1}{a_1a_2c} & \frac{1}{a_2}-\frac{1}{a_2^2c} & & \vdots \\ \vdots & & \ddots & \vdots \\ -\frac{1}{a_1a_nc} & \cdots & \cdots & \frac{1}{a_n}-\frac{1}{a_n^2c} \end{pmatrix},$$

其中 $c=1+\frac{1}{a_1}+\cdots+\frac{1}{a_n}$.

36. (1) 3; (2) 2; (3) 3.

37. 当 $a\neq 6, b\neq 6$ 时, 所求矩阵的秩为 3; 当 $a=6, b\neq 6$ 或 $b=6, a\neq 6$ 时, 所求矩阵的秩为 2; 当 $a=6, b=6$ 时, 所求矩阵的秩为 1.

38. $\begin{pmatrix} \boldsymbol{I}_n & \boldsymbol{O} \\ \boldsymbol{O} & \boldsymbol{O} \end{pmatrix}$.

39. 提示: $\operatorname{rank}(\boldsymbol{A})=n-1$ 时, 利用 Frobinus 秩不等式:

$$\operatorname{rank}(\boldsymbol{A})+\operatorname{rank}(\boldsymbol{B})-n \leqslant \operatorname{rank}(\boldsymbol{AB}).$$

40. 提示: $\boldsymbol{AX}=\boldsymbol{0} \Leftrightarrow \boldsymbol{A}^{\mathrm{T}}\boldsymbol{AX}=\boldsymbol{0}$.

41. 提示: 利用教材 4.4 节中的定理、例题.

42. 提示: 类似于习题 25, 利用初等变换.

43. 提示: 仿照教材中的例 4.5.8.

习 题 5

1. 不能. 这 3 个向量不共面.

2. 能, $\boldsymbol{a}_3=3\boldsymbol{a}_1+2\boldsymbol{a}_2$. 这 3 个向量共面.

3. (1) 能, $\boldsymbol{b}=2\boldsymbol{a}_1-\boldsymbol{a}_2-3\boldsymbol{a}_3$; (2) 能, $\boldsymbol{b}=-\boldsymbol{a}_1-5\boldsymbol{a}_2$.

4. 思路 1: 将问题转化成方程组形式. 由于系数矩阵可逆, 解存在且唯一.

思路 2: 我们已知 F^4 中任何向量可以写成单位坐标向量 $\boldsymbol{e}_1,\boldsymbol{e}_2,\boldsymbol{e}_3,\boldsymbol{e}_4$ 的线性组合, 且表示唯一, 因此只需证明 $\boldsymbol{a}_1,\boldsymbol{a}_2,\boldsymbol{a}_3,\boldsymbol{a}_4$ 与 $\boldsymbol{e}_1,\boldsymbol{e}_2,\boldsymbol{e}_3,\boldsymbol{e}_4$ 等价即可.

5. 由 $\boldsymbol{P}_i(i=1,2,3,4)$ 共面, 知 $\boldsymbol{P}_1\boldsymbol{P}_2$, $\boldsymbol{P}_1\boldsymbol{P}_3$, $\boldsymbol{P}_1\boldsymbol{P}_4$ 共面. 因此存在非零实数组 k_1,k_2,k_3, 使得 $k_1\boldsymbol{P}_1\boldsymbol{P}_2+k_2\boldsymbol{P}_1\boldsymbol{P}_3+k_3\boldsymbol{P}_1\boldsymbol{P}_4=\boldsymbol{0}$, 即

$$\begin{pmatrix} x_2-x_1 & x_3-x_1 & x_4-x_1 \\ y_2-y_1 & y_3-y_1 & y_4-y_1 \\ z_2-z_1 & z_3-z_1 & z_4-z_1 \end{pmatrix}\begin{pmatrix} k_1 \\ k_2 \\ k_3 \end{pmatrix}=\boldsymbol{0}$$

有非零解, 即

$$\begin{vmatrix} x_2-x_1 & x_3-x_1 & x_4-x_1 \\ y_2-y_1 & y_3-y_1 & y_4-y_1 \\ z_2-z_1 & z_3-z_1 & z_4-z_1 \end{vmatrix}=0,$$

亦即

$$\begin{vmatrix} x_1 & x_2-x_1 & x_3-x_1 & x_4-x_1 \\ y_1 & y_2-y_1 & y_3-y_1 & y_4-y_1 \\ z_1 & z_2-z_1 & z_3-z_1 & z_4-z_1 \\ 1 & 0 & 0 & 0 \end{vmatrix}=0,$$

所以

$$\begin{vmatrix} x_1 & x_2 & x_3 & x_4 \\ y_1 & y_2 & y_3 & y_4 \\ z_1 & z_2 & z_3 & z_4 \\ 1 & 1 & 1 & 1 \end{vmatrix}=0.$$

6. 设 $\boldsymbol{a}_i=(a_{1i},a_{2i},a_{3i})^{\mathrm{T}}\ (i=1,2,3,4)$. 要证 $\boldsymbol{a}_1,\boldsymbol{a}_2,\boldsymbol{a}_3,\boldsymbol{a}_4$ 线性相关, 即证线性方程组

$$\begin{pmatrix} a_{11} & a_{12} & a_{13} & a_{14} \\ a_{21} & a_{22} & a_{23} & a_{24} \\ a_{31} & a_{32} & a_{33} & a_{34} \end{pmatrix}\begin{pmatrix} k_1 \\ k_2 \\ k_3 \\ k_4 \end{pmatrix}=\boldsymbol{0}$$

有非零解. 由于方程的个数小于未知量的个数, 显然有非零解.

7. 设 $\boldsymbol{b}_j=\sum\limits_{k=1}^{r}\lambda_{jk}\boldsymbol{a}_k(j=1,\cdots,s)$, 则 $\boldsymbol{b}_1,\cdots,\boldsymbol{b}_s$ 的任意线性组合为

$$\sum_{j=1}^{s}\mu_j\boldsymbol{b}_j=\sum_{j=1}^{s}\mu_j\sum_{k=1}^{r}\lambda_{jk}\boldsymbol{a}_k=\sum_{k=1}^{r}\Big(\sum_{j=1}^{s}\mu_j\lambda_{jk}\Big)\boldsymbol{a}_k.$$

8. 记原方程组为 $l_1,l_2,\cdots,l_m$, 初等变换后的线性方程组为 $L_1,L_2,\cdots,L_m$.

(1) 交换原方程组中第 i 个方程和第 j 个方程, 得到

$$L_k=\begin{cases}l_i & (k=j),\\ l_j & (k=i),\\ l_k & (k\neq i,j).\end{cases}$$

(2) 将原方程组中第 i 个方程乘以非零常数 λ, 得到

$$L_k=\begin{cases}\lambda l_i & (k=i),\\ l_k & (k\neq i).\end{cases}$$

(3) 将原方程组中第 j 个方程的 λ 倍加到第 i 个方程上, 得到

$$L_k=\begin{cases}l_i+\lambda l_j & (k=i),\\ l_k & (k\neq i).\end{cases}$$

由 (1), (2), (3) 可以看出, 初等变换后得到的每个方程都是原方程组的线性组合.

9. (1) 线性相关; (2) 线性无关.

10. (1) 线性无关, 相应方阵的行列式为 -30;

(2) 线性无关, 相应方阵的行列式为 -31;

(3) 线性相关, 我们有 $\boldsymbol{a}_1+\boldsymbol{a}_2+\boldsymbol{a}_3-\boldsymbol{a}_4=\mathbf{0}$;

(4) 线性相关, 我们有 $\boldsymbol{a}_1+\boldsymbol{a}_2+\boldsymbol{a}_3+\boldsymbol{a}_4=\mathbf{0}$.

11. 设所求的平面方程为 $\pi: Ax+By+Cz+D=0$. 由于平面 π_1 和 π_2 相交于一条直线, 而所求平面也过该直线, 故线性方程组

$$\begin{cases}A_1x+B_1y+C_1z+D_1=0,\\ A_2x+B_2y+C_2z+D_2=0\end{cases}$$

与

$$\begin{cases}A_1x+B_1y+C_1z+D_1=0,\\ A_2x+B_2y+C_2z+D_2=0,\\ Ax+By+Cz+D=0\end{cases}$$

同解. 即向量组

$$\{(A_1,B_1,C_1,D_1)^{\mathrm{T}},(A_2,B_2,C_2,D_2)^{\mathrm{T}}\}$$

与向量组

$$\{(A_1,B_1,C_1,D_1)^{\mathrm{T}},(A_2,B_2,C_2,D_2)^{\mathrm{T}},(A,B,C,D)^{\mathrm{T}}\}$$

等价. 故 $(A,B,C,D)^{\mathrm{T}}$ 可以由 $(A_1,B_1,C_1,D_1)^{\mathrm{T}}$ 和 $(A_2,B_2,C_2,D_2)^{\mathrm{T}}$ 线性表示, 即平面 π 的方程具有形式

$$\lambda(A_1x+B_1y+C_1z+D_1)+\mu(A_2x+B_2y+C_2z+D_2)=0.$$

显然, 其中的 λ,μ 不全为 0.

12. (1) 错误. 例如, 取 $\boldsymbol{\alpha}_1=(0,0),\boldsymbol{\alpha}_2=(1,0)$, 则 $\boldsymbol{\alpha}_1$ 与 $\boldsymbol{\alpha}_2$ 线性相关, 但 $\boldsymbol{\alpha}_2$ 不能由 $\boldsymbol{\alpha}_1$ 线性表示.

(2) 错误. 例如, 考虑平面上 (1, 0), (0, 1) 和 (1, 1) 构成的向量组.

(3) 正确. 可以用反证法.

(4) 正确. 可以写成方程组形式 (未知数的个数大于方程的个数).

(5) 错误. 与 s 的奇偶性有关.

(6) 正确. 当 s 为偶数时, $(\boldsymbol{\alpha}_1+\boldsymbol{\alpha}_2)+(\boldsymbol{\alpha}_3+\boldsymbol{\alpha}_4)+\cdots+(\boldsymbol{\alpha}_{s-1}+\boldsymbol{\alpha}_s)=(\boldsymbol{\alpha}_2+\boldsymbol{\alpha}_3)+(\boldsymbol{\alpha}_4+\boldsymbol{\alpha}_5)+\cdots+(\boldsymbol{\alpha}_{s-2}+\boldsymbol{\alpha}_{s-1})+(\boldsymbol{\alpha}_s+\boldsymbol{\alpha}_1)$; 当 s 为奇数时, $\boldsymbol{\alpha}_1+\boldsymbol{\alpha}_2,\boldsymbol{\alpha}_2+\boldsymbol{\alpha}_3,\cdots,\boldsymbol{\alpha}_s+\boldsymbol{\alpha}_1$ 与向量组 $\boldsymbol{\alpha}_1,\boldsymbol{\alpha}_2,\cdots,\boldsymbol{\alpha}_s$ 等价.

(7) 正确.

(8) 错误. 例如, $\boldsymbol{\alpha}_1=(2,0),\boldsymbol{\alpha}_2=(1,0)$ 线性相关, 加长后, 得 $\boldsymbol{\beta}_1=(2,0,1),\boldsymbol{\beta}_2=(1,0,1)$ 线性无关.

13. 提示: 由题意可知存在一组不全为零的常数 $\lambda_1,\cdots,\lambda_{n+1}$, 使得 $\lambda_1\boldsymbol{a}_1+\cdots+\lambda_n\boldsymbol{a}_n+\lambda_{n+1}\boldsymbol{b}=\mathbf{0}$ 且 $\lambda_{n+1}\neq 0$, 故 $\boldsymbol{b}$ 可以表示成 $\boldsymbol{a}_1,\cdots,\boldsymbol{a}_n$ 的线性组合. 利用反证法证其唯一性.

14. 提示: 利用第 8 题和第 13 题的结论.

15. 必要性显然. 下证充分性 (利用反证法): 若 $\boldsymbol{\alpha}_1,\cdots,\boldsymbol{\alpha}_s$ 线性相关, 则存在一组不全为零的常数 $\lambda_1,\cdots,\lambda_s$, 使得 $\lambda_1\boldsymbol{\alpha}_1+\cdots+\lambda_s\boldsymbol{\alpha}_s=\mathbf{0}$. 令 $k=\max\{i\mid\lambda_i\neq 0\}$, 因此 $\lambda_1\boldsymbol{\alpha}_1+\cdots+\lambda_k\boldsymbol{\alpha}_k=\mathbf{0}$, 故 $\boldsymbol{\alpha}_k$ 可以用它前面的向量线性表示, 矛盾.

16. 反证法. 若 $\boldsymbol{\alpha}_1,\cdots,\boldsymbol{\alpha}_{i-1},\boldsymbol{\beta},\boldsymbol{\alpha}_{i+1},\cdots,\boldsymbol{\alpha}_s$ 线性相关, 则存在一组不全为零的常数 $\mu_1,\cdots,\mu_s$, 使得 $\mu_1\boldsymbol{\alpha}_1+\cdots+\mu_{i-1}\boldsymbol{\alpha}_{i-1}+\mu_i\boldsymbol{\beta}+\mu_{i+1}\boldsymbol{\alpha}_{i+1}+\cdots+\mu_s\boldsymbol{\alpha}_s=\mathbf{0}$. 由于 $\boldsymbol{\alpha}_1,\cdots,\boldsymbol{\alpha}_{i-1},\boldsymbol{\alpha}_{i+1},\cdots,\boldsymbol{\alpha}_s$ 线性无关, 必有 $\mu_i\neq 0$. 代入 $\boldsymbol{\beta}$, 得到 $(\mu_1+\lambda_1\mu_i)\boldsymbol{\alpha}_1+\cdots+(\mu_{i-1}+\lambda_{i-1}\mu_i)\boldsymbol{\alpha}_{i-1}+\lambda_i\mu_i\boldsymbol{\alpha}_i+(\mu_{i+1}+\lambda_{i+1}\mu_i)\boldsymbol{\alpha}_{i+1}+\cdots+(\mu_s+\lambda_s\mu_i)\boldsymbol{\alpha}_s=\mathbf{0}$. 又由于 $\lambda_i\mu_i\neq 0$, 这与 $\boldsymbol{\alpha}_1,\cdots,\boldsymbol{\alpha}_s$ 线性无关的假设相矛盾.

17. $r=\operatorname{rank}(\boldsymbol{\alpha}_1,\cdots,\boldsymbol{\alpha}_r)\leqslant\operatorname{rank}(\boldsymbol{\beta}_1,\cdots,\boldsymbol{\beta}_r)\leqslant r$.

18. 略.

19. (1) 秩为 2, 极大无关组为 $\{\boldsymbol{a}_1,\boldsymbol{a}_3\}$ 和 $\{\boldsymbol{a}_2,\boldsymbol{a}_3\}$;

(2) 秩为 3, 极大无关组为 $\{\boldsymbol{a}_1,\boldsymbol{a}_2,\boldsymbol{a}_5\}$, $\{\boldsymbol{a}_1,\boldsymbol{a}_3,\boldsymbol{a}_5\}$, $\{\boldsymbol{a}_2,\boldsymbol{a}_4,\boldsymbol{a}_5\}$ 和 $\{\boldsymbol{a}_3,\boldsymbol{a}_4,\boldsymbol{a}_5\}$;

(3) 秩为 2, 极大无关组为 $\{\boldsymbol{a}_1,\boldsymbol{a}_2\}$, $\{\boldsymbol{a}_1,\boldsymbol{a}_3\}$, $\{\boldsymbol{a}_1,\boldsymbol{a}_4\}$, $\{\boldsymbol{a}_1,\boldsymbol{a}_5\}$, $\{\boldsymbol{a}_2,\boldsymbol{a}_3\}$, $\{\boldsymbol{a}_2,\boldsymbol{a}_4\}$, $\{\boldsymbol{a}_2,\boldsymbol{a}_5\}$, $\{\boldsymbol{a}_3,\boldsymbol{a}_5\}$ 和 $\{\boldsymbol{a}_4,\boldsymbol{a}_5\}$.

20. (1) 秩为 3. 若 $\boldsymbol{a}_1,\boldsymbol{a}_2,\boldsymbol{a}_3,\boldsymbol{a}_4$ 依次为矩阵的行向量, 则 $\boldsymbol{a}_1,\boldsymbol{a}_2,\boldsymbol{a}_3$ 是一组基.

(2) 秩为 2. 若 $\boldsymbol{a}_1,\boldsymbol{a}_2,\boldsymbol{a}_3,\boldsymbol{a}_4$ 依次为矩阵的行向量, 则 $\boldsymbol{a}_1,\boldsymbol{a}_2$ 是一组基.

21. 由教材中的定理 5.3.2 知一个向量组与它的任何一个极大无关组等价, 因此结论成立.

22. 提示: 根据极大无关组的定义证明即可.

23. 设这 r 个向量为 $\boldsymbol{\alpha}_{i_1},\cdots,\boldsymbol{\alpha}_{i_r}$. 为了证明其为极大无关组, 只需证其线性无关. $r=\operatorname{rank}(\boldsymbol{\alpha}_1,\cdots,\boldsymbol{\alpha}_m)\leqslant\operatorname{rank}(\boldsymbol{\alpha}_{i_1},\cdots,\boldsymbol{\alpha}_{i_r})\leqslant r$.

24. 设 $\boldsymbol{\alpha}_1,\cdots,\boldsymbol{\alpha}_r$ 的极大无关组为 $\boldsymbol{\alpha}_{i_1},\cdots,\boldsymbol{\alpha}_{i_{t_1}}$, $\boldsymbol{\beta}_1,\cdots,\boldsymbol{\beta}_s$ 的极大无关组为 $\boldsymbol{\beta}_{i_1},\cdots,\boldsymbol{\beta}_{i_{t_2}}$. 则

$$\begin{aligned}\operatorname{rank}(\boldsymbol{\alpha}_1,\cdots,\boldsymbol{\alpha}_r,\boldsymbol{\beta}_1,\cdots,\boldsymbol{\beta}_s)&=\operatorname{rank}(\boldsymbol{\alpha}_{i_1},\cdots,\boldsymbol{\alpha}_{i_{t_1}},\boldsymbol{\beta}_{i_1},\cdots,\boldsymbol{\beta}_{i_{t_2}})\leqslant t_1+t_2\\&=\operatorname{rank}(\boldsymbol{\alpha}_1,\cdots,\boldsymbol{\alpha}_r)+\operatorname{rank}(\boldsymbol{\beta}_1,\cdots,\boldsymbol{\beta}_s).\end{aligned}$$

25. 提示: 考虑以 $\boldsymbol{A}$ 为系数矩阵的齐次线性方程组, 并利用 $\boldsymbol{A}$ 的秩与 $\boldsymbol{A}$ 的行 (列) 秩相等这一事实.

26. 线性无关的向量组的加长向量组仍线性无关.

27. 设 $\boldsymbol{A}=(\boldsymbol{\alpha}_1,\cdots,\boldsymbol{\alpha}_m)$, $\boldsymbol{B}=(\boldsymbol{\beta}_1,\cdots,\boldsymbol{\beta}_m)$, 而向量组 $\boldsymbol{\alpha}_1,\cdots,\boldsymbol{\alpha}_m$ 有极大无关组 $\boldsymbol{\alpha}_{i_1},\cdots,\boldsymbol{\alpha}_{i_s}$, 向量组 $\boldsymbol{\beta}_1,\cdots,\boldsymbol{\beta}_m$ 有极大无关组 $\boldsymbol{\beta}_{i_1},\cdots,\boldsymbol{\beta}_{i_r}$. 则

$$\begin{aligned}\operatorname{rank}(\boldsymbol{\alpha}_1+\boldsymbol{\beta}_1,\cdots,\boldsymbol{\alpha}_m+\boldsymbol{\beta}_m)&\leqslant\operatorname{rank}(\boldsymbol{\alpha}_{i_1},\cdots,\boldsymbol{\alpha}_{i_s},\boldsymbol{\beta}_{i_1},\cdots,\boldsymbol{\beta}_{i_r})\\&\leqslant s+r=\operatorname{rank}(\boldsymbol{\alpha}_1,\cdots,\boldsymbol{\alpha}_m)+\operatorname{rank}(\boldsymbol{\beta}_1,\cdots,\boldsymbol{\beta}_m).\end{aligned}$$

28. 提示: 证明类似于第 2 题, 并结合子空间的定义.

29. 提示: 向量组与其极大无关组可以相互线性表示.

30. 若线性方程组 $x_1\boldsymbol{a}_1+\cdots+x_m\boldsymbol{a}_m=\boldsymbol{b}$ 有解, 则 $\boldsymbol{b}$ 是 $\boldsymbol{a}_1,\cdots,\boldsymbol{a}_m$ 的线性组合; 反之, 亦成立. 对于第二个等价关系, 显然 $\langle\boldsymbol{a}_1,\cdots,\boldsymbol{a}_m\rangle\subseteq\langle\boldsymbol{a}_1,\cdots,\boldsymbol{a}_m,\boldsymbol{b}\rangle$, 故只需再证 $\langle\boldsymbol{a}_1,\cdots,\boldsymbol{a}_m,\boldsymbol{b}\rangle\subseteq\langle\boldsymbol{a}_1,\cdots,\boldsymbol{a}_m\rangle$ 成立即可.

31. (必要性.) 由 $n=\operatorname{rank}(\boldsymbol{\beta}_1,\cdots,\boldsymbol{\beta}_n)\leqslant\operatorname{rank}(\boldsymbol{T})\leqslant n$, 知 $\operatorname{rank}(\boldsymbol{T})=n$.

(充分性.) 若 $\boldsymbol{T}$ 为可逆方阵, 则 $(\boldsymbol{\alpha}_1,\cdots,\boldsymbol{\alpha}_n)=(\boldsymbol{\beta}_1,\cdots,\boldsymbol{\beta}_n)\boldsymbol{T}^{-1}$. 因此 $n=\operatorname{rank}(\boldsymbol{\alpha}_1,\cdots,\boldsymbol{\alpha}_n)\leqslant\operatorname{rank}(\boldsymbol{\beta}_1,\cdots,\boldsymbol{\beta}_n)\leqslant n$, 则 $\operatorname{rank}(\boldsymbol{\beta}_1,\cdots,\boldsymbol{\beta}_n)=n$.

32. 略.

33. 略.

34. 坐标为 $(-76,41,-16)$.

35. (1) $\boldsymbol{\alpha}_1,\boldsymbol{\alpha}_2,\boldsymbol{e}_3,\boldsymbol{e}_4$ 为 $\mathbf{R}^4$ 的一组基, 其中 $\boldsymbol{e}_3=(0,0,1,0)$, $\boldsymbol{e}_4=(0,0,0,1)$.

(2) 标准基在该组基下的表示为

$$\begin{pmatrix}\dfrac{3}{5}&-\dfrac{2}{5}&0&0\\-\dfrac{2}{5}&\dfrac{3}{5}&0&0\\\dfrac{3}{5}&-\dfrac{2}{5}&1&0\\-\dfrac{14}{5}&\dfrac{11}{5}&0&1\end{pmatrix}.$$

(3) 坐标为 $\left(-\dfrac{3}{5},\dfrac{7}{5},\dfrac{17}{5},\dfrac{9}{5}\right)$.

36. 设 $\boldsymbol{\alpha}=(x,y,z)$ 绕 $\boldsymbol{e}$ 旋转 $-\theta$ 角后得到向量 $\boldsymbol{\alpha}'=(x',y',z')$. 则问题等价于求 x,y,z 与 x',y',z' 之间的关系.

思路 1: 设 $\boldsymbol{\alpha}''=\mathrm{Proj}_{\boldsymbol{e}}\boldsymbol{\alpha}$ 为 $\boldsymbol{\alpha}$ 在 $\boldsymbol{e}$ 上的投影, 则由题意可得

$$\begin{cases}|\boldsymbol{\alpha}|=|\boldsymbol{\alpha}'|,\\ \boldsymbol{\alpha}''=\mathrm{Proj}_{\boldsymbol{e}}\boldsymbol{\alpha}',\\ \cos\theta=\dfrac{(\boldsymbol{\alpha}-\boldsymbol{\alpha}'')\cdot(\boldsymbol{\alpha}'-\boldsymbol{\alpha}'')}{|\boldsymbol{\alpha}-\boldsymbol{\alpha}''||\boldsymbol{\alpha}'-\boldsymbol{\alpha}''|}.\end{cases}$$

由这 3 个条件可解出 x',y',z' 与 x,y,z 之间的关系.

需要注意的是, 由于题中没有特别要求沿 $\boldsymbol{e}$ 的正方向作逆时针旋转, 因此我们利用向量的内积和 $\cos\theta$ 建立方程, 并且一般会得到两个不同的解. 如果只需考虑逆时针旋转的情形, 则上述方程中需要添加一个利用向量的外积和 $\sin\theta$ 建立的类似方程.

思路 2: 这里需要了解一些第 7 章的知识. 不难找到空间的一组标准正交基 $\boldsymbol{e}_1',\boldsymbol{e}_2',\boldsymbol{e}_3'=\boldsymbol{e}$. 适当调整 $\boldsymbol{e}_1'$ 与 $\boldsymbol{e}_2'$ 的顺序后, 不妨设 $[O;\boldsymbol{e}_1',\boldsymbol{e}_2',\boldsymbol{e}_3']$ 是右手系, 则我们可以写出两个坐标系下的坐标变换公式. 此时考虑以 $\boldsymbol{e}_3'$ 为轴旋转 $-\theta$ 角的变换. 该变换不改变对应于 $\boldsymbol{e}_3'$ 的第 3 个坐标, 我们可以轻松地写出相应的坐标变换公式. 最后, 将这两个坐标变换公式联立考虑即可.

37. 基础解系的个数为 $n-(n-1)=1$. 设 $\boldsymbol{A}_{(n-1)\times n}=(a_{ij})_{(n-1)\times n}$, 将 $\boldsymbol{A}$ 加一行扩充为 $\boldsymbol{B}_{n\times n}$, 且 $\mathrm{rank}(\boldsymbol{B})=n-1$. 对于 $\boldsymbol{B}$, 设第 n 行的代数余子式为 $\boldsymbol{B}_{n1},\cdots,\boldsymbol{B}_{nn}$, 则 $a_{i1}\boldsymbol{B}_{n1}+\cdots+a_{in}\boldsymbol{B}_{nn}=0(i=1,\cdots,n-1)$. 所以 $\boldsymbol{\alpha}=(\boldsymbol{B}_{n1},\cdots,\boldsymbol{B}_{nn})^{\mathrm{T}}\neq 0$ 为齐次方程组的一个解. 故该齐次线性方程组的基础解系为 $\boldsymbol{\alpha}=(\boldsymbol{B}_{n1},\cdots,\boldsymbol{B}_{nn})^{\mathrm{T}}$.

38. 充要条件是 $\lambda_1+\cdots+\lambda_s=1$.

39. 充要条件是

$$\mathrm{rank}\begin{pmatrix}a_1&b_1&c_1\\a_2&b_2&c_2\\a_3&b_3&c_3\end{pmatrix}=\mathrm{rank}\begin{pmatrix}a_1&b_1&c_1&d_1\\a_2&b_2&c_2&d_2\\a_3&b_3&c_3&d_3\end{pmatrix}=2.$$

40. (1) 基础解系为 $\boldsymbol{\alpha}_1=\left(-\dfrac{5}{14},\dfrac{3}{14},1,0\right)^{\mathrm{T}},\boldsymbol{\alpha}_2=\left(\dfrac{1}{2},-\dfrac{1}{2},0,1\right)^{\mathrm{T}}$, 通解为 $t_1\boldsymbol{\alpha}_1+t_2\boldsymbol{\alpha}_1$, 其中 t_1,t_2 为任意参数;

(2) 基础解系为 $\boldsymbol{\alpha}_1=(-1,-1,1,1,0)^{\mathrm{T}},\boldsymbol{\alpha}_2=(2,2,0,0,1)^{\mathrm{T}}$, 通解为 $t_1\boldsymbol{\alpha}_1+t_2\boldsymbol{\alpha}_1$, 其中 t_1,t_2 为任意参数.

41. 设所求方程组的系数矩阵为 $\boldsymbol{A}$, 由已知 $\boldsymbol{A}(\boldsymbol{\eta}_1,\boldsymbol{\eta}_2)=\boldsymbol{0}$, 转置可得 $(\boldsymbol{\eta}_1,\boldsymbol{\eta}_2)^{\mathrm{T}}\boldsymbol{A}^{\mathrm{T}}=\boldsymbol{0}$, 此等式可以理解为 $\boldsymbol{A}^{\mathrm{T}}$ 的列向量为齐次线性方程组 $(\boldsymbol{\eta}_1,\boldsymbol{\eta}_2)^{\mathrm{T}}\boldsymbol{X}=\boldsymbol{0}$ 的解. 求得一个满足条件的 $\boldsymbol{A}$:

$$\boldsymbol{A}=\begin{pmatrix}-5&1&1&0&0\\-4&1&0&1&0\\1&-1&0&0&1\end{pmatrix}.$$

42. 略.

43. (1) 不构成线性空间. 对于 $\lambda(x,y)+\mu(x,y)=(x,y)+(x,y)=2(x,y)$, $(\lambda+\mu)(x,y)=(x,y)$, 两者不等.

(2) 构成线性空间.

(3) 不构成线性空间. 对加法不封闭.

(4) 不构成线性空间. 对加法不封闭.

44. (1) 线性无关; (2) 线性无关; (3) 线性相关; (4) 线性相关; (5) 线性无关.

45. 略.

46. (1) 基 S 与基 T 之间的过渡矩阵可逆, 由第 31 题可得结论.

(2) 基 S 到基 T 之间的过渡矩阵为

$$\begin{pmatrix} C_0^0 & C_1^0 & C_2^0 & \cdots & C_n^0 \\ 0 & C_1^1 & C_2^1 & \cdots & C_n^1 \\ 0 & 0 & C_2^2 & \cdots & C_n^2 \\ \vdots & \vdots & \vdots & \ddots & \vdots \\ 0 & 0 & 0 & \cdots & C_n^n \end{pmatrix}.$$

(3) 坐标为 $\left(\sum_{k=0}^{n} C_k^0 a_k, \sum_{k=1}^{n} C_k^1 a_k, \cdots, \sum_{k=n}^{n} C_k^n a_k\right)$.

47. 提示: $\boldsymbol{E}_{ii}(i=1,\cdots,n), \boldsymbol{E}_{ij}+\boldsymbol{E}_{ji}(1 \leqslant i \neq j \leqslant n)$ 构成 V 的一组基, 故 $\dim(V)=\dfrac{n(n+1)}{2}$.

48. 提示: $\boldsymbol{I}, \boldsymbol{A}, \boldsymbol{A}^{-1}$ 构成 V 的一组基, 故 $\dim(V)=3$.

49. 提示: $\boldsymbol{E}_{ii}-\boldsymbol{E}_{nn}(i=1,\cdots,n-1), \boldsymbol{E}_{ij}(1 \leqslant i \neq j \leqslant n)$ 构成 W 的一组基, 故 $\dim(W)=n^2-1$.

50*. 略.

51*. 提示: 设 V_1 是线性空间 V 的子空间, 即证明存在子空间 V_2, 使得 $V=V_1 \oplus V_2$ 成立. 若 V_1 是零子空间, 取 $V_2=V$, 则 $V_1 \cap V_2=\{0\}$, 且 $V=V_1+V_2$, 因此 $V=V_1 \oplus V_2$. 若 V_1 不是零子空间, 设 $\dim(V_1)=r, \dim(V)=n$. 另设 V_1 的一组基为 $\boldsymbol{\alpha}_1, \cdots, \boldsymbol{\alpha}_r$, 将其扩充为 V 的一组基 $\boldsymbol{\alpha}_1, \cdots, \boldsymbol{\alpha}_r, \boldsymbol{\alpha}_{r+1}, \cdots, \boldsymbol{\alpha}_n$. 取 $V_2=\langle \boldsymbol{\alpha}_{r+1}, \cdots, \boldsymbol{\alpha}_n \rangle$, 证明 $V=V_1 \oplus V_2$ 成立即可.

习 题 6

1. (1) 不是线性变换. 例如:

$$\mathscr{A}((1,0)+(1,0))=(2,4),$$
$$\mathscr{A}((1,0))+\mathscr{A}((1,0))=(1,1)+(1,1)=(2,2).$$

(2) 不是线性变换. 例如:

$$\mathscr{A}((0,0,0)+(0,0,0))=(0,0,1),$$

$$\mathscr{A}((0,0,0))+\mathscr{A}((0,0,0))=(0,0,1)+(0,0,1)=(0,0,2).$$

(3) 是线性变换.

(4) 若 $\boldsymbol{\alpha}=\mathbf{0}$, 则是线性变换; 若 $\boldsymbol{\alpha}\neq\mathbf{0}$, 则不是线性变换.

2. (1) $\begin{pmatrix}1&0&0\\0&1&0\\0&0&0\end{pmatrix}$; (2) $\begin{pmatrix}0&1&0&\cdots&0\\0&0&1&\cdots&0\\\vdots&\vdots&\vdots&\ddots&\vdots\\0&0&0&\cdots&1\\0&0&0&\cdots&0\end{pmatrix}$; (3) $\begin{pmatrix}a&b&1&0\\-b&a&0&1\\0&0&a&b\\0&0&-b&a\end{pmatrix}$;

(4) 设 $\boldsymbol{A}=\begin{pmatrix}x_{11}&x_{12}\\x_{21}&x_{22}\end{pmatrix}$, 所求矩阵为 $\begin{pmatrix}0&-x_{21}&x_{12}&0\\-x_{12}&x_{11}-x_{22}&0&x_{12}\\x_{21}&0&x_{22}-x_{11}&-x_{21}\\0&x_{21}&-x_{12}&0\end{pmatrix}$.

3. $\begin{pmatrix}1&2&0\\1&0&-3\\0&2&-1\end{pmatrix}$.

4. 分别为 $\begin{pmatrix}-1&-1&2\\1&-3&3\\-1&-5&5\end{pmatrix}$, $\begin{pmatrix}2&0&-2\\1&-1&1\\2&1&0\end{pmatrix}$.

5. 提示: 证明 $\boldsymbol{\alpha},\mathscr{A}(\boldsymbol{\alpha}),\mathscr{A}^2(\boldsymbol{\alpha}),\cdots,\mathscr{A}^{n-1}(\boldsymbol{\alpha})$ 线性无关 (反证法), 可作为 V 的一组基, 且 $\mathscr{A}$ 在该组基下的矩阵为题目所给矩阵.

6. 设 $\boldsymbol{\alpha}\in V$ 在基 $\boldsymbol{\alpha}_1,\boldsymbol{\alpha}_2,\cdots,\boldsymbol{\alpha}_n$ 下的坐标为 $(a_1,\cdots,a_n)$. 定义变换

$$\mathscr{A}:V\to V,\quad \boldsymbol{\alpha}\mapsto a_1\boldsymbol{\beta}_1+\cdots+a_n\boldsymbol{\beta}_n.$$

需证变换 $\mathscr{A}$ 为线性变换, 即证:

(1) 对任意的 $\boldsymbol{\alpha},\boldsymbol{\beta}\in V$, $\mathscr{A}(\boldsymbol{\alpha}+\boldsymbol{\beta})=\mathscr{A}(\boldsymbol{\alpha})+\mathscr{A}(\boldsymbol{\beta})$;

(2) 对任意的 $\lambda\in F,\boldsymbol{\alpha}\in V$, $\mathscr{A}(\lambda\boldsymbol{\alpha})=\lambda\mathscr{A}(\boldsymbol{\alpha})$.

显然, $\boldsymbol{\alpha}_i$ 在基 $\boldsymbol{\alpha}_1,\boldsymbol{\alpha}_2,\cdots,\boldsymbol{\alpha}_n$ 下的坐标为 $(0,\cdots,0,1,0,\cdots,0)^{\mathrm{T}}$, 其中 1 在第 i 个位置. 则 $\mathscr{A}(\boldsymbol{\alpha}_i)=\boldsymbol{\beta}_i\,(i=1,2,\cdots,n)$, 即 $\mathscr{A}$ 为满足条件的线性变换.

7. $\begin{pmatrix}1&0\\-4&2\end{pmatrix}$.

8. (1) $\begin{pmatrix}5&2&1\\3&1&2\\3&-1&0\end{pmatrix}$; (2) $\begin{pmatrix}1&5&-1\\\dfrac{1}{2}&\dfrac{9}{2}&-\dfrac{7}{2}\\-\dfrac{3}{2}&-\dfrac{3}{2}&\dfrac{1}{2}\end{pmatrix}$.

9. 皆为 $\begin{pmatrix} -\dfrac{3}{2} & -3 & -1 \\ \dfrac{1}{2} & 1 & 0 \\ \dfrac{5}{2} & 8 & 4 \end{pmatrix}$.

10. 存在可逆方阵 $\boldsymbol{P},\boldsymbol{Q}$, 使得 $\boldsymbol{B}=\boldsymbol{P}^{-1}\boldsymbol{A}\boldsymbol{P},\boldsymbol{D}=\boldsymbol{Q}^{-1}\boldsymbol{C}\boldsymbol{Q}$, 则

$$\begin{pmatrix} \boldsymbol{B} & \boldsymbol{O} \\ \boldsymbol{O} & \boldsymbol{D} \end{pmatrix} = \begin{pmatrix} \boldsymbol{P}^{-1} & \boldsymbol{O} \\ \boldsymbol{O} & \boldsymbol{Q}^{-1} \end{pmatrix} \begin{pmatrix} \boldsymbol{A} & \boldsymbol{O} \\ \boldsymbol{O} & \boldsymbol{C} \end{pmatrix} \begin{pmatrix} \boldsymbol{P} & \boldsymbol{O} \\ \boldsymbol{O} & \boldsymbol{Q} \end{pmatrix}.$$

11. (1) 若存在可逆方阵 $\boldsymbol{T}$, 使得 $\boldsymbol{B}=\boldsymbol{T}^{-1}\boldsymbol{A}\boldsymbol{T}$, 则

$$\begin{aligned} \boldsymbol{B}^k &= (\boldsymbol{T}^{-1}\boldsymbol{A}\boldsymbol{T})^k = (\boldsymbol{T}^{-1}\boldsymbol{A}\boldsymbol{T})\cdot(\boldsymbol{T}^{-1}\boldsymbol{A}\boldsymbol{T})\cdots(\boldsymbol{T}^{-1}\boldsymbol{A}\boldsymbol{T}) \\ &= \boldsymbol{T}^{-1}\boldsymbol{A}^k\boldsymbol{T}. \end{aligned}$$

(2) 利用 (1) 的证明.

12. (1) 设 $\boldsymbol{A}$ 的所有特征值为 $\lambda_i\ (i=1,\cdots,n)$. 则由 $\boldsymbol{A}$ 可逆知 $\det(\boldsymbol{A})=\lambda_1\cdots\lambda_n\neq 0$, 即 $\lambda_i\neq 0\ (i=1,\cdots,n)$.

(2) 设 λ 为 $\boldsymbol{A}$ 的特征值, $\boldsymbol{X}$ 为相应的特征向量, 则 $\boldsymbol{A}\boldsymbol{X}=\lambda\boldsymbol{X}$, 从而 $\boldsymbol{X}=\boldsymbol{A}^{-1}\boldsymbol{A}\boldsymbol{X}=\lambda\boldsymbol{A}^{-1}\boldsymbol{X}$, 即 $\boldsymbol{A}^{-1}\boldsymbol{X}=\dfrac{1}{\lambda}\boldsymbol{X}$.

13. (1) 设 $\boldsymbol{A}$ 的特征值为 λ, $\boldsymbol{X}$ 为相应的特征向量, 则 $\boldsymbol{X}=\boldsymbol{A}^2\boldsymbol{X}=\lambda^2\boldsymbol{X}$, 有 $(\lambda^2-1)\boldsymbol{X}=\boldsymbol{0}$. 又由于 $\boldsymbol{X}\neq\boldsymbol{0}$, 则 $\lambda^2-1=0$, 因此 λ 只能为 ± 1.

(2) $\boldsymbol{A}\boldsymbol{X}=\lambda\boldsymbol{X}$.

$$\boldsymbol{0}=\overline{\boldsymbol{X}}^{\mathrm{T}}(\boldsymbol{A}+\boldsymbol{A}^{\mathrm{T}})\boldsymbol{X}=\overline{\boldsymbol{X}}^{\mathrm{T}}(\boldsymbol{A}\boldsymbol{X})+(\overline{\boldsymbol{X}}^{\mathrm{T}}\boldsymbol{A}^{\mathrm{T}})\boldsymbol{X}=(\lambda+\bar{\lambda})\overline{\boldsymbol{X}}^{\mathrm{T}}\boldsymbol{X}=\boldsymbol{0},$$

由于 $\boldsymbol{X}$ 为非零向量, 则 $\overline{\boldsymbol{X}}^{\mathrm{T}}\boldsymbol{X}\neq\boldsymbol{0}$, 从而 $\lambda+\bar{\lambda}=0$.

14. 提示: (反证法) 利用对应不同特征值的特征向量线性无关, 得出矛盾.

15. (1) 特征值为 $\mathrm{i}a,-\mathrm{i}a$; 对应的特征向量为 $(-\mathrm{i},1)^{\mathrm{T}},(\mathrm{i},1)^{\mathrm{T}}$.

(2) 特征值为 $\cos\theta+\mathrm{i}\sin\theta,\cos\theta-\mathrm{i}\sin\theta$; 对应的特征向量为 $(\mathrm{i},1)^{\mathrm{T}},(-\mathrm{i},1)^{\mathrm{T}}$.

(3) 特征值为 $-1,1$(2 重); 对应的特征向量为 $(-1,0,1)^{\mathrm{T}},(0,1,1)^{\mathrm{T}},(1,0,1)^{\mathrm{T}}$.

(4) 特征值为 $-2,2$(3 重); 对应的特征向量为 $(-1,1,1,1)^{\mathrm{T}},(1,0,0,1)^{\mathrm{T}}$, $(1,0,1,0)^{\mathrm{T}}$, $(1,1,0,0)^{\mathrm{T}}$.

16. 特征值为 $2,\dfrac{5+\sqrt{17}}{2},\dfrac{5-\sqrt{17}}{2}$; 对应的特征向量为 $(0,-3,1)^{\mathrm{T}}$, $\left(\dfrac{1+\sqrt{17}}{2},1,1\right)^{\mathrm{T}}$ $\left(\dfrac{1-\sqrt{17}}{2},1,1\right)^{\mathrm{T}}$.

17. 从相似于上三角矩阵出发，我们可以看出 $\boldsymbol{A}^2$ 的全部特征值为 $\lambda_i^2\ (i=1,\cdots,n)$.

从而 $\sum_{i=1}^{n}\lambda_i^2=\operatorname{tr}(\boldsymbol{A}^2)=\sum_{i,j=1}^{n}a_{ij}a_{ji}$.

18. (1) 可对角化. 若 $\boldsymbol{T}=\begin{pmatrix}0&0&1\\1&1&-1\\1&-2&0\end{pmatrix}$, 则 $\boldsymbol{T}^{-1}\boldsymbol{AT}=\begin{pmatrix}2&&\\&-1&\\&&-2\end{pmatrix}$.

(2) 可对角化. 若 $\boldsymbol{T}=\begin{pmatrix}-\frac{1}{2}&-1&1\\1&1&0\\-\frac{3}{2}&0&1\end{pmatrix}$, 则 $\boldsymbol{T}^{-1}\boldsymbol{AT}=\begin{pmatrix}6&&\\&2&\\&&2\end{pmatrix}$.

(3) 不可对角化. 因为特征值 1 的几何重数 (1 重) 小于其代数重数 (2 重).

(4) 可对角化. 若 $\boldsymbol{T}=\begin{pmatrix}1&-1&-1\\1&0&1\\1&1&0\end{pmatrix}$, 则 $\boldsymbol{T}^{-1}\boldsymbol{AT}=\begin{pmatrix}4&&\\&1&\\&&1\end{pmatrix}$.

19. x 和 y 应满足的条件是 $x+y=0$.

提示: $\boldsymbol{A}$ 的特征值为 $-1,1(2$ 重). 若 $\boldsymbol{A}$ 有 3 个线性无关的特征向量, 则只需要求特征值 $\lambda=1$ 的几何重数等于代数重数即可.

20. (1) $x=0$, $y=-2$. 提示: 可根据 $\operatorname{tr}(\boldsymbol{A})=\operatorname{tr}(\boldsymbol{B})$ 和 $f_{\boldsymbol{A}}(\lambda)=f_{\boldsymbol{B}}(\lambda)$ 求得.

(2) $\boldsymbol{T}=\begin{pmatrix}0&0&-1\\-2&1&0\\1&1&1\end{pmatrix}$.

21. (1) $\boldsymbol{A}$ 的特征值为 0.

(2) (反证法) 设 $\boldsymbol{A}$ 的所有特征值为 $\lambda_1,\cdots,\lambda_n$. 假设 $\boldsymbol{A}$ 相似于对角阵, 则存在可逆矩阵 $\boldsymbol{T}$, 使得

$$\boldsymbol{T}^{-1}\boldsymbol{AT}=\begin{pmatrix}\lambda_1&&\\&\ddots&\\&&\lambda_n\end{pmatrix},$$

则

$$\boldsymbol{O}=\boldsymbol{T}^{-1}\boldsymbol{A}^m\boldsymbol{T}=\begin{pmatrix}\lambda_1^m&&\\&\ddots&\\&&\lambda_n^m\end{pmatrix}.$$

故 $\lambda_1^m=\cdots=\lambda_n^m=0$. 由此得出 $\boldsymbol{A}=\boldsymbol{O}$, 矛盾.

(3) $\boldsymbol{A}$ 的特征值只能是 0, 故存在可逆矩阵 $\boldsymbol{T}$, 使得 $\boldsymbol{T}^{-1}\boldsymbol{AT}$ 为严格上三角阵:

$$\boldsymbol{T}^{-1}\boldsymbol{AT}=\begin{pmatrix}0&&*\\&\ddots&\\&&0\end{pmatrix}.$$

从而

$$T^{-1}(I+A)T=\begin{pmatrix}1 & & *\\ & \ddots & \\ & & 1\end{pmatrix},$$

故

$$|I+A|=|T^{-1}(I+A)T|=1.$$

22. 存在可逆矩阵 T, 使得

$$T^{-1}AT=\begin{pmatrix}\lambda_1 & & \\ & \ddots & \\ & & \lambda_n\end{pmatrix}.$$

此时

$$T^{-1}ABT=\begin{pmatrix}\lambda_1 & & \\ & \ddots & \\ & & \lambda_n\end{pmatrix}T^{-1}BT,$$

以及

$$T^{-1}BAT=T^{-1}BT\begin{pmatrix}\lambda_1 & & \\ & \ddots & \\ & & \lambda_n\end{pmatrix}.$$

由于与对角线元素互不相等的对角阵乘法可交换的矩阵必为对角阵, 故 $T^{-1}BT$ 为对角阵.

23. 由 $A^2=I$, 知 A 的特征值只能是 ±1. 再证 $\operatorname{rank}(A+I)+\operatorname{rank}(A-I)=n$ 成立即可得到结论. 由 $(A+I)(A-I)=0$, 得 $\operatorname{rank}(A+I)+\operatorname{rank}(A-I)\leqslant n$; 另一方面, 有

$$n=\operatorname{rank}((A+I)-(A-I))\leqslant\operatorname{rank}(A+I)+\operatorname{rank}(A-I).$$

24. 是. A 的特征多项式是 3 次的实系数多项式, 必有一实根. 若 A 不实相似于上三角阵, 则由教材中的定理 6.5.3 的证明知 A 的另外两个特征根是互不相等的复根, 从而 A 的 3 个特征根互不相等, 故必复相似于对角阵.

25. (1) $\begin{pmatrix}3 & & \\ & 1 & \\ & & -2\end{pmatrix}$; (2) $\begin{pmatrix}-1 & 1 & \\ & -1 & 1\\ & & -1\end{pmatrix}$; (3) $\begin{pmatrix}1 & 1 & & \\ & 1 & 1 & \\ & & 1 & 1\\ & & & 1\end{pmatrix}$;

(4) $\operatorname{diag}\left(1,\omega,\omega^2,\cdots,\omega^{n-1}\right)$, 其中 $\omega=\cos\dfrac{2\pi}{n}+\mathrm{i}\sin\dfrac{2\pi}{n}$.

26. 若 $T=\begin{pmatrix}4 & 2 & 1\\ 15 & 10 & 1\\ 10 & 6 & 1\end{pmatrix}$, 则 $T^{-1}AT=\begin{pmatrix}2 & & \\ & 1 & 1\\ & & 1\end{pmatrix}$.

27. 思路 1: 由 $A^2=A$ 知 A 的特征值只能是 1 和 0. 设特征值 1 的个数为 r,

特征值 0 的个数为 $n-r$. 再证 $\operatorname{rank}(\boldsymbol{A})+\operatorname{rank}(\boldsymbol{A}-\boldsymbol{I})=n$ 成立. 由 $\boldsymbol{A}(\boldsymbol{A}-\boldsymbol{I})=0$ 得 $\operatorname{rank}(\boldsymbol{A})+\operatorname{rank}(\boldsymbol{A}-\boldsymbol{I})\leqslant n$; 另一方面, $n=\operatorname{rank}(\boldsymbol{A}-(\boldsymbol{A}-\boldsymbol{I}))\leqslant\operatorname{rank}(\boldsymbol{A})+\operatorname{rank}(\boldsymbol{A}-\boldsymbol{I})$. 故

$$\operatorname{tr}(\boldsymbol{A})=r=\sum 1=n-\operatorname{rank}(\boldsymbol{A}-\boldsymbol{I})=\operatorname{rank}(\boldsymbol{A}).$$

思路 2: 利用相抵标准形. 设 $\boldsymbol{A}=\boldsymbol{P}\begin{pmatrix}\boldsymbol{I}_r & \boldsymbol{O}\\ \boldsymbol{O} & \boldsymbol{O}\end{pmatrix}\boldsymbol{Q}$. 利用 $\boldsymbol{A}^2=\boldsymbol{A}$, 可以得到 $\boldsymbol{QP}=\begin{pmatrix}\boldsymbol{I}_r & *\\ * & *\end{pmatrix}$, 从而

$$\boldsymbol{A}=\boldsymbol{P}\begin{pmatrix}\boldsymbol{I}_r & \boldsymbol{O}\\ \boldsymbol{O} & \boldsymbol{O}\end{pmatrix}\begin{pmatrix}\boldsymbol{I}_r & *\\ * & *\end{pmatrix}\boldsymbol{P}^{-1}=\boldsymbol{P}\begin{pmatrix}\boldsymbol{I}_r & *\\ \boldsymbol{O} & \boldsymbol{O}\end{pmatrix}\boldsymbol{P}^{-1}.$$

28. 系数矩阵 $\boldsymbol{A}$ 与第 26 题中的 $\boldsymbol{A}$ 一样, 则有 $\boldsymbol{T}=\begin{pmatrix}4 & 2 & 1\\ 15 & 10 & 1\\ 10 & 6 & 1\end{pmatrix}$ 使得 $\boldsymbol{T}^{-1}\boldsymbol{AT}=\begin{pmatrix}2 & & \\ & 1 & 1\\ & & 1\end{pmatrix}$. 作线性代换 $(x,y,z)^{\mathrm{T}}=\boldsymbol{T}(x^*,y^*,z^*)^{\mathrm{T}}$, 可以将其化为更简单的常微分方程组, 得到的通解为

$$\begin{pmatrix}x^*\\ y^*\\ z^*\end{pmatrix}=\begin{pmatrix}C_1\mathrm{e}^{2t}\\ C_2\mathrm{e}^t+C_3t\mathrm{e}^t\\ C_3\mathrm{e}^t\end{pmatrix},$$

从而

$$\begin{pmatrix}x\\ y\\ z\end{pmatrix}=\boldsymbol{T}\begin{pmatrix}x^*\\ y^*\\ z^*\end{pmatrix}=\begin{pmatrix}4C_1\mathrm{e}^{2t}+(2C_2+2C_3t+C_3)\mathrm{e}^t\\ 15C_1\mathrm{e}^{2t}+(10C_2+10C_3t+C_3)\mathrm{e}^t\\ 10C_1\mathrm{e}^{2t}+(6C_2+6C_3t+C_3)\mathrm{e}^t\end{pmatrix}.$$

习 题 7

1. 提示: 利用三角不等式.

2. $\boldsymbol{\beta}_1=\boldsymbol{\alpha}_1,\boldsymbol{\beta}_2=\dfrac{\sqrt{2}}{2}\boldsymbol{\alpha}_2,\boldsymbol{\beta}_3=\boldsymbol{\alpha}_1+\boldsymbol{\alpha}_3$, 为一组标准正交基.

3. (1) $|\boldsymbol{\alpha}_1|=\sqrt{7},|\boldsymbol{\alpha}_2|=\sqrt{15},|\boldsymbol{\alpha}_3|=\sqrt{10}$;

$\langle\boldsymbol{\alpha}_1,\boldsymbol{\alpha}_2\rangle=\arccos\dfrac{2\sqrt{105}}{35},\langle\boldsymbol{\alpha}_2,\boldsymbol{\alpha}_3\rangle=\arccos\dfrac{-3\sqrt{6}}{10},\langle\boldsymbol{\alpha}_3,\boldsymbol{\alpha}_1\rangle=\arccos\dfrac{\sqrt{70}}{70}$.

(2) 令 $\boldsymbol{X}=t_1\boldsymbol{X}_1+t_2\boldsymbol{X}_2(t_1,t_2\in F)$, 其中 $\boldsymbol{X}_1=(-5,3,1,0),\boldsymbol{X}_2=(5,-3,0,1)$, 则 $\boldsymbol{X}$ 是与 $\boldsymbol{\alpha}_1,\boldsymbol{\alpha}_2,\boldsymbol{\alpha}_3$ 都正交的向量.

4. (1) $(0,0,1),(0,1,0),(1,0,0)$;

(2) $\dfrac{1}{\sqrt{7}}(1,1,1,2),\dfrac{1}{9\sqrt{21}}(4,4,-38,15),\dfrac{1}{9\sqrt{26898}}(986,743,-133,-798)$.

5. 提示: 正交向量组是线性无关组, 可以添加向量扩充向量, 使得成为 n 维向量空间的一组基, 然后按施密特正交化方法将添加的向量构造为正交基.

6. 提示: (1) 添加向量 $(-2,2,1)$, 构成正交基, 再将其单位化即可;

(2) 添加向量 $(-5,1,2,1),(6,-57,41,5)$, 构成正交基, 再将其单位化即可.

7. 提示: $\boldsymbol{\beta}$ 与 $\boldsymbol{\alpha}_1,\cdots,\boldsymbol{\alpha}_n$ 的线性组合构成的向量作内积, 再按内积性质展开.

8. 提示: 求出基 $\boldsymbol{e}_1,\boldsymbol{e}_2,\boldsymbol{e}_3$ 到 $\boldsymbol{\alpha}_1,\boldsymbol{\alpha}_2,\boldsymbol{\alpha}_3$ 的过渡矩阵 $\boldsymbol{P}$, 验证 $\boldsymbol{P}$ 是正交矩阵, 标准正交基 $\boldsymbol{e}_1,\boldsymbol{e}_2,\boldsymbol{e}_3$ 到标准正交基 $\boldsymbol{\alpha}_1,\boldsymbol{\alpha}_2,\boldsymbol{\alpha}_3$ 的坐标变换矩阵为 $\boldsymbol{P}^{\mathrm{T}}$.

9. 提示: 满足条件的矩阵是每行、每列只有一个 1 的 3 阶矩阵, 共 6 个.

10. 16 阶矩阵.

11. 提示: 直接验证; $\boldsymbol{Q}=\begin{pmatrix}\dfrac{1}{3} & -\dfrac{2}{3} & -\dfrac{2}{3}\\ -\dfrac{2}{3} & \dfrac{1}{3} & -\dfrac{2}{3}\\ -\dfrac{2}{3} & -\dfrac{2}{3} & \dfrac{1}{3}\end{pmatrix}$.

12. 当对角线上元素取 1 或 -1 时.

13. 提示: 按照定义直接验证.

14. 提示: 按照正交矩阵定义计算矩阵元素.

15. $\boldsymbol{P}=\begin{pmatrix}\dfrac{1}{3} & -\dfrac{2}{3} & \dfrac{2}{3}\\ -\dfrac{2}{3} & \dfrac{1}{3} & \dfrac{2}{3}\\ \dfrac{2}{3} & \dfrac{2}{3} & \dfrac{1}{3}\end{pmatrix}$, $\boldsymbol{P}^{-1}\boldsymbol{A}\boldsymbol{P}=\begin{pmatrix}5 & 0 & 0\\ 0 & 2 & 0\\ 0 & 0 & -1\end{pmatrix}$.

$$\boldsymbol{A}^k=\boldsymbol{P}\begin{pmatrix}5^k & 0 & 0\\ 0 & 2^k & 0\\ 0 & 0 & (-1)^k\end{pmatrix}\boldsymbol{P}^{-1}.$$

16. 提示: 直接验证.

17. 提示: 将 $\boldsymbol{x}_1,\boldsymbol{x}_2,\cdots,\boldsymbol{x}_k$ 表示成 $\boldsymbol{e}_1,\boldsymbol{e}_2,\cdots,\boldsymbol{e}_n$ 的线性组合, 作内积 $(\boldsymbol{x}_i,\boldsymbol{x}_j)$.

18. (1) $\boldsymbol{T}=\begin{pmatrix}\dfrac{1}{\sqrt{2}} & -\dfrac{1}{\sqrt{2}}\\ \dfrac{1}{\sqrt{2}} & \dfrac{1}{\sqrt{2}}\end{pmatrix}$, $\boldsymbol{T}^{-1}\boldsymbol{A}\boldsymbol{T}=\begin{pmatrix}1 & 0\\ 0 & 3\end{pmatrix}$;

$$(2)\ \boldsymbol{T}=\begin{pmatrix} -\frac{1}{\sqrt{2}} & -\frac{1}{\sqrt{6}} & \frac{1}{\sqrt{3}} \\ \frac{1}{\sqrt{2}} & -\frac{1}{\sqrt{6}} & \frac{1}{\sqrt{3}} \\ 0 & \frac{2}{\sqrt{6}} & \frac{1}{\sqrt{3}} \end{pmatrix},\ \boldsymbol{T}^{-1}\boldsymbol{A}\boldsymbol{T}=\begin{pmatrix} 1 & 0 & 0 \\ 0 & 1 & 0 \\ 0 & 0 & -2 \end{pmatrix};$$

$$(3)\ \boldsymbol{T}=\begin{pmatrix} \frac{2}{3} & \frac{1}{\sqrt{5}} & -\frac{4}{3\sqrt{5}} \\ \frac{1}{3} & -\frac{2}{\sqrt{5}} & -\frac{2}{3\sqrt{5}} \\ \frac{2}{3} & 0 & \frac{\sqrt{5}}{3} \end{pmatrix},\ \boldsymbol{T}^{-1}\boldsymbol{A}\boldsymbol{T}=\begin{pmatrix} 6 & 0 & 0 \\ 0 & -3 & 0 \\ 0 & 0 & -3 \end{pmatrix};$$

$$(4)\ \boldsymbol{T}=\begin{pmatrix} \frac{2}{3} & \frac{2}{3} & \frac{1}{3} \\ \frac{1}{3} & -\frac{2}{3} & \frac{2}{3} \\ -\frac{2}{3} & \frac{1}{3} & \frac{2}{3} \end{pmatrix},\ \boldsymbol{T}^{-1}\boldsymbol{A}\boldsymbol{T}=\begin{pmatrix} 2 & 0 & 0 \\ 0 & 5 & 0 \\ 0 & 0 & -1 \end{pmatrix}.$$

19. 提示: 按照定义验证.

20. 提示: 证明酉矩阵的特征值的模等于 1, 证明仿照教材中的例 6.3.3 (4).

21. 提示: (1) 设 $\boldsymbol{A}$ 为酉矩阵, 则由 $\boldsymbol{A}\boldsymbol{X}_1=\lambda_1\boldsymbol{X}_1,\boldsymbol{A}\boldsymbol{X}_2=\lambda_2\boldsymbol{X}_2$, 得 $\boldsymbol{X}_2^{\mathrm{H}}\boldsymbol{X}_1=\lambda_1\bar{\lambda}_2\boldsymbol{X}_2^{\mathrm{H}}\boldsymbol{X}_1$, 可得 $\boldsymbol{X}_2^{\mathrm{H}}\boldsymbol{X}_1=0$.

(2) 设 $\boldsymbol{A}$ 为厄米矩阵, 则由 $\boldsymbol{A}\boldsymbol{X}_1=\lambda_1\boldsymbol{X}_1,\boldsymbol{A}\boldsymbol{X}_2=\lambda_2\boldsymbol{X}_2$, 得 $\lambda_1\boldsymbol{X}_2^{\mathrm{H}}\boldsymbol{X}_1=\boldsymbol{X}_2^{\mathrm{H}}\boldsymbol{A}\boldsymbol{X}_1=\bar{\lambda}_2\boldsymbol{X}_2^{\mathrm{H}}\boldsymbol{X}_1$, 可得 $\boldsymbol{X}_2^{\mathrm{H}}\boldsymbol{X}_1=0$.

22. 提示: 按定义证明.

23. (1) $\boldsymbol{I}\pm\mathrm{i}\boldsymbol{A}=\boldsymbol{U}(\mathrm{diag}(1\pm\mathrm{i}\lambda_1,1\pm\mathrm{i}\lambda_2,\cdots,1\pm\mathrm{i}\lambda_n))\boldsymbol{U}^{\mathrm{H}}$.

(2) 和 (3) 直接验证.

24. 提示: $\mathrm{tr}(\boldsymbol{A}\boldsymbol{A}^{\mathrm{H}})=0$, 得 $\boldsymbol{A}$ 所有元素为零.

25. 提示: 由规范矩阵都酉相似于对角阵, 得 $\boldsymbol{A}=\boldsymbol{U}\mathrm{diag}(\lambda_1,\lambda_2,\cdots,\lambda_n)\boldsymbol{U}^{\mathrm{H}}$, 则 $\boldsymbol{A}^{\mathrm{H}}\boldsymbol{A}=\boldsymbol{U}\mathrm{diag}(|\lambda_1|^2,|\lambda_2|^2,\cdots,|\lambda_n|^2)\boldsymbol{U}^{\mathrm{H}}$, 然后再利用矩阵迹相等.

26. 略.

27. 由 $\boldsymbol{M}\boldsymbol{M}^{\mathrm{T}}=\boldsymbol{M}^{\mathrm{T}}\boldsymbol{M}$, 得 $\boldsymbol{A}\boldsymbol{A}^{\mathrm{H}}+\boldsymbol{C}\boldsymbol{C}^{\mathrm{H}}=\boldsymbol{A}^{\mathrm{H}}A$, 又由迹相同可以得到 $\boldsymbol{C}=\boldsymbol{O}$, 从而得到 $\boldsymbol{A},\boldsymbol{B}$ 也是规范阵.

28. 酉矩阵 $\boldsymbol{U}=\begin{pmatrix} \frac{1}{\sqrt{3}} & 0 & -\frac{2}{\sqrt{6}} \\ \frac{\mathrm{i}}{\sqrt{3}} & \frac{1}{\sqrt{2}} & \frac{\mathrm{i}}{\sqrt{6}} \\ \frac{1}{\sqrt{3}} & \frac{\mathrm{i}}{\sqrt{2}} & \frac{1}{\sqrt{6}} \end{pmatrix}$, $\boldsymbol{U}^{-1}\boldsymbol{H}\boldsymbol{U}=\mathrm{diag}(2,-1,-1)$.

习 题 8

1. (1) $\boldsymbol{Q}=\boldsymbol{x}^{\mathrm{T}}\begin{pmatrix}-1 & 2 & \frac{3}{2}\\ 2 & 1 & 2\\ \frac{3}{2} & 2 & 2\end{pmatrix}\boldsymbol{x}$.

(2) $\boldsymbol{Q}=\boldsymbol{x}^{\mathrm{T}}\begin{pmatrix}2 & 1 & 0\\ 1 & 0 & -\frac{1}{2}\\ 0 & -\frac{1}{2} & 0\end{pmatrix}\boldsymbol{x}$.

(3) $\boldsymbol{Q}=\boldsymbol{x}^{\mathrm{T}}\begin{pmatrix}0 & \frac{1}{2} & \frac{3}{2} & \frac{5}{2}\\ \frac{1}{2} & 0 & 3 & \frac{7}{2}\\ \frac{3}{2} & 3 & 0 & 5\\ \frac{5}{2} & \frac{7}{2} & 5 & 0\end{pmatrix}\boldsymbol{x}$.

(4) 当 $n\geqslant 4$ 时, $\boldsymbol{Q}=\boldsymbol{x}^{\mathrm{T}}\begin{pmatrix}1 & 0 & -1 & & & & \\ 0 & 1 & 0 & \ddots & & & \\ -1 & 0 & 2 & \ddots & \ddots & & \\ & \ddots & \ddots & \ddots & \ddots & \ddots & \\ & & \ddots & \ddots & 2 & 0 & -1\\ & & & \ddots & 0 & 1 & 0\\ & & & & -1 & 0 & 1\end{pmatrix}\boldsymbol{x}$;

当 $n=3$ 时, $\boldsymbol{Q}=\boldsymbol{x}^{\mathrm{T}}\begin{pmatrix}1 & 0 & -1\\ 0 & 0 & 0\\ -1 & 0 & 1\end{pmatrix}\boldsymbol{x}$.

2. (1) $Q(x_1,x_2,x_3)=x_1^2+2x_2^2+4x_3^2+6x_1x_2+10x_1x_3+12x_2x_3$;

(2) $Q(x_1,x_2,x_3)=ax_1^2+ax_2^2+ax_3^2+2bx_1x_2+2bx_2x_3$;

(3) $Q(x_1,x_2,x_3,x_4)=-2x_1x_2+4x_1x_3-6x_1x_4+6x_2x_3-4x_2x_4+4x_3x_4$.

3. (1) 正交阵 $\boldsymbol{T}=\begin{pmatrix}\frac{2}{\sqrt{5}} & -\frac{2}{3\sqrt{5}} & \frac{1}{3}\\ \frac{1}{\sqrt{5}} & \frac{4}{3\sqrt{5}} & -\frac{2}{3}\\ 0 & \frac{\sqrt{5}}{3} & \frac{2}{3}\end{pmatrix}$, $\boldsymbol{T}^{\mathrm{T}}\boldsymbol{A}\boldsymbol{T}=\mathrm{diag}(0,0,9)$;

(2) 正交阵 $\boldsymbol{T}=\begin{pmatrix}\frac{1}{\sqrt{5}} & -\frac{4}{3\sqrt{5}} & \frac{2}{3}\\ \frac{2}{\sqrt{5}} & \frac{2}{3\sqrt{5}} & -\frac{1}{3}\\ 0 & \frac{\sqrt{5}}{3} & \frac{2}{3}\end{pmatrix}$, $\boldsymbol{T}^{\mathrm{T}}\boldsymbol{AT}=\operatorname{diag}(9,9,-9)$;

(3) 正交阵 $\boldsymbol{T}=\begin{pmatrix}\frac{1}{\sqrt{3}} & \frac{1}{\sqrt{2}} & \frac{1}{\sqrt{6}}\\ \frac{1}{\sqrt{3}} & -\frac{1}{\sqrt{2}} & \frac{1}{\sqrt{6}}\\ \frac{1}{\sqrt{3}} & 0 & -\frac{2}{\sqrt{6}}\end{pmatrix}$, $\boldsymbol{T}^{\mathrm{T}}\boldsymbol{AT}=\operatorname{diag}(6,-3,-3)$;

(4) 正交阵 $\boldsymbol{T}=\begin{pmatrix}\frac{1}{\sqrt{2}} & 0 & \frac{1}{\sqrt{2}} & 0\\ \frac{1}{\sqrt{2}} & 0 & -\frac{1}{\sqrt{2}} & 0\\ 0 & \frac{1}{\sqrt{2}} & 0 & \frac{1}{\sqrt{2}}\\ 0 & -\frac{1}{\sqrt{2}} & 0 & \frac{1}{\sqrt{2}}\end{pmatrix}$, $\boldsymbol{T}^{\mathrm{T}}\boldsymbol{AT}=\operatorname{diag}(1,1,-1,-1)$.

4. (1) $Q|_{\boldsymbol{X}=\boldsymbol{PY}}=\frac{1}{2}y_1^2+\frac{1}{2}y_2^2+\frac{1}{2}y_3^2$, $\boldsymbol{P}=\begin{pmatrix}\frac{1}{2} & -\frac{1}{2} & \frac{1}{2}\\ \frac{1}{2} & \frac{1}{2} & -\frac{1}{2}\\ -\frac{1}{2} & \frac{1}{2} & \frac{1}{2}\end{pmatrix}$;

(2) $Q|_{\boldsymbol{X}=\boldsymbol{PY}}=y_1^2+y_2^2-y_3^2$, $\boldsymbol{P}=\begin{pmatrix}1 & 0 & 0\\ 0 & 1 & 1\\ 0 & 1 & -1\end{pmatrix}$;

(3) $Q|_{\boldsymbol{X}=\boldsymbol{PY}}=y_1^2-y_2^2$, $\boldsymbol{P}=\begin{pmatrix}1 & 1 & -1 & -1\\ 1 & -1 & -1 & 1\\ 0 & 0 & 1 & 1\\ 0 & 0 & 1 & -1\end{pmatrix}$;

(4) $Q|_{\boldsymbol{X}=\boldsymbol{PY}}=y_1^2+4y_2^2-3y_3^2$, $\boldsymbol{P}=\begin{pmatrix}1 & -1 & -\frac{1}{2}\\ 0 & 1 & \frac{1}{2}\\ 0 & 0 & 1\end{pmatrix}$.

5. (1) $\boldsymbol{P}=\begin{pmatrix}1 & -\frac{1}{2} & -\frac{1}{5}\\ 0 & 1 & -\frac{3}{5}\\ 0 & 0 & 1\end{pmatrix}$, $\boldsymbol{P}^{\mathrm{T}}\boldsymbol{AP}=\operatorname{diag}\left(2,\frac{5}{2},-\frac{2}{5}\right)$;

(2) $\boldsymbol{P}=\begin{pmatrix}1&0&1\\1&1&0\\0&0&1\end{pmatrix}$, $\boldsymbol{P}^{\mathrm{T}}\boldsymbol{AP}=\mathrm{diag}(-1,1,1)$;

(3) $\boldsymbol{P}=\begin{pmatrix}1&-\frac{1}{2}&1\\1&\frac{1}{2}&-1\\0&0&1\end{pmatrix}$, $\boldsymbol{P}^{\mathrm{T}}\boldsymbol{AP}=\mathrm{diag}\left(2,-\frac{1}{2},2\right)$;

(4) $\boldsymbol{P}=\begin{pmatrix}1&-\frac{1}{2}&-1&0\\1&\frac{1}{2}&0&-1\\0&0&1&0\\0&0&0&1\end{pmatrix}$, $\boldsymbol{P}^{\mathrm{T}}\boldsymbol{AP}=\mathrm{diag}\left(1,-\frac{1}{4},0,0\right)$.

6. 提示: (反证法) 由定义可得 $\boldsymbol{PP}^{\mathrm{T}}=\begin{pmatrix}1&0\\0&-1\end{pmatrix}$, 考虑矩阵迹得 $\boldsymbol{P}=\boldsymbol{O}$, 矛盾.

7. 先证明 $\mathrm{rank}(\boldsymbol{I}-\boldsymbol{A})+\mathrm{rank}(\boldsymbol{A})=n$, 可证 $\boldsymbol{A}$ 只有特征子空间 V_1 和 V_0, 即可证 $\boldsymbol{A}$ 的相合标准形为 $\begin{pmatrix}\boldsymbol{I}_k&\boldsymbol{O}\\\boldsymbol{O}&\boldsymbol{O}_{n-k}\end{pmatrix}$, 其中 $k=\mathrm{rank}(\boldsymbol{A})$.

8. 提示: 对称矩阵正交相似于对角阵.

9. 提示: (1) 必要性. 由 $-\boldsymbol{X}^{\mathrm{T}}\boldsymbol{AX}=\boldsymbol{X}^{\mathrm{T}}\boldsymbol{A}^{\mathrm{T}}\boldsymbol{X}=\boldsymbol{X}^{\mathrm{T}}\boldsymbol{AX}$, 得 $\boldsymbol{X}^{\mathrm{T}}\boldsymbol{AX}=0$.

充分性. 由 $\boldsymbol{X}^{\mathrm{T}}\boldsymbol{A}^{\mathrm{T}}\boldsymbol{X}=\boldsymbol{X}^{\mathrm{T}}\boldsymbol{AX}=0$, 得 $\boldsymbol{X}^{\mathrm{T}}(\boldsymbol{A}+\boldsymbol{A}^{\mathrm{T}})\boldsymbol{X}=0$, 可证 $\boldsymbol{A}+\boldsymbol{A}^{T}=\boldsymbol{O}$.

(2) 将二次型化为规范形证明.

10. (1) 半正定; (2) 负定; (3) 正定; (4) 不定.

11. (1) 不定; (2) 不定.

12. (1) $-2<t<2$; (2) $-\frac{\sqrt{23}}{2}<t<\frac{\sqrt{23}}{2}$.

13. $a,b>0$, $-a<c<a$.

14. 提示: $\boldsymbol{A}$ 负定等价于 $-\boldsymbol{A}$ 正定.

15. 设 $\boldsymbol{Y}=\boldsymbol{PX}$, 其中 $\boldsymbol{P}=\begin{pmatrix}1&a_1&&&\\&1&a_2&&\\&&\ddots&\ddots&\\&&&1&a_{n-1}\\a_n&&&&1\end{pmatrix}$, 则 $Q=y_1^2+y_2^2+\cdots+y_n^2$. 所以问题转化为 $\boldsymbol{Y}=\boldsymbol{PX}=\boldsymbol{O}$ 是否有非零解. 当 $1+(-1)^{n-1}a_1a_2\cdots a_n\neq 0$ 时, Q 正定.

16. (1) $\lambda>2$. (2) $\lambda<-1$. (3) 当 $\lambda=2$ 时, Q 半正定; 当 $\lambda=-1$ 时, Q 半负定.

17. 提示: 数学归纳法, 仿照教材中的定理 8.5.3 的充分性的证明.

18. 提示: 利用实对称矩阵正交相似于对角阵.

19. 提示: 利用第 18 题第 (1) 问的结论.

20. 提示: 对矩阵 $\boldsymbol{A}$ 作如下分块, $\begin{pmatrix} \boldsymbol{A}_{n-1} & \boldsymbol{C} \\ \boldsymbol{C}^{\mathrm{T}} & a_{nn} \end{pmatrix}$, 由条件知 $\boldsymbol{A}_{n-1}$ 正定, 仿照教材中的定理 8.5.3 的充分性的证明, 可证明 $\boldsymbol{A}$ 相合于 $\begin{pmatrix} \boldsymbol{I}_{n-1} & \boldsymbol{O} \\ \boldsymbol{O} & \boldsymbol{O} \end{pmatrix}$.

21. 设 $\boldsymbol{e}_1,\cdots,\boldsymbol{e}_n$ 为 F^n 中一组标准正交基, 且 $(\boldsymbol{\alpha}_1,\cdots,\boldsymbol{\alpha}_n)=(\boldsymbol{e}_1,\cdots,\boldsymbol{e}_n)\boldsymbol{A}$, 则 $(\boldsymbol{\alpha}_i,\boldsymbol{\alpha}_j)=\sum\limits_{k=1}^{n} a_{ki}a_{kj}$, 得

$$\begin{pmatrix} (\boldsymbol{\alpha}_1,\boldsymbol{\alpha}_1) & (\boldsymbol{\alpha}_1,\boldsymbol{\alpha}_2) & \cdots & (\boldsymbol{\alpha}_1,\boldsymbol{\alpha}_m) \\ (\boldsymbol{\alpha}_2,\boldsymbol{\alpha}_1) & (\boldsymbol{\alpha}_2,\boldsymbol{\alpha}_2) & \cdots & (\boldsymbol{\alpha}_2,\boldsymbol{\alpha}_m) \\ \vdots & \vdots & \ddots & \vdots \\ (\boldsymbol{\alpha}_m,\boldsymbol{\alpha}_1) & (\boldsymbol{\alpha}_m,\boldsymbol{\alpha}_2) & \cdots & (\boldsymbol{\alpha}_m,\boldsymbol{\alpha}_m) \end{pmatrix} = \boldsymbol{A}^{\mathrm{T}}\boldsymbol{A}.$$

必要性: $((\boldsymbol{\alpha}_i,\boldsymbol{\alpha}_j))_{m\times m}$ 正定, 则 $\mathrm{rank}(\boldsymbol{A})=m$, 从而可证明 $\boldsymbol{\alpha}_1,\boldsymbol{\alpha}_2,\cdots,\boldsymbol{\alpha}_m$ 线性无关.

必要性: (反证法)$((\boldsymbol{\alpha}_i,\boldsymbol{\alpha}_j))_{m\times m}$ 非正定, 即 $\boldsymbol{A}^{\mathrm{T}}\boldsymbol{A}$ 非正定, 则存在 $\boldsymbol{X}_0\neq\boldsymbol{0}$, 使得 $\boldsymbol{X}_0^{\mathrm{T}}\boldsymbol{A}^{\mathrm{T}}\boldsymbol{A}\boldsymbol{X}_0\leqslant 0$, 进而得 $\boldsymbol{A}\boldsymbol{X}_0=\boldsymbol{0}$, 即 $\boldsymbol{A}\boldsymbol{X}=\boldsymbol{0}$ 有非零解, 从而 $\mathrm{rank}(\boldsymbol{A})<m$, 矛盾.

22. (1) 二次方程为双曲面: $\tilde{x}^2-2\tilde{y}^2-\tilde{z}^2=1$.

(2) 二次方程为双曲面: $\tilde{x}^2+4\tilde{y}^2-4\tilde{z}^2=\dfrac{49}{9}$.

23. 提示: 设 $\boldsymbol{A}=\boldsymbol{U}^{-1}\mathrm{diag}(\lambda_1,\cdots,\lambda_n)\boldsymbol{U}$, 其中 $\boldsymbol{U}$ 为正交阵, 则由 $\boldsymbol{A}^2=\boldsymbol{I}$, 得 $|\lambda_i|=1$ $(i=1,\cdots,n)$, 于是 $\boldsymbol{A}+\boldsymbol{I}$ 正交相似于 $\mathrm{diag}(\lambda_1+1,\cdots,\lambda_n+1)$, 对角元素都是非负实数.

24. 提示: (1) 根据定义证明.

(2) 设可逆矩阵 $\boldsymbol{P}$ 使得 $\boldsymbol{P}^{\mathrm{T}}\boldsymbol{B}\boldsymbol{P}=\boldsymbol{I}$, 则

$$\begin{aligned}|\lambda\boldsymbol{I}-\boldsymbol{A}\boldsymbol{B}| &= |\boldsymbol{A}||\lambda\boldsymbol{A}^{-1}-\boldsymbol{B}| = |\boldsymbol{A}||\boldsymbol{P}|^{-2}|\lambda\boldsymbol{P}^{\mathrm{T}}\boldsymbol{A}^{-1}\boldsymbol{P}-\boldsymbol{I}| = |\boldsymbol{A}||\boldsymbol{P}|^{-2}|\lambda\boldsymbol{U}^{-1}\boldsymbol{P}^{\mathrm{T}}\boldsymbol{A}^{-1}\boldsymbol{P}\boldsymbol{U}-\boldsymbol{I}| \\ &= |\boldsymbol{A}||\boldsymbol{P}|^{-2}|\mathrm{diag}\big(\lambda\tilde{\lambda}_1-1,\cdots,\lambda\tilde{\lambda}_n-1\big)|=0,\end{aligned}$$

其中, $\tilde{\lambda}_i$ 是 $\boldsymbol{P}^{\mathrm{T}}\boldsymbol{A}^{-1}\boldsymbol{P}$ 的特征值; $\boldsymbol{U}$ 是正交阵. 可以知道 $\boldsymbol{A}\boldsymbol{B}$ 的特征值都是大于零的, 从而 $\boldsymbol{A}\boldsymbol{B}$ 正定的充分必要条件是 $\boldsymbol{A}\boldsymbol{B}$ 是对称阵, 即满足 $\boldsymbol{A}\boldsymbol{B}=\boldsymbol{B}\boldsymbol{A}$.

25. 提示: 利用数学归纳法证明. 令 $\boldsymbol{P}_1=\mathrm{diag}\left(\dfrac{1}{\sqrt{s_{11}}},1,\cdots,1\right)$, 使得 $\boldsymbol{B}=\boldsymbol{P}_1^{\mathrm{T}}\boldsymbol{A}\boldsymbol{P}_1=(b_{ij})_{n\times n}$, 其中 $b_{11}=1$. 取 $\boldsymbol{P}_2=\begin{pmatrix} 1 & -b_{12} & \cdots & -b_{1n} \\ & 1 & & \\ & & \ddots & \\ & & & 1 \end{pmatrix}$, 得 $\boldsymbol{A}=\boldsymbol{P}_2^{\mathrm{T}}\boldsymbol{B}\boldsymbol{P}_2=\begin{pmatrix} 1 & \boldsymbol{O} \\ \boldsymbol{O} & \boldsymbol{A}_{n-1} \end{pmatrix}>\boldsymbol{0}$. 进而可证 $\boldsymbol{A}_{n-1}>\boldsymbol{0}$, 再由归纳假设可得结论.

26. 提示: 设可逆矩阵 $\boldsymbol{P}$ 使得 $\boldsymbol{P}^{\mathrm{T}}\boldsymbol{A}\boldsymbol{P}=\boldsymbol{I}$, 则 $\boldsymbol{P}^{\mathrm{T}}(t\boldsymbol{A}+\boldsymbol{B})\boldsymbol{P}=t\boldsymbol{I}+\boldsymbol{P}^{\mathrm{T}}\boldsymbol{B}\boldsymbol{P}$, 得 $\lambda_i=$

$t+\mu_i>0, \boldsymbol{P}^{\mathrm{T}}(t\boldsymbol{A}+\boldsymbol{B})\boldsymbol{P}=t\boldsymbol{I}+\boldsymbol{P}^{\mathrm{T}}\boldsymbol{B}\boldsymbol{P}$, 正定($t$ 充分大), 其中 μ_i 是 $\boldsymbol{P}^{\mathrm{T}}\boldsymbol{B}\boldsymbol{P}$ 的特征值.

27. 提示: 由第 17 题及均值不等式可证明.

28. 提示: (3)⇒(2)⇒(1)⇒(3).

(3)⇒(2): 利用数学归纳法, 当 $n=1$ 时, 结论成立; 假设结论对 $k=n-1(n>1)$ 成立, 下证结论对 $k=n$ 也成立.

若 $\boldsymbol{A}=\boldsymbol{O}$, 结论得证; 否则, 不妨设 $a_{11}\neq 0, \boldsymbol{A}=\begin{pmatrix} a_{11} & \boldsymbol{C} \\ \boldsymbol{C}^{\mathrm{T}} & \boldsymbol{A}_{n-1}\end{pmatrix}$, 且

$$\boldsymbol{P}_1^{\mathrm{T}}\boldsymbol{A}\boldsymbol{P}_1=\begin{pmatrix} a_{11} & \boldsymbol{O} \\ \boldsymbol{O}^{\mathrm{T}} & \boldsymbol{A}_{n-1}-a_{11}^{-1}\boldsymbol{C}^{\mathrm{T}}\boldsymbol{C}\end{pmatrix}, \quad 其中\ \boldsymbol{P}_1=\begin{pmatrix} 1 & -a_{11}^{-1}\boldsymbol{C} \\ & \boldsymbol{I}_{n-1}\end{pmatrix}.$$

证明 $\boldsymbol{A}_{n-1}-a_{11}^{-1}\boldsymbol{C}^{\mathrm{T}}\boldsymbol{C}$ 的各阶主子式都非负, 再由归纳假设可得结论成立.

(2)⇒(1): 根据定义证明.

(1)⇒(3): 仿照教材中的定理 8.5.3 的必要性的证明.

附录 2　全国硕士研究生招生考试试题解析

2014 年试题解析

题 1　(数学一、二、三) 行列式 $\begin{vmatrix} 0 & a & b & 0 \\ a & 0 & 0 & b \\ 0 & c & d & 0 \\ c & 0 & 0 & d \end{vmatrix} = (\quad)$.

(A) $(ad-bc)^2$　　(B) $-(ad-bc)^2$　　(C) $a^2d^2-b^2c^2$　　(D) $b^2c^2-a^2d^2$

解答　利用交换行列式的行与列, 我们容易看到原式等于 $\begin{vmatrix} b & a & 0 & 0 \\ d & c & 0 & 0 \\ 0 & 0 & a & b \\ 0 & 0 & c & d \end{vmatrix}$. 故本题的答案为 (B).

题 2　(数学一、二、三) 设 $\boldsymbol{\alpha}_1,\boldsymbol{\alpha}_2,\boldsymbol{\alpha}_3$ 为 3 维向量, 则对任意常数 k,l, 向量组 $\boldsymbol{\alpha}_1+k\boldsymbol{\alpha}_3$, $\boldsymbol{\alpha}_2+l\boldsymbol{\alpha}_3$ 线性无关是向量组 $\boldsymbol{\alpha}_1,\boldsymbol{\alpha}_2,\boldsymbol{\alpha}_3$ 线性无关的 (　　).

(A) 必要非充分条件　　(B) 充分非必要条件

(C) 充分必要条件　　(D) 既非充分也非必要条件

解答　先设 $\boldsymbol{\alpha}_1,\boldsymbol{\alpha}_2,\boldsymbol{\alpha}_3$ 线性无关. 若 $\lambda_1(\boldsymbol{\alpha}_1+k\boldsymbol{\alpha}_3)+\lambda_2(\boldsymbol{\alpha}_2+l\boldsymbol{\alpha}_3)=\mathbf{0}$, 即 $\lambda_1\boldsymbol{\alpha}_1+\lambda_2\boldsymbol{\alpha}_2+(k\lambda_1+l\lambda_2)\boldsymbol{\alpha}_3=\mathbf{0}$. 由线性无关性, 得 $\lambda_1=\lambda_2=0$, 从而 $\boldsymbol{\alpha}_1+k\boldsymbol{\alpha}_3$, $\boldsymbol{\alpha}_2+l\boldsymbol{\alpha}_3$ 线性无关.

反之, 则并不成立. 可以取 $\boldsymbol{\alpha}_1,\boldsymbol{\alpha}_2$ 线性无关, 而 $\boldsymbol{\alpha}_3=\mathbf{0}$. 故本题的答案为 (A).

题 3　(数学一、二、三) 设二次型 $f(x_1,x_2,x_3)=x_1^2-x_2^2+2ax_1x_3+4x_2x_3$ 的负惯性指数为 1, 则 a 的取值范围为__________.

解答　通过配方, 我们有

$$f(x_1,x_2,x_3)=(x_1+ax_3)^2-(x_2-2x_3)^2+(4-a^2)x_3^2.$$

若考虑可逆的坐标变换 $y_1=x_1+ax_3$, $y_2=x_2-2x_3$, $y_3=x_3$, 则

$$f=y_1^2-y_2^2+(4-a^2)y_3^2.$$

由于负惯性指数为 1, 因此 $4-a^2\geqslant 0$, 即 $-2\leqslant a\leqslant 2$. 故本题的答案为 $[-2,2]$.

题 4 (数学一、二、三) 设 $\boldsymbol{A}=\begin{pmatrix}1&-2&3&-4\\0&1&-1&1\\1&2&0&-3\end{pmatrix}$, $\boldsymbol{E}$ 为 3 阶单位矩阵.

(1) 求方程组 $\boldsymbol{Ax}=\boldsymbol{0}$ 的一个基础解系.

(2) 求满足 $\boldsymbol{AB}=\boldsymbol{E}$ 的所有矩阵 $\boldsymbol{B}$.

解答 (1) 通过初等行变换, 我们有

$$\boldsymbol{A}\longrightarrow\begin{pmatrix}1&0&0&1\\0&1&0&-2\\0&0&1&-3\end{pmatrix}.$$

故向量 $\boldsymbol{\alpha}=(-1,2,3,1)^{\mathrm{T}}$ 构成方程组的一个基础解系.

(2) 记 $\boldsymbol{B}=(\boldsymbol{x},\boldsymbol{y},\boldsymbol{z})$. 对方程组 $\boldsymbol{AB}=\boldsymbol{E}$ 的增广矩阵作初等行变换, 我们有

$$(\boldsymbol{A},\boldsymbol{E})\longrightarrow\begin{pmatrix}1&0&0&1&2&6&-1\\0&1&0&-2&-1&-3&1\\0&0&1&-3&-1&-4&1\end{pmatrix}.$$

因此, 线性方程组有通解

$$\boldsymbol{B}=(\boldsymbol{x}_0+k_1\boldsymbol{\alpha},\boldsymbol{y}_0+k_2\boldsymbol{\alpha},\boldsymbol{z}_0+k_3\boldsymbol{\alpha})\quad(k_1,k_2,k_3\in F),$$

其中

$$\boldsymbol{x}_0=\begin{pmatrix}2\\-1\\-1\\0\end{pmatrix},\quad\boldsymbol{y}_0=\begin{pmatrix}6\\-3\\-4\\0\end{pmatrix},\quad\boldsymbol{z}_0=\begin{pmatrix}-1\\1\\1\\0\end{pmatrix}.$$

题 5 (数学一、二、三) 证明: n 阶矩阵 $\begin{pmatrix}1&1&\cdots&1\\1&1&\cdots&1\\\vdots&\vdots&\ddots&\vdots\\1&1&\cdots&1\end{pmatrix}$ 与 $\begin{pmatrix}0&\cdots&0&1\\0&\cdots&0&2\\\vdots&\ddots&\vdots&\vdots\\0&\cdots&0&n\end{pmatrix}$ 相似.

解答 记上面两个方阵分别为 $\boldsymbol{A}$ 和 $\boldsymbol{B}$. 直接计算特征多项式:

$$p_{\boldsymbol{A}}(\lambda)=\begin{vmatrix}\lambda-1&-1&\cdots&-1\\-1&\lambda-1&\cdots&-1\\\vdots&\vdots&\ddots&\vdots\\-1&-1&\cdots&\lambda-1\end{vmatrix}\xlongequal[\text{加到第一列}]{\text{后面的所有列}}\begin{vmatrix}\lambda-n&-1&\cdots&-1\\\lambda-n&\lambda-1&\cdots&-1\\\vdots&\vdots&\ddots&\vdots\\\lambda-n&-1&\cdots&\lambda-1\end{vmatrix}$$

$$=(\lambda-n)\begin{vmatrix}1&-1&\cdots&-1\\1&\lambda-1&\cdots&-1\\\vdots&\vdots&\ddots&\vdots\\1&-1&\cdots&\lambda-1\end{vmatrix}\xlongequal[\text{后面的所有列}]{\text{第一列加到}}(\lambda-n)\begin{vmatrix}1&&&\\1&\lambda&&\\\vdots&&\ddots&\\1&&&\lambda\end{vmatrix}=(\lambda-n)\lambda^{n-1}.$$

这说明 $\boldsymbol{A}$ 的特征值为 1 重的 n 和 $n-1$ 重的 0. 由于 $\boldsymbol{A}$ 是实对称矩阵, 因此必然可以相似对角化, 即 $\boldsymbol{A}$ 相似于 $\mathrm{diag}(n,0,\cdots,0)$.

另一方面, 容易看出 $\boldsymbol{B}$ 具有相同的特征值. 为了证明 $\boldsymbol{A}$ 与 $\boldsymbol{B}$ 相似, 只需证明 $\boldsymbol{B}$ 可以相似对角化. 由于特征值 n 的代数重数为 1, 我们只需证明特征值 0 的代数重数和几何重数一致, 即证明 $\boldsymbol{B}$ 关于 $\lambda=0$ 的特征子空间的维数为 $n-1$. 直接解方程组 $\boldsymbol{Bx}=\boldsymbol{0}$, 由于 $\mathrm{rank}(\boldsymbol{B})=1$, 特征子空间即该齐次线性方程组的解空间的维数为 $n-1$, 符合预期.

2015 年试题解析

题 1 (数学一、二、三) 设矩阵 $\boldsymbol{A}=\begin{pmatrix}1&1&1\\1&2&a\\1&4&a^2\end{pmatrix}$, $\boldsymbol{b}=\begin{pmatrix}1\\d\\d^2\end{pmatrix}$. 若集合 $\Omega=\{1,2\}$, 则线性方程组 $\boldsymbol{Ax}=\boldsymbol{b}$ 有无穷多解的充分必要条件为 (　　).

(A) $a\notin\Omega, d\notin\Omega$　(B) $a\notin\Omega, d\in\Omega$　(C) $a\in\Omega, d\notin\Omega$　(D) $a\in\Omega, d\in\Omega$

解答 对线性方程组的增广矩阵作初等行变换, 我们有

$$(\boldsymbol{A},\boldsymbol{b})=\begin{pmatrix}1&1&1&1\\1&2&a&d\\1&4&a^2&d^2\end{pmatrix}\longrightarrow\begin{pmatrix}1&1&1&1\\0&1&a-1&d-1\\0&0&(a-1)(a-2)&(d-1)(d-2)\end{pmatrix}.$$

由此看出, 有无穷多解的充要条件为 $\mathrm{rank}(\boldsymbol{A})=\mathrm{rank}(\boldsymbol{A},\boldsymbol{b})<3$, 即 $a,d\in\Omega$. 故本题的答案为 (D).

题 2 (数学一、二、三) 设二次型 $f(x_1,x_2,x_3)$ 在正交变换为 $\boldsymbol{x}=\boldsymbol{Py}$ 下的标准形为 $2y_1^2+y_2^2-y_3^2$, 其中 $\boldsymbol{P}=(\boldsymbol{e}_1,\boldsymbol{e}_2,\boldsymbol{e}_3)$. 若 $\boldsymbol{Q}=(\boldsymbol{e}_1,-\boldsymbol{e}_3,\boldsymbol{e}_2)$, 则 $f(x_1,x_2,x_3)$ 在正交变换 $\boldsymbol{x}=\boldsymbol{Qy}$ 下的标准形为 (　　).

(A) $2y_1^2-y_2^2+y_3^2$　(B) $2y_1^2+y_2^2-y_3^2$　(C) $2y_1^2-y_2^2-y_3^2$　(D) $2y_1^2+y_2^2+y_3^2$

解答 容易看出 $\boldsymbol{Q}=\boldsymbol{PB}$, 其中 $\boldsymbol{B}=\begin{pmatrix}1&0&0\\0&0&1\\0&-1&0\end{pmatrix}$. 由条件, 若记 f 对应的矩阵为 $\boldsymbol{A}$, 则 $\boldsymbol{P}^{\mathrm{T}}\boldsymbol{AP}=\mathrm{diag}(2,1,-1)$. 故相应有 $\boldsymbol{Q}^{\mathrm{T}}\boldsymbol{AQ}=\boldsymbol{B}^{\mathrm{T}}\boldsymbol{P}^{\mathrm{T}}\boldsymbol{APB}=\boldsymbol{B}^{\mathrm{T}}\mathrm{diag}(2,1,-1)\boldsymbol{B}=\mathrm{diag}(2,-1,1)$. 因此所求二次型为 $f=2y_1^2-y_2^2+y_3^2$. 故本题的答案为 (A).

题 3 (数学一) n 阶行列式 $\begin{vmatrix} 2 & & & & 2 \\ -1 & 2 & & & 2 \\ & \ddots & \ddots & & \vdots \\ & & -1 & 2 & 2 \\ & & & -1 & 2 \end{vmatrix} =$__________.

解答 将所求行列式记为 D_n. 若沿第一行展开, 我们有

$$D_n = 2D_{n-1} + (-1)^{n+1}2(-1)^{n-1} = 2D_{n-1} + 2,$$

即 $D_n + 2 = 2(D_{n-1}+2)$. 用归纳法, 容易看出 $D_n + 2 = 2^{n-1}(D_1+2) = 2^{n-1}\cdot 4 = 2^{n+1}$. 故本题的答案为 $2^{n+1}-2$.

题 4 (数学二、三) 设 3 阶矩阵 $\boldsymbol{A}$ 的特征值为 $2,-2,1$, $\boldsymbol{B} = \boldsymbol{A}^2 - \boldsymbol{A} + \boldsymbol{E}$, 其中 $\boldsymbol{E}$ 为 3 阶单位矩阵, 则行列式 $|\boldsymbol{B}| =$__________.

解答 对于多项式 $f(x) = x^2 - x + 1$, 我们有 $\boldsymbol{B} = f(\boldsymbol{A})$. 于是 $\boldsymbol{B}$ 的特征值依次为 $f(2), f(-2), f(1)$, 即 $3,7,1$. 由此可知 $|\boldsymbol{B}| = 3\cdot 7\cdot 1 = 21$. 故本题的答案为 21.

题 5 (数学一) 设向量组 $\boldsymbol{\alpha}_1,\boldsymbol{\alpha}_2,\boldsymbol{\alpha}_3$ 为 $\mathbf{R}^3$ 的一组基, $\boldsymbol{\beta}_1 = 2\boldsymbol{\alpha}_1 + 2k\boldsymbol{\alpha}_3$, $\boldsymbol{\beta}_2 = 2\boldsymbol{\alpha}_2$, $\boldsymbol{\beta}_3 = \boldsymbol{\alpha}_1 + (k+1)\boldsymbol{\alpha}_3$.

(1) 证明: 向量组 $\boldsymbol{\beta}_1,\boldsymbol{\beta}_2,\boldsymbol{\beta}_3$ 为 $\mathbf{R}^3$ 的一组基.

(2) 当 k 为何值时, 存在非零向量 $\boldsymbol{\xi}$ 在基 $\boldsymbol{\alpha}_1,\boldsymbol{\alpha}_2,\boldsymbol{\alpha}_3$ 与基 $\boldsymbol{\beta}_1,\boldsymbol{\beta}_2,\boldsymbol{\beta}_3$ 下的坐标相同? 并求所有的 $\boldsymbol{\xi}$.

解答 (1) 我们有

$$(\boldsymbol{\beta}_1,\boldsymbol{\beta}_2,\boldsymbol{\beta}_3) = (\boldsymbol{\alpha}_1,\boldsymbol{\alpha}_2,\boldsymbol{\alpha}_3)\begin{pmatrix} 2 & 0 & 1 \\ 0 & 2 & 0 \\ 2k & 0 & k+1 \end{pmatrix}.$$

而 $\begin{vmatrix} 2 & 0 & 1 \\ 0 & 2 & 0 \\ 2k & 0 & k+1 \end{vmatrix} = 4 \neq 0$, 故 $\boldsymbol{\beta}_1,\boldsymbol{\beta}_2,\boldsymbol{\beta}_3$ 同为 $\mathbf{R}^3$ 的一组基.

(2) 记 $\boldsymbol{\xi}$ 在这些基下的公共坐标为 $\boldsymbol{X}$, 故

$$\boldsymbol{\xi} = (\boldsymbol{\beta}_1,\boldsymbol{\beta}_2,\boldsymbol{\beta}_3)\boldsymbol{X} = (\boldsymbol{\alpha}_1,\boldsymbol{\alpha}_2,\boldsymbol{\alpha}_3)\boldsymbol{X} \neq \boldsymbol{0}.$$

这等价于齐次线性方程组

$$(\boldsymbol{\beta}_1-\boldsymbol{\alpha}_1,\boldsymbol{\beta}_2-\boldsymbol{\alpha}_2,\boldsymbol{\beta}_3-\boldsymbol{\alpha}_3)\boldsymbol{X} = \boldsymbol{0}$$

有非零解, 而这也等价于系数矩阵

$$(\boldsymbol{\beta}_1-\boldsymbol{\alpha}_1,\boldsymbol{\beta}_2-\boldsymbol{\alpha}_2,\boldsymbol{\beta}_3-\boldsymbol{\alpha}_3) = (\boldsymbol{\alpha}_1,\boldsymbol{\alpha}_2,\boldsymbol{\alpha}_3)\begin{pmatrix} 1 & 0 & 1 \\ 0 & 1 & 0 \\ 2k & 0 & k \end{pmatrix}$$

的行列式为零, 即

$$\begin{vmatrix} 1 & 0 & 1 \\ 0 & 1 & 0 \\ 2k & 0 & k \end{vmatrix} = -k = 0,$$

解得 $k=0$. 在 $k=0$ 的条件下, 原齐次线性方程组化为

$$\begin{pmatrix} 1 & 0 & 1 \\ 0 & 1 & 0 \\ 2k & 0 & k \end{pmatrix} \boldsymbol{X} = \boldsymbol{0}, \quad 即 \quad \begin{pmatrix} 1 & 0 & 1 \\ 0 & 1 & 0 \\ 0 & 0 & 0 \end{pmatrix} \boldsymbol{X} = \boldsymbol{0}.$$

易知它有非零解 $\boldsymbol{X}=(t,0,-t)$, 其中 $t\neq 0$. 对应地, 我们有 $\boldsymbol{\xi}=t\boldsymbol{\alpha}_1-t\boldsymbol{\alpha}_3$.

题 6 (数学一、二、三) 设矩阵 $\boldsymbol{A}=\begin{pmatrix} 0 & 2 & -3 \\ -1 & 3 & -3 \\ 1 & -2 & a \end{pmatrix}$ 相似于矩阵 $\boldsymbol{B}=\begin{pmatrix} 1 & -2 & 0 \\ 0 & b & 0 \\ 0 & 3 & 1 \end{pmatrix}$.

(1) 求 a,b 的值;

(2) 求可逆矩阵 $\boldsymbol{P}$, 使得 $\boldsymbol{P}^{-1}\boldsymbol{AP}$ 为对角矩阵.

解答 (1) 由于两个矩阵相似, 我们有 $\mathrm{tr}(\boldsymbol{A})=\mathrm{tr}(\boldsymbol{B})$ 和 $|\boldsymbol{A}|=|\boldsymbol{B}|$, 即 $3+a=2+b$ 和 $2a-3=b$, 解得 $a=4$, $b=5$. (注: 严格来说, 我们还需要证明此时两个矩阵确实相似; 若否, $a=4$, $b=5$ 不是真正的解.)

(2) 在 $a=4$ 的条件下, 矩阵 $\boldsymbol{A}=\begin{pmatrix} 0 & 2 & -3 \\ -1 & 3 & -3 \\ 1 & -2 & 4 \end{pmatrix}$. 直接求解有特征多项式 $p_{\boldsymbol{A}}(\lambda)=(\lambda-1)^2(\lambda-5)$. 对应于特征值 $\lambda_1=5$, 矩阵有特征向量 $\boldsymbol{x}_1=(-1,-1,1)^{\mathrm{T}}$; 对应于特征值 $\lambda_{2,3}=1$, 矩阵有线性无关的特征向量 $\boldsymbol{x}_2=(-3,0,1)^{\mathrm{T}}$, $\boldsymbol{x}_3=(2,1,0)^{\mathrm{T}}$. 因此我们可以选取

$$\boldsymbol{P}=(\boldsymbol{x}_1,\boldsymbol{x}_2,\boldsymbol{x}_3)=\begin{pmatrix} -1 & -3 & 2 \\ -1 & 0 & 1 \\ 1 & 1 & 0 \end{pmatrix},$$

使得 $\boldsymbol{P}^{-1}\boldsymbol{AP}=\mathrm{diag}(5,1,1)$.

题 7 (数学二、三) 设矩阵 $\boldsymbol{A}=\begin{pmatrix} a & 1 & 0 \\ 1 & a & -1 \\ 0 & 1 & a \end{pmatrix}$, 且 $\boldsymbol{A}^3=\boldsymbol{O}$.

(1) 求 a 的值;

(2) 若矩阵 $\boldsymbol{X}$ 满足 $\boldsymbol{X}-\boldsymbol{XA}^2-\boldsymbol{AX}+\boldsymbol{AXA}^2=\boldsymbol{E}$, 其中 $\boldsymbol{E}$ 为 3 阶单位矩阵, 求 $\boldsymbol{X}$.

解答 (1) 由于 $\boldsymbol{A}^3=\boldsymbol{O}$, $\boldsymbol{A}$ 有 3 重特征值 $\lambda_{1,2,3}=0$, 特别地, $\mathrm{tr}(\boldsymbol{A})=3a=0$. 故求得 $a=0$. 容易验证, 当 $a=0$ 时, $\boldsymbol{A}^3=\boldsymbol{O}$, 符合要求.

(2) 题中条件可以化为 $(\boldsymbol{E}-\boldsymbol{A})\boldsymbol{X}(\boldsymbol{E}-\boldsymbol{A}^2)=\boldsymbol{E}$. 这说明 $\boldsymbol{E}-\boldsymbol{A},\boldsymbol{X},\boldsymbol{E}-\boldsymbol{A}^2$ 都是可逆矩阵. 此时

$$\boldsymbol{X}=(\boldsymbol{E}-\boldsymbol{A})^{-1}(\boldsymbol{E}-\boldsymbol{A}^2)^{-1}=((\boldsymbol{E}-\boldsymbol{A}^2)(\boldsymbol{E}-\boldsymbol{A}))^{-1}=(\boldsymbol{E}-\boldsymbol{A}-\boldsymbol{A}^2)^{-1}.$$

直接计算, 可得 $\boldsymbol{E}-\boldsymbol{A}-\boldsymbol{A}^2=\begin{pmatrix}0&-1&1\\-1&1&1\\-1&-1&2\end{pmatrix}$. 用初等行变换的方法, 我们可以求出该矩阵的逆为 $\begin{pmatrix}3&1&-2\\1&1&-1\\2&1&-1\end{pmatrix}$. 这就是所求的矩阵 $\boldsymbol{X}$.

2016 年试题解析

题 1 (数学一、二、三) 设 $\boldsymbol{A},\boldsymbol{B}$ 是可逆矩阵, 且 $\boldsymbol{A}$ 与 $\boldsymbol{B}$ 相似, 则下列结论错误的是 ( ).

(A) $\boldsymbol{A}^{\mathrm{T}}$ 与 $\boldsymbol{B}^{\mathrm{T}}$ 相似　(B) $\boldsymbol{A}^{-1}$ 与 $\boldsymbol{B}^{-1}$ 相似

(C) $\boldsymbol{A}+\boldsymbol{A}^{\mathrm{T}}$ 与 $\boldsymbol{B}+\boldsymbol{B}^{\mathrm{T}}$ 相似　(D) $\boldsymbol{A}+\boldsymbol{A}^{-1}$ 与 $\boldsymbol{B}+\boldsymbol{B}^{-1}$ 相似

解答 若 $\boldsymbol{P}^{-1}\boldsymbol{A}\boldsymbol{P}=\boldsymbol{B}$, 则

$$(\boldsymbol{P}^{-1}\boldsymbol{A}\boldsymbol{P})^{\mathrm{T}}=\boldsymbol{B}^{\mathrm{T}},\quad \text{即}\quad \boldsymbol{P}^{\mathrm{T}}\boldsymbol{A}^{\mathrm{T}}(\boldsymbol{P}^{\mathrm{T}})^{-1}=\boldsymbol{B}^{\mathrm{T}};$$
$$(\boldsymbol{P}^{-1}\boldsymbol{A}\boldsymbol{P})^{-1}=\boldsymbol{B}^{-1},\quad \text{即}\quad \boldsymbol{P}^{-1}\boldsymbol{A}^{-1}\boldsymbol{P}=\boldsymbol{B}^{-1}.$$

由上, 可得 $\boldsymbol{P}^{-1}(\boldsymbol{A}+\boldsymbol{A}^{-1})\boldsymbol{P}=\boldsymbol{B}+\boldsymbol{B}^{-1}$.

故排除 (A), (B), (D) 选项.

另外, (C) 选项中的论断是不对的. 事实上, 若我们选取 $\boldsymbol{A}=\begin{pmatrix}1&1\\0&2\end{pmatrix}$, 由于其特征值互不相同, 易知 $\boldsymbol{A}$ 相似于 $\boldsymbol{B}=\mathrm{diag}(1,2)$. 此时 $\boldsymbol{B}+\boldsymbol{B}^{\mathrm{T}}=\mathrm{diag}(2,4)$. 而

$$\boldsymbol{A}+\boldsymbol{A}^{\mathrm{T}}=\begin{pmatrix}2&1\\1&4\end{pmatrix},$$

其行列式为 7, 从而特征值不是 2 和 4. 故本题的答案为 (C).

题 2 (数学一、三) 设二次型 $f(x_1,x_2,x_3)=x_1^2+x_2^2+x_3^2+4x_1x_2+4x_1x_3+4x_2x_3$, 则 $f(x_1,x_2,x_3)=2$ 在空间直角坐标下表示的二次曲面为 ( ).

(A) 单叶双曲面　(B) 双叶双曲面　(C) 椭球面　(D) 柱面

解答　二次型对应的矩阵为

$$\boldsymbol{A}=\begin{pmatrix}1&2&2\\2&1&2\\2&2&1\end{pmatrix}.$$

直接计算, $\boldsymbol{A}$ 的特征值为 5 和 2 重的 -1. 从而二次曲面通过坐标的正交变换可以化为 $5y_1^2-y_2^2-y_3^2=2$, 这是一个双叶双曲面. 当然通过配方, 我们有

$$f=(x_1+2x_2+2x_3)^2-3\left(x_2+\frac{2}{3}x_3\right)^2-\frac{5}{3}x_3^2,$$

由此也不难看出, 该二次型的正负惯性指数分别为 1 和 2. 故本题的答案为 (B).

题 3　(数学二) 设二次型 $f(x_1,x_2,x_3)=a(x_1^2+x_2^2+x_3^2)+2x_1x_2+2x_1x_3+2x_2x_3$ 的正负惯性指数分别为 1 和 2, 则 (　　).

(A) $a>1$　　(B) $a<-2$

(C) $-2<a<1$　　(D) $a=1$ 或 $a=-2$

解答　二次型对应的矩阵为 $\boldsymbol{A}=\begin{pmatrix}a&1&1\\1&a&1\\1&1&a\end{pmatrix}$, 其特征多项式为

$$p_{\boldsymbol{A}}(\lambda)=(\lambda-a-2)(\lambda-a+1)^2.$$

由正、负惯性指数的条件知 $a+2>0$ 且 $a-1<0$, 这说明 $-2<a<1$. 故本题的答案为 (C).

题 4　(数学一、三) 行列式 $\begin{vmatrix}\lambda&-1&0&0\\0&\lambda&-1&0\\0&0&\lambda&-1\\4&3&2&\lambda+1\end{vmatrix}=$__________.

解答　我们沿第一列展开, 有

$$\begin{vmatrix}\lambda&-1&0&0\\0&\lambda&-1&0\\0&0&\lambda&-1\\4&3&2&\lambda+1\end{vmatrix}=\lambda\begin{vmatrix}\lambda&-1&0\\0&\lambda&-1\\3&2&\lambda+1\end{vmatrix}+(-1)^{4+1}\cdot4\cdot\begin{vmatrix}-1&0&0\\\lambda&-1&0\\0&\lambda&-1\end{vmatrix}$$

$$=\lambda(\lambda^2(\lambda+1)+3+2\lambda)+4=\lambda^4+\lambda^3+2\lambda^2+3\lambda+4.$$

题 5　(数学二) 设矩阵 $\begin{pmatrix}a&-1&-1\\-1&a&-1\\-1&-1&a\end{pmatrix}$ 与 $\begin{pmatrix}1&1&0\\0&-1&1\\1&0&1\end{pmatrix}$ 等价, 则 $a=$__________.

解答　对于第二个矩阵, 容易看出其前两个列向量线性无关, 而第三个列向量为前两个列向量之差. 故第二个矩阵的秩为 2. 因此, 第一个矩阵的秩同为 2. 借用前面题 3 的计

算, 在适当变形后, 我们知道第一个矩阵相似于 $\mathrm{diag}(a-2,a+1,a+1)$. 这说明 $a=2$. 若是没有注意到第一个矩阵的相似标准型, 利用它是降秩的, 通过解行列式为 0, 我们也可以求得 $a=2$ 或 $a=-1$. 再通过代入检验矩阵的秩, 我们可以排除 $a=-1$ 这一情形.

题 6 (数学一) 设矩阵 $\boldsymbol{A}=\begin{pmatrix}1&-1&-1\\2&a&1\\-1&1&a\end{pmatrix}$, $\boldsymbol{B}=\begin{pmatrix}2&2\\1&a\\-a-1&-2\end{pmatrix}$. 当 a 分别为何值时, 方程 $\boldsymbol{AX}=\boldsymbol{B}$ 无解、有唯一解、有无穷多解?

解答 对增广矩阵作初等行变换:

$$(\boldsymbol{A},\boldsymbol{B})\longrightarrow\begin{pmatrix}1&-1&-1&2&2\\0&a+2&3&-3&a-4\\0&0&a-1&-a+1&0\end{pmatrix}. \tag{$*$}$$

很明显, 当且仅当 $\det(\boldsymbol{A})\neq 0$, 即 $a\neq 1$ 且 $a\neq -2$ 时, 方程有唯一解. 此时, 容易解出该解为

$$\begin{pmatrix}1&\dfrac{3a}{2+a}\\0&\dfrac{-4+a}{2+a}\\-1&0\end{pmatrix}.$$

若 $a=-2$, 我们得到增广矩阵为

$$(*)=\begin{pmatrix}1&-1&-1&2&2\\0&0&3&-3&-6\\0&0&-3&3&0\end{pmatrix}.$$

此时, 不难看出 $\mathrm{rank}(\boldsymbol{A})=2<\mathrm{rank}(\boldsymbol{A},\boldsymbol{B})=3$, 因此方程无解.

若 $a=1$, 我们得到增广矩阵为

$$(*)=\begin{pmatrix}1&-1&-1&2&2\\0&3&3&-3&-3\\0&0&0&0&0\end{pmatrix}\longrightarrow\begin{pmatrix}1&0&0&1&1\\0&1&1&-1&-1\\0&0&0&0&0\end{pmatrix}.$$

此时, 不难看出 $\mathrm{rank}(\boldsymbol{A})=2=\mathrm{rank}(\boldsymbol{A},\boldsymbol{B})=2$, 因此方程有无穷多解. 通解可以写成

$$\begin{pmatrix}1&1\\-1-k_1&-1-k_2\\k_1&k_2\end{pmatrix}\quad(k_1,k_2\in F).$$

题 7 (数学二、三) 设矩阵 $\boldsymbol{A}=\begin{pmatrix}1&1&1-a\\1&0&a\\a+1&1&a+1\end{pmatrix}$, $\boldsymbol{\beta}=\begin{pmatrix}0\\1\\2a-2\end{pmatrix}$, 且方程组无解.

(1) 求 a 的值.

(2) 求方程组 $\boldsymbol{A}^{\mathrm{T}}\boldsymbol{A}\boldsymbol{x}=\boldsymbol{A}^{\mathrm{T}}\boldsymbol{\beta}$ 的通解.

解答　(1) 由于 $\boldsymbol{A}\boldsymbol{x}=\boldsymbol{\beta}$ 无解, 作为必要条件, $\det(\boldsymbol{A})=a^2-2a=0$, 从而 $a=0$ 或 $a=2$.

当 $a=0$ 时, 增广矩阵通过初等行变换, 可以化为

$$(\boldsymbol{A},\boldsymbol{\beta})=\begin{pmatrix}1&1&1&0\\1&0&0&1\\1&1&1&-2\end{pmatrix}\longrightarrow\begin{pmatrix}1&0&0&0\\0&1&1&0\\0&0&0&1\end{pmatrix}.$$

由此可看出 $\operatorname{rank}(\boldsymbol{A})=2<\operatorname{rank}(\boldsymbol{A},\boldsymbol{\beta})=3$, 故此时方程组无解.

当 $a=2$ 时, 增广矩阵通过初等行变换, 可以化为

$$(\boldsymbol{A},\boldsymbol{\beta})=\begin{pmatrix}1&1&-1&0\\1&0&2&1\\3&1&3&2\end{pmatrix}\longrightarrow\begin{pmatrix}1&0&2&1\\0&1&-3&-1\\0&0&0&0\end{pmatrix}.$$

由此看出 $\operatorname{rank}(\boldsymbol{A})=2=\operatorname{rank}(\boldsymbol{A},\boldsymbol{\beta})=2$, 故此时方程组有无穷多组解.

综上, $a=0$.

(2) 此时

$$\boldsymbol{A}=\begin{pmatrix}1&1&1\\1&0&0\\1&1&1\end{pmatrix},\quad\boldsymbol{\beta}=\begin{pmatrix}0\\1\\-2\end{pmatrix}.$$

对应地, 有

$$\boldsymbol{A}^{\mathrm{T}}\boldsymbol{A}=\begin{pmatrix}3&2&2\\2&2&2\\2&2&2\end{pmatrix},\quad\boldsymbol{A}^{\mathrm{T}}\boldsymbol{\beta}=\begin{pmatrix}-1\\-2\\-2\end{pmatrix}.$$

化简对应的增广矩阵, 并作初等行变换, 我们有

$$(\boldsymbol{A}^{\mathrm{T}}\boldsymbol{A},\boldsymbol{A}^{\mathrm{T}}\boldsymbol{\beta})=\begin{pmatrix}3&2&2&-1\\2&2&2&-2\\2&2&2&-2\end{pmatrix}\longrightarrow\begin{pmatrix}1&0&0&1\\0&1&1&-2\\0&0&0&0\end{pmatrix}.$$

因此, 方程组 $\boldsymbol{A}^{\mathrm{T}}\boldsymbol{A}\boldsymbol{x}=\boldsymbol{A}^{\mathrm{T}}\boldsymbol{\beta}$ 的通解为

$$\boldsymbol{x}=(1,-2-k,k)\quad(k\in F).$$

题 8　(数学一、二、三) 已知矩阵 $\boldsymbol{A}=\begin{pmatrix}0&-1&1\\2&-3&0\\0&0&0\end{pmatrix}$.

(1) 求 $\boldsymbol{A}^{99}$.

(2) 设 3 阶矩阵 $\boldsymbol{B}=(\boldsymbol{\alpha}_1,\boldsymbol{\alpha}_2,\boldsymbol{\alpha}_3)$ 满足 $\boldsymbol{B}^2=\boldsymbol{B}\boldsymbol{A}$, 记 $\boldsymbol{B}^{100}=(\boldsymbol{\beta}_1,\boldsymbol{\beta}_2,\boldsymbol{\beta}_3)$. 将 $\boldsymbol{\beta}_1,\boldsymbol{\beta}_2,\boldsymbol{\beta}_3$ 分别表示成为 $\boldsymbol{\alpha}_1,\boldsymbol{\alpha}_2,\boldsymbol{\alpha}_3$ 的线性组合.

解答 (1) 首先, 我们求得 $\boldsymbol{A}$ 有特征值 $\lambda_1=0, \lambda_2=-1, \lambda_3=-2$. 对应地, 分别有特征向量

$$\boldsymbol{x}_1=(3,2,2)^{\mathrm{T}},\quad \boldsymbol{x}_2=(1,1,0)^{\mathrm{T}},\quad \boldsymbol{x}_3=(1,2,0)^{\mathrm{T}}.$$

若我们选 $\boldsymbol{P}=(\boldsymbol{x}_1,\boldsymbol{x}_2,\boldsymbol{x}_3)$, 则 $\boldsymbol{P}^{-1}\boldsymbol{A}\boldsymbol{P}=\mathrm{diag}(0,-1,-2)$, 从而 $\boldsymbol{A}^{99}=\boldsymbol{P}\,\mathrm{diag}(0,-1,-2^{99})\boldsymbol{P}^{-1}$. 利用初等变换的方法, 我们求得

$$\boldsymbol{P}^{-1}=\begin{pmatrix} 0 & 0 & 1/2 \\ 2 & -1 & -2 \\ -1 & 1 & 1/2 \end{pmatrix}.$$

因此

$$\begin{aligned}\boldsymbol{A}^{99}&=\begin{pmatrix} 3 & 1 & 1 \\ 2 & 1 & 2 \\ 2 & 0 & 0 \end{pmatrix}\begin{pmatrix} 0 & 0 & 0 \\ 0 & -1 & 0 \\ 0 & 0 & -2^{99} \end{pmatrix}\begin{pmatrix} 0 & 0 & 1/2 \\ 2 & -1 & -2 \\ -1 & 1 & 1/2 \end{pmatrix}\\ &=\begin{pmatrix} -2+2^{99} & 1-2^{99} & 2-2^{98} \\ -2+2^{100} & 1-2^{100} & 2-2^{99} \\ 0 & 0 & 0 \end{pmatrix}.\end{aligned}$$

(2) 由 $\boldsymbol{B}^2=\boldsymbol{B}\boldsymbol{A}$, 知 $\boldsymbol{B}^3=\boldsymbol{B}\boldsymbol{B}\boldsymbol{B}=\boldsymbol{B}\boldsymbol{B}\boldsymbol{A}=\boldsymbol{B}\boldsymbol{A}\boldsymbol{A}=\boldsymbol{B}\boldsymbol{A}^2$. 类似地, 可以推出 $\boldsymbol{B}^{100}=\boldsymbol{B}\boldsymbol{A}^{99}$, 即

$$(\boldsymbol{\beta}_1,\boldsymbol{\beta}_2,\boldsymbol{\beta}_3)=(\boldsymbol{\alpha}_1,\boldsymbol{\alpha}_2,\boldsymbol{\alpha}_3)\begin{pmatrix} -2+2^{99} & 1-2^{99} & 2-2^{98} \\ -2+2^{100} & 1-2^{100} & 2-2^{99} \\ 0 & 0 & 0 \end{pmatrix}.$$

这说明

$$\begin{aligned}\boldsymbol{\beta}_1&=(-2+2^{99})\boldsymbol{\alpha}_1+(-2+2^{100})\boldsymbol{\alpha}_2,\\ \boldsymbol{\beta}_2&=(1-2^{99})\boldsymbol{\alpha}_1+(1-2^{100})\boldsymbol{\alpha}_2,\\ \boldsymbol{\beta}_3&=(2-2^{98})\boldsymbol{\alpha}_1+(2-2^{99})\boldsymbol{\alpha}_2.\end{aligned}$$

2017 年试题解析

题 1 (数学一、三) 设 $\boldsymbol{\alpha}$ 为 n 维单位列向量, $\boldsymbol{E}$ 为 n 阶单位矩阵, 则 ( ).

(A) $\boldsymbol{E}-\boldsymbol{\alpha}\boldsymbol{\alpha}^{\mathrm{T}}$ 不可逆　　(B) $\boldsymbol{E}+\boldsymbol{\alpha}\boldsymbol{\alpha}^{\mathrm{T}}$ 不可逆

(C) $\boldsymbol{E}+2\boldsymbol{\alpha}\boldsymbol{\alpha}^{\mathrm{T}}$ 不可逆　　(D) $\boldsymbol{E}-2\boldsymbol{\alpha}\boldsymbol{\alpha}^{\mathrm{T}}$ 不可逆

解答　$(\boldsymbol{E}-\boldsymbol{\alpha}\boldsymbol{\alpha}^{\mathrm{T}})\boldsymbol{\alpha}=\boldsymbol{\alpha}-\boldsymbol{\alpha}(\boldsymbol{\alpha}^{\mathrm{T}}\boldsymbol{\alpha})=\boldsymbol{\alpha}-\boldsymbol{\alpha}=\boldsymbol{0}$. 这说明 $\boldsymbol{\alpha}$ 是 $\boldsymbol{E}-\boldsymbol{\alpha}\boldsymbol{\alpha}^{\mathrm{T}}$ 关于特征值 0 的特征向量, 从而该方阵不可逆. 故本题的答案为 (A). 作为选择题的求解, 我们不妨特别选取 $\boldsymbol{\alpha}=(1,0,\cdots,0)^{\mathrm{T}}$ 来检验.

题 2　(数学二) 设 $\boldsymbol{A}$ 为 3 阶矩阵, $\boldsymbol{P}=(\boldsymbol{\alpha}_1,\boldsymbol{\alpha}_2,\boldsymbol{\alpha}_3)$ 为可逆矩阵, 使得 $\boldsymbol{P}^{-1}\boldsymbol{A}\boldsymbol{P}=\begin{pmatrix}0&0&0\\0&1&0\\0&0&2\end{pmatrix}$, 则 $\boldsymbol{A}(\boldsymbol{\alpha}_1+\boldsymbol{\alpha}_2+\boldsymbol{\alpha}_3)=(\quad)$.

(A) $\boldsymbol{\alpha}_1+\boldsymbol{\alpha}_2$　(B) $\boldsymbol{\alpha}_2+2\boldsymbol{\alpha}_3$　(C) $\boldsymbol{\alpha}_2+\boldsymbol{\alpha}_3$　(D) $\boldsymbol{\alpha}_1+2\boldsymbol{\alpha}_2$

解答

$$\begin{aligned}\boldsymbol{A}(\boldsymbol{\alpha}_1+\boldsymbol{\alpha}_2+\boldsymbol{\alpha}_3)&=\boldsymbol{A}(\boldsymbol{\alpha}_1,\boldsymbol{\alpha}_2,\boldsymbol{\alpha}_3)(1,1,1)^{\mathrm{T}}=\boldsymbol{A}\boldsymbol{P}(1,1,1)^{\mathrm{T}}\\&=\boldsymbol{P}\boldsymbol{P}^{-1}\boldsymbol{A}\boldsymbol{P}(1,1,1)^{\mathrm{T}}=(\boldsymbol{\alpha}_1,\boldsymbol{\alpha}_2,\boldsymbol{\alpha}_3)\operatorname{diag}(0,1,2)(1,1,1)^{\mathrm{T}}\\&=(\boldsymbol{\alpha}_1,\boldsymbol{\alpha}_2,\boldsymbol{\alpha}_3)(0,1,2)^{\mathrm{T}}=\boldsymbol{\alpha}_2+2\boldsymbol{\alpha}_3.\end{aligned}$$

故本题的答案为 (B). 当然, 作为选择题的求解, 我们不妨假设 $\boldsymbol{P}=\boldsymbol{I}_3$, 即 $\boldsymbol{\alpha}_1=(1,0,0)^{\mathrm{T}}$, $\boldsymbol{\alpha}_2=(0,1,0)^{\mathrm{T}}$, $\boldsymbol{\alpha}_3=(0,0,1)^{\mathrm{T}}$. 从而 $\boldsymbol{A}=\operatorname{diag}(0,1,2)$, 则 $\boldsymbol{A}(\boldsymbol{\alpha}_1+\boldsymbol{\alpha}_2+\boldsymbol{\alpha}_3)=\boldsymbol{A}(0,1,1)^{\mathrm{T}}=(0,1,2)^{\mathrm{T}}=\boldsymbol{\alpha}_2+2\boldsymbol{\alpha}_3$.

题 3　(数学一、二、三) 已知矩阵 $\boldsymbol{A}=\begin{pmatrix}2&0&0\\0&2&1\\0&0&1\end{pmatrix}$, $\boldsymbol{B}=\begin{pmatrix}2&1&0\\0&2&0\\0&0&1\end{pmatrix}$, $\boldsymbol{C}=\begin{pmatrix}1&0&0\\0&2&0\\0&0&2\end{pmatrix}$, 则 (　　).

(A) $\boldsymbol{A}$ 与 $\boldsymbol{C}$ 相似, $\boldsymbol{B}$ 与 $\boldsymbol{C}$ 相似　(B) $\boldsymbol{A}$ 与 $\boldsymbol{C}$ 相似, $\boldsymbol{B}$ 与 $\boldsymbol{C}$ 不相似

(C) $\boldsymbol{A}$ 与 $\boldsymbol{C}$ 不相似, $\boldsymbol{B}$ 与 $\boldsymbol{C}$ 相似　(D) $\boldsymbol{A}$ 与 $\boldsymbol{C}$ 不相似, $\boldsymbol{B}$ 与 $\boldsymbol{C}$ 不相似

解答　注意到 $\boldsymbol{A}=\operatorname{diag}\left(1,\begin{pmatrix}2&1\\0&1\end{pmatrix}\right)$, 而其中 $\begin{pmatrix}2&1\\0&1\end{pmatrix}$ 的若尔当标准形中有若尔当块 $\boldsymbol{J}_1(1)$, $\boldsymbol{J}_1(2)$, 故 $\boldsymbol{A}$ 的标准形中有若尔当块 $\boldsymbol{J}_1(1)$, $\boldsymbol{J}_1(2)$, $\boldsymbol{J}_1(2)$, $\boldsymbol{B}$ 的标准形中有若尔当块 $\boldsymbol{J}_1(1)$, $\boldsymbol{J}_2(2)$, $\boldsymbol{C}$ 的标准形中有若尔当块 $\boldsymbol{J}_1(1)$, $\boldsymbol{J}_1(2)$, $\boldsymbol{J}_1(2)$, 则 $\boldsymbol{A}$ 与 $\boldsymbol{C}$ 相似, $\boldsymbol{B}$ 与 $\boldsymbol{C}$ 不相似. 故本题的答案为 (B).

题 4　(数学一、三) 设矩阵 $\boldsymbol{A}=\begin{pmatrix}1&0&1\\1&1&2\\0&1&1\end{pmatrix}$, $\boldsymbol{\alpha}_1,\boldsymbol{\alpha}_2,\boldsymbol{\alpha}_3$ 为线性无关的 3 维列向量, 则向量组 $\boldsymbol{A}\boldsymbol{\alpha}_1,\boldsymbol{A}\boldsymbol{\alpha}_2,\boldsymbol{A}\boldsymbol{\alpha}_3$ 的秩为__________.

解答　由于 $\boldsymbol{\alpha}_1,\boldsymbol{\alpha}_2,\boldsymbol{\alpha}_3$ 为线性无关的 3 维列向量, $(\boldsymbol{\alpha}_1,\boldsymbol{\alpha}_2,\boldsymbol{\alpha}_3)$ 是 3 阶可逆矩阵. 故

$$\operatorname{rank}(\boldsymbol{A}\boldsymbol{\alpha}_1,\boldsymbol{A}\boldsymbol{\alpha}_2,\boldsymbol{A}\boldsymbol{\alpha}_3)=\operatorname{rank}(\boldsymbol{A}(\boldsymbol{\alpha}_1,\boldsymbol{\alpha}_2,\boldsymbol{\alpha}_3))=\operatorname{rank}(\boldsymbol{A})=2.$$

注意, $\boldsymbol{A}$ 的前两个列向量明显线性无关, 而第 3 个列向量是前两个列向量之和. 故本题的答案为 2.

题 5 (数学二) 设矩阵 $\boldsymbol{A}=\begin{pmatrix}4&1&-2\\1&2&a\\3&1&-1\end{pmatrix}$ 的一个特征向量为 $(1,1,2)^{\mathrm{T}}$, 则 $a=$ ________.

解答 设相应的特征值为 λ, 于是 $\lambda(1,1,2)^{\mathrm{T}}=\boldsymbol{A}(1,1,2)^{\mathrm{T}}=(1,3+2a,2)^{\mathrm{T}}$. 因此, 必有 $\lambda=1$ 以及 $3+2a=1$, 从而 $a=-1$.

题 6 (数学一、二、三) 设 3 阶矩阵 $\boldsymbol{A}=(\boldsymbol{\alpha}_1,\boldsymbol{\alpha}_2,\boldsymbol{\alpha}_3)$ 有 3 个不同的特征值, 且 $\boldsymbol{\alpha}_3=\boldsymbol{\alpha}_1+2\boldsymbol{\alpha}_2$.

(1) 证明: $\mathrm{rank}(\boldsymbol{A})=2$;

(2) 若 $\boldsymbol{\beta}=\boldsymbol{\alpha}_1+\boldsymbol{\alpha}_2+\boldsymbol{\alpha}_3$, 求方程组 $\boldsymbol{A}\boldsymbol{x}=\boldsymbol{\beta}$ 的通解.

解答 (1) 由于 $\boldsymbol{\alpha}_3=\boldsymbol{\alpha}_1+2\boldsymbol{\alpha}_2$, $\boldsymbol{A}$ 不是列满秩的, 从而 0 是 $\boldsymbol{A}$ 的特征值. 设 $a\neq b$ 是 $\boldsymbol{A}$ 的另外两个非零特征值, 则 $\boldsymbol{A}$ 相似于 $\mathrm{diag}(0,a,b)$, 从而 $\mathrm{rank}(\boldsymbol{A})=\mathrm{rank}(\mathrm{diag}(0,a,b))=2$.

(2) 显然, $\boldsymbol{x}_0=(1,1,1)^{\mathrm{T}}$ 是方程组的一个特解. 接下来, 考虑对应的齐次方程组 $\boldsymbol{A}\boldsymbol{x}=\boldsymbol{0}$ 的通解. 由于 $\mathrm{rank}(\boldsymbol{A})=2$, 其解空间的维数为 $3-2=1$. 另一方面, 由于 $\boldsymbol{\alpha}_3=\boldsymbol{\alpha}_1+2\boldsymbol{\alpha}_2$, $(1,2,-1)^{\mathrm{T}}$ 明显是齐次方程组的一个非零解, 从而原方程组的通解可以写成 $\boldsymbol{x}=(1,1,1)^{\mathrm{T}}+k(1,2,-1)^{\mathrm{T}}$ $(k\in F)$.

题 7 (数学一、二、三) 设二次型 $f(x_1,x_2,x_3)=2x_1^2-x_2^2+ax_3^2+2x_1x_2-8x_1x_3+2x_2x_3$ 在正交变换 $\boldsymbol{x}=\boldsymbol{Q}\boldsymbol{y}$ 下的标准形为 $\lambda_1y_1^2+\lambda_2y_2^2$, 求 a 的值及一个正交矩阵 $\boldsymbol{Q}$.

解答 二次型对应的对称阵为

$$\boldsymbol{A}=\begin{pmatrix}2&1&-4\\1&-1&1\\-4&1&a\end{pmatrix}.$$

由条件, $\boldsymbol{A}$ 相似于对角阵 $\mathrm{diag}(\lambda_1,\lambda_2,0)$. 特别地, 0 是 $\boldsymbol{A}$ 的特征值, 从而 $\det(\boldsymbol{A})=6-3a=0$, 即 $a=2$.

此时, 特征多项式 $p_{\boldsymbol{A}}(\lambda)=\lambda^3-3\lambda^2-18\lambda=\lambda(\lambda+3)(\lambda-6)$. 故 $\boldsymbol{A}$ 有特征值 $\lambda_1=6$, $\lambda_2=-3$, $\lambda_3=0$ (注: 由题设, 第三个特征值需要选为 0). 对应地, 我们分别求出特征向量 $\boldsymbol{x}_1=(-1,0,1)^{\mathrm{T}}$, $\boldsymbol{x}_2=(1,-1,1)^{\mathrm{T}}$, $\boldsymbol{x}_3=(1,2,1)^{\mathrm{T}}$. 它们相互正交, 通过归一化, 我们可以选取

$$\boldsymbol{Q}=\left(\frac{1}{\sqrt{2}}\boldsymbol{x}_1,\frac{1}{\sqrt{3}}\boldsymbol{x}_2,\frac{1}{\sqrt{6}}\boldsymbol{x}_3\right)=\begin{pmatrix}-\frac{1}{\sqrt{2}}&\frac{1}{\sqrt{3}}&\frac{1}{\sqrt{6}}\\0&-\frac{1}{\sqrt{3}}&\frac{2}{\sqrt{6}}\\\frac{1}{\sqrt{2}}&\frac{1}{\sqrt{3}}&\frac{1}{\sqrt{6}}\end{pmatrix}.$$

2018 年试题解析

题 1　(数学一、二、三) 在下列矩阵中, 与矩阵 $\begin{pmatrix}1&1&0\\0&1&1\\0&0&1\end{pmatrix}$ 相似的为 (　　).

(A) $\begin{pmatrix}1&1&-1\\0&1&1\\0&0&1\end{pmatrix}$ (B) $\begin{pmatrix}1&0&-1\\0&1&1\\0&0&1\end{pmatrix}$ (C) $\begin{pmatrix}1&1&-1\\0&1&0\\0&0&1\end{pmatrix}$ (D) $\begin{pmatrix}1&0&-1\\0&1&0\\0&0&1\end{pmatrix}$

解答　记题中的矩阵为 $\boldsymbol{J}$, 四个选项中的矩阵分别为 $\boldsymbol{A},\boldsymbol{B},\boldsymbol{C},\boldsymbol{D}$. 作为上三角矩阵, 容易看出它们的特征值皆为 3 重的 1. 若 3 阶矩阵 $\boldsymbol{X}$ 与 $\boldsymbol{J}$ 相似, 则 $\boldsymbol{X}$ 的特征值为 3 重的 1, 且 $\boldsymbol{J}-\boldsymbol{I}$ 与 $\boldsymbol{X}-\boldsymbol{I}$ 相似; 特别地, $\boldsymbol{J}-\boldsymbol{I}$ 与 $\boldsymbol{X}-\boldsymbol{I}$ 具有相同的秩. 接下来, 考察 $\boldsymbol{J}-\boldsymbol{I}$, $\boldsymbol{A}-\boldsymbol{I}$, $\boldsymbol{B}-\boldsymbol{I}$, $\boldsymbol{C}-\boldsymbol{I}$ 和 $\boldsymbol{D}-\boldsymbol{I}$ 的秩, 它们分别为 2, 2, 1, 1 和 1. 故本题的答案为 (A).

题 2　(数学一、二、三) 设 $\boldsymbol{A},\boldsymbol{B}$ 为 n 阶矩阵, 记 $r(\boldsymbol{X})$ 为矩阵 $\boldsymbol{X}$ 的秩, $(\boldsymbol{X},\boldsymbol{Y})$ 表示分块矩阵, 则 (　　).

(A) $r(\boldsymbol{A},\boldsymbol{AB})=r(\boldsymbol{A})$　　(B) $r(\boldsymbol{A},\boldsymbol{BA})=r(\boldsymbol{A})$

(C) $r(\boldsymbol{A},\boldsymbol{B})=\max\{r(\boldsymbol{A}),r(\boldsymbol{B})\}$　　(D) $r(\boldsymbol{A},\boldsymbol{B})=r(\boldsymbol{A}^{\mathrm{T}}\boldsymbol{B}^{\mathrm{T}})$

解答　由于 $\boldsymbol{AB}$ 的列向量可以表示为 $\boldsymbol{A}$ 的列向量的线性组合, 分块矩阵 $(\boldsymbol{A},\boldsymbol{AB})$ 的列空间即为 $\boldsymbol{A}$ 的列空间, 故 $r(\boldsymbol{A},\boldsymbol{AB})=r(\boldsymbol{A})$. 另外, 由于 $(\boldsymbol{A},\boldsymbol{AB})=\boldsymbol{A}(\boldsymbol{I},\boldsymbol{B})$, 我们有公式

$$r(\boldsymbol{A})+r(\boldsymbol{I},\boldsymbol{B})-n\leqslant r(\boldsymbol{A}(\boldsymbol{I},\boldsymbol{B}))\leqslant r(\boldsymbol{A}),$$

并且容易看出 $r(\boldsymbol{I},\boldsymbol{B})=n$, 因此同样能得到 $r(\boldsymbol{A},\boldsymbol{AB})=r(\boldsymbol{A})$. 故本题的答案为 (A).

接下来, 举出其他选项的反例.

(B): 可以选 $\boldsymbol{A}=\begin{pmatrix}1&0\\0&0\end{pmatrix}$, $\boldsymbol{B}=\begin{pmatrix}0&1\\1&0\end{pmatrix}$, 于是 $r(\boldsymbol{A},\boldsymbol{BA})=r\begin{pmatrix}1&0&0&0\\0&0&1&0\end{pmatrix}=2>r(\boldsymbol{A})=1$.

(C): 可以选 $\boldsymbol{A}=\begin{pmatrix}1&0\\0&0\end{pmatrix}$, $\boldsymbol{B}=\begin{pmatrix}0&0\\1&0\end{pmatrix}$, 于是 $r(\boldsymbol{A},\boldsymbol{B})=r\begin{pmatrix}1&0&0&0\\0&0&1&0\end{pmatrix}=2>\max\{r(\boldsymbol{A}),r(\boldsymbol{B})\}=1$.

(D): 可以选 $\boldsymbol{A}=\begin{pmatrix}1&0\\0&0\end{pmatrix}$, $\boldsymbol{B}=\begin{pmatrix}0&0\\1&0\end{pmatrix}$, 于是 $r(\boldsymbol{A},\boldsymbol{B})=r\begin{pmatrix}1&0&0&0\\0&0&1&0\end{pmatrix}=2>r(\boldsymbol{A}^{\mathrm{T}}\boldsymbol{B}^{\mathrm{T}})=r\begin{pmatrix}0&1\\0&0\end{pmatrix}=1$.

题 3　(数学一) 2 阶矩阵 $\boldsymbol{A}$ 有两个不同的特征值, $\boldsymbol{\alpha}_1,\boldsymbol{\alpha}_2$ 是 $\boldsymbol{A}$ 的线性无关的特征向量, $\boldsymbol{A}^2(\boldsymbol{\alpha}_1+\boldsymbol{\alpha}_2)=\boldsymbol{\alpha}_1+\boldsymbol{\alpha}_2$, 则 $|\boldsymbol{A}|=$ ________.

解答　设 $\boldsymbol{\alpha}_1$ 与 $\boldsymbol{\alpha}_2$ 分别是 $\boldsymbol{A}$ 相对于特征值 λ_1 与 λ_2 的特征向量. 故由题设, 我们有 $\lambda_1^2\boldsymbol{\alpha}_1+\lambda_2^2\boldsymbol{\alpha}_2=\boldsymbol{\alpha}_1+\boldsymbol{\alpha}_2$, 即 $(\lambda_1^2-1)\boldsymbol{\alpha}_1+(\lambda_2^2-1)\boldsymbol{\alpha}_2=0$. 由于 $\boldsymbol{\alpha}_1$ 与 $\boldsymbol{\alpha}_2$ 线性无关, 该等式意味着系数 $\lambda_1^2-1=\lambda_2^2-1=0$. 又由于 $\lambda_1\neq\lambda_2$, 这意味着 $\{\lambda_1,\lambda_2\}=\{1,-1\}$. 特别地, $|\boldsymbol{A}|=\lambda_1\lambda_2=-1$.

题 4 (数学二) 设 $\boldsymbol{A}$ 为 3 阶矩阵, $\boldsymbol{\alpha}_1,\boldsymbol{\alpha}_2,\boldsymbol{\alpha}_3$ 是线性无关的向量组. 若 $\boldsymbol{A}\boldsymbol{\alpha}_1=2\boldsymbol{\alpha}_1+\boldsymbol{\alpha}_2+\boldsymbol{\alpha}_3$, $\boldsymbol{A}\boldsymbol{\alpha}_2=\boldsymbol{\alpha}_2+2\boldsymbol{\alpha}_3$, $\boldsymbol{A}\boldsymbol{\alpha}_3=-\boldsymbol{\alpha}_2+\boldsymbol{\alpha}_3$, 则 $\boldsymbol{A}$ 的实特征值为 ________.

解答 由题设, 我们有等式 $\boldsymbol{A}(\boldsymbol{\alpha}_1,\boldsymbol{\alpha}_2,\boldsymbol{\alpha}_3)=(\boldsymbol{\alpha}_1,\boldsymbol{\alpha}_2,\boldsymbol{\alpha}_3)\begin{pmatrix}2&0&0\\1&1&-1\\1&2&1\end{pmatrix}$. 由于 $\boldsymbol{\alpha}_1,\boldsymbol{\alpha}_2,\boldsymbol{\alpha}_3$ 线性无关, 矩阵 $\boldsymbol{A}$ 与系数矩阵 $\begin{pmatrix}2&0&0\\1&1&-1\\1&2&1\end{pmatrix}$ 相似. 直接计算, 它们的特征多项式为 $\lambda^3-4\lambda^2+7\lambda-6=(\lambda-2)(\lambda^2-2\lambda+3)$, 故所求的实特征值为 2.

题 5 (数学三) 设 $\boldsymbol{A}$ 为 3 阶矩阵, $\boldsymbol{\alpha}_1,\boldsymbol{\alpha}_2,\boldsymbol{\alpha}_3$ 是线性无关的向量组. 若 $\boldsymbol{A}\boldsymbol{\alpha}_1=\boldsymbol{\alpha}_1+\boldsymbol{\alpha}_2$, $\boldsymbol{A}\boldsymbol{\alpha}_2=\boldsymbol{\alpha}_2+\boldsymbol{\alpha}_3$, $\boldsymbol{A}\boldsymbol{\alpha}_3=\boldsymbol{\alpha}_1+\boldsymbol{\alpha}_3$, 则 $|\boldsymbol{A}|=$ ________.

解答 由题设, 我们有等式 $\boldsymbol{A}(\boldsymbol{\alpha}_1,\boldsymbol{\alpha}_2,\boldsymbol{\alpha}_3)=(\boldsymbol{\alpha}_1,\boldsymbol{\alpha}_2,\boldsymbol{\alpha}_3)\begin{pmatrix}1&0&1\\1&1&0\\0&1&1\end{pmatrix}$. 由于 $\boldsymbol{\alpha}_1,\boldsymbol{\alpha}_2,\boldsymbol{\alpha}_3$ 线性无关, 矩阵 $\boldsymbol{A}$ 与系数矩阵 $\begin{pmatrix}1&0&1\\1&1&0\\0&1&1\end{pmatrix}$ 相似. 特别地, 我们有 $|\boldsymbol{A}|=\begin{vmatrix}1&0&1\\1&1&0\\0&1&1\end{vmatrix}=2$.

题 6 (数学一、二、三) 设实二次型 $f(x_1,x_2,x_3)=(x_1-x_2+x_3)^2+(x_2+x_3)^2+(x_1+ax_3)^2$, 其中 a 是参数.

(1) 求 $f(x_1,x_2,x_3)=0$ 的解;

(2) 求 $f(x_1,x_2,x_3)$ 的规范形.

解答 (1) 由于我们在求实数解, 因此问题转化为求解线性方程组

$$\begin{cases}x_1-x_2+x_3=0,\\x_2+x_3=0,\\x_1+ax_3=0.\end{cases}$$

对系数矩阵作初等行变换, 依次有

$$\begin{pmatrix}1&-1&1\\0&1&1\\1&0&a\end{pmatrix}\longrightarrow\begin{pmatrix}1&-1&1\\0&1&1\\0&1&a-1\end{pmatrix}\longrightarrow\begin{pmatrix}1&-1&1\\0&1&1\\0&0&a-2\end{pmatrix}.$$

由此可以看出, 当 $a\neq 2$ 时, 方程组仅有零解. 当 $a=2$ 时, 不难求出方程组的通解为 $(x_1,x_2,x_3)=k(-2,-1,1)$, 其中 $k\in\mathbf{R}$ 为任意常数.

(2) 当 $a\neq 2$ 时, 由于 $f(x_1,x_2,x_3)\geqslant 0$ 且 $f(x_1,x_2,x_3)=0$ 仅有零解, 由此不难看出 f 是正定的, 其对应的规范形为 $y_1^2+y_2^2+y_3^2$.

当 $a=2$ 时, 由于 $f(x_1,x_2,x_3)\geqslant 0$, f 是半正定的. 并且由于 $f(x_1,x_2,x_3)=0$ 的解是 1 维线性空间, f 的正惯性指数为 $3-1=2$. 故此时其对应的规范形为 $y_1^2+y_2^2$.

注: 若 $f(x_1,x_2,\cdots,x_n)$ 是半正定的实二次型, 其规范形为 $y_1^2+y_2^2+\cdots+y_m^2$, 则不难验证 $f(x_1,\cdots,x_n)=0$ 的解由 $y_1=y_2=\cdots=y_m=0$ 给出, 且是 $n-m$ 维的线性子空间.

题 7 (数学一、二、三) 已知 a 是参数, 且矩阵 $\boldsymbol{A}=\begin{pmatrix}1&2&a\\1&3&0\\2&7&-a\end{pmatrix}$ 可经初等列变换化为矩阵 $\boldsymbol{B}=\begin{pmatrix}1&a&2\\0&1&1\\-1&1&1\end{pmatrix}$.

(1) 求 a;

(2) 求满足 $\boldsymbol{AP}=\boldsymbol{B}$ 的可逆矩阵 $\boldsymbol{P}$.

解答 (1) 不难看出 $|\boldsymbol{A}|=0$, 而 $|\boldsymbol{B}|=-a+2$, 故 $a=2$.

(2) 对分块矩阵 $(\boldsymbol{A},\boldsymbol{B})$ 作初等行变换, 可以得到

$$(\boldsymbol{A},\boldsymbol{B})=\begin{pmatrix}1&2&2&1&2&2\\1&3&0&0&1&1\\2&7&-2&-1&1&1\end{pmatrix}\longrightarrow\begin{pmatrix}1&0&6&3&4&4\\0&1&-2&-1&-1&-1\\0&0&0&0&0&0\end{pmatrix}.$$

由上不难看出, 线性方程组 $\boldsymbol{Ax}=0$ 的解空间由 $(-6,2,1)^{\mathrm{T}}$ 生成. 若记 $\boldsymbol{P}$ 的列向量依次为 $\boldsymbol{p}_1,\boldsymbol{p}_2,\boldsymbol{p}_3$, 则不难看出通解

$$\begin{cases}\boldsymbol{p}_1=k_1(-6,2,1)^{\mathrm{T}}+(3,-1,0)^{\mathrm{T}},\\ \boldsymbol{p}_2=k_2(-6,2,1)^{\mathrm{T}}+(4,-1,0)^{\mathrm{T}},\\ \boldsymbol{p}_3=k_3(-6,2,1)^{\mathrm{T}}+(4,-1,0)^{\mathrm{T}},\end{cases}$$

其中 $k_1,k_2,k_3\in\mathbf{R}$ 为参数, 即

$$\boldsymbol{P}=\begin{pmatrix}-6&3&4\\2&-1&-1\\1&0&0\end{pmatrix}\begin{pmatrix}k_1&k_2&k_3\\1&0&0\\0&1&1\end{pmatrix}.$$

注: 由该表达式可知 $\boldsymbol{P}$ 为可逆矩阵, 当且仅当 $\begin{pmatrix}k_1&k_2&k_3\\1&0&0\\0&1&1\end{pmatrix}$ 可逆, 通过计算行列式易知, 这当且仅当 $k_2\neq k_3$.

2019 年试题解析

题 1 (数学一、二、三) 设 $\boldsymbol{A}$ 是 3 阶实对称矩阵, $\boldsymbol{E}$ 是 3 阶单位矩阵. 若 $\boldsymbol{A}^2+\boldsymbol{A}=2\boldsymbol{E}$, 且 $|\boldsymbol{A}|=4$, 则二次型 $\boldsymbol{x}^{\mathrm{T}}\boldsymbol{Ax}$ 的规范形为 (   ).

(A) $y_1^2+y_2^2+y_3^2$ (B) $y_1^2+y_2^2-y_3^2$ (C) $y_1^2-y_2^2-y_3^2$ (D) $-y_1^2-y_2^2-y_3^2$

解答 设 λ 为 $\boldsymbol{A}$ 的特征值, 则 $\lambda^2+\lambda-2=0$, 从而 $\lambda=1$ 或 $\lambda=-2$. 又由于 $|\boldsymbol{A}|=4$ 是 $\boldsymbol{A}$ 的特征值的积, 故 $\boldsymbol{A}$ 的特征值为 1 和 2 重的 -2. 从而, 实对称矩阵 $\boldsymbol{A}$ 的正、负惯性指数分别为 1 和 2. 故本题的答案为 (C).

题 2 (数学一) 如图 1 所示, 有 3 张平面两两相交, 交线相互平行, 它们的方程

$$a_{i1}x+a_{i2}y+a_{i3}z=d_i \quad (i=1,2,3)$$

组成的线性方程组的系数矩阵和增广矩阵分别记为 $\boldsymbol{A}, \overline{\boldsymbol{A}}$, 则 ( ).

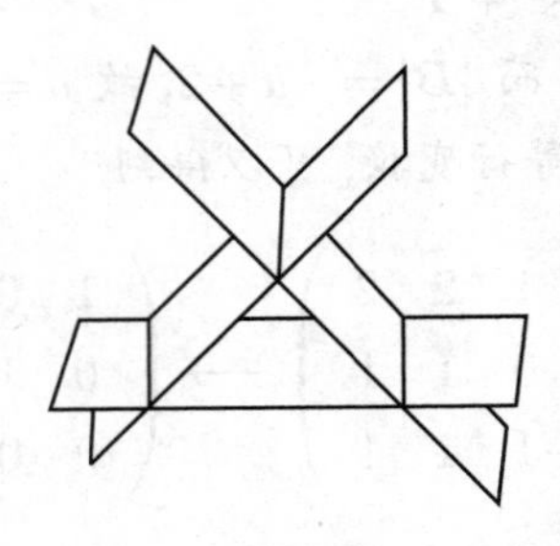

图 1

(A) $r(\boldsymbol{A})=2, r(\overline{\boldsymbol{A}})=3$ (B) $r(\boldsymbol{A})=2, r(\overline{\boldsymbol{A}})=2$
(C) $r(\boldsymbol{A})=1, r(\overline{\boldsymbol{A}})=2$ (D) $r(\boldsymbol{A})=1, r(\overline{\boldsymbol{A}})=1$

解答 由于这些平面的交线相互平行, 故组成的线性方程组无解, 即 $r(\boldsymbol{A})<r(\overline{\boldsymbol{A}})$. 另一方面, 显然 $r(\boldsymbol{A})\geqslant 1$, 且 $r(\boldsymbol{A})=1$ 当且仅当这些平面相互平行或重合时. 可是这显然不会发生, 故有 $r(\boldsymbol{A})\geqslant 2$. 综上可知 $r(\boldsymbol{A})=2, r(\overline{\boldsymbol{A}})=3$. 故本题的答案为 (A).

题 3 (数学二、三) 设 $\boldsymbol{A}$ 是 4 阶矩阵, $\boldsymbol{A}^*$ 是 $\boldsymbol{A}$ 的伴随矩阵. 若线性方程组 $\boldsymbol{Ax}=\boldsymbol{0}$ 的基础解系中只有 2 个向量, 则 $\boldsymbol{A}^*$ 的秩是 ( ).

(A) 0 (B) 1 (C) 2 (D) 3

解答 由于线性方程组 $\boldsymbol{Ax}=\boldsymbol{0}$ 的基础解系中只有 2 个向量, $r(A)=4-2=2$. 这说明, $\boldsymbol{A}$ 的所有 3 阶子阵的行列式皆为 0, 从而 $\boldsymbol{A}^*=\boldsymbol{O}$. 故本题的答案为 (A).

题 4 (数学一) 设 $\boldsymbol{A}=(\boldsymbol{\alpha}_1,\boldsymbol{\alpha}_2,\boldsymbol{\alpha}_3)$ 为 3 阶矩阵. 若 $\boldsymbol{\alpha}_1,\boldsymbol{\alpha}_2$ 线性无关, 且 $\boldsymbol{\alpha}_3=-\boldsymbol{\alpha}_1+2\boldsymbol{\alpha}_2$, 则线性方程组 $\boldsymbol{Ax}=\boldsymbol{0}$ 的通解为__________.

解答 由题设条件可知 $\boldsymbol{A}$ 的秩为 2, 从而线性方程组的解空间为 1 维的. 另一方面, 显然 $(1,-2,1)^{\mathrm{T}}$ 为方程组的一个解, 从而为该解空间的基. 故本题的答案为 $\boldsymbol{x}=k(1,-2,1)^{\mathrm{T}}$, 其中 k 为任意常数.

题 5 (数学二) 已知矩阵 $\boldsymbol{A}=\begin{pmatrix}1&-1&0&0\\-2&1&-1&1\\3&-2&2&-1\\0&0&3&4\end{pmatrix}$, A_{ij} 表示 $|\boldsymbol{A}|$ 中 (i,j) 元的代数余子式, 则 $A_{11}-A_{12}=$__________.

解答

$$A_{11}-A_{12}=\begin{vmatrix} \boxed{1} & \boxed{-1} & \boxed{0} & \boxed{0} \\ -2 & 1 & -1 & 1 \\ 3 & -2 & 2 & -1 \\ 0 & 0 & 3 & 4 \end{vmatrix} \xlongequal{c_1\to c_2} \begin{vmatrix} -1 & -1 & 1 \\ 1 & 2 & -1 \\ 0 & 3 & 4 \end{vmatrix} \xlongequal{r_1\to r_2} -\begin{vmatrix} 1 & 0 \\ 3 & 4 \end{vmatrix} = -4.$$

题 6 (数学三) 已知矩阵 $\boldsymbol{A}=\begin{pmatrix} 1 & 0 & -1 \\ 1 & 1 & -1 \\ 0 & 1 & a^2-1 \end{pmatrix}$, $\boldsymbol{b}=\begin{pmatrix} 0 \\ 1 \\ a \end{pmatrix}$, $\boldsymbol{Ax}=\boldsymbol{b}$ 有无穷多解, 则 $a=$ ________.

解答 对增广矩阵作初等行变换, 得到

$$(\boldsymbol{A},\boldsymbol{b})=\begin{pmatrix} 1 & 0 & -1 & 0 \\ 1 & 1 & -1 & 1 \\ 0 & 1 & a^2-1 & a \end{pmatrix} \xrightarrow{-r_1\to r_2} \begin{pmatrix} 1 & 0 & -1 & 0 \\ 0 & 1 & 0 & 1 \\ 0 & 1 & a^2-1 & a \end{pmatrix} \xrightarrow{-r_2\to r_3} \begin{pmatrix} 1 & 0 & -1 & 0 \\ 0 & 1 & 0 & 1 \\ 0 & 0 & a^2-1 & a-1 \end{pmatrix}.$$

由于方程组有无穷多解, 故 $a^2-1=a-1=0$, 即 $a=1$.

题 7 (数学一、二、三) 已知向量组

$$\text{I}: \quad \boldsymbol{\alpha}_1=(1,1,4)^{\mathrm{T}}, \quad \boldsymbol{\alpha}_2=(1,0,4)^{\mathrm{T}}, \quad \boldsymbol{\alpha}_3=(1,2,a^2+3)^{\mathrm{T}};$$
$$\text{II}: \quad \boldsymbol{\beta}_1=(1,1,a+3)^{\mathrm{T}}, \quad \boldsymbol{\beta}_2=(0,2,1-a)^{\mathrm{T}}, \quad \boldsymbol{\beta}_3=(1,3,a^2+3)^{\mathrm{T}}.$$

若向量组 I 和 II 等价, 求 a 的取值, 并将 $\boldsymbol{\beta}_3$ 用 $\boldsymbol{\alpha}_1,\boldsymbol{\alpha}_2,\boldsymbol{\alpha}_3$ 线性表示.

解答 两个向量组等价当且仅当

$$r(\boldsymbol{\alpha}_1,\boldsymbol{\alpha}_2,\boldsymbol{\alpha}_3)=r(\boldsymbol{\beta}_1,\boldsymbol{\beta}_2,\boldsymbol{\beta}_3)=r(\boldsymbol{\alpha}_1,\boldsymbol{\alpha}_2,\boldsymbol{\alpha}_3,\boldsymbol{\beta}_1,\boldsymbol{\beta}_2,\boldsymbol{\beta}_3).$$

对分块矩阵 $(\boldsymbol{\alpha}_1,\boldsymbol{\alpha}_2,\boldsymbol{\alpha}_3,\boldsymbol{\beta}_1,\boldsymbol{\beta}_2,\boldsymbol{\beta}_3)$ 作初等行变换, 我们有

$$\begin{aligned}(\boldsymbol{\alpha}_1,\boldsymbol{\alpha}_2,\boldsymbol{\alpha}_3,\boldsymbol{\beta}_1,\boldsymbol{\beta}_2,\boldsymbol{\beta}_3)&=\begin{pmatrix} 1 & 1 & 1 & 1 & 0 & 1 \\ 1 & 0 & 2 & 1 & 2 & 3 \\ 4 & 4 & a^2+3 & a+3 & 1-a & a^2+3 \end{pmatrix} \\ &\xrightarrow[-4r_1\to r_3]{-r_1\to r_2} \begin{pmatrix} 1 & 1 & 1 & 1 & 0 & 1 \\ 0 & -1 & 1 & 0 & 2 & 2 \\ 0 & 0 & a^2-1 & a-1 & 1-a & a^2-1 \end{pmatrix}. \qquad (*)\end{aligned}$$

基于上面的计算, 我们分别作如下的讨论.

(a) 当 $a=1$ 时, 式 $(*)$ 的矩阵可以通过初等行变换进一步化为

$$\begin{pmatrix} 1 & 0 & 2 & 1 & 2 & 3 \\ 0 & 1 & -1 & 0 & -2 & -2 \\ 0 & 0 & 0 & 0 & 0 & 0 \end{pmatrix},$$

故
$$r(\boldsymbol{\alpha}_1,\boldsymbol{\alpha}_2,\boldsymbol{\alpha}_3)=r(\boldsymbol{\beta}_1,\boldsymbol{\beta}_2,\boldsymbol{\beta}_3)=r(\boldsymbol{\alpha}_1,\boldsymbol{\alpha}_2,\boldsymbol{\alpha}_3,\boldsymbol{\beta}_1,\boldsymbol{\beta}_2,\boldsymbol{\beta}_3)=2.$$
从而这两个向量组等价. 进一步地, 由上面的计算可知, $x_1\boldsymbol{\alpha}_1+x_2\boldsymbol{\alpha}_2+x_3\boldsymbol{\alpha}_3=\boldsymbol{\beta}_3$ 的通解为 $(x_1,x_2,x_3)=k(-2,1,1)+(3,-2,0)$, 其中 $k\in\mathbf{R}$ 为任意实数. 此时 $\boldsymbol{\beta}_3=(-2k+3)\boldsymbol{\alpha}_1+(k-2)\boldsymbol{\alpha}_2+k\boldsymbol{\alpha}_3$.

(b) 当 $a=-1$ 时, 式 $(*)$ 的矩阵为
$$\begin{pmatrix}1&1&1&1&0&1\\0&-1&1&0&2&2\\0&0&0&-2&2&0\end{pmatrix},$$
故
$$r(\boldsymbol{\alpha}_1,\boldsymbol{\alpha}_2,\boldsymbol{\alpha}_3)=2<r(\boldsymbol{\alpha}_1,\boldsymbol{\alpha}_2,\boldsymbol{\alpha}_3,\boldsymbol{\beta}_1,\boldsymbol{\beta}_2,\boldsymbol{\beta}_3)=3.$$
从而这两个向量组不等价.

(c) 当 $a\neq\pm1$ 时, 显然有
$$\begin{vmatrix}1&1&1\\0&-1&1\\0&0&a^2-1\end{vmatrix}=1-a^2\neq0,\qquad\begin{vmatrix}1&0&1\\0&2&2\\a-1&1-a&a^2-1\end{vmatrix}=2a^2-2\neq0,$$
由此可知
$$r(\boldsymbol{\alpha}_1,\boldsymbol{\alpha}_2,\boldsymbol{\alpha}_3)=r(\boldsymbol{\beta}_1,\boldsymbol{\beta}_2,\boldsymbol{\beta}_3)=r(\boldsymbol{\alpha}_1,\boldsymbol{\alpha}_2,\boldsymbol{\alpha}_3,\boldsymbol{\beta}_1,\boldsymbol{\beta}_2,\boldsymbol{\beta}_3)=3,$$
从而这两个向量组等价. 另外, 式 $(*)$ 的矩阵中第一、二、三、六列构成的子矩阵可以通过初等行变换进一步化为
$$\begin{pmatrix}1&0&0&1\\0&1&0&-1\\0&0&1&1\end{pmatrix}.$$
由此可知, $x_1\boldsymbol{\alpha}_1+x_2\boldsymbol{\alpha}_2+x_3\boldsymbol{\alpha}_3=\boldsymbol{\beta}_3$ 的解为 $(x_1,x_2,x_3)=(1,-1,1)$. 此时 $\boldsymbol{\beta}_3=\boldsymbol{\alpha}_1-\boldsymbol{\alpha}_2+\boldsymbol{\alpha}_3$.

题 8 (数学一、二、三) 已知矩阵 $\boldsymbol{A}=\begin{pmatrix}-2&-2&1\\2&x&-2\\0&0&-2\end{pmatrix}$ 与 $\boldsymbol{B}=\begin{pmatrix}2&1&0\\0&-1&0\\0&0&y\end{pmatrix}$ 相似.

(1) 求 x,y;

(2) 求可逆矩阵 $\boldsymbol{P}$, 使得 $\boldsymbol{P}^{-1}\boldsymbol{A}\boldsymbol{P}=\boldsymbol{B}$.

解答 (1) 由于这两个矩阵相似, 比较行列式与迹, 我们有等式
$$4x-8=-2y,\quad -4+x=1+y.$$
求解后, 可得 $x=3$, $y=-2$.

(2) 由 $\boldsymbol{B}$ 出发, 可知这两个相似矩阵的特征值为 $\lambda_1=2, \lambda_2=-1, \lambda_3=-2$. 对应于这些特征值, $\boldsymbol{A}$ 分别有特征向量 $\boldsymbol{x}_1=(1,-2,0)^{\mathrm{T}}$, $\boldsymbol{x}_2=(2,-1,0)^{\mathrm{T}}$, $\boldsymbol{x}_3=(-1,2,4)^{\mathrm{T}}$, $\boldsymbol{B}$ 分别有特征向量 $\boldsymbol{y}_1=(1,0,0)^{\mathrm{T}}$, $\boldsymbol{y}_2=(-1,3,0)^{\mathrm{T}}$, $\boldsymbol{y}_3=(0,0,1)^{\mathrm{T}}$. 若令

$$\boldsymbol{P}_1=\begin{pmatrix}1&2&-1\\-2&-1&2\\0&0&4\end{pmatrix},\quad \boldsymbol{P}_2=\begin{pmatrix}1&-1&0\\0&3&0\\0&0&1\end{pmatrix},$$

则

$$\boldsymbol{P}_1^{-1}\boldsymbol{A}\boldsymbol{P}_1=\operatorname{diag}(2,-1,-2)=\boldsymbol{P}_2^{-1}\boldsymbol{B}\boldsymbol{P}_2.$$

若令 $\boldsymbol{P}=\boldsymbol{P}_1\boldsymbol{P}_2^{-1}$, 则显然满足 $\boldsymbol{P}^{-1}\boldsymbol{A}\boldsymbol{P}=\boldsymbol{B}$. 为了求得 $\boldsymbol{P}$, 对分块矩阵作初等列变化, 有

$$\begin{pmatrix}\boldsymbol{P}_1\\\boldsymbol{P}_2\end{pmatrix}=\begin{pmatrix}1&2&-1\\-2&-1&2\\0&0&4\\1&-1&0\\0&3&0\\0&0&1\end{pmatrix}\xrightarrow{c_1\to c_2}\begin{pmatrix}1&3&-1\\-2&-3&2\\0&0&4\\1&0&0\\0&3&0\\0&0&1\end{pmatrix}\xrightarrow{\frac{1}{3}c_2}\begin{pmatrix}1&1&-1\\-2&-1&2\\0&0&4\\1&0&0\\0&1&0\\0&0&1\end{pmatrix}.$$

这说明 $\boldsymbol{P}=\begin{pmatrix}1&1&-1\\-2&-1&2\\0&0&4\end{pmatrix}$.

2020 年试题解析

题 1　(数学一) 若矩阵 $\boldsymbol{A}$ 由初等列变换得到矩阵 $\boldsymbol{B}$, 则 (　　).

(A) 存在矩阵 $\boldsymbol{P}$, 使得 $\boldsymbol{PA}=\boldsymbol{B}$　　(B) 存在矩阵 $\boldsymbol{P}$, 使得 $\boldsymbol{BP}=\boldsymbol{A}$

(C) 存在矩阵 $\boldsymbol{P}$, 使得 $\boldsymbol{PB}=\boldsymbol{A}$　　(D) 方程组 $\boldsymbol{Ax}=\boldsymbol{0}$ 与 $\boldsymbol{Bx}=\boldsymbol{0}$ 同解

解答　由条件可知, 存在可逆方阵 $\boldsymbol{Q}$, 使得 $\boldsymbol{B}=\boldsymbol{AQ}$. 故本题的答案为 (B).

题 2　(数学一) 已知直线 $\ell_1: \dfrac{x-a_2}{a_1}=\dfrac{y-b_2}{b_1}=\dfrac{z-c_2}{c_1}$ 与直线 $\ell_2: \dfrac{x-a_3}{a_2}=\dfrac{y-b_3}{b_2}=\dfrac{z-c_3}{c_2}$ 相交于一点. 令 $\boldsymbol{\alpha}_i=(a_i,b_i,c_i)^{\mathrm{T}}$ $(i=1,2,3)$, 则 (　　).

(A) $\boldsymbol{\alpha}_1$ 可由 $\boldsymbol{\alpha}_2,\boldsymbol{\alpha}_3$ 线性表示　　(B) $\boldsymbol{\alpha}_2$ 可由 $\boldsymbol{\alpha}_1,\boldsymbol{\alpha}_3$ 线性表示

(C) $\boldsymbol{\alpha}_3$ 可由 $\boldsymbol{\alpha}_1,\boldsymbol{\alpha}_2$ 线性表示　　(D) $\boldsymbol{\alpha}_1,\boldsymbol{\alpha}_2,\boldsymbol{\alpha}_3$ 线性无关

解答　直线 ℓ_1 可以表示为 $\boldsymbol{\alpha}_2+t\boldsymbol{\alpha}_1$ $(t\in\mathbf{R})$. 直线 ℓ_2 可以表示为 $\boldsymbol{\alpha}_3+t\boldsymbol{\alpha}_2$ $(t\in\mathbf{R})$. 由于两条直线相交于一点, 于是存在 $t_1,t_2\in\mathbf{R}$, 使得 $\boldsymbol{\alpha}_2+t_1\boldsymbol{\alpha}_1=\boldsymbol{\alpha}_3+t_2\boldsymbol{\alpha}_2$. 由此可推出 $\boldsymbol{\alpha}_3=t_1\boldsymbol{\alpha}_1+(1-t_2)\boldsymbol{\alpha}_2$. 故本题的答案为 (C).

题 3 (数学二、三) 4 阶矩阵 $\boldsymbol{A}$ 不可逆, a_{12} 的代数余子式 $\boldsymbol{A}_{12}\neq 0$, $\boldsymbol{\alpha}_1,\boldsymbol{\alpha}_2,\boldsymbol{\alpha}_3,\boldsymbol{\alpha}_4$ 为矩阵 $\boldsymbol{A}$ 的列向量组, $\boldsymbol{A}^*$ 为 $\boldsymbol{A}$ 的伴随矩阵, 则 $\boldsymbol{A}^*\boldsymbol{x}=\boldsymbol{0}$ 的通解为 ( ).

(A) $\boldsymbol{x}=k_1\boldsymbol{\alpha}_1+k_2\boldsymbol{\alpha}_2+k_3\boldsymbol{\alpha}_3$ (B) $\boldsymbol{x}=k_1\boldsymbol{\alpha}_1+k_2\boldsymbol{\alpha}_2+k_3\boldsymbol{\alpha}_4$

(C) $\boldsymbol{x}=k_1\boldsymbol{\alpha}_1+k_2\boldsymbol{\alpha}_3+k_3\boldsymbol{\alpha}_4$ (D) $\boldsymbol{x}=k_1\boldsymbol{\alpha}_2+k_2\boldsymbol{\alpha}_3+k_3\boldsymbol{\alpha}_4$

解答 由于 $\boldsymbol{A}$ 不可逆, $\operatorname{rank}(\boldsymbol{A})\leqslant 3$ 且 $\boldsymbol{A}\boldsymbol{A}^*=|\boldsymbol{A}|\boldsymbol{I}=\boldsymbol{O}$, 即

$$(\boldsymbol{\alpha}_1,\boldsymbol{\alpha}_2,\boldsymbol{\alpha}_3,\boldsymbol{\alpha}_4)\begin{pmatrix}A_{11}&A_{21}&A_{31}&A_{41}\\A_{12}&A_{22}&A_{32}&A_{42}\\A_{13}&A_{23}&A_{33}&A_{43}\\A_{14}&A_{24}&A_{34}&A_{44}\end{pmatrix}=\boldsymbol{O}.$$

另一方面, $\boldsymbol{A}_{12}\neq 0$, 说明 $\operatorname{rank}(\boldsymbol{A})\geqslant 3$, 从而 $\operatorname{rank}(\boldsymbol{A})=3$. 由此可知 $\operatorname{rank}(\boldsymbol{A}^*)=1$, 而齐次方程组 $\boldsymbol{A}^*\boldsymbol{x}=\boldsymbol{0}$ 的解空间是 $4-1=3$ 维的. 另外, 对于上面的矩阵方程, 关注其第一个列向量, 又由于 $\boldsymbol{A}_{12}\neq 0$, 我们知道 $\boldsymbol{\alpha}_2$ 可以由 $\boldsymbol{\alpha}_1,\boldsymbol{\alpha}_3,\boldsymbol{\alpha}_4$ 线性表示, 说明这 3 个向量构成了 $\boldsymbol{A}$ 的列向量组的一个极大无关组. 再由于 $\boldsymbol{A}^*\boldsymbol{A}=|\boldsymbol{A}|\boldsymbol{I}=\boldsymbol{O}$, 我们知道 $\boldsymbol{A}$ 的列向量是方程组 $\boldsymbol{A}^*\boldsymbol{x}=\boldsymbol{0}$ 的解, 从而这 3 个向量也构成了该解空间的一组基. 故本题的答案为 (C).

题 4 (数学二、三) $\boldsymbol{A}$ 为 3 阶方阵, $\boldsymbol{\alpha}_1,\boldsymbol{\alpha}_2$ 为属于特征值 1 的线性无关的特征向量, $\boldsymbol{\alpha}_3$ 为属于特征值 -1 的特征向量, 满足 $\boldsymbol{P}^{-1}\boldsymbol{A}\boldsymbol{P}=\begin{pmatrix}1&&\\&-1&\\&&1\end{pmatrix}$ 的可逆矩阵 $\boldsymbol{P}$ 为 ( ).

(A) $(\boldsymbol{\alpha}_1+\boldsymbol{\alpha}_3,\boldsymbol{\alpha}_2,-\boldsymbol{\alpha}_3)$ (B) $(\boldsymbol{\alpha}_1+\boldsymbol{\alpha}_2,\boldsymbol{\alpha}_2,-\boldsymbol{\alpha}_3)$

(C) $(\boldsymbol{\alpha}_1+\boldsymbol{\alpha}_3,-\boldsymbol{\alpha}_3,\boldsymbol{\alpha}_2)$ (D) $(\boldsymbol{\alpha}_1+\boldsymbol{\alpha}_2,-\boldsymbol{\alpha}_3,\boldsymbol{\alpha}_2)$

解答 注意到 $\boldsymbol{\alpha}_1+\boldsymbol{\alpha}_2$ 仍然是 $\boldsymbol{A}$ 的属于特征值 1 的特征向量, $-\boldsymbol{\alpha}_3$ 仍然是 $\boldsymbol{A}$ 的属于特征值 -1 的特征向量. 故本题的答案为 (D).

题 5 (数学一、二、三) 行列式 $\begin{vmatrix}a&0&-1&1\\0&a&1&-1\\-1&1&a&0\\1&-1&0&a\end{vmatrix}=$________.

解答 若令 $\boldsymbol{I}=\begin{pmatrix}1&0\\0&1\end{pmatrix}$, $\boldsymbol{J}=\begin{pmatrix}0&1\\1&0\end{pmatrix}$, 则 $\boldsymbol{J}^2=\boldsymbol{I}$, 从而

$$\begin{aligned}
\text{原式}&=\begin{vmatrix}a\boldsymbol{I}&-\boldsymbol{I}+\boldsymbol{J}\\-\boldsymbol{I}+\boldsymbol{J}&a\boldsymbol{I}\end{vmatrix}\xlongequal{-\frac{1}{a}(-\boldsymbol{I}+\boldsymbol{J})r_1\to r_2}\begin{vmatrix}a\boldsymbol{I}&-\boldsymbol{I}+\boldsymbol{J}\\\boldsymbol{O}&a\boldsymbol{I}-\dfrac{1}{a}(-\boldsymbol{I}+\boldsymbol{J})^2\end{vmatrix}\\
&=|a\boldsymbol{I}|\cdot\left|a\boldsymbol{I}-\frac{1}{a}(-\boldsymbol{I}+\boldsymbol{J})^2\right|\\
&=a^2\left|\left(a-\frac{2}{a}\right)\boldsymbol{I}+\frac{2}{a}\boldsymbol{J}\right|=a^2\begin{vmatrix}a-2/a&2/a\\2/a&a-2/a\end{vmatrix}=a^2(a^2-4).
\end{aligned}$$

当然, 这道题直接展开来计算, 也并不复杂.

题 6　(数学一、三) 设二次型 $f(x_1,x_2)=x_1^2-4x_1x_2+4x_2^2$ 经过正交变换 $\begin{pmatrix}x_1\\x_2\end{pmatrix}=\boldsymbol{Q}\begin{pmatrix}y_1\\y_2\end{pmatrix}$ 化为二次型 $g(y_1,y_2)=ay_1^2+4y_1y_2+by_2^2$, 其中 $a\geqslant b$.

(1) 求 a,b 的值;

(2) 求正交变换矩阵 $\boldsymbol{Q}$.

解答　(1) 二次型 f 和 g 所对应的矩阵分别为 $\boldsymbol{A}=\begin{pmatrix}1&-2\\-2&4\end{pmatrix}$ 和 $\begin{pmatrix}a&2\\2&b\end{pmatrix}$. 由于 $\boldsymbol{Q}$ 是正交矩阵, $\boldsymbol{A}$ 和 $\boldsymbol{B}$ 相似, 从而 $\operatorname{tr}(\boldsymbol{A})=\operatorname{tr}(\boldsymbol{B})$ 且 $|\boldsymbol{A}|=|\boldsymbol{B}|$, 即 $5=a+b$ 且 $0=ab-4$. 由于 $a\geqslant b$, 因此可以解得 $a=4$, $b=1$.

(2) 此时, 解方程组 $\lambda_1\lambda_2=0$, $\lambda_1+\lambda_2=5$, 我们知道矩阵 $\boldsymbol{A}$ 和 $\boldsymbol{B}$ 具有共同的特征值 $\lambda_1=0$ 和 $\lambda_2=5$. 对于 $\lambda_1=0$, 由

$$0\boldsymbol{I}-\boldsymbol{A}=\begin{pmatrix}-1&2\\2&-4\end{pmatrix}\xrightarrow{2r_1\to r_2}\begin{pmatrix}-1&2\\0&0\end{pmatrix},$$

可知 $\boldsymbol{A}$ 有特征向量 $(2,1)^{\mathrm{T}}$. 由

$$0\boldsymbol{I}-\boldsymbol{B}=\begin{pmatrix}-4&-2\\-2&-1\end{pmatrix}\xrightarrow{-2r_2\to r_1}\begin{pmatrix}0&0\\-2&-1\end{pmatrix},$$

可知 $\boldsymbol{B}$ 有特征向量 $(1,-2)^{\mathrm{T}}$. 而对于 $\lambda_2=5$, 由

$$5\boldsymbol{I}-\boldsymbol{A}=\begin{pmatrix}4&2\\2&1\end{pmatrix}\xrightarrow{-2r_2\to r_1}\begin{pmatrix}0&0\\2&1\end{pmatrix},$$

可知 $\boldsymbol{A}$ 有特征向量 $(1,-2)^{\mathrm{T}}$. 又由

$$5\boldsymbol{I}-\boldsymbol{B}=\begin{pmatrix}1&-2\\-2&4\end{pmatrix}\xrightarrow{2r_1\to r_2}\begin{pmatrix}1&-2\\0&0\end{pmatrix},$$

可知 $\boldsymbol{B}$ 有特征向量 $(2,1)^{\mathrm{T}}$. 归一化后, 若我们分别令 $\boldsymbol{P}_1=\begin{pmatrix}2/\sqrt5&1/\sqrt5\\1/\sqrt5&-2/\sqrt5\end{pmatrix}$, $\boldsymbol{P}_2=\begin{pmatrix}1/\sqrt5&2/\sqrt5\\-2/\sqrt5&1/\sqrt5\end{pmatrix}$, 则它们都是正交矩阵, 且满足 $\boldsymbol{P}_1^{\mathrm{T}}\boldsymbol{A}\boldsymbol{P}_1=\operatorname{diag}(0,5)=\boldsymbol{P}_2^{\mathrm{T}}\boldsymbol{B}\boldsymbol{P}_2$. 因此, 若令 $\boldsymbol{Q}=\boldsymbol{P}_1\boldsymbol{P}_2^{\mathrm{T}}=\begin{pmatrix}4/5&-3/5\\-3/5&-4/5\end{pmatrix}$, 则 $\boldsymbol{Q}$ 为正交矩阵, 满足 $\boldsymbol{Q}^{\mathrm{T}}\boldsymbol{A}\boldsymbol{Q}=\boldsymbol{B}$. 经检验, 这样的 $\boldsymbol{Q}$ 符合要求. **注: 理论上这样的 $\boldsymbol{Q}$ 并不唯一.**

题 7　(数学二) 二次型 $f(x_1,x_2,x_3)=x_1^2+x_2^2+x_3^2+2ax_1x_2+2ax_1x_3+2ax_2x_3$ 经过可逆线性变换 $\boldsymbol{x}=\boldsymbol{P}\boldsymbol{y}$ 变换为 $g(y_1,y_2,y_3)=y_1^2+y_2^2+4y_3^2+2y_1y_2$.

(1) 求 a 的值;

(2) 求可逆矩阵 $\boldsymbol{P}$.

解答 (1) 二次型 f 对应于矩阵 $\boldsymbol{A}=\begin{pmatrix}1&a&a\\a&1&a\\a&a&1\end{pmatrix}$, 而二次型 g 对应于矩阵 $\boldsymbol{B}=\begin{pmatrix}1&1&0\\1&1&0\\0&0&4\end{pmatrix}$. 又注意到 $\operatorname{rank}(\boldsymbol{B})=2$, 而 $\boldsymbol{B}$ 与 $\boldsymbol{A}$ 相合, 故 $\operatorname{rank}(\boldsymbol{A})=2$, 从而 $0=|\boldsymbol{A}|=\begin{vmatrix}1&a&a\\a&1&a\\a&a&1\end{vmatrix}=(2a+1)(a-1)^2$. 这说明 $a=-\dfrac{1}{2}$ 或 $a=1$. 注意到当 $a=1$ 时, $\boldsymbol{A}$ 为全 1 矩阵, 则 $\operatorname{rank}(\boldsymbol{A})=1$, 不符合. 因此 $a=-\dfrac{1}{2}$.

(2) 因为 $a=-\dfrac{1}{2}$, 所以

$$f(x_1,x_2,x_3)=x_1^2+x_2^2+x_3^2-x_1x_2-x_1x_3-x_2x_3=\left(x_1-\frac{x_2+x_3}{2}\right)^2+\frac{3}{4}(x_2-x_3)^2.$$

因此若令 $\begin{pmatrix}z_1\\z_2\\z_3\end{pmatrix}=\underbrace{\begin{pmatrix}1&-1/2&-1/2\\0&\sqrt{3}/2&-\sqrt{3}/2\\0&0&1\end{pmatrix}}_{\boldsymbol{P}_1}\begin{pmatrix}x_1\\x_2\\x_3\end{pmatrix}$, 则 $f|_{\boldsymbol{x}=\boldsymbol{P}_1^{-1}\boldsymbol{z}}=z_1^2+z_2^2$.

另一方面, 有

$$g(y_1,y_2,y_3)=(y_1+y_2)^2+4y_3^2.$$

因此若令 $\begin{pmatrix}z_1\\z_2\\z_3\end{pmatrix}=\underbrace{\begin{pmatrix}1&1&0\\0&0&2\\0&1&0\end{pmatrix}}_{\boldsymbol{P}_2}\begin{pmatrix}y_1\\y_2\\y_3\end{pmatrix}$, 则 $g|_{\boldsymbol{y}=\boldsymbol{P}_2^{-1}\boldsymbol{z}}=z_1^2+z_2^2$.

综上可知, 我们可以选 $\boldsymbol{P}=\boldsymbol{P}_1^{-1}\boldsymbol{P}_2=\begin{pmatrix}1&2&2/\sqrt{3}\\0&1&4/\sqrt{3}\\0&1&0\end{pmatrix}$. **注: 理论上这样的 $\boldsymbol{P}$ 并不唯一.**

题 8 (数学一、二、三) 设 $\boldsymbol{A}$ 为 2 阶矩阵, $\boldsymbol{P}=(\boldsymbol{\alpha},\boldsymbol{A\alpha})$, 其中 $\boldsymbol{\alpha}$ 是非零向量, 且不是 $\boldsymbol{A}$ 的特征向量.

(1) 证明: $\boldsymbol{P}$ 为可逆矩阵;

(2) 若 $\boldsymbol{A}^2\boldsymbol{\alpha}+\boldsymbol{A\alpha}-6\boldsymbol{\alpha}=\boldsymbol{0}$, 求 $\boldsymbol{P}^{-1}\boldsymbol{AP}$, 并判断 $\boldsymbol{A}$ 是否相似于对角矩阵.

解答 (1) 我们只需证明 $\boldsymbol{P}$ 的两个列向量线性无关, 为此, 我们来看向量方程 $k_1\boldsymbol{\alpha}+k_2\boldsymbol{A\alpha}=\boldsymbol{0}$. 若 $k_2=0$, 由于 $\boldsymbol{\alpha}\neq\boldsymbol{0}$, 我们得到 $k_1=0$. 若 $k_2\neq 0$, 则 $\boldsymbol{A\alpha}=-\dfrac{k_1}{k_2}\boldsymbol{\alpha}$, 这

说明 $\boldsymbol{\alpha}$ 是 $\boldsymbol{A}$ 的属于特征值 $-\dfrac{k_1}{k_2}$ 的特征向量, 与条件相矛盾. 综上可以看出, $\boldsymbol{P}$ 的两个列向量线性无关, 从而 $\boldsymbol{P}$ 可逆.

(2) 由于 $\boldsymbol{A}^2\boldsymbol{\alpha}+\boldsymbol{A}\boldsymbol{\alpha}-6\boldsymbol{\alpha}=\boldsymbol{0}$, 我们有

$$\boldsymbol{AP}=(\boldsymbol{A\alpha},\boldsymbol{A}^2\boldsymbol{\alpha})=(\boldsymbol{A\alpha},6\boldsymbol{\alpha}-\boldsymbol{A\alpha})=(\boldsymbol{\alpha},\boldsymbol{A\alpha})\begin{pmatrix}0&6\\1&-1\end{pmatrix}=\boldsymbol{P}\begin{pmatrix}0&6\\1&-1\end{pmatrix}.$$

这说明 $\boldsymbol{P}^{-1}\boldsymbol{AP}=\begin{pmatrix}0&6\\1&-1\end{pmatrix}\boldsymbol{B}$. 由于此时 $\boldsymbol{A}$ 与 $\boldsymbol{B}$ 相似, 我们接下来只需判断矩阵 $\boldsymbol{B}$ 是否可以相似对角化. 由于其特征多项式

$$|\lambda\boldsymbol{I}-\boldsymbol{B}|=\begin{vmatrix}\lambda&-6\\-1&\lambda+1\end{vmatrix}=(\lambda-2)(\lambda+3),$$

这说明矩阵 $\boldsymbol{B}$ 有两个不同的特征值 $\lambda_1=2$ 与 $\lambda_2=-3$, 从而可以相似对角化.

2021 年试题解析

题 1　(数学一、二、三) 二次型 $f(x_1,x_2,x_3)=(x_1+x_2)^2+(x_2+x_3)^2-(x_3-x_1)^2$ 的正惯性指数与负惯性指数依次为 (　　).

(A) 2,0　　(B) 1,1　　(C) 2,1　　(D) 1,2

解答　(方法 1) 由于 $f(x_1,x_2,x_3)=2x_2^2+2x_1x_2+2x_2x_3+2x_1x_3$, 二次型对应的矩阵为 $\boldsymbol{A}=\begin{pmatrix}0&1&1\\1&2&1\\1&1&0\end{pmatrix}$. 则该矩阵的特征多项式为 $|\lambda\boldsymbol{I}-\boldsymbol{A}|=\begin{vmatrix}\lambda&-1&-1\\-1&\lambda-2&-1\\-1&-1&\lambda\end{vmatrix}=(\lambda+1)(\lambda-3)\lambda$, 这说明矩阵 $\boldsymbol{A}$ 的特征值为 $-1,3,0$. 则原二次型的正、负惯性指数都是 1. 故本题的答案为 (B).

(方法 2) 直接配方, 我们有

$$\begin{aligned}f(x_1,x_2,x_3)&=2x_2^2+2x_1x_2+2x_2x_3+2x_1x_3\\&=2\left(x_2+\frac{x_1+x_3}{2}\right)^2-\frac{(x_1+x_3)^2}{2}+2x_1x_3\\&=2\left(x_2+\frac{x_1+x_3}{2}\right)^2-\frac{1}{2}x_1^2-\frac{1}{2}x_3^2+x_1x_3\\&=2\left(x_2+\frac{x_1+x_3}{2}\right)^2-\frac{1}{2}(x_1-x_3)^2.\end{aligned}$$

由此也可以看出, 二次型的正、负惯性指数都是 1. 故本题的答案为 (B).

题 2 (数学二) 设 3 阶矩阵 $\boldsymbol{A}=(\boldsymbol{\alpha}_1,\boldsymbol{\alpha}_2,\boldsymbol{\alpha}_3)$, $\boldsymbol{B}=(\boldsymbol{\beta}_1,\boldsymbol{\beta}_2,\boldsymbol{\beta}_3)$. 若向量组 $\boldsymbol{\alpha}_1,\boldsymbol{\alpha}_2,\boldsymbol{\alpha}_3$ 可以由向量组 $\boldsymbol{\beta}_1,\boldsymbol{\beta}_2$ 线性表示, 则 ( ).

(A) $\boldsymbol{Ax}=\boldsymbol{0}$ 的解均为 $\boldsymbol{Bx}=\boldsymbol{0}$ 的解　　(B) $\boldsymbol{A}^{\mathrm{T}}\boldsymbol{x}=\boldsymbol{0}$ 的解均为 $\boldsymbol{B}^{\mathrm{T}}\boldsymbol{x}=\boldsymbol{0}$ 的解

(C) $\boldsymbol{Bx}=\boldsymbol{0}$ 的解均为 $\boldsymbol{Ax}=\boldsymbol{0}$ 的解　　(D) $\boldsymbol{B}^{\mathrm{T}}\boldsymbol{x}=\boldsymbol{0}$ 的解均为 $\boldsymbol{A}^{\mathrm{T}}\boldsymbol{x}=\boldsymbol{0}$ 的解

解答 由条件可知, 存在 3×3 的矩阵 $\boldsymbol{C}$ 满足 $\boldsymbol{A}=\boldsymbol{BC}$, 而 $\boldsymbol{C}$ 的第三列的元素全为 0. 由于此时 $\boldsymbol{A}^{\mathrm{T}}=\boldsymbol{C}^{\mathrm{T}}\boldsymbol{B}^{\mathrm{T}}$, 因此若 $\boldsymbol{B}^{\mathrm{T}}\boldsymbol{x}=\boldsymbol{0}$, 则 $\boldsymbol{A}^{\mathrm{T}}\boldsymbol{x}=\boldsymbol{C}^{\mathrm{T}}\boldsymbol{B}^{\mathrm{T}}\boldsymbol{x}=\boldsymbol{C}^{\mathrm{T}}\boldsymbol{0}=\boldsymbol{0}$. 故本题的答案为 (D).

题 3 (数学二、三) 已知矩阵 $\boldsymbol{A}=\begin{pmatrix}1&0&-1\\2&-1&1\\-1&2&-5\end{pmatrix}$. 若下三角可逆矩阵 $\boldsymbol{P}$ 和上三角可逆矩阵 $\boldsymbol{Q}$ 使得 $\boldsymbol{PAQ}$ 为对角矩阵, 则 $\boldsymbol{P}$ 和 $\boldsymbol{Q}$ 可以分别取 ( ).

(A) $\begin{pmatrix}1&0&0\\0&1&0\\0&0&1\end{pmatrix},\begin{pmatrix}1&0&1\\0&1&3\\0&0&1\end{pmatrix}$　　(B) $\begin{pmatrix}1&0&0\\2&-1&0\\-3&2&1\end{pmatrix},\begin{pmatrix}1&0&0\\0&1&0\\0&0&1\end{pmatrix}$

(C) $\begin{pmatrix}1&0&0\\2&-1&0\\-3&2&1\end{pmatrix},\begin{pmatrix}1&0&1\\0&1&3\\0&0&1\end{pmatrix}$　　(D) $\begin{pmatrix}1&0&0\\0&1&0\\1&3&1\end{pmatrix},\begin{pmatrix}1&2&-3\\0&-1&2\\0&0&1\end{pmatrix}$

解答 可以直接验证, 只有选项 (C) 符合要求.

题 4 (数学一) 已知 $\boldsymbol{\alpha}_1=\begin{pmatrix}1\\0\\1\end{pmatrix}$, $\boldsymbol{\alpha}_2=\begin{pmatrix}1\\2\\1\end{pmatrix}$, $\boldsymbol{\alpha}_3=\begin{pmatrix}3\\1\\2\end{pmatrix}$. 记 $\boldsymbol{\beta}_1=\boldsymbol{\alpha}_1$, $\boldsymbol{\beta}_2=\boldsymbol{\alpha}_2-k\boldsymbol{\beta}_1$, $\boldsymbol{\beta}_3=\boldsymbol{\alpha}_3-\ell_1\boldsymbol{\beta}_1-\ell_2\boldsymbol{\beta}_2$. 若 $\boldsymbol{\beta}_1,\boldsymbol{\beta}_2,\boldsymbol{\beta}_3$ 两两正交, 则 ℓ_1,ℓ_2 依次为 ( ).

(A) $\frac{5}{2},\frac{1}{2}$　　(B) $-\frac{5}{2},\frac{1}{2}$　　(C) $\frac{5}{2},-\frac{1}{2}$　　(D) $-\frac{5}{2},-\frac{1}{2}$

解答 显然, $\boldsymbol{\beta}_1,\boldsymbol{\beta}_2,\boldsymbol{\beta}_3$ 是由 $\boldsymbol{\alpha}_1,\boldsymbol{\alpha}_2,\boldsymbol{\alpha}_3$ 通过格拉姆–施密特正交化得到的, 因此

$$\boldsymbol{\beta}_2=\boldsymbol{\alpha}_2-\frac{(\boldsymbol{\alpha}_2,\boldsymbol{\beta}_1)}{(\boldsymbol{\beta}_1,\boldsymbol{\beta}_1)}\boldsymbol{\beta}_1=(0,2,0)^{\mathrm{T}}.$$

接下来, 有

$$\ell_1=\frac{(\boldsymbol{\alpha}_3,\boldsymbol{\beta}_1)}{(\boldsymbol{\beta}_1,\boldsymbol{\beta}_1)}=\frac{5}{2},\quad \ell_2=\frac{(\boldsymbol{\alpha}_3,\boldsymbol{\beta}_2)}{(\boldsymbol{\beta}_2,\boldsymbol{\beta}_2)}=\frac{1}{2}.$$

故本题的答案为 (A).

题 5 (数学一) 设 $\boldsymbol{A},\boldsymbol{B}$ 为同阶实矩阵, 则下列不成立的是 ( ).

(A) $\operatorname{rank}\begin{pmatrix}\boldsymbol{A}&\boldsymbol{O}\\\boldsymbol{O}&\boldsymbol{A}^{\mathrm{T}}\boldsymbol{A}\end{pmatrix}=2\operatorname{rank}(\boldsymbol{A})$　　(B) $\operatorname{rank}\begin{pmatrix}\boldsymbol{A}&\boldsymbol{AB}\\\boldsymbol{O}&\boldsymbol{A}^{\mathrm{T}}\end{pmatrix}=2\operatorname{rank}(\boldsymbol{A})$

(C) $\operatorname{rank}\begin{pmatrix}\boldsymbol{A}&\boldsymbol{BA}\\\boldsymbol{O}&\boldsymbol{AA}^{\mathrm{T}}\end{pmatrix}=2\operatorname{rank}(\boldsymbol{A})$　　(D) $\operatorname{rank}\begin{pmatrix}\boldsymbol{A}&\boldsymbol{O}\\\boldsymbol{BA}&\boldsymbol{A}^{\mathrm{T}}\boldsymbol{A}\end{pmatrix}=2\operatorname{rank}(\boldsymbol{A})$

解答　(A): 注意到 $\operatorname{rank}\begin{pmatrix}\boldsymbol{A} & \boldsymbol{O}\\ \boldsymbol{O} & \boldsymbol{A}^{\mathrm{T}}\boldsymbol{A}\end{pmatrix}=\operatorname{rank}(\boldsymbol{A})+\operatorname{rank}(\boldsymbol{A}^{\mathrm{T}}\boldsymbol{A})=2\operatorname{rank}(\boldsymbol{A})$, 故 (A) 选项正确.

(B): 注意到 $\operatorname{rank}\begin{pmatrix}\boldsymbol{A} & \boldsymbol{AB}\\ \boldsymbol{O} & \boldsymbol{A}^{\mathrm{T}}\end{pmatrix}\xlongequal{-c_1\boldsymbol{B}\to c_2}\operatorname{rank}\begin{pmatrix}\boldsymbol{A} & \boldsymbol{O}\\ \boldsymbol{O} & \boldsymbol{A}^{\mathrm{T}}\end{pmatrix}=\operatorname{rank}(\boldsymbol{A})+\operatorname{rank}(\boldsymbol{A}^{\mathrm{T}})=2\operatorname{rank}(\boldsymbol{A})$, 故 (B) 选项正确.

(C): 一方面, $\boldsymbol{BA}$ 的列向量不一定能表示成 $\boldsymbol{A}$ 的列向量的线性组合; 另一方面, $\boldsymbol{BA}$ 的行向量不一定能表示成 $\boldsymbol{AA}^{\mathrm{T}}$ 的行向量的线性组合. 因此 (C) 选项暂时存疑.

(D): 注意到 $\operatorname{rank}\begin{pmatrix}\boldsymbol{A} & \boldsymbol{O}\\ \boldsymbol{BA} & \boldsymbol{A}^{\mathrm{T}}\end{pmatrix}\xlongequal{-\boldsymbol{B}r_1\to r_2}\operatorname{rank}\begin{pmatrix}\boldsymbol{A} & \boldsymbol{O}\\ \boldsymbol{O} & \boldsymbol{A}^{\mathrm{T}}\end{pmatrix}=\operatorname{rank}(\boldsymbol{A})+\operatorname{rank}(\boldsymbol{A}^{\mathrm{T}})=2\operatorname{rank}(\boldsymbol{A})$, 故 (D) 选项正确.

故本题的答案为 (C).

题 6　(数学三) 设 $\boldsymbol{A}=(\boldsymbol{\alpha}_1,\boldsymbol{\alpha}_2,\boldsymbol{\alpha}_3,\boldsymbol{\alpha}_4)$ 为 4 阶正交矩阵. 若矩阵 $\boldsymbol{B}=\begin{pmatrix}\boldsymbol{\alpha}_1^{\mathrm{T}}\\ \boldsymbol{\alpha}_2^{\mathrm{T}}\\ \boldsymbol{\alpha}_3^{\mathrm{T}}\end{pmatrix}$, $\boldsymbol{\beta}=\begin{pmatrix}1\\1\\1\end{pmatrix}$, k 表示任意常数, 则线性方程组 $\boldsymbol{Bx}=\boldsymbol{\beta}$ 的通解 $\boldsymbol{x}=($　　$)$.

(A) $\boldsymbol{\alpha}_2+\boldsymbol{\alpha}_3+\boldsymbol{\alpha}_4+k\boldsymbol{\alpha}_1$　　(B) $\boldsymbol{\alpha}_1+\boldsymbol{\alpha}_3+\boldsymbol{\alpha}_4+k\boldsymbol{\alpha}_2$

(C) $\boldsymbol{\alpha}_1+\boldsymbol{\alpha}_2+\boldsymbol{\alpha}_4+k\boldsymbol{\alpha}_3$　　(D) $\boldsymbol{\alpha}_1+\boldsymbol{\alpha}_2+\boldsymbol{\alpha}_3+k\boldsymbol{\alpha}_4$

解答　由于 $\boldsymbol{A}$ 为正交矩阵, $\boldsymbol{\alpha}_i^{\mathrm{T}}\boldsymbol{\alpha}_j=\delta_{ij}$, 并且 $\operatorname{rank}(\boldsymbol{B})=3$, 因此可以直接验证, $\boldsymbol{B}(\boldsymbol{\alpha}_1+\boldsymbol{\alpha}_2+\boldsymbol{\alpha}_3)=\boldsymbol{\beta}$, 且 $\boldsymbol{\alpha}_4$ 是齐次方程组 $\boldsymbol{Bx}=\boldsymbol{0}$ 的基础解系. 故本题的答案为 (D).

题 7　(数学一) 设 $\boldsymbol{A}=(a_{ij})$ 为 3 阶矩阵, A_{ij} 为代数余子式. 若 $\boldsymbol{A}$ 的每行元素之和均为 2, 且 $|\boldsymbol{A}|=3$, 则 $A_{11}+A_{21}+A_{31}=$__________.

解答　我们记 $\boldsymbol{x}=(1,1,1)^{\mathrm{T}}$. 由于 $\boldsymbol{A}$ 的每行元素之和均为 2, 我们有 $\boldsymbol{Ax}=2\boldsymbol{x}$. 对于该等式同时左乘伴随矩阵 $\boldsymbol{A}^*$, 并利用等式 $\boldsymbol{A}^*\boldsymbol{A}=|\boldsymbol{A}|\boldsymbol{I}=3\boldsymbol{I}$, 我们得到 $3\boldsymbol{x}=2\boldsymbol{A}^*\boldsymbol{x}$. 关注其第一个分量, 我们得到 $3=2(A_{11}+A_{21}+A_{31})$, 从而所求为 $3/2$.

题 8　(数学二、三) 多项式 $f(x)=\begin{vmatrix}x & x & 1 & 2x\\ 1 & x & 2 & -1\\ 2 & 1 & x & 1\\ 2 & -1 & 1 & x\end{vmatrix}$ 中 x^3 项的系数为__________.

解答　注意到

$$f(x)=\begin{vmatrix}x & x & 1 & 2x\\ 1 & x & 2 & -1\\ 2 & 1 & x & 1\\ 2 & -1 & 1 & x\end{vmatrix}\xlongequal[-r_2\to r_1]{-2r_4\to r_1}\begin{vmatrix}x-5 & 2 & -3 & 1\\ 1 & x & 2 & -1\\ 2 & 1 & x & 1\\ 2 & -1 & 1 & x\end{vmatrix},$$

所以 $f(x)$ 中 x^3 项的系数为 -5. 事实上, 不难求得 $f(x)=x^4-5x^3-2x^2+13x+5$.

题 9 (数学一) 已知 $\boldsymbol{A}=\begin{pmatrix} a & 1 & -1 \\ 1 & a & -1 \\ -1 & -1 & a \end{pmatrix}$.

(1) 求正交矩阵 $\boldsymbol{P}$, 使得 $\boldsymbol{P}^{\mathrm{T}}\boldsymbol{A}\boldsymbol{P}$ 为对角矩阵;

(2) 求正定矩阵 $\boldsymbol{C}$, 使得 $\boldsymbol{C}^2=(a+3)\boldsymbol{I}-\boldsymbol{A}$.

解答 (1) 直接计算特征多项式, 有

$$|\lambda\boldsymbol{I}-\boldsymbol{A}|=\begin{vmatrix} \lambda-a & -1 & 1 \\ -1 & \lambda-a & 1 \\ 1 & 1 & \lambda-a \end{vmatrix}=(\lambda-a-2)(\lambda-a+1)^2.$$

故矩阵 $\boldsymbol{A}$ 有特征值 $\lambda_1=a+2$, $\lambda_2=\lambda_3=a-1$. 当 $\lambda_1=a+2$ 时, 由于

$$(a+2)\boldsymbol{I}-\boldsymbol{A}=\begin{pmatrix} 2 & -1 & 1 \\ -1 & 2 & 1 \\ 1 & 1 & 2 \end{pmatrix}\xrightarrow{\text{行初等变换}}\begin{pmatrix} 1 & 0 & 1 \\ 0 & 1 & 1 \\ 0 & 0 & 0 \end{pmatrix},$$

故有特征向量 $\boldsymbol{x}_1=(1,1,-1)^{\mathrm{T}}$. 当 $\lambda_2=\lambda_3=a-1$ 时, 由于

$$(a-1)\boldsymbol{I}-\boldsymbol{A}=\begin{pmatrix} -1 & -1 & 1 \\ -1 & -1 & 1 \\ 1 & 1 & -1 \end{pmatrix}\xrightarrow{\text{行初等变换}}\begin{pmatrix} 1 & 1 & -1 \\ 0 & 0 & 0 \\ 0 & 0 & 0 \end{pmatrix},$$

故有特征向量 $\boldsymbol{x}_2=(-1,1,0)^{\mathrm{T}}$ 和 $\boldsymbol{x}_3=(1,0,1)^{\mathrm{T}}$. 接下来, 对向量组 $\boldsymbol{x}_1,\boldsymbol{x}_2,\boldsymbol{x}_3$ 作格拉姆–施密特正交化, 得到规范正交向量组 $(1/\sqrt{3},1/\sqrt{3},-1/\sqrt{3})^{\mathrm{T}}$, $(-1/\sqrt{2},1/\sqrt{2},0)^{\mathrm{T}}$, $(1/\sqrt{6},1/\sqrt{6},2/\sqrt{6})^{\mathrm{T}}$. 因此, 我们可以选取正交方阵

$$\boldsymbol{P}=\begin{pmatrix} \frac{1}{\sqrt{3}} & -\frac{1}{\sqrt{2}} & \frac{1}{\sqrt{6}} \\ \frac{1}{\sqrt{3}} & \frac{1}{\sqrt{2}} & \frac{1}{\sqrt{6}} \\ -\frac{1}{\sqrt{3}} & 0 & \frac{2}{\sqrt{6}} \end{pmatrix},$$

它满足 $\boldsymbol{P}^{\mathrm{T}}\boldsymbol{A}\boldsymbol{P}=\Lambda\operatorname{diag}(a+2,a-1,a-1)$.

(2) 所求的矩阵 $\boldsymbol{C}$ 满足 $\boldsymbol{P}^{\mathrm{T}}\boldsymbol{C}^2\boldsymbol{P}=\boldsymbol{P}^{\mathrm{T}}((a+3)\boldsymbol{I}-\boldsymbol{A})\boldsymbol{P}=(a+3)\boldsymbol{I}-\Lambda=\operatorname{diag}(1,4,4)$. 另一方面, $\boldsymbol{P}^{\mathrm{T}}\boldsymbol{C}^2\boldsymbol{P}=(\boldsymbol{P}^{\mathrm{T}}\boldsymbol{C}\boldsymbol{P})^2$. 因此, 我们可以选取 $\boldsymbol{P}^{\mathrm{T}}\boldsymbol{C}\boldsymbol{P}=\operatorname{diag}(1,2,2)$, 即

$$\boldsymbol{C}=\boldsymbol{P}\operatorname{diag}(1,2,2)\boldsymbol{P}^{\mathrm{T}}=\begin{pmatrix} \frac{5}{3} & -\frac{1}{3} & \frac{1}{3} \\ -\frac{1}{3} & \frac{5}{3} & \frac{1}{3} \\ \frac{1}{3} & \frac{1}{3} & \frac{5}{3} \end{pmatrix}.$$

经检验, 确实有 $\boldsymbol{C}^2+\boldsymbol{A}=(a+3)\boldsymbol{I}$.

题 10　(数学二、三) 设矩阵 $\boldsymbol{A}=\begin{pmatrix}2&1&0\\1&2&0\\1&a&b\end{pmatrix}$ 仅有两个不同的特征值. 若 $\boldsymbol{A}$ 相似于对角矩阵, 求 a,b 的值, 并求可逆矩阵 $\boldsymbol{P}$ 使得 $\boldsymbol{P}^{-1}\boldsymbol{AP}$ 为对角矩阵.

解答　直接计算特征多项式有

$$|\lambda\boldsymbol{I}-\boldsymbol{A}|=\begin{vmatrix}\lambda-2&-1&0\\-1&\lambda-2&0\\-1&-a&\lambda-b\end{vmatrix}=(\lambda-b)(\lambda-1)(\lambda-3).$$

由于 $\boldsymbol{A}$ 仅有两个不同的特征值, 因此 b 为 1 或 3.

(1) 若 $b=1$, 则 $\boldsymbol{A}$ 的特征值为 $\lambda_1=\lambda_2=1$, $\lambda_3=3$. 此时, $\boldsymbol{A}$ 相似于对角阵 $\mathrm{diag}(1,1,3)$, 从而 $\mathrm{rank}(\boldsymbol{I}-\boldsymbol{A})=1$. 由于

$$\boldsymbol{I}-\boldsymbol{A}=\begin{pmatrix}-1&-1&0\\-1&-1&0\\-1&-a&0\end{pmatrix}\xrightarrow[-r_1\to r_3]{-r_1\to r_2}\begin{pmatrix}-1&-1&0\\0&0&0\\0&1-a&0\end{pmatrix},$$

故必有 $a=1$. 此时, 可以继续求得, 方程组 $(\boldsymbol{I}-\boldsymbol{A})\boldsymbol{x}=\boldsymbol{0}$ 有基础解系 $(0,0,1)^{\mathrm{T}}$, $(1,-1,0)^{\mathrm{T}}$, 而方程组 $(\boldsymbol{I}-\boldsymbol{A})\boldsymbol{x}=\boldsymbol{0}$ 有基础解系 $(1,1,1)^{\mathrm{T}}$. 因此, 我们可以取 $\boldsymbol{P}=\begin{pmatrix}0&1&1\\0&-1&1\\1&0&1\end{pmatrix}$, 它满足 $\boldsymbol{P}^{-1}\boldsymbol{AP}=\mathrm{diag}(1,1,3)$.

(2) 若 $b=3$, 则 $\boldsymbol{A}$ 的特征值为 $\lambda_1=\lambda_2=3$, $\lambda_3=1$. 此时, $\boldsymbol{A}$ 相似于对角阵 $\mathrm{diag}(3,3,1)$, 从而 $\mathrm{rank}(3\boldsymbol{I}-\boldsymbol{A})=1$. 由于

$$3\boldsymbol{I}-\boldsymbol{A}=\begin{pmatrix}1&-1&0\\-1&1&0\\-1&-a&0\end{pmatrix}\xrightarrow[r_1\to r_3]{r_1\to r_2}\begin{pmatrix}-1&-1&0\\0&0&0\\0&-1-a&0\end{pmatrix},$$

故必有 $a=-1$. 此时可以继续求得方程组 $(3\boldsymbol{I}-\boldsymbol{A})\boldsymbol{x}=\boldsymbol{0}$ 有基础解系 $(0,0,1)^{\mathrm{T}}$, $(1,1,0)^{\mathrm{T}}$, 而方程组 $(\boldsymbol{I}-\boldsymbol{A})\boldsymbol{x}=\boldsymbol{0}$ 有基础解系 $(-1,1,1)^{\mathrm{T}}$. 因此, 我们可以取 $\boldsymbol{P}=\begin{pmatrix}0&1&-1\\0&1&1\\1&0&1\end{pmatrix}$, 它满足 $\boldsymbol{P}^{-1}\boldsymbol{AP}=\mathrm{diag}(3,3,1)$.

2022 年试题解析

题 1　(数学一) 在下列四个条件中, 3 阶矩阵 $\boldsymbol{A}$ 可相似对角化的一个充分但不必要条件为 (　　).

(A) $\boldsymbol{A}$ 有三个不相等的特征值

(B) $\boldsymbol{A}$ 有三个线性无关的特征向量

(C) $\boldsymbol{A}$ 有三个两两线性无关的特征向量

(D) $\boldsymbol{A}$ 的属于不同特征值的特征向量相互正交

解答 在题目所给的四个选项中, (A) 是充分不必要条件, (B) 是充分必要条件, (C) 是必要不充分条件, (D) 是既不必要也不充分的条件. 故本题的答案为 (A).

题 2 (数学一) 设 $\boldsymbol{A},\boldsymbol{B}$ 均为 n 阶矩阵. 如果方程组 $\boldsymbol{Ax}=\boldsymbol{0}$ 和 $\boldsymbol{Bx}=\boldsymbol{0}$ 同解, 则 (   ).

(A) 方程组 $\begin{pmatrix}\boldsymbol{A} & \boldsymbol{O}\\ \boldsymbol{E} & \boldsymbol{B}\end{pmatrix}\boldsymbol{y}=\boldsymbol{0}$ 只有零解

(B) 方程组 $\begin{pmatrix}\boldsymbol{E} & \boldsymbol{A}\\ \boldsymbol{O} & \boldsymbol{AB}\end{pmatrix}\boldsymbol{y}=\boldsymbol{0}$ 只有零解

(C) 方程组 $\begin{pmatrix}\boldsymbol{A} & \boldsymbol{B}\\ \boldsymbol{O} & \boldsymbol{B}\end{pmatrix}\boldsymbol{y}=\boldsymbol{0}$ 与 $\begin{pmatrix}\boldsymbol{B} & \boldsymbol{A}\\ \boldsymbol{O} & \boldsymbol{A}\end{pmatrix}\boldsymbol{y}=\boldsymbol{0}$ 同解

(D) 方程组 $\begin{pmatrix}\boldsymbol{AB} & \boldsymbol{B}\\ \boldsymbol{O} & \boldsymbol{A}\end{pmatrix}\boldsymbol{y}=\boldsymbol{0}$ 与 $\begin{pmatrix}\boldsymbol{BA} & \boldsymbol{A}\\ \boldsymbol{O} & \boldsymbol{B}\end{pmatrix}\boldsymbol{y}=\boldsymbol{0}$ 同解

解答 所给条件中的方程组 $\boldsymbol{Ax}=\boldsymbol{0}$ 和 $\boldsymbol{Bx}=\boldsymbol{0}$ 同解, 等价于 $\boldsymbol{A}$ 可以通过一系列初等行变换化为 $\boldsymbol{B}$, 即存在可逆方阵 $\boldsymbol{P}$, 使得 $\boldsymbol{B}=\boldsymbol{PA}$.

在选项 (A) 中, 由于

$$\operatorname{rank}\begin{pmatrix}\boldsymbol{A} & \boldsymbol{O}\\ \boldsymbol{E} & \boldsymbol{B}\end{pmatrix}\leqslant \operatorname{rank}(\boldsymbol{A},\boldsymbol{O})+\operatorname{rank}(\boldsymbol{E},\boldsymbol{B})=\operatorname{rank}(\boldsymbol{A})+n,$$

当 $\boldsymbol{A}$ 不是满秩矩阵时, $2n$ 阶的系数矩阵并不是满秩的, 故并非只有零解.

在选项 (B) 中, 由于

$$\operatorname{rank}\begin{pmatrix}\boldsymbol{E} & \boldsymbol{A}\\ \boldsymbol{O} & \boldsymbol{AB}\end{pmatrix}\leqslant \operatorname{rank}(\boldsymbol{E},\boldsymbol{A})+\operatorname{rank}(\boldsymbol{O},\boldsymbol{AB})=n+\operatorname{rank}(\boldsymbol{AB})\leqslant n+\operatorname{rank}(\boldsymbol{A}),$$

当 $\boldsymbol{A}$ 不是满秩矩阵时, $2n$ 阶的系数矩阵并不是满秩的, 故并非只有零解.

在选项 (C) 中, 我们注意到两个方程组的系数矩阵分别为

$$\begin{pmatrix}\boldsymbol{A} & \boldsymbol{B}\\ \boldsymbol{O} & \boldsymbol{B}\end{pmatrix}=\begin{pmatrix}\boldsymbol{A} & \boldsymbol{PA}\\ \boldsymbol{O} & \boldsymbol{PA}\end{pmatrix}=\begin{pmatrix}\boldsymbol{I} & \boldsymbol{P}\\ \boldsymbol{O} & \boldsymbol{P}\end{pmatrix}\begin{pmatrix}\boldsymbol{A} & \boldsymbol{O}\\ \boldsymbol{O} & \boldsymbol{A}\end{pmatrix},$$

$$\begin{pmatrix}\boldsymbol{B} & \boldsymbol{A}\\ \boldsymbol{O} & \boldsymbol{A}\end{pmatrix}=\begin{pmatrix}\boldsymbol{PA} & \boldsymbol{A}\\ \boldsymbol{O} & \boldsymbol{A}\end{pmatrix}=\begin{pmatrix}\boldsymbol{P} & \boldsymbol{I}\\ \boldsymbol{O} & \boldsymbol{I}\end{pmatrix}\begin{pmatrix}\boldsymbol{A} & \boldsymbol{O}\\ \boldsymbol{O} & \boldsymbol{A}\end{pmatrix}.$$

由于 $\boldsymbol{P}$ 是可逆矩阵, 这里的 $\begin{pmatrix}\boldsymbol{I} & \boldsymbol{P}\\ \boldsymbol{O} & \boldsymbol{P}\end{pmatrix}$ 和 $\begin{pmatrix}\boldsymbol{P} & \boldsymbol{I}\\ \boldsymbol{O} & \boldsymbol{I}\end{pmatrix}$ 也同为可逆矩阵, 故题中所给的两个方程组等价.

在选项 (D) 中, 利用初等行变换, 两个方程组的系数矩阵可分别作如下变形:

$$\begin{pmatrix} \boldsymbol{AB} & \boldsymbol{B} \\ \boldsymbol{O} & \boldsymbol{A} \end{pmatrix} \longrightarrow \begin{pmatrix} \boldsymbol{AB} & \boldsymbol{O} \\ \boldsymbol{O} & \boldsymbol{A} \end{pmatrix},$$

$$\begin{pmatrix} \boldsymbol{BA} & \boldsymbol{A} \\ \boldsymbol{O} & \boldsymbol{B} \end{pmatrix} \longrightarrow \begin{pmatrix} \boldsymbol{BA} & \boldsymbol{A} \\ \boldsymbol{O} & \boldsymbol{A} \end{pmatrix} \longrightarrow \begin{pmatrix} \boldsymbol{BA} & \boldsymbol{O} \\ \boldsymbol{O} & \boldsymbol{A} \end{pmatrix}.$$

虽然 $\boldsymbol{A}$ 和 $\boldsymbol{B}$ 是行等价的 (即由一系列初等行变换可以相互得到), 但 $\boldsymbol{AB}$ 和 $\boldsymbol{BA}$ 之间并不一定有这样的性质 $\Bigg($ 例如, 若 $\boldsymbol{A}=\begin{pmatrix}1&0\\0&0\end{pmatrix}$, $\boldsymbol{B}=\begin{pmatrix}0&0\\1&0\end{pmatrix}$, 则 $\boldsymbol{A}$ 与 $\boldsymbol{B}$ 是行等价的, 但是 $\boldsymbol{AB}=\boldsymbol{O}$ 与 $\boldsymbol{BA}=\boldsymbol{B}$ 不是行等价的 $\Bigg)$. 因此题中的两个方程组并不一定是同解的. 故本题的答案为 (C).

题 3 (数学一、二、三) 设 $\boldsymbol{A}$ 为 3 阶矩阵, $\boldsymbol{\Lambda}=\begin{pmatrix}1&0&0\\0&-1&0\\0&0&0\end{pmatrix}$, 则 $\boldsymbol{A}$ 的特征值为 $1,-1,0$ 的充分必要条件是 ( ).

(A) 存在可逆矩阵 $\boldsymbol{P},\boldsymbol{Q}$, 使得 $\boldsymbol{A}=\boldsymbol{P\Lambda Q}$ (B) 存在可逆矩阵 $\boldsymbol{P}$, 使得 $\boldsymbol{A}=\boldsymbol{P\Lambda P}^{-1}$

(C) 存在正交矩阵 $\boldsymbol{Q}$, 使得 $\boldsymbol{A}=\boldsymbol{Q\Lambda Q}^{-1}$ (D) 存在可逆矩阵 $\boldsymbol{P}$, 使得 $\boldsymbol{A}=\boldsymbol{P\Lambda P}^{\mathrm{T}}$

解答 一方面, 若存在可逆矩阵 $\boldsymbol{P}$, 使得 $\boldsymbol{A}=\boldsymbol{P\Lambda P}^{-1}$, 则 $\boldsymbol{A}$ 与 $\boldsymbol{\Lambda}$ 相似, 从而 $\boldsymbol{A}$ 的特征值为 $\boldsymbol{\Lambda}$ 的特征值. 由于 $\boldsymbol{\Lambda}$ 为对角阵, 其特征值为其对角线上的元素, 即 $1,-1,0$. 另一方面, 若 $\boldsymbol{A}$ 的特征值为 $1,-1,0$, 由于这些特征值两两不等, 因此 $\boldsymbol{A}$ 可以相似对角化, 即存在可逆矩阵 $\boldsymbol{P}$, 使得 $\boldsymbol{A}=\boldsymbol{P\Lambda P}^{-1}$. 故本题可以选择 (B).

选项 (A) 中的条件使得 $\boldsymbol{A}$ 与 $\boldsymbol{\Lambda}$ 是相抵等价的. 选项 (C) 中的条件是 $\boldsymbol{A}$ 与 $\boldsymbol{\Lambda}$ 相似等价的充分非必要条件. 选项 (D) 中的条件使得 $\boldsymbol{A}$ 与 $\boldsymbol{\Lambda}$ 是相合等价的, 此时 $\boldsymbol{A}$ 是一个对称阵.

题 4 (数学二、三) 设矩阵 $\boldsymbol{A}=\begin{pmatrix}1&1&1\\1&a&a^2\\1&b&b^2\end{pmatrix}$, $\boldsymbol{b}=\begin{pmatrix}1\\2\\4\end{pmatrix}$, 则 $\boldsymbol{Ax}=\boldsymbol{b}$ 的解的情况为 ( ).

(A) 无解 (B) 有解

(C) 有无穷多解或无解 (D) 有唯一解或无解

解答 我们有 $|\boldsymbol{A}|=(a-1)(b-1)(b-a)$. 于是若 $|\boldsymbol{A}|=0$, 则 $a=1$ 或 $b=1$ 或 $a=b$. 若 $a=b$, 则由初等行变换, 我们有

$$(\boldsymbol{A},\boldsymbol{b})=\begin{pmatrix}1&1&1&1\\1&a&a^2&2\\1&a&a^2&4\end{pmatrix} \longrightarrow \begin{pmatrix}1&1&1&0\\0&a-1&a^2-1&0\\0&0&0&1\end{pmatrix}.$$

由此看出, 若 $a\neq 1$, 则 $\operatorname{rank}(\boldsymbol{A})=2<\operatorname{rank}(\boldsymbol{A},\boldsymbol{b})=3$; 若 $a=1$, 则 $\operatorname{rank}(\boldsymbol{A})=1<\operatorname{rank}(\boldsymbol{A},\boldsymbol{b})=2$. 故方程组无解.

若 $a\neq b$ 且 $a=1$, 则由初等行变换, 我们有

$$(\boldsymbol{A},\boldsymbol{b})=\begin{pmatrix}1&1&1&1\\1&1&1&2\\1&b&b^2&4\end{pmatrix}\longrightarrow\begin{pmatrix}1&1&1&0\\0&b-1&b^2-1&0\\0&0&0&1\end{pmatrix}.$$

此时, 由于 $b\neq 1$, $\operatorname{rank}(\boldsymbol{A})=2<\operatorname{rank}(\boldsymbol{A},\boldsymbol{b})=3$, 故方程组无解.

类似地, 若 $a\neq b$ 且 $b=1$, 则方程组也无解.

综上, 若 $|\boldsymbol{A}|=0$, 则方程组总是无解的; 若 $|\boldsymbol{A}|\neq 0$, 则方程组有唯一解. 故本题的答案为 (D).

题 5 (数学二、三) 设 $\boldsymbol{\alpha}_1=\begin{pmatrix}\lambda\\1\\1\end{pmatrix}$, $\boldsymbol{\alpha}_2=\begin{pmatrix}1\\\lambda\\1\end{pmatrix}$, $\boldsymbol{\alpha}_3=\begin{pmatrix}1\\1\\\lambda\end{pmatrix}$, $\boldsymbol{\alpha}_4=\begin{pmatrix}1\\\lambda\\\lambda^2\end{pmatrix}$. 若向量组 $\boldsymbol{\alpha}_1,\boldsymbol{\alpha}_2,\boldsymbol{\alpha}_3$ 与 $\boldsymbol{\alpha}_1,\boldsymbol{\alpha}_2,\boldsymbol{\alpha}_4$ 等价, 则 λ 的取值范围为 ( ).

(A) $\{0,1\}$

(B) $\{\lambda\,|\,\lambda\in\mathbf{R}\text{且}\lambda\neq-2\}$

(C) $\{\lambda\,|\,\lambda\in\mathbf{R}\text{ 且}\lambda\neq-1,\lambda\neq-2\}$

(D) $\{\lambda\,|\,\lambda\in\mathbf{R}\text{ 且}\lambda\neq-1\}$

解答 我们有

$$\det(\boldsymbol{\alpha}_1,\boldsymbol{\alpha}_2,\boldsymbol{\alpha}_3)=\begin{vmatrix}\lambda&1&1\\1&\lambda&1\\1&1&\lambda\end{vmatrix}=(\lambda+2)(\lambda-1)^2.$$

另一方面, 有

$$\det(\boldsymbol{\alpha}_1,\boldsymbol{\alpha}_2,\boldsymbol{\alpha}_4)=\begin{vmatrix}\lambda&1&1\\1&\lambda&\lambda\\1&1&\lambda^2\end{vmatrix}=(\lambda+1)^2(\lambda-1)^2.$$

当 $\lambda=1$ 时, $\boldsymbol{\alpha}_1=\boldsymbol{\alpha}_2=\boldsymbol{\alpha}_3=\boldsymbol{\alpha}_4$. 此时, 显然向量组 $\boldsymbol{\alpha}_1,\boldsymbol{\alpha}_2,\boldsymbol{\alpha}_3$ 与 $\boldsymbol{\alpha}_1,\boldsymbol{\alpha}_2,\boldsymbol{\alpha}_4$ 等价.

当 $\lambda=-2$ 时, 利用初等行变换, 我们有

$$(\boldsymbol{\alpha}_1,\boldsymbol{\alpha}_2,\boldsymbol{\alpha}_3,\boldsymbol{\alpha}_4)=\begin{pmatrix}-2&1&1&1\\1&-2&1&-2\\1&1&-2&4\end{pmatrix}\longrightarrow\begin{pmatrix}1&0&-1&0\\0&1&-1&0\\0&0&0&1\end{pmatrix}.$$

这说明 $\operatorname{rank}(\boldsymbol{\alpha}_1,\boldsymbol{\alpha}_2,\boldsymbol{\alpha}_3)=2<\operatorname{rank}(\boldsymbol{\alpha}_1,\boldsymbol{\alpha}_2,\boldsymbol{\alpha}_4)=3$, 从而向量组 $\boldsymbol{\alpha}_1,\boldsymbol{\alpha}_2,\boldsymbol{\alpha}_3$ 与 $\boldsymbol{\alpha}_1,\boldsymbol{\alpha}_2,\boldsymbol{\alpha}_4$ 并不等价.

当 $\lambda\neq 1$ 且 $\lambda\neq-2$ 时, 向量组 $\boldsymbol{\alpha}_1,\boldsymbol{\alpha}_2,\boldsymbol{\alpha}_3$ 满秩. 它与向量组 $\boldsymbol{\alpha}_1,\boldsymbol{\alpha}_2,\boldsymbol{\alpha}_4$ 等价的充要条件是后者也是满秩的, 即 $\lambda\neq-1$.

综上所述, 两组向量是等价的, 当且仅当 $\lambda\neq-1$ 且 $\lambda\neq-2$ 时. 故本题的答案为 (C).

题 6 (数学一) 已知矩阵 $\boldsymbol{A}$ 和 $\boldsymbol{E}-\boldsymbol{A}$ 可逆, 其中 $\boldsymbol{E}$ 为单位矩阵. 若矩阵 $\boldsymbol{B}$ 满足 $(\boldsymbol{E}-(\boldsymbol{E}-\boldsymbol{A})^{-1})\boldsymbol{B}=\boldsymbol{A}$, 则 $\boldsymbol{B}-\boldsymbol{A}=$__________.

解答 对条件中的等式通过左乘 $\boldsymbol{E}-\boldsymbol{A}$, 可以得到 $(\boldsymbol{E}-\boldsymbol{A})(\boldsymbol{E}-(\boldsymbol{E}-\boldsymbol{A})^{-1})\boldsymbol{B}=(\boldsymbol{E}-\boldsymbol{A})\boldsymbol{A}$, 即 $-\boldsymbol{AB}=\boldsymbol{A}-\boldsymbol{A}^2$. 又由于 $\boldsymbol{A}$ 可逆, 通过左乘 $\boldsymbol{A}^{-1}$, 我们得到 $-\boldsymbol{B}=\boldsymbol{E}-\boldsymbol{A}$, 从而 $\boldsymbol{B}-\boldsymbol{A}=-\boldsymbol{E}$.

题 7 (数学二、三) 设 $\boldsymbol{A}$ 为 3 阶矩阵, 交换 $\boldsymbol{A}$ 的第二行和第三行, 再将第二列的 -1 倍加到第一列, 得到矩阵 $\begin{pmatrix}-2&1&-1\\1&-1&0\\-1&0&0\end{pmatrix}$, 则 $\boldsymbol{A}^{-1}$ 的迹 $\operatorname{tr}(\boldsymbol{A}^{-1})=$__________.

解答 由条件可知

$$\begin{pmatrix}1&0&0\\0&0&1\\0&1&0\end{pmatrix}\boldsymbol{A}\begin{pmatrix}1&0&0\\-1&1&0\\0&0&1\end{pmatrix}=\begin{pmatrix}-2&1&-1\\1&-1&0\\-1&0&0\end{pmatrix},$$

这说明

$$\boldsymbol{A}=\begin{pmatrix}1&0&0\\0&0&1\\0&1&0\end{pmatrix}^{-1}\begin{pmatrix}-2&1&-1\\1&-1&0\\-1&0&0\end{pmatrix}\begin{pmatrix}1&0&0\\-1&1&0\\0&0&1\end{pmatrix}^{-1},$$

从而

$$\boldsymbol{A}^{-1}=\begin{pmatrix}1&0&0\\-1&1&0\\0&0&1\end{pmatrix}\begin{pmatrix}-2&1&-1\\1&-1&0\\-1&0&0\end{pmatrix}^{-1}\begin{pmatrix}1&0&0\\0&0&1\\0&1&0\end{pmatrix}.$$

不难算出 $\begin{pmatrix}-2&1&-1\\1&-1&0\\-1&0&0\end{pmatrix}^{-1}=\begin{pmatrix}0&0&-1\\0&-1&-1\\-1&-1&1\end{pmatrix}$, 从而 $\boldsymbol{A}^{-1}=\begin{pmatrix}0&-1&0\\0&0&-1\\-1&1&-1\end{pmatrix}$, 由此可知 $\operatorname{tr}(\boldsymbol{A}^{-1})=-1$.

题 8 (数学一) 设二次型 $f(x_1,x_2,x_3)=\sum\limits_{i=1}^{3}\sum\limits_{j=1}^{3}ijx_ix_j$.

(1) 求二次型 $f(x_1,x_2,x_3)$ 的矩阵;

(2) 求正交变换 $\boldsymbol{x}=\boldsymbol{Qy}$ 将 $f(x_1,x_2,x_3)$ 化为标准形;

(3) 求 $f(x_1,x_2,x_3)=0$ 的解.

解答 (1) 二次型 f 的矩阵为 $\boldsymbol{A}=\begin{pmatrix}1&2&3\\2&4&6\\3&6&9\end{pmatrix}$.

(2) 矩阵 $\boldsymbol{A}$ 的特征多项式为

$$p_{\boldsymbol{A}}(\lambda)=|\lambda\boldsymbol{E}-\boldsymbol{A}|=\begin{vmatrix}\lambda-1&-2&-3\\-2&\lambda-4&-6\\-3&-6&\lambda-9\end{vmatrix}=(\lambda-14)\lambda^2.$$

故特征值为 $\lambda_1=\lambda_2=0$, $\lambda_3=14$.

当 $\lambda=0$ 时, 通过初等行变换, 我们得到

$$0\boldsymbol{E}-\boldsymbol{A}=\begin{pmatrix}-1&-2&-3\\-2&-4&-6\\-3&-6&-9\end{pmatrix}\longrightarrow\begin{pmatrix}1&2&3\\0&0&0\\0&0&0\end{pmatrix}.$$

相应特征子空间的基为 $\boldsymbol{x}_1=(-2,1,0)^{\mathrm{T}}$, $\boldsymbol{x}_2=(-3,0,1)^{\mathrm{T}}$.

当 $\lambda=14$ 时, 通过初等行变换, 我们得到

$$14\boldsymbol{E}-\boldsymbol{A}=\begin{pmatrix}13&-2&-3\\-2&10&-6\\-3&-6&5\end{pmatrix}\longrightarrow\begin{pmatrix}1&0&-\dfrac{1}{3}\\0&1&-\dfrac{2}{3}\\0&0&0\end{pmatrix}.$$

相应特征子空间的基为 $\boldsymbol{x}_3=(1,2,3)^{\mathrm{T}}$.

通过施密特正交化过程, 我们可以将 $\boldsymbol{x}_1,\boldsymbol{x}_2,\boldsymbol{x}_3$ 变成

$$\boldsymbol{e}_1=\frac{1}{\sqrt{5}}(-2,1,0)^{\mathrm{T}},\quad \boldsymbol{e}_2=\frac{1}{\sqrt{70}}(-3,-6,5)^{\mathrm{T}},\quad \boldsymbol{e}_3=\frac{1}{\sqrt{14}}(1,2,3)^{\mathrm{T}}.$$

于是, 我们可以选取

$$\boldsymbol{Q}=(\boldsymbol{e}_1,\boldsymbol{e}_2,\boldsymbol{e}_3)=\begin{pmatrix}-\dfrac{2}{\sqrt{5}}&-\dfrac{3}{\sqrt{70}}&\dfrac{1}{\sqrt{14}}\\\dfrac{1}{\sqrt{5}}&-\dfrac{6}{\sqrt{70}}&\dfrac{2}{\sqrt{14}}\\0&\dfrac{5}{\sqrt{70}}&\dfrac{3}{\sqrt{14}}\end{pmatrix}.$$

而正交变换 $\boldsymbol{x}=\boldsymbol{Q}\boldsymbol{y}$ 将 $f(x_1,x_2,x_3)$ 化为标准形 $f=14y_3^2$.

(3) 显然, $f=0$ 当且仅当 $y_3=0$, 此时

$$\begin{pmatrix}x_1\\x_2\\x_3\end{pmatrix}=\boldsymbol{Q}\begin{pmatrix}k_1\\k_2\\0\end{pmatrix}=\frac{k_1}{\sqrt{5}}\begin{pmatrix}-2\\1\\0\end{pmatrix}+\frac{k_2}{\sqrt{70}}\begin{pmatrix}-3\\-6\\5\end{pmatrix},$$

其中 k_1,k_2 为任意常数.

题 9 (数学二、三) 已知二次型 $f(x_1,x_2,x_3)=3x_1^2+4x_2^2+3x_3^2+2x_1x_3$.

(1) 求正交变换 $\boldsymbol{x}=\boldsymbol{Q}\boldsymbol{y}$ 将 $f(x_1,x_2,x_3)$ 化为标准形;

(2) 证明: $\min\limits_{\boldsymbol{x}\neq\boldsymbol{0}}\dfrac{f(\boldsymbol{x})}{\boldsymbol{x}^{\mathrm{T}}\boldsymbol{x}}=2$.

解答 (1) 二次型 f 的矩阵为 $\boldsymbol{A}=\begin{pmatrix}3&0&1\\0&4&0\\1&0&3\end{pmatrix}$. 方阵 $\boldsymbol{A}$ 的特征多项式为

$$p_{\boldsymbol{A}}(\lambda)=|\lambda\boldsymbol{E}-\boldsymbol{A}|=\begin{vmatrix}\lambda-3&0&-1\\0&\lambda-4&0\\-1&0&\lambda-3\end{vmatrix}=(\lambda-4)^2(\lambda-2).$$

故有特征值 $\lambda_1=2, \lambda_2=\lambda_3=4$.

当 $\lambda=2$ 时, 通过初等行变换, 我们得到

$$2\boldsymbol{E}-\boldsymbol{A}=\begin{pmatrix}-1&0&-1\\0&-2&0\\-1&0&-1\end{pmatrix}\longrightarrow\begin{pmatrix}1&0&1\\0&1&0\\0&0&0\end{pmatrix}.$$

相应特征子空间的基为 $\boldsymbol{x}_1=(-1,0,1)^{\mathrm{T}}$.

当 $\lambda=4$ 时, 通过初等行变换, 我们得到

$$4\boldsymbol{E}-\boldsymbol{A}=\begin{pmatrix}1&0&-1\\0&0&0\\-1&0&1\end{pmatrix}\longrightarrow\begin{pmatrix}1&0&-1\\0&0&0\\0&0&0\end{pmatrix}.$$

相应特征子空间的基为 $\boldsymbol{x}_2=(0,1,0)^{\mathrm{T}}, \boldsymbol{x}_3=(1,0,1)^{\mathrm{T}}$.

通过施密特正交化过程, 我们可以将 $\boldsymbol{x}_1,\boldsymbol{x}_2,\boldsymbol{x}_3$ 变成

$$\boldsymbol{e}_1=\frac{1}{\sqrt{2}}(-1,0,1)^{\mathrm{T}},\quad \boldsymbol{e}_2=(0,1,0)^{\mathrm{T}},\quad \boldsymbol{e}_3=\frac{1}{\sqrt{2}}(1,0,1)^{\mathrm{T}}.$$

于是, 我们可以选取

$$\boldsymbol{Q}=(\boldsymbol{e}_1,\boldsymbol{e}_2,\boldsymbol{e}_3)=\begin{pmatrix}-\frac{1}{\sqrt{2}}&0&\frac{1}{\sqrt{2}}\\0&1&0\\\frac{1}{\sqrt{2}}&0&\frac{1}{\sqrt{2}}\end{pmatrix}.$$

而正交变换 $\boldsymbol{x}=\boldsymbol{Q}\boldsymbol{y}$ 将 $f(x_1,x_2,x_3)$ 化为标准形 $f=2y_1^2+4y_2^2+4y_3^2$.

(2) 在上面的正交变换下, 由于 $\boldsymbol{y}=\boldsymbol{Q}^{\mathrm{T}}\boldsymbol{x}$, 我们有

$$\begin{aligned}f&=2y_1^2+4y_2^2+4y_3^2\geqslant 2y_1^2+2y_2^2+2y_3^2=2(y_1^2+y_2^2+y_3^2)\\&=2\boldsymbol{y}^{\mathrm{T}}\boldsymbol{y}=2\boldsymbol{x}^{\mathrm{T}}\boldsymbol{Q}\boldsymbol{Q}^{\mathrm{T}}\boldsymbol{x}=2\boldsymbol{x}^{\mathrm{T}}\boldsymbol{x},\end{aligned}$$

即当 $\boldsymbol{x}\neq\boldsymbol{0}$ 时, $\dfrac{f(\boldsymbol{x})}{\boldsymbol{x}^{\mathrm{T}}\boldsymbol{x}}\geqslant 2$. 显然在 $y_1=1, y_2=y_3=0$, 即 $\boldsymbol{x}=(-1/\sqrt{2},0,1/\sqrt{2})$ 时, 算式能取到最小值 2.

2023 年试题解析

题 1 (数学一) 已知 n 阶矩阵 $\boldsymbol{A}, \boldsymbol{B}, \boldsymbol{C}$ 满足 $\boldsymbol{ABC}=\boldsymbol{O}$, $\boldsymbol{E}$ 为 n 阶单位矩阵. 记矩阵 $\begin{pmatrix}\boldsymbol{O}&\boldsymbol{A}\\\boldsymbol{BC}&\boldsymbol{E}\end{pmatrix}, \begin{pmatrix}\boldsymbol{AB}&\boldsymbol{C}\\\boldsymbol{O}&\boldsymbol{E}\end{pmatrix}, \begin{pmatrix}\boldsymbol{E}&\boldsymbol{AB}\\\boldsymbol{AB}&\boldsymbol{O}\end{pmatrix}$ 的秩分别为 r_1, r_2, r_3, 则 (　　).

(A) $r_1\leqslant r_2\leqslant r_3$　　(B) $r_1\leqslant r_3\leqslant r_2$　　(C) $r_3\leqslant r_2\leqslant r_1$　　(D) $r_2\leqslant r_1\leqslant r_3$

解答 作分块矩阵的初等变换, 我们有

$$\begin{pmatrix} \boldsymbol{O} & \boldsymbol{A} \\ \boldsymbol{BC} & \boldsymbol{E} \end{pmatrix} \xrightarrow{-\boldsymbol{A}r_2 \to r_1} \begin{pmatrix} \boldsymbol{O} & \boldsymbol{O} \\ \boldsymbol{BC} & \boldsymbol{E} \end{pmatrix} \xrightarrow{c_2(-\boldsymbol{BC}) \to c_1} \begin{pmatrix} \boldsymbol{O} & \boldsymbol{O} \\ \boldsymbol{O} & \boldsymbol{E} \end{pmatrix},$$

从而 $r_1 = n$;

$$\begin{pmatrix} \boldsymbol{AB} & \boldsymbol{C} \\ \boldsymbol{O} & \boldsymbol{E} \end{pmatrix} \xrightarrow{-\boldsymbol{C}r_2 \to r_1} \begin{pmatrix} \boldsymbol{AB} & \boldsymbol{O} \\ \boldsymbol{O} & \boldsymbol{E} \end{pmatrix},$$

故 $r_2 = n + \operatorname{rank}(\boldsymbol{AB})$;

$$\begin{pmatrix} \boldsymbol{E} & \boldsymbol{AB} \\ \boldsymbol{AB} & \boldsymbol{O} \end{pmatrix} \xrightarrow{-\boldsymbol{AB}r_1 \to r_2} \begin{pmatrix} \boldsymbol{E} & \boldsymbol{AB} \\ \boldsymbol{O} & -(\boldsymbol{AB})^2 \end{pmatrix} \xrightarrow{c_1(-\boldsymbol{AB}) \to c_2} \begin{pmatrix} \boldsymbol{E} & \boldsymbol{O} \\ \boldsymbol{O} & -(\boldsymbol{AB})^2 \end{pmatrix},$$

故 $r_3 = n + \operatorname{rank}((\boldsymbol{AB})^2)$. 注意到 $0 \leqslant \operatorname{rank}((\boldsymbol{AB})^2) \leqslant \operatorname{rank}(\boldsymbol{AB})$. 因此我们有 $r_1 \leqslant r_3 \leqslant r_2$. 故本题的答案为 (B).

题 2 (数学二、三) 设 $\boldsymbol{A}, \boldsymbol{B}$ 为 n 阶可逆矩阵, $\boldsymbol{E}$ 为 n 阶单位矩阵, $\boldsymbol{M}^*$ 为矩阵 $\boldsymbol{M}$ 的伴随矩阵. 则 $\begin{pmatrix} \boldsymbol{A} & \boldsymbol{E} \\ \boldsymbol{O} & \boldsymbol{B} \end{pmatrix}^* = (\quad)$.

(A) $\begin{pmatrix} |\boldsymbol{A}|\boldsymbol{B}^* & -\boldsymbol{B}^*\boldsymbol{A}^* \\ \boldsymbol{O} & |\boldsymbol{B}|\boldsymbol{A}^* \end{pmatrix}$ (B) $\begin{pmatrix} |\boldsymbol{A}|\boldsymbol{B}^* & -\boldsymbol{A}^*\boldsymbol{B}^* \\ \boldsymbol{O} & |\boldsymbol{B}|\boldsymbol{A}^* \end{pmatrix}$

(C) $\begin{pmatrix} |\boldsymbol{B}|\boldsymbol{A}^* & -\boldsymbol{B}^*\boldsymbol{A}^* \\ \boldsymbol{O} & |\boldsymbol{A}|\boldsymbol{B}^* \end{pmatrix}$ (D) $\begin{pmatrix} |\boldsymbol{B}|\boldsymbol{A}^* & -\boldsymbol{A}^*\boldsymbol{B}^* \\ \boldsymbol{O} & |\boldsymbol{A}|\boldsymbol{B}^* \end{pmatrix}$

解答 首先注意到

$$\begin{pmatrix} \boldsymbol{A} & \boldsymbol{E} \\ \boldsymbol{O} & \boldsymbol{B} \end{pmatrix}\begin{pmatrix} \boldsymbol{A} & \boldsymbol{E} \\ \boldsymbol{O} & \boldsymbol{B} \end{pmatrix}^* = \begin{vmatrix} \boldsymbol{A} & \boldsymbol{E} \\ \boldsymbol{O} & \boldsymbol{B} \end{vmatrix}\begin{pmatrix} \boldsymbol{E} & \boldsymbol{O} \\ \boldsymbol{O} & \boldsymbol{E} \end{pmatrix} = \begin{pmatrix} |\boldsymbol{A}||\boldsymbol{B}|\boldsymbol{E} & \boldsymbol{O} \\ \boldsymbol{O} & |\boldsymbol{A}||\boldsymbol{B}|\boldsymbol{E} \end{pmatrix}. \qquad (*)$$

接下来, 我们用初等变换法来求 $\begin{pmatrix} \boldsymbol{A} & \boldsymbol{E} \\ \boldsymbol{O} & \boldsymbol{B} \end{pmatrix}$ 的逆矩阵:

$$\begin{pmatrix} \boldsymbol{A} & \boldsymbol{E} & \boldsymbol{E} & \boldsymbol{O} \\ \boldsymbol{O} & \boldsymbol{B} & \boldsymbol{O} & \boldsymbol{E} \end{pmatrix} \xrightarrow{-\boldsymbol{B}^{-1}r_2 \to r_1} \begin{pmatrix} \boldsymbol{A} & \boldsymbol{O} & \boldsymbol{E} & -\boldsymbol{B}^{-1} \\ \boldsymbol{O} & \boldsymbol{B} & \boldsymbol{O} & \boldsymbol{E} \end{pmatrix} \xrightarrow[\boldsymbol{A}^{-1}r_1]{\boldsymbol{B}^{-1}r_2} \begin{pmatrix} \boldsymbol{E} & \boldsymbol{O} & \boldsymbol{A}^{-1} & -\boldsymbol{A}^{-1}\boldsymbol{B}^{-1} \\ \boldsymbol{O} & \boldsymbol{E} & \boldsymbol{O} & \boldsymbol{B}^{-1} \end{pmatrix}.$$

这说明

$$\begin{aligned} \begin{pmatrix} \boldsymbol{A} & \boldsymbol{E} \\ \boldsymbol{O} & \boldsymbol{B} \end{pmatrix}^* &= \begin{pmatrix} \boldsymbol{A}^{-1} & -\boldsymbol{A}^{-1}\boldsymbol{B}^{-1} \\ \boldsymbol{O} & \boldsymbol{B}^{-1} \end{pmatrix}\begin{pmatrix} |\boldsymbol{A}||\boldsymbol{B}|\boldsymbol{E} & \boldsymbol{O} \\ \boldsymbol{O} & |\boldsymbol{A}||\boldsymbol{B}|\boldsymbol{E} \end{pmatrix} \\ &= \begin{pmatrix} |\boldsymbol{B}||\boldsymbol{A}|\boldsymbol{A}^{-1} & -(|\boldsymbol{A}|\boldsymbol{A}^{-1})(|\boldsymbol{B}|\boldsymbol{B}^{-1}) \\ \boldsymbol{O} & |\boldsymbol{A}||\boldsymbol{B}|\boldsymbol{B}^{-1} \end{pmatrix} \\ &= \begin{pmatrix} |\boldsymbol{B}|\boldsymbol{A}^* & -\boldsymbol{A}^*\boldsymbol{B}^* \\ \boldsymbol{O} & |\boldsymbol{A}|\boldsymbol{B}^* \end{pmatrix}. \end{aligned}$$

故本题的答案为 (D). 当然, 本题也可以通过验证四个选项中的矩阵是否满足 $(*)$ 式中的等式而确定结果.

题 3 (数学一) 下列矩阵中不能相似于对角矩阵的是 ( ).

(A) $\begin{pmatrix}1&1&a\\0&2&2\\0&0&3\end{pmatrix}$ (B) $\begin{pmatrix}1&1&a\\1&2&0\\a&0&3\end{pmatrix}$ (C) $\begin{pmatrix}1&1&a\\0&2&0\\0&0&2\end{pmatrix}$ (D) $\begin{pmatrix}1&1&a\\0&2&2\\0&0&2\end{pmatrix}$

解答 选项 (A) 中的矩阵有三个不同的特征值 1,2,3, 故必可相似对角化. 选项 (B) 中的矩阵为实对称阵, 故必可相似对角化. 选项 (C) 中的矩阵若记为 $\boldsymbol{C}$, 则有特征值 1,2,2, 其中对应于特征值 2, 不难求得

$$\operatorname{rank}(\boldsymbol{C}-2\boldsymbol{E})=\operatorname{rank}\begin{pmatrix}-1&1&a\\0&0&0\\0&0&0\end{pmatrix}=1.$$

从而对应的特征子空间维数为 $3-1=2$, 与代数重数一致, 故仍然可相似对角化. 而选项 (D) 中的矩阵若记为 $\boldsymbol{D}$, 则有特征值 1,2,2, 其中对应于特征值 2, 不难求得

$$\operatorname{rank}(\boldsymbol{D}-2\boldsymbol{E})=\operatorname{rank}\begin{pmatrix}-1&1&a\\0&0&2\\0&0&0\end{pmatrix}=2.$$

从而对应的特征子空间维数为 $3-2=1$, 与代数重数不一致, 故不可相似对角化. 因此本题的答案为 (D).

题 4 (数学一、二、三) 已知向量 $\boldsymbol{\alpha}_1=\begin{pmatrix}1\\2\\3\end{pmatrix}$, $\boldsymbol{\alpha}_2=\begin{pmatrix}2\\1\\1\end{pmatrix}$, $\boldsymbol{\beta}_1=\begin{pmatrix}2\\5\\9\end{pmatrix}$, $\boldsymbol{\beta}_2=\begin{pmatrix}1\\0\\1\end{pmatrix}$. 若 $\boldsymbol{\gamma}$ 既可由 $\boldsymbol{\alpha}_1$, $\boldsymbol{\alpha}_2$ 线性表示, 也可由 $\boldsymbol{\beta}_1$, $\boldsymbol{\beta}_2$ 线性表示, 则 $\boldsymbol{\gamma}=$ ( ).

(A) $k\begin{pmatrix}3\\3\\4\end{pmatrix}$ $(k\in\mathbf{R})$ (B) $k\begin{pmatrix}3\\5\\10\end{pmatrix}$ $(k\in\mathbf{R})$

(C) $k\begin{pmatrix}-1\\1\\2\end{pmatrix}$ $(k\in\mathbf{R})$ (D) $k\begin{pmatrix}1\\5\\8\end{pmatrix}$ $(k\in\mathbf{R})$

解答 由条件可知存在 x_1,x_2,x_3,x_4, 使得 $\boldsymbol{\gamma}=x_1\boldsymbol{\alpha}_1+x_2\boldsymbol{\alpha}_2=x_3\boldsymbol{\beta}_1+x_4\boldsymbol{\beta}_4$. 于是 $x_1\boldsymbol{\alpha}_1+x_2\boldsymbol{\alpha}_2-x_3\boldsymbol{\beta}_1-x_4\boldsymbol{\beta}_4=\mathbf{0}$. 作初等行变换, 我们有

$$(\boldsymbol{\alpha}_1,\boldsymbol{\alpha}_2,-\boldsymbol{\beta}_1,-\boldsymbol{\beta}_2)=\begin{pmatrix}1&2&-2&-1\\2&1&-5&0\\3&1&-9&-1\end{pmatrix}\longrightarrow\begin{pmatrix}1&0&0&3\\0&1&0&-1\\0&0&1&1\end{pmatrix}.$$

这说明, 对应的齐次方程的通解为 $k(3,-1,1,-1)^{\mathrm{T}}$ $(k\in\mathbf{R})$. 于是 $\boldsymbol{\gamma}=x_1\boldsymbol{\alpha}_1+x_2\boldsymbol{\alpha}_2=3k\boldsymbol{\alpha}_1-k\boldsymbol{\alpha}_2=k(1,5,8)^{\mathrm{T}}$. 故本题的答案为 (D).

题 5 (数学二、三) 二次型 $f(x_1,x_2,x_3)=(x_1+x_2)^2+(x_1+x_3)^2-4(x_2-x_3)^2$ 的规范形为 ( ).

(A) $y_1^2+y_2^2$　　(B) $y_1^2-y_2^2$　　(C) $y_1^2+y_2^2-4y_3^2$　　(D) $y_1^2+y_2^2-y_3^2$

解答 展开后, 我们得到二次型

$$f=2x_1^2+2x_1x_2-3x_2^2+2x_1x_3+8x_2x_3-3x_3^2,$$

它所对应的实对称阵为 $\boldsymbol{A}=\begin{pmatrix}2&1&1\\1&-3&4\\1&4&-3\end{pmatrix}$. $\boldsymbol{A}$ 的特征多项式为

$$|\lambda\boldsymbol{E}-\boldsymbol{A}|=\lambda^3+4\lambda^2-21\lambda=(\lambda-3)\lambda(\lambda+7).$$

这说明 $\boldsymbol{A}$ 的特征值为 3,0,−7, 从而 f 与 $\boldsymbol{A}$ 的正、负惯性指数都是 1. 故本题的答案为 (B).

题 6 (数学一) 已知向量 $\boldsymbol{\alpha}_1=\begin{pmatrix}1\\0\\1\\1\end{pmatrix},\boldsymbol{\alpha}_2=\begin{pmatrix}-1\\-1\\0\\1\end{pmatrix},\boldsymbol{\alpha}_3=\begin{pmatrix}0\\1\\-1\\1\end{pmatrix},\boldsymbol{\beta}=\begin{pmatrix}1\\1\\1\\-1\end{pmatrix}$, $\boldsymbol{\gamma}=k_1\boldsymbol{\alpha}_1+k_2\boldsymbol{\alpha}_2+k_3\boldsymbol{\alpha}_3$. 若 $\boldsymbol{\gamma}^{\mathrm{T}}\boldsymbol{\alpha}_i=\boldsymbol{\beta}^{\mathrm{T}}\boldsymbol{\alpha}_i$ $(i=1,2,3)$, 则 $k_1^2+k_2^2+k_3^2=$________.

解答 直接计算, 我们有 $\boldsymbol{\gamma}^{\mathrm{T}}\boldsymbol{\alpha}_1=3k_1$, 而 $\boldsymbol{\beta}^{\mathrm{T}}\boldsymbol{\alpha}_1=1$, 故 $k_1=\dfrac{1}{3}$. 因 $\boldsymbol{\gamma}^{\mathrm{T}}\boldsymbol{\alpha}_2=3k_2$, 而 $\boldsymbol{\beta}^{\mathrm{T}}\boldsymbol{\alpha}_2=-3$, 故 $k_2=-1$. 又 $\boldsymbol{\gamma}^{\mathrm{T}}\boldsymbol{\alpha}_3=3k_3$, 而 $\boldsymbol{\beta}^{\mathrm{T}}\boldsymbol{\alpha}_3=-1$, 故 $k_3=-\dfrac{1}{3}$. 由此可知 $k_1^2+k_2^2+k_3^2=\dfrac{11}{9}$.

题 7 (数学二、三) 方程组 $\begin{cases}ax_1+x_3=1,\\x_1+ax_2+x_3=0,\\x_1+2x_2+ax_3=0,\\ax_1+bx_2=2\end{cases}$ 有解, 其中 a,b 为常数. 若 $\begin{vmatrix}a&0&1\\1&a&1\\1&2&a\end{vmatrix}=4$, 则 $\begin{vmatrix}1&a&1\\1&2&a\\a&b&0\end{vmatrix}=$________.

解答 对于所给出的线性方程组, 令 $\boldsymbol{A}$ 为其系数矩阵, $\overline{\boldsymbol{A}}$ 为其增广矩阵. 由于方程组有解, $\operatorname{rank}(\overline{\boldsymbol{A}})=\operatorname{rank}(\boldsymbol{A})\leqslant 3$, 从而行列式 $|\overline{\boldsymbol{A}}|=0$. 另一方面, 结合所给条件, 我们沿第四列展开该 4 阶行列式, 显然有

$$|\overline{\boldsymbol{A}}|=\begin{vmatrix}a&0&1&1\\1&a&1&0\\1&2&a&0\\a&b&0&2\end{vmatrix}=2\begin{vmatrix}a&0&1\\1&a&1\\1&2&a\end{vmatrix}-\begin{vmatrix}1&a&1\\1&2&a\\a&b&0\end{vmatrix}.$$

故所求的 3 阶行列式为 8.

题 8 (数学一) 已知二次型

$$f(x_1,x_2,x_3)=x_1^2+2x_2^2+2x_3^2+2x_1x_2-2x_1x_3,$$

$$g(y_1,y_2,y_3)=y_1^2+y_2^2+y_3^2+2y_2y_3.$$

(1) 求可逆变换 $\boldsymbol{x}=\boldsymbol{P}\boldsymbol{y}$ 将 $f(x_1,x_2,x_3)$ 化成 $g(y_1,y_2,y_3)$;

(2) 是否存在正交变换 $\boldsymbol{x}=\boldsymbol{Q}\boldsymbol{y}$ 将 $f(x_1,x_2,x_3)$ 化成 $g(y_1,y_2,y_3)$?

解答　将 f 和 g 所对应的实对称阵分别记为 $\boldsymbol{A}$ 和 $\boldsymbol{B}$, 于是

$$\boldsymbol{A}=\begin{pmatrix}1&1&-1\\1&2&0\\-1&0&2\end{pmatrix},\quad \boldsymbol{B}=\begin{pmatrix}1&0&0\\0&1&1\\0&1&1\end{pmatrix},$$

且 $f=\boldsymbol{x}^{\mathrm{T}}\boldsymbol{A}\boldsymbol{x}$, 而 $g=\boldsymbol{y}^{\mathrm{T}}\boldsymbol{B}\boldsymbol{y}$.

(1) 本质上, 我们将用初等变换法求相合变换所用的矩阵. 具体而言, 我们观察到如下的初等变换:

$$\boldsymbol{A}\xrightarrow{c_1\to c_3}\begin{pmatrix}1&1&0\\1&2&1\\-1&0&1\end{pmatrix}\xrightarrow{r_1\to r_3}\begin{pmatrix}1&1&0\\1&2&1\\0&1&1\end{pmatrix}$$
$$\xrightarrow{-c_1\to c_2}\begin{pmatrix}1&0&0\\1&1&1\\0&1&1\end{pmatrix}\xrightarrow{-r_1\to r_2}\begin{pmatrix}1&0&0\\0&1&1\\0&1&1\end{pmatrix}=\boldsymbol{B}.$$

利用其中的初等列变换, 我们有

$$\boldsymbol{E}\xrightarrow{c_1\to c_3}\begin{pmatrix}1&0&1\\0&1&0\\0&0&1\end{pmatrix}\xrightarrow{-c_1\to c_2}\begin{pmatrix}1&-1&1\\0&1&0\\0&0&1\end{pmatrix}.$$

令 $\boldsymbol{P}=\begin{pmatrix}1&-1&1\\0&1&0\\0&0&1\end{pmatrix}$, 不难验证 $\boldsymbol{P}^{\mathrm{T}}\boldsymbol{A}\boldsymbol{P}=\boldsymbol{B}$. 这个 $\boldsymbol{P}$ 满足我们的要求.

(2) 由于 $\mathrm{tr}(\boldsymbol{A})=5\neq\mathrm{tr}(\boldsymbol{B})=3$, $\boldsymbol{A}$ 与 $\boldsymbol{B}$ 不相似, 故不存在正交变换 $\boldsymbol{x}=\boldsymbol{Q}\boldsymbol{y}$ 将 $f(x_1,x_2,x_3)$ 化成 $g(y_1,y_2,y_3)$.

题 9　(数学二、三) 设矩阵 $\boldsymbol{A}$ 满足: 对任意 x_1, x_2, x_3 均有

$$\boldsymbol{A}\begin{pmatrix}x_1\\x_2\\x_3\end{pmatrix}=\begin{pmatrix}x_1+x_2+x_3\\2x_1-x_2+x_3\\x_2-x_3\end{pmatrix}.$$

(1) 求 $\boldsymbol{A}$;

(2) 求可逆矩阵 $\boldsymbol{P}$ 与对角矩阵 $\boldsymbol{\Lambda}$, 使得 $\boldsymbol{P}^{-1}\boldsymbol{A}\boldsymbol{P}=\boldsymbol{\Lambda}$.

解答 (1) 我们可以重写为

$$\begin{pmatrix} x_1+x_2+x_3 \\ 2x_1-x_2+x_3 \\ x_2-x_3 \end{pmatrix} = \begin{pmatrix} 1 & 1 & 1 \\ 2 & -1 & 1 \\ 0 & 1 & -1 \end{pmatrix}\begin{pmatrix} x_1 \\ x_2 \\ x_3 \end{pmatrix},$$

故显然有 $\boldsymbol{A}=\begin{pmatrix} 1 & 1 & 1 \\ 2 & -1 & 1 \\ 0 & 1 & -1 \end{pmatrix}$.

(2) $\boldsymbol{A}$ 的特征多项式为

$$p_{\boldsymbol{A}}(\lambda)=|\lambda\boldsymbol{E}-\boldsymbol{A}|=\lambda^3+\lambda^2-4\lambda-4=(\lambda+2)(\lambda+1)(\lambda-2),$$

于是有特征值 $-2,-1,2$. 不难求得它们所对应的特征向量分别为 $\boldsymbol{\xi}_1=(0,1,-1)^{\mathrm{T}}$, $\boldsymbol{\xi}_2=(1,0,-2)^{\mathrm{T}}$, $\boldsymbol{\xi}_3=(4,3,1)^{\mathrm{T}}$. 于是, 可以令 $\boldsymbol{P}=(\boldsymbol{\xi}_1,\boldsymbol{\xi}_2,\boldsymbol{\xi}_3)=\begin{pmatrix} 0 & 1 & 4 \\ 1 & 0 & 3 \\ -1 & -2 & 1 \end{pmatrix}$, 则得到 $\boldsymbol{P}^{-1}\boldsymbol{A}\boldsymbol{P}=\boldsymbol{\Lambda}\overset{\text{定义为}}{=}\begin{pmatrix} -2 & & \\ & -1 & \\ & & 2 \end{pmatrix}$.

附录 3　中国科学技术大学考试试题

2010—2011 学年 (第 2 学期) 期终考试试题

一、填空题 (42 分)

(1) 给定空间直角坐标系中的点 $A(0,1,1), B(1,2,3), C(1,1,3)$ 及 $D(1,3,5)$, 则: (a) 经过点 A,B,C 的平面的一般方程为________; (b) 四面体 $ABCD$ 的体积为________.

(2) 设 3 阶方阵 $\boldsymbol{A}=(\boldsymbol{a}_1,\boldsymbol{a}_2,\boldsymbol{a}_3), \boldsymbol{B}=(2\boldsymbol{a}_3,3\boldsymbol{a}_2,4\boldsymbol{a}_1)$, 其中 $\boldsymbol{a}_1,\boldsymbol{a}_2,\boldsymbol{a}_3$ 是 3 维列向量. 若 $\det(\boldsymbol{A})=2$, 则 $\det(\boldsymbol{B})=$ ________.

(3) 已知 $\boldsymbol{A}=\begin{pmatrix}1&2&1\\0&1&2\\0&0&1\end{pmatrix}$, 则 $\boldsymbol{A}^{-1}=$ ________.

(4) 设 $\boldsymbol{A}$ 为正交矩阵, $\boldsymbol{A}^*$ 为 $\boldsymbol{A}$ 的伴随矩阵. 则 $\det(\boldsymbol{A}^*)=$ ________.

(5) 已知矩阵 $\boldsymbol{A}=\begin{pmatrix}x&1&2\\-10&6&7\\y&-2&-1\end{pmatrix}$ 的特征值为 $\lambda_1=\lambda_2=1,\lambda_3=2$. 则 $x=$ ________, $y=$ ________.

(6) 已知矩阵 $\boldsymbol{A}=\begin{pmatrix}1&t-1\\t-1&1\end{pmatrix}$ 是正定矩阵, 则 t 必须满足的条件是________.

(7) 已知 $\mathbf{R}$ 上 4 维列向量 $\boldsymbol{a}_1,\boldsymbol{a}_2,\boldsymbol{a}_3,\boldsymbol{b}_1,\boldsymbol{b}_2,\cdots,\boldsymbol{b}_9$. 若 $\boldsymbol{a}_1,\boldsymbol{a}_2,\boldsymbol{a}_3$ 线性无关, $\boldsymbol{b}_i(i=1,2,\cdots,9)$ 非零且与 $\boldsymbol{a}_1,\boldsymbol{a}_2,\boldsymbol{a}_3$ 均正交, 则 $\operatorname{rank}(\boldsymbol{b}_1,\boldsymbol{b}_2,\cdots,\boldsymbol{b}_9)=$ ________.

(8) 设 $P_3[x]$ 为次数小于或等于 3 的实系数多项式全体构成的线性空间. 定义 $P_3[x]$ 的线性变换 $A: A(p(x))=(x+1)\dfrac{\mathrm{d}}{\mathrm{d}x}p(x)$, 则 A 在基 $1,x,x^2,x^3$ 下的矩阵为________.

(9) 在线性空间 $M_n(\mathbf{R})$ 中 (运算为矩阵的加法和数乘), 记 V_1 为所有对称矩阵构成的子空间, V_2 为所有反对称矩阵构成的子空间. 则 $\dim(V_1)=$ ________, $\dim(V_2)=$ ________.

二、(15 分)

已知线性方程组

$$\begin{cases} x_1 + x_2 + x_3 + x_4 + x_5 = a, \\ 3x_1 + 2x_2 + x_3 + x_4 - 3x_5 = 0, \\ x_2 + 2x_3 + 2x_4 + 6x_5 = b, \\ 5x_1 + 4x_2 + 3x_3 + 3x_4 - x_5 = 2. \end{cases}$$

(1) 当 a,b 为何值时, 方程组有解?

(2) 当方程组有解时, 求出对应的齐次方程组的一组基础解系.

(3) 当方程组有解时, 求出方程组的全部解.

三、(12 分)

在线性空间 $M_2(\mathbf{R})$ 中, 设 $\boldsymbol{\alpha}_1=\begin{pmatrix}1&0\\0&0\end{pmatrix}$, $\boldsymbol{\alpha}_2=\begin{pmatrix}1&1\\0&0\end{pmatrix}$, $\boldsymbol{\alpha}_3=\begin{pmatrix}1&1\\1&0\end{pmatrix}$, $\boldsymbol{\alpha}_4=\begin{pmatrix}1&1\\1&1\end{pmatrix}$ 和 $\boldsymbol{\beta}_1=\begin{pmatrix}0&1\\1&1\end{pmatrix}$, $\boldsymbol{\beta}_2=\begin{pmatrix}1&0\\1&1\end{pmatrix}$, $\boldsymbol{\beta}_3=\begin{pmatrix}1&1\\0&1\end{pmatrix}$, $\boldsymbol{\beta}_4=\begin{pmatrix}1&1\\1&0\end{pmatrix}$ 分别为 $M_2(\mathbf{R})$ 的两组基.

(1) 求 $\boldsymbol{\alpha}_1,\boldsymbol{\alpha}_2,\boldsymbol{\alpha}_3,\boldsymbol{\alpha}_4$ 到 $\boldsymbol{\beta}_1,\boldsymbol{\beta}_2,\boldsymbol{\beta}_3,\boldsymbol{\beta}_4$ 的过渡矩阵 $\boldsymbol{T}$;

(2) 设 $\boldsymbol{A}\in M_2(\mathbf{R})$ 在 $\boldsymbol{\beta}_1,\boldsymbol{\beta}_2,\boldsymbol{\beta}_3,\boldsymbol{\beta}_4$ 下的坐标为 $(1,-2,3,0)^{\mathrm{T}}$, 求 $\boldsymbol{A}$ 在 $\boldsymbol{\alpha}_1,\boldsymbol{\alpha}_2,\boldsymbol{\alpha}_3,\boldsymbol{\alpha}_4$ 下的坐标.

四、(8 分)

考虑分块矩阵 $\boldsymbol{M}=\begin{pmatrix}\boldsymbol{A}&\boldsymbol{B}\\\boldsymbol{C}&\boldsymbol{D}\end{pmatrix}$, 其中 $\boldsymbol{A}$ 为 n 阶可逆方阵. 证明: $\operatorname{rank}(\boldsymbol{M})=n+\operatorname{rank}(\boldsymbol{D}-\boldsymbol{C}\boldsymbol{A}^{-1}\boldsymbol{B})$.

五、(15 分)

已知二次型 $Q(x_1,x_2,x_3)=3x_1^2+2x_2^2+3x_3^2-2x_1x_3$.

(1) 写出二次型 $Q(x_1,x_2,x_3)$ 对应的矩阵 $\boldsymbol{A}$ 和 $Q(x_1,x_2,x_3)$ 的矩阵表示.

(2) 求正交变换 $\boldsymbol{P}$, 使 $\boldsymbol{x}=\boldsymbol{P}\boldsymbol{y}$ 把 $Q(x_1,x_2,x_3)$ 化为标准形.

(3) 二次型是正定的、负定的还是不定的? 为什么?

(4) 指出 $Q(x_1,x_2,x_3)=1$ 的几何意义.

六、(8 分)

设 V 是欧氏空间, $\boldsymbol{b}_1,\boldsymbol{b}_2,\cdots,\boldsymbol{b}_n$ 是 V 中一组两两正交的非零向量, $\boldsymbol{\beta}_i=\sum\limits_{k=1}^{n}a_{ki}\boldsymbol{b}_k (i=1,2,\cdots,m)$, $\boldsymbol{A}=(a_{ij})_{n\times m}$. 证明:

(1) $\boldsymbol{b}_1,\boldsymbol{b}_2,\cdots,\boldsymbol{b}_n$ 线性无关;

(2) $\dim\langle\boldsymbol{\beta}_1,\boldsymbol{\beta}_2,\cdots,\boldsymbol{\beta}_m\rangle=\operatorname{rank}(\boldsymbol{A})$.

参考答案

一、(1) $2x-z+1=0$; $\dfrac{1}{3}$.

(2) -48.

(3) $\begin{pmatrix} 1 & -2 & 3 \\ 0 & 1 & -2 \\ 0 & 0 & 1 \end{pmatrix}$.

(4) ± 1.

(5) -1; 4.

(6) $0<t<2$.

(7) 1.

(8) $\begin{pmatrix} 0 & 1 & 0 & 0 \\ 0 & 1 & 2 & 0 \\ 0 & 0 & 2 & 3 \\ 0 & 0 & 0 & 3 \end{pmatrix}$.

(9) $\dfrac{n(n+1)}{1}$; $\dfrac{n(n-1)}{2}$.

二、(1) $a=1,\ b=3$ 时原方程有解.

(2) $a=1, b=3$ 时对应的齐次方程组有基础解系 $\boldsymbol{\xi}_1=(1,-2,1,0,0)^{\mathrm{T}}, \boldsymbol{\xi}_2=(1,-2,0,1,0)^{\mathrm{T}}$, $\boldsymbol{\xi}_3=(5,-6,0,0,1)^{\mathrm{T}}$.

(3) $a=1,\ b=3$ 时原方程的通解为 $\boldsymbol{\eta}_0+c_1\boldsymbol{\xi}_1+c_2\boldsymbol{\xi}_2+c_3\boldsymbol{\xi}_3$, 其中 c_i 为任意常数, 而 $\boldsymbol{\eta}_0=(-2,3,0,0,0)^{\mathrm{T}}$.

三、(1) $\boldsymbol{T}=\begin{pmatrix} -1 & 1 & 0 & 0 \\ 0 & -1 & 1 & 0 \\ 0 & 0 & -1 & 1 \\ 1 & 1 & 1 & 0 \end{pmatrix}$;

(2) $(-3,5,-3,2)^{\mathrm{T}}$.

四、利用初等变换, 我们有

$$\begin{aligned}\operatorname{rank}(\boldsymbol{M}) &= \operatorname{rank}\begin{pmatrix} \boldsymbol{A} & \boldsymbol{B} \\ \boldsymbol{C} & \boldsymbol{D} \end{pmatrix} \xlongequal{-\boldsymbol{C}\boldsymbol{A}^{-1}r_1\to r_2} \operatorname{rank}\begin{pmatrix} \boldsymbol{A} & \boldsymbol{B} \\ \boldsymbol{O} & \boldsymbol{D}-\boldsymbol{C}\boldsymbol{A}^{-1}\boldsymbol{B} \end{pmatrix} \\ &\xlongequal{-c_1\boldsymbol{A}^{-1}\boldsymbol{B}\to c_2} \operatorname{rank}\begin{pmatrix} \boldsymbol{A} & \\ & \boldsymbol{D}-\boldsymbol{C}\boldsymbol{A}^{-1}\boldsymbol{B} \end{pmatrix} = \operatorname{rank}(\boldsymbol{A})+\operatorname{rank}(\boldsymbol{D}-\boldsymbol{C}\boldsymbol{A}^{-1}\boldsymbol{B}) \\ &= n+\operatorname{rank}(\boldsymbol{D}-\boldsymbol{C}\boldsymbol{A}^{-1}\boldsymbol{B}).\end{aligned}$$

五、(1) $Q(x_1,x_2,x_3)=\boldsymbol{x}^{\mathrm{T}}\boldsymbol{A}\boldsymbol{x}$, 其中 $\boldsymbol{x}=\begin{pmatrix} x_1 \\ x_2 \\ x_3 \end{pmatrix}$, $\boldsymbol{A}=\begin{pmatrix} 3 & 0 & -1 \\ 0 & 2 & 0 \\ -1 & 0 & 3 \end{pmatrix}$.

(2) 不难解出 $\boldsymbol{A}$ 有特征值 $\lambda_1=4$, $\lambda_2=\lambda_3=2$. 相应地, 有单位长度的正交的特征向量

$\boldsymbol{x}_1=\frac{1}{\sqrt{2}}\begin{pmatrix}1\\0\\-1\end{pmatrix}, \boldsymbol{x}_2=\frac{1}{\sqrt{2}}\begin{pmatrix}1\\0\\1\end{pmatrix}, \boldsymbol{x}_3=\begin{pmatrix}0\\1\\0\end{pmatrix}$. 令 $\boldsymbol{P}=(\boldsymbol{x}_1,\boldsymbol{x}_2,\boldsymbol{x}_3)=\begin{pmatrix}\frac{1}{\sqrt{2}} & \frac{1}{\sqrt{2}} & 0\\ 0 & 0 & 1\\ -\frac{1}{\sqrt{2}} & \frac{1}{\sqrt{2}} & 0\end{pmatrix}$,
那么 $\boldsymbol{P}$ 是正交矩阵, 且 $Q(\boldsymbol{x})|_{\boldsymbol{x}=\boldsymbol{P}\boldsymbol{y}}=4y_1^2+2y_2^2+2y_3^2$.

(3) Q 是正定的, 因为正惯性指数为 $r=n=3$.

(4) $Q(x_1,x_2,x_3)=1$ 表示一个椭球面.

六、(1) 因为 $\boldsymbol{b}_1,\cdots,\boldsymbol{b}_n$ 两两正交, 对于 $1\leqslant i,j\leqslant n$ 有内积 $(\boldsymbol{b}_i,\boldsymbol{b}_j)=\delta_{ij}|\boldsymbol{b}_i|^2$. 此时, 若 $\boldsymbol{x}=\lambda_1\boldsymbol{b}_1+\cdots+\lambda_n\boldsymbol{b}_n=\boldsymbol{0}$, 那么对于每个 i 有 $0=(\boldsymbol{x},\boldsymbol{b}_i)=\lambda_i(\boldsymbol{b}_i,\boldsymbol{b}_i)=\lambda_i|\boldsymbol{b}_i|^2$. 由于 $\boldsymbol{b}_i$ 是非零向量, 因此 $\lambda_i=0$. 从而 $\boldsymbol{b}_1,\cdots,\boldsymbol{b}_n$ 线性无关.

(2) 依题意, 有 $(\boldsymbol{\beta}_1,\cdots,\boldsymbol{\beta}_m)=(\boldsymbol{b}_1,\cdots,\boldsymbol{b}_n)\boldsymbol{A}$. 设 $\boldsymbol{A}$ 的列向量依次为 $\boldsymbol{a}_1,\cdots,\boldsymbol{a}_m$. 由于 $\dim\boldsymbol{\beta}_1,\cdots,\boldsymbol{\beta}_m=\mathrm{rank}(\boldsymbol{\beta}_1,\cdots,\boldsymbol{\beta}_m)$, 因此, 对于任意的 $1\leqslant i_1<i_2<\cdots<i_r\leqslant m$, 我们只需证明 $\boldsymbol{\beta}_{i_1},\boldsymbol{\beta}_{i_2},\cdots,\boldsymbol{\beta}_{i_r}$ 是线性无关的, 当且仅当 $\boldsymbol{\alpha}_{i_1},\boldsymbol{\alpha}_{i_2},\cdots,\boldsymbol{\alpha}_{i_r}$ 是线性无关的.

接下来, 设 $\boldsymbol{A}_{i_1,\cdots,i_r}$ 是由列向量组 $\boldsymbol{\alpha}_{i_1},\boldsymbol{\alpha}_{i_2},\cdots,\boldsymbol{\alpha}_{i_r}$ 组成的 $\boldsymbol{A}$ 的子矩阵. 此时, 我们有

$$(\boldsymbol{\beta}_{i_1},\boldsymbol{\beta}_{i_2},\cdots,\boldsymbol{\beta}_{i_r})=(\boldsymbol{b}_1,\cdots,\boldsymbol{b}_n)\boldsymbol{A}_{i_1,\cdots,i_r}.$$

故对于任意的 $\boldsymbol{\lambda}=(\lambda_1,\cdots,\lambda_r)^{\mathrm{T}}\in\mathbf{R}^r$, 有 $\boldsymbol{A}_{i_1,\cdots,i_r}\boldsymbol{\lambda}\in\mathbf{R}^n$, 且

$$(\boldsymbol{\beta}_{i_1},\boldsymbol{\beta}_{i_2},\cdots,\boldsymbol{\beta}_{i_r})\boldsymbol{\lambda}=\boldsymbol{0}\quad\Leftrightarrow\quad(\boldsymbol{b}_1,\cdots,\boldsymbol{b}_n)\boldsymbol{A}_{i_1,\cdots,i_r}\boldsymbol{\lambda}=\boldsymbol{0}.$$

由于 $\boldsymbol{b}_1,\cdots,\boldsymbol{b}_n$ 是线性无关的, 故上式也等价于 $\boldsymbol{A}_{i_1,\cdots,i_r}\boldsymbol{\lambda}=\boldsymbol{0}$, 即

$$(\boldsymbol{\alpha}_{i_1},\boldsymbol{\alpha}_{i_2},\cdots,\boldsymbol{\alpha}_{i_r})\boldsymbol{\lambda}=\boldsymbol{0}.$$

由此可以推出 $\boldsymbol{\beta}_{i_1},\boldsymbol{\beta}_{i_2},\cdots,\boldsymbol{\beta}_{i_r}$ 是线性无关的, 当且仅当 $\boldsymbol{\alpha}_{i_1},\boldsymbol{\alpha}_{i_2},\cdots,\boldsymbol{\alpha}_{i_r}$ 是线性无关的.

2012—2013 学年 (第 1 学期) 期中考试试题

一、填空题 (30 分)(注: 本试题所涉及的坐标系均为直角坐标系)

(1) 已知向量 $\boldsymbol{a}=(1,-1,1),\boldsymbol{b}=(0,3,6)$, 则 $\boldsymbol{a}\cdot\boldsymbol{b}=$________.

(2) 已知点 $A(1,2,3),B(2,1,4),C(1,5,9),D(2,2,2)$, 则 $\triangle ACD$ 的面积为________, 四面体 $ABCD$ 的体积为________.

(3) 两平面 $3x-4y+12z+25=0$ 和 $15x-20y+60z-5=0$ 之间的距离为________.

(4) 以 $\begin{cases}x=5z\\y=0\end{cases}$ 为母线, 以 Oz 轴为旋转轴的旋转面方程是________.

(5) 经过点 (1,2,3) 且垂直于平面 $x+2y+3z+5=0$ 和 $2x+y+2z+6=0$ 的平面方程为________.

(6) $\det\begin{pmatrix}1&1&1&1\\1&1&-1&-1\\1&-1&1&-1\\1&-1&-1&1\end{pmatrix}=$ ________.

(7) 已知 3 阶实方阵 $\boldsymbol{A}$ 的伴随矩阵 $\boldsymbol{A}^*=\begin{pmatrix}0&1&1\\0&-1&0\\4&0&0\end{pmatrix}$, 则 $\boldsymbol{A}=$ ________.

(8) 当 $c=$ ________ 时, 直线 $x-c=\dfrac{y-3}{2}=z-2$ 和 $x=2y=2z$ 相交.

(9) 设 $\boldsymbol{A}=(a_{ij})_{4\times4}$. 若 $a_{21}=a_{22}=a_{23}=a_{24}>0$, 且 $\boldsymbol{A}^*=\boldsymbol{A}^{\mathrm{T}}$, 则 $a_{21}=$ ________.

二、(10 分)

若对可逆矩阵 $\boldsymbol{A}$ 作下列初等变换后得到 (可逆) 矩阵 $\boldsymbol{B}$, 则相应地, $\boldsymbol{B}^{-1}$ 由 $\boldsymbol{A}^{-1}$ 经怎样的变换而得到? 并说明理由.

(1) 互换 $\boldsymbol{A}$ 中的第 i 列与第 j 列;

(2) 用非零数 λ 乘以 $\boldsymbol{A}$ 中的第 i 列;

(3) 将 $\boldsymbol{A}$ 中第 i 列的 μ 倍加到第 j 列上.

三、(12 分)

已知三张平面 $\Pi_1:\lambda x+y+z+1=0, \Pi_2:x+\lambda y+z+2=0$ 和 $\Pi_3:x+y-2z+3=0$, 其中 λ 为参数. 试就参数 λ 讨论它们的位置关系, 并作示意图.

四、(12 分)

求直线 $\begin{cases}2x-y+z+2=0,\\x+2y+4z-4=0\end{cases}$ 和 $\begin{cases}x+2y-1=0,\\y-z+2=0\end{cases}$ 之间的距离 d.

五、(14 分)

(1) 设 $\boldsymbol{A}$ 是 $m\times n$ 矩阵, $\boldsymbol{B}$ 是 $n\times m$ 矩阵. 记 $d_1=\det(\boldsymbol{I}_m-\boldsymbol{AB}), r_1=\operatorname{rank}(\boldsymbol{I}_m-\boldsymbol{AB}), d_2=\det(\boldsymbol{I}_n-\boldsymbol{BA}), r_2=\operatorname{rank}(\boldsymbol{I}_n-\boldsymbol{BA}), d=\det\begin{pmatrix}\boldsymbol{I}_m&\boldsymbol{A}\\\boldsymbol{B}&\boldsymbol{I}_n\end{pmatrix}$ 和 $r=\operatorname{rank}\begin{pmatrix}\boldsymbol{I}_m&\boldsymbol{A}\\\boldsymbol{B}&\boldsymbol{I}_n\end{pmatrix}$. 求 d 与 d_1 和 d_2 之关系, 以及 r 与 r_1 和 r_2 之关系.

(2) 求 $m+1$ 阶方阵

$$\begin{pmatrix}1&0&\cdots&0&a_1\\0&1&\cdots&0&a_2\\\vdots&\vdots&\ddots&\vdots&\vdots\\0&0&\cdots&1&a_m\\b_1&b_2&\cdots&b_m&1\end{pmatrix}$$

的行列式 d_0 和秩 r_0.

六、(12 分)

试证明: 对于任意 n 阶方阵 $\boldsymbol{A}$, 均有 $\operatorname{rank}(\boldsymbol{I}_n+\boldsymbol{A})+\operatorname{rank}(\boldsymbol{I}_n-\boldsymbol{A})\geqslant n$, 且等号成立的充分必要条件是 $\boldsymbol{A}^2=\boldsymbol{I}_n$.

七、(10 分)

设 $\boldsymbol{A}$ 是行满秩的 $n\times(n+1)$ 矩阵. 若齐次线性方程组 $\boldsymbol{AX}=\boldsymbol{0}$ 的解为 $\boldsymbol{X}=(x_1,x_2,\cdots,x_{n+1})^{\mathrm{T}}$. 试证明: $x_i=(-1)^{n+i}cd_i(i=1,2,\cdots,n+1)$, 其中 c 是任意常数, d_i 是矩阵 $\boldsymbol{A}$ 删去第 i 列后得到的 n 阶子矩阵的行列式.

参考答案

一、(1) 3.

(2) $\dfrac{3\sqrt{6}}{2}$; 2.

(3) 2.

(4) $x^2+y^2-25z^2=0$.

(5) $x+4y-3z=0$.

(6) -16.

(7) $\pm2\begin{pmatrix}0&0&1/4\\0&-1&0\\1&1&0\end{pmatrix}$.

(8) 3.

(9) $\sqrt{\det(\boldsymbol{A})}/2$.

二、(1) $\boldsymbol{B}=\boldsymbol{AS}_{ij}$, 从而 $\boldsymbol{B}^{-1}=\boldsymbol{S}_{ij}^{-1}\boldsymbol{A}^{-1}=\boldsymbol{S}_{ij}\boldsymbol{A}^{-1}$, 即交换了 $\boldsymbol{A}^{-1}$ 的第 i 行和第 j 行.

(2) $\boldsymbol{B}=\boldsymbol{AD}_i(\lambda)$, 从而 $\boldsymbol{B}^{-1}=\boldsymbol{D}_i(\lambda)^{-1}\boldsymbol{A}^{-1}=\boldsymbol{D}_i(\lambda^{-1})\boldsymbol{A}^{-1}$, 即用 λ^{-1} 乘以 $\boldsymbol{A}^{-1}$ 的第 i 行.

(3) $\boldsymbol{B}=\boldsymbol{AT}_{ij}(\mu)$, 从而 $\boldsymbol{B}^{-1}=\boldsymbol{T}_{ij}(\mu)^{-1}\boldsymbol{A}^{-1}=\boldsymbol{T}_{ij}(-\mu)\boldsymbol{A}^{-1}$, 即将 $\boldsymbol{A}^{-1}$ 的第 j 行的 $-\mu$ 倍加到第 i 行上.

三、由平面, 我们考虑方程组

$$\begin{cases}\lambda x+y+z=-1,\\x+\lambda y+z=-2,\\x+y-2z=-3\end{cases}$$

系数矩阵的行列式为 $-2(\lambda+2)(\lambda-1)$.

(i) 当 $\lambda\neq-2$ 且 $\lambda\neq1$ 时, 方程组有唯一解. 对应地, 三张平面交于一点.

(ii) 当 $\lambda=1$ 时, Π_1 与 Π_2 平行, 且这两张平面与 Π_3 都相交.

(iii) 当 $\lambda=-2$ 时, 三张平面两两相交, 且相应的三条交线相互平行.

相关的示意图略.

四、第一条直线过点 $\boldsymbol{x}_1=(0,2,0)$, 方向为 $\boldsymbol{d}_1=(-6,-7,5)$. 第二条直线过点 $\boldsymbol{x}_2=(1,0,2)$, 方向为 $\boldsymbol{d}_2=(-2,1,1)$. 由于 $\boldsymbol{d}_1\times\boldsymbol{d}_2=(-12,-4,-20)$, 因此公垂线的方向可以选为 $\boldsymbol{d}=(3,1,5)$. 于是, 两条直线之间的距离为 $\dfrac{\boldsymbol{d}\cdot(\boldsymbol{x}_2-\boldsymbol{x}_1)}{|\boldsymbol{d}|}=11/\sqrt{35}$.

五、(1) 可以用分块矩阵的初等变换将 $\begin{pmatrix}\boldsymbol{I}_m & \boldsymbol{A}\\ \boldsymbol{B} & \boldsymbol{I}_n\end{pmatrix}$ 分别化为 $\begin{pmatrix}\boldsymbol{I}_m & \boldsymbol{A}\\ \boldsymbol{O} & \boldsymbol{I}_n-\boldsymbol{BA}\end{pmatrix}$ 和 $\begin{pmatrix}\boldsymbol{I}_m-\boldsymbol{AB} & \boldsymbol{O}\\ \boldsymbol{B} & \boldsymbol{I}_n\end{pmatrix}$. 因此, $d_1=d=d_2$, $r_1+n=r=r_2+m$.

(2) 利用初等变换, 可以将矩阵化为 $\mathrm{diag}(1,\cdots,1,1-a_1b_1-a_2b_2-\cdots-a_mb_m)$. 由于此过程中的初等变换不改变行列式, 因此 $d_0=1-a_1b_1-a_2b_2-\cdots-a_mb_m$. 若 $d_0\neq 0$, 则 $r_0=m+1$; 若否, 则 $r_0=m$.

六、利用分块矩阵的初等变换, 我们可以得到

$$\begin{aligned}\begin{pmatrix}\boldsymbol{I}+\boldsymbol{A} & \\ & \boldsymbol{I}-\boldsymbol{A}\end{pmatrix}&\xrightarrow{r_1\to r_2}\begin{pmatrix}\boldsymbol{I}+\boldsymbol{A} & \boldsymbol{O}\\ \boldsymbol{I}+\boldsymbol{A} & \boldsymbol{I}-\boldsymbol{A}\end{pmatrix}\xrightarrow{c_1\to c_2}\begin{pmatrix}\boldsymbol{I}+\boldsymbol{A} & \boldsymbol{I}+\boldsymbol{A}\\ \boldsymbol{I}+\boldsymbol{A} & 2\boldsymbol{I}\end{pmatrix}\\ &\xrightarrow{-\frac{1}{2}(\boldsymbol{I}+\boldsymbol{A})r_2\to r_1}\begin{pmatrix}\frac{1}{2}(\boldsymbol{I}-\boldsymbol{A}^2) & \boldsymbol{O}\\ \boldsymbol{I}+\boldsymbol{A} & 2\boldsymbol{I}\end{pmatrix}\\ &\longrightarrow\begin{pmatrix}\boldsymbol{I}-\boldsymbol{A}^2 & \\ & \boldsymbol{I}\end{pmatrix}.\end{aligned}$$

这说明 $\mathrm{rank}(\boldsymbol{I}+\boldsymbol{A})+\mathrm{rank}(\boldsymbol{I}-\boldsymbol{A})=\mathrm{rank}(\boldsymbol{I}-\boldsymbol{A}^2)+n$. 接下来的讨论是显而易见的.

七、由于齐次方程组 $\boldsymbol{Ax}=\boldsymbol{0}$ 的解空间的维数是 $(n+1)-\mathrm{rank}(\boldsymbol{A})=1$, 只需验证

$$\boldsymbol{X}_0=((-1)^{n+1+1}d_1,(-1)^{n+1+2}d_2,\cdots,(-1)^{n+1+n+1}d_{n+1})$$

是 $\boldsymbol{AX}=\boldsymbol{0}$ 的一个非零解.

(1) 由于 $\boldsymbol{A}$ 是满秩的, 某个 d_i 非零, 从而如上的 $\boldsymbol{X}_0$ 是非零向量.

(2) 设 $\boldsymbol{B}$ 是由 $\boldsymbol{A}$ 在第 $n+1$ 行添加一个零行向量得到的 $n+1$ 阶方阵, 于是 $\boldsymbol{X}_0$ 是 $\boldsymbol{B}$ 的伴随矩阵 $\boldsymbol{B}^*$ 的第 $n+1$ 个列向量. 由于 $\boldsymbol{B}$ 是降秩的, $\boldsymbol{BB}^*=\boldsymbol{O}$. 这说明了 $\boldsymbol{AX}_0=\boldsymbol{0}$.

2012—2013 学年 (第 1 学期) 期终考试试题

一、填空题 (30 分)

(1) 设 $\boldsymbol{A}=\begin{pmatrix}2 & 2\\ 2 & a\end{pmatrix}$, $\boldsymbol{B}=\begin{pmatrix}4 & b\\ 3 & 1\end{pmatrix}$. 则 $\boldsymbol{A}$ 与 $\boldsymbol{B}$ 相抵的充要条件是________; $\boldsymbol{A}$ 与 $\boldsymbol{B}$ 相似的充要条件是________; $\boldsymbol{A}$ 与 $\boldsymbol{B}$ 相合的充要条件是________; 矩阵方程 $\boldsymbol{AX}=\boldsymbol{B}$ 有解但矩阵方程 $\boldsymbol{BY}=\boldsymbol{A}$ 无解的充要条件是________.

(2) 设 $\boldsymbol{A}$ 为 3 阶非零方阵. 若 $a_{ij}+A_{ij}=0(\forall i,j)$, 则 $\det(\boldsymbol{A})=$________, $\boldsymbol{A}^{-1}=$ ________.

(3) 设 $\mathbf{R}^3$ 的线性变换 $\mathscr{A}$ 将 $\boldsymbol{\alpha}_1=\begin{pmatrix}2\\3\\5\end{pmatrix},\boldsymbol{\alpha}_2=\begin{pmatrix}0\\1\\2\end{pmatrix},\boldsymbol{\alpha}_3=\begin{pmatrix}1\\0\\0\end{pmatrix}$ 分别变为 $\begin{pmatrix}1\\2\\0\end{pmatrix}$, $\begin{pmatrix}2\\4\\-1\end{pmatrix},\begin{pmatrix}3\\0\\5\end{pmatrix}$, 则 $\mathscr{A}$ 在基 $\boldsymbol{\alpha}_1,\boldsymbol{\alpha}_2,\boldsymbol{\alpha}_3$ 下的矩阵为________, $\mathscr{A}$ 在自然基下的矩阵为________.

(4) 如果正交矩阵 $\boldsymbol{A}$ 的每个元素都是 $\dfrac{1}{2n}$ 或 $-\dfrac{1}{2n}$, 那么 $\boldsymbol{A}$ 的阶是________.

(5) 设 $\boldsymbol{A}$ 是 n 阶实对称矩阵, 且 $\boldsymbol{A}^2=-\boldsymbol{A}$, 则 $\boldsymbol{A}$ 的规范形为________.

二、判断题 (判断下列命题是否正确, 并简要说明理由)(20 分)

(1) 设 $\boldsymbol{\alpha}_1,\boldsymbol{\alpha}_2,\cdots,\boldsymbol{\alpha}_m\in F^n$ 为一组列向量, $n\times m$ 矩阵 $\boldsymbol{A}=(\boldsymbol{\alpha}_1,\boldsymbol{\alpha}_2,\cdots,\boldsymbol{\alpha}_m)$ 经有限次初等行变换成为 $\boldsymbol{B}=(\boldsymbol{\beta}_1,\boldsymbol{\beta}_2,\cdots,\boldsymbol{\beta}_m)$, 则向量组 $\boldsymbol{\alpha}_1,\boldsymbol{\alpha}_2,\cdots,\boldsymbol{\alpha}_m$ 与向量组 $\boldsymbol{\beta}_1,\boldsymbol{\beta}_2,\cdots,\boldsymbol{\beta}_m$ 等价.

(2) 设 $\boldsymbol{A}$ 为 3 阶实方阵, 若 $\boldsymbol{A}$ 不实相似于上三角阵, 则 $\boldsymbol{A}$ 不复相似于对角阵.

(3) 秩为 r 的实对称矩阵可分解成 r 个秩为 1 的实对称矩阵之和.

(4) 若 $\boldsymbol{A},\boldsymbol{B}$ 为同阶正定实对称方阵, 则 $\boldsymbol{AB}$ 也正定.

(5) 在 $\mathbf{R}^n$ 中, 若 $\boldsymbol{\beta}_i(i=1,2)$ 与线性无关的向量组 $\boldsymbol{\alpha}_1,\boldsymbol{\alpha}_2,\cdots,\boldsymbol{\alpha}_{n-1}$ 中的每个向量都正交, 则 $\boldsymbol{\beta}_1,\boldsymbol{\beta}_2$ 线性相关.

三、(12 分)

设 $\boldsymbol{A}=\begin{pmatrix}1&a\\1&0\end{pmatrix},\boldsymbol{B}=\begin{pmatrix}0&1\\1&b\end{pmatrix}$. 当 a,b 分别取何值时, 存在 $\boldsymbol{C}$ 使得 $\boldsymbol{AC}-\boldsymbol{CA}=\boldsymbol{B}$? 并求所有的 $\boldsymbol{C}$.

四、(12 分)

已知二次型 $Q(\boldsymbol{X})=4x_1^2+4x_2^2+4x_3^2+2x_1x_2+2x_1x_3+2x_2x_3$.

(1) 给出二次型 $Q(\boldsymbol{X})$ 的矩阵 $\boldsymbol{A}$ 和矩阵表示;

(2) 试用正交变换 $\boldsymbol{X}=\boldsymbol{PY}$ 将 $Q(\boldsymbol{X})$ 化为标准形;

(3) 给出 $Q(\boldsymbol{X})=6$ 的几何意义, 并作示意图.

五、(16 分)

设 $V=M_2(\mathbf{R}),\boldsymbol{C}=\begin{pmatrix}1&1\\0&0\end{pmatrix},\mathscr{A}(\boldsymbol{\alpha})=\boldsymbol{C\alpha}+\boldsymbol{\alpha C},\boldsymbol{\alpha}\in V$.

(1) 给出 V 的一组基 (B) 及 $\dim(V)$.

(2) 求 $\mathscr{A}$ 在基 (B) 下的矩阵 $\boldsymbol{A}$, 并求 $\boldsymbol{A}$ 和 $\mathscr{A}$ 的全部特征值与特征向量.

(3) $\boldsymbol{A}$ 能否相似对角化? 若能, 试求 $\boldsymbol{P}$, 使得 $\boldsymbol{P}^{-1}\boldsymbol{AP}$ 为对角阵 $\boldsymbol{\Lambda}$, 并求 V 的一组基

(E), 使得 $\mathscr{A}$ 在基 (E) 下的矩阵为对角阵 $\boldsymbol{\Lambda}$.

(4) 给出从基 (B) 到基 (E) 的过渡矩阵, 以及 $\boldsymbol{D}=\begin{pmatrix}2 & 3\\ -1 & -2\end{pmatrix}$ 在基 (E) 下的坐标.

六、(10 分)

已知 3 阶矩阵 $\boldsymbol{A}$ 和 3 维列向量 $\boldsymbol{X}$, 使向量组 $\boldsymbol{X},\boldsymbol{AX},\boldsymbol{A}^2\boldsymbol{X}$ 线性无关, 且满足 $\boldsymbol{A}^3\boldsymbol{X}=3\boldsymbol{AX}-2\boldsymbol{A}^2\boldsymbol{X}$, 记 $\boldsymbol{P}=(\boldsymbol{X}\quad \boldsymbol{AX}\quad \boldsymbol{A}^2\boldsymbol{X})$. 求:

(1) $\boldsymbol{B}=\boldsymbol{P}^{-1}\boldsymbol{AP}$;

(2) $\det(\boldsymbol{A}-\boldsymbol{I})$.

参考答案

一、(1) (i) 相抵的充要条件是 $a=2$ 且 $b=4/3$, 或 $a\neq 2$ 且 $b\neq 4/3$;

(ii) 相似的充要条件是 $a=3$ 且 $b=2/3$;

(iii) 相合的充要条件是 $a<2$ 且 $b=3$;

(iv) $a\neq 2$ 且 $b=4/3$.

(2) -1; $\boldsymbol{A}^{\mathrm{T}}$.

(3) $\begin{pmatrix}4 & 9 & -5\\ -10 & -23 & 15\\ -7 & -16 & 13\end{pmatrix}$; $\begin{pmatrix}3 & -20 & 11\\ 0 & -16 & 10\\ 5 & -15 & 7\end{pmatrix}$.

(4) $4n^2$.

(5) $\mathrm{diag}(-\boldsymbol{I}_{\mathrm{rank}(\boldsymbol{A})},\boldsymbol{O})$.

二、(1) 错误. 考虑 $n=2,m=1,\boldsymbol{\alpha}_1=(1,0)^{\mathrm{T}},\boldsymbol{\beta}_1=(0,1)^{\mathrm{T}}$ 这一反例.

(2) 错误. $\boldsymbol{A}$ 的特征多项式是 3 次实系数多项式, 必有实根. 由于 $\boldsymbol{A}$ 不可实相似于上三角阵, 故 $\boldsymbol{A}$ 的另外两个特征值必为成对的复共轭的根. 此时, $\boldsymbol{A}$ 有 3 个互不相等的特征值, 从而必可复相似于对角阵.

(3) 正确. 利用规范形, 存在可逆矩阵 $\boldsymbol{P}$ 使得 $\boldsymbol{A}=\boldsymbol{P}^{\mathrm{T}}\mathrm{diag}(\boldsymbol{I}_p,-\boldsymbol{I}_n,\boldsymbol{O})\boldsymbol{P}$, 其中 $p+n=\mathrm{rank}(\boldsymbol{A})=r$. 此时, $\boldsymbol{A}=\boldsymbol{P}^{\mathrm{T}}\boldsymbol{E}_{11}\boldsymbol{P}+\cdots+\boldsymbol{P}^{\mathrm{T}}\boldsymbol{E}_{pp}\boldsymbol{P}+\boldsymbol{P}^{\mathrm{T}}(-\boldsymbol{E}_{p+1,p+1})\boldsymbol{P}+\cdots+\boldsymbol{P}^{\mathrm{T}}(-\boldsymbol{E}_{p+n,p+n})\boldsymbol{P}$, 是 r 个秩为 1 的实对称阵的和.

(4) 错误. $\boldsymbol{AB}$ 不一定为对称阵. 例如选取 $\boldsymbol{A}=\begin{pmatrix}1 & \\ & 2\end{pmatrix}$, $\boldsymbol{B}=\begin{pmatrix}1 & 1\\ 1 & 2\end{pmatrix}$.

(5) 正确. $\boldsymbol{\alpha}_1,\cdots,\boldsymbol{\alpha}_{n-1}$ 生成的线性空间是 $n-1$ 维的, $\boldsymbol{\beta}_1,\boldsymbol{\beta}_2$ 在该空间的正交补里. 而后者是 $n-(n-1)=1$ 维的. 从而这两个向量必定线性相关.

三、由于 $\mathrm{tr}(\boldsymbol{AC}-\boldsymbol{CA})=0$, 故 $\mathrm{tr}(\boldsymbol{B})=0$, 即 $b=0$ (直接解方程也容易得到这一点).

由此进一步解方程组, 可得 $a=-1$, 而 $\boldsymbol{C}=\begin{pmatrix}1+c_{21}+c_{22} & -c_{21}\\ c_{21} & c_{22}\end{pmatrix}$, 其中 c_{21},c_{22} 为参数, 任取.

四、(1) $\boldsymbol{A}=\begin{pmatrix}4&1&1\\1&4&1\\1&1&4\end{pmatrix}$, $\boldsymbol{Q}(\boldsymbol{X})=\boldsymbol{X}^{\mathrm{T}}\boldsymbol{AX}$, 其中 $\boldsymbol{X}=\begin{pmatrix}x_1\\x_2\\x_3\end{pmatrix}$.

(2) 对于矩阵 $\boldsymbol{A}$, 可以求得特征值 $\lambda_1=6$, 相应有特征向量 $\boldsymbol{x}_1=(1,1,1)^{\mathrm{T}}$; 二重的特征值 $\lambda_{2,3}=3$, 有线性无关的特征向量 $\boldsymbol{x}_2=(1,0,-1)^{\mathrm{T}}$, $\boldsymbol{x}_3=(0,1,-1)^{\mathrm{T}}$. 对 $\boldsymbol{x}_1,\boldsymbol{x}_2,\boldsymbol{x}_3$ 作正交化, 可以得到 $\mathbf{R}^3$ 的标准正交基 $\boldsymbol{\varepsilon}_1=\dfrac{1}{\sqrt{3}}(1,1,1)^{\mathrm{T}}$, $\boldsymbol{\varepsilon}_2=\dfrac{1}{\sqrt{2}}(1,0,-1)^{\mathrm{T}}$, $\boldsymbol{\varepsilon}_3=\dfrac{1}{\sqrt{6}}(-1,2,-1)$. 若令 $\boldsymbol{P}=(\boldsymbol{\varepsilon}_1,\boldsymbol{\varepsilon}_2,\boldsymbol{\varepsilon}_3)$, 那么 $\boldsymbol{Q}(\boldsymbol{X})|_{\boldsymbol{X}=\boldsymbol{PY}}=6y_1^2+3y_2^2+3y_3^2$.

(3) $\boldsymbol{Q}(\boldsymbol{X})=6$ 是一个椭球面. 示意图略.

五、(1) $\boldsymbol{E}_{11},\boldsymbol{E}_{12},\boldsymbol{E}_{21},\boldsymbol{E}_{22}$ 是 V 的一组基. $\dim(V)=4$. (基的选择并不唯一.)

(2) 由于

$$\mathscr{A}(\boldsymbol{E}_{11},\boldsymbol{E}_{12},\boldsymbol{E}_{21},\boldsymbol{E}_{22})=(\boldsymbol{E}_{11},\boldsymbol{E}_{12},\boldsymbol{E}_{21},\boldsymbol{E}_{22})\begin{pmatrix}2&0&1&0\\1&1&0&1\\0&0&1&0\\0&0&1&0\end{pmatrix},$$

因此 $\mathscr{A}$ 在这组基下的矩阵为 $\boldsymbol{A}=\begin{pmatrix}2&0&1&0\\1&1&0&1\\0&0&1&0\\0&0&1&0\end{pmatrix}$.

通过计算, $\boldsymbol{A}$ 有特征值 $\lambda_1=2$, 相应的特征向量为 $k(1,1,0,0)^{\mathrm{T}}$ $(0\neq k\in\mathbf{R})$; 有特征值 $\lambda_2=0$, 相应的特征向量为 $k(0,1,0,-1)^{\mathrm{T}}$ $(0\neq k\in\mathbf{R})$; 有 2 重的特征值 $\lambda_{3,4}=1$, 相应的特征向量为 $k_1(1,0,-1,-1)^{\mathrm{T}}+k_2(0,1,0,0)^{\mathrm{T}}$ $(k_1,k_2\in\mathbf{R}$, 不全为零).

与之对应, $\mathscr{A}$ 有特征值 $\lambda_1=2$, 相应的特征向量为 $k\begin{pmatrix}1&1\\0&0\end{pmatrix}$ $(0\neq k\in\mathbf{R})$; 有特征值 $\lambda_2=0$, 相应的特征向量为 $k\begin{pmatrix}0&1\\0&-1\end{pmatrix}$ $(0\neq k\in\mathbf{R})$; 有 2 重的特征值 $\lambda_{3,4}=1$, 相应的特征向量为 $k_1\begin{pmatrix}1&0\\-1&-1\end{pmatrix}+k_2\begin{pmatrix}0&1\\0&0\end{pmatrix}$ $(k_1,k_2\in\mathbf{R}$, 不全为零).

由上面的计算知, 可选择 $\boldsymbol{P}=\begin{pmatrix}1&0&1&0\\1&1&0&1\\0&0&-1&0\\0&-1&-1&0\end{pmatrix}$, 那么 $\boldsymbol{P}^{-1}\boldsymbol{AP}=\boldsymbol{\Lambda}=\mathrm{diag}(2,0,1,1)$ 为

对角阵. 由此, 选择 $\boldsymbol{x}_1,\boldsymbol{x}_2,\boldsymbol{x}_3,\boldsymbol{x}_4\in V$ 构成向量组 (E), 满足

$$(\boldsymbol{x}_1,\boldsymbol{x}_2,\boldsymbol{x}_3,\boldsymbol{x}_4)=(\boldsymbol{E}_{11},\boldsymbol{E}_{12},\boldsymbol{E}_{21},\boldsymbol{E}_{22})\boldsymbol{P},$$

那么 (E) 是 V 的一组基, 满足 $\mathscr{A}$ 在这组基下的矩阵为对角阵 $\boldsymbol{\Lambda}$. 具体来说,

$$\boldsymbol{x}_1=\begin{pmatrix}1&1\\0&0\end{pmatrix},\quad \boldsymbol{x}_2=\begin{pmatrix}0&1\\0&-1\end{pmatrix},\quad \boldsymbol{x}_3=\begin{pmatrix}1&0\\-1&-1\end{pmatrix},\quad \boldsymbol{x}_4=\begin{pmatrix}0&1\\0&0\end{pmatrix}.$$

(4) (B) 到 (E) 的过渡矩阵为 $\boldsymbol{P}$. 由于 $\boldsymbol{D}$ 在 (B) 下的坐标为 $(2,3,-1,-2)^{\mathrm{T}}$, 它在 (E) 下的坐标为 $\boldsymbol{P}^{-1}(2,3,-1,-2)^{\mathrm{T}}=(1,1,1,1)^{\mathrm{T}}$.

六、(1) 我们有

$$\begin{aligned}\boldsymbol{AP}&=\boldsymbol{A}(\boldsymbol{X}\ \boldsymbol{AX}\ \boldsymbol{A}^2\boldsymbol{X})=(\boldsymbol{AX}\ \boldsymbol{A}^2\boldsymbol{X}\ \boldsymbol{A}^3\boldsymbol{X})=(\boldsymbol{AX}\ \boldsymbol{A}^2\boldsymbol{X}\ 3\boldsymbol{AX}-2\boldsymbol{A}^2\boldsymbol{X})\\&=(\boldsymbol{X}\ \boldsymbol{AX}\ \boldsymbol{A}^2\boldsymbol{X})\begin{pmatrix}0&0&0\\1&0&3\\0&1&-2\end{pmatrix}=\boldsymbol{P}\begin{pmatrix}0&0&0\\1&0&3\\0&1&-2\end{pmatrix}.\end{aligned}$$

这说明 $\boldsymbol{B}=\boldsymbol{P}^{-1}\boldsymbol{AP}=\begin{pmatrix}0&0&0\\1&0&3\\0&1&-2\end{pmatrix}$.

(2) 由于 $\boldsymbol{B}$ 与 $\boldsymbol{A}$ 相似, 故有 $\det(\boldsymbol{A}-\boldsymbol{I})=\det(\boldsymbol{B}-\boldsymbol{I})=\begin{vmatrix}-1&0&0\\1&-1&3\\0&1&-3\end{vmatrix}=0.$

2013—2014 学年 (第 1 学期) 期终考试试题

一、填空题 (20 分)

(1) 设 3 维欧氏空间 $\mathbf{R}^3$(标准内积) 中的向量 $(1,\lambda,\mu)$ 与向量 (1,2,3) 和 (1,−2,3) 都正交, 则 $\lambda=$________, $\mu=$________.

(2) 设 V 为 2 阶复方阵构成的复线性空间, $\boldsymbol{M}=\begin{pmatrix}1&2\\0&1\end{pmatrix}$, 定义 V 上的线性变换 $\mathscr{A}$ 为 $\mathscr{A}(\boldsymbol{X})=\boldsymbol{MX},\boldsymbol{X}\in V$, 则 $\mathscr{A}$ 的特征值及其重数为________.

(3) 3 维线性空间 $\mathbf{R}^3$ 中从基 $\boldsymbol{e}_1=(1,0,0),\boldsymbol{e}_2=(0,1,0),\boldsymbol{e}_3=(0,1,1)$ 到基 $\boldsymbol{f}_1=(1,1,1)$, $\boldsymbol{f}_2=(1,1,0),\boldsymbol{f}_3=(0,1,2)$ 的过渡矩阵是________.

(4) 若二次型 $x_1^2-x_2^2+2ax_1x_3+4x_2x_3$ 的正惯性指数是 2, 则 a 的取值范围是________.

(5) 设 $\mathscr{A},\mathscr{B}$ 均为 n 维欧氏空间 V 中的线性变换, 且对 V 中任意两个向量 $\boldsymbol{\alpha},\boldsymbol{\beta}$, 都有 $(\mathscr{A}(\boldsymbol{\alpha}),\boldsymbol{\beta})=(\boldsymbol{\alpha},\mathscr{B}(\boldsymbol{\beta}))$. 如果 $\mathscr{A}$ 在 V 的标准正交基 $\boldsymbol{e}_1,\boldsymbol{e}_2,\cdots,\boldsymbol{e}_n$ 下的矩阵为 $\boldsymbol{A}$, 则 $\mathscr{B}$ 在此标准正交基 $\boldsymbol{e}_1,\boldsymbol{e}_2,\cdots,\boldsymbol{e}_n$ 下的矩阵为________.

二、判断题 (判断下列命题是否正确, 并简要说明理由)(24 分)

(1) $\{(x_1,x_2,x_3)\in F^3|x_1+x_2+x_3=0,x_1-x_2+x_3=1\}$ 为线性空间 F^3 的子空间.

(2) 设 $\boldsymbol{A}=(a_{ij})$ 为 n 阶正定的实对称矩阵, 则 $a_{ii}>0(i=1,2,\cdots,n)$.

(3) 对任意常数 λ,μ, 向量组 $\boldsymbol{\alpha}_1+\lambda\boldsymbol{\alpha}_3,\boldsymbol{\alpha}_2+\mu\boldsymbol{\alpha}_3$ 都线性无关的充分必要条件是向量组 $\boldsymbol{\alpha}_1,\boldsymbol{\alpha}_2,\boldsymbol{\alpha}_3$ 线性无关.

(4) 若 φ 是从实线性空间 V 到 $\mathbf{R}^n$ 的一对一的线性映射 (即映射 $\varphi:V\to\mathbf{R}^n$ 满足: 对任意的 $\boldsymbol{\alpha},\boldsymbol{\beta}\in V,\lambda\in\mathbf{R}$, $\varphi(\boldsymbol{\alpha}+\boldsymbol{\beta})=\varphi(\boldsymbol{\alpha})+\varphi(\boldsymbol{\beta}),\varphi(\lambda\boldsymbol{\alpha})=\lambda\varphi(\boldsymbol{\alpha})$; 且当 $\boldsymbol{\alpha}\neq\boldsymbol{\beta}$ 时, $\varphi(\boldsymbol{\alpha})\neq\varphi(\boldsymbol{\beta})$), 则 $(\boldsymbol{\alpha},\boldsymbol{\beta})=(\varphi(\boldsymbol{\alpha}))^{\mathrm{T}}\cdot(\varphi(\boldsymbol{\beta}))$ 是 V 上的内积.

三、(15 分)

设 $V=\{(a_2x^2+a_1x+a_0)\mathrm{e}^x|a_2,a_1,a_0\in\mathbf{R}\}$ 是按函数通常的数乘与加法构成的实线性空间. 定义 V 上的线性变换 $\mathscr{A}$ 为对任意 $p(x)\in V,\mathscr{A}(p(x))=\dfrac{\mathrm{d}}{\mathrm{d}x}p(x)$.

(1) 求 V 的一组基使 $\mathscr{A}$ 在此基下的矩阵为 $\begin{pmatrix}1&1&0\\0&1&1\\0&0&1\end{pmatrix}$;

(2) 求 $(x^2-4x+2)\mathrm{e}^x$ 在此基下的坐标.

四、(15 分)

设 $\boldsymbol{e}_1,\boldsymbol{e}_2,\boldsymbol{e}_3$ 为 $\mathbf{R}^3$ 的标准正交基, 且

$$\boldsymbol{\alpha}_1=\frac{1}{3}(2\boldsymbol{e}_1+2\boldsymbol{e}_2-\boldsymbol{e}_3),\quad \boldsymbol{\alpha}_2=\frac{1}{3}(2\boldsymbol{e}_1-\boldsymbol{e}_2+2\boldsymbol{e}_3),\quad \boldsymbol{\alpha}_3=\frac{1}{3}(\boldsymbol{e}_1-2\boldsymbol{e}_2-2\boldsymbol{e}_3).$$

$\mathscr{A}$ 为把 $\boldsymbol{e}_1,\boldsymbol{e}_2,\boldsymbol{e}_3$ 变到 $\boldsymbol{\alpha}_1,\boldsymbol{\alpha}_2,\boldsymbol{\alpha}_3$ 的线性变换.

(1) 求 $\mathscr{A}$ 在基 $\boldsymbol{e}_1,\boldsymbol{e}_2,\boldsymbol{e}_3$ 下的矩阵 $\boldsymbol{A}$;

(2) 证明: $\mathscr{A}$ 是第一类正交变换.

五、(15 分)

用正交变换和平移将下面空间直角坐标系中的二次曲面方程化为标准形, 并指出曲面类型: $x^2+y^2+z^2+4xy+4xz+4yz-6x+6y-6z-30=0$.

六、(11 分)

已知 $\boldsymbol{A}$ 为元素全是 1 的 n 阶矩阵, $\boldsymbol{B}$ 为最后一行是 $1,2,\cdots,n$, 其余元素全是 0 的 n 阶矩阵. 证明: $\boldsymbol{A}$ 与 $\boldsymbol{B}$ 相似, 并求其相似标准形.

参考答案

一、(1) 0; $-1/3$.

(2) 1, 为 4 重.

(3) $\begin{pmatrix} 1 & 1 & 0 \\ 0 & 1 & -1 \\ 1 & 0 & 2 \end{pmatrix}$.

(4) $-2<a<2$.

(5) $\boldsymbol{A}^{\mathrm{T}}$.

二、(1) 错误. 零向量不在集合中.

(2) 正确. 正定阵的所有主子式都是正的.

(3) 错误. 可以考虑 $\boldsymbol{\alpha}_1,\boldsymbol{\alpha}_2$ 线性无关, 但是 $\boldsymbol{\alpha}_3=\mathbf{0}$ 的反例.

(4) 正确. 用定义直接验证.

三、(1) 考虑 V 的一组基 $\boldsymbol{a}_1=\mathrm{e}^x$, $\boldsymbol{a}_2=x\mathrm{e}^x$, $\boldsymbol{a}_3=x^2\mathrm{e}^x$. 于是, $\mathscr{A}(\boldsymbol{a}_1)=(\mathrm{e}^x)'=\mathrm{e}^x=\boldsymbol{a}_1$, $\mathscr{A}(\boldsymbol{a}_2)=(x\mathrm{e}^x)'=x\mathrm{e}^x+\mathrm{e}^x=\boldsymbol{a}_1+\boldsymbol{a}_2$, $\mathscr{A}(\boldsymbol{a}_3)=(x^2\mathrm{e}^x)'=x^2\mathrm{e}^x+2x\mathrm{e}^x=2\boldsymbol{a}_2+\boldsymbol{a}_3$. 这说明, 若取 $\boldsymbol{b}_1=\boldsymbol{a}_1$, $\boldsymbol{b}_2=\boldsymbol{a}_2$, $\boldsymbol{b}_3=\dfrac{1}{2}\boldsymbol{a}_3$, 则 $\mathscr{A}$ 在这组基下的矩阵为所要求的矩阵.

(2) $(2,-4,2)^{\mathrm{T}}$.

四、(1) $\boldsymbol{A}=\begin{pmatrix} 2/3 & 2/3 & 1/3 \\ 2/3 & -1/3 & -2/3 \\ -1/3 & 2/3 & -2/3 \end{pmatrix}$;

(2) 只需验证 $\boldsymbol{A}^{\mathrm{T}}\boldsymbol{A}=\boldsymbol{I}$ 且 $\det(\boldsymbol{A})=1$.

五、曲面方程中的二次项为 $Q(x,y,z)=x^2+y^2+z^2+4xy+4xz+4yz$, 其所对应的矩阵为 $\boldsymbol{A}=\begin{pmatrix} 1 & 2 & 2 \\ 2 & 1 & 2 \\ 2 & 2 & 1 \end{pmatrix}$. 它有特征值 $\lambda_1=5$, 相应有特征向量 $\boldsymbol{x}_1=(1,1,1)^{\mathrm{T}}$; 有 2 重的特征值 $\lambda_{2,3}=-1$, 相应地有线性无关的特征向量 $\boldsymbol{x}_2=(1,0,-1)^{\mathrm{T}}$ 和 $\boldsymbol{x}_3=(0,1,-1)^{\mathrm{T}}$. 对 $\boldsymbol{x}_1,\boldsymbol{x}_2,\boldsymbol{x}_3$ 作正交化, 可以得到 $\mathbf{R}^3$ 的标准正交基 $\boldsymbol{e}_1=\dfrac{1}{\sqrt{3}}(1,1,1)^{\mathrm{T}}$, $\boldsymbol{e}_2=\dfrac{1}{\sqrt{2}}(1,0,-1)^{\mathrm{T}}$, $\boldsymbol{e}_3=\dfrac{1}{\sqrt{6}}(-1,2,-1)^{\mathrm{T}}$. 令 $\boldsymbol{P}=(\boldsymbol{e}_1,\boldsymbol{e}_2,\boldsymbol{e}_3)=\begin{pmatrix} 1/\sqrt{3} & 1/\sqrt{2} & -1/\sqrt{6} \\ 1/\sqrt{3} & 0 & 2/\sqrt{6} \\ 1/\sqrt{3} & -1/\sqrt{2} & -1/\sqrt{6} \end{pmatrix}$, 那么 $\boldsymbol{P}$ 为正交矩阵, 满足 $\boldsymbol{P}^{\mathrm{T}}\boldsymbol{A}\boldsymbol{P}=\mathrm{diag}(5,-1,-1)$.

考虑正交变换 $(x,y,z)^{\mathrm{T}}=\boldsymbol{P}(\tilde{x},\tilde{y},\tilde{z})^{\mathrm{T}}$, 代入二次曲面的方程, 得到

$$5\tilde{x}^2-\tilde{y}^2-\tilde{z}^2-2\sqrt{3}\tilde{x}+4\sqrt{6}\tilde{z}-30=0.$$

再作平移 $\tilde{x}=\hat{x}+\dfrac{\sqrt{3}}{5}$, $\tilde{y}=\hat{y}$, $\tilde{z}=\hat{z}+2\sqrt{6}$. 可以得到简化的方程

$$5\hat{x}^2-\hat{y}^2-\hat{z}^2-\frac{33}{5}=0.$$

这说明曲面是一个双叶双曲面.

六、 $\boldsymbol{A}$ 是一个实对称阵, 必定可以相似对角化. 由于 $\mathrm{rank}(\boldsymbol{A})=1$, 且 $\boldsymbol{A}$ 的每行元

素之和都是 n, 故 $\boldsymbol{A}$ 的特征值为 1 重的 n 和 $n-1$ 重的 0. 这说明 $\boldsymbol{A}$ 相似于对角阵 $\mathrm{diag}(n,0,\cdots,0)$.

下面只需验证 $\boldsymbol{B}$ 也相似于该对角阵. 由于 $\boldsymbol{B}$ 为下三角阵, 它的特征值为对角线上的元素, 即为 1 重的 n 和 $n-1$ 重的 0. 接下来只需验证 $\boldsymbol{B}$ 关于特征值 0 的几何重数为 $n-1$ 即可. 而这是显然的, 因为相应的特征子空间 $V_{\boldsymbol{B}}(0)$ 的维数为 $n-\mathrm{rank}(\boldsymbol{B})=n-1$.

2016—2017 学年 (第 1 学期) 期中考试试题

一、填空题 (20 分)

(1) 设矩阵 $\boldsymbol{A}=\begin{pmatrix}\boldsymbol{\alpha}_1 & \boldsymbol{\alpha}_2 & \boldsymbol{\beta}_1\end{pmatrix}$, $\boldsymbol{B}=\begin{pmatrix}\boldsymbol{\alpha}_1 & \boldsymbol{\alpha}_2 & \boldsymbol{\beta}_2\end{pmatrix}$, 其中 $\boldsymbol{\alpha}_1$, $\boldsymbol{\alpha}_2$, $\boldsymbol{\beta}_1$, $\boldsymbol{\beta}_2$ 均为 3 维列向量, 并且 $|\boldsymbol{A}|=1$, $|\boldsymbol{A}-2\boldsymbol{B}|=-2$, 则 $|\boldsymbol{B}|=$________.

(2) 设矩阵 $\boldsymbol{A}=\begin{pmatrix}1 & 1 & 1 & 1\\ 1 & 2 & 3 & 4\end{pmatrix}$, $\boldsymbol{A}^{\mathrm{T}}$ 是 $\boldsymbol{A}$ 的转置矩阵, 则矩阵 $\boldsymbol{A}^{\mathrm{T}}\boldsymbol{A}$ 的秩等于________.

(3) 以 $\mathbf{R}^3$ 中 3 个向量 $\boldsymbol{e}_1=(1,1,1)$, $\boldsymbol{e}_2=(2,3,1)$, $\boldsymbol{e}_3=(0,0,1)$ 为基, 向量 $(2,5,1)$ 的坐标是________.

(4) 设 $\boldsymbol{A}$ 为 4 阶方阵, $\boldsymbol{A}^*$ 为 $\boldsymbol{A}$ 的伴随矩阵. 如果 $\boldsymbol{A}$ 的秩为 2, 则 $\boldsymbol{A}^*\boldsymbol{x}=\boldsymbol{0}$ 的解空间的维数为________.

(5) 设 $\boldsymbol{A}=\begin{pmatrix}2x & x & 1 & 2\\ 1 & x & 3 & -1\\ 1 & 1 & x & 2\\ x & 1 & 2 & x\end{pmatrix}$, $f(x)=\det(\boldsymbol{A})$, 则 $f(x)$ 中 x^3 的系数为________.

二、判断题 (判断下列命题是否正确, 并简要说明理由) (20 分)

(1) 若非齐次线性方程组 $\boldsymbol{A}\boldsymbol{x}=\boldsymbol{b}$ 对应的齐次线性方程组 $\boldsymbol{A}\boldsymbol{x}=\boldsymbol{0}$ 只有零解, 则 $\boldsymbol{A}\boldsymbol{x}=\boldsymbol{b}$ 有唯一解.

(2) 若矩阵 $\boldsymbol{A},\boldsymbol{B}$ 满足 $\boldsymbol{AB}$, $\boldsymbol{BA}$ 都有定义, 则 $\det(\boldsymbol{AB})=\det(\boldsymbol{BA})$.

(3) 若向量组 $\boldsymbol{\beta}_1$, $\boldsymbol{\beta}_2,\cdots,\boldsymbol{\beta}_m$ 可以由向量组 $\boldsymbol{\alpha}_1$, $\boldsymbol{\alpha}_2,\cdots,\boldsymbol{\alpha}_s$ 线性表示, 则向量组 $\boldsymbol{\beta}_1$, $\boldsymbol{\beta}_2,\cdots,\boldsymbol{\beta}_m$ 线性相关.

(4) 设 $\mathbf{R}^{n\times n}$ 是所有 n 阶实方阵按照矩阵线性运算所构成的实数域上的线性空间, W 是所有迹等于零的 n 阶实方阵构成的集合, 则 W 是 $\mathbf{R}^{n\times n}$ 的子空间.

三、(12 分)

对 n 阶方阵

$$
\boldsymbol{A} = \begin{pmatrix} 1 & \frac{1}{2} & & & \\ & 1 & \frac{1}{2} & & \\ & & \ddots & \ddots & \\ & & & 1 & \frac{1}{2} \\ & & & & 1 \end{pmatrix},
$$

求 $\boldsymbol{A}$ 的逆矩阵.

四、(20 分)

设

$$
\boldsymbol{\alpha}_1 = \begin{pmatrix} a \\ 2 \\ 10 \end{pmatrix}, \quad \boldsymbol{\alpha}_2 = \begin{pmatrix} -2 \\ 1 \\ 5 \end{pmatrix}, \quad \boldsymbol{\alpha}_3 = \begin{pmatrix} -1 \\ 1 \\ 4 \end{pmatrix}, \quad \boldsymbol{\beta} = \begin{pmatrix} 1 \\ 0 \\ b \end{pmatrix}.
$$

试问 a, b 满足什么条件时,

(1) $\boldsymbol{\beta}$ 可以由 $\boldsymbol{\alpha}_1, \boldsymbol{\alpha}_2, \boldsymbol{\alpha}_3$ 线性表示, 且表示方法唯一?

(2) $\boldsymbol{\beta}$ 不能由 $\boldsymbol{\alpha}_1, \boldsymbol{\alpha}_2, \boldsymbol{\alpha}_3$ 线性表示?

(3) $\boldsymbol{\beta}$ 可以由 $\boldsymbol{\alpha}_1, \boldsymbol{\alpha}_2, \boldsymbol{\alpha}_3$ 线性表示, 但是表示方法不唯一? 并且求出所有的表示方法.

五、(14 分)

设 $\mathbf{R}^{2\times 2}$ 是所有 2 阶实方阵对于矩阵的线性运算构成的线性空间. 给定一组向量

$$
(\mathrm{I}): \quad \boldsymbol{A}_1 = \begin{pmatrix} 5 & 0 \\ 0 & 0 \end{pmatrix}, \quad \boldsymbol{A}_2 = \begin{pmatrix} 2 & 1 \\ 0 & 0 \end{pmatrix}, \quad \boldsymbol{A}_3 = \begin{pmatrix} 0 & 0 \\ 8 & 5 \end{pmatrix}, \quad \boldsymbol{A}_4 = \begin{pmatrix} 0 & 0 \\ 3 & 2 \end{pmatrix}.
$$

(1) 证明: 向量组 (Ⅰ) 是线性空间 $\mathbf{R}^{2\times 2}$ 的一组基.

(2) 给定线性空间 $\mathbf{R}^{2\times 2}$ 的另一组基

$$
(\mathrm{II}): \quad \boldsymbol{B}_1 = \begin{pmatrix} 9 & 0 \\ 0 & 0 \end{pmatrix}, \quad \boldsymbol{B}_2 = \begin{pmatrix} 0 & 2 \\ 0 & 0 \end{pmatrix}, \quad \boldsymbol{B}_3 = \begin{pmatrix} 0 & 1 \\ 2 & 0 \end{pmatrix}, \quad \boldsymbol{B}_4 = \begin{pmatrix} 1 & 0 \\ 1 & 1 \end{pmatrix}.
$$

求基 (Ⅰ) 到基 (Ⅱ) 的过渡矩阵.

六、(14 分)

设 F 为数域, $\boldsymbol{A} \in F^{n\times n}$, 且满足 $\boldsymbol{A}^2 = \boldsymbol{I}$, 这里 $\boldsymbol{I}$ 是 n 阶单位阵.

(1) 证明: $\operatorname{rank}(\boldsymbol{A}+\boldsymbol{I}) + \operatorname{rank}(\boldsymbol{A}-\boldsymbol{I}) = n$.

(2) 设 $W_1 = \{\boldsymbol{x} \in F^n \mid \boldsymbol{A}\boldsymbol{x} = \boldsymbol{x}\}$, $W_2 = \{\boldsymbol{x} \in F^n \mid \boldsymbol{A}\boldsymbol{x} = -\boldsymbol{x}\}$. 证明: W_1 及 W_2 为 F^n 的子空间, 并且 W_1 的一组基与 W_2 的一组基合并起来构成 F^n 的一组基.

参考答案

一、(1) 3/2.

(2) 2.

(3) $(-4,3,2)^{\mathrm{T}}$.

(4) 4.

(5) -4.

二、(1) 错误. 方程组不一定有解, 可以考虑 1 个变量的线性方程组的情形, 其中 $\boldsymbol{A}=(1,2)^{\mathrm{T}}$, $\boldsymbol{b}=(3,4)^{\mathrm{T}}$.

(2) 错误. 可以考虑 $\boldsymbol{A}=(1,1)$, $\boldsymbol{B}=(1,1)^{\mathrm{T}}$.

(3) 错误. 可以考虑两组向量一致且线性无关的例子.

(4) 正确. 用定义验证.

三、用初等变换法可以求得 $\boldsymbol{A}^{-1}=\begin{pmatrix} 1 & -\frac{1}{2} & \left(-\frac{1}{2}\right)^2 & \cdots & \left(-\frac{1}{2}\right)^{n-1} \\ & 1 & -\frac{1}{2} & \ddots & \vdots \\ & & \ddots & \ddots & \left(-\frac{1}{2}\right)^2 \\ & & & \ddots & -\frac{1}{2} \\ & & & & 1 \end{pmatrix}$

四、(1) $a\neq -4$.

(2) $a=-4$, $b\neq -1$.

(3) $a=-4$, $b=-1$. 此时, $\boldsymbol{\beta}=-\dfrac{t+1}{2}\boldsymbol{\alpha}_1+t\boldsymbol{\alpha}_2+\boldsymbol{\alpha}_3\ (t\in\mathbf{R})$.

五、(1) 我们有 $(\boldsymbol{A}_1,\boldsymbol{A}_2,\boldsymbol{A}_3,\boldsymbol{A}_4)=(\boldsymbol{E}_{11},\boldsymbol{E}_{12},\boldsymbol{E}_{21},\boldsymbol{E}_{22})\underbrace{\begin{pmatrix} 5 & 2 & 0 & 0 \\ 0 & 1 & 0 & 0 \\ 0 & 0 & 8 & 3 \\ 0 & 0 & 5 & 2 \end{pmatrix}}_{\boldsymbol{T}_1}$. 由于 $\boldsymbol{T}_1$ 的行列式非零, 向量组 (I) 与自然基 $(\boldsymbol{E}_{11},\boldsymbol{E}_{12},\boldsymbol{E}_{21},\boldsymbol{E}_{22})$ 等价, 从而也是 $\mathbf{R}^{2\times 2}$ 的一组基.

(2) 我们有 $(\boldsymbol{B}_1,\boldsymbol{B}_2,\boldsymbol{B}_3,\boldsymbol{B}_4)=(\boldsymbol{E}_{11},\boldsymbol{E}_{12},\boldsymbol{E}_{21},\boldsymbol{E}_{22})\underbrace{\begin{pmatrix} 9 & 0 & 0 & 1 \\ 0 & 2 & 1 & 0 \\ 0 & 0 & 2 & 1 \\ 0 & 0 & 0 & 1 \end{pmatrix}}_{\boldsymbol{T}_2}$. 于是所求为 $\boldsymbol{T}_1^{-1}\boldsymbol{T}_2=\begin{pmatrix} \frac{9}{5} & -\frac{4}{5} & -\frac{2}{5} & \frac{1}{5} \\ 0 & 2 & 1 & 0 \\ 0 & 0 & 4 & -1 \\ 0 & 0 & -10 & 3 \end{pmatrix}$.

六、(1) 利用初等变换, 我们有

$$\operatorname{rank}(\boldsymbol{A}+\boldsymbol{I})+\operatorname{rank}(\boldsymbol{A}-\boldsymbol{I})=\operatorname{rank}\begin{pmatrix} \boldsymbol{A}+\boldsymbol{I} & \\ & \boldsymbol{A}-\boldsymbol{I} \end{pmatrix}\xlongequal{c_1\to c_2}\operatorname{rank}\begin{pmatrix} \boldsymbol{A}+\boldsymbol{I} & \boldsymbol{A}+\boldsymbol{I} \\ & \boldsymbol{A}-\boldsymbol{I} \end{pmatrix}$$

$$\xlongequal{-r_2\to r_1}\operatorname{rank}\begin{pmatrix}A+I & 2I\\ & A-I\end{pmatrix}$$

$$\xlongequal{-\frac{1}{2}(A-I)r_1\to r_2}\operatorname{rank}\begin{pmatrix}A+I & 2I\\ -\frac{1}{2}(A^2-I) & O\end{pmatrix}$$

$$=\operatorname{rank}(2I)=n.$$

(2) W_1 和 W_2 分别是方程组 $(A-I)x=0$ 和 $(A+I)x=0$ 的解空间. 故为 F^n 的子空间. 此时,

$$\dim(W_1)+\dim(W_2)=n-\operatorname{rank}(A-I)+n-\operatorname{rank}(A+I)=n.$$

若设 $\alpha_1,\cdots,\alpha_s$ 为 W_1 的一组基, $\beta_1,\cdots,\beta_t$ 为 W_2 的一组基, 那么 $s+t=n=\dim(F^n)$. 接下来只需验证 $\alpha_1,\cdots,\alpha_s,\beta_1,\cdots,\beta_t$ 线性无关即可.

假设 $\sum\limits_{i=1}^{s}a_i\alpha_i+\sum\limits_{j=1}^{t}b_j\beta_j=0$, 其中 $a_i,b_j\in F$. 此时,

$$0=A\left(\sum_{i=1}^{s}a_i\alpha_i+\sum_{j=1}^{t}b_j\beta_j\right)=\sum_{i=1}^{s}a_iA\alpha_i+\sum_{j=1}^{t}b_jA\beta_j$$

$$=\sum_{i=1}^{s}a_i\alpha_i-\sum_{j=1}^{t}b_j\beta_j.$$

故

$$\sum_{i=1}^{s}a_i\alpha_i=\sum_{j=1}^{t}b_j\beta_j=0.$$

由于 $\alpha_1,\cdots,\alpha_s$ 与 $\beta_1,\cdots,\beta_t$ 分别为 W_1 和 W_2 的基, 这说明所有的 a_i,b_j 皆为零, 从而 $\alpha_1,\cdots,\alpha_s,\beta_1,\cdots,\beta_t$ 线性无关.

2016—2017 学年 (第 2 学期) 期终考试试题

一、填空题 (共 25 分)

(1) 向量组 $\alpha_1,\alpha_2,\alpha_3$ 是线性空间 V 的一组基, 线性变换 $\mathscr{A}$ 在此基下的矩阵是 $\begin{pmatrix}1&1&0\\1&0&-1\\0&1&1\end{pmatrix}$, 则 $\mathscr{A}$ 在基 $(\alpha_1,\ \alpha_1+\alpha_2,\ \alpha_1+\alpha_3)$ 下的矩阵为____________.

(2) 设 $\mathscr{A}$ 是 3 维复线性空间 V 上的线性变换, $\alpha_1,\alpha_2,\alpha_3$ 是 V 中 3 个线性无关的向量, 且

$$\mathscr{A}\alpha_1=\alpha_1,\quad \mathscr{A}\alpha_2=-\alpha_3,\quad \mathscr{A}\alpha_3=\alpha_2+2\alpha_3.$$

那么 $\mathscr{A}$ 的 3 个特征值为________.

(3) 在 n 维欧氏空间 V 中, 向量 $\boldsymbol{x}$ 在标准正交基 $\boldsymbol{\alpha}_1,\boldsymbol{\alpha}_2,\cdots,\boldsymbol{\alpha}_n$ 下的坐标是 $(x_1,x_2,\cdots,x_n)$, 则 $(\boldsymbol{x},\boldsymbol{\alpha}_i)=$________, $|\boldsymbol{x}|=$________.

(4) 对称阵 $\begin{pmatrix} 0 & 0 & 1 \\ 0 & 1 & 0 \\ 1 & 0 & 0 \end{pmatrix}$ 的正、负惯性指数分别为 $r=$________, $s=$________.

(5) 已知二次型 $Q(x_1,x_2,x_3)=2x_1^2+2x_2^2+ax_3^2+4x_1x_3+2tx_2x_3$ 经正交变换 $\boldsymbol{x}=\boldsymbol{P}\boldsymbol{y}$ 可化为标准型 $y_1^2+2y_2^2+7y_3^2$, 则 $t=$________.

二、判断题 (判断下列命题是否正确, 并简要说明理由或举出反例) (共 20 分)

(1) 有限维实线性空间 V 上总可以定义适当的内积, 使之成为欧氏空间.

(2) n 维欧氏空间上的任意 n 个非零向量都可经施密特正交化方法得到一组标准正交基.

(3) n 阶方阵 $\boldsymbol{A},\boldsymbol{B}$ 有相同的特征值、迹、秩、行列式, 则 $\boldsymbol{A},\boldsymbol{B}$ 相似.

(4) 若对称阵 $\boldsymbol{A}$ 正定, 则对任意正整数 k 有 $\boldsymbol{A}^k$ 正定.

三、(20 分)

设 $V=\{c_1\mathrm{e}^x+c_2x+c_3\,|\,c_1,c_2,c_3\in\mathbf{R}\}$, 按照函数的加法与数乘构成 $\mathbf{R}$ 上的线性空间. $\mathcal{D}=\dfrac{\mathrm{d}}{\mathrm{d}x}$ 为求导运算.

(1) 证明: $\mathcal{D}$ 为 V 上的线性变换.

(2) 求 $\mathcal{D}$ 在基 $(1,x,\mathrm{e}^x)$ 下的矩阵.

(3) 求 $\mathcal{D}$ 的特征值与特征向量.

(4) 是否存在 V 的一组基, 使得 $\mathcal{D}$ 在该基下的矩阵为对角阵? 若存在, 则给出这样的一组基; 反之, 证明不存在.

四、(15 分)

已知二次型 $Q(x_1,x_2,x_3)=3x_1^2+8x_2^2-x_3^2-12x_2x_3$.

(1) 写出二次型 $Q(x_1,x_2,x_3)$ 的矩阵 $\boldsymbol{A}$;

(2) 求正交变换 $\boldsymbol{y}=\boldsymbol{P}\boldsymbol{x}$, 将二次型 $Q(x_1,x_2,x_3)$ 化为标准型, 并指出矩阵 $\boldsymbol{A}$ 是否正定.

五、(10 分)

设有分块对角矩阵

$$\boldsymbol{A}=\begin{pmatrix} \boldsymbol{A}_1 & \boldsymbol{O} & \cdots & \boldsymbol{O} \\ \boldsymbol{O} & \boldsymbol{A}_2 & \cdots & \boldsymbol{O} \\ \vdots & \vdots & \ddots & \vdots \\ \boldsymbol{O} & \boldsymbol{O} & \cdots & \boldsymbol{A}_s \end{pmatrix},$$

其中 $\boldsymbol{A}_i\,(i=1,2,\cdots,s)$ 为方阵. 证明: $\boldsymbol{A}$ 可对角化的充分必要条件是每个 $\boldsymbol{A}_i$ 皆可对角化.

六、(10 分)

设 $\boldsymbol{A}$ 为 n 阶可逆实方阵. 证明:

(1) $\boldsymbol{A}$ 可以分解为 $\boldsymbol{A}=\boldsymbol{QR}$, 其中 $\boldsymbol{Q}$ 为正交阵, 而

$$\boldsymbol{R}=\begin{pmatrix} r_{11} & r_{12} & r_{13} & \cdots & r_{1n} \\ 0 & r_{22} & r_{23} & \cdots & r_{2n} \\ 0 & 0 & r_{33} & \cdots & r_{3n} \\ \vdots & \vdots & \vdots & \ddots & \vdots \\ 0 & 0 & 0 & \cdots & r_{nn} \end{pmatrix}$$

为实上三角阵且 $r_{ii}>0$.

(2) 满足 (1) 中条件的分解是唯一的.

参考答案

一、(1) $\begin{pmatrix} 0 & 0 & 0 \\ 1 & 1 & 0 \\ 0 & 1 & 1 \end{pmatrix}$.

(2) 1,1,1.

(3) x_i; $(x_1^2+x_2^2+\cdots+x_n^2)^{\frac{1}{2}}$.

(4) 2;1.

(5) ±1.

二、(1) 正确. 对任意有限维实线性空间 V, 设 $\boldsymbol{\alpha}_1,\boldsymbol{\alpha}_2,\cdots,\boldsymbol{\alpha}_n$ 是 V 的一组基. 任取 $\boldsymbol{x},\boldsymbol{y}\in V$, 并设 $(x_1,x_2,\cdots,x_n)^{\mathrm{T}}$ 与 $(y_1,y_2,\cdots,y_n)^{\mathrm{T}}$ 分别为 $\boldsymbol{x},\boldsymbol{y}$ 在 $\boldsymbol{\alpha}_1,\boldsymbol{\alpha}_2,\cdots,\boldsymbol{\alpha}_n$ 下的坐标. 若定义 $(\boldsymbol{x},\boldsymbol{y})=\sum\limits_{i=1}^{n}x_iy_i$, 不难验证如此定义的运算即为 V 上的一个内积.

(2) 错误. 必须是 n 个线性无关的向量, 才能通过施密特正交化得到标准正交基.

(3) 错误. $\boldsymbol{A}=\begin{pmatrix} 1 & 0 \\ 0 & 1 \end{pmatrix}$, $\boldsymbol{B}=\begin{pmatrix} 1 & 1 \\ 0 & 1 \end{pmatrix}$ 就提供了反例.

(4) 正确. 由 $\boldsymbol{A}$ 对称知 $\boldsymbol{A}^k$ 对称; 又 $\boldsymbol{A}^k$ 的特征值为 $\boldsymbol{A}$ 的特征值的 k 次方, 全为正. 故 $\boldsymbol{A}^k$ 正定.

三、(1) 可以利用求导运算的基本法则直接检验.

(2) 所求矩阵为 $\boldsymbol{A}=\begin{pmatrix} 0 & 1 & 0 \\ 0 & 0 & 0 \\ 0 & 0 & 1 \end{pmatrix}$.

(3) 对于特征值 $\lambda=0$, 相应的特征向量为 k, 其中 $k\in\mathbf{R}$ 非零. 对于 2 重的特征值 $\lambda=1$, 相应的特征向量为 $k\mathrm{e}^x$, 其中 $k\in\mathbf{R}$ 非零.

(4) 不存在这样的基, 使得 $\mathcal{D}$ 在此基下的矩阵可以对角化. 因为由 (3) 的计算知道 $\mathcal{D}$ 只有两个线性无关的特征向量.

四、(1) 二次型的矩阵为 $\boldsymbol{A}=\begin{pmatrix}3&0&0\\0&8&-6\\0&-6&-1\end{pmatrix}$.

(2) 可以求得 $\boldsymbol{A}$ 的特征值为 $\lambda_1=3$, $\lambda_2=11$, $\lambda_3=-4$. 对应的特征向量分别为 $\boldsymbol{\alpha}_1=(1,0,0)^{\mathrm{T}}$, $\boldsymbol{\alpha}_2=(0,-2,1)^{\mathrm{T}}$, $\boldsymbol{\alpha}_3=(0,1,2)^{\mathrm{T}}$.

由于 $\boldsymbol{A}$ 有 3 个不同特征值, 不同特征值的特征向量正交. 令

$$\boldsymbol{P}_1=\left(\frac{\boldsymbol{\alpha}_1}{|\boldsymbol{\alpha}_1|},\frac{\boldsymbol{\alpha}_2}{|\boldsymbol{\alpha}_2|},\frac{\boldsymbol{\alpha}_3}{|\boldsymbol{\alpha}_3|}\right)=\begin{pmatrix}1&0&0\\0&-\frac{2}{\sqrt5}&\frac{1}{\sqrt5}\\0&\frac{1}{\sqrt5}&\frac{2}{\sqrt5}\end{pmatrix},$$

则 $\boldsymbol{P}_1^{-1}\boldsymbol{A}\boldsymbol{P}_1=\mathrm{diag}(3,11,-4)$. 相应地,

$$Q(\boldsymbol{x})|_{\boldsymbol{x}=\boldsymbol{P}_1\boldsymbol{y}}=\boldsymbol{y}^{\mathrm{T}}(P_1^{-1}AP_1)y=3y_1^2+11y_2^2-4y_3^2,$$

为标准形. 此时, 题中所需的正交矩阵 $\boldsymbol{P}$ 可以选为 $\boldsymbol{P}_1^{-1}=\boldsymbol{P}_1^{\mathrm{T}}=\begin{pmatrix}1&0&0\\0&-\frac{2}{\sqrt5}&\frac{1}{\sqrt5}\\0&\frac{1}{\sqrt5}&\frac{2}{\sqrt5}\end{pmatrix}$. 由于 $\boldsymbol{A}$ 的正特征值有 2 个, 故正惯性指数为 $2<3$, 从而 $\boldsymbol{A}$ 不是正定的.

五、假定 $\boldsymbol{A}_i$ 的阶数为 k_i, 而 $\boldsymbol{A}_i$ 的特征向量组有极大无关组 $\boldsymbol{\alpha}_{i1},\boldsymbol{\alpha}_{i2},\cdots,\boldsymbol{\alpha}_{ir_i}$, 其中 $r_i\leqslant k_i$. 令 $\boldsymbol{\beta}_{ij}$ 为 $\boldsymbol{\alpha}_{ij}$ 的加长向量, 长度为 n, 其中第 $k_1+k_2+\cdots+k_{i-1}+1$ 到第 $k_1+k_2+\cdots+k_i$ 个分量构成 $\boldsymbol{\alpha}_{ij}$, 其余分量为 0. 则易证向量组 $\{\boldsymbol{\beta}_{ij}:1\leqslant i\leqslant s,1\leqslant j\leqslant r_i\}$ 线性无关且为 $\boldsymbol{A}$ 的特征向量, 同时 $\boldsymbol{A}$ 的特征向量都能表示为它们的线性组合. 于是 $\{\boldsymbol{\beta}_{ij}:1\leqslant i\leqslant s,1\leqslant j\leqslant r_i\}$ 构成了 $\boldsymbol{A}$ 的特征向量的极大无关组.

"$\Rightarrow$": 当 $\boldsymbol{A}$ 可对角化时, $\boldsymbol{A}$ 有 n 个线性无关的特征向量, 故 $r_1+r_2+\cdots+r_s=n$. 但同时有 $r_i\leqslant k_i$ 和 $k_1+k_2+\cdots+k_s=n$. 故只能是 $r_i=k_i$ $(1\leqslant i\leqslant s)$, 即每个 $\boldsymbol{A}_i$ 有 k_i 个线性无关的特征向量. 于是每个 $\boldsymbol{A}_i$ 都可以对角化.

"$\Leftarrow$": 反之, 若每个 $\boldsymbol{A}_i$ 都能对角化, 则 $\boldsymbol{A}_i$ 有 k_i 个线性无关的特征向量, 即 $r_i=k_i$. 此时, 可找到 $\boldsymbol{A}$ 的 n 个线性无关的特征向量 $\{\boldsymbol{\beta}_{ij}:1\leqslant i\leqslant s,1\leqslant j\leqslant r_i\}$, 于是 $\boldsymbol{A}$ 可以对角化.

六、(1) 设 $\boldsymbol{A}=(\boldsymbol{\alpha}_1,\boldsymbol{\alpha}_2,\cdots,\boldsymbol{\alpha}_n)$, 其中 $\boldsymbol{\alpha}_i$ 为 $\boldsymbol{A}$ 的第 i 列. 由 $\boldsymbol{A}$ 可逆知 $\boldsymbol{\alpha}_1,\boldsymbol{\alpha}_2,\cdots,\boldsymbol{\alpha}_n$ 线性无关, 从而构成 $\mathbf{R}^n$ 的一组基. 我们可以利用施密特正交化将其化为一组标准正交基 $\boldsymbol{\beta}_1,\boldsymbol{\beta}_2,\cdots,\boldsymbol{\beta}_n$. 此时, 记 $\boldsymbol{Q}=(\boldsymbol{\beta}_1,\boldsymbol{\beta}_2,\cdots,\boldsymbol{\beta}_n)$. 由于 $\{\boldsymbol{\beta}_1,\cdots,\boldsymbol{\beta}_n\}$ 为标准正交基, 知 $\boldsymbol{Q}$ 为正交阵.

注意到在施密特正交化过程中, 每个 $\boldsymbol{\beta}_i$ 都只是 $\boldsymbol{\alpha}_1,\boldsymbol{\alpha}_2,\cdots,\boldsymbol{\alpha}_i$ 的线性组合, 且关于 $\boldsymbol{\alpha}_i$ 的系数总是正的. 于是, 从基 $\boldsymbol{\alpha}_1,\boldsymbol{\alpha}_2,\cdots,\boldsymbol{\alpha}_n$ 到基 $\boldsymbol{\beta}_1,\boldsymbol{\beta}_2,\cdots,\boldsymbol{\beta}_n$ 的过渡矩阵 $\boldsymbol{T}$ 为上三角阵, 且对角元为正.

此时, $\boldsymbol{Q}=(\boldsymbol{\beta}_1,\cdots,\boldsymbol{\beta}_n)=(\boldsymbol{\alpha}_1,\cdots,\boldsymbol{\alpha}_n)\boldsymbol{T}=\boldsymbol{AT}$, 从而 $\boldsymbol{A}=\boldsymbol{QT}^{-1}$. 若令 $\boldsymbol{R}=\boldsymbol{T}^{-1}$, 不难看出 $\boldsymbol{R}$ 为上三角阵且对角元为正, 并得到满足题意的分解 $\boldsymbol{A}=\boldsymbol{QR}$.

(2) 假设 $\boldsymbol{A}$ 有两个分解 $\boldsymbol{A}=\boldsymbol{Q}_1\boldsymbol{R}_1=\boldsymbol{Q}_2\boldsymbol{R}_2$, 其中 $\boldsymbol{Q}_1,\boldsymbol{Q}_2$ 都是正交阵, $\boldsymbol{R}_1,\boldsymbol{R}_2$ 都是上三角阵且对角元为正. 由此可以看到 $\boldsymbol{Q}_2^{-1}\boldsymbol{Q}_1=\boldsymbol{R}_2\boldsymbol{R}_1^{-1}$. 注意到 $\boldsymbol{Q}_2^{-1}\boldsymbol{Q}_1$ 为正交阵, 且 $\boldsymbol{R}_2\boldsymbol{R}_1^{-1}$ 为上三角阵且对角元仍为正. 而若一个对角元为正的上三角阵同时为正交阵, 则不难验证, 它只能是单位阵 $\boldsymbol{I}$. 于是 $\boldsymbol{Q}_2^{-1}\boldsymbol{Q}_1=\boldsymbol{R}_2\boldsymbol{R}_1^{-1}=\boldsymbol{I}$, 即 $\boldsymbol{Q}_1=\boldsymbol{Q}_2$ 且 $\boldsymbol{R}_1=\boldsymbol{R}_2$. 这说明满足条件的分解是唯一的.

参考文献

[1] 陈发来, 陈效群, 李思敏, 等. 线性代数与解析几何 [M]. 2 版. 北京: 高等教育出版社, 2015.

[2] 李炯生, 查建国, 王新茂. 线性代数 [M]. 2 版. 合肥: 中国科学技术大学出版社, 2010.

[3] 李尚志. 线性代数 [M]. 北京: 高等教育出版社, 2006.

[4] 丘维声. 简明线性代数 [M]. 北京: 北京大学出版社, 2005.

[5] 屠伯埙. 线性代数方法导引 [M]. 上海: 复旦大学出版社, 1986.

[6] 陈效群, 陈秋桂, 顾新身. 微积分学习辅导 [M]. 北京: 科学出版社, 2004.

[7] 周华任, 滕兴虎, 赵颖, 等. 线性代数解题指导 [M]. 南京: 东南大学出版社, 2009.

[8] 陈文灯, 黄先开, 曹显兵, 等. 线性代数复习指导: 思路、方法与技巧 [M]. 北京: 清华大学出版社, 2003.

[9] 俞正光, 何坚勇, 王飞燕. 线性代数与空间解析几何学习指导: 典型例题精解 [M]. 北京: 科学出版社, 2003.

[10] 樊恽, 郑延履, 刘合国. 线性代数学习指导 [M]. 北京: 科学出版社, 2003.

[11] 孟道骥, 王立云, 史毅茜, 等. 高等代数与解析几何学习辅导 [M]. 北京: 科学出版社, 2009.

[12] 张贤科, 许甫华. 高等代数学 [M]. 2 版. 北京: 清华大学出版社, 2004.

[13] 上海交通大学数学系. 线性代数习题与精解 [M]. 2 版. 上海: 上海交通大学出版社, 2006.

[14] 史明仁. 线性代数六百证明详解 [M]. 北京: 北京科学技术出版社, 1985.

[15] 李永乐, 李正元, 袁荫棠. 数学一: 全真模拟经典 400 题 [M]. 北京: 国家行政学院出版社, 2009.

[16] 李永乐, 李正元, 刘西垣. 数学二: 全真模拟经典 400 题 [M]. 北京: 国家行政学院出版社, 2009.

[17] 钱吉林, 刘丁酉. 高等代数题解精粹 [M]. 北京: 中央民族大学出版社, 2005.

[18] 徐立治, 冯克勤, 方兆本, 等. 大学数学解题法诠释 [M]. 合肥: 安徽教育出版社, 1999.